Oliver Byrne

Tables of dual logarithms, dual numbers and corresponding natural numbers

With proportional parts of differences for single digits and eight places of decimals

Oliver Byrne

Tables of dual logarithms, dual numbers and corresponding natural numbers
With proportional parts of differences for single digits and eight places of decimals

ISBN/EAN: 9783337131524

Printed in Europe, USA, Canada, Australia, Japan

Cover: Foto ©berggeist007 / pixelio.de

More available books at **www.hansebooks.com**

TABLES

OF

DUAL LOGARITHMS,

DUAL NUMBERS, AND CORRESPONDING NATURAL NUMBERS;

*WITH PROPORTIONAL PARTS OF DIFFERENCES FOR SINGLE DIGITS
AND EIGHT PLACES OF DECIMALS.*

TABLES OF ANGULAR MAGNITUDES,

TRIGONOMETRICAL LINES, AND DIFFERENCES GRADED TO THE

HUNDREDTH PART OF A SECOND FOR SINGLE DIGITS.

BY

OLIVER BYRNE,

FORMERLY PROFESSOR OF MATHEMATICS, COLLEGE FOR CIVIL ENGINEERS;
INVENTOR OF THE ART AND SCIENCE OF DUAL ARITHMETIC; AND OF THE CALCULUS OF FORM,
A NEW MATHEMATICAL SCIENCE.
AUTHOR OF "DUAL ARITHMETIC, A NEW ART," "THE YOUNG DUAL ARITHMETICIAN,"
ETC. ETC.

LONDON:
BELL AND DALDY, 186, FLEET STREET.
1867.

LONDON:
R. CLAY, SON, AND TAYLOR, PRINTERS,
BREAD STREET HILL.

CAJORI

PREFACE.

WHEN tables of dual logarithms are employed and operations performed with dual numbers in their lowest terms, it is not necessary that tables should range beyond the natural numbers

from 1·00000000 to 1·41421356 ascending;
and from 1·00000000 to ·70710678 descending.

Tables I. and II. of the present work far exceed these limits; however, dual tables extending

from 1·00000000 to 2·99161136 ascending,
and from 1·00000000 to ·29916114 descending,

possess the greatest power to economize the time and labour of a calculator, who depends solely upon the use of logarithmic tables. An abridgment of these general tables are given in "The Young Dual Arithmetician." The operations usually performed through the use of tables of common logarithms are more readily and accurately effected by consulting these general dual tables, since the dual logarithms of natural numbers, great and small, may be obtained from merely inspecting them; a change in the position of the decimal point being all the preparation required, and that not in all cases. Tables of dual logarithms not only supply logarithms of more easy and extensive use than common logarithms, but they also furnish, at the same time, complete and extensive tables of hyperbolic logarithms, and the logarithms of the reciprocals of numbers and the reciprocals themselves.

Table III., accompanied by differences and proportional parts for single digits, exhibits the natural sines and cosines of given arcs and angles, graded to the 100th part of a second. Besides the quantities registered in these three tables, and just specified, many other magnitudes, often required by practical men, may be found by very trifling transformations which are fully explained in the succeeding introduction. With this power of extension, logarithmic sines and cosines, log tangents, and cotangents, and other trigonometrical functions may be found. Having thus briefly described the nature, and succinctly defined the scope of these original tables, it is only necessary to show how easily their practical use may be obtained, how simply such tables may be constructed, and to point out how to extract from them the quantities just enumerated.

The art and science of Dual Arithmetic being fully treated of in my other works, no attempt is made in this to lay down principles or deliver demonstrations, but the student must be careful not to imagine that he knows all about Dual Arithmetic when he is able to do all that may be accomplished through consulting these tables.

OLIVER BYRNE.

EXPLANATION

OF

DUAL NUMBERS AND DUAL LOGARITHMS.

As Table I. is a register of Common Numbers and their corresponding Dual Numbers and Dual Logarithms, it may be deemed necessary to define what we mean by dual numbers and their logarithms.

A dual number of the ascending scale is always a continued product of powers of the numbers 1·1, 1·01, 1·001, 1·0001, &c. taken in order, the powers of the numbers alone being expressed. To distinguish these numbers from ordinary numbers the sign $\downarrow$ precedes them.

Thus $\downarrow 6,9,7,6 = (1·1)^6 \times (1·01)^9 \times (1·001)^7 \times (1·0001)^6$
$\downarrow 0,0,0,6 = (1·1)^0 \times (1·01)^0 \times (1·001)^0 \times (1·0001)^6$

The numbers which follow the sign $\downarrow$ are called dual digits, and the position they occupy after the sign $\downarrow$ shows the number of which they are the power.

Thus $\downarrow 6 = (1·1)^6$, $\quad \downarrow 0,6 = (1·01)^6$, $\quad \downarrow 0,0,6 = (1·001)^6$.

When all but the last digit of a dual number are zeros, we call the dual number a dual logarithm.

Thus $\downarrow 0,0,0,0,0,0,0,599702$, which can be shown to be the equivalent of the dual number $\downarrow 0,0,6$, and the natural number 1·00601502, we call a dual logarithm.

Or we say that the whole number 599702 is the dual logarithm of the common number 1·00601502.

For the construction and properties of dual numbers we must refer to the "Dual Arithmetic," confining ourselves here to the construction and use of the following tables:—

TABLE I.

Containing all the dual numbers of the ascending branch of Dual Arithmetic from $\downarrow 0,0,0,1$ to $\downarrow 7,3,1,9$, and their corresponding dual logarithms and natural numbers. To these are added marginal tables, by means of which all dual numbers of eight digits, and their corresponding dual logarithms and natural numbers, may be easily derived.

TABLE II.

Dual logarithms and dual numbers of the descending branch of Dual Arithmetic from '0'0'0'1'0'0'0'0 ↑ to '3'6'9'9'0'0'0'0 ↑ with corresponding natural numbers. To this table are also added marginal tables, by means of which all intermediate dual numbers of eight digits and their corresponding dual logarithms and natural numbers may be instantly derived.

In "Dual Arithmetic," Parts I. and II., and also in the "Young Dual Arithmetician," it is shown that when operations are performed with dual numbers in their lowest terms, and tables employed, it is not necessary that such tables should range beyond the natural numbers from 1·41421356 to 1· and from 1· to ·70710678;
or which is the same thing, a table of the ascending branch ranging from

$$\downarrow 0,0,0,0,0,0,0,0, \text{ to } \downarrow 3,6,0,9,4,1,0,7,$$

and another of the descending branch ranging from

$$'0'0'0'0'0'0'0'0 \uparrow \text{ to } '3'3'0'3'4'1'0'1 \uparrow$$

with natural numbers and dual logarithms to correspond, proper reductions being made involving powers of both 10 and 2.

GENERAL TABLES.

However, when general tables are employed no reductions require to be made; in this case powers of 10 only are involved. The natural numbers of the general table of the ascending branch range from

$$1\cdot00000000 \text{ to } 2\cdot991611362$$

the natural numbers of the general table of the descending branch range from

$$\cdot 99999999 \text{ to } \cdot 2991611362.$$

It must be remembered that dual logarithms are whole numbers, those of the descending branch have a comma to the left *above*, and those of the ascending to the right *below;* thus, the dual logarithm of 2· as well as the dual logarithm of $\frac{1}{2}$ is the whole number 69314718 but written

$$\downarrow, (2\cdot) = 69314718,$$
$$\downarrow, (\cdot 5) = {}'69314718$$
$$\text{sum} = 00000000 = \downarrow, (1\cdot)$$

If the dual logarithms of the ascending branch be considered positive, those of the descending branch must be taken as negative, and *vice versâ*. In the particular example just given

$$(\cdot 99999999)^{+69314718} = \cdot 5$$
$$(1\cdot 00000001)^{+69314718} = 2\cdot$$

EXPLANATION OF DUAL NUMBERS AND DUAL LOGARITHMS.

To put this matter in a more general form, let B = the base 1·00000001; B_1 = 1·000000001; B_2 = 1·0000000001; &c. And also let b = the descending base ·99999999; b_1 = ·999999999; b_2 = ·9999999999; &c.

Now B is very nearly $= \dfrac{1}{b}$ and $b = \dfrac{1}{B}$;

$$\therefore B^l = \frac{1}{b^l} = b^{-l}$$

and B^{-l} is also $= b^l$.

Suppose $B^l = n$, then $\downarrow, (n) = l$, but B may be put $= \dfrac{1}{b}$;

$$\therefore b^{-l} = \frac{1}{b^l} = B^l = n.$$

$$\frac{1}{B^l} = \frac{1}{n} = b^l = B^{-l}.$$

Whence to the base b, $\downarrow, \left(\dfrac{1}{n}\right) = {'}l$; consequently we change the base by simply changing the position of the comma from right to left or from left to right, as the case may be. Generally, when greater accuracy is required,

$$B_m = \frac{1}{b_m} \text{ and } b_m = \frac{1}{B_m}.$$

Then if $(B_m)^l = n$, $\downarrow, (n) = l$, to the base B_m;

and $\dfrac{1}{(B_m)^l} = (B_m)^{-l} = \dfrac{1}{n}$;

$$\therefore \downarrow, \left(\frac{1}{n}\right) = -l \text{ written } {'}l.$$

$\dfrac{1}{(B_m)^l} = b_m^l = \dfrac{1}{n}$ $\therefore \downarrow, \left(\dfrac{1}{n}\right) = l$, to the base b_m, but $= {'}l$ to the base B_m.

When the logarithm of n to either of the bases is represented by l, to the other concordant base it will be represented by ${'}l$ and
in all cases $l, + {'}l = 0$.

The base of the hyperbolic system of logarithms ϵ = 2·71828182845904523536028747
$\downarrow, (\epsilon) = \downarrow, (2\cdot71828183) = 10^8.$; to B_1; $\downarrow, (\epsilon) = 10^9$; to B_2; $\downarrow, (\epsilon) = 10^{10}$; to B_m, $\downarrow, (\epsilon) = 10^{8+m}$.

When general tables are employed like those we have described, numbers and their corresponding logarithms are obtained by mere inspection, and with far less inconvenience than with a table of common logarithms. The number of places of figures the decimal point has to be removed to the right or left may be noted on a line as at (A) and (B); the dual logarithms of any numbers, as 1·865655 or ·84821877 may be employed to represent the logarithm of

(A.)				(B.)	
3		·001865655	·00084821877	3	
2		·01865655	·0084821877	2	
1		·1865655	·084821877	1	
0	0	1·865655	·84821877	0	0
	1	18·65655	8·4821877		1
	2	186·5655	84·821877		2
	3	1865·655	848·21877		3
		&c.	&c.		

In practice it is not necessary, as we shall presently show, to set down as at (A) and (B) the number of places the decimal point is removed to the right or left to produce the number operated with. It must be observed that 3·4567844, is a positive dual logarithm, the same as + 34567844 a positive whole number; and '45678921 is a negative dual logarithm, the same as − 45678921 a negative whole number, without regard to their respective bases. A dual logarithm is changed from positive to negative, and from negative to positive, by simply changing the position of the comma from right to left or from left to right, as the case may be. The arithmetical complements of dual logarithms (ar. co.) do not retain the comma.

To find the arithmetical complement of a dual logarithm.

RULE.—Begin at the left, set down minus 1, written $\bar{1}$, outside the given number, then take each of the given figures from 9, except the last figure to the right, which must be taken from 10.

$$\begin{array}{ll} 4·5665423, \text{ dual log.} & \text{'}76543298 \text{ dual log.} \\ \bar{1}54334577 \text{ ar. co.} & \bar{1}23456702 \text{ ar. co.} \end{array}$$

Ex. 1.—The dual logarithms of the numbers (A) may be found at once in the general tables: it is required to find how many places of figures must the decimal point be removed to the right or left in the continued product of the natural numbers (A), to give the continued product of the natural numbers (B).

(A.)					(B.)		
·57689327	point removed		3	to the right becomes	576·89327		
1·23457	,,	2		to left	,,	·0123457	
2·047623	,,		1	to right	,,	20·47623	
1·983415	,,		4	to right	,,	19834·15	
·666789	,,	0	0		,,	·666789	
2·345127	,,	0	0		,,	2·345127	
1·000	,,	4		to left	,,	·0001	
		2		difference to the right.			

EXPLANATION OF DUAL NUMBERS AND DUAL LOGARITHMS.

When the decimal point is removed to places to the right, the continued product of (A) is altered to the continued product of (B).

Ex. 2.—How many places of figures must the decimal point be removed to the right or left in the continued product of 365·1768; 7454·83; 1650·22; ·000829 divided by the continued product of 18·636; 83·344; ·22222?

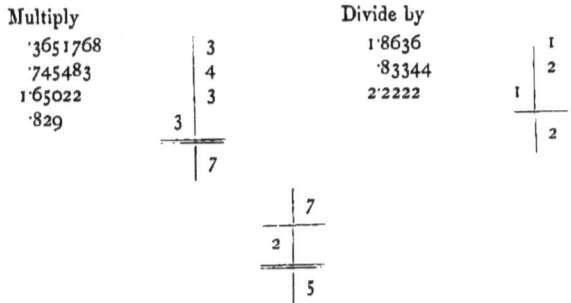

The number found for the factors of the divisor is changed from right to left or from left to right before being incorporated with the number obtained for the factors of the dividend. Thus, in the last example, 2 is changed to the left, then 7 on the right and 2 on the left make together 5 to the right. With little experience, a glance at the numbers to be incorporated, and those whose logarithms are found, will be sufficient to decide the position of the decimal point, without entering into any formal method of calculation.

EXAMPLES.

Ex. 3.—Find the cube root of $\dfrac{(1 \cdot 865\,655)\;(\cdot 02691098)\;(848 \cdot 21877)}{(328 \cdot 7077)\;(\cdot 134659555)\;(6296 \cdot 168)}$.

Ans. ·53462388.

Representing by (A) and (B) the numerator and denominator of the given fraction

```
    |  3    ↓, (1·865655)  = 62361219,        |  3    ↓, (·3287077)    = ·111258635
 2  |       ↓, (2·691098)  = 98994929,     1  |       ↓, (1·34659555)  = 29758037,
    |  3    ↓, (·84821877) = ·16461667        |  4    ↓, (·6296168)    = ·46264392
 ---|---                                      |  6
    |  4
```

```
         |  4
      6  |
   3 ) 2
   ------
```

0 times, and 2 to the left over.

To move two places to the left is the same as dividing by 100 or 10^2.

$$\downarrow, \left(\frac{1}{10^2}\right) \quad \begin{array}{l} 62361219, \\ 98994929, \\ {}'16461667 \\ 111258635, \\ 29758037, \\ {}'46264392 \\ {}'460517018 \end{array} \quad \begin{array}{l} \overline{1}37638781 \text{ ar. co.} \\ \overline{1}01005071 \text{ ar. co.} \\ {}'16461667 \\ \overline{1}888741365 \text{ ar. co.} \\ {}'29758937 \\ \overline{1}53735608 \text{ ar. co.} \\ {}'460517018 \end{array}$$

$$3 \,)\, {}'187857574$$

$$\downarrow, ({}'53462388) = {}'62619182$$

Before taking the arithmetical complements, the commas of the logarithms of the dividing factors have to be changed from the right to the left, or from the left to the right, as the case may be. Then, the arithmetical complements of the logarithms with the comma to the left, if that class be *least* in amount, have to be taken. On the contrary, the arithmetical complements of the other class, if that class be *less* in amount, are to be taken. It is evident that no allowance has to be made on account of having employed arithmetical complements, which is one of the many advantages of this over any other system.

Ex. 4.—Required the reciprocal of $1\cdot 379$ and its logarithm.

$$\downarrow, (1\cdot 379) = 32135863, \quad \text{Table I.}$$
$$\therefore \;\; {}'32135863 = \downarrow, ({}'7251624) \quad \text{Table II.}$$
$$\therefore \;\; {}'7251624 \text{ is the reciprocal of } 1\cdot 379;$$
$$\therefore \;\; {}'007251624 = \text{reciprocal } 137\cdot 9;$$

&c. &c.

Ex. 5.—Required the reciprocal of $\cdot 8419$ and $8419\cdot$

$$\downarrow, ({\cdot}8419) = {}'17209406 \quad \text{Table II.}$$
$$\text{But} \quad 17209406, = \downarrow, (1\cdot 18778955) \quad \text{Table I.}$$
$$\therefore \;\; 1\cdot 18778955 \text{ is the reciprocal of } \cdot 8419;$$
$$\text{and} \;\; \therefore \;\; {}'00118778955 \text{ is the reciprocal of } 8419.$$

EXPLANATION OF DUAL NUMBERS AND DUAL LOGARITHMS.

A brief inspection of the limits exhibited in the following concatenated arrangement will immediately show that the logarithms of all natural numbers between

$$0 \text{ and } \infty,$$

may be taken from Tables I. and II.; the simple preparation of multiplying or dividing by 2 being sometimes necessary.

$$\boxed{1\cdot00000000}$$

Natural numbers situated between, may be found in TABLE I.

$$\boxed{2\cdot00000000}$$

Natural numbers situated between, when divided by 2, may be found in TABLE I.

$$\boxed{4\cdot00000000}$$

Natural numbers situated between, when multiplied by 2, will be found in either TABLE I. or II.

$$\boxed{\cdot68000000}$$

Natural numbers situated between, may be found in TABLE II.

$$\boxed{\cdot99999999}$$

USE OF TABLE III.

IN COMBINATION WITH TABLES I. AND II.

Ex. 6.—Given an angle of 28° 39′ 56″·74, to find the length of its arc to radius 1; its natural sine and cosine; log sine and log cosine; log tangent and log cotangent; log secant and log cosecant; versine and log versine; natural tangent and cotangent; natural secant and cosecant, through inspecting Tables III. II. and I.

TABLE III.

In the column headed Arc.

For 28° 39′   ·   ·5000370
      50″·   2424 ⎫
      6 ·   291 ⎬ From the graded differences
       ·7   34 ⎪ of arc in the margin.
       ·04   2 ⎭

Arc of 28° 39′ 56″·74 = ·5003121

To find the sine,
TABLE III.
In the column headed Sine.

```
         28° 39'              ·4794579
              50"·               2127 ⎫  From the graded differences
               6 ·                255 ⎬  in the middle of the page
                ·7                 30 ⎭  for 28 degrees.
                ·04                 2
         ─────────────          ─────────
Sine of  28° 39' 56"·74   =   ·4796993
```

To find the cosine,
TABLE III.
From the column marked cosine at bottom of page for 28 degrees.

```
         28° 39'              ·8775649
              50"·               1162 ⎫
               6 ·                139 ⎬ Subtract.
                ·7                 16 ⎭
                ·04                  1
                                 ─────
                                  1318
         ─────────────          ─────────
Cosine of 28° 39' 56"·74  =   ·8774331
```

From TABLE II.
To find the log cosine.

```
Next greater from Table II.   ·87751 28 3   dual log = '13066370
Given cosine                  ·87743 31 0              '9087
                             ··† ─────────             ──────────
                                 7|97 3                '13075457 = ↓ (·8774331)
                                 7|89 7      '9
Taken from multiples of difference ⎫  7|6
  877 given in the margin.         ⎭  7|0      '8
                                     ─────
                                      6|
                                      6|      '7
```

∴ Dual log cosine of 28° 39' 56"·74 = '13075457.

EXPLANATION OF DUAL NUMBERS AND DUAL LOGARITHMS.   15

Otherwise thus:

```
Given cosine              ·877433 1 0
Next less from Table II.  ·877425|0 8   dual log = '13076371
                          ─────────                      914,
                          8|0 2                   ──────────
                          7|9 0     9,    '13075457 = ↓, (·8774331)
Taken from multiples of difference }  1|2
  877 given in the margin.          }  |9     1,
                                       |3      4,
                                       3
```

To find the log sine.

TABLE II.

Sine mult. by 2 = ·47969930 × 2 = ·95939860.

```
Next greater, Table II.  ·95944 3 5 0;  dual logarithm of '4140185
Given                    ·95939 8 6 0                         '4680
                         ─────────                        ────────
                         4|4 9 0                           '4145865
                         3|8 3 8           '4
                         ───────
                           6|5 2
                           5|7 5           '6
                           ─────
                             7|7
                             7|7           '8
                             ───
                             o|            'o
```

```
                    '4145865
                    '69314718 = ↓, (½)
Dual log sine =     '73460583 = ↓, (·4796993).
```

```
Log sin    '73460583  from
log cos    '13075457  take
           ─────────
           '60385126  log tangent
            60385126, log cotangent
```

13075457, = log secant and 73460583, = log cosecant.

16 EXPLANATION OF DUAL NUMBERS AND DUAL LOGARITHMS.

To find the natural secant.
TABLE I.

Log sec	13075 4 5 7,		
Next less given in Table I.	13065 8 6 7,	natural number 1·1395|7871	
	9,5,9,0,	†1|0256	Taken from multiples of difference for 1139 given in the margin.
		570	
		103	

Natural secant 1·1396 8800

To find the natural cosecant.
TABLE I.

Given	4145 8 6 5		
Next less in Table I.	4140 0 8 2,	Dual log of 1·0422|6976	
	5,7,8,3,	† |5211	From the multiples of difference for 1042 given in the margin.
		729	
		83	
		3	

1·04233002

1·04233002
2
─────────
2·08466004 natural cosecant.

To find the natural cotangent.
TABLE I.

Given	60385 1 2 6,		
Found in Table I.	60381 1 0 7,	Dual log of 1·8290|7627	
	4,0,1,9,	† |7316	Taken from margin for 1829.
		18	
		16	

Natural cotangent = 1·8291 4977

To find the natural tangent.
TABLE I.

Log 2.   69314718, } Add.
Given log   ·60385126 }
            ─────────
            8929592,

EXPLANATION OF DUAL NUMBERS AND DUAL LOGARITHMS.

```
Given                 8929 5 9 2,
Next less in Table I. 8919 8 1 4,   Dual log of   1·0932|9725
                      ──────────                  †    |9840  ⎫
Difference            9,7,7,8,                         765   ⎬  From margin for
                                                       77    ⎭  1093.
                                                       9
                                                  ────────────
                                                  1·09340416
```

```
              2 ) 1·09340416
                  ──────────
                  ·54670208   natural tangent.
```

Otherwise thus:

```
Given                       8929 5 9 2,
Table I. next greater log   8929 8 1 4,   Dual log of   1·09340|658
                            ──────────                  †      |219
Difference                  '2'2'2                             | 22
                                                                  2
                                                              ─────
                                                                243
                                              As before    1·09340 415
```

To find the versine and log versine.

TABLE I.

```
Radius  = 1·00000000
Cosine  =  ·87743310
          ──────────
           ·12256690   versine.
```

Versine multiplied by 10 = 1·225669.

```
Given             1·22566900
The dual log of   1·2256|4 7 9 5    taken from I. = 20346969,
                  †     |2 1 0 5                       1717,
                        1 2 2 6     1,              ─────────
                        ───────                     20348686,
                        |8 7 9
                        |8·5 8     7,
                        ───────
                        |2 1
                        |1 2       1,
                        ───────
                        |9
                        |9         7,
```

EXPLANATION OF DUAL NUMBERS AND DUAL LOGARITHMS.

$$\downarrow, \left(\frac{1}{10}\right) = \begin{array}{r} '230258509 \\ 20348686, \\ \hline '209909823 \end{array} \text{ dual log versine.}$$

Recapitulation of the trigonometrical functions and angular magnitudes just obtained, almost as simply as by mere inspection, and with the least possible chance of involving error, from

TABLES I. II. III.

	NATURAL.	LOGARITHMIC.
Sine	·47969930	'73460583
Cosine	·87743310	'13075457
Tangent	·54670208	'60385126
Cotangent	1·82914977	60385126,
Secant	1·13968800	13075457,
Cosecant	2·08466004	73460583,
Versine	·12256690	'209909823

Ex. 7.—Given of 67° 48′ 25″·93 to find the length of its arc to radius 1 ; its natural sine and cosine ; log sine and log cosine ; log tan and log cot ; log sec and log cosec ; versine and log versine. Natural tan and cot ; nat sec and cosec ; from Tables I. II. III.

To find the length of arc that measures the angle of 67° 48′ 25″·93 to radius 1.

TABLE III.

$$\begin{array}{rrl} 67° \ 48' & 1·1833333 & \text{from column headed arc} \\ 20''· & 970 \\ 5 \ · & 242 \\ ·9 & 43 \\ ·03 & 1 \end{array} \Big\} \text{Arc diff margin.}$$

Arc of 67° 48′ 25″·9 = 1·1834689 length.

EXPLANATION OF DUAL NUMBERS AND DUAL LOGARITHMS.   19

To find the natural sine.
TABLE III.

```
   67° 48'              ·9258706    from column headed sine.
         20"·               366  ⎫
          5 ·                92  ⎬  From differences in middle of
           ·9                16  ⎭  page for 67 degrees, at top.
           ·03                1
   ─────────────────    ─────────
Sine of 67° 48′ 25″·93 = ·9259181
```

To find the natural cosine.
TABLE III.

For finding the natural cosine, the degrees are to be found at the bottom of the page, Table III., then the proportional parts for seconds, &c. are to be subtracted; the same result may be found by taking the given angle from 90°; finding the remainder at the top of the page, and adding the proportional parts for seconds, &c.

```
              90°  0′  0 "·
              67  48  25 ·93
              ─────────────
              22  11  34 ·07

   22° 11'             ·3775714
         30"·             1347 ⎫  Proportional parts of graded
          4 ·              180 ⎬  differences in the middle of
           ·07              3  ⎭  page for 22° at top.
   ─────────────────    ─────────
Sine of 22° 11′ 34″·07 = ·3777244   cosine of 67° 48′ 25″·93
```

To find the log sine.
TABLE II.

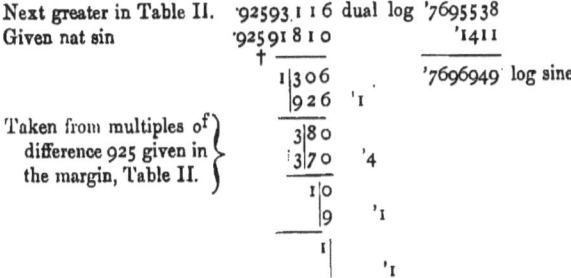

EXPLANATION OF DUAL NUMBERS AND DUAL LOGARITHMS.

To find the log cosine.

TABLE II.

Cosine multiplied by $2 = \cdot 3777244 \times 2 = \cdot 7554488$.

```
Next greater given in Table II.   ·75546066   dual log '28042757
              given               ·75544880                 1570
                                  ─────────          ───────────
                                    1,186              '28044327
                                    |755        '1
Taken from multiples of difference)  4|31
755 given in the margin.          }  3|78        '5
                                     ───
                                     5|3
                                     5|3         '7
                                     ───
                                      0          '0
```

```
              '28044327
↓, (½)        '69314718
              ─────────
              '97359045   dual log cosine.

From          '7696949    log sin
Take          '97359045   log cos
              ─────────
              89662096,   log tangent
              '89662096   log cotangent.
```

Log secant = 97359045, ; log cosecant = 7696949,

To find the natural tangent.

TABLE I.

```
Log tan        89662 0 9 6,
               69314 7 1 8,  = ↓, (2)
               ────────────
               20347 3 7 8, .
Next less Table I.  20346 9 6 9,   natural number  1·22564|795
               ────────────                           · †  |490
                     0,4,0,9,                                11
                                                     ──────────
                                                     1·22565296

               1·22565296
                        2
               ──────────
               2·45130592    nat tan.
```

EXPLANATION OF DUAL NUMBERS AND DUAL LOGARITHMS.

To find the natural cotangent.

TABLE II.

```
                           '8966 2 0 9 6    log cot
                           6931 4 7 1 8,   ↓, (2)
                           ─────────────
                           '2034 7 3 7 8
Next less log, Table II.   '2034 1 7 0 7    natural number ·81593|787
                           ─────────────                   †    4|080
                           '5'6'7'1                                 |489
                                            Found in the }          57
                                               margin   }            1
                                                                  ─────
                                                                  4 627
                                                                 ─────────
                                                                 ·81589 160
```

$$2) \cdot 81589160$$

·40794580 natural cotangent.

To find the natural secant.

TABLE I.

Log secant = 97359045,
 6931 4718, = ↓, (2)

From Table I. 28044327, = ↓, (1·32371644)

 1·32371644
     2
─────────────
 2·64743288 natural secant.

To find the natural cosecant.

TABLE I.

Log cosec = 7696949, the natural number corresponding found in Table I. = 1·08000913 nat cosec.

EXPLANATION OF DUAL NUMBERS AND DUAL LOGARITHMS.

To find the versine and log versine.

```
Radius   = 1·00000000
            ·37772440    nat cos
           ─────────
            ·62227560    natural versine
            2
          ─────────
Dual log of  1·24455120 = ·21877498,

            ·21877498,
            ·69314718 = ↓, (½)
          ─────────
            ·47437220 = dual log versine.
```

Recapitulation.

Given angle, 67° 48′ 25″·93 length of arc to radius 1· equal 1·1834689.

	NATURAL.	LOGARITHMIC.
Sine	·92591810	·7696949
Cosine	·37772440	·97359045
Tangent	2·45130592	89662096,
Cotangent	·40794580	·89662096
Secant	2·64743288	97359045,
Cosecant	1·08000913	7696949,
Versine	·62227560	·47437220

DESCRIPTION OF TABLE I.

Under the column headed "Dual Numbers" the dual numbers are arranged in order, beginning from ↓0,0,1, ↓0,0,2, &c., to ↓7,3,1,9,. In the next column are placed the corresponding natural numbers, and in the third their dual logarithms.

In the margin is placed a table of the multiples by the first nine digits of the first four digits of the natural numbers found on that page of the table.

At the foot of every page is also placed the dual logarithms of 2, 4, and 8, and of all powers of 10, from 1 to 9.

USE OF TABLE I. AS A TABLE OF LOGARITHMS.

These dual logarithms possess the same properties as any of the systems of logarithms hitherto calculated. They can be used in all cases where ordinary logarithms are useful, and admit of application where common logarithms would fail. They possess this advantage over those hitherto used, that they can always be verified in five minutes by a very simple arithmetical process. To verify an ordinary logarithm, except it be that of a very small number or a multiple of small numbers, is almost impossible within any degree of arithmetical labour at all practicable. This is a matter of considerable importance, as it is admitted by every one conversant with the subject that no logarithmic tables hitherto calculated are free from errors, no logarithm taken from one of these tables can be free from doubt. It is even doubtful whether the application of machinery to the calculation and printing of tables will be able to produce results entirely free from error.

To find the logarithm of any number consisting of eight digits, employing only TABLE I.

Ex. 8.—To find the logarithm of 365·25638.

We first divide the number by 2, 4, or 8, so as to make the first digit of the result 1.

$$2) \overline{365 \cdot 25638}$$
$$182 \cdot 62819$$

We now divide this result by such a power of 10 as to make the decimal point stand after the first figure.

$$100) \overline{182 \cdot 62819}$$
$$1 \cdot 8262819$$

Hence $365 \cdot 25638 = 2 \times 10^2 \times 1 \cdot 8262819$;

∴ log $365 \cdot 25638$ = log 2 + log 10^2 + log $1 \cdot 8262819$.

Turning to the table we find the next smallest natural number to 1·8262819 registered there to be 1·82615387; we subtract this from the number whose logarithm we require, and divide the result by the first four figures common to the two numbers, thus—

```
       1·82628190              1 | 1826
       1·82615387              2 | 3652
    1826 ) 12803 ( 7012        3 | 5478
           12782                4 | 7304
           ─────                5 | 9130
              21 . .            6 | 10956
              18 . .            7 | 12782
              ────              8 | 14608
               3 . . .          9 | 16434
               3 . . .
               ────
```

This division is readily performed by means of the table in the margin, which gives all the multiples of 1826 from 1 to 9.

We now add this quotient to the logarithms of the number 1·82615387 and of 2 and 100, taken from the table.

```
Thus   60221207,      log of 1·82615387 found in the table.
        7012,
       69314718,      log of 2     ⎫
      460517019,      log of 10²   ⎬ found at foot of the page of tables.
       ─────────                   ⎭
       590059956,     log of 365·25638.
```

In the same way we may find the logarithms of the following numbers, omitting unnecessary figures.

Ex. 9.—To find the logarithm of 2·71828183.

```
                    2 ) 2·71828183
                        ──────────
                        1·35914092
                          11085 . . . . . . . . . . . . . . 30683070,   log of 1·35914092 found in table,
                          ─────                           2212,
                          3007 ( 2212                   69314718,  log of 2.
                      ⎧   2718                          ─────────
                      ⎪   ────                          100000000, = log of 2·71828183
                      ⎪    289 .
Multiples of 1·359,   ⎪    272 .
found in the margin   ⎨    ────
of table, and making  ⎪     17 . .
proper allowances for ⎪     14 . .
the omitted figures.  ⎪     ────
                      ⎪      3 . . .
                      ⎩      3 . . .
                             ────
```

In the above example we had only to divide the number by 2 to bring it into the form necessary for Table I.; the divisor was 1359, the multiples of which will be found in the margin.

EXPLANATION OF DUAL NUMBERS AND DUAL LOGARITHMS.. 25

Ex. 10.—To find the logarithm of 86400, the number of seconds in 24 hours.

```
              8 ) 86400
          10000 ) 10800
                  1·0800              7694883,   log of 1·07998679.
                  1·07998679          1223,
                            ) 1321 ( 1223    207944154,  log of 8.
                              1080            921034037,  log of 10⁴.
                              ----
                              241 .           1136674297, = log of 86400.
Multiples of 1·080,           216 .
 found in margin of           25 ..
  table.                      22 ..
                              ---
                              3 ...
                              3 ...
```

1080 was the divisor; since, allowing for the figure after 1079 being greater than 5, 1079 became 1080.

In the previous examples, the numbers whose logarithms have been found were all greater than 1; when the numbers are less than 1, they are reduced to a form fitted for the table by multiplication instead of division by powers of 10.

Ex. 11.—To find the logarithm of ·017453293.

$$\cdot 017453293 = \frac{1\cdot 7453293}{100}.$$

Hence log ·017453293 = log 1·7453293 − log 100.

```
1·7453293                         55685354,
  17268                              8975,
  -----                           --------
  15662 ( 8975                    55694329,
  13960
  -----
   1702 .
   1571 .
   ----
    131 ..
    122 ..
    ---
      9 ...                       460517019, = log 100
      9 ...                        55694329,
                                  ----------
                                  − 404822690, = log ·017453293.
                                   '404822690 writ'en.
```

Ex. 12.—To find the logarithm of ·00177421952.

$$·00177421952 = \frac{1·77421952}{1000}$$

1·77421952	57336058
21940	7
1774) 00012 (0007	57336065
12	

$$690775528 = \log 10^1$$
$$57336065$$
$$-633439463 = \log ·00177421952.$$

Written ↓, (·00177421952) = '633439463.

The logarithm of a number being given, to find the number, employing TABLE I. *only.*

We first subtract from the given logarithm the logarithms of the nearest powers of 10 and 2 it contains, if it be greater than the logarithms of 10 and 2.

We then subtract from this result the nearest logarithm to it in the tables; if there be a remainder, we multiply the first four digits of the number corresponding to the logarithm in the table by the first four digits in the remainder, setting each line one figure back, and neglecting every figure after the eight place, and add these four lines to the common number found in the table.

This result is then multiplied by the powers of 10 and 2, which had been subtracted from the given logarithm in the first part of the process, and the result is the common number required.

Ex. 13.—Given the logarithm 590059956, to find the common number corresponding to it, employing Table I. only.

$$590059956,$$
$$460517019, = \log \text{ of } 10^2, \text{ nearest power of } 10$$
$$129542937,$$
$$69314718, = \log \text{ of } 2, \text{ nearest power of } 2$$
$$60228219,$$
$$60221207, = \log \text{ of } 1·82615387$$
$$7012$$

$$12782 = 1826 \times 7$$
$$18 = 1826 \times \tfrac{1}{100}$$
$$3 = 1826 \times \tfrac{1}{1000}$$

$$1·82628190$$
$$200$$
$$365·2563800$$

∴ 365·2563800 is the number whose logarithm is 590059956,

It may be noted that the multiples of 1826 will be found registered in the margin of the table near the number 1·82615387.

EXPLANATION OF DUAL NUMBERS AND DUAL LOGARITHMS.

Ex. 14.—To find the common number corresponding to the logarithm 100000000.

$$
\begin{array}{r}
100000000, \\
69314718, = \log \text{ of } 2 \\
\hline
30685282, \\
30683070, = \log \text{ of } 1{\cdot}359|11085 \\
\hline
2212,
\end{array}
\qquad
\begin{array}{l}
2718 = 1359 \times 2 \\
272 = 1359 \times \tfrac{1}{10} \\
14 = 1359 \times \tfrac{1}{100} \\
3 = 1359 \times \tfrac{1}{1000} \\
\hline
1{\cdot}359\,14092 \\
\phantom{1{\cdot}359\,1409}2 \\
\hline
2{\cdot}7\,18\,28\,184
\end{array}
$$

∴ 2·71828184 is the number whose logarithm is 100000000.

Ex. 15.—To find the number whose logarithm is 1136674297,

$$
\begin{array}{r}
1136674297, \\
921034037, = \log \text{ of } 10^4 \\
\hline
215640260, \\
207944154, = \log \text{ of } 2^3 \\
\hline
7696106, \\
7694883, = \log \text{ of } 1{\cdot}07998679 \\
\hline
1223,
\end{array}
\qquad
\begin{array}{r}
1080 \\
216 \\
22 \\
3 \\
\hline
1{\cdot}08000000 \\
80000 \\
\hline
86400{\cdot}00000000
\end{array}
$$

∴ 86400 is the number whose logarithm is 1136674297,

When the logarithm is negative, we subtract the logarithm from the nearest logarithm of powers of 10, and proceed with the result as when the logarithm is positive, only we divide the final result by the power of 10 we have used to reduce it to a logarithm contained in Table I.

EXPLANATION OF DUAL NUMBERS AND DUAL LOGARITHMS.

Ex. 16.—To find the number whose logarithm is $-\,404822690$.

Conventionally written '404822690

$$
\begin{array}{l}
460517019, = \log \text{ of } 100 \\
\text{'}404822690 \\
\hline
55694329, \\
55685354, = \log \text{ of } 1\text{·}745 | 17268 \\
\hline
8975 | 13960 \\
\phantom{55694329,= \log \text{ of } 1\text{·}745|} 1571 \\
\phantom{55694329,= \log \text{ of } 1\text{·}745|} 122 \\
\phantom{55694329,= \log \text{ of } 1\text{·}745|} 9 \\
\hline
\phantom{55694329,= \log \text{ of }} \dfrac{1\text{·}74532930}{100} = \text{·}017453293
\end{array}
$$

∴ ·017453293 is the number whose logarithm is $-\,404822690$.

That is ↓, (·017453293) = '404822690.

Ex. 17.—To find the number whose logarithm is $-\,53527575$.

$$
\begin{array}{l}
690775527, = \log \text{ of } 10^3 \\
\text{'}535275757 \\
\hline
155499770, \\
138629436, = \log \text{ of } 2^2 \\
\hline
16870334, \\
16866099, = \log \text{ of } 1\text{·}18371875 \\
\hline
4235 \phantom{= \log \text{ of } 1\text{·}183}4735 \\
\phantom{= \log \text{ of } 1\text{·}18371875}237 \\
\phantom{= \log \text{ of } 1\text{·}183718}35 \\
\phantom{= \log \text{ of } 1\text{·}1837187}6 \\
\hline
\phantom{= \log \text{ of }}1\text{·}18376888 \\
\phantom{= \log \text{ of } 1\text{·}18376}\text{·}004 \\
\hline
\phantom{= \log \text{ of }}\text{·}00473507552
\end{array}
$$

∴ ·00473507552 is the number whose logarithm is $-\,404822690$.

That is ↓, (·00473507552) = '404822690.

To test tables of common and Naperian logarithms, we give a rule by means of which the dual logarithms can be converted into common and hyperbolic logarithms.

To convert Dual Logarithms into Naperian and Common Logarithms.

As there is no known method of testing the accuracy of Naperian and common logarithms, we show how readily dual logarithms can be converted into those of the other systems, and can thus be used for testing their accuracy.

To convert a dual logarithm into a Naperian or hyperbolic one, divide the dual logarithm by 10^8.

To convert a dual logarithm into a common one, divide the dual logarithm by the dual logarithm of 10. This is easily effected by the use of Table I. at the foot of every page of which are given all the multiples of the logarithm of 10 from 1 to 9.

Ex. 18.—A siderial revolution of the earth expressed in days is 365·25638; we have shown, *Ex.* 8, that its dual logarithm is 590059956,

$$\frac{590059956}{10^8} = 5·90059956, \text{ Naperian logarithm of } 365·25638.$$

```
590059956 ( 2·5625978, common logarithm of 365·25638
460517019
---------
129542937 ·
115129255 ·
---------
 14413682 . .
 13815511 . .
---------
   598171 . . .
   460517 . . .
   ---------
   137654 . . . .
   115129 . . . .
   ---------
    22525 . . . .
    20723 . . . .
   ---------
     1802 . . . .
     1612 . . . .
     ---------
      190 . . . . .
      184 . . . . .
```

Ex. 19.—The base of the hyperbolic or Naperian system of logarithms is 2·71828183 we have shown, *Ex.* 9, that its dual logarithm is 100000000, = 10^8.

$$\frac{100000000}{10^8} = 1 \text{ Naperian logarithm of } 2\cdot71828183.$$

100000000 . (· 434294482 common logarithm of 2·71828183.
921034037
───────────
  78965963 .
  69077553 ·
  ─────────
   9888410 . .
   9210340 . .
   ─────────
    678070 . . .
    460517 . . .
    ─────────
    217553 . . .
    207233 . . .
    ─────────
     10320 . . . .
      9210 . . . .
     ─────────
      1110 . . . . .
       921 . . . . .
       ───────
       189 . . . . . .
       184 . . . . . .
       ───────
         5
         5
         ─

Ex. 20.—The number of seconds in 24 hours is 86400; we have shown, *Ex.* 10, that 1136674297, is the dual logarithm of this number.

$$\frac{1136674297}{10^8} = 11\cdot36674297 \text{ Naperian logarithm of } 86400.$$

1136674297 (4·93651375 common logarithm of 86400
 921034037
 ──────────
 215640260 .
 207232658 .
 ──────────
   8407602 . .
   6907755 . .
   ────────
   1499847 . . .
   1381551 . . .
   ────────
    118296 . . .

EXPLANATION OF DUAL NUMBERS AND DUAL LOGARITHMS.

```
118296...
115129...
─────────
  3167....
  2303....
─────────
   864.....
   691.....
─────────
    173......
    161......
─────────
     12.......
     12.......
─────────
```

When the dual logarithm is negative, it must be subtracted from the logarithm of the power of 10 which is next greater than itself, in order to convert it into a common logarithm.

Ex. 21.—Thus the arc of 1° is ·017453293; its dual logarithm, *Ex.* 11, is −404822690.

$$\frac{\cdot 404822690}{10^8} = -4\cdot 04822690 \text{ Naperian logarithm.}$$

460517019, = dual logarithm of 100.
·404822690

```
 55694329 (·2418774      ∴ 2̄·2418774 common logarithm of the
 46051702 .                  length of the arc of 1'.
 ────────
  9642627..
  9210340..
 ────────
   432287...
   230259...
 ────────
   202028...
   184207...
 ────────
    17821....
    16118....
 ────────
     1703.....
     1612.....
 ────────
       91
```

Table I. is not only a table of logarithms every one of whose numbers can be easily verified, but it is also a table by means of which the dual digits of any number to 8 places of figures and the converse may be readily obtained. For the properties, uses of dual numbers we must refer the reader to the "Dual Arithmetic a New Art." Parts I. and II.; and to the "Young Dual Arithmetician."

32 EXPLANATION OF DUAL NUMBERS AND DUAL LOGARITHMS.

To find the dual number of the ascending branch corresponding to any given common number by the use of TABLE I.

Prepare the number, not as if you had to find its dual logarithm. Instead, however, of writing down the dual logarithm corresponding to the number found in the table, set down its dual number; add to this number, as additional digits, the quotient found by dividing the difference of the prepared number and that in the table by the first 4 digits common to them both.

Ex. 22.—To find a dual number corresponding to $365\cdot25638$.

Referring to *Ex.* 8.

$$\begin{array}{r}2\ )\ 365\cdot25638 \\ \hline 100\ )\ 182\cdot62819 \\ \hline 1\cdot82628190 \\ 1\cdot82615387 = \text{number whose dual number is } \downarrow 6,3,0,5,\end{array}$$

Multiples of $1\cdot826$ found in margin of table.
$$\begin{array}{r}12803\ (\ 7012 \\ 12782 \\ \hline 21 \\ 18 \\ \hline 3 \\ 3\end{array}$$

A dual number corresponding to $365\cdot25638$ is $2 \times 10^2 \downarrow 6,3,0,5,7,0,1,2,$

Ex. 23.—To find a dual number of the number $2\cdot71828183$. See *Ex.* 9.

$$\begin{array}{r}2\ )\ 2\cdot71828183 \\ \hline 1\cdot35914092 \\ 1\cdot35911085 = \text{number whose dual number is } \downarrow 3,2,1,0, \\ 3007\ (\ 2212 \\ 2718 \\ \hline 289 \\ 272 \\ \hline 17 \\ 14 \\ \hline 3 \\ 3\end{array}$$

$\therefore\ 2\cdot71828183 = 2 \downarrow 3,2,1,0,2,2,1,2,$

EXPLANATION OF DUAL NUMBERS AND DUAL LOGARITHMS.

Ex. 24.—To find a dual number equal to 86400. See *Ex.* 10.

$$8 \,)\, 8\,6400$$
$$10^4 \,)\, 1\,0800$$

$$1{\cdot}0800$$
$$1{\cdot}07998679 = \downarrow 0,7,7,3,$$

$$1321\,(\,1223$$
$$1080$$

$$241$$
$$216$$

$$25$$
$$22$$

$$3$$
$$3$$

$$\therefore\ 2^3 20^4 \downarrow 0,7,7,3,1,2,2,3 = 86400.$$

Ex. 25.—To find a dual number corresponding to ·017453293.

$$\cdot 017453293 = \tfrac{1}{100} \times 1{\cdot}7453293$$

$$1{\cdot}7453 2930$$
$$1{\cdot}7451 7268 = \downarrow 5,8,0,7,$$

$$15662\,(\,8975$$
$$13960$$

$$1702$$
$$1571$$

$$131$$
$$122$$

$$9$$
$$9$$

$$\therefore\ \tfrac{1}{10^2} \downarrow 5,8,0,7,8,9,7,5, = \cdot 017453293.$$

Ex. 26.—To find a dual number corresponding to ·00177421952.

$$·00177421952 = \frac{1}{10^3}\, 1·77421952$$

$$\begin{array}{l}
1·77421952 \\
\underline{1·77421940} = \downarrow 6,0,1,5, \\
12\ (\,0007 \\
12 \\
\overline{}
\end{array}$$

$$\therefore\ \frac{1}{10^3}\, \downarrow 6,0,1,5,0,0,0,7, = ·00177421952.$$

To find the common or natural number corresponding to any dual number by the use of
TABLE I.

Find the number corresponding to that of the first four digits of the dual number; add to this number the multiples of its first four digits, by the last four of the dual number, putting each line one step back as shown below, making the proper allowances when the omitted figure is greater than 5.

Ex. 27.—To find the natural number equal to the dual number $\downarrow 3,2,1,0,2,2,1,2,$

$$\downarrow 3,2,1,0, = 1·35911085 \text{ found in Table I.}$$

$$\begin{array}{rl}
2718 =& 1359 \times 2 \\
272 =& 1359 \times \tfrac{1}{10} \\
14 =& 1359 \times \tfrac{1}{100} \\
3 =& 1359 \times \tfrac{2}{1000} \\
\hline
1·55914092 =& \downarrow 3,2,1,0,2,2,1,2,
\end{array}$$

These multiples of 1359 will be found in the margin of the same pages of the table in which $\downarrow 3,2,1,0$ is registered.

Ex. 28.—Find the natural number equal to the dual number $\downarrow 6,3,0,5,7,0,1,2,$

$$\begin{array}{rl}
\downarrow 6,3,0,5, =& 1·82615387 \\
12782 =& 1826 \times 7 \\
18 =& 1826 \times \tfrac{1}{100} \\
3 =& 1826 \times \tfrac{2}{1000} \\
\hline
1·82628190 &
\end{array}$$

Multiples of 1826 as given in margin of table.

Construction of Table I.

In constructing this table, no arithmetical operation beyond that of addition is necessary.

To find the natural numbers corresponding to any dual number of one digit.

$$\downarrow 1 = 1\cdot 1$$
$$11$$
$$\downarrow 2 = 1\cdot 21$$
$$121$$
$$\downarrow 3 = 1\cdot 331$$
$$1331$$
$$\downarrow 4 = 1\cdot 4641$$
$$14641$$
$$\downarrow 5 = 1\cdot 61051$$
$$161051$$
$$\downarrow 6 = 1\cdot 771561$$
$$1771561$$
$$\downarrow 7 = 1\cdot 9487171$$
$$19487171$$
$$\downarrow 8 = 2\cdot 14358881$$
$$214358881$$
$$\downarrow 9 = 2\cdot 357947691$$

The above table is formed by simple addition, each line being obtained from the preceding one by commencing a figure farther to the right, and adding each digit of the line above to the line on its left.

To find the natural numbers corresponding to dual numbers of two digits.

$$\downarrow 0,1 = 1\cdot 0|1$$
$$|10|1$$
$$\downarrow 0,2 = 1\cdot 0|20|1$$
$$|10|20|1$$
$$\downarrow 0,3 = 1\cdot 0|30|30|1$$
$$|10|30|30|1$$
$$\downarrow 0,4 = 1\cdot 0|40|60|40|1$$
$$|10|40|60|4$$
$$\downarrow 0,5 = 1\cdot 0\,51\,01\,00\,5$$
$$\text{&c.} = \text{&c.}$$

EXPLANATION OF DUAL NUMBERS AND DUAL LOGARITHMS.

Here commencing with $\downarrow 0,1 = 1\cdot 01$, we pursue the same process as before only placing the figures to be added to the preceding line two figures farther to the right, instead of one, neglecting all figures after the eighth decimal place.

When the first dual digit is greater than one, we start with the value of that digit. Thus:—

$$\downarrow 6 = 1\cdot 7|71|56|1$$
$$|17\,71|56|1$$

$$\downarrow 6,1 = 1\cdot 7\,89|27|66|1$$
$$|17|89|27|7$$

$$\downarrow 6,2 = 1\cdot 8|07|16|93|8$$
$$|18|07|16|9$$

$$\downarrow 6,3 = 1\cdot 8|25|24|10|7$$
$$|18|25|24|1$$

$$\downarrow 6,4 = 1\cdot 8|43|49|34\,8$$
$$|18|43|49|3$$

$$\downarrow 6,5 = 1\cdot 86192841$$
&c. = &c.

In this way the common numbers corresponding to all dual numbers of two digits may be computed and tabulated.

Again, $\downarrow 0,0,1 = 1\cdot 00|1$
$$|100|1$$

$$\downarrow 0,0,2 = 1\cdot 00|200\,1$$
$$|100\,200$$

$$\downarrow 0,0,3 = 1\cdot 00|300|300$$
$$|100|300$$

$$\downarrow 0,0,4 = 1\cdot 00|400|600$$
$$|100|400$$

$$\downarrow 0,0,5 = 1\cdot 00|501|000$$
$$|100|501$$

$$\downarrow 0,0,6 = 1\cdot 00601\,501$$
&c. = &c.

Same as before, only setting the line to be added three figures back.

EXPLANATION OF DUAL NUMBERS AND DUAL LOGARITHMS

$$\downarrow 6,5,0 = 1\cdot86|192|841$$
$$|186|193$$

$$\downarrow 6,5,1 = 1\cdot86|379|034$$
$$|186|379$$

$$\downarrow 6,5,2 = 1\cdot86|565|413$$
$$|186|565$$

$$\downarrow 6,5,3 = 1\cdot86\,751\,978$$
$$\&c. = \&c.$$

In this manner the common numbers of all dual numbers of three digits can be found and tabulated.

$$\downarrow 0,0,0,1 = 1\cdot000|1$$
$$|1000|1$$

$$\downarrow 0,0,0,2 = 1\cdot000|2000|1$$
$$|1000|2$$

$$\downarrow 0,0,0,3 = 1\cdot000\,3000\,3$$

Or the common numbers corresponding to dual numbers of four digits are found as those of three digits, setting the line to be added four figures back.

$$\downarrow 6,5,2,0 = 1\cdot865|6541|3$$
$$|1865|7$$

$$\downarrow 6,5,2,1 = 1\cdot865|8407|0$$
$$|1865|8$$

$$\downarrow 6,5,2,2 = 1\cdot866|0272|8$$
$$|1866|0$$

$$\downarrow 6,5,2,3 = 1\cdot866|2138|8$$
$$|1866|2$$

$$\downarrow 6,5,2,4 = 1\cdot866|4005|0$$
$$|1866|4$$

$$\downarrow 6,5,2,5 = 1\cdot866\,5871\,4$$
$$\&c. = \&c.$$

In this way, by common addition alone, the common numbers corresponding to the dual numbers can be obtained throughout the whole table.

Next to compute the dual logarithms.

$$\text{The dual logarithm of } \downarrow 1 = 9531018$$
$$\text{,, \quad ,, \quad} \downarrow 0,1 = 995033$$
$$\text{,, \quad ,, \quad} \downarrow 0,0,1 = 99950$$
$$\text{,, \quad ,, \quad} \downarrow 0,0,0,1 = 10000$$

EXPLANATION OF DUAL NUMBERS AND DUAL LOGARITHMS.

For the calculation of these three numbers, see "Dual Arithmetic," Part II., and "The Young Dual Arithmetician."

From these three numbers all the dual logarithms in the table can be found by simple addition.

$$\log \downarrow 1, = \frac{9531018}{9531018} \text{ written } \downarrow, 1,$$

$$\log \downarrow 2, = \frac{19062036}{9531018} \quad \text{,,} \quad \downarrow, 2,$$

$$\log \downarrow 3, = \frac{28593054}{9531018} \quad \text{,,} \quad \downarrow, 3,$$

$$\log \downarrow 4, = \frac{38124072}{9531018} \quad \text{,,} \quad \downarrow, 4,$$

$$\log \downarrow 5, = \frac{47655090}{9531018} \quad \text{,,} \quad \downarrow, 5,$$

$$\log \downarrow 6, = 57186108 \quad \text{,,} \quad \downarrow, 6,$$
&c. = &c.

Or the dual logarithms of all dual numbers of one digit are found by the successive addition of the number 9531018.

$$\log \downarrow 0,1 = \frac{995033}{995033} \text{ written } \downarrow, 0,1,$$

$$\log \downarrow 0,2 = \frac{1990066}{995033} \quad \text{,,} \quad \downarrow, 0,2,$$

$$\log \downarrow 0,3 = \frac{2985099}{995033} \quad \text{,,} \quad \downarrow, 0,3,$$

$$\log \downarrow 0,4 = 3980132 \quad \text{,,} \quad \downarrow, 0,4,$$
&c. = &c.

and $\log \downarrow 6 \;= \frac{57186108}{995033} \quad \text{,,} \quad \downarrow, 6,$

$$\log \downarrow 6,1 = \frac{58181141}{995033} \quad \text{,,} \quad \downarrow, 6,1,$$

$$\log \downarrow 6,2 = \frac{59176174}{995033} \quad \text{,,} \quad \downarrow, 6,2,$$

$$\log \downarrow 6,3 = \frac{60171207}{995033} \quad \text{,,} \quad \downarrow, 6,3,$$

$$\log \downarrow 6,4 = 61166240 \quad \text{,,} \quad \downarrow, 6,4,$$
&c. = &c.

EXPLANATION OF DUAL NUMBERS AND DUAL LOGARITHMS. 39

Thus the dual logarithms of dual numbers of two digits are derived from those of one digit by the successive addition of the number 995033.

$$\log \downarrow 0,0,1, = \underline{\begin{array}{r}99950,\\99950,\end{array}} \quad \text{written } \downarrow^3 1,$$

$$\log \downarrow 0,0,2, = \underline{\begin{array}{r}199900,\\99950,\end{array}} \quad \text{,, } \downarrow^3, 2,$$

$$\log \downarrow 0,0,3, = \underline{\begin{array}{r}299850,\\99950,\end{array}} \quad \text{,, } \downarrow^3, 3,$$

$$\log \downarrow 0,0,4, = 399800, \quad \text{,, } \downarrow^3, 4,$$
&c. = &c.

$$\text{but } \log \downarrow 6,4,0, = \underline{\begin{array}{r}61166240,\\99950,\end{array}} \quad \text{,, } \downarrow, 6,4,0,$$

$$\log \downarrow 6,4,1, = \underline{\begin{array}{r}61266190,\\99950,\end{array}} \quad \text{,, } \downarrow, 6,4,1,$$

$$\log \downarrow 6,4,2, = \underline{\begin{array}{r}61366140,\\99950,\end{array}} \quad \text{,, } \downarrow, 6,4,2,$$

$$\log \downarrow 6,4,3, = 61466090, \quad \text{,, } \downarrow, 6,4,3,$$
&c = &c.

Thus the dual logarithms of all dual numbers of three digits are derived from those of two digits by the successive addition of the number 99950.

$$\log \downarrow 0,0,0,1, = \underline{\begin{array}{r}10000,\\10000,\end{array}} \quad \text{written } \downarrow^4, 1,$$

$$\log \downarrow 0,0,0,2, = \underline{\begin{array}{r}20000,\\10000,\end{array}} \quad \text{,, } \downarrow^4, 2,$$

$$\log \downarrow 0,0,0,3, = \underline{\begin{array}{r}30000,\\10000,\end{array}} \quad \text{,, } \downarrow^4, 3,$$

$$\log \downarrow 0,0,0,4, = 40000, \quad \text{,, } \downarrow^4, 4,$$
&c. = &c.

$$\text{but } \log \downarrow 6,4,3,0, = \underline{\begin{array}{r}61466090,\\1000,\end{array}} \quad \text{,, } \downarrow, 6,4,3,0,$$

$$\log \downarrow 6,4,3,1, = \underline{\begin{array}{r}61467090,\\1000,\end{array}} \quad \text{,, } \downarrow, 6,4,3,1,$$

$$\log \downarrow 6,4,3,2, = \underline{\begin{array}{r}61468090,\\1000,\end{array}} \quad \text{,, } \downarrow, 6,4,3,2,$$

$$\log \downarrow 6,4,3,3, = 61469090, \quad \text{,, } \downarrow, 6,4,3,3,$$
&c. = &c.

Or the dual logarithms of all dual numbers of four digits may be derived from those of three digits by the successive addition of the number 1000.

For the calculation of the dual logarithms of the common numbers 2 and 10, see the second part of "Dual Arithmetic," and "The Young Dual Arithmetician."

With the exception, therefore, of the calculation of the dual logarithms of ↓1, ↓0,1, ↓0,0,1, and ↓0,0,0,1, and of the dual logarithms of 2, and 10—all of which can be verified by the methods shown in the dual arithmetic in ten minutes—every result in the table of dual numbers, their corresponding common numbers, and dual logarithms, can be calculated as shown above by simple addition, without the aid of any other arithmetical operation.

The construction of Table II. is equally simple and the extension of both, until they become *general dual tables*, effected with great ease. The consecutive descending natural numbers of Table II., from which the descending branch takes its name, can be found by common subtraction, while the corresponding dual numbers and dual logarithms are obtained by common addition as in Table I.

LIMITS OF THE RANGES OF GENERAL TABLES OF DUAL NUMBERS.

Ascending.

NATURAL NUMBERS.	DUAL NUMBERS.	DUAL LOGARITHMS.
˙1˙00000001 continued to 2˙99161136	↓ 0,0,0,0,0,0,0,1, continued to ↓ 11,4,7,6,0,2,3,9,	00000001, continued to 109581215,

Descending.

NATURAL NUMBERS.	DUAL NUMBERS.	DUAL LOGARITHMS.
˙99999999 continued to ˙29916114	˙0˙0˙0˙0˙0˙0˙0˙1 ↑ continued to ˙11˙4˙7˙6˙0˙2˙3˙9 ↑	˙00000001 continued to ˙120677239

An abridgment of these GENERAL TABLES to three dual digits is given in "The Young Dual Arithmetician."

TABLE I.

DUAL LOGARITHMS AND DUAL NUMBERS,

WITH

CORRESPONDING NATURAL NUMBERS.

ASCENDING BRANCH.

Nat. No. 1·0000 to 1·0099   D. Log. 00.... to 98....   D. No. ↓0,0,0,0, to ↓0,0,9,9,   [1

Natural Numbers.	Dual Logarithms.	Dual Numbers.	Natural Numbers.	Dual Logarithms.	Dual Numbers.	Multiples of Differences.		
1·00000000	00000,	↓0,0,0,0,0,0,0,0,	1·00501001	499750,	↓0,0,5,0,0,0,0,0,			
10000	1	↓0,0,0,1,0,0,0,0,	11051	50	↓0,0,5,1,0,0,0,0,	1	1000	1001	1002
20001	2	↓0,0,0,2,0,0,0,0,	21102	51	↓0,0,5,2,0,0,0,0,	2	2000	2002	2004
30003	3	↓0,0,0,3,0,0,0,0,	31154	52	↓0,0,5,3,0,0,0,0,	3	3000	3003	3006
40006	4	↓0,0,0,4,0,0,0,0,	41207	53	↓0,0,5,4,0,0,0,0,	4	4000	4004	4008
						5	5000	5005	5010
50010	5	↓0,0,0,5,0,0,0,0,	51261	54	↓0,0,5,5,0,0,0,0,	6	6000	6006	6012
60015	6	↓0,0,0,6,0,0,0,0,	61316	55	↓0,0,5,6,0,0,0,0,	7	7000	7007	7014
70021	7	↓0,0,0,7,0,0,0,0,	71372	56	↓0,0,5,7,0,0,0,0,	8	8000	8008	8016
80028	8	↓0,0,0,8,0,0,0,0,	81429	57	↓0,0,5,8,0,0,0,0,	9	9000	9009	9018
90036	9	↓0,0,0,9,0,0,0,0,	91487	58	↓0,0,5,9,0,0,0,0,				
1·00100000	99950,	↓0,0,1,0,0,0,0,0,	1·00601502	599700,	↓0,0,6,0,0,0,0,0,				
10010	10	↓0,0,1,1,0,0,0,0,	11562	60	↓0,0,6,1,0,0,0,0,	1	1003	1004	1005
20021	11	↓0,0,1,2,0,0,0,0,	21623	61	↓0,0,6,2,0,0,0,0,	2	2006	2008	2010
30033	12	↓0,0,1,3,0,0,0,0,	31685	62	↓0,0,6,3,0,0,0,0,	3	3009	3012	3015
40046	13	↓0,0,1,4,0,0,0,0,	41748	63	↓0,0,6,4,0,0,0,0,	4	4012	4016	4020
						5	5015	5020	5025
50060	14	↓0,0,1,5,0,0,0,0,	51812	64	↓0,0,6,5,0,0,0,0,	6	6018	6024	6030
60075	15	↓0,0,1,6,0,0,0,0,	61877	65	↓0,0,6,6,0,0,0,0,	7	7021	7028	7035
70091	16	↓0,0,1,7,0,0,0,0,	71943	66	↓0,0,6,7,0,0,0,0,	8	8024	8032	8040
80108	17	↓0,0,1,8,0,0,0,0,	82010	67	↓0,0,6,8,0,0,0,0,	9	9027	9036	9045
90126	18	↓0,0,1,9,0,0,0,0,	92078	68	↓0,0,6,9,0,0,0,0,				
1·00200100	199900,	↓0,0,2,0,0,0,0,0,	1·00702104	699650,	↓0,0,7,0,0,0,0,0,	1	1006	1007	1008
10120	20	↓0,0,2,1,0,0,0,0,	12174	70	↓0,0,7,1,0,0,0,0,	2	2012	2014	2016
20141	21	↓0,0,2,2,0,0,0,0,	22245	71	↓0,0,7,2,0,0,0,0,	3	3018	3021	3024
30163	22	↓0,0,2,3,0,0,0,0,	32317	72	↓0,0,7,3,0,0,0,0,	4	4024	4028	4032
40186	23	↓0,0,2,4,0,0,0,0,	42390	73	↓0,0,7,4,0,0,0,0,	5	5030	5035	5040
						6	6036	6042	6048
50210	24	↓0,0,2,5,0,0,0,0,	52464	74	↓0,0,7,5,0,0,0,0,	7	7042	7049	7056
60235	25	↓0,0,2,6,0,0,0,0,	62539	75	↓0,0,7,6,0,0,0,0,	8	8048	8056	8064
70261	26	↓0,0,2,7,0,0,0,0,	72615	76	↓0,0,7,7,0,0,0,0,	9	9054	9063	9072
80288	27	↓0,0,2,8,0,0,0,0,	82692	77	↓0,0,7,8,0,0,0,0,				
90316	28	↓0,0,2,9,0,0,0,0,	92770	78	↓0,0,7,9,0,0,0,0,				
1·00300300	299850,	↓0,0,3,0,0,0,0,0,	1·00802806	799600,	↓0,0,8,0,0,0,0,0,	1	1009	1010	
10330	30	↓0,0,3,1,0,0,0,0,	12886	80	↓0,0,8,1,0,0,0,0,	2	2018	2020	
20361	31	↓0,0,3,2,0,0,0,0,	22967	81	↓0,0,8,2,0,0,0,0,	3	3027	3030	
30393	32	↓0,0,3,3,0,0,0,0,	33049	82	↓0,0,8,3,0,0,0,0,	4	4036	4040	
40426	33	↓0,0,3,4,0,0,0,0,	43132	83	↓0,0,8,4,0,0,0,0,	5	5045	5050	
						6	6054	6060	
50460	34	↓0,0,3,5,0,0,0,0,	53216	84	↓0,0,8,5,0,0,0,0,	7	7063	7070	
60495	35	↓0,0,3,6,0,0,0,0,	63301	85	↓0,0,8,6,0,0,0,0,	8	8072	8080	
70531	36	↓0,0,3,7,0,0,0,0,	73387	86	↓0,0,8,7,0,0,0,0,	9	9081	9090	
80568	37	↓0,0,3,8,0,0,0,0,	83474	87	↓0,0,8,8,0,0,0,0,				
90606	38	↓0,0,3,9,0,0,0,0,	93562	88	↓0,0,8,9,0,0,0,0,				
1·00400600	399800,	↓0,0,4,0,0,0,0,0,	1·00903608	899550,	↓0,0,9,0,0,0,0,0,				
10640	40	↓0,0,4,1,0,0,0,0,	13698	90	↓0,0,9,1,0,0,0,0,				
20681	41	↓0,0,4,2,0,0,0,0,	23789	91	↓0,0,9,2,0,0,0,0,				
30723	42	↓0,0,4,3,0,0,0,0,	33881	92	↓0,0,9,3,0,0,0,0,				
40766	43	↓0,0,4,4,0,0,0,0,	43974	93	↓0,0,9,4,0,0,0,0,				
50810	44	↓0,0,4,5,0,0,0,0,	54068	94	↓0,0,9,5,0,0,0,0,				
60855	45	↓0,0,4,6,0,0,0,0,	64163	95	↓0,0,9,6,0,0,0,0,				
70901	46	↓0,0,4,7,0,0,0,0,	74259	96	↓0,0,9,7,0,0,0,0,				
80948	47	↓0,0,4,8,0,0,0,0,	84356	97	↓0,0,9,8,0,0,0,0,				
90996	48	↓0,0,4,9,0,0,0,0,	94454	98	↓0,0,9,9,0,0,0,0,				

Dual Logarithms of powers of 2 and 10.

↓, 2 = 69314718,   ↓, 10 = 230258509,   ↓, 10^4 = 921034037,   ↓, 10^7 = 1611809565,
↓, 4 = 138629437,   ↓, 10^2 = 460517019,   ↓, 10^5 = 1151292546,   ↓, 10^8 = 1842068074,
↓, 8 = 207944154,   ↓, 10^3 = 690775528,   ↓, 10^6 = 1381551056,   ↓, 10^9 = 2072326584,

B

2] Nat. No. 1·0100 to 1·0200   D. Log. 99.... to 198....   D. No. ↓0,1,0,0, to ↓0,1,9,9,

Natural Numbers.	Dual Logarithms.	Dual Numbers.	Natural Numbers.	Dual Logarithms.	Dual Numbers.	Multiples of Differences.
1·01000000	995033,	↓0,1,0,0,0,0,0,0,	1·01506011	1494783,	↓0,1,5,0,0,0,0,0,	
10100	100	↓0,1,0,1,0,0,0,0,	16162	50	↓0,1,5,1,0,0,0,0,	1 1010 1011 1012
20201	01	↓0,1,0,2,0,0,0,0,	26314	51	↓0,1,5,2,0,0,0,0,	2 2020 2022 2024
30303	02	↓0,1,0,3,0,0,0,0,	36467	52	↓0,1,5,3,0,0,0,0,	3 3030 3033 3036
40406	03	↓0,1,0,4,0,0,0,0,	46621	53	↓0,1,5,4,0,0,0,0,	4 4040 4044 4048
						5 5050 5055 5060
50510	04	↓0,1,0,5,0,0,0,0,	56776	54	↓0,1,5,5,0,0,0,0,	6 6060 6066 6072
60615	05	↓0,1,0,6,0,0,0,0,	66932	55	↓0,1,5,6,0,0,0,0,	7 7070 7077 7084
70721	06	↓0,1,0,7,0,0,0,0,	77089	56	↓0,1,5,7,0,0,0,0,	8 8080 8088 8096
80828	07	↓0,1,0,8,0,0,0,0,	87247	57	↓0,1,5,8,0,0,0,0,	9 9090 9099 9108
90936	08	↓0,1,0,9,0,0,0,0,	97406	58	↓0,1,5,9,0,0,0,0,	
1·01101000	1094983,	↓0,1,1,0,0,0,0,0,	1·01607517	1594733,	↓0,1,6,0,0,0,0,0,	
11110	10	↓0,1,1,1,0,0,0,0,	17678	60	↓0,1,6,1,0,0,0,0,	1 1013 1014 1015
21221	11	↓0,1,1,2,0,0,0,0,	27840	61	↓0,1,6,2,0,0,0,0,	2 2026 2028 2030
31333	12	↓0,1,1,3,0,0,0,0,	38003	62	↓0,1,6,3,0,0,0,0,	3 3039 3042 3045
41446	13	↓0,1,1,4,0,0,0,0,	48167	63	↓0,1,6,4,0,0,0,0,	4 4052 4056 4060
						5 5065 5070 5075
51560	14	↓0,1,1,5,0,0,0,0,	58332	64	↓0,1,6,5,0,0,0,0,	6 6078 6084 6090
61675	15	↓0,1,1,6,0,0,0,0,	68498	65	↓0,1,6,6,0,0,0,0,	7 7091 7098 7105
71791	16	↓0,1,1,7,0,0,0,0,	78665	66	↓0,1,6,7,0,0,0,0,	8 8104 8112 8120
81908	17	↓0,1,1,8,0,0,0,0,	88833	67	↓0,1,6,8,0,0,0,0,	9 9117 9126 9135
92026	18	↓0,1,1,9,0,0,0,0,	99002	68	↓0,1,6,9,0,0,0,0,	
1·01202101	1194933,	↓0,1,2,0,0,0,0,0,	1·01709125	1694683,	↓0,1,7,0,0,0,0,0,	
12221	20	↓0,1,2,1,0,0,0,0,	19296	70	↓0,1,7,1,0,0,0,0,	1 1016 1017 1018
22342	21	↓0,1,2,2,0,0,0,0,	29468	71	↓0,1,7,2,0,0,0,0,	2 2032 2034 2036
32464	22	↓0,1,2,3,0,0,0,0,	39641	72	↓0,1,7,3,0,0,0,0,	3 3048 3051 3054
42587	23	↓0,1,2,4,0,0,0,0,	49815	73	↓0,1,7,4,0,0,0,0,	4 4064 4068 4072
						5 5080 5085 5090
52711	24	↓0,1,2,5,0,0,0,0,	59990	74	↓0,1,7,5,0,0,0,0,	6 6096 6102 6108
62836	25	↓0,1,2,6,0,0,0,0,	70166	75	↓0,1,7,6,0,0,0,0,	7 7112 7119 7126
72962	26	↓0,1,2,7,0,0,0,0,	80343	76	↓0,1,7,7,0,0,0,0,	8 8128 8136 8144
83089	27	↓0,1,2,8,0,0,0,0,	90521	77	↓0,1,7,8,0,0,0,0,	9 9144 9153 9162
93217	28	↓0,1,2,9,0,0,0,0,	1·01800700	78	↓0,1,7,9,0,0,0,0,	
1·01303303	1294883,	↓0,1,3,0,0,0,0,0,	10834	1794633,	↓0,1,8,0,0,0,0,0,	
13433	30	↓0,1,3,1,0,0,0,0,	21015	80	↓0,1,8,1,0,0,0,0,	1 1019 1020
23564	31	↓0,1,3,2,0,0,0,0,	31197	81	↓0,1,8,2,0,0,0,0,	2 2038 2040
33696	32	↓0,1,3,3,0,0,0,0,	41380	82	↓0,1,8,3,0,0,0,0,	3 3057 3060
43829	33	↓0,1,3,4,0,0,0,0,	51564	83	↓0,1,8,4,0,0,0,0,	4 4076 4080
						5 5095 5100
53963	34	↓0,1,3,5,0,0,0,0,	61749	84	↓0,1,8,5,0,0,0,0,	6 6114 6120
64098	35	↓0,1,3,6,0,0,0,0,	71935	85	↓0,1,8,6,0,0,0,0,	7 7133 7140
74234	36	↓0,1,3,7,0,0,0,0,	82122	86	↓0,1,8,7,0,0,0,0,	8 8152 8160
84371	37	↓0,1,3,8,0,0,0,0,	92310	87	↓0,1,8,8,0,0,0,0,	9 9171 9180
94509	38	↓0,1,3,9,0,0,0,0,	1·01902499	88	↓0,1,8,9,0,0,0,0,	
1·01404606	1394833,	↓0,1,4,0,0,0,0,0,	12644	1894583,	↓0,1,9,0,0,0,0,0,	
14746	40	↓0,1,4,1,0,0,0,0,	22835	90	↓0,1,9,1,0,0,0,0,	
24887	41	↓0,1,4,2,0,0,0,0,	33027	91	↓0,1,9,2,0,0,0,0,	
35029	42	↓0,1,4,3,0,0,0,0,	43220	92	↓0,1,9,3,0,0,0,0,	
45173	43	↓0,1,4,4,0,0,0,0,	53414	93	↓0,1,9,4,0,0,0,0,	
55318	44	↓0,1,4,5,0,0,0,0,	63609	94	↓0,1,9,5,0,0,0,0,	
65464	45	↓0,1,4,6,0,0,0,0,	73805	95	↓0,1,9,6,0,0,0,0,	
75611	46	↓0,1,4,7,0,0,0,0,	84002	96	↓0,1,9,7,0,0,0,0,	
85759	47	↓0,1,4,8,0,0,0,0,	94200	97	↓0,1,9,8,0,0,0,0,	
95908	48	↓0,1,4,9,0,0,0,0,	1·02004399	98	↓0,1,9,9,0,0,0,0,	

Dual Logarithms of powers of 2 and 10.

$\downarrow 2 = 69314718$, $\downarrow 10 = 230258509$, $\downarrow 10^4 = 921034037$, $\downarrow 10^7 = 1611809565$,

$\downarrow 4 = 138629437$, $\downarrow 10^2 = 460517019$, $\downarrow 10^5 = 1151292546$, $\downarrow 10^8 = 1842068074$,

$\downarrow 8 = 207944154$, $\downarrow 10^3 = 690775528$, $\downarrow 10^6 = 1381551056$, $\downarrow 10^9 = 2072326584$,

Nat. No. 1·0201 to 1·0302   D. Log. 199.... to 297....   D. No. ↓0,2,0,0, to ↓0,2,9,9, [3

Natural Numbers.	Dual Logarithms.	Dual Numbers.	Natural Numbers.	Dual Logarithms.	Dual Numbers.	Multiples of Differences.
1·02010000	1990066,	↓0,2,0,0,0,0,0,0,	1·02521071	2489816,	↓0,2,5,0,0,0,0,0,	
20201	200	↓0,2,0,1,0,0,0,0,	31323	49	↓0,2,5,1,0,0,0,0,	1 | 1020 | 1021 | 1022
30403	01	↓0,2,0,2,0,0,0,0,	41576	50	↓0,2,5,2,0,0,0,0,	2 | 2040 | 2042 | 2044
40606	02	↓0,2,0,3,0,0,0,0,	51830	51	↓0,2,5,3,0,0,0,0,	3 | 3060 | 3063 | 3066
50810	03	↓0,2,0,4,0,0,0,0,	62085	52	↓0,2,5,4,0,0,0,0,	4 | 4080 | 4084 | 4088
						5 | 5100 | 5105 | 5110
61015	04	↓0,2,0,5,0,0,0,0,	72341	53	↓0,2,5,5,0,0,0,0,	6 | 6120 | 6126 | 6132
71221	05	↓0,2,0,6,0,0,0,0,	82598	54	↓0,2,5,6,0,0,0,0,	7 | 7140 | 7147 | 7154
81428	06	↓0,2,0,7,0,0,0,0,	92856	55	↓0,2,5,7,0,0,0,0,	8 | 8160 | 8168 | 8176
91636	07	↓0,2,0,8,0,0,0,0,	1·02603115	56	↓0,2,5,8,0,0,0,0,	9 | 9180 | 9189 | 9198
1·02101845	08	↓0,2,0,9,0,0,0,0,	13375	57	↓0,2,5,9,0,0,0,0,	
12010	2090016,	↓0,2,1,0,0,0,0,0,	23592	2589766,	↓0,2,6,0,0,0,0,0,	
22221	10	↓0,2,1,1,0,0,0,0,	33854	59	↓0,2,6,1,0,0,0,0,	1 | 1023 | 1024 | 1025
32433	11	↓0,2,1,2,0,0,0,0,	44117	60	↓0,2,6,2,0,0,0,0,	2 | 2046 | 2048 | 2050
42646	12	↓0,2,1,3,0,0,0,0,	54381	61	↓0,2,6,3,0,0,0,0,	3 | 3069 | 3072 | 3075
52860	13	↓0,2,1,4,0,0,0,0,	64646	62	↓0,2,6,4,0,0,0,0,	4 | 4092 | 4096 | 4100
						5 | 5115 | 5120 | 5125
63075	14	↓0,2,1,5,0,0,0,0,	74912	63	↓0,2,6,5,0,0,0,0,	6 | 6138 | 6144 | 6150
73291	15	↓0,2,1,6,0,0,0,0,	85179	64	↓0,2,6,6,0,0,0,0,	7 | 7161 | 7168 | 7175
83508	16	↓0,2,1,7,0,0,0,0,	95448	65	↓0,2,6,7,0,0,0,0,	8 | 8184 | 8192 | 8200
93726	17	↓0,2,1,8,0,0,0,0,	1·02705718	66	↓0,2,6,8,0,0,0,0,	9 | 9207 | 9216 | 9225
1·02203945	18	↓0,2,1,9,0,0,0,0,	15989	67	↓0,2,6,9,0,0,0,0,	
14122	2189966,	↓0,2,2,0,0,0,0,0,	26216	2689716,	↓0,2,7,0,0,0,0,0,	1 | 1026 | 1027 | 1028
24343	19	↓0,2,2,1,0,0,0,0,	36489	69	↓0,2,7,1,0,0,0,0,	2 | 2052 | 2054 | 2056
34565	20	↓0,2,2,2,0,0,0,0,	46763	70	↓0,2,7,2,0,0,0,0,	3 | 3078 | 3081 | 3084
44788	21	↓0,2,2,3,0,0,0,0,	57038	71	↓0,2,7,3,0,0,0,0,	4 | 4104 | 4108 | 4112
55012	22	↓0,2,2,4,0,0,0,0,	67314	72	↓0,2,7,4,0,0,0,0,	5 | 5130 | 5135 | 5140
						6 | 6156 | 6162 | 6168
65238	23	↓0,2,2,5,0,0,0,0,	77591	73	↓0,2,7,5,0,0,0,0,	7 | 7182 | 7189 | 7196
75465	24	↓0,2,2,6,0,0,0,0,	87869	74	↓0,2,7,6,0,0,0,0,	8 | 8208 | 8216 | 8224
85693	25	↓0,2,2,7,0,0,0,0,	98148	75	↓0,2,7,7,0,0,0,0,	9 | 9234 | 9243 | 9252
95922	26	↓0,2,2,8,0,0,0,0,	1·02808428	76	↓0,2,7,8,0,0,0,0,	
1·02306152	27	↓0,2,2,9,0,0,0,0,	18709	77	↓0,2,7,9,0,0,0,0,	
16336	2289916,	↓0,2,3,0,0,0,0,0,	28942	2789666,	↓0,2,8,0,0,0,0,0,	1 | 1029 | 1030
26568	29	↓0,2,3,1,0,0,0,0,	39225	79	↓0,2,8,1,0,0,0,0,	2 | 2058 | 2060
36801	30	↓0,2,3,2,0,0,0,0,	49509	80	↓0,2,8,2,0,0,0,0,	3 | 3087 | 3090
47035	31	↓0,2,3,3,0,0,0,0,	59794	81	↓0,2,8,3,0,0,0,0,	4 | 4116 | 4120
57270	32	↓0,2,3,4,0,0,0,0,	70080	82	↓0,2,8,4,0,0,0,0,	5 | 5145 | 5150
						6 | 6174 | 6180
67506	33	↓0,2,3,5,0,0,0,0,	80367	83	↓0,2,8,5,0,0,0,0,	7 | 7203 | 7210
77743	34	↓0,2,3,6,0,0,0,0,	90655	84	↓0,2,8,6,0,0,0,0,	8 | 8232 | 8240
87981	35	↓0,2,3,7,0,0,0,0,	1·02900944	85	↓0,2,8,7,0,0,0,0,	9 | 9261 | 9270
98220	36	↓0,2,3,8,0,0,0,0,	11234	86	↓0,2,8,8,0,0,0,0,	
1·02408460	37	↓0,2,3,9,0,0,0,0,	21525	87	↓0,2,8,9,0,0,0,0,	
18652	2389866,	↓0,2,4,0,0,0,0,0,	31771	2889616,	↓0,2,9,0,0,0,0,0,	
28894	39	↓0,2,4,1,0,0,0,0,	42064	89	↓0,2,9,1,0,0,0,0,	
39137	40	↓0,2,4,2,0,0,0,0,	52358	90	↓0,2,9,2,0,0,0,0,	
49381	41	↓0,2,4,3,0,0,0,0,	62653	91	↓0,2,9,3,0,0,0,0,	
59626	42	↓0,2,4,4,0,0,0,0,	72949	92	↓0,2,9,4,0,0,0,0,	
69872	43	↓0,2,4,5,0,0,0,0,	83246	93	↓0,2,9,5,0,0,0,0,	
80119	44	↓0,2,4,6,0,0,0,0,	93544	94	↓0,2,9,6,0,0,0,0,	
90367	45	↓0,2,4,7,0,0,0,0,	1·03003843	95	↓0,2,9,7,0,0,0,0,	
1·02500616	46	↓0,2,4,8,0,0,0,0,	14143	96	↓0,2,9,8,0,0,0,0,	
10866	47	↓0,2,4,9,0,0,0,0,	24444	97	↓0,2,9,9,0,0,0,0,	

Dual Logarithms of powers of 2 and 10.

↓ 2 = 69314718,   ↓ 10 = 230258509,   ↓ 10^4 = 921034037,   ↓ 10^7 = 1611809565,
↓ 4 = 138629437, ↓ 10^2 = 460517019, ↓ 10^5 = 1151292546, ↓ 10^8 = 1842068074,
↓ 8 = 207944154, ↓ 10^3 = 690775528, ↓ 10^6 = 1381551056, ↓ 10^9 = 2072326584,

4] Nat. No. 1·0303 to 1·0405   D. Log. 298.... to 397....   D. No. ↓0,3,0,0, to ↓0,3,9,9,

Natural Numbers.	Dual Logarithms.	Dual Numbers.	Natural Numbers.	Dual Logarithms.	Dual Numbers.	Multiples of Differences.
1·03030100	2985099,	↓0,3,0,0,0,0,0,0,	1·03546281	3484849,	↓0,3,5,0,0,0,0,0,	
40403	99	↓0,3,0,1,0,0,0,0,	56636	49	↓0,3,5,1,0,0,0,0,	1 | 1030 | 1031 | 1032
50707	300	↓0,3,0,2,0,0,0,0,	66992	50	↓0,3,5,2,0,0,0,0,	2 | 2060 | 2062 | 2064
61012	01	↓0,3,0,3,0,0,0,0,	77349	51	↓0,3,5,3,0,0,0,0,	3 | 3090 | 3093 | 3096
71318	02	↓0,3,0,4,0,0,0,0,	87707	52	↓0,3,5,4,0,0,0,0,	4 | 4120 | 4124 | 4128
						5 | 5150 | 5155 | 5160
81625	03	↓0,3,0,5,0,0,0,0,	98066	53	↓0,3,5,5,0,0,0,0,	6 | 6180 | 6186 | 6192
91933	04	↓0,3,0,6,0,0,0,0,	1·03608426	54	↓0,3,5,6,0,0,0,0,	7 | 7210 | 7217 | 7224
1·03102242	05	↓0,3,0,7,0,0,0,0,	18787	55	↓0,3,5,7,0,0,0,0,	8 | 8240 | 8248 | 8256
12552	06	↓0,3,0,8,0,0,0,0,	29149	56	↓0,3,5,8,0,0,0,0,	9 | 9270 | 9279 | 9288
22863	07	↓0,3,0,9,0,0,0,0,	39512	57	↓0,3,5,9,0,0,0,0,	
33130	3085049,	↓0,3,1,0,0,0,0,0,	49827	3584799,	↓0,3,6,0,0,0,0,0,	1 | 1033 | 1034 | 1035
43443	09	↓0,3,1,1,0,0,0,0,	60192	59	↓0,3,6,1,0,0,0,0,	2 | 2066 | 2068 | 2070
53757	10	↓0,3,1,2,0,0,0,0,	70558	60	↓0,3,6,2,0,0,0,0,	3 | 3099 | 3102 | 3105
64072	11	↓0,3,1,3,0,0,0,0,	80925	61	↓0,3,6,3,0,0,0,0,	4 | 4132 | 4136 | 4140
74388	12	↓0,3,1,4,0,0,0,0,	91293	62	↓0,3,6,4,0,0,0,0,	5 | 5165 | 5170 | 5175
						6 | 6198 | 6204 | 6210
84705	13	↓0,3,1,5,0,0,0,0,	1·03701662	63	↓0,3,6,5,0,0,0,0,	7 | 7231 | 7238 | 7245
95023	14	↓0,3,1,6,0,0,0,0,	12032	64	↓0,3,6,6,0,0,0,0,	8 | 8264 | 8272 | 8280
1·03205343	15	↓0,3,1,7,0,0,0,0,	22403	65	↓0,3,6,7,0,0,0,0,	9 | 9297 | 9306 | 9315
15664	16	↓0,3,1,8,0,0,0,0,	32775	66	↓0,3,6,8,0,0,0,0,	
25986	17	↓0,3,1,9,0,0,0,0,	43148	67	↓0,3,6,9,0,0,0,0,	
36263	3184999,	↓0,3,2,0,0,0,0,0,	53478	3684749,	↓0,3,7,0,0,0,0,0,	1 | 1036 | 1037 | 1038
46587	19	↓0,3,2,1,0,0,0,0,	63853	69	↓0,3,7,1,0,0,0,0,	2 | 2072 | 2074 | 2076
56912	20	↓0,3,2,2,0,0,0,0,	74229	70	↓0,3,7,2,0,0,0,0,	3 | 3108 | 3111 | 3114
67238	21	↓0,3,2,3,0,0,0,0,	84606	71	↓0,3,7,3,0,0,0,0,	4 | 4144 | 4148 | 4152
77565	22	↓0,3,2,4,0,0,0,0,	94984	72	↓0,3,7,4,0,0,0,0,	5 | 5180 | 5185 | 5190
						6 | 6216 | 6222 | 6228
87893	23	↓0,3,2,5,0,0,0,0,	1·03805363	73	↓0,3,7,5,0,0,0,0,	7 | 7252 | 7259 | 7266
98222	24	↓0,3,2,6,0,0,0,0,	15744	74	↓0,3,7,6,0,0,0,0,	8 | 8288 | 8296 | 8304
1·03308552	25	↓0,3,2,7,0,0,0,0,	26126	75	↓0,3,7,7,0,0,0,0,	9 | 9324 | 9333 | 9342
18883	26	↓0,3,2,8,0,0,0,0,	36509	76	↓0,3,7,8,0,0,0,0,	
29215	27	↓0,3,2,9,0,0,0,0,	46893	77	↓0,3,7,9,0,0,0,0,	
39499	3284949,	↓0,3,3,0,0,0,0,0,	57230	3784699,	↓0,3,8,0,0,0,0,0,	1 | 1039 | 1040
49833	29	↓0,3,3,1,0,0,0,0,	67616	79	↓0,3,8,1,0,0,0,0,	2 | 2078 | 2080
60168	30	↓0,3,3,2,0,0,0,0,	78003	80	↓0,3,8,2,0,0,0,0,	3 | 3117 | 3120
70504	31	↓0,3,3,3,0,0,0,0,	88391	81	↓0,3,8,3,0,0,0,0,	4 | 4156 | 4160
80841	32	↓0,3,3,4,0,0,0,0,	98780	82	↓0,3,8,4,0,0,0,0,	5 | 5195 | 5200
						6 | 6234 | 6240
91179	33	↓0,3,3,5,0,0,0,0,	1·03909170	83	↓0,3,8,5,0,0,0,0,	7 | 7273 | 7280
1·03401518	34	↓0,3,3,6,0,0,0,0,	19561	84	↓0,3,8,6,0,0,0,0,	8 | 8312 | 8320
11858	35	↓0,3,3,7,0,0,0,0,	29953	85	↓0,3,8,7,0,0,0,0,	9 | 9351 | 9360
22199	36	↓0,3,3,8,0,0,0,0,	40346	86	↓0,3,8,8,0,0,0,0,	
32541	37	↓0,3,3,9,0,0,0,0,	50740	87	↓0,3,8,9,0,0,0,0,	
42838	3384899,	↓0,3,4,0,0,0,0,0,	61088	3884649,	↓0,3,9,0,0,0,0,0,	
53182	39	↓0,3,4,1,0,0,0,0,	71484	89	↓0,3,9,1,0,0,0,0,	
63527	40	↓0,3,4,2,0,0,0,0,	81881	90	↓0,3,9,2,0,0,0,0,	
73873	41	↓0,3,4,3,0,0,0,0,	92279	91	↓0,3,9,3,0,0,0,0,	
84220	42	↓0,3,4,4,0,0,0,0,	1·04002678	92	↓0,3,9,4,0,0,0,0,	
94568	43	↓0,3,4,5,0,0,0,0,	13078	93	↓0,3,9,5,0,0,0,0,	
1·03504917	44	↓0,3,4,6,0,0,0,0,	23479	94	↓0,3,9,6,0,0,0,0,	
15267	45	↓0,3,4,7,0,0,0,0,	33881	95	↓0,3,9,7,0,0,0,0,	
25619	46	↓0,3,4,8,0,0,0,0,	44284	96	↓0,3,9,8,0,0,0,0,	
35972	47	↓0,3,4,9,0,0,0,0,	54688	97	↓0,3,9,9,0,0,0,0,	

Dual Logarithms of powers of 2 and 10.

↓, 2 = 69314718,   ↓, 10 = 230258509,   ↓, 10^4 = 921034037,   ↓, 10^7 = 1611809565,
↓, 4 = 138629437, ↓, 10^2 = 460517019, ↓, 10^5 = 1151292546, ↓, 10^8 = 1842068074,
↓, 8 = 207944154, ↓, 10^3 = 690775528, ↓, 10^6 = 1381551056, ↓, 10^9 = 2072326584,

Nat. No. 1·0406 to 1·0509   D. Log. 398.... to 496....   D. No. ↓0,4,0,0, to ↓0,4,9,9, [5

Natural Numbers.	Dual Logarithms.	Dual Numbers.	Natural Numbers.	Dual Logarithms.	Dual Numbers.	Multiples of Differences.		
1·04060401	3980132,	↓0,4,0,0,0,0,0,0,	1·04581745	4479882,	↓0,4,5,0,0,0,0,0,			
70807	99	↓0,4,0,1,0,0,0,0,	92203	48	↓0,4,5,1,0,0,0,0,			
81214	400	↓0,4,0,2,0,0,0,0,	1·04602662	49	↓0,4,5,2,0,0,0,0,	1	1040	1041	1042
91622	01	↓0,4,0,3,0,0,0,0,	13122	50	↓0,4,5,3,0,0,0,0,	2	2080	2082	2084
1·04102031	02	↓0,4,0,4,0,0,0,0,	23583	51	↓0,4,5,4,0,0,0,0,	3	3120	3123	3126
						4	4160	4164	4168
						5	5200	5205	5210
12442	03	↓0,4,0,5,0,0,0,0,	34045	52	↓0,4,5,5,0,0,0,0,	6	6240	6246	6252
22853	04	↓0,4,0,6,0,0,0,0,	44508	53	↓0,4,5,6,0,0,0,0,	7	7280	7287	7294
33265	05	↓0,4,0,7,0,0,0,0,	54972	54	↓0,4,5,7,0,0,0,0,	8	8320	8328	8336
43679	06	↓0,4,0,8,0,0,0,0,	65437	55	↓0,4,5,8,0,0,0,0,	9	9360	9369	9378
54093	07	↓0,4,0,9,0,0,0,0,	75904	56	↓0,4,5,9,0,0,0,0,			
64461	4080082,	↓0,4,1,0,0,0,0,0,	86326	4579832,	↓0,4,6,0,0,0,0,0,			
74877	09	↓0,4,1,1,0,0,0,0,	96795	58	↓0,4,6,1,0,0,0,0,	1	1043	1044	1045
85294	10	↓0,4,1,2,0,0,0,0,	1·04707265	59	↓0,4,6,2,0,0,0,0,	2	2086	2088	2090
95713	11	↓0,4,1,3,0,0,0,0,	17736	60	↓0,4,6,3,0,0,0,0,	3	3129	3132	3135
1·04206133	12	↓0,4,1,4,0,0,0,0,	28208	61	↓0,4,6,4,0,0,0,0,	4	4172	4176	4180
						5	5215	5220	5225
						6	6258	6264	6270
16554	13	↓0,4,1,5,0,0,0,0,	38681	62	↓0,4,6,5,0,0,0,0,	7	7301	7308	7315
26976	14	↓0,4,1,6,0,0,0,0,	49155	63	↓0,4,6,6,0,0,0,0,	8	8344	8352	8360
37399	15	↓0,4,1,7,0,0,0,0,	59630	64	↓0,4,6,7,0,0,0,0,	9	9387	9396	9405
47823	16	↓0,4,1,8,0,0,0,0,	70106	65	↓0,4,6,8,0,0,0,0,			
58248	17	↓0,4,1,9,0,0,0,0,	80583	66	↓0,4,6,9,0,0,0,0,			
68626	4180032,	↓0,4,2,0,0,0,0,0,	91013	4679782,	↓0,4,7,0,0,0,0,0,	1	1046	1047	1048
79053	19	↓0,4,2,1,0,0,0,0,	1·04801492	68	↓0,4,7,1,0,0,0,0,	2	2092	2094	2096
89481	20	↓0,4,2,2,0,0,0,0,	11972	69	↓0,4,7,2,0,0,0,0,	3	3138	3141	3144
99910	21	↓0,4,2,3,0,0,0,0,	22453	70	↓0,4,7,3,0,0,0,0,	4	4184	4188	4192
1·04310340	22	↓0,4,2,4,0,0,0,0,	32935	71	↓0,4,7,4,0,0,0,0,	5	5230	5235	5240
						6	6276	6282	6288
						7	7322	7329	7336
20771	23	↓0,4,2,5,0,0,0,0,	43418	72	↓0,4,7,5,0,0,0,0,	8	8368	8376	8384
31203	24	↓0,4,2,6,0,0,0,0,	53902	73	↓0,4,7,6,0,0,0,0,	9	9414	9423	9432
41636	25	↓0,4,2,7,0,0,0,0,	64387	74	↓0,4,7,7,0,0,0,0,			
52070	26	↓0,4,2,8,0,0,0,0,	74873	75	↓0,4,7,8,0,0,0,0,			
62505	27	↓0,4,2,9,0,0,0,0,	85360	76	↓0,4,7,9,0,0,0,0,			
						1	1049	1050	
72894	4279982,	↓0,4,3,0,0,0,0,0,	95804	4779732,	↓0,4,8,0,0,0,0,0,	2	2098	2100	
83331	28	↓0,4,3,1,0,0,0,0,	1·04906294	78	↓0,4,8,1,0,0,0,0,	3	3147	3150	
93769	29	↓0,4,3,2,0,0,0,0,	16785	79	↓0,4,8,2,0,0,0,0,	4	4196	4200	
1·04404208	30	↓0,4,3,3,0,0,0,0,	27277	80	↓0,4,8,3,0,0,0,0,	5	5245	5250	
14648	31	↓0,4,3,4,0,0,0,0,	37770	81	↓0,4,8,4,0,0,0,0,	6	6294	6300	
						7	7343	7350	
						8	8392	8400	
25089	32	↓0,4,3,5,0,0,0,0,	48264	82	↓0,4,8,5,0,0,0,0,	9	9441	9450	
35532	33	↓0,4,3,6,0,0,0,0,	58759	83	↓0,4,8,6,0,0,0,0,			
45976	34	↓0,4,3,7,0,0,0,0,	69255	84	↓0,4,8,7,0,0,0,0,			
56421	35	↓0,4,3,8,0,0,0,0,	79752	85	↓0,4,8,8,0,0,0,0,			
66867	36	↓0,4,3,9,0,0,0,0,	90250	86	↓0,4,8,9,0,0,0,0,			
77267	4379932,	↓0,4,4,0,0,0,0,0,	1·05000700	4879682,	↓0,4,9,0,0,0,0,0,			
87715	38	↓0,4,4,1,0,0,0,0,	11200	88	↓0,4,9,1,0,0,0,0,			
98164	39	↓0,4,4,2,0,0,0,0,	21701	89	↓0,4,9,2,0,0,0,0,			
1·04508614	40	↓0,4,4,3,0,0,0,0,	32203	90	↓0,4,9,3,0,0,0,0,			
19065	41	↓0,4,4,4,0,0,0,0,	42706	91	↓0,4,9,4,0,0,0,0,			
29517	42	↓0,4,4,5,0,0,0,0,	53210	92	↓0,4,9,5,0,0,0,0,			
39970	43	↓0,4,4,6,0,0,0,0,	63715	93	↓0,4,9,6,0,0,0,0,			
50424	44	↓0,4,4,7,0,0,0,0,	74221	94	↓0,4,9,7,0,0,0,0,			
60879	45	↓0,4,4,8,0,0,0,0,	84728	95	↓0,4,9,8,0,0,0,0,			
71335	46	↓0,4,4,9,0,0,0,0,	95236	96	↓0,4,9,9,0,0,0,0,			

Dual Logarithms of powers of 2 and 10.

↓ 2 = 69314718,   ↓ 10 = 230258509,   ↓ 10^4 = 921034037,   ↓ 10^7 = 1611809565,
↓ 4 = 138629437, ↓ 10^2 = 460517019, ↓ 10^5 = 1151292546, ↓ 10^8 = 1842068074,
↓ 8 = 207944154, ↓ 10^3 = 690775528, ↓ 10^6 = 1381551056, ↓ 10^9 = 2072326584,

6] Nat. No. 1·0510 to 1·0614   D. Log. 497.... to 596....   D. No. ↓0,5,0,0, to ↓0,5,9,9,

Natural Numbers.	Dual Logarithms.	Dual Numbers.	Natural Numbers.	Dual Logarithms.	Dual Numbers.	Multiples of Differences.		
1·05101005	4975165,	↓0,5,0,0,0,0,0,0,	1·05627562	5474915,	↓0,5,5,0,0,0,0,0,			
11515	98	↓0,5,0,1,0,0,0,0,	38125	48	↓0,5,5,1,0,0,0,0,	1	1051	1052	1053
22026	99	↓0,5,0,2,0,0,0,0,	49689	49	↓0,5,5,2,0,0,0,0,	2	2102	2104	2106
32538	500	↓0,5,0,3,0,0,0,0,	60254	50	↓0,5,5,3,0,0,0,0,	3	3153	3156	3159
43051	01	↓0,5,0,4,0,0,0,0,	70820	51	↓0,5,5,4,0,0,0,0,	4	4204	4208	4212
						5	5255	5260	5275
53565	02	↓0,5,0,5,0,0,0,0,	81387	52	↓0,5,5,5,0,0,0,0,	6	6306	6312	6318
64080	03	↓0,5,0,6,0,0,0,0,	91955	53	↓0,5,5,6,0,0,0,0,	7	7357	7364	7371
74596	04	↓0,5,0,7,0,0,0,0,	1·05702524	54	↓0,5,5,7,0,0,0,0,	8	8408	8416	8424
85113	05	↓0,5,0,8,0,0,0,0,	13094	55	↓0,5,5,8,0,0,0,0,	9	9459	9468	9477
95632	06	↓0,5,0,9,0,0,0,0,	23665	56	↓0,5,5,9,0,0,0,0,			
1·05206106	5075115,	↓0,5,1,0,0,0,0,0,	33190	5574865,	↓0,5,6,0,0,0,0,0,			
16627	08	↓0,5,1,1,0,0,0,0,	43763	58	↓0,5,6,1,0,0,0,0,	1	1054	1055	1056
27149	09	↓0,5,1,2,0,0,0,0,	54337	59	↓0,5,6,2,0,0,0,0,	2	2108	2110	2112
37672	10	↓0,5,1,3,0,0,0,0,	64912	60	↓0,5,6,3,0,0,0,0,	3	3162	3165	3168
48196	11	↓0,5,1,4,0,0,0,0,	75488	61	↓0,5,6,4,0,0,0,0,	4	4216	4220	4224
						5	5270	5275	5280
58721	12	↓0,5,1,5,0,0,0,0,	86066	62	↓0,5,6,5,0,0,0,0,	6	6324	6330	6336
69247	13	↓0,5,1,6,0,0,0,0,	96645	63	↓0,5,6,6,0,0,0,0,	7	7378	7385	7392
79774	14	↓0,5,1,7,0,0,0,0,	1·05807225	64	↓0,5,6,7,0,0,0,0,	8	8432	8440	8448
90302	15	↓0,5,1,8,0,0,0,0,	17806	65	↓0,5,6,8,0,0,0,0,	9	9486	9495	9504
1·05300831	16	↓0,5,1,9,0,0,0,0,	28388	66	↓0,5,6,9,0,0,0,0,			
11312	5175065,	↓0,5,2,0,0,0,0,0,	38923	5674815,	↓0,5,7,0,0,0,0,0,			
21843	18	↓0,5,2,1,0,0,0,0,	49507	68	↓0,5,7,1,0,0,0,0,	1	1057	1058	1059
32375	19	↓0,5,2,2,0,0,0,0,	60092	69	↓0,5,7,2,0,0,0,0,	2	2114	2116	2118
42908	20	↓0,5,2,3,0,0,0,0,	70678	70	↓0,5,7,3,0,0,0,0,	3	3171	3174	3177
53442	21	↓0,5,2,4,0,0,0,0,	81265	71	↓0,5,7,4,0,0,0,0,	4	4228	4232	4236
						5	5285	5290	5295
63977	22	↓0,5,2,5,0,0,0,0,	91853	72	↓0,5,7,5,0,0,0,0,	6	6342	6348	6354
74513	23	↓0,5,2,6,0,0,0,0,	1·05902442	73	↓0,5,7,6,0,0,0,0,	7	7399	7406	7413
85050	24	↓0,5,2,7,0,0,0,0,	13032	74	↓0,5,7,7,0,0,0,0,	8	8456	8464	8472
95589	25	↓0,5,2,8,0,0,0,0,	23623	75	↓0,5,7,8,0,0,0,0,	9	9513	9522	9531
1·05406129	26	↓0,5,2,9,0,0,0,0,	34215	76	↓0,5,7,9,0,0,0,0,			
16623	5275015,	↓0,5,3,0,0,0,0,0,	44762	5774765,	↓0,5,8,0,0,0,0,0,	1	1060	1061
27165	28	↓0,5,3,1,0,0,0,0,	55256	78	↓0,5,8,1,0,0,0,0,	2	2120	2122
37708	29	↓0,5,3,2,0,0,0,0,	65852	79	↓0,5,8,2,0,0,0,0,	3	3180	3183
48252	30	↓0,5,3,3,0,0,0,0,	76449	80	↓0,5,8,3,0,0,0,0,	4	4240	4244
58797	31	↓0,5,3,4,0,0,0,0,	87047	81	↓0,5,8,4,0,0,0,0,	5	5300	5305
						6	6360	6366
69343	32	↓0,5,3,5,0,0,0,0,	97646	82	↓0,5,8,5,0,0,0,0,	7	7420	7427
79890	33	↓0,5,3,6,0,0,0,0,	1·06008246	83	↓0,5,8,6,0,0,0,0,	8	8480	8488
90438	34	↓0,5,3,7,0,0,0,0,	18847	84	↓0,5,8,7,0,0,0,0,	9	9540	9549
1·05500987	35	↓0,5,3,8,0,0,0,0,	29449	85	↓0,5,8,8,0,0,0,0,			
11537	36	↓0,5,3,9,0,0,0,0,	40052	86	↓0,5,8,9,0,0,0,0,			
22040	5374965,	↓0,5,4,0,0,0,0,0,	50707	5874715,	↓0,5,9,0,0,0,0,0,			
32592	38	↓0,5,4,1,0,0,0,0,	61313	88	↓0,5,9,1,0,0,0,0,			
43145	39	↓0,5,4,2,0,0,0,0,	71919	89	↓0,5,9,2,0,0,0,0,			
53699	40	↓0,5,4,3,0,0,0,0,	82526	90	↓0,5,9,3,0,0,0,0,			
64254	41	↓0,5,4,4,0,0,0,0,	93134	91	↓0,5,9,4,0,0,0,0,			
74810	42	↓0,5,4,5,0,0,0,0,	1·06103743	92	↓0,5,9,5,0,0,0,0,			
85367	43	↓0,5,4,6,0,0,0,0,	14353	93	↓0,5,9,6,0,0,0,0,			
95926	44	↓0,5,4,7,0,0,0,0,	24964	94	↓0,5,9,7,0,0,0,0,			
1·05606486	45	↓0,5,4,8,0,0,0,0,	35576	95	↓0,5,9,8,0,0,0,0,			
17047	46	↓0,5,4,9,0,0,0,0,	46190	96	↓0,5,9,9,0,0,0,0,			

Dual Logarithms of powers of 2 and 10.

↓, 2 = 69314718,   ↓, 10 = 230258509,   ↓, 10^4 = 921034037,   ↓, 10^7 = 1611809565,
↓, 4 = 138629437, ↓, 10^2 = 460517019, ↓, 10^5 = 1151292546, ↓, 10^8 = 1842068074,
↓, 8 = 207944154, ↓, 10^3 = 690775528, ↓, 10^6 = 1381551056, ↓, 10^9 = 2072326584,

Nat. No. 1·0615 to 1·0720   D. Log. 597.... to 695....   D. No. ↓0,6,0,0, to ↓0,6,9,9, [7

Natural Numbers.	Dual Logarithms.	Dual Numbers.	Natural Numbers.	Dual Logarithms.	Dual Numbers.	Multiples of Differences.		
1·06152015	5970198,	↓0,6,0,0,0,0,0,	1·06683838	6469948,	↓0,6,5,0,0,0,0,			
62630	98	↓0,6,0,1,0,0,0,0,	94506	47	↓0,6,5,1,0,0,0,0,	1	1061	1062	1063
73246	99	↓0,6,0,2,0,0,0,0,	1·06705175	48	↓0,6,5,2,0,0,0,0,	2	2122	2124	2126
83863	600	↓0,6,0,3,0,0,0,0,	15846	49	↓0,6,5,3,0,0,0,0,	3	3183	3186	3189
94481	01	↓0,6,0,4,0,0,0,0,	26518	50	↓0,6,5,4,0,0,0,0,	4	4244	4248	4252
						5	5305	5310	5315
1·06205100	02	↓0,6,0,5,0,0,0,0,	37191	51	↓0,6,5,5,0,0,0,0,	6	6366	6372	6378
15721	03	↓0,6,0,6,0,0,0,0,	47865	52	↓0,6,5,6,0,0,0,0,	7	7427	7434	7441
26343	04	↓0,6,0,7,0,0,0,0,	58540	53	↓0,6,5,7,0,0,0,0,	8	8488	8496	8504
36966	05	↓0,6,0,8,0,0,0,0,	69216	54	↓0,6,5,8,0,0,0,0,	9	9549	9558	9567
47590	06	↓0,6,0,9,0,0,0,0,	79893	55	↓0,6,5,9,0,0,0,0,			
58167	6070148,	↓0,6,1,0,0,0,0,0,	90521	6569898,	↓0,6,6,0,0,0,0,0,	1	1064	1065	1066
68793	08	↓0,6,1,1,0,0,0,0,	1·06801200	57	↓0,6,6,1,0,0,0,0,	2	2128	2130	2132
79420	09	↓0,6,1,2,0,0,0,0,	11880	58	↓0,6,6,2,0,0,0,0,	3	3192	3195	3198
90048	10	↓0,6,1,3,0,0,0,0,	22561	59	↓0,6,6,3,0,0,0,0,	4	4256	4260	4264
1·06300677	11	↓0,6,1,4,0,0,0,0,	33243	60	↓0,6,6,4,0,0,0,0,	5	5320	5325	5330
						6	6384	6390	6396
11307	12	↓0,6,1,5,0,0,0,0,	43926	61	↓0,6,6,5,0,0,0,0,	7	7448	7455	7462
21938	13	↓0,6,1,6,0,0,0,0,	54610	62	↓0,6,6,6,0,0,0,0,	8	8512	8520	8528
32570	14	↓0,6,1,7,0,0,0,0,	65295	63	↓0,6,6,7,0,0,0,0,	9	9576	9585	9594
43203	15	↓0,6,1,8,0,0,0,0,	75982	64	↓0,6,6,8,0,0,0,0,			
53837	16	↓0,6,1,9,0,0,0,0,	86670	65	↓0,6,6,9,0,0,0,0,			
64425	6170098,	↓0,6,2,0,0,0,0,0,	97312	6669848,	↓0,6,7,0,0,0,0,0,	1	1067	1068	1069
75061	18	↓0,6,2,1,0,0,0,0,	1·06908002	67	↓0,6,7,1,0,0,0,0,	2	2134	2136	2138
85699	19	↓0,6,2,2,0,0,0,0,	18693	68	↓0,6,7,2,0,0,0,0,	3	3201	3204	3207
96338	20	↓0,6,2,3,0,0,0,0,	29385	69	↓0,6,7,3,0,0,0,0,	4	4268	4272	4276
1·06406978	21	↓0,6,2,4,0,0,0,0,	40078	70	↓0,6,7,4,0,0,0,0,	5	5335	5340	5345
						6	6402	6408	6414
17619	22	↓0,6,2,5,0,0,0,0,	50772	71	↓0,6,7,5,0,0,0,0,	7	7469	7476	7483
28261	23	↓0,6,2,6,0,0,0,0,	61467	72	↓0,6,7,6,0,0,0,0,	8	8536	8544	8552
38904	24	↓0,6,2,7,0,0,0,0,	72163	73	↓0,6,7,7,0,0,0,0,	9	9603	9612	9621
49548	25	↓0,6,2,8,0,0,0,0,	82860	74	↓0,6,7,8,0,0,0,0,			
60193	26	↓0,6,2,9,0,0,0,0,	93558	75	↓0,6,7,9,0,0,0,0,			
70789	6270048,	↓0,6,3,0,0,0,0,0,	1·07004209	6769798,	↓0,6,8,0,0,0,0,0,	1	1070	1071	1072
81436	28	↓0,6,3,1,0,0,0,0,	14909	77	↓0,6,8,1,0,0,0,0,	2	2140	2142	2144
92084	29	↓0,6,3,2,0,0,0,0,	25610	78	↓0,6,8,2,0,0,0,0,	3	3210	3213	3216
1·06502733	30	↓0,6,3,3,0,0,0,0,	36313	79	↓0,6,8,3,0,0,0,0,	4	4280	4284	4288
13383	31	↓0,6,3,4,0,0,0,0,	47017	80	↓0,6,8,4,0,0,0,0,	5	5350	5355	5360
						6	6420	6426	6432
24034	32	↓0,6,3,5,0,0,0,0,	57722	81	↓0,6,8,5,0,0,0,0,	7	7490	7497	7504
34686	33	↓0,6,3,6,0,0,0,0,	68428	82	↓0,6,8,6,0,0,0,0,	8	8560	8568	8576
45339	34	↓0,6,3,7,0,0,0,0,	79135	83	↓0,6,8,7,0,0,0,0,	9	9630	9639	9648
55994	35	↓0,6,3,8,0,0,0,0,	89843	84	↓0,6,8,8,0,0,0,0,			
66650	36	↓0,6,3,9,0,0,0,0,	1·07100552	85	↓0,6,8,9,0,0,0,0,			
77260	6369998,	↓0,6,4,0,0,0,0,0,	11213	6869748,	↓0,6,9,0,0,0,0,0,			
87918	37	↓0,6,4,1,0,0,0,0,	21924	87	↓0,6,9,1,0,0,0,0,			
98577	38	↓0,6,4,2,0,0,0,0,	32636	88	↓0,6,9,2,0,0,0,0,			
1·06609237	39	↓0,6,4,3,0,0,0,0,	43349	89	↓0,6,9,3,0,0,0,0,			
19898	40	↓0,6,4,4,0,0,0,0,	54063	90	↓0,6,9,4,0,0,0,0,			
30560	41	↓0,6,4,5,0,0,0,0,	64778	91	↓0,6,9,5,0,0,0,0,			
41223	42	↓0,6,4,6,0,0,0,0,	75494	92	↓0,6,9,6,0,0,0,0,			
51887	43	↓0,6,4,7,0,0,0,0,	86212	93	↓0,6,9,7,0,0,0,0,			
62552	44	↓0,6,4,8,0,0,0,0,	96931	94	↓0,6,9,8,0,0,0,0,			
73218	45	↓0,6,4,9,0,0,0,0,	1·07207651	95	↓0,6,9,9,0,0,0,0,			

Dual Logarithms of powers of 2 and 10.

↓, 2 = 69314718,   ↓, 10 = 230258509,   ↓, 10^4 = 921034037,   ↓, 10^7 = 1611809565,
↓, 4 = 138629437,   ↓, 10^2 = 460517019,   ↓, 10^5 = 1151292546,   ↓, 10^8 = 1842068074,
↓, 8 = 207944154,   ↓, 10^3 = 690775528,   ↓, 10^6 = 1381551056,   ↓, 10^9 = 2072326584,

8] Nat. No. 1·0721 to 1·0827   D. Log. 696.... to 795....   D. No. ↓0,7,0,0, to ↓0,7,9,9,

Natural Numbers.	Dual Logarithms.	Dual Numbers.	Natural Numbers.	Dual Logarithms.	Dual Numbers.	Multiples of Differences.		
1·07213535	6965231,	↓0,7,0,0,0,0,0,0,	1·07750676	7464981,	↓0,7,5,0,0,0,0,0,			
24256	97	↓0,7,0,1,0,0,0,0,	61451	47	↓0,7,5,1,0,0,0,0,			
34978	98	↓0,7,0,2,0,0,0,0,	72227	48	↓0,7,5,2,0,0,0,0,	1 1072	1073	1074
45701	99	↓0,7,0,3,0,0,0,0,	83004	49	↓0,7,5,3,0,0,0,0,	2 2144	2146	2148
56426	700	↓0,7,0,4,0,0,0,0,	93782	50	↓0,7,5,4,0,0,0,0,	3 3216	3219	3222
						4 4288	4292	4296
						5 5360	5365	5370
67152	01	↓0,7,0,5,0,0,0,0,	1·07804561	51	↓0,7,5,5,0,0,0,0,	6 6432	6438	6444
77879	02	↓0,7,0,6,0,0,0,0,	15341	52	↓0,7,5,6,0,0,0,0,	7 7504	7511	7518
88607	03	↓0,7,0,7,0,0,0,0,	26123	53	↓0,7,5,7,0,0,0,0,	8 8576	8584	8592
99336	04	↓0,7,0,8,0,0,0,0,	36906	54	↓0,7,5,8,0,0,0,0,	9 9648	9657	9666
1·07310066	05	↓0,7,0,9,0,0,0,0,	47690	55	↓0,7,5,9,0,0,0,0,			
20749	7065181,	↓0,7,1,0,0,0,0,0,	58426	7564931,	↓0,7,6,0,0,0,0,0,			
31481	07	↓0,7,1,1,0,0,0,0,	69212	57	↓0,7,6,1,0,0,0,0,	1 1075	1076	1077
42214	08	↓0,7,1,2,0,0,0,0,	79999	58	↓0,7,6,2,0,0,0,0,	2 2150	2152	2154
52948	09	↓0,7,1,3,0,0,0,0,	90787	59	↓0,7,6,3,0,0,0,0,	3 3225	3228	3231
63683	10	↓0,7,1,4,0,0,0,0,	1·07901576	60	↓0,7,6,4,0,0,0,0,	4 4300	4304	4308
						5 5375	5380	5385
						6 6450	6456	6462
74419	11	↓0,7,1,5,0,0,0,0,	12366	61	↓0,7,6,5,0,0,0,0,	7 7525	7532	7539
85156	12	↓0,7,1,6,0,0,0,0,	23157	62	↓0,7,6,6,0,0,0,0,	8 8600	8608	8616
95894	13	↓0,7,1,7,0,0,0,0,	33949	63	↓0,7,6,7,0,0,0,0,	9 9675	9684	9693
1·07406634	14	↓0,7,1,8,0,0,0,0,	44742	64	↓0,7,6,8,0,0,0,0,			
17375	15	↓0,7,1,9,0,0,0,0,	55536	65	↓0,7,6,9,0,0,0,0,			
28069	7165131,	↓0,7,2,0,0,0,0,0,	66285	7664881,	↓0,7,7,0,0,0,0,0,			
38812	17	↓0,7,2,1,0,0,0,0,	77082	67	↓0,7,7,1,0,0,0,0,	1 1078	1079	1080
49556	18	↓0,7,2,2,0,0,0,0,	87880	68	↓0,7,7,2,0,0,0,0,	2 2156	2158	2160
60301	19	↓0,7,2,3,0,0,0,0,	98679	69	↓0,7,7,3,0,0,0,0,	3 3234	3237	3240
71047	20	↓0,7,2,4,0,0,0,0,	1·08009479	70	↓0,7,7,4,0,0,0,0,	4 4312	4316	4320
						5 5390	5395	5400
						6 6468	6474	6480
81794	21	↓0,7,2,5,0,0,0,0,	20280	71	↓0,7,7,5,0,0,0,0,	7 7546	7553	7560
92542	22	↓0,7,2,6,0,0,0,0,	31082	72	↓0,7,7,6,0,0,0,0,	8 8624	8632	8640
1·07503291	23	↓0,7,2,7,0,0,0,0,	41885	73	↓0,7,7,7,0,0,0,0,	9 9702	9711	9720
14041	24	↓0,7,2,8,0,0,0,0,	52689	74	↓0,7,7,8,0,0,0,0,			
24792	25	↓0,7,2,9,0,0,0,0,	63494	75	↓0,7,7,9,0,0,0,0,			
						1 1081	1082	
35498	7265081,	↓0,7,3,0,0,0,0,0,	74251	7764831,	↓0,7,8,0,0,0,0,0,	2 2162	2164	
46252	27	↓0,7,3,1,0,0,0,0,	85058	77	↓0,7,8,1,0,0,0,0,	3 3243	3246	
57007	28	↓0,7,3,2,0,0,0,0,	95867	78	↓0,7,8,2,0,0,0,0,	4 4324	4328	
67763	29	↓0,7,3,3,0,0,0,0,	1·08106677	79	↓0,7,8,3,0,0,0,0,	5 5405	5410	
78520	30	↓0,7,3,4,0,0,0,0,	17488	80	↓0,7,8,4,0,0,0,0,	6 6486	6492	
						7 7567	7574	
						8 8648	8656	
89278	31	↓0,7,3,5,0,0,0,0,	28300	81	↓0,7,8,5,0,0,0,0,	9 9729	9738	
1·07600037	32	↓0,7,3,6,0,0,0,0,	39113	82	↓0,7,8,6,0,0,0,0,			
10797	33	↓0,7,3,7,0,0,0,0,	49927	83	↓0,7,8,7,0,0,0,0,			
21558	34	↓0,7,3,8,0,0,0,0,	60742	84	↓0,7,8,8,0,0,0,0,			
32320	35	↓0,7,3,9,0,0,0,0,	71558	85	↓0,7,8,9,0,0,0,0,			
43032	7365031,	↓0,7,4,0,0,0,0,0,	82326	7864781,	↓0,7,9,0,0,0,0,0,			
53796	37	↓0,7,4,1,0,0,0,0,	93144	87	↓0,7,9,1,0,0,0,0,			
64561	38	↓0,7,4,2,0,0,0,0,	1·08203963	88	↓0,7,9,2,0,0,0,0,			
75327	39	↓0,7,4,3,0,0,0,0,	14783	89	↓0,7,9,3,0,0,0,0,			
86095	40	↓0,7,4,4,0,0,0,0,	25604	90	↓0,7,9,4,0,0,0,0,			
96864	41	↓0,7,4,5,0,0,0,0,	36427	91	↓0,7,9,5,0,0,0,0,			
1·07707634	42	↓0,7,4,6,0,0,0,0,	47251	92	↓0,7,9,6,0,0,0,0,			
18405	43	↓0,7,4,7,0,0,0,0,	58076	93	↓0,7,9,7,0,0,0,0,			
29177	44	↓0,7,4,8,0,0,0,0,	68902	94	↓0,7,9,8,0,0,0,0,			
39950	45	↓0,7,4,9,0,0,0,0,	79729	95	↓0,7,9,9,0,0,0,0,			

Dual Logarithms of powers of 2 and 10.

↓, 2 = 69314718,   ↓, 10 = 230258509,   ↓, 10^4 = 921034037,   ↓, 10^7 = 1611809565,
↓, 4 = 138629437,   ↓, 10^2 = 460517019,   ↓, 10^5 = 1151292546,   ↓, 10^8 = 1842068074,
↓, 8 = 207944154,   ↓, 10^3 = 690775528,   ↓, 10^6 = 1381551056,   ↓, 10^9 = 2072326584,

Nat. No. 1·0828 to 1·0936   D. Log. 796.... to 894....   D. No. ↓0,8,0,0, to ↓0,8,9,9, [9

Natural Numbers.	Dual Logarithms.	Dual Numbers.	Natural Numbers.	Dual Logarithms.	Dual Numbers.	Multiples of Differences.
1·08285671	7960264,	↓0,8,0,0,0,0,0,0,	1·08828183	8460014,	↓0,8,5,0,0,0,0,0,	
96500	97	↓0,8,0,1,0,0,0,0,	39066	47	↓0,8,5,1,0,0,0,0,	1 | 1082 | 1083 | 1084
1·08307330	98	↓0,8,0,2,0,0,0,0,	49950	48	↓0,8,5,2,0,0,0,0,	2 | 2164 | 2166 | 2168
18151	99	↓0,8,0,3,0,0,0,0,	60835	49	↓0,8,5,3,0,0,0,0,	3 | 3246 | 3249 | 3252
28993	800	↓0,8,0,4,0,0,0,0,	71721	50	↓0,8,5,4,0,0,0,0,	4 | 4328 | 4332 | 4336
						5 | 5410 | 5415 | 5420
39826	01	↓0,8,0,5,0,0,0,0,	82608	51	↓0,8,5,5,0,0,0,0,	6 | 6492 | 6498 | 6504
50660	02	↓0,8,0,6,0,0,0,0,	93496	52	↓0,8,5,6,0,0,0,0,	7 | 7574 | 7581 | 7588
61495	03	↓0,8,0,7,0,0,0,0,	1·08904385	53	↓0,8,5,7,0,0,0,0,	8 | 8656 | 8664 | 8672
72331	04	↓0,8,0,8,0,0,0,0,	15275	54	↓0,8,5,8,0,0,0,0,	9 | 9738 | 9747 | 9756
83168	05	↓0,8,0,9,0,0,0,0,	26167	55	↓0,8,5,9,0,0,0,0,	
93957	8060214,	↓0,8,1,0,0,0,0,0,	37011	8559964,	↓0,8,6,0,0,0,0,0,	1 | 1085 | 1086 | 1087
1·08404796	07	↓0,8,1,1,0,0,0,0,	47905	56	↓0,8,6,1,0,0,0,0,	2 | 2170 | 2172 | 2174
15636	08	↓0,8,1,2,0,0,0,0,	58800	57	↓0,8,6,2,0,0,0,0,	3 | 3255 | 3258 | 3261
26478	09	↓0,8,1,3,0,0,0,0,	69696	58	↓0,8,6,3,0,0,0,0,	4 | 4340 | 4344 | 4348
37321	10	↓0,8,1,4,0,0,0,0,	80593	59	↓0,8,6,4,0,0,0,0,	5 | 5425 | 5430 | 5435
						6 | 6510 | 6516 | 6522
48165	11	↓0,8,1,5,0,0,0,0,	91491	60	↓0,8,6,5,0,0,0,0,	7 | 7595 | 7602 | 7609
59010	12	↓0,8,1,6,0,0,0,0,	1·09002390	61	↓0,8,6,6,0,0,0,0,	8 | 8680 | 8688 | 8696
69856	13	↓0,8,1,7,0,0,0,0,	13290	62	↓0,8,6,7,0,0,0,0,	9 | 9765 | 9774 | 9783
80703	14	↓0,8,1,8,0,0,0,0,	24191	63	↓0,8,6,8,0,0,0,0,	
91551	15	↓0,8,1,9,0,0,0,0,	35093	64	↓0,8,6,9,0,0,0,0,	
1·08502350	8160164,	↓0,8,2,0,0,0,0,0,	45949	8659914,	↓0,8,7,0,0,0,0,0,	1 | 1088 | 1089 | 1090
13200	17	↓0,8,2,1,0,0,0,0,	56854	66	↓0,8,7,1,0,0,0,0,	2 | 2176 | 2178 | 2180
24051	18	↓0,8,2,2,0,0,0,0,	67760	67	↓0,8,7,2,0,0,0,0,	3 | 3264 | 3267 | 3270
34903	19	↓0,8,2,3,0,0,0,0,	78667	68	↓0,8,7,3,0,0,0,0,	4 | 4352 | 4356 | 4360
45756	20	↓0,8,2,4,0,0,0,0,	89575	69	↓0,8,7,4,0,0,0,0,	5 | 5440 | 5445 | 5450
						6 | 6528 | 6534 | 6540
56611	21	↓0,8,2,5,0,0,0,0,	1·09100484	70	↓0,8,7,5,0,0,0,0,	7 | 7616 | 7623 | 7630
67467	22	↓0,8,2,6,0,0,0,0,	11394	71	↓0,8,7,6,0,0,0,0,	8 | 8704 | 8712 | 8720
78324	23	↓0,8,2,7,0,0,0,0,	22305	72	↓0,8,7,7,0,0,0,0,	9 | 9792 | 9801 | 9810
89182	24	↓0,8,2,8,0,0,0,0,	33217	73	↓0,8,7,8,0,0,0,0,	
1·08600041	25	↓0,8,2,9,0,0,0,0,	44130	74	↓0,8,7,9,0,0,0,0,	
10853	8260114,	↓0,8,3,0,0,0,0,0,	54994	8759864,	↓0,8,8,0,0,0,0,0,	1 | 1091 | 1092 | 1093
21714	27	↓0,8,3,1,0,0,0,0,	65909	76	↓0,8,8,1,0,0,0,0,	2 | 2182 | 2184 | 2186
32576	28	↓0,8,3,2,0,0,0,0,	76826	77	↓0,8,8,2,0,0,0,0,	3 | 3273 | 3276 | 3279
43439	29	↓0,8,3,3,0,0,0,0,	87744	78	↓0,8,8,3,0,0,0,0,	4 | 4364 | 4368 | 4372
54303	30	↓0,8,3,4,0,0,0,0,	98663	79	↓0,8,8,4,0,0,0,0,	5 | 5455 | 5460 | 5465
						6 | 6546 | 6552 | 6558
65168	31	↓0,8,3,5,0,0,0,0,	1·09209583	80	↓0,8,8,5,0,0,0,0,	7 | 7637 | 7644 | 7651
76035	32	↓0,8,3,6,0,0,0,0,	20504	81	↓0,8,8,6,0,0,0,0,	8 | 8728 | 8736 | 8744
86903	33	↓0,8,3,7,0,0,0,0,	31426	82	↓0,8,8,7,0,0,0,0,	9 | 9819 | 9828 | 9837
97772	34	↓0,8,3,8,0,0,0,0,	42349	83	↓0,8,8,8,0,0,0,0,	
1·08708642	35	↓0,8,3,9,0,0,0,0,	53273	84	↓0,8,8,9,0,0,0,0,	
19464	8360064,	↓0,8,4,0,0,0,0,0,	64149	8859814,	↓0,8,9,0,0,0,0,0,	
30336	37	↓0,8,4,1,0,0,0,0,	75075	86	↓0,8,9,1,0,0,0,0,	
41209	38	↓0,8,4,2,0,0,0,0,	86003	87	↓0,8,9,2,0,0,0,0,	
52083	39	↓0,8,4,3,0,0,0,0,	96932	88	↓0,8,9,3,0,0,0,0,	
62958	40	↓0,8,4,4,0,0,0,0,	1·09307862	89	↓0,8,9,4,0,0,0,0,	
73834	41	↓0,8,4,5,0,0,0,0,	18793	90	↓0,8,9,5,0,0,0,0,	
84711	42	↓0,8,4,6,0,0,0,0,	29725	91	↓0,8,9,6,0,0,0,0,	
95589	43	↓0,8,4,7,0,0,0,0,	40658	92	↓0,8,9,7,0,0,0,0,	
1·08806469	44	↓0,8,4,8,0,0,0,0,	51592	93	↓0,8,9,8,0,0,0,0,	
17350	45	↓0,8,4,9,0,0,0,0,	62527	94	↓0,8,9,9,0,0,0,0,	

Dual Logarithms of powers of 2 and 10.

↓, 2 = 69314718,   ↓, 10 = 230258509,   ↓, 10^4 = 921034037,   ↓, 10^7 = 1611809565,
↓, 4 = 138629437,   ↓, 10^2 = 460517019,   ↓, 10^5 = 1151292546,   ↓, 10^8 = 1842068074,
↓, 8 = 207944154,   ↓, 10^3 = 690775528,   ↓, 10^6 = 1381551056,   ↓, 10^9 = 2072326594,

10] Nat. No. 1·0336 to 1·1045   D. Log. 895.... to 994....   D. No. ↓0,9,0,0, to ↓0,9,9,9,

Natural Numbers.	Dual Logarithms.	Dual Numbers.	Natural Numbers.	Dual Logarithms.	Dual Numbers.	Multiples of Differences.
1·0936 3527	8955297,	↓0,9,0,0,0,0,0,	1·09916465	9455047,	↓0,9,5,0,0,0,0,	
79464	96	↓0,9,0,1,0,0,0,0,	27457	46	↓0,9,5,1,0,0,0,0,	
90402	97	↓0,9,0,2,0,0,0,0,	38450	47	↓0,9,5,2,0,0,0,0,	1 1093 1094 1095
1·09401341	98	↓0,9,0,3,0,0,0,0,	49444	48	↓0,9,5,3,0,0,0,0,	2 2186 2188 2190
12281	99	↓0,9,0,4,0,0,0,0,	60439	49	↓0,9,5,4,0,0,0,0,	3 3279 3282 3285
						4 4372 4376 4380
23222	900	↓0,9,0,5,0,0,0,0,	71435	50	↓0,9,5,5,0,0,0,0,	5 5465 5470 5475
34164	01	↓0,9,0,6,0,0,0,0,	82432	51	↓0,9,5,6,0,0,0,0,	6 6558 6564 6570
45107	02	↓0,9,0,7,0,0,0,0,	93430	52	↓0,9,5,7,0,0,0,0,	7 7651 7658 7665
56052	03	↓0,9,0,8,0,0,0,0,	1·10004429	53	↓0,9,5,8,0,0,0,0,	8 8744 8752 8760
66998	04	↓0,9,0,9,0,0,0,0,	15429	54	↓0,9,5,9,0,0,0,0,	9 9837 9845 9855
77896	9055247,	↓0,9,1,0,0,0,0,0,	26381	9554997,	↓0,9,6,0,0,0,0,0,	
88844	06	↓0,9,1,1,0,0,0,0,	37384	56	↓0,9,6,1,0,0,0,0,	1 1096 1097 1098
99793	07	↓0,9,1,2,0,0,0,0,	48388	57	↓0,9,6,2,0,0,0,0,	2 2192 2194 2196
1·09510743	08	↓0,9,1,3,0,0,0,0,	59393	58	↓0,9,6,3,0,0,0,0,	3 3288 3291 3294
21694	09	↓0,9,1,4,0,0,0,0,	70399	59	↓0,9,6,4,0,0,0,0,	4 4384 4388 4392
						5 5480 5485 5490
32646	10	↓0,9,1,5,0,0,0,0,	81406	60	↓0,9,6,5,0,0,0,0,	6 6576 6582 6588
43599	11	↓0,9,1,6,0,0,0,0,	92414	61	↓0,9,6,6,0,0,0,0,	7 7672 7679 7686
54553	12	↓0,9,1,7,0,0,0,0,	1·10103423	62	↓0,9,6,7,0,0,0,0,	8 8768 8776 8784
65508	13	↓0,9,1,8,0,0,0,0,	14433	63	↓0,9,6,8,0,0,0,0,	9 9864 9873 9882
76465	14	↓0,9,1,9,0,0,0,0,	25444	64	↓0,9,6,9,0,0,0,0,	
87374	9155197,	↓0,9,2,0,0,0,0,0,	36407	9654947,	↓0,9,7,0,0,0,0,0,	1 1099 1100 1101
98333	16	↓0,9,2,1,0,0,0,0,	47421	66	↓0,9,7,1,0,0,0,0,	2 2198 2200 2202
1·09609293	17	↓0,9,2,2,0,0,0,0,	58436	67	↓0,9,7,2,0,0,0,0,	3 3297 3300 3303
20254	18	↓0,9,2,3,0,0,0,0,	69452	68	↓0,9,7,3,0,0,0,0,	4 4396 4400 4404
31216	19	↓0,9,2,4,0,0,0,0,	80469	69	↓0,9,7,4,0,0,0,0,	5 5495 5500 5505
						6 6594 6600 6606
42179	20	↓0,9,2,5,0,0,0,0,	91487	70	↓0,9,7,5,0,0,0,0,	7 7693 7700 7707
53143	21	↓0,9,2,6,0,0,0,0,	1·10202506	71	↓0,9,7,6,0,0,0,0,	8 8792 8800 8808
64108	22	↓0,9,2,7,0,0,0,0,	13526	72	↓0,9,7,7,0,0,0,0,	9 9891 9900 9909
75074	23	↓0,9,2,8,0,0,0,0,	24547	73	↓0,9,7,8,0,0,0,0,	
86041	24	↓0,9,2,9,0,0,0,0,	35569	74	↓0,9,7,9,0,0,0,0,	
96961	9255147,	↓0,9,3,0,0,0,0,0,	46543	9754897,	↓0,9,8,0,0,0,0,0,	1 1102 1103 1104
1·09707931	26	↓0,9,3,1,0,0,0,0,	57568	76	↓0,9,8,1,0,0,0,0,	2 2204 2206 2208
18902	27	↓0,9,3,2,0,0,0,0,	68594	77	↓0,9,8,2,0,0,0,0,	3 3306 3309 3312
29874	28	↓0,9,3,3,0,0,0,0,	79621	78	↓0,9,8,3,0,0,0,0,	4 4408 4412 4416
40847	29	↓0,9,3,4,0,0,0,0,	90649	79	↓0,9,8,4,0,0,0,0,	5 5510 5515 5520
						6 6612 6618 6624
51821	30	↓0,9,3,5,0,0,0,0,	1·10301678	80	↓0,9,8,5,0,0,0,0,	7 7714 7721 7728
62796	31	↓0,9,3,6,0,0,0,0,	12708	81	↓0,9,8,6,0,0,0,0,	8 8816 8824 8832
73772	32	↓0,9,3,7,0,0,0,0,	23739	82	↓0,9,8,7,0,0,0,0,	9 9918 9927 9936
84749	33	↓0,9,3,8,0,0,0,0,	34771	83	↓0,9,8,8,0,0,0,0,	
95727	34	↓0,9,3,9,0,0,0,0,	45804	84	↓0,9,8,9,0,0,0,0,	
1·09806658	9355097,	↓0,9,4,0,0,0,0,0,	56790	9854847,	↓0,9,9,0,0,0,0,0,	
17639	36	↓0,9,4,1,0,0,0,0,	67826	86	↓0,9,9,1,0,0,0,0,	
28621	37	↓0,9,4,2,0,0,0,0,	78863	87	↓0,9,9,2,0,0,0,0,	
39604	38	↓0,9,4,3,0,0,0,0,	89901	88	↓0,9,9,3,0,0,0,0,	
50588	39	↓0,9,4,4,0,0,0,0,	1·10400940	89	↓0,9,9,4,0,0,0,0,	
61573	40	↓0,9,4,5,0,0,0,0,	11980	90	↓0,9,9,5,0,0,0,0,	
72559	41	↓0,9,4,6,0,0,0,0,	23021	91	↓0,9,9,6,0,0,0,0,	
83546	42	↓0,9,4,7,0,0,0,0,	34063	92	↓0,9,9,7,0,0,0,0,	
94534	43	↓0,9,4,8,0,0,0,0,	45106	93	↓0,9,9,8,0,0,0,0,	
1·09905523	44	↓0,9,4,9,0,0,0,0,	56151	94	↓0,9,9,9,0,0,0,0,	

Dual Logarithms of powers of 2 and 10.

↓, 2 = 69314718,   ↓, 10 = 230258509,   ↓, 10^4 = 921034037,   ↓, 10^7 = 1611809565,
↓, 4 = 138629437,   ↓, 10^2 = 460517019,   ↓, 10^5 = 1151292546,   ↓, 10^8 = 1842068074,
↓, 8 = 207944154,   ↓, 10^3 = 690775528,   ↓, 10^6 = 1381551056,   ↓, 10^9 = 2072326584,

Nat. No. 1·1000 to 1·1109   D. Log. 953.... to 1052....   D. No. ↓1,0,0,0, to ↓1,0,9,9, [11

Natural Numbers.	Dual Logarithms.	Dual Numbers.	Natural Numbers.	Dual Logarithms.	Dual Numbers.	Multiples of Differences.		
1·10000000	9531018,	↓1,0,0,0,0,0,0,0,	1·10551100	10030768,	↓1,0,5,0,0,0,0,0,			
11000	54	↓1,0,0,1,0,0,0,0,	62155	04	↓1,0,5,1,0,0,0,0,	1	1100	1101	1102
22001	55	↓1,0,0,2,0,0,0,0,	73211	05	↓1,0,5,2,0,0,0,0,	2	2200	2202	2204
33003	56	↓1,0,0,3,0,0,0,0,	84268	06	↓1,0,5,3,0,0,0,0,	3	3300	3303	3306
44006	57	↓1,0,0,4,0,0,0,0,	95326	07	↓1,0,5,4,0,0,0,0,	4	4400	4404	4408
						5	5500	5505	5510
55010	58	↓1,0,0,5,0,0,0,0,	1·10606386	08	↓1,0,5,5,0,0,0,0,	6	6600	6606	6612
66016	59	↓1,0,0,6,0,0,0,0,	17447	09	↓1,0,5,6,0,0,0,0,	7	7700	7707	7714
77023	60	↓1,0,0,7,0,0,0,0,	28509	10	↓1,0,5,7,0,0,0,0,	8	8800	8808	8816
88031	61	↓1,0,0,8,0,0,0,0,	39572	11	↓1,0,5,8,0,0,0,0,	9	9900	9909	9918
99039	62	↓1,0,0,9,0,0,0,0,	50636	12	↓1,0,5,9,0,0,0,0,				
1·10110000	9630968,	↓1,0,1,0,0,0,0,0,	61651	10130718,	↓1,0,6,0,0,0,0,0,	1	1103	1104	1105
21011	64	↓1,0,1,1,0,0,0,0,	72717	14	↓1,0,6,1,0,0,0,0,	2	2206	2208	2210
32023	65	↓1,0,1,2,0,0,0,0,	83784	15	↓1,0,6,2,0,0,0,0,	3	3309	3312	3315
43036	66	↓1,0,1,3,0,0,0,0,	94852	16	↓1,0,6,3,0,0,0,0,	4	4412	4416	4420
54050	67	↓1,0,1,4,0,0,0,0,	1·10705921	17	↓1,0,6,4,0,0,0,0,	5	5515	5520	5525
						6	6618	6624	6630
65065	68	↓1,0,1,5,0,0,0,0,	16992	18	↓1,0,6,5,0,0,0,0,	7	7721	7728	7735
76082	69	↓1,0,1,6,0,0,0,0,	28064	19	↓1,0,6,6,0,0,0,0,	8	8824	8832	8840
87100	70	↓1,0,1,7,0,0,0,0,	39137	20	↓1,0,6,7,0,0,0,0,	9	9927	9936	9945
98119	71	↓1,0,1,8,0,0,0,0,	50211	21	↓1,0,6,8,0,0,0,0,				
1·10209139	72	↓1,0,1,9,0,0,0,0,	61286	22	↓1,0,6,9,0,0,0,0,				
20110	9730918,	↓1,0,2,0,0,0,0,0,	72313	10230668,	↓1,0,7,0,0,0,0,0,	1	1106	1107	1108
31132	74	↓1,0,2,1,0,0,0,0,	83390	24	↓1,0,7,1,0,0,0,0,	2	2212	2214	2216
42155	75	↓1,0,2,2,0,0,0,0,	94468	25	↓1,0,7,2,0,0,0,0,	3	3318	3321	3324
53179	76	↓1,0,2,3,0,0,0,0,	1·10805547	26	↓1,0,7,3,0,0,0,0,	4	4424	4428	4432
64204	77	↓1,0,2,4,0,0,0,0,	16628	27	↓1,0,7,4,0,0,0,0,	5	5530	5535	5540
						6	6636	6642	6648
75231	78	↓1,0,2,5,0,0,0,0,	27710	28	↓1,0,7,5,0,0,0,0,	7	7742	7749	7756
86258	79	↓1,0,2,6,0,0,0,0,	38793	29	↓1,0,7,6,0,0,0,0,	8	8848	8856	8864
97287	80	↓1,0,2,7,0,0,0,0,	49877	30	↓1,0,7,7,0,0,0,0,	9	9954	9963	9972
1·10308317	81	↓1,0,2,8,0,0,0,0,	60962	31	↓1,0,7,8,0,0,0,0,				
19348	82	↓1,0,2,9,0,0,0,0,	72048	32	↓1,0,7,9,0,0,0,0,				
30330	9830868,	↓1,0,3,0,0,0,0,0,	83086	10330618,	↓1,0,8,0,0,0,0,0,	1	1109	1110	
41363	84	↓1,0,3,1,0,0,0,0,	94174	34	↓1,0,8,1,0,0,0,0,	2	2218	2220	
52397	85	↓1,0,3,2,0,0,0,0,	1·10905263	35	↓1,0,8,2,0,0,0,0,	3	3327	3330	
63432	86	↓1,0,3,3,0,0,0,0,	16354	36	↓1,0,8,3,0,0,0,0,	4	4436	4440	
74468	87	↓1,0,3,4,0,0,0,0,	27446	37	↓1,0,8,4,0,0,0,0,	5	5545	5550	
						6	6654	6660	
85505	88	↓1,0,3,5,0,0,0,0,	38539	38	↓1,0,8,5,0,0,0,0,	7	7763	7770	
96544	89	↓1,0,3,6,0,0,0,0,	49633	39	↓1,0,8,6,0,0,0,0,	8	8872	8880	
1·10407584	90	↓1,0,3,7,0,0,0,0,	60728	40	↓1,0,8,7,0,0,0,0,	9	9981	9990	
18625	91	↓1,0,3,8,0,0,0,0,	71824	41	↓1,0,8,8,0,0,0,0,				
29667	92	↓1,0,3,9,0,0,0,0,	82921	42	↓1,0,8,9,0,0,0,0,				
40660	9930818,	↓1,0,4,0,0,0,0,0,	93969	10430568,	↓1,0,9,0,0,0,0,0,				
51704	94	↓1,0,4,1,0,0,0,0,	1·11005068	44	↓1,0,9,1,0,0,0,0,				
62749	95	↓1,0,4,2,0,0,0,0,	16169	45	↓1,0,9,2,0,0,0,0,				
73795	96	↓1,0,4,3,0,0,0,0,	27271	46	↓1,0,9,3,0,0,0,0,				
84843	97	↓1,0,4,4,0,0,0,0,	38374	47	↓1,0,9,4,0,0,0,0,				
95892	98	↓1,0,4,5,0,0,0,0,	49478	48	↓1,0,9,5,0,0,0,0,				
1·10506942	99	↓1,0,4,6,0,0,0,0,	60583	49	↓1,0,9,6,0,0,0,0,				
17993	1000	↓1,0,4,7,0,0,0,0,	71689	50	↓1,0,9,7,0,0,0,0,				
29045	01	↓1,0,4,8,0,0,0,0,	82796	51	↓1,0,9,8,0,0,0,0,				
40098	02	↓1,0,4,9,0,0,0,0,	93904	52	↓1,0,9,9,0,0,0,0,				

Dual Logarithms of powers of 2 and 10.

↓, 2 = 69314718,   ↓, 10 = 230258509,   ↓, 10^4 = 921034037,   ↓, 10^7 = 1611809565,
↓, 4 = 138629437,   ↓, 10^2 = 460517019,   ↓, 10^5 = 1151292546,   ↓, 10^8 = 1842068074,
↓, 8 = 207944154,   ↓, 10^3 = 690775528,   ↓, 10^6 = 1381551056,   ↓, 10^9 = 2072326584,

12] Nat. No. 1·1110 to 1·1220   D. Log. 1052.... to 1151....   D. No. ↓1,1,0,0, to ↓1,1,9,9,

Natural Numbers.	Dual Logarithms.	Dual Numbers.	Natural Numbers.	Dual Logarithms.	Dual Numbers.	Multiples of Differences.		
1·11100000	1052605 1,	↓1,1,0,0,0,0,0,0,	1·11656612	11025801,	↓1,1,5,0,0,0,0,0,			
11110	53	↓1,1,0,1,0,0,0,0,	67778	03	↓1,1,5,1,0,0,0,0,	1	1111	1112	1113
22221	54	↓1,1,0,2,0,0,0,0,	78945	04	↓1,1,5,2,0,0,0,0,	2	2222	2224	2226
33333	55	↓1,1,0,3,0,0,0,0,	90113	05	↓1,1,5,3,0,0,0,0,	3	3333	3336	3339
44446	56	↓1,1,0,4,0,0,0,0,	1·11701282	06	↓1,1,5,4,0,0,0,0,	4	4444	4448	4452
						5	5555	5560	5565
55560	57	↓1,1,0,5,0,0,0,0,	12452	07	↓1,1,5,5,0,0,0,0,	6	6666	6672	6678
66676	58	↓1,1,0,6,0,0,0,0,	23623	08	↓1,1,5,6,0,0,0,0,	7	7777	7784	7791
77793	59	↓1,1,0,7,0,0,0,0,	34795	09	↓1,1,5,7,0,0,0,0,	8	8888	8896	8904
88911	60	↓1,1,0,8,0,0,0,0,	45968	10	↓1,1,5,8,0,0,0,0,	9	9999	10008	10017
1·11200030	61	↓1,1,0,9,0,0,0,0,	57143	11	↓1,1,5,9,0,0,0,0,				
11100	1062600 1,	↓1,1,1,0,0,0,0,0,	68269	1112575 1,	↓1,1,6,0,0,0,0,0,	1	1114	1115	1116
22221	63	↓1,1,1,1,0,0,0,0,	79446	13	↓1,1,6,1,0,0,0,0,	2	2228	2230	2232
33343	64	↓1,1,1,2,0,0,0,0,	90624	14	↓1,1,6,2,0,0,0,0,	3	3342	3345	3348
44466	65	↓1,1,1,3,0,0,0,0,	1·11801803	15	↓1,1,6,3,0,0,0,0,	4	4456	4460	4464
55590	66	↓1,1,1,4,0,0,0,0,	12983	16	↓1,1,6,4,0,0,0,0,	5	5570	5575	5580
						6	6684	6690	6696
66716	67	↓1,1,1,5,0,0,0,0,	24164	17	↓1,1,6,5,0,0,0,0,	7	7798	7805	7812
77843	68	↓1,1,1,6,0,0,0,0,	35346	18	↓1,1,6,6,0,0,0,0,	8	8912	8920	8928
88971	69	↓1,1,1,7,0,0,0,0,	46530	19	↓1,1,6,7,0,0,0,0,	9	10026	10035	10044
1·11300100	70	↓1,1,1,8,0,0,0,0,	57715	20	↓1,1,6,8,0,0,0,0,				
11230	71	↓1,1,1,9,0,0,0,0,	68901	21	↓1,1,6,9,0,0,0,0,				
22311	1072595 1,	↓1,1,2,0,0,0,0,0,	80037	1122570 1,	↓1,1,7,0,0,0,0,0,	1	1117	1118	1119
33443	73	↓1,1,2,1,0,0,0,0,	91225	23	↓1,1,7,1,0,0,0,0,	2	2234	2236	2238
44576	74	↓1,1,2,2,0,0,0,0,	1·11902414	24	↓1,1,7,2,0,0,0,0,	3	3351	3354	3357
55710	75	↓1,1,2,3,0,0,0,0,	13604	25	↓1,1,7,3,0,0,0,0,	4	4468	4472	4476
66846	76	↓1,1,2,4,0,0,0,0,	24795	26	↓1,1,7,4,0,0,0,0,	5	5585	5590	5595
						6	6702	6708	6714
77983	77	↓1,1,2,5,0,0,0,0,	35987	27	↓1,1,7,5,0,0,0,0,	7	7819	7826	7833
89121	78	↓1,1,2,6,0,0,0,0,	47181	28	↓1,1,7,6,0,0,0,0,	8	8936	8944	8952
1·11400260	79	↓1,1,2,7,0,0,0,0,	58376	29	↓1,1,7,7,0,0,0,0,	9	10053	10062	10071
11400	80	↓1,1,2,8,0,0,0,0,	69572	30	↓1,1,7,8,0,0,0,0,				
22541	81	↓1,1,2,9,0,0,0,0,	80769	31	↓1,1,7,9,0,0,0,0,				
33633	1082590 1,	↓1,1,3,0,0,0,0,0,	91917	1132565 1,	↓1,1,8,0,0,0,0,0,	1	1120	1121	1122
44776	83	↓1,1,3,1,0,0,0,0,	1·12003116	33	↓1,1,8,1,0,0,0,0,	2	2240	2242	2244
55920	84	↓1,1,3,2,0,0,0,0,	14316	34	↓1,1,8,2,0,0,0,0,	3	3360	3363	3366
67066	85	↓1,1,3,3,0,0,0,0,	25517	35	↓1,1,8,3,0,0,0,0,	4	4480	4484	4488
78213	86	↓1,1,3,4,0,0,0,0,	36720	36	↓1,1,8,4,0,0,0,0,	5	5600	5605	5610
						6	6720	6726	6732
89361	87	↓1,1,3,5,0,0,0,0,	47924	37	↓1,1,8,5,0,0,0,0,	7	7840	7847	7854
1·11500510	88	↓1,1,3,6,0,0,0,0,	59129	38	↓1,1,8,6,0,0,0,0,	8	8960	8968	8976
11660	89	↓1,1,3,7,0,0,0,0,	70335	39	↓1,1,8,7,0,0,0,0,	9	10080	10089	10098
22811	90	↓1,1,3,8,0,0,0,0,	81542	40	↓1,1,8,8,0,0,0,0,				
33963	91	↓1,1,3,9,0,0,0,0,	92750	41	↓1,1,8,9,0,0,0,0,				
45067	1092585 1,	↓1,1,4,0,0,0,0,0,	1·12103909	1142560 1,	↓1,1,9,0,0,0,0,0,				
56222	93	↓1,1,4,1,0,0,0,0,	15119	43	↓1,1,9,1,0,0,0,0,				
67378	94	↓1,1,4,2,0,0,0,0,	26331	44	↓1,1,9,2,0,0,0,0,				
78535	95	↓1,1,4,3,0,0,0,0,	37543	45	↓1,1,9,3,0,0,0,0,				
89692	96	↓1,1,4,4,0,0,0,0,	48757	46	↓1,1,9,4,0,0,0,0,				
1·11600851	97	↓1,1,4,5,0,0,0,0,	59972	47	↓1,1,9,5,0,0,0,0,				
12011	98	↓1,1,4,6,0,0,0,0,	71188	48	↓1,1,9,6,0,0,0,0,				
23172	99	↓1,1,4,7,0,0,0,0,	82405	49	↓1,1,9,7,0,0,0,0,				
34334	1100	↓1,1,4,8,0,0,0,0,	93623	50	↓1,1,9,8,0,0,0,0,				
45497	01	↓1,1,4,9,0,0,0,0,	1·12204842	51	↓1,1,9,9,0,0,0,0,				

Dual Logarithms of powers of 2 and 10.

$\downarrow_{\prime}2 = 69314718,$ $\downarrow_{\prime}10 = 230258509,$ $\downarrow_{\prime}10^4 = 921034037,$ $\downarrow_{\prime}10^7 = 1611809565,$
$\downarrow_{\prime}4 = 138629437,$ $\downarrow_{\prime}10^2 = 460517019,$ $\downarrow_{\prime}10^5 = 1151292546,$ $\downarrow_{\prime}10^8 = 1842068074,$
$\downarrow_{\prime}8 = 207944154,$ $\downarrow_{\prime}10^3 = 690775528,$ $\downarrow_{\prime}10^6 = 1381551056,$ $\downarrow_{\prime}10^9 = 2072326584,$

Nat. No. 1·1221 to 1·1332   D. Log. 1152.... to 1251....   D. No. ↓1,2,0,0, to ↓1,2,9,9, [13

Natural Numbers.	Dual Logarithms.	Dual Numbers.	Natural Numbers.	Dual Logarithms.	Dual Numbers.	Multiples of Differences.			
1·12211000	11521084,	↓1,2,0,0,0,0,0,0,	1·12773178	12020834,	↓1,2,5,0,0,0,0,0,				
22221	53	↓1,2,0,1,0,0,0,0,	84455	03	↓1,2,5,1,0,0,0,0,	1	1122	1123	1124
33443	54	↓1,2,0,2,0,0,0,0,	95733	04	↓1,2,5,2,0,0,0,0,	2	2244	2246	2248
44666	55	↓1,2,0,3,0,0,0,0,	1·12807013	05	↓1,2,5,3,0,0,0,0,	3	3366	3369	3372
55890	56	↓1,2,0,4,0,0,0,0,	18294	06	↓1,2,5,4,0,0,0,0,	4	4488	4492	4496
						5	5610	5615	5620
67116	57	↓1,2,0,5,0,0,0,0,	29576	07	↓1,2,5,5,0,0,0,0,	6	6732	6738	6744
78343	58	↓1,2,0,6,0,0,0,0,	40859	08	↓1,2,5,6,0,0,0,0,	7	7854	7861	7868
89571	59	↓1,2,0,7,0,0,0,0,	52143	09	↓1,2,5,7,0,0,0,0,	8	8976	8984	8992
1·12300800	60	↓1,2,0,8,0,0,0,0,	63428	10	↓1,2,5,8,0,0,0,0,	9	10098	10107	10116
12030	61	↓1,2,0,9,0,0,0,0,	74714	11	↓1,2,5,9,0,0,0,0,				
23211	11621034,	↓1,2,1,0,0,0,0,0,	85951	12120784,	↓1,2,6,0,0,0,0,0,	1	1125	1126	1127
34443	63	↓1,2,1,1,0,0,0,0,	97240	13	↓1,2,6,1,0,0,0,0,	2	2250	2252	2254
45676	64	↓1,2,1,2,0,0,0,0,	1·12908530	14	↓1,2,6,2,0,0,0,0,	3	3375	3378	3381
56911	65	↓1,2,1,3,0,0,0,0,	19821	15	↓1,2,6,3,0,0,0,0,	4	4500	4504	4508
68147	66	↓1,2,1,4,0,0,0,0,	31113	16	↓1,2,6,4,0,0,0,0,	5	5625	5630	5635
						6	6750	6756	6762
79384	67	↓1,2,1,5,0,0,0,0,	42406	17	↓1,2,6,5,0,0,0,0,	7	7875	7882	7889
90622	68	↓1,2,1,6,0,0,0,0,	53700	18	↓1,2,6,6,0,0,0,0,	8	9000	9008	9016
1·12401861	69	↓1,2,1,7,0,0,0,0,	64995	19	↓1,2,6,7,0,0,0,0,	9	10125	10134	10143
13101	70	↓1,2,1,8,0,0,0,0,	76291	20	↓1,2,6,8,0,0,0,0,				
24342	71	↓1,2,1,9,0,0,0,0,	87589	21	↓1,2,6,9,0,0,0,0,				
35534	11720984,	↓1,2,2,0,0,0,0,0,	98837	12220734,	↓1,2,7,0,0,0,0,0,	1	1128	1129	1130
46778	73	↓1,2,2,1,0,0,0,0,	1·13010137	23	↓1,2,7,1,0,0,0,0,	2	2256	2258	2260
58023	74	↓1,2,2,2,0,0,0,0,	21438	24	↓1,2,7,2,0,0,0,0,	3	3384	3387	3390
69269	75	↓1,2,2,3,0,0,0,0,	32740	25	↓1,2,7,3,0,0,0,0,	4	4512	4516	4520
80516	76	↓1,2,2,4,0,0,0,0,	44043	26	↓1,2,7,4,0,0,0,0,	5	5640	5645	5650
						6	6768	6774	6780
91764	77	↓1,2,2,5,0,0,0,0,	55347	27	↓1,2,7,5,0,0,0,0,	7	7896	7903	7910
1·12503013	78	↓1,2,2,6,0,0,0,0,	66653	28	↓1,2,7,6,0,0,0,0,	8	9024	9032	9040
14263	79	↓1,2,2,7,0,0,0,0,	77960	29	↓1,2,7,7,0,0,0,0,	9	10152	10161	10170
25514	80	↓1,2,2,8,0,0,0,0,	89268	30	↓1,2,7,8,0,0,0,0,				
36767	81	↓1,2,2,9,0,0,0,0,	1·13100577	31	↓1,2,7,9,0,0,0,0,				
47970	11820934,	↓1,2,3,0,0,0,0,0,	11836	12320684,	↓1,2,8,0,0,0,0,0,	1	1131	1132	1133
59225	83	↓1,2,3,1,0,0,0,0,	23147	33	↓1,2,8,1,0,0,0,0,	2	2262	2264	2266
70481	84	↓1,2,3,2,0,0,0,0,	34459	34	↓1,2,8,2,0,0,0,0,	3	3393	3396	3399
81738	85	↓1,2,3,3,0,0,0,0,	45772	35	↓1,2,8,3,0,0,0,0,	4	4524	4528	4532
92996	86	↓1,2,3,4,0,0,0,0,	57087	36	↓1,2,8,4,0,0,0,0,	5	5655	5660	5665
						6	6786	6792	6798
1·12604255	87	↓1,2,3,5,0,0,0,0,	68403	37	↓1,2,8,5,0,0,0,0,	7	7917	7924	7931
15515	88	↓1,2,3,6,0,0,0,0,	79720	38	↓1,2,8,6,0,0,0,0,	8	9048	9056	9064
26777	89	↓1,2,3,7,0,0,0,0,	91038	39	↓1,2,8,7,0,0,0,0,	9	10179	10188	10197
38040	90	↓1,2,3,8,0,0,0,0,	1·13202357	40	↓1,2,8,8,0,0,0,0,				
49304	91	↓1,2,3,9,0,0,0,0,	13677	41	↓1,2,8,9,0,0,0,0,				
60518	11920884,	↓1,2,4,0,0,0,0,0,	24948	12420634,	↓1,2,9,0,0,0,0,0,				
71783	93	↓1,2,4,1,0,0,0,0,	36270	43	↓1,2,9,1,0,0,0,0,				
83050	94	↓1,2,4,2,0,0,0,0,	47594	44	↓1,2,9,2,0,0,0,0,				
94318	95	↓1,2,4,3,0,0,0,0,	58919	45	↓1,2,9,3,0,0,0,0,				
1·12705587	96	↓1,2,4,4,0,0,0,0,	70245	46	↓1,2,9,4,0,0,0,0,				
16858	97	↓1,2,4,5,0,0,0,0,	81572	47	↓1,2,9,5,0,0,0,0,				
28130	98	↓1,2,4,6,0,0,0,0,	92900	48	↓1,2,9,6,0,0,0,0,				
39403	99	↓1,2,4,7,0,0,0,0,	1·13304229	49	↓1,2,9,7,0,0,0,0,				
50677	1200	↓1,2,4,8,0,0,0,0,	15559	50	↓1,2,9,8,0,0,0,0,				
61952	01	↓1,2,4,9,0,0,0,0,	26891	51	↓1,2,9,9,0,0,0,0,				

Dual Logarithms of powers of 2 and 10.

↓, 2 = 69314718,   ↓, 10 = 230258509,   ↓, 10^4 = 921034037,   ↓, 10^7 = 1611809565,
↓, 4 = 138629437,   ↓, 10^2 = 460517019,   ↓, 10^5 = 1151292546,   ↓, 10^8 = 1842068074,
↓, 8 = 207944154,   ↓, 10^3 = 690775528,   ↓, 10^6 = 1381551056,   ↓, 10^9 = 2072326584,

[14] Nat. No. 1·1333 to 1·1446   D. Log. 1251.... to 1350....   D. No. ↓1,3.0,0, to ↓1,3,9,9,

Natural Numbers.	Dual Logarithms.	Dual Numbers.	Natural Numbers.	Dual Logarithms.	Dual Numbers.	Multiples of Differences.
1·13333110	12516117,	↓1,3,0,0,0,0,0,	1·13900909	13015867,	↓1,3,5,0,0,0,0,0,	
44443	52	↓1,3,0,1,0,0,0,0,	12299	02	↓1,3,5,1,0,0,0,0,	1 1133 1134 1135
55777	53	↓1,3,0,2,0,0,0,0,	23690	03	↓1,3,5,2,0,0,0,0,	2 2266 2268 2270
67113	54	↓1,3,0,3,0,0,0,0,	35082	04	↓1,3,5,3,0,0,0,0,	3 3399 3402 3405
78450	55	↓1,3,0,4,0,0,0,0,	46476	05	↓1,3,5,4,0,0,0,0,	4 4532 4536 4540
89788	56	↓1,3,0,5,0,0,0,0,	57871	06	↓1,3,5,5,0,0,0,0,	5 5665 5670 5675
1·13401127	57	↓1,3,0,6,0,0,0,0,	69267	07	↓1,3,5,6,0,0,0,0,	6 6798 6804 6810
12467	58	↓1,3,0,7,0,0,0,0,	80664	08	↓1,3,5,7,0,0,0,0,	7 7931 7938 7945
23808	59	↓1,3,0,8,0,0,0,0,	92062	09	↓1,3,5,8,0,0,0,0,	8 9064 9072 9080
35150	60	↓1,3,0,9,0,0,0,0,	1·14003461	10	↓1,3,5,9,0,0,0,0,	9 10197 10206 10215
46443	12616067,	↓1,3,1,0,0,0,0,0,	14810	13115817,	↓1,3,6,0,0,0,0,0,	
57788	62	↓1,3,1,1,0,0,0,0,	26211	12	↓1,3,6,1,0,0,0,0,	1 1136 1137 1138
69134	63	↓1,3,1,2,0,0,0,0,	37614	13	↓1,3,6,2,0,0,0,0,	2 2272 2274 2276
80481	64	↓1,3,1,3,0,0,0,0,	49018	14	↓1,3,6,3,0,0,0,0,	3 3408 3411 3414
91829	65	↓1,3,1,4,0,0,0,0,	60423	15	↓1,3,6,4,0,0,0,0,	4 4544 4548 4552
						5 5680 5685 5790
						6 6816 6822 6828
1·13503178	66	↓1,3,1,5,0,0,0,0,	71829	16	↓1,3,6,5,0,0,0,0,	7 7952 7959 7966
14528	67	↓1,3,1,6,0,0,0,0,	83236	17	↓1,3,6,6,0,0,0,0,	8 9088 9096 9104
25879	68	↓1,3,1,7,0,0,0,0,	94644	18	↓1,3,6,7,0,0,0,0,	9 10224 10233 10242
37232	69	↓1,3,1,8,0,0,0,0,	1·14106053	19	↓1,3,6,8,0,0,0,0,	
48586	70	↓1,3,1,9,0,0,0,0,	17464	20	↓1,3,6,9,0,0,0,0,	
59889	12716017,	↓1,3,2,0,0,0,0,0,	28825	13215767,	↓1,3,7,0,0,0,0,0,	1 1139 1140 1151
71245	72	↓1,3,2,1,0,0,0,0,	40238	22	↓1,3,7,1,0,0,0,0,	2 2278 2280 2282
82602	73	↓1,3,2,2,0,0,0,0,	51652	23	↓1,3,7,2,0,0,0,0,	3 3417 3420 3423
93960	74	↓1,3,2,3,0,0,0,0,	63067	24	↓1,3,7,3,0,0,0,0,	4 4556 4560 4564
1·13605319	75	↓1,3,2,4,0,0,0,0,	74483	25	↓1,3,7,4,0,0,0,0,	5 5695 5700 5705
						6 6834 6840 6846
16680	76	↓1,3,2,5,0,0,0,0,	85900	26	↓1,3,7,5,0,0,0,0,	7 7973 7980 7987
28042	77	↓1,3,2,6,0,0,0,0,	97319	27	↓1,3,7,6,0,0,0,0,	8 9112 9120 9128
39405	78	↓1,3,2,7,0,0,0,0,	1·14208739	28	↓1,3,7,7,0,0,0,0,	9 10251 10260 10269
50769	79	↓1,3,2,8,0,0,0,0,	20160	29	↓1,3,7,8,0,0,0,0,	
62134	80	↓1,3,2,9,0,0,0,0,	31582	30	↓1,3,7,9,0,0,0,0,	1 1142 1143 1144
73449	12815967,	↓1,3,3,0,0,0,0,0,	42954	13315717,	↓1,3,8,0,0,0,0,0,	2 2284 2286 2288
84816	82	↓1,3,3,1,0,0,0,0,	54378	32	↓1,3,8,1,0,0,0,0,	3 3426 3429 3432
96184	83	↓1,3,3,2,0,0,0,0,	65803	33	↓1,3,8,2,0,0,0,0,	4 4568 4572 4576
1·13707554	84	↓1,3,3,3,0,0,0,0,	77230	34	↓1,3,8,3,0,0,0,0,	5 5710 5715 5720
18925	85	↓1,3,3,4,0,0,0,0,	88658	35	↓1,3,8,4,0,0,0,0,	6 6852 6858 6864
						7 7994 8001 8008
30297	86	↓1,3,3,5,0,0,0,0,	1·14300087	36	↓1,3,8,5,0,0,0,0,	8 9136 9144 9152
41670	87	↓1,3,3,6,0,0,0,0,	11517	37	↓1,3,8,6,0,0,0,0,	9 10278 10287 10296
53044	88	↓1,3,3,7,0,0,0,0,	22948	38	↓1,3,8,7,0,0,0,0,	
64419	89	↓1,3,3,8,0,0,0,0,	34380	39	↓1,3,8,8,0,0,0,0,	
75795	90	↓1,3,3,9,0,0,0,0,	45813	40	↓1,3,8,9,0,0,0,0,	
87122	12915917,	↓1,3,4,0,0,0,0,0,	57197	13415667,	↓1,3,9,0,0,0,0,0,	
98501	92	↓1,3,4,1,0,0,0,0,	68633	42	↓1,3,9,1,0,0,0,0,	
1·13809881	93	↓1,3,4,2,0,0,0,0,	80070	43	↓1,3,9,2,0,0,0,0,	
21262	94	↓1,3,4,3,0,0,0,0,	91508	44	↓1,3,9,3,0,0,0,0,	
32644	95	↓1,3,4,4,0,0,0,0,	1·14402947	45	↓1,3,9,4,0,0,0,0,	
44027	96	↓1,3,4,5,0,0,0,0,	14387	46	↓1,3,9,5,0,0,0,0,	
55411	97	↓1,3,4,6,0,0,0,0,	25829	47	↓1,3,9,6,0,0,0,0,	
66797	98	↓1,3,4,7,0,0,0,0,	37272	48	↓1,3,9,7,0,0,0,0,	
78184	99	↓1,3,4,8,0,0,0,0,	48716	49	↓1,3,9,8,0,0,0,0,	
89572	1300	↓1,3,4,9,0,0,0,0,	60161	50	↓1,3,9,9,0,0,0,0,	

Dual Logarithms of powers of 2 and 10.

$\downarrow 2 = 69314718,$ $\downarrow 10 = 230258509,$ $\downarrow 10^4 = 921034037,$ $\downarrow 10^7 = 1611309555,$
$\downarrow 4 = 138629437,$ $\downarrow 10^2 = 460517019,$ $\downarrow 10^5 = 1151292546,$ $\downarrow 10^8 = 1842068074,$
$\downarrow 8 = 207944154,$ $\downarrow 10^3 = 690775528,$ $\downarrow 10^6 = 1381551056,$ $\downarrow 10^9 = 2072326531,$

Nat. No. 1·1446 to 1·1560   D. Log. 1351.... to 1450....   D. No. ↓1,4,0,0, to ↓1,4,9,9,   [15

Natural Numbers.	Dual Logarithms.	Dual Numbers.	Natural Numbers.	Dual Logarithms.	Dual Numbers.	Multiples of Differences.		
1·14466441	13511150,	↓1,4,0,0,0,0,0,	1·15039918	14010900,	↓1,4,5,0,0,0,0,			
77888	52	↓1,4,0,2,0,0,0,0,	51422	02	↓1,4,5,1,0,0,0,0,	1 1144	1145	1146
89336	53	↓1,4,0,1,0,0,0,0,	62927	03	↓1,4,5,2,0,0,0,0,	2 2288	2290	2292
1·14500785	54	↓1,4,0,3,0,0,0,0,	74433	04	↓1,4,5,3,0,0,0,0,	3 3432	3435	3438
12235	55	↓1,4,0,4,0,0,0,0,	85940	05	↓1,4,5,4,0,0,0,0,	4 4576	4580	4584
						5 5720	5725	5730
23686	56	↓1,4,0,5,0,0,0,0,	97449	06	↓1,4,5,5,0,0,0,0,	6 6864	6870	6876
35138	57	↓1,4,0,6,0,0,0,0,	1·15108959	07	↓1,4,5,6,0,0,0,0,	7 8008	8015	8022
46592	58	↓1,4,0,7,0,0,0,0,	20470	08	↓1,4,5,7,0,0,0,0,	8 9152	9160	9168
58047	59	↓1,4,0,8,0,0,0,0,	31982	09	↓1,4,5,8,0,0,0,0,	9 10296	10305	10314
69503	60	↓1,4,0,9,0,0,0,0,	43495	10	↓1,4,5,9,0,0,0,0,			
80907	13611100,	↓1,4,1,0,0,0,0,0,	54958	14110850,	↓1,4,6,0,0,0,0,	1 1147	1148	1149
92365	62	↓1,4,1,1,0,0,0,0,	66473	12	↓1,4,6,1,0,0,0,0,	2 2294	2296	2298
1·14603824	63	↓1,4,1,2,0,0,0,0,	77990	13	↓1,4,6,2,0,0,0,0,	3 3441	3444	3447
15284	64	↓1,4,1,3,0,0,0,0,	89508	14	↓1,4,6,3,0,0,0,0,	4 4588	4592	4596
26746	65	↓1,4,1,4,0,0,0,0,	1·15201027	15	↓1,4,6,4,0,0,0,0,	5 5735	5740	5745
						6 6882	6888	6894
38209	66	↓1,4,1,5,0,0,0,0,	12547	16	↓1,4,6,5,0,0,0,0,	7 8029	8036	8043
49673	67	↓1,4,1,6,0,0,0,0,	24068	17	↓1,4,6,6,0,0,0,0,	8 9176	9184	9192
61138	68	↓1,4,1,7,0,0,0,0,	35590	18	↓1,4,6,7,0,0,0,0,	9 10323	10332	10341
72604	69	↓1,4,1,8,0,0,0,0,	47114	19	↓1,4,6,8,0,0,0,0,			
84071	70	↓1,4,1,9,0,0,0,0,	58639	20	↓1,4,6,9,0,0,0,0,			
95488	13711050,	↓1,4,2,0,0,0,0,0,	70113	14210800,	↓1,4,7,0,0,0,0,	1 1150	1151	1152
1·14706958	72	↓1,4,2,1,0,0,0,0,	81640	22	↓1,4,7,1,0,0,0,0,	2 2300	2302	2304
18429	73	↓1,4,2,2,0,0,0,0,	93168	23	↓1,4,7,2,0,0,0,0,	3 3450	3453	3456
29901	74	↓1,4,2,3,0,0,0,0,	1·15304697	24	↓1,4,7,3,0,0,0,0,	4 4600	4604	4608
41374	75	↓1,4,2,4,0,0,0,0,	16227	25	↓1,4,7,4,0,0,0,0,	5 5750	5755	5760
						6 6900	6906	6912
52848	76	↓1,4,2,5,0,0,0,0,	27759	26	↓1,4,7,5,0,0,0,0,	7 8050	8057	8064
64323	77	↓1,4,2,6,0,0,0,0,	39292	27	↓1,4,7,6,0,0,0,0,	8 9200	9208	9216
75799	78	↓1,4,2,7,0,0,0,0,	50826	28	↓1,4,7,7,0,0,0,0,	9 10350	10359	10368
87277	79	↓1,4,2,8,0,0,0,0,	62361	29	↓1,4,7,8,0,0,0,0,			
98756	80	↓1,4,2,9,0,0,0,0,	73897	30	↓1,4,7,9,0,0,0,0,			
1·14810183	13811000,	↓1,4,3,0,0,0,0,0,	85383	14310750,	↓1,4,8,0,0,0,0,	1 1153	1154	1155
21664	82	↓1,4,3,1,0,0,0,0,	96922	32	↓1,4,8,1,0,0,0,0,	2 2306	2308	2310
33146	83	↓1,4,3,2,0,0,0,0,	1·15408462	33	↓1,4,8,2,0,0,0,0,	3 3459	3462	3465
44629	84	↓1,4,3,3,0,0,0,0,	20003	34	↓1,4,8,3,0,0,0,0,	4 4612	4616	4620
56113	85	↓1,4,3,4,0,0,0,0,	31545	35	↓1,4,8,4,0,0,0,0,	5 5765	5770	5775
						6 6918	6924	6930
67599	86	↓1,4,3,5,0,0,0,0,	43088	36	↓1,4,8,5,0,0,0,0,	7 8071	8078	8085
79086	87	↓1,4,3,6,0,0,0,0,	54632	37	↓1,4,8,6,0,0,0,0,	8 9224	9232	9240
90574	88	↓1,4,3,7,0,0,0,0,	66177	38	↓1,4,8,7,0,0,0,0,	9 10377	10386	10395
1·14902063	89	↓1,4,3,8,0,0,0,0,	77724	39	↓1,4,8,8,0,0,0,0,			
13553	90	↓1,4,3,9,0,0,0,0,	89272	40	↓1,4,8,9,0,0,0,0,	1 1156		
						2 2312		
24993	13910950,	↓1,4,4,0,0,0,0,0,	1·15500768	14410700,	↓1,4,9,0,0,0,0,	3 3468		
36485	92	↓1,4,4,1,0,0,0,0,	12318	42	↓1,4,9,1,0,0,0,0,	4 4624		
47979	93	↓1,4,4,2,0,0,0,0,	23869	43	↓1,4,9,2,0,0,0,0,	5 5780		
59474	94	↓1,4,4,3,0,0,0,0,	35421	44	↓1,4,9,3,0,0,0,0,	6 6936		
70970	95	↓1,4,4,4,0,0,0,0,	46975	45	↓1,4,9,4,0,0,0,0,	7 8092		
						8 9248		
82467	96	↓1,4,4,5,0,0,0,0,	58530	46	↓1,4,9,5,0,0,0,0,	9 10404		
93965	97	↓1,4,4,6,0,0,0,0,	70086	47	↓1,4,9,6,0,0,0,0,			
1·15005464	98	↓1,4,4,7,0,0,0,0,	81643	48	↓1,4,9,7,0,0,0,0,			
16965	99	↓1,4,4,8,0,0,0,0,	93201	49	↓1,4,9,8,0,0,0,0,			
28467	1400	↓1,4,4,9,0,0,0,0,	1·15604760	50	↓1,4,9,9,0,0,0,0,			

Dual Logarithms of powers of 2 and 10.

$\downarrow_v 2 = 69314718$, $\downarrow_v 10 = 230258509$, $\downarrow_v 10^4 = 921034037$, $\downarrow_v 10^7 = 1611809565$,
$\downarrow_v 4 = 138629437$, $\downarrow_v 10^2 = 460517019$, $\downarrow_v 10^5 = 1151292546$, $\downarrow_v 10^8 = 1842068074$,
$\downarrow_v 8 = 207944154$, $\downarrow_v 10^3 = 690775528$, $\downarrow_v 10^6 = 1381551056$, $\downarrow_v 10^9 = 2072326584$,

16] **Nat. No. 1·1561 to 1·1676   D. Log. 1450.... to 1549....   D. No. ↓1,5,0,0, to ↓1,5,9,9,**

Natural Numbers.	Dual Logarithms.	Dual Numbers.	Natural Numbers.	Dual Logarithms.	Dual Numbers.	Multiples of Differences.
1·15611106	14506183,	↓1,5,0,0,0,0,0,0,	1·16190319	15005933,	↓1,5,5,0,0,0,0,0,	
22667	51	↓1,5,0,1,0,0,0,0,	1·16201938	01	↓1,5,5,1,0,0,0,0,	1 1156 1157 11
34229	52	↓1,5,0,2,0,0,0,0,	13558	02	↓1,5,5,2,0,0,0,0,	2 2312 2314 2
45792	53	↓1,5,0,3,0,0,0,0,	25179	03	↓1,5,5,3,0,0,0,0,	3 3468 3471 3
57357	54	↓1,5,0,4,0,0,0,0,	36802	04	↓1,5,5,4,0,0,0,0,	4 4624 4628 4
						5 5780 5785 5
68923	55	↓1,5,0,5,0,0,0,0,	48426	05	↓1,5,5,5,0,0,0,0,	6 6936 6942 6
80490	56	↓1,5,0,6,0,0,0,0,	60051	06	↓1,5,5,6,0,0,0,0,	7 8092 8099 8
92057	57	↓1,5,0,7,0,0,0,0,	71677	07	↓1,5,5,7,0,0,0,0,	8 9248 9256 9
1·15703626	58	↓1,5,0,8,0,0,0,0,	83304	08	↓1,5,5,8,0,0,0,0,	9 10404 10413 10
15196	59	↓1,5,0,9,0,0,0,0,	94932	09	↓1,5,5,9,0,0,0,0,	
26717	14606133,	↓1,5,1,0,0,0,0,0,	1·16306509	15105883,	↓1,5,6,0,0,0,0,0,	
38290	61	↓1,5,1,1,0,0,0,0,	18140	11	↓1,5,6,1,0,0,0,0,	1 1159 1160 1
49864	62	↓1,5,1,2,0,0,0,0,	29772	12	↓1,5,6,2,0,0,0,0,	2 2318 2320 2
61439	63	↓1,5,1,3,0,0,0,0,	41405	13	↓1,5,6,3,0,0,0,0,	3 3477 3480 3
73015	64	↓1,5,1,4,0,0,0,0,	53039	14	↓1,5,6,4,0,0,0,0,	4 4636 4640 4
						5 5795 5800 5
84592	65	↓1,5,1,5,0,0,0,0,	64674	15	↓1,5,6,5,0,0,0,0,	6 6954 6960 6
96170	66	↓1,5,1,6,0,0,0,0,	76310	16	↓1,5,6,6,0,0,0,0,	7 8113 8120 8
1·15807750	67	↓1,5,1,7,0,0,0,0,	87948	17	↓1,5,6,7,0,0,0,0,	8 9272 9280 9
19331	68	↓1,5,1,8,0,0,0,0,	99587	18	↓1,5,6,8,0,0,0,0,	9 10431 10440 10
30913	69	↓1,5,1,9,0,0,0,0,	1·16411227	19	↓1,5,6,9,0,0,0,0,	
42444	14706083,	↓1,5,2,0,0,0,0,0,	22815	15205833,	↓1,5,7,0,0,0,0,0,	1 1162 1163 1
54028	71	↓1,5,2,1,0,0,0,0,	34457	21	↓1,5,7,1,0,0,0,0,	2 2324 2326 2
65613	72	↓1,5,2,2,0,0,0,0,	46100	22	↓1,5,7,2,0,0,0,0,	3 3486 3489 3
77200	73	↓1,5,2,3,0,0,0,0,	57745	23	↓1,5,7,3,0,0,0,0,	4 4648 4652 4
88788	74	↓1,5,2,4,0,0,0,0,	69391	24	↓1,5,7,4,0,0,0,0,	5 5810 5815 5
						6 6972 6978 6
1·15900377	75	↓1,5,2,5,0,0,0,0,	81038	25	↓1,5,7,5,0,0,0,0,	7 8134 8141 8
11967	76	↓1,5,2,6,0,0,0,0,	92686	26	↓1,5,7,6,0,0,0,0,	8 9296 9304 9
23558	77	↓1,5,2,7,0,0,0,0,	1·16504335	27	↓1,5,7,7,0,0,0,0,	9 10458 10467 10
35150	78	↓1,5,2,8,0,0,0,0,	15985	28	↓1,5,7,8,0,0,0,0,	
46744	79	↓1,5,2,9,0,0,0,0,	27637	29	↓1,5,7,9,0,0,0,0,	
58286	14806033,	↓1,5,3,0,0,0,0,0,	39238	15305783,	↓1,5,8,0,0,0,0,0,	1 1165 1166 1
69882	81	↓1,5,3,1,0,0,0,0,	50892	31	↓1,5,8,1,0,0,0,0,	2 2330 2332 2
81479	82	↓1,5,3,2,0,0,0,0,	62547	32	↓1,5,8,2,0,0,0,0,	3 3495 3498 3
93077	83	↓1,5,3,3,0,0,0,0,	74203	33	↓1,5,8,3,0,0,0,0,	4 4660 4664 4
1·16004676	84	↓1,5,3,4,0,0,0,0,	85860	34	↓1,5,8,4,0,0,0,0,	5 5825 5830 5
						6 6990 6996 7
16276	85	↓1,5,3,5,0,0,0,0,	97519	35	↓1,5,8,5,0,0,0,0,	7 8155 8162 8
27878	86	↓1,5,3,6,0,0,0,0,	1·16609179	36	↓1,5,8,6,0,0,0,0,	8 9320 9328 9
39481	87	↓1,5,3,7,0,0,0,0,	20840	37	↓1,5,8,7,0,0,0,0,	9 10485 10494 10
51085	88	↓1,5,3,8,0,0,0,0,	32502	38	↓1,5,8,8,0,0,0,0,	
62690	89	↓1,5,3,9,0,0,0,0,	44165	39	↓1,5,8,9,0,0,0,0,	
74244	14905983,	↓1,5,4,0,0,0,0,0,	55778	15405733,	↓1,5,9,0,0,0,0,0,	
85851	91	↓1,5,4,1,0,0,0,0,	67444	41	↓1,5,9,1,0,0,0,0,	
97460	92	↓1,5,4,2,0,0,0,0,	79111	42	↓1,5,9,2,0,0,0,0,	
1·16109070	93	↓1,5,4,3,0,0,0,0,	90779	43	↓1,5,9,3,0,0,0,0,	
20681	94	↓1,5,4,4,0,0,0,0,	1·16702448	44	↓1,5,9,4,0,0,0,0,	
32293	95	↓1,5,4,5,0,0,0,0,	14118	45	↓1,5,9,5,0,0,0,0,	
43906	96	↓1,5,4,6,0,0,0,0,	25789	46	↓1,5,9,6,0,0,0,0,	
55520	97	↓1,5,4,7,0,0,0,0,	37462	47	↓1,5,9,7,0,0,0,0,	
67136	98	↓1,5,4,8,0,0,0,0,	49136	48	↓1,5,9,8,0,0,0,0,	
78753	99	↓1,5,4,9,0,0,0,0,	60811	49	↓1,5,9,9,0,0,0,0,	

Dual Logarithms of powers of 2 and 10.

$\downarrow, 2 = 69314718,$ $\downarrow, 10 = 230258509,$ $\downarrow, 10^4 = 921034037,$ $\downarrow, 10^7 = 1611809565,$
$\downarrow, 4 = 138629437,$ $\downarrow, 10^2 = 460517019,$ $\downarrow, 10^5 = 1151292546,$ $\downarrow, 10^8 = 1842068074,$
$\downarrow, 8 = 207944154,$ $\downarrow, 10^3 = 690775528,$ $\downarrow, 10^6 = 1381551056,$ $\downarrow, 10^9 = 2072326584,$

Nat. No. 1·1676 to 1·1792   D. Log. 1550.... to 1649....   D. No. ↓1,6,0,0, to ↓1,6,9,9,   [17

Natural Numbers.	Dual Logarithms.	Dual Numbers.	Natural Numbers.	Dual Logarithms.	Dual Numbers.	Multiples of Differences.		
1·16767217	15501216,	↓1,6,0,0,0,0,0,0,	1·17352222	16000966,	↓1,6,5,0,0,0,0,0,0,			
78894	51	↓1,6,0,1,0,0,0,0,	63957	01	↓1,6,5,1,0,0,0,0,0,			
90572	52	↓1,6,0,2,0,0,0,0,	75693	02	↓1,6,5,2,0,0,0,0,0,	1 1167	1168	1169
1·16802251	53	↓1,6,0,3,0,0,0,0,	87431	03	↓1,6,5,3,0,0,0,0,0,	2 2334	2336	2338
13931	54	↓1,6,0,4,0,0,0,0,	99170	04	↓1,6,5,4,0,0,0,0,0,	3 3501	3504	3507
						4 4668	4672	4676
						5 5835	5840	5845
25612	55	↓1,6,0,5,0,0,0,0,	1·17410910	05	↓1,6,5,5,0,0,0,0,0,	6 7002	7008	7014
37295	56	↓1,6,0,6,0,0,0,0,	22651	06	↓1,6,5,6,0,0,0,0,0,	7 8169	8176	8183
48979	57	↓1,6,0,7,0,0,0,0,	34393	07	↓1,6,5,7,0,0,0,0,0,	8 9336	9344	9352
60064	58	↓1,6,0,8,0,0,0,0,	46136	08	↓1,6,5,8,0,0,0,0,0,	9 10503	10512	10521
72350	59	↓1,6,0,9,0,0,0,0,	57881	09	↓1,6,5,9,0,0,0,0,0,			
83984	15601166,	↓1,6,1,0,0,0,0,0,	69574	16100916,	↓1,6,6,0,0,0,0,0,0,			
95672	61	↓1,6,1,1,0,0,0,0,	81321	11	↓1,6,6,1,0,0,0,0,0,	1 1170	1171	1172
1·16907362	62	↓1,6,1,2,0,0,0,0,	93069	12	↓1,6,6,2,0,0,0,0,0,	2 2340	2342	2344
19053	63	↓1,6,1,3,0,0,0,0,	1·17504818	13	↓1,6,6,3,0,0,0,0,0,	3 3510	3513	3516
30745	64	↓1,6,1,4,0,0,0,0,	16568	14	↓1,6,6,4,0,0,0,0,0,	4 4680	4684	4688
						5 5850	5855	5860
						6 7020	7026	7032
42438	65	↓1,6,1,5,0,0,0,0,	28320	15	↓1,6,6,5,0,0,0,0,0,	7 8190	8197	8204
54132	66	↓1,6,1,6,0,0,0,0,	40073	16	↓1,6,6,6,0,0,0,0,0,	8 9360	9368	9376
65827	67	↓1,6,1,7,0,0,0,0,	51827	17	↓1,6,6,7,0,0,0,0,0,	9 10530	10539	10548
77524	68	↓1,6,1,8,0,0,0,0,	63582	18	↓1,6,6,8,0,0,0,0,0,			
89222	69	↓1,6,1,9,0,0,0,0,	75338	19	↓1,6,6,9,0,0,0,0,0,			
1·17000868	15701116,	↓1,6,2,0,0,0,0,0,	87044	16200866,	↓1,6,7,0,0,0,0,0,0,	1 1173	1174	1175
12568	71	↓1,6,2,1,0,0,0,0,	98803	21	↓1,6,7,1,0,0,0,0,0,	2 2346	2348	2350
24269	72	↓1,6,2,2,0,0,0,0,	1·17610563	22	↓1,6,7,2,0,0,0,0,0,	3 3519	3522	3525
35971	73	↓1,6,2,3,0,0,0,0,	22324	23	↓1,6,7,3,0,0,0,0,0,	4 4692	4696	4700
47675	74	↓1,6,2,4,0,0,0,0,	34086	24	↓1,6,7,4,0,0,0,0,0,	5 5865	5870	5875
						6 7038	7044	7050
						7 8211	8218	8225
59379	75	↓1,6,2,5,0,0,0,0,	45849	25	↓1,6,7,5,0,0,0,0,0,	8 9384	9392	9400
71085	76	↓1,6,2,6,0,0,0,0,	57614	26	↓1,6,7,6,0,0,0,0,0,	9 10557	10566	10575
82792	77	↓1,6,2,7,0,0,0,0,	69380	27	↓1,6,7,7,0,0,0,0,0,			
94500	78	↓1,6,2,8,0,0,0,0,	81147	28	↓1,6,7,8,0,0,0,0,0,			
1·17106209	79	↓1,6,2,9,0,0,0,0,	92915	29	↓1,6,7,9,0,0,0,0,0,			
17869	15801066,	↓1,6,3,0,0,0,0,0,	1·17704631	16300816,	↓1,6,8,0,0,0,0,0,0,	1 1176	1177	1178
29581	81	↓1,6,3,1,0,0,0,0,	16401	31	↓1,6,8,1,0,0,0,0,0,	2 2352	2354	2356
41294	82	↓1,6,3,2,0,0,0,0,	28173	32	↓1,6,8,2,0,0,0,0,0,	3 3528	3531	3534
53008	83	↓1,6,3,3,0,0,0,0,	39946	33	↓1,6,8,3,0,0,0,0,0,	4 4704	4708	4712
64723	84	↓1,6,3,4,0,0,0,0,	51720	34	↓1,6,8,4,0,0,0,0,0,	5 5880	5885	5890
						6 7056	7062	7068
						7 8232	8239	8246
						8 9408	9216	9424
76439	85	↓1,6,3,5,0,0,0,0,	63495	35	↓1,6,8,5,0,0,0,0,0,	9 10584	10593	10602
88157	86	↓1,6,3,6,0,0,0,0,	75271	36	↓1,6,8,6,0,0,0,0,0,			
99876	87	↓1,6,3,7,0,0,0,0,	87049	37	↓1,6,8,7,0,0,0,0,0,			
1·17211596	88	↓1,6,3,8,0,0,0,0,	98828	38	↓1,6,8,8,0,0,0,0,0,			
23317	89	↓1,6,3,9,0,0,0,0,	1·17810608	39	↓1,6,8,9,0,0,0,0,0,	1 1179		
						2 2358		
34987	15901016,	↓1,6,4,0,0,0,0,0,	22336	16400766,	↓1,6,9,0,0,0,0,0,0,	3 3537		
46710	91	↓1,6,4,1,0,0,0,0,	34118	41	↓1,6,9,1,0,0,0,0,0,	4 4716		
58435	92	↓1,6,4,2,0,0,0,0,	45901	42	↓1,6,9,2,0,0,0,0,0,	5 5895		
70161	93	↓1,6,4,3,0,0,0,0,	57686	43	↓1,6,9,3,0,0,0,0,0,	6 7074		
81888	94	↓1,6,4,4,0,0,0,0,	69472	44	↓1,6,9,4,0,0,0,0,0,	7 8253		
						8 9432		
						9 10611		
93616	95	↓1,6,4,5,0,0,0,0,	81259	45	↓1,6,9,5,0,0,0,0,0,			
1·17305345	96	↓1,6,4,6,0,0,0,0,	93047	46	↓1,6,9,6,0,0,0,0,0,			
17076	97	↓1,6,4,7,0,0,0,0,	1·17904836	47	↓1,6,9,7,0,0,0,0,0,			
28808	98	↓1,6,4,8,0,0,0,0,	16626	48	↓1,6,9,8,0,0,0,0,0,			
40541	99	↓1,6,4,9,0,0,0,0,	28418	49	↓1,6,9,9,0,0,0,0,0,			

Dual Logarithms of powers of 2 and 10.

↓, 2 = 69314718,   ↓, 10 = 230258509,   ↓, 10^4 = 921034037,   ↓, 10^7 = 1611809565,
↓, 4 = 138629437,   ↓, 10^2 = 460517019,   ↓, 10^5 = 1151292546,   ↓, 10^8 = 1842068074,
↓, 8 = 207944154,   ↓, 10^3 = 690775528,   ↓, 10^6 = 1381551056,   ↓, 10^9 = 2072326584,

D

18] Nat. No. 1·1793 to 1·1910   D. Log. 1649.... to 1748...   D. No. ↓1,7,0,0, to ↓1,7,9,9,

Natural Numbers.	Dual Logarithms.	Dual Numbers.	Natural Numbers.	Dual Logarithms.	Dual Numbers.	Multiples of Differences.		
1·17934889	16496249,	↓1,7,0,0,0,0,0,0,	1·18525744	16995999,	↓1,7,5,0,0,0,0,0,			
46682	50	↓1,7,0,1,0,0,0,0,	37597	1700	↓1,7,5,1,0,0,0,0,	1 1179	1180	1181
58477	51	↓1,7,0,2,0,0,0,0,	49451	01	↓1,7,5,2,0,0,0,0,	2 2358	2360	2362
70273	52	↓1,7,0,3,0,0,0,0,	61306	02*	↓1,7,5,3,0,0,0,0,	3 3537	3540	3543
82070	53	↓1,7,0,4,0,0,0,0,	73162	03	↓1,7,5,4,0,0,0,0,	4 4716	4720	4724
						5 5895	5900	5905
93868	54	↓1,7,0,5,0,0,0,0,	85019	04	↓1,7,5,5,0,0,0,0,	6 7074	7080	7086
1·18005667	55	↓1,7,0,6,0,0,0,0,	96878	05	↓1,7,5,6,0,0,0,0,	7 8253	8260	8267
17468	56	↓1,7,0,7,0,0,0,0,	1·18608738	06	↓1,7,5,7,0,0,0,0,	8 9432	9440	9448
29270	57	↓1,7,0,8,0,0,0,0,	20599	07	↓1,7,5,8,0,0,0,0,	9 10611	10620	10629
41073	58	↓1,7,0,9,0,0,0,0,	32461	08	↓1,7,5,9,0,0,0,0,			
52824	16596199,	↓1,7,1,0,0,0,0,0,	44270	17095949,	↓1,7,6,0,0,0,0,0,	1 1182	1183	1184
64629	60	↓1,7,1,1,0,0,0,0,	56134	10	↓1,7,6,1,0,0,0,0,	2 2364	2366	2368
76435	61	↓1,7,1,2,0,0,0,0,	68000	11	↓1,7,6,2,0,0,0,0,	3 3546	3549	3552
88243	62	↓1,7,1,3,0,0,0,0,	79867	12	↓1,7,6,3,0,0,0,0,	4 4728	4732	4736
1·18100052	63	↓1,7,1,4,0,0,0,0,	91735	13	↓1,7,6,4,0,0,0,0,	5 5910	5915	5920
						6 7092	7098	7104
11862	64	↓1,7,1,5,0,0,0,0,	1·18703604	14	↓1,7,6,5,0,0,0,0,	7 8274	8281	8288
23673	65	↓1,7,1,6,0,0,0,0,	15474	15	↓1,7,6,6,0,0,0,0,	8 9456	9464	9472
35485	66	↓1,7,1,7,0,0,0,0,	27346	16	↓1,7,6,7,0,0,0,0,	9 10638	10647	10656
47299	67	↓1,7,1,8,0,0,0,0,	39219	17	↓1,7,6,8,0,0,0,0,			
59114	68	↓1,7,1,9,0,0,0,0,	51093	18	↓1,7,6,9,0,0,0,0,			
70877	16696149,	↓1,7,2,0,0,0,0,0,	62914	17195899,	↓1,7,7,0,0,0,0,0,	1 1185	1186	1187
82694	70	↓1,7,2,1,0,0,0,0,	74790	20	↓1,7,7,1,0,0,0,0,	2 2370	2372	2374
94512	71	↓1,7,2,2,0,0,0,0,	86667	21	↓1,7,7,2,0,0,0,0,	3 3555	3558	3561
1·18206331	72	↓1,7,2,3,0,0,0,0,	98546	22	↓1,7,7,3,0,0,0,0,	4 4740	4744	4748
18152	73	↓1,7,2,4,0,0,0,0,	1·18810426	23	↓1,7,7,4,0,0,0,0,	5 5925	5930	5935
						6 7110	7116	7122
						7 8295	8302	8309
29974	74	↓1,7,2,5,0,0,0,0,	22307	24	↓1,7,7,5,0,0,0,0,	8 9480	9488	9496
41797	75	↓1,7,2,6,0,0,0,0,	34189	25	↓1,7,7,6,0,0,0,0,	9 10665	10674	10683
53621	76	↓1,7,2,7,0,0,0,0,	46072	26	↓1,7,7,7,0,0,0,0,			
65446	77	↓1,7,2,8,0,0,0,0,	57957	27	↓1,7,7,8,0,0,0,0,			
77273	78	↓1,7,2,9,0,0,0,0,	69843	28	↓1,7,7,9,0,0,0,0,			
89048	16796099,	↓1,7,3,0,0,0,0,0,	81677	17295849,	↓1,7,8,0,0,0,0,0,	1 1188	1189	1190
1·18300877	80	↓1,7,3,1,0,0,0,0,	93565	30	↓1,7,8,1,0,0,0,0,	2 2376	2378	2380
12707	81	↓1,7,3,2,0,0,0,0,	1·18905454	31	↓1,7,8,2,0,0,0,0,	3 3564	3567	3570
24538	82	↓1,7,3,3,0,0,0,0,	17345	32	↓1,7,8,3,0,0,0,0,	4 4752	4756	4760
36370	83	↓1,7,3,4,0,0,0,0,	29237	33	↓1,7,8,4,0,0,0,0,	5 5940	5945	5950
						6 7128	7134	7140
						7 8316	8323	8330
48204	84	↓1,7,3,5,0,0,0,0,	41130	34	↓1,7,8,5,0,0,0,0,	8 9504	9512	9520
60039	85	↓1,7,3,6,0,0,0,0,	53024	35	↓1,7,8,6,0,0,0,0,	9 10692	10701	10710
71875	86	↓1,7,3,7,0,0,0,0,	64919	36	↓1,7,8,7,0,0,0,0,			
83712	87	↓1,7,3,8,0,0,0,0,	76815	37	↓1,7,8,8,0,0,0,0,			
95550	88	↓1,7,3,9,0,0,0,0,	88713	38	↓1,7,8,9,0,0,0,0,	1 1191		
						2 2382		
1·18407337	16896049,	↓1,7,4,0,0,0,0,0,	1·19000559	17395799,	↓1,7,9,0,0,0,0,0,	3 3573		
19178	90	↓1,7,4,1,0,0,0,0,	12459	40	↓1,7,9,1,0,0,0,0,	4 4764		
31020	91	↓1,7,4,2,0,0,0,0,	24360	41	↓1,7,9,2,0,0,0,0,	5 5955		
42863	92	↓1,7,4,3,0,0,0,0,	36262	42	↓1,7,9,3,0,0,0,0,	6 7146		
54707	93	↓1,7,4,4,0,0,0,0,	48166	43	↓1,7,9,4,0,0,0,0,	7 8337		
						8 9528		
66552	94	↓1,7,4,5,0,0,0,0,	60071	44	↓1,7,9,5,0,0,0,0,	9 10719		
78399	95	↓1,7,4,6,0,0,0,0,	71977	45	↓1,7,9,6,0,0,0,0,			
90247	96	↓1,7,4,7,0,0,0,0,	83884	46	↓1,7,9,7,0,0,0,0,			
1·18502096	97	↓1,7,4,8,0,0,0,0,	95792	47	↓1,7,9,8,0,0,0,0,			
13946	98	↓1,7,4,9,0,0,0,0,	1·19107702	48	↓1,7,9,9,0,0,0,0,			

Dual Logarithms of powers of 2 and 10.

$\downarrow, 2 = 69314718$, $\downarrow, 10 = 230258509$, $\downarrow, 10^4 = 921034037$, $\downarrow, 10^7 = 1611809565$,
$\downarrow, 4 = 138629437$, $\downarrow, 10^2 = 460517019$, $\downarrow, 10^5 = 1151292546$, $\downarrow, 10^8 = 1842068074$,
$\downarrow, 8 = 207944154$, $\downarrow, 10^3 = 690775528$, $\downarrow, 10^6 = 1381551056$, $\downarrow, 10^9 = 2072326584$,

Nat. No. 1·1911 to 1·2029   D. Log. 1749.... to 1848....   D. No. ↓1,8,0,0, to ↓1,8,9,9,

Natural Numbers.	Dual Logarithms.	Dual Numbers.	Natural Numbers.	Dual Logarithms.	Dual Numbers.	Multiples of Differences.			
1·19114238	17491282,	↓1,8,0,0,0,0,0,0,	1·19711001	17991032,	↓1,8,5,0,0,0,0,0,				
26149	50	↓1,8,0,2,0,0,0,0,	22972	1800	↓1,8,5,1,0,0,0,0,	1	1191	1192	1193
38062	51	↓1,8,0,1,0,0,0,0,	34944	01	↓1,8,5,2,0,0,0,0,	2	2382	2384	2386
49976	52	↓1,8,0,3,0,0,0,0,	46917	02	↓1,8,5,3,0,0,0,0,	3	3573	3576	3579
61891	53	↓1,8,0,4,0,0,0,0,	58892	03	↓1,8,5,4,0,0,0,0,	4	4764	4768	4772
						5	5955	5960	5965
73807	54	↓1,8,0,5,0,0,0,0,	70868	04	↓1,8,5,5,0,0,0,0,	6	7146	7152	7158
85724	55	↓1,8,0,6,0,0,0,0,	82845	05	↓1,8,5,6,0,0,0,0,	7	8337	8344	8351
97643	56	↓1,8,0,7,0,0,0,0,	94823	06	↓1,8,5,7,0,0,0,0,	8	9528	9536	9544
1·19209563	57	↓1,8,0,8,0,0,0,0,	1·19806802	07	↓1,8,5,8,0,0,0,0,	9	10719	10728	10737
21484	58	↓1,8,0,9,0,0,0,0,	18783	08	↓1,8,5,9,0,0,0,0,				
33352	17591232,	↓1,8,1,0,0,0,0,0,	30712	18090982,	↓1,8,6,0,0,0,0,0,				
45275	60	↓1,8,1,1,0,0,0,0,	42695	10	↓1,8,6,1,0,0,0,0,	1	1194	1195	1196
57200	61	↓1,8,1,2,0,0,0,0,	54679	11	↓1,8,6,2,0,0,0,0,	2	2388	2390	2392
69126	62	↓1,8,1,3,0,0,0,0,	66664	12	↓1,8,6,3,0,0,0,0,	3	3582	3585	3588
81053	63	↓1,8,1,4,0,0,0,0,	78651	13	↓1,8,6,4,0,0,0,0,	4	4776	4780	4784
						5	5970	5975	5980
92981	64	↓1,8,1,5,0,0,0,0,	90639	14	↓1,8,6,5,0,0,0,0,	6	7164	7170	7176
1·19304910	65	↓1,8,1,6,0,0,0,0,	1·19902628	15	↓1,8,6,6,0,0,0,0,	7	8358	8365	8372
16840	66	↓1,8,1,7,0,0,0,0,	14618	16	↓1,8,6,7,0,0,0,0,	8	9552	9560	9568
28772	67	↓1,8,1,8,0,0,0,0,	26609	17	↓1,8,6,8,0,0,0,0,	9	10746	10755	10764
40705	68	↓1,8,1,9,0,0,0,0,	38602	18	↓1,8,6,9,0,0,0,0,				
52585	17691182,	↓1,8,2,0,0,0,0,0,	50543	18190932,	↓1,8,7,0,0,0,0,0,	1	1197	1198	1199
64520	70	↓1,8,2,1,0,0,0,0,	62538	20	↓1,8,7,1,0,0,0,0,	2	2394	2396	2398
76456	71	↓1,8,2,2,0,0,0,0,	74534	21	↓1,8,7,2,0,0,0,0,	3	3591	3594	3597
88394	72	↓1,8,2,3,0,0,0,0,	86531	22	↓1,8,7,3,0,0,0,0,	4	4788	4792	4796
1·19400333	73	↓1,8,2,4,0,0,0,0,	98530	23	↓1,8,7,4,0,0,0,0,	5	5985	5990	5995
						6	7182	7188	7194
12273	74	↓1,8,2,5,0,0,0,0,	1·20010530	24	↓1,8,7,5,0,0,0,0,	7	8379	8386	8393
24214	75	↓1,8,2,6,0,0,0,0,	22531	25	↓1,8,7,6,0,0,0,0,	8	9576	9584	9592
36156	76	↓1,8,2,7,0,0,0,0,	34533	26	↓1,8,7,7,0,0,0,0,	9	10773	10782	10791
48100	77	↓1,8,2,8,0,0,0,0,	46536	27	↓1,8,7,8,0,0,0,0,				
60045	78	↓1,8,2,9,0,0,0,0,	58541	28	↓1,8,7,9,0,0,0,0,	1	1200	1201	1202
						2	2400	2402	2404
71938	17791132,	↓1,8,3,0,0,0,0,0,	70494	18290882,	↓1,8,8,0,0,0,0,0,	3	3600	3603	3606
83885	80	↓1,8,3,1,0,0,0,0,	82501	30	↓1,8,8,1,0,0,0,0,	4	4800	4804	4808
95834	81	↓1,8,3,2,0,0,0,0,	94509	31	↓1,8,8,2,0,0,0,0,	5	6000	6005	6010
1·19507784	82	↓1,8,3,3,0,0,0,0,	1·20106518	32	↓1,8,8,3,0,0,0,0,	6	7200	7206	7212
19735	83	↓1,8,3,4,0,0,0,0,	18529	33	↓1,8,8,4,0,0,0,0,	7	8400	8407	8414
						8	9600	9608	9616
31687	84	↓1,8,3,5,0,0,0,0,	30541	34	↓1,8,8,5,0,0,0,0,	9	10800	10809	10818
43640	85	↓1,8,3,6,0,0,0,0,	42554	35	↓1,8,8,6,0,0,0,0,				
55594	86	↓1,8,3,7,0,0,0,0,	54568	36	↓1,8,8,7,0,0,0,0,				
67550	87	↓1,8,3,8,0,0,0,0,	66583	37	↓1,8,8,8,0,0,0,0,				
79507	88	↓1,8,3,9,0,0,0,0,	78600	38	↓1,8,8,9,0,0,0,0,				
91410	17891082,	↓1,8,4,0,0,0,0,0,	90564	18390832,	↓1,8,9,0,0,0,0,0,				
1·19603369	90	↓1,8,4,1,0,0,0,0,	1·20202583	40	↓1,8,9,1,0,0,0,0,				
15329	91	↓1,8,4,2,0,0,0,0,	14603	41	↓1,8,9,2,0,0,0,0,				
27291	92	↓1,8,4,3,0,0,0,0,	26624	42	↓1,8,9,3,0,0,0,0,				
39254	93	↓1,8,4,4,0,0,0,0,	38647	43	↓1,8,9,4,0,0,0,0,				
51218	94	↓1,8,4,5,0,0,0,0,	50671	44	↓1,8,9,5,0,0,0,0,				
63183	95	↓1,8,4,6,0,0,0,0,	62696	45	↓1,8,9,6,0,0,0,0,				
75149	96	↓1,8,4,7,0,0,0,0,	74722	46	↓1,8,9,7,0,0,0,0,				
87117	97	↓1,8,4,8,0,0,0,0,	86749	47	↓1,8,9,8,0,0,0,0,				
99086	98	↓1,8,4,9,0,0,0,0,	98778	48	↓1,8,9,9,0,0,0,0,				

Dual Logarithms of powers of 2 and 10.

↓ 2 = 69314718,   ↓ 10 = 230258509,   ↓ 10^4 = 921034037,   ↓ 10^7 = 1611809565,
↓ 4 = 138629437,   ↓ 10^2 = 460517019, ↓ 10^5 = 1151292546,   ↓ 10^8 = 1842068074,
↓ 8 = 207944154,   ↓ 10^3 = 690775528, ↓ 10^6 = 1381551056,   ↓ 10^9 = 2072326584,

Nat. No. 1·2030 to 1·2150   D. Log. 1849.... to 1947....   D. No. ↓1,9,0,0, to ↓1,9,9,9,

Natural Numbers.	Dual Logarithms.	Dual Numbers.	Natural Numbers.	Dual Logarithms.	Dual Numbers.	Multiples of Differences.		
1·20305380	18486315,	↓1,9,0,0,0,0,0,0,	1·20908110	18986065,	↓1,9,5,0,0,0,0,0,			
17411	49	↓1,9,0,1,0,0,0,0,	20201	99	↓1,9,5,1,0,0,0,0,	1 1203	1204	1205
29443	50	↓1,9,0,2,0,0,0,0,	32293	1900	↓1,9,5,2,0,0,0,0,	2 2406	2408	2410
41476	51	↓1,9,0,3,0,0,0,0,	44386	01	↓1,9,5,3,0,0,0,0,	3 3609	3612	3615
53510	52	↓1,9,0,4,0,0,0,0,	56480	02	↓1,9,5,4,0,0,0,0,	4 4812	4816	4820
						5 6015	6020	6025
65545	53	↓1,9,0,5,0,0,0,0,	68576	03	↓1,9,5,5,0,0,0,0,	6 7218	7224	7230
77582	54	↓1,9,0,6,0,0,0,0,	80673	04	↓1,9,5,6,0,0,0,0,	7 8421	8428	8435
89620	55	↓1,9,0,7,0,0,0,0,	92771	·05	↓1,9,5,7,0,0,0,0,	8 9624	9632	9640
1·20401659	56	↓1,9,0,8,0,0,0,0,	1·21004870	06	↓1,9,5,8,0,0,0,0,	9 10827	10836	10845
13699	57	↓1,9,0,9,0,0,0,0,	16970	07	↓1,9,5,9,0,0,0,0,			
25685	18586265,	↓1,9,1,0,0,0,0,0,	29018	19086015,	↓1,9,6,0,0,0,0,0,			
37728	59	↓1,9,1,1,0,0,0,0,	41121	09	↓1,9,6,1,0,0,0,0,	1 1206	1207	1208
49772	60	↓1,9,1,2,0,0,0,0,	53225	10	↓1,9,6,2,0,0,0,0,	2 2412	2414	2416
61817	61	↓1,9,1,3,0,0,0,0,	65330	11	↓1,9,6,3,0,0,0,0,	3 3618	3621	3624
73863	62	↓1,9,1,4,0,0,0,0,	77437	12	↓1,9,6,4,0,0,0,0,	4 4824	4828	4832
						5 6030	6035	6040
						6 7236	7242	7248
85910	63	↓1,9,1,5,0,0,0,0,	89545	13	↓1,9,6,5,0,0,0,0,	7 8442	8449	8456
97959	64	↓1,9,1,6,0,0,0,0,	1·21101654	14	↓1,9,6,6,0,0,0,0,	8 9648	9656	9664
1·20510009	65	↓1,9,1,7,0,0,0,0,	13764	15	↓1,9,6,7,0,0,0,0,	9 10854	10863	10872
22060	66	↓1,9,1,8,0,0,0,0,	25875	16	↓1,9,6,8,0,0,0,0,			
34112	67	↓1,9,1,9,0,0,0,0,	37988	17	↓1,9,6,9,0,0,0,0,			
46111	18686215,	↓1,9,2,0,0,0,0,0,	50047	19185965,	↓1,9,7,0,0,0,0,0,	1 1209	1210	1211
58166	69	↓1,9,2,1,0,0,0,0,	62162	19	↓1,9,7,1,0,0,0,0,	2 2418	2420	2422
70222	70	↓1,9,2,2,0,0,0,0,	74278	20	↓1,9,7,2,0,0,0,0,	3 3627	3630	3633
82279	71	↓1,9,2,3,0,0,0,0,	86395	21	↓1,9,7,3,0,0,0,0,	4 4836	4840	4844
94337	72	↓1,9,2,4,0,0,0,0,	98514	22	↓1,9,7,4,0,0,0,0,	5 6045	6050	6055
						6 7254	7260	7266
						7 8463	8470	8477
1·20606396	73	↓1,9,2,5,0,0,0,0,	1·21210634	23	↓1,9,7,5,0,0,0,0,	8 9672	9680	9688
18457	74	↓1,9,2,6,0,0,0,0,	22755	24	↓1,9,7,6,0,0,0,0,	9 10881	10890	10899
30519	75	↓1,9,2,7,0,0,0,0,	34877	25	↓1,9,7,7,0,0,0,0,			
42582	76	↓1,9,2,8,0,0,0,0,	47000	26	↓1,9,7,8,0,0,0,0,			
54646	77	↓1,9,2,9,0,0,0,0,	59125	27	↓1,9,7,9,0,0,0,0,	1 1212	1213	1214
66657	18786165,	↓1,9,3,0,0,0,0,0,	71197	19285915,	↓1,9,8,0,0,0,0,0,	2 2424	2426	2428
78723	79	↓1,9,3,1,0,0,0,0,	83324	29	↓1,9,8,1,0,0,0,0,	3 3636	3639	3642
90791	80	↓1,9,3,2,0,0,0,0,	95452	30	↓1,9,8,2,0,0,0,0,	4 4848	4852	4856
1·20702860	81	↓1,9,3,3,0,0,0,0,	1·21307582	31	↓1,9,8,3,0,0,0,0,	5 6060	6065	6070
14930	82	↓1,9,3,4,0,0,0,0,	19713	32	↓1,9,8,4,0,0,0,0,	6 7272	7278	7284
						7 8484	8491	8498
27001	83	↓1,9,3,5,0,0,0,0,	31845	33	↓1,9,8,5,0,0,0,0,	8 9696	9704	9712
39074	84	↓1,9,3,6,0,0,0,0,	43978	34	↓1,9,8,6,0,0,0,0,	9 10908	10917	10926
51148	85	↓1,9,3,7,0,0,0,0,	56112	35	↓1,9,8,7,0,0,0,0,			
63223	86	↓1,9,3,8,0,0,0,0,	68248	36	↓1,9,8,8,0,0,0,0,			
75299	87	↓1,9,3,9,0,0,0,0,	80385	37	↓1,9,8,9,0,0,0,0,	1 1215		
						2 2430		
87323	18886115,	↓1,9,4,0,0,0,0,0,	92468	19385865,	↓1,9,9,0,0,0,0,0,	3 3645		
99402	89	↓1,9,4,1,0,0,0,0,	1·21404607	39	↓1,9,9,1,0,0,0,0,	4 4860		
1·20811482	90	↓1,9,4,2,0,0,0,0,	16747	40	↓1,9,9,2,0,0,0,0,	5 6075		
23563	91	↓1,9,4,3,0,0,0,0,	28889	41	↓1,9,9,3,0,0,0,0,	6 7290		
35645	92	↓1,9,4,4,0,0,0,0,	41032	42	↓1,9,9,4,0,0,0,0,	7 8505		
						8 9720		
47729	93	↓1,9,4,5,0,0,0,0,	53176	43	↓1,9,9,5,0,0,0,0,	9 10935		
59814	94	↓1,9,4,6,0,0,0,0,	65321	44	↓1,9,9,6,0,0,0,0,			
71900	95	↓1,9,4,7,0,0,0,0,	77468	45	↓1,9,9,7,0,0,0,0,			
83987	96	↓1,9,4,8,0,0,0,0,	89616	46	↓1,9,9,8,0,0,0,0,			
96075	97	↓1,9,4,9,0,0,0,0,	1·21501765	47	↓1,9,9,9,0,0,0,0,			

Dual Logarithms of powers of 2 and 10.

$\downarrow, 2 = 69314718,\quad \downarrow, 10 = 230258509,\quad \downarrow, 10^4 = 921034037,\quad \downarrow, 10^7 = 1611809565,$
$\downarrow, 4 = 138629437,\quad \downarrow, 10^2 = 460517019,\quad \downarrow, 10^5 = 1151292546,\quad \downarrow, 10^8 = 1842068074,$
$\downarrow, 8 = 207944154,\quad \downarrow, 10^3 = 690775528,\quad \downarrow, 10^6 = 1381551056,\quad \downarrow, 10^9 = 2072326584,$

Nat. No. 1·2100 to 1·2220   D. Log. 1906.... to 2005....   D. No. ↓2,0,0,0, to ↓2,0,9,9,   [21

Natural Numbers.	Dual Logarithms.	Dual Numbers.	Natural Numbers.	Dual Logarithms.	Dual Numbers.	Multiples of Differences.		
1·21000000	19062036,	↓2,0,0,0,0,0,0,0,	1·21606211	19561786,	↓2,0,5,0,0,0,0,0,			
12100	07	↓2,0,0,1,0,0,0,0,	18372	57	↓2,0,5,1,0,0,0,0,			
24201	08	↓2,0,0,2,0,0,0,0,	30534	58	↓2,0,5,2,0,0,0,0,	1 1210	1211	1212
36303	09	↓2,0,0,3,0,0,0,0,	42697	59	↓2,0,5,3,0,0,0,0,	2 2420	2422	2424
48407	10	↓2,0,0,4,0,0,0,0,	54861	60	↓2,0,5,4,0,0,0,0,	3 3630	3633	3636
						4 4840	4844	4848
60512	11	↓2,0,0,5,0,0,0,0,	67026	61	↓2,0,5,5,0,0,0,0,	5 6050	6055	6060
72618	12	↓2,0,0,6,0,0,0,0,	79193	62	↓2,0,5,6,0,0,0,0,	6 7260	7266	7272
84725	13	↓2,0,0,7,0,0,0,0,	91361	63	↓2,0,5,7,0,0,0,0,	7 8470	8477	8484
96833	14	↓2,0,0,8,0,0,0,0,	1·21703530	64	↓2,0,5,8,0,0,0,0,	8 9680	9688	9696
1·21108943	15	↓2,0,0,9,0,0,0,0,	15700	65	↓2,0,5,9,0,0,0,0,	9 10890	10899	10908
21000	19161986,	↓2,0,1,0,0,0,0,0,	27817	19661736,	↓2,0,6,0,0,0,0,0,			
33112	17	↓2,0,1,1,0,0,0,0,	39990	67	↓2,0,6,1,0,0,0,0,	1 1213	1214	1215
45225	18	↓2,0,1,2,0,0,0,0,	52164	68	↓2,0,6,2,0,0,0,0,	2 2426	2428	2430
57340	19	↓2,0,1,3,0,0,0,0,	64339	69	↓2,0,6,3,0,0,0,0,	3 3639	3642	3645
69456	20	↓2,0,1,4,0,0,0,0,	76515	70	↓2,0,6,4,0,0,0,0,	4 4852	4856	4860
						5 6065	6070	6075
81573	21	↓2,0,1,5,0,0,0,0,	88693	71	↓2,0,6,5,0,0,0,0,	6 7278	7284	7290
93691	22	↓2,0,1,6,0,0,0,0,	1·21800872	72	↓2,0,6,6,0,0,0,0,	7 8491	8498	8505
1·21205810	23	↓2,0,1,7,0,0,0,0,	13052	73	↓2,0,6,7,0,0,0,0,	8 9704	9712	9720
17931	24	↓2,0,1,8,0,0,0,0,	25233	74	↓2,0,6,8,0,0,0,0,	9 10917	10926	10935
30053	25	↓2,0,1,9,0,0,0,0,	37416	75	↓2,0,6,9,0,0,0,0,			
42121	19261936,	↓2,0,2,0,0,0,0,0,	49545	19761686,	↓2,0,7,0,0,0,0,0,	1 1216	1217	1218
54245	27	↓2,0,2,1,0,0,0,0,	61730	77	↓2,0,7,1,0,0,0,0,	2 2432	2434	2436
66370	28	↓2,0,2,2,0,0,0,0,	73916	78	↓2,0,7,2,0,0,0,0,	3 3648	3651	3654
78497	29	↓2,0,2,3,0,0,0,0,	86103	79	↓2,0,7,3,0,0,0,0,	4 4864	4868	4872
90625	30	↓2,0,2,4,0,0,0,0,	98292	80	↓2,0,7,4,0,0,0,0,	5 6080	6085	6090
						6 7296	7302	7308
1·21302754	31	↓2,0,2,5,0,0,0,0,	1·21910482	81	↓2,0,7,5,0,0,0,0,	7 8512	8519	8526
14884	32	↓2,0,2,6,0,0,0,0,	22673	82	↓2,0,7,6,0,0,0,0,	8 9728	9736	9744
27015	33	↓2,0,2,7,0,0,0,0,	34865	83	↓2,0,7,7,0,0,0,0,	9 10944	10953	10962
39148	34	↓2,0,2,8,0,0,0,0,	47058	84	↓2,0,7,8,0,0,0,0,			
51282	35	↓2,0,2,9,0,0,0,0,	59253	85	↓2,0,7,9,0,0,0,0,	1 1219	1220	1221
63363	19361886,	↓2,0,3,0,0,0,0,0,	71395	19861636,	↓2,0,8,0,0,0,0,0,	2 2438	2440	2442
75499	37	↓2,0,3,1,0,0,0,0,	83592	87	↓2,0,8,1,0,0,0,0,	3 3657	3660	3663
87637	38	↓2,0,3,2,0,0,0,0,	95790	88	↓2,0,8,2,0,0,0,0,	4 4876	4880	4884
99776	39	↓2,0,3,3,0,0,0,0,	1·22007990	89	↓2,0,8,3,0,0,0,0,	5 6095	6100	6105
1·21411916	40	↓2,0,3,4,0,0,0,0,	20191	90	↓2,0,8,4,0,0,0,0,	6 7314	7320	7326
						7 8533	8540	8547
24057	41	↓2,0,3,5,0,0,0,0,	32393	91	↓2,0,8,5,0,0,0,0,	8 9752	9760	9768
36199	42	↓2,0,3,6,0,0,0,0,	44596	92	↓2,0,8,6,0,0,0,0,	9 10971	10980	10989
48343	43	↓2,0,3,7,0,0,0,0,	56800	93	↓2,0,8,7,0,0,0,0,			
60488	44	↓2,0,3,8,0,0,0,0,	69006	94	↓2,0,8,8,0,0,0,0,	1 1222		
72634	45	↓2,0,3,9,0,0,0,0,	81213	95	↓2,0,8,9,0,0,0,0,	2 2444		
						3 3666		
84726	19461836,	↓2,0,4,0,0,0,0,0,	93366	19961586,	↓2,0,9,0,0,0,0,0,	4 4888		
96874	47	↓2,0,4,1,0,0,0,0,	1·22105575	97	↓2,0,9,1,0,0,0,0,	5 6110		
1·21509024	48	↓2,0,4,2,0,0,0,0,	17786	98	↓2,0,9,2,0,0,0,0,	6 7332		
21175	49	↓2,0,4,3,0,0,0,0,	29998	99	↓2,0,9,3,0,0,0,0,	7 8554		
33328	50	↓2,0,4,4,0,0,0,0,	42211	2000	↓2,0,9,4,0,0,0,0,	8 9776		
						9 10998		
45481	51	↓2,0,4,5,0,0,0,0,	54425	01	↓2,0,9,5,0,0,0,0,			
57636	52	↓2,0,4,6,0,0,0,0,	66640	02	↓2,0,9,6,0,0,0,0,			
69792	53	↓2,0,4,7,0,0,0,0,	78857	03	↓2,0,9,7,0,0,0,0,			
81949	54	↓2,0,4,8,0,0,0,0,	91075	04	↓2,0,9,8,0,0,0,0,			
94107	55	↓2,0,4,9,0,0,0,0,	1·22203294	05	↓2,0,9,9,0,0,0,0,			

Dual Logarithms of powers of 2 and 10.

↓ 2 = 69314718,   ↓ 10 = 230258509,   ↓ 10^4 = 921034037,   ↓ 10^7 = 1611809565,
↓ 4 = 138629437,   ↓ 10^2 = 460517019,   ↓ 10^5 = 1151292546,   ↓ 10^8 = 1842068074,
↓ 8 = 207944154,   ↓ 10^3 = 690775528,   ↓ 10^6 = 1381551056,   ↓ 10^9 = 2072326584,

22] Nat. No. 1·2221 to 1·2342   D. Log. 2005.... to 2104....   D. No. ↓2,1,0,0, to ↓2,1,9,9,

Natural Numbers.	Dual Logarithms.	Dual Numbers.	Natural Numbers.	Dual Logarithms.	Dual Numbers.	Multiples of Differences.		
1·22210000	20057069,	↓2,1,0,0,0,0,0,0,	1·22822273	20556819,	↓2,1,5,0,0,0,0,0,			
22221	06	↓2,1,0,1,0,0,0,0,	34555	56	↓2,1,5,1,0,0,0,0,			
34443	07	↓2,1,0,2,0,0,0,0,	46838	57	↓2,1,5,2,0,0,0,0,	1	1222	1223	1224
46666	08	↓2,1,0,3,0,0,0,0,	59123	58	↓2,1,5,3,0,0,0,0,	2	2444	2446	2448
58891	09	↓2,1,0,4,0,0,0,0,	71409	59	↓2,1,5,4,0,0,0,0,	3	3666	3669	3672
						4	4888	4892	4896
71117	10	↓2,1,0,5,0,0,0,0,	83696	60	↓2,1,5,5,0,0,0,0,	5	6110	6115	6120
83344	11	↓2,1,0,6,0,0,0,0,	95984	61	↓2,1,5,6,0,0,0,0,	6	7332	7338	7344
95572	12	↓2,1,0,7,0,0,0,0,	1·22908274	62	↓2,1,5,7,0,0,0,0,	7	8554	8561	8568
1·22307802	13	↓2,1,0,8,0,0,0,0,	20565	63	↓2,1,5,8,0,0,0,0,	8	9776	9784	9792
20033	14	↓2,1,0,9,0,0,0,0,	32857	64	↓2,1,5,9,0,0,0,0,	9	10998	11007	11016
32210	20157019,	↓2,1,1,0,0,0,0,0,	45095	20656769,	↓2,1,6,0,0,0,0,0,			
44443	16	↓2,1,1,1,0,0,0,0,	57390	66	↓2,1,6,1,0,0,0,0,	1	1225	1226	1227
56677	17	↓2,1,1,2,0,0,0,0,	69686	67	↓2,1,6,2,0,0,0,0,	2	2450	2452	2454
68913	18	↓2,1,1,3,0,0,0,0,	81983	68	↓2,1,6,3,0,0,0,0,	3	3675	3678	3681
81150	19	↓2,1,1,4,0,0,0,0,	94281	69	↓2,1,6,4,0,0,0,0,	4	4900	4904	4908
						5	6125	6130	6135
93388	20	↓2,1,1,5,0,0,0,0,	1·23006580	70	↓2,1,6,5,0,0,0,0,	6	7350	7356	7362
1·22405627	21	↓2,1,1,6,0,0,0,0,	18881	71	↓2,1,6,6,0,0,0,0,	7	8575	8582	8589
17868	22	↓2,1,1,7,0,0,0,0,	31183	72	↓2,1,6,7,0,0,0,0,	8	9800	9808	9816
30110	23	↓2,1,1,8,0,0,0,0,	43486	73	↓2,1,6,8,0,0,0,0,	9	11025	11034	11043
42353	24	↓2,1,1,9,0,0,0,0,	55790	74	↓2,1,6,9,0,0,0,0,			
54542	20256969,	↓2,1,2,0,0,0,0,0,	68040	20756719,	↓2,1,7,0,0,0,0,0,	1	1228	1229	1230
66787	26	↓2,1,2,1,0,0,0,0,	80347	76	↓2,1,7,1,0,0,0,0,	2	2456	2458	2460
79034	27	↓2,1,2,2,0,0,0,0,	92655	77	↓2,1,7,2,0,0,0,0,	3	3684	3687	3690
91282	28	↓2,1,2,3,0,0,0,0,	1·23104964	78	↓2,1,7,3,0,0,0,0,	4	4912	4916	4920
1·22503531	29	↓2,1,2,4,0,0,0,0,	17274	79	↓2,1,7,4,0,0,0,0,	5	6140	6145	6150
						6	7368	7374	7380
15781	30	↓2,1,2,5,0,0,0,0,	29586	80	↓2,1,7,5,0,0,0,0,	7	8596	8603	8610
28033	31	↓2,1,2,6,0,0,0,0,	41899	81	↓2,1,7,6,0,0,0,0,	8	9824	9832	9840
40286	32	↓2,1,2,7,0,0,0,0,	54213	82	↓2,1,7,7,0,0,0,0,	9	11052	11061	11070
52540	33	↓2,1,2,8,0,0,0,0,	66528	83	↓2,1,7,8,0,0,0,0,			
64795	34	↓2,1,2,9,0,0,0,0,	78845	84	↓2,1,7,9,0,0,0,0,	1	1231	1232	1233
76996	20356919,	↓2,1,3,0,0,0,0,0,	91108	20856669,	↓2,1,8,0,0,0,0,0,	2	2462	2464	2466
89254	36	↓2,1,3,1,0,0,0,0,	1·23203427	86	↓2,1,8,1,0,0,0,0,	3	3693	3696	3699
1·22601513	37	↓2,1,3,2,0,0,0,0,	15747	87	↓2,1,8,2,0,0,0,0,	4	4924	4928	4932
13773	38	↓2,1,3,3,0,0,0,0,	28069	88	↓2,1,8,3,0,0,0,0,	5	6155	6160	6165
26034	39	↓2,1,3,4,0,0,0,0,	40392	89	↓2,1,8,4,0,0,0,0,	6	7386	7392	7398
						7	8617	8624	8631
38297	40	↓2,1,3,5,0,0,0,0,	52716	90	↓2,1,8,5,0,0,0,0,	8	9848	9856	9864
50561	41	↓2,1,3,6,0,0,0,0,	65041	91	↓2,1,8,6,0,0,0,0,	9	11079	11088	11097
62826	42	↓2,1,3,7,0,0,0,0,	77368	92	↓2,1,8,7,0,0,0,0,			
75092	43	↓2,1,3,8,0,0,0,0,	89696	93	↓2,1,8,8,0,0,0,0,			
87360	44	↓2,1,3,9,0,0,0,0,	1·23302025	94	↓2,1,8,9,0,0,0,0,	1	1234
						2	2468
99573	20456869,	↓2,1,4,0,0,0,0,0,	14299	20956619,	↓2,1,9,0,0,0,0,0,	3	3702
1·22711843	46	↓2,1,4,1,0,0,0,0,	26630	96	↓2,1,9,1,0,0,0,0,	4	4936
24114	47	↓2,1,4,2,0,0,0,0,	38963	97	↓2,1,9,2,0,0,0,0,	5	6170
36386	48	↓2,1,4,3,0,0,0,0,	51297	98	↓2,1,9,3,0,0,0,0,	6	7404
48660	49	↓2,1,4,4,0,0,0,0,	63632	99	↓2,1,9,4,0,0,0,0,	7	8638
						8	9872
60935	50	↓2,1,4,5,0,0,0,0,	75968	2100	↓2,1,9,5,0,0,0,0,	9	11106
73211	51	↓2,1,4,6,0,0,0,0,	88306	01	↓2,1,9,6,0,0,0,0,		
85488	52	↓2,1,4,7,0,0,0,0,	1·23400645	02	↓2,1,9,7,0,0,0,0,		
97767	53	↓2,1,4,8,0,0,0,0,	12985	03	↓2,1,9,8,0,0,0,0,		
1·22810047	54	↓2,1,4,9,0,0,0,0,	25326	04	↓2,1,9,9,0,0,0,0,		

Dual Logarithms of powers of 2 and 10.

↓, 2 = 69314718,   ↓, 10 = 230258509,   ↓, 10^4 = 921034037,   ↓, 10^7 = 1611809565,
↓, 4 = 138629437,   ↓, 10^2 = 460517019,   ↓, 10^5 = 1151292546,   ↓, 10^8 = 1842068074,
↓, 8 = 207944154,   ↓, 10^3 = 690775528,   ↓, 10^6 = 1381551056,   ↓, 10^9 = 2072326584,

Nat. No. 1·2343 to 1·2465   D. Log. 2105.... to 2200....   D. No. ↓2,2,0,0, to ↓2,2,9,9,   [23

Natural Numbers.	Dual Logarithms.	Dual Numbers.	Natural Numbers.	Dual Logarithms.	Dual Numbers.	Multiples of Differences.		
1·23432100	21052102,	↓2,2,0,0,0,0,0,0,	1·24050497	21551852,	↓2,2,5,0,0,0,0,0,			
44443	06	↓2,2,0,1,0,0,0,0,	62902	56	↓2,2,5,1,0,0,0,0,	1 1234	1235	1236
56787	07	↓2,2,0,2,0,0,0,0,	75308	57	↓2,2,5,2,0,0,0,0,	2 2468	2470	2472
69133	08	↓2,2,0,3,0,0,0,0,	87716	58	↓2,2,5,3,0,0,0,0,	3 3702	3705	3708
81480	09	↓2,2,0,4,0,0,0,0,	1·24100125	59	↓2,2,5,4,0,0,0,0,	4 4936	4940	4944
						5 6170	6175	6180
93828	10	↓2,2,0,5,0,0,0,0,	12535	60	↓2,2,5,5,0,0,0,0,	6 7404	7410	7416
1·23506177	11	↓2,2,0,6,0,0,0,0,	24946	61	↓2,2,5,6,0,0,0,0,	7 8638	8645	8652
18528	12	↓2,2,0,7,0,0,0,0,	37358	62	↓2,2,5,7,0,0,0,0,	8 9872	9880	9888
30880	13	↓2,2,0,8,0,0,0,0,	49772	63	↓2,2,5,8,0,0,0,0,	9 11106	11115	11124
43233	14	↓2,2,0,9,0,0,0,0,	62187	64	↓2,2,5,9,0,0,0,0,			
55532	21152052,	↓2,2,1,0,0,0,0,0,	74547	21651802,	↓2,2,6,0,0,0,0,0,			
67888	16	↓2,2,1,1,0,0,0,0,	86964	66	↓2,2,6,1,0,0,0,0,	1 1237	1238	1239
80245	17	↓2,2,1,2,0,0,0,0,	99383	67	↓2,2,6,2,0,0,0,0,	2 2474	2476	2478
92603	18	↓2,2,1,3,0,0,0,0,	1·24211803	68	↓2,2,6,3,0,0,0,0,	3 3711	3714	3717
1·23604962	19	↓2,2,1,4,0,0,0,0,	24224	69	↓2,2,6,4,0,0,0,0,	4 4948	4952	4956
						5 6185	6190	6195
27322	20	↓2,2,1,5,0,0,0,0,	36646	70	↓2,2,6,5,0,0,0,0,	6 7422	7428	7434
39685	21	↓2,2,1,6,0,0,0,0,	49070	71	↓2,2,6,6,0,0,0,0,	7 8659	8666	8673
52049	22	↓2,2,1,7,0,0,0,0,	61495	72	↓2,2,6,7,0,0,0,0,	8 9896	9904	9912
64414	23	↓2,2,1,8,0,0,0,0,	73921	73	↓2,2,6,8,0,0,0,0,	9 11133	11142	11151
76780	24	↓2,2,1,9,0,0,0,0,	86348	74	↓2,2,6,9,0,0,0,0,			
79088	21252002,	↓2,2,2,0,0,0,0,0,	98722	21751752,	↓2,2,7,0,0,0,0,0,	1 1240	1241	1242
91456	26	↓2,2,2,1,0,0,0,0,	1·24311152	76	↓2,2,7,1,0,0,0,0,	2 2480	2482	2484
1·23703825	27	↓2,2,2,2,0,0,0,0,	23583	77	↓2,2,7,2,0,0,0,0,	3 3720	3723	3726
16195	28	↓2,2,2,3,0,0,0,0,	36015	78	↓2,2,7,3,0,0,0,0,	4 4960	4964	4968
28567	29	↓2,2,2,4,0,0,0,0,	48449	79	↓2,2,7,4,0,0,0,0,	5 6200	6205	6210
						6 7440	7446	7452
40940	30	↓2,2,2,5,0,0,0,0,	60884	80	↓2,2,7,5,0,0,0,0,	7 8680	8687	8694
53314	31	↓2,2,2,6,0,0,0,0,	73320	81	↓2,2,7,6,0,0,0,0,	8 9920	9928	9936
65689	32	↓2,2,2,7,0,0,0,0,	85757	82	↓2,2,7,7,0,0,0,0,	9 11160	11169	11178
78066	33	↓2,2,2,8,0,0,0,0,	98196	83	↓2,2,7,8,0,0,0,0,			
90444	34	↓2,2,2,9,0,0,0,0,	1·24410636	84	↓2,2,7,9,0,0,0,0,			
1·23802767	21351952,	↓2,2,3,0,0,0,0,0,	23021	21851702,	↓2,2,8,0,0,0,0,0,	1 1243	1244	1245
15147	36	↓2,2,3,1,0,0,0,0,	35463	86	↓2,2,8,1,0,0,0,0,	2 2486	2488	2490
27529	37	↓2,2,3,2,0,0,0,0,	47907	87	↓2,2,8,2,0,0,0,0,	3 3729	3732	3735
39912	38	↓2,2,3,3,0,0,0,0,	60352	88	↓2,2,8,3,0,0,0,0,	4 4972	4976	4980
52296	39	↓2,2,3,4,0,0,0,0,	72798	89	↓2,2,8,4,0,0,0,0,	5 6215	6220	6225
						6 7458	7464	7470
64681	40	↓2,2,3,5,0,0,0,0,	85245	90	↓2,2,8,5,0,0,0,0,	7 8701	8708	8715
77067	41	↓2,2,3,6,0,0,0,0,	97694	91	↓2,2,8,6,0,0,0,0,	8 9944	9952	9960
89455	42	↓2,2,3,7,0,0,0,0,	1·24510144	92	↓2,2,8,7,0,0,0,0,	9 11187	11196	11205
1·23901844	43	↓2,2,3,8,0,0,0,0,	22595	93	↓2,2,8,8,0,0,0,0,			
14234	44	↓2,2,3,9,0,0,0,0,	35047	94	↓2,2,8,9,0,0,0,0,	1 1246		
						2 2492		
26570	21451902,	↓2,2,4,0,0,0,0,0,	47444	21951652,	↓2,2,9,0,0,0,0,0,	3 3738		
38963	46	↓2,2,4,1,0,0,0,0,	59899	96	↓2,2,9,1,0,0,0,0,	4 4984		
51357	47	↓2,2,4,2,0,0,0,0,	72355	97	↓2,2,9,2,0,0,0,0,	5 6230		
63752	48	↓2,2,4,3,0,0,0,0,	84812	98	↓2,2,9,3,0,0,0,0,	6 7476		
76148	49	↓2,2,4,4,0,0,0,0,	97270	99	↓2,2,9,4,0,0,0,0,	7 8722		
						8 9968		
88546	50	↓2,2,4,5,0,0,0,0,	1·24609730	2200	↓2,2,9,5,0,0,0,0,	9 11214		
1·24000945	51	↓2,2,4,6,0,0,0,0,	22191	01	↓2,2,9,6,0,0,0,0,			
13345	52	↓2,2,4,7,0,0,0,0,	34653	02	↓2,2,9,7,0,0,0,0,			
25746	53	↓2,2,4,8,0,0,0,0,	47116	03	↓2,2,9,8,0,0,0,0,			
38149	54	↓2,2,4,9,0,0,0,0,	59581	04	↓2,2,9,9,0,0,0,0,			

Dual Logarithms of powers of 2 and 10.

↓, 2 = 69314718,   ↓, 10 = 230258509,   ↓, 10^4 = 921034037,   ↓, 10^7 = 1611809565,
↓, 4 = 138629437,   ↓, 10^2 = 460517019,   ↓, 10^5 = 1151292546,   ↓, 10^8 = 1842068074,
↓, 8 = 207944154,   ↓, 10^3 = 690775528,   ↓, 10^6 = 1381551056,   ↓, 10^9 = 2072326584,

24] Nat. No. 1·2466 to 1·2590   D. Log. 2204.... to 2303....   D. No. ↓2,3,0,0, to ↓2,3,9,9,

Natural Numbers.	Dual Logarithms.	Dual Numbers.	Natural Numbers.	Dual Logarithms.	Dual Numbers.	Multiples of Differences.		
1·24666421	22047135,	↓2,3,0,0,0,0,0,0,	1·25291001	22546885,	↓2,3,5,0,0,0,0,0,			
78888	05	↓2,3,0,1,0,0,0,0,	1·25303530	55	↓2,3,5,1,0,0,0,0,	1	1246	1247	124
91356	06	↓2,3,0,2,0,0,0,0,	16060	56	↓2,3,5,2,0,0,0,0,	2	2492	2494	249
1·24703825	07	↓2,3,0,3,0,0,0,0,	28592	57	↓2,3,5,3,0,0,0,0,	3	3738	3741	374
16295	08	↓2,3,0,4,0,0,0,0,	41125	58	↓2,3,5,4,0,0,0,0,	4	4984	4988	499
						5	6230	6235	624
28767	09	↓2,3,0,5,0,0,0,0,	53659	59	↓2,3,5,5,0,0,0,0,	6	7476	7482	748
41240	10	↓2,3,0,6,0,0,0,0,	66194	60	↓2,3,5,6,0,0,0,0,	7	8722	8729	873
53714	11	↓2,3,0,7,0,0,0,0,	78731	61	↓2,3,5,7,0,0,0,0,	8	9968	9976	998
66189	12	↓2,3,0,8,0,0,0,0,	91269	62	↓2,3,5,8,0,0,0,0,	9	11214	11223	1123
78666	13	↓2,3,0,9,0,0,0,0,	1·25403808	63	↓2,3,5,9,0,0,0,0,				
91087	22147085,	↓2,3,1,0,0,0,0,0,	16292	22646835,	↓2,3,6,0,0,0,0,0,				
1·24803566	15	↓2,3,1,1,0,0,0,0,	28834	65	↓2,3,6,1,0,0,0,0,	1	1249	1250	125
16046	16	↓2,3,1,2,0,0,0,0,	41377	66	↓2,3,6,2,0,0,0,0,	2	2498	2500	250
28528	17	↓2,3,1,3,0,0,0,0,	53921	67	↓2,3,6,3,0,0,0,0,	3	3747	3750	375
41011	18	↓2,3,1,4,0,0,0,0,	66466	68	↓2,3,6,4,0,0,0,0,	4	4996	5000	500
						5	6245	6250	625
53495	19	↓2,3,1,5,0,0,0,0,	79013	69	↓2,3,6,5,0,0,0,0,	6	7494	7500	750
65980	20	↓2,3,1,6,0,0,0,0,	91561	70	↓2,3,6,6,0,0,0,0,	7	8743	8750	875
78467	21	↓2,3,1,7,0,0,0,0,	1·25504110	71	↓2,3,6,7,0,0,0,0,	8	9992	10000	1000
90955	22	↓2,3,1,8,0,0,0,0,	16660	72	↓2,3,6,8,0,0,0,0,	9	11241	11250	1125
1·24903444	23	↓2,3,1,9,0,0,0,0,	29212	73	↓2,3,6,9,0,0,0,0,				
15878	22247035,	↓2,3,2,0,0,0,0,0,	41708	22746785,	↓2,3,7,0,0,0,0,0,	1	1252	1253	125
28370	25	↓2,3,2,1,0,0,0,0,	54262	75	↓2,3,7,1,0,0,0,0,	2	2504	2506	250
40863	26	↓2,3,2,2,0,0,0,0,	66817	76	↓2,3,7,2,0,0,0,0,	3	3756	3759	376
53357	27	↓2,3,2,3,0,0,0,0,	79374	77	↓2,3,7,3,0,0,0,0,	4	5008	5012	501
65852	28	↓2,3,2,4,0,0,0,0,	91932	78	↓2,3,7,4,0,0,0,0,	5	6260	6265	627
						6	7512	7518	752
78349	29	↓2,3,2,5,0,0,0,0,	1·25604491	79	↓2,3,7,5,0,0,0,0,	7	8764	8771	877
90847	30	↓2,3,2,6,0,0,0,0,	17051	80	↓2,3,7,6,0,0,0,0,	8	10016	10024	1003
1·25003346	31	↓2,3,2,7,0,0,0,0,	29613	81	↓2,3,7,7,0,0,0,0,	9	11268	11277	1128
15846	32	↓2,3,2,8,0,0,0,0,	42176	82	↓2,3,7,8,0,0,0,0,				
28348	33	↓2,3,2,9,0,0,0,0,	54740	83	↓2,3,7,9,0,0,0,0,				
40794	22346985,	↓2,3,3,0,0,0,0,0,	67250	22846735,	↓2,3,8,0,0,0,0,0,	1	1255	1256	1257
53298	35	↓2,3,3,1,0,0,0,0,	79817	85	↓2,3,8,1,0,0,0,0,	2	2510	2512	2514
65803	36	↓2,3,3,2,0,0,0,0,	92385	86	↓2,3,8,2,0,0,0,0,	3	3765	3768	3771
78310	37	↓2,3,3,3,0,0,0,0,	1·25704954	87	↓2,3,8,3,0,0,0,0,	4	5020	5024	5028
90818	38	↓2,3,3,4,0,0,0,0,	17524	88	↓2,3,8,4,0,0,0,0,	5	6275	6280	6285
						6	7530	7536	7542
1·25103327	39	↓2,3,3,5,0,0,0,0,	30096	89	↓2,3,8,5,0,0,0,0,	7	8785	8792	8799
15837	40	↓2,3,3,6,0,0,0,0,	42669	90	↓2,3,8,6,0,0,0,0,	8	10040	10048	10056
28349	41	↓2,3,3,7,0,0,0,0,	55243	91	↓2,3,8,7,0,0,0,0,	9	11295	11304	11313
40862	42	↓2,3,3,8,0,0,0,0,	67819	92	↓2,3,8,8,0,0,0,0,				
53376	43	↓2,3,3,9,0,0,0,0,	80396	93	↓2,3,8,9,0,0,0,0,				
65835	22446935,	↓2,3,4,0,0,0,0,0,	92917	22946685,	↓2,3,9,0,0,0,0,0,	1	1258	1259	
78352	45	↓2,3,4,1,0,0,0,0,	1·25805496	95	↓2,3,9,1,0,0,0,0,	2	2516	2518	
90870	46	↓2,3,4,2,0,0,0,0,	18077	96	↓2,3,9,2,0,0,0,0,	3	3774	3777	
1·25203389	47	↓2,3,4,3,0,0,0,0,	30659	97	↓2,3,9,3,0,0,0,0,	4	5032	5036	
15909	48	↓2,3,4,4,0,0,0,0,	43242	98	↓2,3,9,4,0,0,0,0,	5	6290	6295	
						6	7548	7554	
28431	49	↓2,3,4,5,0,0,0,0,	55826	99	↓2,3,9,5,0,0,0,0,	7	8806	8813	
40954	50	↓2,3,4,6,0,0,0,0,	68412	2300	↓2,3,9,6,0,0,0,0,	8	10064	10072	
53478	51	↓2,3,4,7,0,0,0,0,	80999	01	↓2,3,9,7,0,0,0,0,	9	11322	11331	
66003	52	↓2,3,4,8,0,0,0,0,	93587	02	↓2,3,9,8,0,0,0,0,				
78530	53	↓2,3,4,9,0,0,0,0,	1·25906176	03	↓2,3,9,9,0,0,0,0,				

Dual Logarithms of powers of 2 and 10.

↓, 2 = 69314718,   ↓, 10 = 230258509,   ↓, 10^4 = 921034037,   ↓, 10^7 = 1611809565,
↓, 8 = 138629437,   ↓, 10^2 = 460517019,   ↓, 10^5 = 1151292546,   ↓, 10^8 = 1842068074,
↓, 4 = 207944154,   ↓, 10^3 = 690775528,   ↓, 10^6 = 1381551056,   ↓, 10^9 = 2072326584,

Nat. No. 1·2591 to 1·2716   D. Log. 2304.... to 2403....   D. No. ↓2,4,0,0, to ↓2,4,9,9,   [25

Natural Numbers.	Dual Logarithms.	Dual Numbers.	Natural Numbers.	Dual Logarithms.	Dual Numbers.	Multiples of Differences.		
1·25913085	23042168,	↓2,4,0,0,0,0,0,0,	1·26543911	23541918,	↓2,4,5,0,0,0,0,0,			
25676	05	↓2,4,0,1,0,0,0,0,	56565	55	↓2,4,5,1,0,0,0,0,	1 1259	1260	1261
38269	06	↓2,4,0,2,0,0,0,0,	69221	56	↓2,4,5,2,0,0,0,0,	2 2518	2520	2522
50863	07	↓2,4,0,3,0,0,0,0,	81878	57	↓2,4,5,3,0,0,0,0,	3 3777	3780	3783
63458	08	↓2,4,0,4,0,0,0,0,	94536	58	↓2,4,5,4,0,0,0,0,	4 5036	5040	5044
						5 6295	6300	6305
76054	09	↓2,4,0,5,0,0,0,0,	1·26607195	59	↓2,4,5,5,0,0,0,0,	6 7554	7560	7566
88652	10	↓2,4,0,6,0,0,0,0,	19856	60	↓2,4,5,6,0,0,0,0,	7 8813	8820	8827
1·26001251	11	↓2,4,0,7,0,0,0,0,	32518	61	↓2,4,5,7,0,0,0,0,	8 10072	10080	10088
13851	12	↓2,4,0,8,0,0,0,0,	45181	62	↓2,4,5,8,0,0,0,0,	9 11331	11340	11349
26452	13	↓2,4,0,9,0,0,0,0,	57846	63	↓2,4,5,9,0,0,0,0,			
38998	23142118,	↓2,4,1,0,0,0,0,0,	70455	23641868,	↓2,4,6,0,0,0,0,0,	1 1262	1263	1264
51602	15	↓2,4,1,1,0,0,0,0,	83122	65	↓2,4,6,1,0,0,0,0,	2 2524	2526	2528
64207	16	↓2,4,1,2,0,0,0,0,	95790	66	↓2,4,6,2,0,0,0,0,	3 3786	3789	3792
76813	17	↓2,4,1,3,0,0,0,0,	1·26708460	67	↓2,4,6,3,0,0,0,0,	4 5048	5052	5056
89421	18	↓2,4,1,4,0,0,0,0,	21131	68	↓2,4,6,4,0,0,0,0,	5 6310	6315	6320
						6 7572	7578	7584
1·26102030	19	↓2,4,1,5,0,0,0,0,	33803	69	↓2,4,6,5,0,0,0,0,	7 8834	8841	8848
14640	20	↓2,4,1,6,0,0,0,0,	46476	70	↓2,4,6,6,0,0,0,0,	8 10096	10104	10112
27251	21	↓2,4,1,7,0,0,0,0,	59151	71	↓2,4,6,7,0,0,0,0,	9 11358	11367	11376
39864	22	↓2,4,1,8,0,0,0,0,	71827	72	↓2,4,6,8,0,0,0,0,			
52478	23	↓2,4,1,9,0,0,0,0,	84504	73	↓2,4,6,9,0,0,0,0,			
						1 1265	1266	1267
65037	23242068,	↓2,4,2,0,0,0,0,0,	97125	23741818,	↓2,4,7,0,0,0,0,0,	2 2530	2532	2534
77654	25	↓2,4,2,1,0,0,0,0,	1·26809805	75	↓2,4,7,1,0,0,0,0,	3 3795	3798	3801
90272	26	↓2,4,2,2,0,0,0,0,	22486	76	↓2,4,7,2,0,0,0,0,	4 5060	5064	5068
1·26202891	27	↓2,4,2,3,0,0,0,0,	35168	77	↓2,4,7,3,0,0,0,0,	5 6325	6330	6335
15511	28	↓2,4,2,4,0,0,0,0,	47852	78	↓2,4,7,4,0,0,0,0,	6 7590	7596	7602
						7 8855	8862	8869
28133	29	↓2,4,2,5,0,0,0,0,	60537	79	↓2,4,7,5,0,0,0,0,	8 10120	10128	10136
40756	30	↓2,4,2,6,0,0,0,0,	73223	80	↓2,4,7,6,0,0,0,0,	9 11385	11394	11403
53380	31	↓2,4,2,7,0,0,0,0,	85910	81	↓2,4,7,7,0,0,0,0,			
66005	32	↓2,4,2,8,0,0,0,0,	98599	82	↓2,4,7,8,0,0,0,0,			
78632	33	↓2,4,2,9,0,0,0,0,	1·26911289	83	↓2,4,7,9,0,0,0,0,	1 1268	1269	1270
						2 2536	2538	2540
91262	23342018,	↓2,4,3,0,0,0,0,0,	23922	23841768,	↓2,4,8,0,0,0,0,0,	3 3804	3807	3810
1·26303831	35	↓2,4,3,1,0,0,0,0,	36614	85	↓2,4,8,1,0,0,0,0,	4 5072	5076	5080
16461	36	↓2,4,3,2,0,0,0,0,	49308	86	↓2,4,8,2,0,0,0,0,	5 6340	6345	6350
29093	37	↓2,4,3,3,0,0,0,0,	62003	87	↓2,4,8,3,0,0,0,0,	6 7608	7614	7620
41726	38	↓2,4,3,4,0,0,0,0,	74699	88	↓2,4,8,4,0,0,0,0,	7 8876	8883	8890
						8 10144	10152	10160
54360	39	↓2,4,3,5,0,0,0,0,	87396	89	↓2,4,8,5,0,0,0,0,	9 11412	11421	11430
66995	40	↓2,4,3,6,0,0,0,0,	1·27000095	90	↓2,4,8,6,0,0,0,0,			
79632	41	↓2,4,3,7,0,0,0,0,	12795	91	↓2,4,8,7,0,0,0,0,			
92270	42	↓2,4,3,8,0,0,0,0,	25496	92	↓2,4,8,8,0,0,0,0,	1 1271		
1·26404909	43	↓2,4,3,9,0,0,0,0,	38199	93	↓2,4,8,9,0,0,0,0,	2 2542		
						3 3813		
17493	23441968,	↓2,4,4,0,0,0,0,0,	50846	23941718,	↓2,4,9,0,0,0,0,0,	4 5084		
30135	45	↓2,4,4,1,0,0,0,0,	63551	95	↓2,4,9,1,0,0,0,0,	5 6355		
42778	46	↓2,4,4,2,0,0,0,0,	76257	96	↓2,4,9,2,0,0,0,0,	6 7626		
55422	47	↓2,4,4,3,0,0,0,0,	88965	97	↓2,4,9,3,0,0,0,0,	7 8897		
68068	48	↓2,4,4,4,0,0,0,0,	1·27101674	98	↓2,4,9,4,0,0,0,0,	8 10168		
						9 11439		
80715	49	↓2,4,4,5,0,0,0,0,	14384	2399	↓2,4,9,5,0,0,0,0,			
93363	50	↓2,4,4,6,0,0,0,0,	27094	2400	↓2,4,9,6,0,0,0,0,			
1·26506012	51	↓2,4,4,7,0,0,0,0,	39807	01	↓2,4,9,7,0,0,0,0,			
18662	52	↓2,4,4,8,0,0,0,0,	52521	02	↓2,4,9,8,0,0,0,0,			
31314	53	↓2,4,4,9,0,0,0,0,	65236	03	↓2,4,9,9,0,0,0,0,			

Dual Logarithms of powers of 2 and 10.

↓, 2 = 69314718,   ↓, 10 = 230258509,   ↓, 10^4 = 921034037,   ↓, 10^7 = 1611809565,
↓, 4 = 138629437,   ↓, 10^2 = 460517019, ↓, 10^5 = 1151292546,   ↓, 10^8 = 1842068074,
↓, 8 = 207944154,   ↓, 10^3 = 690775528, ↓, 10^6 = 1381551056,   ↓, 10^9 = 2072326584,

E

26] Nat. No. 1·2717 to 1·2843   D. Log. 2403.... to 2502....   D. No. ↓2,5,0,0, to ↓2,5,9,9,

Natural Numbers.	Dual Logarithms.	Dual Numbers.	Natural Numbers.	Dual Logarithms.	Dual Numbers.	Multiples of Differences.
1·27172216	24037201,	↓2,5,0,0,0,0,0,0,	1·27809350	24536951,	↓2,5,5,0,0,0,0,0,	
84933	04	↓2,5,0,1,0,0,0,0,	22131	54	↓2,5,5,1,0,0,0,0,	
97651	05	↓2,5,0,2,0,0,0,0,	34913	55	↓2,5,5,2,0,0,0,0,	1 1271 1272 1273
1·27210371	06	↓2,5,0,3,0,0,0,0,	47696	56	↓2,5,5,3,0,0,0,0,	2 2542 2544 2546
23092	07	↓2,5,0,4,0,0,0,0,	60482	57	↓2,5,5,4,0,0,0,0,	3 3813 3816 3819
						4 5084 5088 5092
35814	08	↓2,5,0,5,0,0,0,0,	73268	58	↓2,5,5,5,0,0,0,0,	5 6355 6360 6365
48538	09	↓2,5,0,6,0,0,0,0,	86055	59	↓2,5,5,6,0,0,0,0,	6 7626 7632 7638
61263	10	↓2,5,0,7,0,0,0,0,	98844	60	↓2,5,5,7,0,0,0,0,	7 8897 8904 8911
73989	11	↓2,5,0,8,0,0,0,0,	1·27911634	·61	↓2,5,5,8,0,0,0,0,	8 10168 10176 10184
86716	12	↓2,5,0,9,0,0,0,0,	24425	62	↓2,5,5,9,0,0,0,0,	9 11439 11448 11457
99388	24137151,	↓2,5,1,0,0,0,0,0,	37159	24636901,	↓2,5,6,0,0,0,0,0,	
1·27312118	14	↓2,5,1,1,0,0,0,0,	49953	64	↓2,5,6,1,0,0,0,0,	1 1274 1275 1276
24849	15	↓2,5,1,2,0,0,0,0,	62748	65	↓2,5,6,2,0,0,0,0,	2 2548 2550 2552
37581	16	↓2,5,1,3,0,0,0,0,	75544	66	↓2,5,6,3,0,0,0,0,	3 3822 3825 3828
50315	17	↓2,5,1,4,0,0,0,0,	88342	67	↓2,5,6,4,0,0,0,0,	4 5096 5100 5104
						5 6370 6375 6380
63050	18	↓2,5,1,5,0,0,0,0,	1·28001141	68	↓2,5,6,5,0,0,0,0,	6 7644 7650 7656
75786	19	↓2,5,1,6,0,0,0,0,	13941	69	↓2,5,6,6,0,0,0,0,	7 8918 8925 8932
88524	20	↓2,5,1,7,0,0,0,0,	26742	70	↓2,5,6,7,0,0,0,0,	8 10192 10200 10208
1·27401263	21	↓2,5,1,8,0,0,0,0,	39545	71	↓2,5,6,8,0,0,0,0,	9 11466 11475 11484
14003	22	↓2,5,1,9,0,0,0,0,	52349	72	↓2,5,6,9,0,0,0,0,	
26687	24237101,	↓2,5,2,0,0,0,0,0,	65096	24736851,	↓2,5,7,0,0,0,0,0,	1 1277 1278 1279
39430	24	↓2,5,2,1,0,0,0,0,	77903	74	↓2,5,7,1,0,0,0,0,	2 2554 2556 2558
52174	25	↓2,5,2,2,0,0,0,0,	90711	75	↓2,5,7,2,0,0,0,0,	3 3831 3834 3837
64919	26	↓2,5,2,3,0,0,0,0,	1·28103520	76	↓2,5,7,3,0,0,0,0,	4 5108 5112 5116
77666	27	↓2,5,2,4,0,0,0,0,	16330	77	↓2,5,7,4,0,0,0,0,	5 6385 6390 6395
						6 7662 7668 7674
90414	28	↓2,5,2,5,0,0,0,0,	29142	78	↓2,5,7,5,0,0,0,0,	7 8939 8946 8953
1·27503163	29	↓2,5,2,6,0,0,0,0,	41955	79	↓2,5,7,6,0,0,0,0,	8 10216 10224 10232
15913	30	↓2,5,2,7,0,0,0,0,	54769	80	↓2,5,7,7,0,0,0,0,	9 11493 11502 11511
28665	31	↓2,5,2,8,0,0,0,0,	67584	81	↓2,5,7,8,0,0,0,0,	
41418	32	↓2,5,2,9,0,0,0,0,	80401	82	↓2,5,7,9,0,0,0,0,	
54114	24337051,	↓2,5,3,0,0,0,0,0,	93161	24836801,	↓2,5,8,0,0,0,0,0,	1 1280 1281 1282
66869	34	↓2,5,3,1,0,0,0,0,	1·28205980	84	↓2,5,8,1,0,0,0,0,	2 2560 2562 2564
79626	35	↓2,5,3,2,0,0,0,0,	18801	85	↓2,5,8,2,0,0,0,0,	3 3840 3843 3846
92384	36	↓2,5,3,3,0,0,0,0,	31623	86	↓2,5,8,3,0,0,0,0,	4 5120 5124 5128
1·27605143	37	↓2,5,3,4,0,0,0,0,	44446	87	↓2,5,8,4,0,0,0,0,	5 6400 6405 6410
						6 7680 7686 7692
17904	38	↓2,5,3,5,0,0,0,0,	57270	88	↓2,5,8,5,0,0,0,0,	7 8960 8967 8974
30666	39	↓2,5,3,6,0,0,0,0,	70096	89	↓2,5,8,6,0,0,0,0,	8 10240 10248 10256
43429	40	↓2,5,3,7,0,0,0,0,	82923	90	↓2,5,8,7,0,0,0,0,	9 11520 11529 11538
56193	41	↓2,5,3,8,0,0,0,0,	95751	91	↓2,5,8,8,0,0,0,0,	
68959	42	↓2,5,3,9,0,0,0,0,	1·28308581	92	↓2,5,8,9,0,0,0,0,	1 1283 1284
						2 2566 2568
81668	24437001,	↓2,5,4,0,0,0,0,0,	21354	24936751,	↓2,5,9,0,0,0,0,0,	3 3849 3852
94436	44	↓2,5,4,1,0,0,0,0,	34186	94	↓2,5,9,1,0,0,0,0,	4 5132 5136
1·27707205	45	↓2,5,4,2,0,0,0,0,	47019	95	↓2,5,9,2,0,0,0,0,	5 6415 6420
19976	46	↓2,5,4,3,0,0,0,0,	59854	96	↓2,5,9,3,0,0,0,0,	6 7698 7704
32748	47	↓2,5,4,4,0,0,0,0,	72690	97	↓2,5,9,4,0,0,0,0,	7 8981 8988
						8 10264 10272
45521	48	↓2,5,4,5,0,0,0,0,	85527	98	↓2,5,9,5,0,0,0,0,	9 11547 11556
58296	49	↓2,5,4,6,0,0,0,0,	98366	99	↓2,5,9,6,0,0,0,0,	
71072	50	↓2,5,4,7,0,0,0,0,	1·28411206	2500	↓2,5,9,7,0,0,0,0,	
83849	51	↓2,5,4,8,0,0,0,0,	24047	01	↓2,5,9,8,0,0,0,0,	
96627	52	↓2,5,4,9,0,0,0,0,	36889	02	↓2,5,9,9,0,0,0,0,	

Dual Logarithms of powers of 2 and 10.

↓, 2 = 69314718,   ↓, 10 = 230258509,   ↓, 10^4 = 921034037,   ↓, 10^7 = 1611809565,
↓, 4 = 138629437, ↓, 10^2 = 460517019, ↓, 10^5 = 1151292546, ↓, 10^8 = 1842068074,
↓, 8 = 207944154, ↓, 10^3 = 690775528, ↓, 10^6 = 1381551056, ↓, 10^9 = 2072326584,

Nat. No. 1·2844 to 1·2972   D. Log. 2503.... to 2602....   D. No. ↓2,6,0,0, to ↓2,6,9,9, [27

Natural Numbers.	Dual Logarithms.	Dual Numbers.	Natural Numbers.	Dual Logarithms.	Dual Numbers.	Multiples of Differences.		
1·28443938	25032234,	↓2,6,0,0,0,0,0,0,	1·29087443	25531984,	↓2,6,5,0,0,0,0,0,			
56782	04	↓2,6,0,1,0,0,0,0,	1·29100352	54	↓2,6,5,1,0,0,0,0,	1	1284	1285	1286
69628	05	↓2,6,0,2,0,0,0,0,	13262	55	↓2,6,5,2,0,0,0,0,	2	2568	2570	2572
82475	06	↓2,6,0,3,0,0,0,0,	26173	56	↓2,6,5,3,0,0,0,0,	3	3852	3855	3858
95323	07	↓2,6,0,4,0,0,0,0,	39086	57	↓2,6,5,4,0,0,0,0,	4	5136	5140	5144
						5	6420	6425	6430
1·28508173	08	↓2,6,0,5,0,0,0,0,	52000	58	↓2,6,5,5,0,0,0,0,	6	7704	7710	7716
21024	09	↓2,6,0,6,0,0,0,0,	64915	59	↓2,6,5,6,0,0,0,0,	7	8988	8995	9002
33876	10	↓2,6,0,7,0,0,0,0,	77831	60.	↓2,6,5,7,0,0,0,0,	8	10272	10280	10288
46729	11	↓2,6,0,8,0,0,0,0,	90749	61	↓2,6,5,8,0,0,0,0,	9	11556	11565	11574
59584	12	↓2,6,0,9,0,0,0,0,	1·29203668	62	↓2,6,5,9,0,0,0,0,			
72382	25132184,	↓2,6,1,0,0,0,0,0,	16530	25631934,	↓2,6,6,0,0,0,0,0,	1	1287	1288	1289
85239	14	↓2,6,1,1,0,0,0,0,	29452	64	↓2,6,6,1,0,0,0,0,	2	2574	2576	2578
98098	15	↓2,6,1,2,0,0,0,0,	42375	65	↓2,6,6,2,0,0,0,0,	3	3861	3864	3867
1·28610958	16	↓2,6,1,3,0,0,0,0,	55299	66	↓2,6,6,3,0,0,0,0,	4	5148	5152	5156
23819	17	↓2,6,1,4,0,0,0,0,	68225	67	↓2,6,6,4,0,0,0,0,	5	6435	6440	6445
						6	7722	7728	7734
36681	18	↓2,6,1,5,0,0,0,0,	81152	68	↓2,6,6,5,0,0,0,0,	7	9009	9016	9023
49545	19	↓2,6,1,6,0,0,0,0,	94080	69	↓2,6,6,6,0,0,0,0,	8	10296	10304	10312
62410	20	↓2,6,1,7,0,0,0,0,	1·29307009	70	↓2,6,6,7,0,0,0,0,	9	11583	11592	11601
75276	21	↓2,6,1,8,0,0,0,0,	19940	71	↓2,6,6,8,0,0,0,0,			
88144	22	↓2,6,1,9,0,0,0,0,	32872	72	↓2,6,6,9,0,0,0,0,			
1·28700954	25232134,	↓2,6,2,0,0,0,0,0,	45747	25731884,	↓2,6,7,0,0,0,0,0,	1	1290	1291	1292
13824	24	↓2,6,2,1,0,0,0,0,	58682	74	↓2,6,7,1,0,0,0,0,	2	2580	2582	2584
26695	25	↓2,6,2,2,0,0,0,0,	71618	75	↓2,6,7,2,0,0,0,0,	3	3870	3873	3876
39568	26	↓2,6,2,3,0,0,0,0,	84555	76	↓2,6,7,3,0,0,0,0,	4	5160	5164	5168
52442	27	↓2,6,2,4,0,0,0,0,	97493	77	↓2,6,7,4,0,0,0,0,	5	6450	6455	6460
						6	7740	7746	7752
65317	28	↓2,6,2,5,0,0,0,0,	1·29410433	78	↓2,6,7,5,0,0,0,0,	7	9030	9037	9044
78194	29	↓2,6,2,6,0,0,0,0,	23374	79	↓2,6,7,6,0,0,0,0,	8	10320	10328	10336
91072	30	↓2,6,2,7,0,0,0,0,	36316	80	↓2,6,7,7,0,0,0,0,	9	11610	11619	11628
1·28803951	31	↓2,6,2,8,0,0,0,0,	49260	81	↓2,6,7,8,0,0,0,0,			
16831	32	↓2,6,2,9,0,0,0,0,	62205	82	↓2,6,7,9,0,0,0,0,			
29655	25332084,	↓2,6,3,0,0,0,0,0,	75093	25831824,	↓2,6,8,0,0,0,0,0,	1	1293	1294	1295
42538	34	↓2,6,3,1,0,0,0,0,	88041	84	↓2,6,8,1,0,0,0,0,	2	2586	2588	2590
55422	35	↓2,6,3,2,0,0,0,0,	1·29500990	85	↓2,6,8,2,0,0,0,0,	3	3879	3882	3885
68308	36	↓2,6,3,3,0,0,0,0,	13940	86	↓2,6,8,3,0,0,0,0,	4	5172	5176	5180
81195	37	↓2,6,3,4,0,0,0,0,	26891	87	↓2,6,8,4,0,0,0,0,	5	6465	6470	6475
						6	7758	7764	7770
94083	38	↓2,6,3,5,0,0,0,0,	39844	88	↓2,6,8,5,0,0,0,0,	7	9051	9058	9065
1·28906972	39	↓2,6,3,6,0,0,0,0,	52798	89	↓2,6,8,6,0,0,0,0,	8	10344	10352	10360
19863	40	↓2,6,3,7,0,0,0,0,	65753	90	↓2,6,8,7,0,0,0,0,	9	11637	11646	11655
32755	41	↓2,6,3,8,0,0,0,0,	78710	91	↓2,6,8,8,0,0,0,0,			
45648	42	↓2,6,3,9,0,0,0,0,	91668	92	↓2,6,8,9,0,0,0,0,	1	1296	1297
						2	2592	2594
58485	25432034,	↓2,6,4,0,0,0,0,0,	1·29604568	25931784,	↓2,6,9,0,0,0,0,0,	3	3888	3891
71381	44	↓2,6,4,1,0,0,0,0,	17528	94	↓2,6,9,1,0,0,0,0,	4	5184	5188
84278	45	↓2,6,4,2,0,0,0,0,	30490	95	↓2,6,9,2,0,0,0,0,	5	6480	6485
97176	46	↓2,6,4,3,0,0,0,0,	43453	96	↓2,6,9,3,0,0,0,0,	6	7776	7782
1·29010076	47	↓2,6,4,4,0,0,0,0,	56417	97	↓2,6,9,4,0,0,0,0,	7	9072	9079
						8	10368	10376
22977	48	↓2,6,4,5,0,0,0,0,	69383	98	↓2,6,9,5,0,0,0,0,	9	11664	11673
35879	49	↓2,6,4,6,0,0,0,0,	82350	99	↓2,6,9,6,0,0,0,0,			
48783	50	↓2,6,4,7,0,0,0,0,	95318	2600	↓2,6,9,7,0,0,0,0,			
61688	51	↓2,6,4,8,0,0,0,0,	1·29708288	01	↓2,6,9,8,0,0,0,0,			
74594	52	↓2,6,4,9,0,0,0,0,	21259	02	↓2,6,9,9,0,0,0,0,			

Dual Logarithms of powers of 2 and 10.

↓, 2 = 69314718,   ↓, 10 = 230258509,   ↓, 10^4 = 921034037,   ↓, 10^7 = 1611809565,
↓, 4 = 138629437,   ↓, 10^2 = 460517019,   ↓, 10^5 = 1151292546,   ↓, 10^8 = 1842068074,
↓, 8 = 207944154,   ↓, 10^3 = 690775528,   ↓, 10^6 = 1381551056,   ↓, 10^9 = 2072326584,

28] Nat. No. 1·2972 to 1·3101   D. Log. 2602.... to 2701....   D. No. ↓2,7,0,0, to ↓2,7,9,9,

Natural Numbers.	Dual Logarithms.	Dual Numbers.	Natural Numbers.	Dual Logarithms.	Dual Numbers.	Multiples of Differences.		
1·29728377	26027267,	↓2,7,0,0,0,0,0,0,	1·30378317	26527017,	↓2,7,5,0,0,0,0,0,			
41350	03	↓2,7,0,1,0,0,0,0,	91355	53	↓2,7,5,1,0,0,0,0,			
54324	04	↓2,7,0,2,0,0,0,0,	1·30404394	54	↓2,7,5,2,0,0,0,0,	1	1297	1298	1299
67299	05	↓2,7,0,3,0,0,0,0,	17434	55	↓2,7,5,3,0,0,0,0,	2	2594	2596	2598
80276	06	↓2,7,0,4,0,0,0,0,	30476	56	↓2,7,5,4,0,0,0,0,	3	3891	3894	3897
						4	5188	5192	5196
						5	6485	6490	6495
93254	07	↓2,7,0,5,0,0,0,0,	43519	57	↓2,7,5,5,0,0,0,0,	6	7782	7788	7794
1·29806233	08	↓2,7,0,6,0,0,0,0,	56563	58	↓2,7,5,6,0,0,0,0,	7	9079	9086	9093
19214	09	↓2,7,0,7,0,0,0,0,	69609	59	↓2,7,5,7,0,0,0,0,	8	10376	10384	10392
32196	10	↓2,7,0,8,0,0,0,0,	82656	60	↓2,7,5,8,0,0,0,0,	9	11673	11682	11691
45179	11	↓2,7,0,9,0,0,0,0,	95704	61	↓2,7,5,9,0,0,0,0,			
58105	26127217,	↓2,7,1,0,0,0,0,0,	1·30508695	26626967,	↓2,7,6,0,0,0,0,0,	1	1300	1301	1302
71091	13	↓2,7,1,1,0,0,0,0,	21746	63	↓2,7,6,1,0,0,0,0,	2	2600	2602	2604
84078	14	↓2,7,1,2,0,0,0,0,	34798	64	↓2,7,6,2,0,0,0,0,	3	3900	3903	3906
97066	15	↓2,7,1,3,0,0,0,0,	47851	65	↓2,7,6,3,0,0,0,0,	4	5200	5204	5208
1·29910056	16	↓2,7,1,4,0,0,0,0,	50906	66	↓2,7,6,4,0,0,0,0,	5	6500	6505	6510
						6	7800	7806	7812
23047	17	↓2,7,1,5,0,0,0,0,	63961	67	↓2,7,6,5,0,0,0,0,	7	9100	9107	9114
36039	18	↓2,7,1,6,0,0,0,0,	77017	68	↓2,7,6,6,0,0,0,0,	8	10400	10408	10416
49033	19	↓2,7,1,7,0,0,0,0,	90075	69	↓2,7,6,7,0,0,0,0,	9	11700	11709	11718
62028	20	↓2,7,1,8,0,0,0,0,	1·30603134	70	↓2,7,6,8,0,0,0,0,			
75024	21	↓2,7,1,9,0,0,0,0,	16194	71	↓2,7,6,9,0,0,0,0,			
87963	26227167,	↓2,7,2,0,0,0,0,0,	39204	26726917,	↓2,7,7,0,0,0,0,0,	1	1303	1304	1305
1·30000962	23	↓2,7,2,1,0,0,0,0,	52268	73	↓2,7,7,1,0,0,0,0,	2	2606	2608	2610
13962	24	↓2,7,2,2,0,0,0,0,	65333	74	↓2,7,7,2,0,0,0,0,	3	3909	3912	3915
26963	25	↓2,7,2,3,0,0,0,0,	78400	75	↓2,7,7,3,0,0,0,0,	4	5212	5216	5220
39966	26	↓2,7,2,4,0,0,0,0,	91468	76	↓2,7,7,4,0,0,0,0,	5	6515	6520	6525
						6	7818	7824	7830
52970	27	↓2,7,2,5,0,0,0,0,	1·30704537	77	↓2,7,7,5,0,0,0,0,	7	9121	9128	9135
65975	28	↓2,7,2,6,0,0,0,0,	17607	78	↓2,7,7,6,0,0,0,0,	8	10424	10432	10440
78982	29	↓2,7,2,7,0,0,0,0,	30679	79	↓2,7,7,7,0,0,0,0,	9	11727	11736	11745
91990	30	↓2,7,2,8,0,0,0,0,	43752	80	↓2,7,7,8,0,0,0,0,			
1·30104999	31	↓2,7,2,9,0,0,0,0,	56856	81	↓2,7,7,9,0,0,0,0,			
17951	26327117,	↓2,7,3,0,0,0,0,0,	69843	26826867,	↓2,7,8,0,0,0,0,0,	1	1306	1307	1308
30963	33	↓2,7,3,1,0,0,0,0,	82920	83	↓2,7,8,1,0,0,0,0,	2	2612	2614	2616
43976	34	↓2,7,3,2,0,0,0,0,	95998	84	↓2,7,8,2,0,0,0,0,	3	3918	3921	3924
56990	35	↓2,7,3,3,0,0,0,0,	1·30809078	85	↓2,7,8,3,0,0,0,0,	4	5224	5228	5232
70006	36	↓2,7,3,4,0,0,0,0,	22159	86	↓2,7,8,4,0,0,0,0,	5	6530	6535	6540
						6	7836	7842	7848
83023	37	↓2,7,3,5,0,0,0,0,	35241	87	↓2,7,8,5,0,0,0,0,	7	9142	9149	9156
96041	38	↓2,7,3,6,0,0,0,0,	48325	88	↓2,7,8,6,0,0,0,0,	8	10448	10456	10464
1·30209061	39	↓2,7,3,7,0,0,0,0,	61410	89	↓2,7,8,7,0,0,0,0,	9	11754	11763	11772
22082	40	↓2,7,3,8,0,0,0,0,	74496	90	↓2,7,8,8,0,0,0,0,			
35104	41	↓2,7,3,9,0,0,0,0,	87583	91	↓2,7,8,9,0,0,0,0,			
48069	26427067,	↓2,7,4,0,0,0,0,0,	1·30900613	26926817,	↓2,7,9,0,0,0,0,0,	1	1309	1310	
61094	43	↓2,7,4,1,0,0,0,0,	13703	93	↓2,7,9,1,0,0,0,0,	2	2618	2620	
74120	44	↓2,7,4,2,0,0,0,0,	26794	94	↓2,7,9,2,0,0,0,0,	3	3927	3930	
87147	45	↓2,7,4,3,0,0,0,0,	39887	95	↓2,7,9,3,0,0,0,0,	4	5236	5240	
1·30300176	46	↓2,7,4,4,0,0,0,0,	52981	96	↓2,7,9,4,0,0,0,0,	5	6545	6550	
						6	7854	7860	
13206	47	↓2,7,4,5,0,0,0,0,	66076	97	↓2,7,9,5,0,0,0,0,	7	9163	9170	
26237	48	↓2,7,4,6,0,0,0,0,	79173	98	↓2,7,9,6,0,0,0,0,	8	10472	10480	
39270	49	↓2,7,4,7,0,0,0,0,	92271	99	↓2,7,9,7,0,0,0,0,	9	11781	11790	
52304	50	↓2,7,4,8,0,0,0,0,	1·31005370	2700	↓2,7,9,8,0,0,0,0,			
65339	51	↓2,7,4,9,0,0,0,0,	18471	01	↓2,7,9,9,0,0,0,0,			

Dual Logarithms of powers of 2 and 10.

↓, 2 = 69314718,   ↓, 10 = 230258509,   ↓, 10^4 = 921034037,   ↓, 10^7 = 1611809565,
↓, 4 = 138629437,   ↓, 10^2 = 460517019,   ↓, 10^5 = 1151292546,   ↓, 10^8 = 1842068074,
↓, 8 = 207944154,   ↓, 10^3 = 690775528,   ↓, 10^6 = 1381551056,   ↓, 10^9 = 2072326584,

Nat. No. 1·3102 to 1·3232   D. Log. 2702.... to 2801....   D. No. ↓2,8,0,0, to ↓2,8,9,9,   [29

Natural Numbers.	Dual Logarithms.	Dual Numbers.	Natural Numbers.	Dual Logarithms.	Dual Numbers.	Multiples of Differences.		
1·31025661	27022300,	↓2,8,0,0,0,0,0,0,	1·31682102	27522050,	↓2,8,5,0,0,0,0,0,			
38764	03	↓2,8,0,1,0,0,0,0,	95270	53	↓2,8,5,1,0,0,0,0,	1 1310	1311	1312
51868	04	↓2,8,0,2,0,0,0,0,	1·31708440	54	↓2,8,5,2,0,0,0,0,	2 2620	2622	2624
64973	05	↓2,8,0,3,0,0,0,0,	21611	55	↓2,8,5,3,0,0,0,0,	3 3930	3933	3936
78079	06	↓2,8,0,4,0,0,0,0,	34783	56	↓2,8,5,4,0,0,0,0,	4 5240	5244	5248
						5 6550	6555	6560
91187	07	↓2,8,0,5,0,0,0,0,	47956	57	↓2,8,5,5,0,0,0,0,	6 7860	7866	7872
1·31104296	08	↓2,8,0,6,0,0,0,0,	61131	58	↓2,8,5,6,0,0,0,0,	7 9170	9177	9184
17406	09	↓2,8,0,7,0,0,0,0,	74307	59	↓2,8,5,7,0,0,0,0,	8 10480	10488	10496
30518	10	↓2,8,0,8,0,0,0,0,	87484	60	↓2,8,5,8,0,0,0,0,	9 11790	11799	11808
43631	11	↓2,8,0,9,0,0,0,0,	1·31800663	61	↓2,8,5,9,0,0,0,0,			
56687	27122250,	↓2,8,1,0,0,0,0,0,	13784	27622000,	↓2,8,6,0,0,0,0,0,	1 1313	1314	1315
69803	13	↓2,8,1,1,0,0,0,0,	26965	63	↓2,8,6,1,0,0,0,0,	2 2626	2628	2630
82920	14	↓2,8,1,2,0,0,0,0,	40148	64	↓2,8,6,2,0,0,0,0,	3 3939	3942	3945
96038	15	↓2,8,1,3,0,0,0,0,	53332	65	↓2,8,6,3,0,0,0,0,	4 5252	5256	5260
1·31209158	16	↓2,8,1,4,0,0,0,0,	66517	66	↓2,8,6,4,0,0,0,0,	5 6565	6570	6575
						6 7878	7884	7890
22279	17	↓2,8,1,5,0,0,0,0,	79704	67	↓2,8,6,5,0,0,0,0,	7 9191	9198	9205
35401	18	↓2,8,1,6,0,0,0,0,	92892	68	↓2,8,6,6,0,0,0,0,	8 10504	10512	10520
48525	19	↓2,8,1,7,0,0,0,0,	1·31906081	69	↓2,8,6,7,0,0,0,0,	9 11817	11826	11835
61650	20	↓2,8,1,8,0,0,0,0,	19272	70	↓2,8,6,8,0,0,0,0,			
74776	21	↓2,8,1,9,0,0,0,0,	32464	71	↓2,8,6,9,0,0,0,0,			
87844	27222200,	↓2,8,2,0,0,0,0,0,	45598	27721950,	↓2,8,7,0,0,0,0,0,	1 1316	1317	1318
1·31300973	23	↓2,8,2,1,0,0,0,0,	58793	73	↓2,8,7,1,0,0,0,0,	2 2632	2634	2636
14103	24	↓2,8,2,2,0,0,0,0,	71989	74	↓2,8,7,2,0,0,0,0,	3 3948	3951	3954
27234	25	↓2,8,2,3,0,0,0,0,	85186	75	↓2,8,7,3,0,0,0,0,	4 5264	5268	5272
40367	26	↓2,8,2,4,0,0,0,0,	98385	76	↓2,8,7,4,0,0,0,0,	5 6580	6585	6590
						6 7896	7902	7908
53501	27	↓2,8,2,5,0,0,0,0,	1·32011585	77	↓2,8,7,5,0,0,0,0,	7 9212	9219	9226
66636	28	↓2,8,2,6,0,0,0,0,	24786	78	↓2,8,7,6,0,0,0,0,	8 10528	10536	10544
79773	29	↓2,8,2,7,0,0,0,0,	37988	79	↓2,8,7,7,0,0,0,0,	9 11844	11853	11862
92911	30	↓2,8,2,8,0,0,0,0,	51192	80	↓2,8,7,8,0,0,0,0,			
1·31406050	31	↓2,8,2,9,0,0,0,0,	64397	81	↓2,8,7,9,0,0,0,0,			
19132	27322150,	↓2,8,3,0,0,0,0,0,	77544	27821900,	↓2,8,8,0,0,0,0,0,	1 1319	1320	1321
32274	33	↓2,8,3,1,0,0,0,0,	90752	83	↓2,8,8,1,0,0,0,0,	2 2638	2640	2642
45417	34	↓2,8,3,2,0,0,0,0,	1·32103961	84	↓2,8,8,2,0,0,0,0,	3 3957	3960	3963
58562	35	↓2,8,3,3,0,0,0,0,	17171	85	↓2,8,8,3,0,0,0,0,	4 5276	5280	5284
71708	36	↓2,8,3,4,0,0,0,0,	30383	86	↓2,8,8,4,0,0,0,0,	5 6595	6600	6605
						6 7914	7920	7926
84855	37	↓2,8,3,5,0,0,0,0,	43596	87	↓2,8,8,5,0,0,0,0,	7 9233	9240	9247
98003	38	↓2,8,3,6,0,0,0,0,	56810	88	↓2,8,8,6,0,0,0,0,	8 10552	10560	10568
1·31511153	39	↓2,8,3,7,0,0,0,0,	70026	89	↓2,8,8,7,0,0,0,0,	9 11871	11880	11889
24304	40	↓2,8,3,8,0,0,0,0,	83243	90	↓2,8,8,8,0,0,0,0,			
37456	41	↓2,8,3,9,0,0,0,0,	96461	91	↓2,8,8,9,0,0,0,0,	1 1322	1323	
						2 2644	2646	
50551	27422100,	↓2,8,4,0,0,0,0,0,	1·32209622	27921850,	↓2,8,9,0,0,0,0,0,	3 3966	3969	
63706	43	↓2,8,4,1,0,0,0,0,	22843	93	↓2,8,9,1,0,0,0,0,	4 5288	5292	
76862	44	↓2,8,4,2,0,0,0,0,	36065	94	↓2,8,9,2,0,0,0,0,	5 6610	6615	
90020	45	↓2,8,4,3,0,0,0,0,	49289	95	↓2,8,9,3,0,0,0,0,	6 7932	7938	
1·31603179	46	↓2,8,4,4,0,0,0,0,	62514	96	↓2,8,9,4,0,0,0,0,	7 9254	9261	
						8 10576	10584	
16339	47	↓2,8,4,5,0,0,0,0,	75740	97	↓2,8,9,5,0,0,0,0,	9 11898	11907	
29501	48	↓2,8,4,6,0,0,0,0,	88968	98	↓2,8,9,6,0,0,0,0,			
42664	49	↓2,8,4,7,0,0,0,0,	1·32302197	99	↓2,8,9,7,0,0,0,0,			
55828	50	↓2,8,4,8,0,0,0,0,	15427	2800	↓2,8,9,8,0,0,0,0,			
68994	51	↓2,8,4,9,0,0,0,0,	28659	01	↓2,8,9,9,0,0,0,0,			

Dual Logarithms of powers of 2 and 10.

, 2 = 69314718,   ↓, 10 = 230258509,   ↓, 10^4 = 921034037,   ↓, 10^7 = 1611809565,
, 4 = 138629437, ↓, 10^2 = 460517019, ↓, 10^5 = 1151292546, ↓, 10^8 = 1842068074,
, 8 = 207944154, ↓, 10^3 = 690775528, ↓, 10^6 = 1381551056, ↓, 10^9 = 2072326584,

30] Nat. No. 1·3233 to 1·3365   D. Log. 2801.... to 2900....   D. No. ↓2,9,0,0, to ↓2,9,9,9,

Natural Numbers.	Dual Logarithms.	Dual Numbers.	Natural Numbers.	Dual Logarithms.	Dual Numbers.	Multiples of Differences.		
1·32335918	28017333,	↓2,9,0,0,0,0,0,0,	1·32998922	28517083,	↓2,9,5,0,0,0,0,0,			
49152	02	↓2,9,0,1,0,0,0,0,	1·33012222	52	↓2,9,5,1,0,0,0,0,	1 1323	1324	1325
62387	03	↓2,9,0,2,0,0,0,0,	25523	53	↓2,9,5,2,0,0,0,0,	2 2646	2648	2650
75623	04	↓2,9,0,3,0,0,0,0,	38826	54	↓2,9,5,3,0,0,0,0,	3 3969	3972	3975
88861	05	↓2,9,0,4,0,0,0,0,	52130	55	↓2,9,5,4,0,0,0,0,	4 5292	5296	5300
1·32402100	06	↓2,9,0,5,0,0,0,0,	65435	56	↓2,9,5,5,0,0,0,0,	5 6615	6620	6625
15340	07	↓2,9,0,6,0,0,0,0,	78742	57	↓2,9,5,6,0,0,0,0,	6 7938	7944	7950
28582	08	↓2,9,0,7,0,0,0,0,	92050	58	↓2,9,5,7,0,0,0,0,	7 9261	9268	9275
41825	09	↓2,9,0,8,0,0,0,0,	1·33105359	59	↓2,9,5,8,0,0,0,0,	8 10584	10592	10600
55069	10	↓2,9,0,9,0,0,0,0,	18670	60	↓2,9,5,9,0,0,0,0,	9 11907	11916	11925
68254	28117283,	↓2,9,1,0,0,0,0,0,	31921	28617033,	↓2,9,6,0,0,0,0,0,			
81501	12	↓2,9,1,1,0,0,0,0,	45234	62	↓2,9,6,1,0,0,0,0,	1 1326	1327	1328
94749	13	↓2,9,1,2,0,0,0,0,	58549	63	↓2,9,6,2,0,0,0,0,	2 2652	2654	2656
1·32507998	14	↓2,9,1,3,0,0,0,0,	71865	64	↓2,9,6,3,0,0,0,0,	3 3978	3981	3984
21249	15	↓2,9,1,4,0,0,0,0,	85182	65	↓2,9,6,4,0,0,0,0,	4 5304	5308	5312
34501	16	↓2,9,1,5,0,0,0,0,	98501	66	↓2,9,6,5,0,0,0,0,	5 6630	6635	6640
47754	17	↓2,9,1,6,0,0,0,0,	1·33211821	67	↓2,9,6,6,0,0,0,0,	6 7956	7962	7968
61009	18	↓2,9,1,7,0,0,0,0,	25142	68	↓2,9,6,7,0,0,0,0,	7 9282	9289	9296
74265	19	↓2,9,1,8,0,0,0,0,	38464	69	↓2,9,6,8,0,0,0,0,	8 10608	10616	10624
87522	20	↓2,9,1,9,0,0,0,0,	51788	70	↓2,9,6,9,0,0,0,0,	9 11934	11943	11952
1·32600722	28217233,	↓2,9,2,0,0,0,0,0,	65053	28716983,	↓2,9,7,0,0,0,0,0,			
13982	22	↓2,9,2,1,0,0,0,0,	78380	72	↓2,9,7,1,0,0,0,0,	1 1329	1330	1331
27243	23	↓2,9,2,2,0,0,0,0,	91708	73	↓2,9,7,2,0,0,0,0,	2 2658	2660	2662
40506	24	↓2,9,2,3,0,0,0,0,	1·33305037	74	↓2,9,7,3,0,0,0,0,	3 3987	3990	3993
53770	25	↓2,9,2,4,0,0,0,0,	18368	75	↓2,9,7,4,0,0,0,0,	4 5316	5320	5324
67035	26	↓2,9,2,5,0,0,0,0,	31700	76	↓2,9,7,5,0,0,0,0,	5 6645	6650	6655
80302	27	↓2,9,2,6,0,0,0,0,	45033	77	↓2,9,7,6,0,0,0,0,	6 7974	7980	7986
93570	28	↓2,9,2,7,0,0,0,0,	58368	78	↓2,9,7,7,0,0,0,0,	7 9303	9310	9317
1·32706839	29	↓2,9,2,8,0,0,0,0,	71704	79	↓2,9,7,8,0,0,0,0,	8 10632	10640	10648
20110	30	↓2,9,2,9,0,0,0,0,	85041	80	↓2,9,7,9,0,0,0,0,	9 11961	11970	11979
33323	28317183,	↓2,9,3,0,0,0,0,0,	98318	28816933,	↓2,9,8,0,0,0,0,0,			
46596	32	↓2,9,3,1,0,0,0,0,	1·33411658	82	↓2,9,8,1,0,0,0,0,	1 1332	1333	1334
59871	33	↓2,9,3,2,0,0,0,0,	24999	83	↓2,9,8,2,0,0,0,0,	2 2664	2666	2668
73147	34	↓2,9,3,3,0,0,0,0,	38341	84	↓2,9,8,3,0,0,0,0,	3 3996	3999	4002
86424	35	↓2,9,3,4,0,0,0,0,	51685	85	↓2,9,8,4,0,0,0,0,	4 5328	5332	5336
99703	36	↓2,9,3,5,0,0,0,0,	65030	86	↓2,9,8,5,0,0,0,0,	5 6660	6665	6670
1·32812983	37	↓2,9,3,6,0,0,0,0,	78377	87	↓2,9,8,6,0,0,0,0,	6 7992	7998	8004
26264	38	↓2,9,3,7,0,0,0,0,	91725	88	↓2,9,8,7,0,0,0,0,	7 9324	9331	9338
39547	39	↓2,9,3,8,0,0,0,0,	1·33505074	89	↓2,9,8,8,0,0,0,0,	8 10656	10664	10672
52831	40	↓2,9,3,9,0,0,0,0,	18425	90	↓2,9,8,9,0,0,0,0,	9 11988	11997	12006
66056	28417133,	↓2,9,4,0,0,0,0,0,	31716	28916883,	↓2,9,9,0,0,0,0,0,	1 1335	1336	
79343	42	↓2,9,4,1,0,0,0,0,	45069	92	↓2,9,9,1,0,0,0,0,	2 2670	2672	
92631	43	↓2,9,4,2,0,0,0,0,	58424	93	↓2,9,9,2,0,0,0,0,	3 4005	4008	
1·32905920	44	↓2,9,4,3,0,0,0,0,	71780	94	↓2,9,9,3,0,0,0,0,	4 5340	5344	
19211	45	↓2,9,4,4,0,0,0,0,	85137	95	↓2,9,9,4,0,0,0,0,	5 6675	6680	
32503	46	↓2,9,4,5,0,0,0,0,	98496	96	↓2,9,9,5,0,0,0,0,	6 8010	8016	
45796	47	↓2,9,4,6,0,0,0,0,	1·33611856	97	↓2,9,9,6,0,0,0,0,	7 9345	9352	
59091	48	↓2,9,4,7,0,0,0,0,	25217	98	↓2,9,9,7,0,0,0,0,	8 10680	10688	
72387	49	↓2,9,4,8,0,0,0,0,	38580	99	↓2,9,9,8,0,0,0,0,	9 12015	12024	
85684	50	↓2,9,4,9,0,0,0,0,	51944	2900	↓2,9,9,9,0,0,0,0,			

Dual Logarithms of powers of 2 and 10.

↓, 2 = 69314718,   ↓, 10 = 230258509,   ↓, 10^4 = 921034037,   ↓, 10^7 = 1611809565,
↓, 4 = 138629437, ↓, 10^2 = 460517019,   ↓, 10^5 = 1151292546,   ↓, 10^8 = 1842068074,
↓, 8 = 207944154, ↓, 10^3 = 690775528,   ↓, 10^6 = 1381551056,   ↓, 10^9 = 2072326584,

Nat. No. 1·3310 to 1·3442   D. Log. 2859.... to 2958....   D. No. ↓3,0,0,0, to ↓3,0,9,9,   [31

Natural Numbers	Dual Logarithms	Dual Numbers	Natural Numbers	Dual Logarithms	Dual Numbers	Multiples of Differences
·33100000	28593054,	↓3,0,0,0,0,0,0,0,	1·33766832	29092804,	↓3,0,5,0,0,0,0,0,	
13310	60	↓3,0,0,1,0,0,0,0,	80209	10	↓3,0,5,1,0,0,0,0,	1 1331 1332 1333
26621	61	↓3,0,0,2,0,0,0,0,	93587	11	↓3,0,5,2,0,0,0,0,	2 2662 2664 2666
39934	62	↓3,0,0,3,0,0,0,0,	1·33806967	12	↓3,0,5,3,0,0,0,0,	3 3993 3996 3999
53248	63	↓3,0,0,4,0,0,0,0,	20347	13	↓3,0,5,4,0,0,0,0,	4 5324 5328 5332
						5 6655 6660 6665
66563	64	↓3,0,0,5,0,0,0,0,	33729	14	↓3,0,5,5,0,0,0,0,	6 7986 7992 7998
79880	65	↓3,0,0,6,0,0,0,0,	47112	15	↓3,0,5,6,0,0,0,0,	7 9317 9324 9331
93198	66	↓3,0,0,7,0,0,0,0,	60497	16	↓3,0,5,7,0,0,0,0,	8 10648 10656 10664
1·33206517	67	↓3,0,0,8,0,0,0,0,	73883	17	↓3,0,5,8,0,0,0,0,	9 11979 11988 11997
19838	68	↓3,0,0,9,0,0,0,0,	87270	18	↓3,0,5,9,0,0,0,0,	
33100	28693004,	↓3,0,1,0,0,0,0,0,	1·33900599	29192754,	↓3,0,6,0,0,0,0,0,	
46423	70	↓3,0,1,1,0,0,0,0,	13989	20	↓3,0,6,1,0,0,0,0,	1 1334 1335 1336
59748	71	↓3,0,1,2,0,0,0,0,	27380	21	↓3,0,6,2,0,0,0,0,	2 2668 2670 2672
73074	72	↓3,0,1,3,0,0,0,0,	40773	22	↓3,0,6,3,0,0,0,0,	3 4002 4005 4008
86401	73	↓3,0,1,4,0,0,0,0,	54167	23	↓3,0,6,4,0,0,0,0,	4 5336 5340 5344
						5 6670 6675 6680
						6 8004 8010 8016
99730	74	↓3,0,1,5,0,0,0,0,	67562	24	↓3,0,6,5,0,0,0,0,	7 9338 9345 9352
1·33313060	75	↓3,0,1,6,0,0,0,0,	80959	25	↓3,0,6,6,0,0,0,0,	8 10672 10680 10688
26391	76	↓3,0,1,7,0,0,0,0,	94357	26	↓3,0,6,7,0,0,0,0,	9 12006 12015 12024
39724	77	↓3,0,1,8,0,0,0,0,	1·34007756	27	↓3,0,6,8,0,0,0,0,	
53058	78	↓3,0,1,9,0,0,0,0,	21157	28	↓3,0,6,9,0,0,0,0,	
66333	28792954,	↓3,0,2,0,0,0,0,0,	34499	29292704,	↓3,0,7,0,0,0,0,0,	1 1337 1338 1339
79670	80	↓3,0,2,1,0,0,0,0,	47902	30	↓3,0,7,1,0,0,0,0,	2 2674 2676 2678
93008	81	↓3,0,2,2,0,0,0,0,	61307	31	↓3,0,7,2,0,0,0,0,	3 4011 4014 4017
1·33406347	82	↓3,0,2,3,0,0,0,0,	74713	32	↓3,0,7,3,0,0,0,0,	4 5348 5352 5356
19688	83	↓3,0,2,4,0,0,0,0,	88120	33	↓3,0,7,4,0,0,0,0,	5 6685 6690 6695
						6 8022 8028 8034
33030	84	↓3,0,2,5,0,0,0,0,	1·34101528	34	↓3,0,7,5,0,0,0,0,	7 9359 9366 9373
46373	85	↓3,0,2,6,0,0,0,0,	14938	35	↓3,0,7,6,0,0,0,0,	8 10696 10704 10712
59718	86	↓3,0,2,7,0,0,0,0,	28349	36	↓3,0,7,7,0,0,0,0,	9 12033 12042 12051
73064	87	↓3,0,2,8,0,0,0,0,	41762	37	↓3,0,7,8,0,0,0,0,	
86411	88	↓3,0,2,9,0,0,0,0,	55176	38	↓3,0,7,9,0,0,0,0,	
						1 1340 1341 1342
99699	28892904,	↓3,0,3,0,0,0,0,0,	68533	29392654,	↓3,0,8,0,0,0,0,0,	2 2680 2682 2684
1·33513049	90	↓3,0,3,1,0,0,0,0,	81950	40	↓3,0,8,1,0,0,0,0,	3 4020 4023 4026
26400	91	↓3,0,3,2,0,0,0,0,	95368	41	↓3,0,8,2,0,0,0,0,	4 5360 5364 5368
39753	92	↓3,0,3,3,0,0,0,0,	1·34208788	42	↓3,0,8,3,0,0,0,0,	5 6700 6705 6710
53107	93	↓3,0,3,4,0,0,0,0,	22209	43	↓3,0,8,4,0,0,0,0,	6 8040 8046 8052
						7 9380 9387 9394
						8 10720 10728 10736
66462	94	↓3,0,3,5,0,0,0,0,	35631	44	↓3,0,8,5,0,0,0,0,	9 12060 12069 12078
79819	95	↓3,0,3,6,0,0,0,0,	49055	45	↓3,0,8,6,0,0,0,0,	
93177	96	↓3,0,3,7,0,0,0,0,	62480	46	↓3,0,8,7,0,0,0,0,	
1·33606536	97	↓3,0,3,8,0,0,0,0,	75906	47	↓3,0,8,8,0,0,0,0,	
19887	98	↓3,0,3,9,0,0,0,0,	89334	48	↓3,0,8,9,0,0,0,0,	1 1343 1344
						2 2686 2688
33199	28992854,	↓3,0,4,0,0,0,0,0,	1·34302702	29492604,	↓3,0,9,0,0,0,0,0,	3 4029 4032
46562	2900	↓3,0,4,1,0,0,0,0,	16132	50	↓3,0,9,1,0,0,0,0,	4 5372 5376
59927	01	↓3,0,4,2,0,0,0,0,	29564	51	↓3,0,9,2,0,0,0,0,	5 6715 6720
73293	02	↓3,0,4,3,0,0,0,0,	42997	52	↓3,0,9,3,0,0,0,0,	6 8058 8064
86660	03	↓3,0,4,4,0,0,0,0,	56431	53	↓3,0,9,4,0,0,0,0,	7 9401 9408
						8 10744 10752
1·33700029	04	↓3,0,4,5,0,0,0,0,	69867	54	↓3,0,9,5,0,0,0,0,	9 12087 12096
13399	05	↓3,0,4,6,0,0,0,0,	83304	55	↓3,0,9,6,0,0,0,0,	
26770	06	↓3,0,4,7,0,0,0,0,	96742	56	↓3,0,9,7,0,0,0,0,	
40143	07	↓3,0,4,8,0,0,0,0,	1·34410182	57	↓3,0,9,8,0,0,0,0,	
53517	08	↓3,0,4,9,0,0,0,0,	23623	58	↓3,0,9,9,0,0,0,0,	

Dual Logarithms of powers of 2 and 10.

↓ 2 = 69314718,   ↓ 10 = 230258509,   ↓ 10^4 = 921034037,   ↓ 10^7 = 1611809565,
↓ 4 = 138629437,   ↓ 10^2 = 460517019, ↓ 10^5 = 1151292546,   ↓ 10^8 = 1842068074,
↓ 8 = 207944154,   ↓ 10^3 = 690775528, ↓ 10^6 = 1381551056,   ↓ 10^9 = 2072326584,

[32] Nat. No. 1·3443 to 1·3576   D. Log. 2958.... to 3057....   D. No. ↓3,1,0,0, to ↓3,1,9,9,

Natural Numbers.	Dual Logarithms.	Dual Numbers.	Natural Numbers.	Dual Logarithms.	Dual Numbers.	Multiples of Differences.		
1·34431000	29588087,	↓3,1,0,0,0,0,0,0,	1·35104501	30087837,	↓3,1,5,0,0,0,0,0,			
44443	59	↓3,1,0,1,0,0,0,0,	18011	09	↓3,1,5,1,0,0,0,0,	1 1344 1345 13		
57887	60	↓3,1,0,2,0,0,0,0,	31523	10	↓3,1,5,2,0,0,0,0,	2 2688 2690 26		
71333	61	↓3,1,0,3,0,0,0,0,	45036	11	↓3,1,5,3,0,0,0,0,	3 4032 4035 40		
84780	62	↓3,1,0,4,0,0,0,0,	58551	12	↓3,1,5,4,0,0,0,0,	4 5376 5380 53		
98228	63	↓3,1,0,5,0,0,0,0,	72067	13	↓3,1,5,5,0,0,0,0,	5 6720 6725 67		
1·34511678	64	↓3,1,0,6,0,0,0,0,	85584	14	↓3,1,5,6,0,0,0,0,	6 8064 8070 80		
25129	65	↓3,1,0,7,0,0,0,0,	99103	15	↓3,1,5,7,0,0,0,0,	7 9408 9415 94		
38581	66	↓3,1,0,8,0,0,0,0,	1·35212623	16	↓3,1,5,8,0,0,0,0,	8 10752 10760 107		
52035	67	↓3,1,0,9,0,0,0,0,	26144	17	↓3,1,5,9,0,0,0,0,	9 12096 12105 121		
65431	29688037,	↓3,1,1,0,0,0,0,0,	39606	30187787,	↓3,1,6,0,0,0,0,0,			
78887	69	↓3,1,1,1,0,0,0,0,	53130	19	↓3,1,6,1,0,0,0,0,	1 1347 1348 13		
92345	70	↓3,1,1,2,0,0,0,0,	66655	20	↓3,1,6,2,0,0,0,0,	2 2694 2696 26		
1·34605804	71	↓3,1,1,3,0,0,0,0,	80182	21	↓3,1,6,3,0,0,0,0,	3 4041 4044 40		
19265	72	↓3,1,1,4,0,0,0,0,	93710	22	↓3,1,6,4,0,0,0,0,	4 5388 5392 53		
32727	73	↓3,1,1,5,0,0,0,0,	1·35307239	23	↓3,1,6,5,0,0,0,0,	5 6735 6740 67		
46190	74	↓3,1,1,6,0,0,0,0,	20770	24	↓3,1,6,6,0,0,0,0,	6 8082 8088 80		
59655	75	↓3,1,1,7,0,0,0,0,	34302	25	↓3,1,6,7,0,0,0,0,	7 9429 9436 94		
73121	76	↓3,1,1,8,0,0,0,0,	47835	26	↓3,1,6,8,0,0,0,0,	8 10776 10784 107		
86588	77	↓3,1,1,9,0,0,0,0,	61370	27	↓3,1,6,9,0,0,0,0,	9 12123 12132 121		
99996	29787987,	↓3,1,2,0,0,0,0,0,	74846	30287737,	↓3,1,7,0,0,0,0,0,	1 1350 1351 13		
1·34713466	79	↓3,1,2,1,0,0,0,0,	88383	29	↓3,1,7,1,0,0,0,0,	2 2700 2702 27		
26937	80	↓3,1,2,2,0,0,0,0,	1·35401922	30	↓3,1,7,2,0,0,0,0,	3 4050 4053 40		
40410	81	↓3,1,2,3,0,0,0,0,	15462	31	↓3,1,7,3,0,0,0,0,	4 5400 5404 54		
53884	82	↓3,1,2,4,0,0,0,0,	29004	32	↓3,1,7,4,0,0,0,0,	5 6750 6755 67		
67359	83	↓3,1,2,5,0,0,0,0,	42547	33	↓3,1,7,5,0,0,0,0,	6 8100 8106 81		
80836	84	↓3,1,2,6,0,0,0,0,	56091	34	↓3,1,7,6,0,0,0,0,	7 9450 9457 94		
94314	85	↓3,1,2,7,0,0,0,0,	69637	35	↓3,1,7,7,0,0,0,0,	8 10800 10808 108		
1·34807793	86	↓3,1,2,8,0,0,0,0,	83184	36	↓3,1,7,8,0,0,0,0,	9 12150 12159 121		
21274	87	↓3,1,2,9,0,0,0,0,	96732	37	↓3,1,7,9,0,0,0,0,			
34696	29887937,	↓3,1,3,0,0,0,0,0,	1·35510221	30387687,	↓3,1,8,0,0,0,0,0,	1 1353 1354 13		
48179	89	↓3,1,3,1,0,0,0,0,	23772	39	↓3,1,8,1,0,0,0,0,	2 2706 2708 27		
61664	90	↓3,1,3,2,0,0,0,0,	37324	40	↓3,1,8,2,0,0,0,0,	3 4059 4062 40		
75150	91	↓3,1,3,3,0,0,0,0,	50878	41	↓3,1,8,3,0,0,0,0,	4 5412 5416 54		
88638	92	↓3,1,3,4,0,0,0,0,	64433	42	↓3,1,8,4,0,0,0,0,	5 6765 6770 67		
1·34902127	93	↓3,1,3,5,0,0,0,0,	77989	43	↓3,1,8,5,0,0,0,0,	6 8118 8124 81		
15617	94	↓3,1,3,6,0,0,0,0,	91547	44	↓3,1,8,6,0,0,0,0,	7 9471 9478 94		
29109	95	↓3,1,3,7,0,0,0,0,	1·35605106	45	↓3,1,8,7,0,0,0,0,	8 10824 10832 108		
42602	96	↓3,1,3,8,0,0,0,0,	18667	46	↓3,1,8,8,0,0,0,0,	9 12177 12186 121		
56096	97	↓3,1,3,9,0,0,0,0,	32229	47	↓3,1,8,9,0,0,0,0,			
69531	29987887,	↓3,1,4,0,0,0,0,0,	45731	30487637,	↓3,1,9,0,0,0,0,0,	1 1356 1357		
83028	99	↓3,1,4,1,0,0,0,0,	59296	49	↓3,1,9,1,0,0,0,0,	2 2712 2714		
96526	3000	↓3,1,4,2,0,0,0,0,	72862	50	↓3,1,9,2,0,0,0,0,	3 4068 4071		
1·35010026	01	↓3,1,4,3,0,0,0,0,	86429	51	↓3,1,9,3,0,0,0,0,	4 5424 5428		
23527	02	↓3,1,4,4,0,0,0,0,	99998	52	↓3,1,9,4,0,0,0,0,	5 6780 6785		
37029	03	↓3,1,4,5,0,0,0,0,	1·35713568	53	↓3,1,9,5,0,0,0,0,	6 8136 8142		
50533	04	↓3,1,4,6,0,0,0,0,	27139	54	↓3,1,9,6,0,0,0,0,	7 9492 9499		
64038	05	↓3,1,4,7,0,0,0,0,	40712	55	↓3,1,9,7,0,0,0,0,	8 10848 10856		
77544	06	↓3,1,4,8,0,0,0,0,	54286	56	↓3,1,9,8,0,0,0,0,	9 12204 12213		
91052	07	↓3,1,4,9,0,0,0,0,	67861	57	↓3,1,9,9,0,0,0,0,			

Dual Logarithms of powers of 2 and 10.

↓ 2 = 69314718,   ↓ 10 = 230258509,   ↓ 10^4 = 921034037,   ↓ 10^7 = 1611809565,
↓ 4 = 138629437,   ↓ 10^2 = 460517019,   ↓ 10^5 = 1151292546,   ↓ 10^8 = 1842068074,
↓ 8 = 207944154,   ↓ 10^3 = 690775528,   ↓ 10^6 = 1381551056,   ↓ 10^9 = 2072326584,

Nat. No. 1·3577 to 1·3712   D. Log. 3058.... to 3157....   D. No. ↓3,2,0,0, to ↓3,2,9,9,   [33

Natural Numbers.	Dual Logarithms.	Dual Numbers.	Natural Numbers.	Dual Logarithms.	Dual Numbers.	Multiples of Differences.		
1·35775310	30583120,	↓3,2,0,0,0,0,0,0,	1·36455545	31082870,	↓3,2,5,0,0,0,0,0,			
88888	59	↓3,2,0,1,0,0,0,0,	69191	09	↓3,2,5,1,0,0,0,0,	1	1357	1358	1359
1·35802467	60	↓3,2,0,2,0,0,0,0,	82838	10	↓3,2,5,2,0,0,0,0,	2	2714	2716	2718
16047	61	↓3,2,0,3,0,0,0,0,	96486	11	↓3,2,5,3,0,0,0,0,	3	4071	4074	4077
29629	62	↓3,2,0,4,0,0,0,0,	1·36510136	12	↓3,2,5,4,0,0,0,0,	4	5428	5432	5436
						5	6785	6790	6795
43212	63	↓3,2,0,5,0,0,0,0,	23787	13	↓3,2,5,5,0,0,0,0,	6	8142	8148	8154
56796	64	↓3,2,0,6,0,0,0,0,	37439	14	↓3,2,5,6,0,0,0,0,	7	9499	9506	9513
70382	65	↓3,2,0,7,0,0,0,0,	51093	15	↓3,2,5,7,0,0,0,0,	8	10856	10864	10872
83969	66	↓3,2,0,8,0,0,0,0,	64748	16	↓3,2,5,8,0,0,0,0,	9	12213	12222	12231
97558	67	↓3,2,0,9,0,0,0,0,	78404	17	↓3,2,5,9,0,0,0,0,				
1·35911085	30683070,	↓3,2,1,0,0,0,0,0,	92001	31182820,	↓3,2,6,0,0,0,0,0,				
24676	69	↓3,2,1,1,0,0,0,0,	1·36605660	19	↓3,2,6,1,0,0,0,0,	1	1360	1361	1362
38268	70	↓3,2,1,2,0,0,0,0,	19321	20	↓3,2,6,2,0,0,0,0,	2	2720	2722	2724
51862	71	↓3,2,1,3,0,0,0,0,	32983	21	↓3,2,6,3,0,0,0,0,	3	4080	4083	4086
65457	72	↓3,2,1,4,0,0,0,0,	46646	22	↓3,2,6,4,0,0,0,0,	4	5440	5444	5448
						5	6800	6805	6810
79054	73	↓3,2,1,5,0,0,0,0,	60311	23	↓3,2,6,5,0,0,0,0,	6	8160	8166	8172
92652	74	↓3,2,1,6,0,0,0,0,	73977	24	↓3,2,6,6,0,0,0,0,	7	9520	9527	9534
1·36006251	75	↓3,2,1,7,0,0,0,0,	87644	25	↓3,2,6,7,0,0,0,0,	8	10880	10888	10896
19852	76	↓3,2,1,8,0,0,0,0,	1·36701313	26	↓3,2,6,8,0,0,0,0,	9	12240	12249	12258
33454	77	↓3,2,1,9,0,0,0,0,	14983	27	↓3,2,6,9,0,0,0,0,				
46996	30783020,	↓3,2,2,0,0,0,0,0,	28593	31282770,	↓3,2,7,0,0,0,0,0,	1	1363	1364	1365
60601	79	↓3,2,2,1,0,0,0,0,	42266	29	↓3,2,7,1,0,0,0,0,	2	2726	2728	2730
74207	80	↓3,2,2,2,0,0,0,0,	55940	30	↓3,2,7,2,0,0,0,0,	3	4089	4092	4095
87814	81	↓3,2,2,3,0,0,0,0,	69616	31	↓3,2,7,3,0,0,0,0,	4	5452	5456	5460
1·36101423	82	↓3,2,2,4,0,0,0,0,	83293	32	↓3,2,7,4,0,0,0,0,	5	6815	6820	6825
						6	8178	8184	8190
15033	83	↓3,2,2,5,0,0,0,0,	96971	33	↓3,2,7,5,0,0,0,0,	7	9541	9548	9555
28645	84	↓3,2,2,6,0,0,0,0,	1·36810651	34	↓3,2,7,6,0,0,0,0,	8	10904	10912	10920
42258	85	↓3,2,2,7,0,0,0,0,	24332	35	↓3,2,7,7,0,0,0,0,	9	12267	12276	12285
55872	86	↓3,2,2,8,0,0,0,0,	38014	36	↓3,2,7,8,0,0,0,0,				
69488	87	↓3,2,2,9,0,0,0,0,	51698	37	↓3,2,7,9,0,0,0,0,				
83043	30882970,	↓3,2,3,0,0,0,0,0,	65322	31382720,	↓3,2,8,0,0,0,0,0,	1	1366	1367	1368
96661	89	↓3,2,3,1,0,0,0,0,	79009	39	↓3,2,8,1,0,0,0,0,	2	2732	2734	2736
1·36210281	90	↓3,2,3,2,0,0,0,0,	92697	40	↓3,2,8,2,0,0,0,0,	3	4098	4101	4104
23902	91	↓3,2,3,3,0,0,0,0,	1·36906386	41	↓3,2,8,3,0,0,0,0,	4	5464	5468	5472
37524	92	↓3,2,3,4,0,0,0,0,	20077	42	↓3,2,8,4,0,0,0,0,	5	6830	6835	6840
						6	8196	8202	8208
51148	93	↓3,2,3,5,0,0,0,0,	33769	43	↓3,2,8,5,0,0,0,0,	7	9562	9569	9576
64773	94	↓3,2,3,6,0,0,0,0,	47462	44	↓3,2,8,6,0,0,0,0,	8	10928	10936	10944
78399	95	↓3,2,3,7,0,0,0,0,	61157	45	↓3,2,8,7,0,0,0,0,	9	12294	12303	12312
92027	96	↓3,2,3,8,0,0,0,0,	74853	46	↓3,2,8,8,0,0,0,0,				
1·36305656	97	↓3,2,3,9,0,0,0,0,	88550	47	↓3,2,8,9,0,0,0,0,	1	1369	1370	1371
						2	2738	2740	2742
19226	30982920,	↓3,2,4,0,0,0,0,0,	1·37002187	31482670,	↓3,2,9,0,0,0,0,0,	3	4107	4110	4113
32858	99	↓3,2,4,1,0,0,0,0,	15887	49	↓3,2,9,1,0,0,0,0,	4	5476	5480	5484
46491	3100	↓3,2,4,2,0,0,0,0,	29589	50	↓3,2,9,2,0,0,0,0,	5	6845	6850	6855
60126	01	↓3,2,4,3,0,0,0,0,	43292	51	↓3,2,9,3,0,0,0,0,	6	8214	8220	8226
73762	02	↓3,2,4,4,0,0,0,0,	56996	52	↓3,2,9,4,0,0,0,0,	7	9583	9590	9597
						8	10952	10960	10968
87399	03	↓3,2,4,5,0,0,0,0,	70702	53	↓3,2,9,5,0,0,0,0,	9	12321	12330	12339
1·36401038	04	↓3,2,4,6,0,0,0,0,	84409	54	↓3,2,9,6,0,0,0,0,				
14678	05	↓3,2,4,7,0,0,0,0,	98117	55	↓3,2,9,7,0,0,0,0,				
28319	06	↓3,2,4,8,0,0,0,0,	1·37111827	56	↓3,2,9,8,0,0,0,0,				
41962	07	↓3,2,4,9,0,0,0,0,	25538	57	↓3,2,9,9,0,0,0,0,				

Dual Logarithms of powers of 2 and 10.

↓, 2 = 69314718,   ↓, 10 = 230258509,   ↓, 10^4 = 921034037,   ↓, 10^7 = 1611809565,
↓, 4 = 138629437, ↓, 10^2 = 460517019, ↓, 10^5 = 1151292546, ↓, 10^8 = 1842068074,
↓, 8 = 207944154, ↓, 10^3 = 690775528, ↓, 10^6 = 1381551056, ↓, 10^9 = 2072326584,

F

34] Nat. No. 1·3713 to 1·3849   D. Log. 3157.... to 3256....   D. No. ↓3,3,0,0, to ↓3,3,9,9,

Natural Numbers.	Dual Logarithms.	Dual Numbers.	Natural Numbers.	Dual Logarithms.	Dual Numbers.	Multiples of Differences.		
1·37133063	31578153,	↓3,3,0,0,0,0,0,0,	1·37820100	32077903,	↓3,3,5,0,0,0,0,0,			
46776	58	↓3,3,0,1,0,0,0,0,	33882	08	↓3,3,5,1,0,0,0,0,	1	1371	1372	1373
60491	59	↓3,3,0,2,0,0,0,0,	47665	09	↓3,3,5,2,0,0,0,0,	2	2742	2744	2746
74207	60	↓3,3,0,3,0,0,0,0,	61450	10	↓3,3,5,3,0,0,0,0,	3	4113	4116	4119
87924	61	↓3,3,0,4,0,0,0,0,	75236	11	↓3,3,5,4,0,0,0,0,	4	5484	5488	5492
						5	6855	6860	6865
1·37201643	62	↓3,3,0,5,0,0,0,0,	89024	12	↓3,3,5,5,0,0,0,0,	6	8226	8232	8238
15363	63	↓3,3,0,6,0,0,0,0,	1·37902813	13	↓3,3,5,6,0,0,0,0,	7	9597	9604	9611
29085	64	↓3,3,0,7,0,0,0,0,	16603	14	↓3,3,5,7,0,0,0,0,	8	10968	10976	10984
42808	65	↓3,3,0,8,0,0,0,0,	30395	15	↓3,3,5,8,0,0,0,0,	9	12339	12348	12357
56532	66	↓3,3,0,9,0,0,0,0,	44188	16	↓3,3,5,9,0,0,0,0,			
70196	31678103,	↓3,3,1,0,0,0,0,0,	57920	32177853,	↓3,3,6,0,0,0,0,0,			
83923	68	↓3,3,1,1,0,0,0,0,	71716	18	↓3,3,6,1,0,0,0,0,	1	1374	1375	1376
97651	69	↓3,3,1,2,0,0,0,0,	85513	19	↓3,3,6,2,0,0,0,0,	2	2748	2750	2752
1·37311381	70	↓3,3,1,3,0,0,0,0,	99312	20	↓3,3,6,3,0,0,0,0,	3	4122	4125	4128
25112	71	↓3,3,1,4,0,0,0,0,	1·38013112	21	↓3,3,6,4,0,0,0,0,	4	5496	5500	5504
						5	6870	6875	6880
38845	72	↓3,3,1,5,0,0,0,0,	26913	22	↓3,3,6,5,0,0,0,0,	6	8244	8250	8256
52579	73	↓3,3,1,6,0,0,0,0,	40716	23	↓3,3,6,6,0,0,0,0,	7	9618	9625	9632
66314	74	↓3,3,1,7,0,0,0,0,	54520	24	↓3,3,6,7,0,0,0,0,	8	10992	11000	11008
80051	75	↓3,3,1,8,0,0,0,0,	68325	25	↓3,3,6,8,0,0,0,0,	9	12366	12375	12384
93789	76	↓3,3,1,9,0,0,0,0,	82132	26	↓3,3,6,9,0,0,0,0,			
1·37407466	31778053,	↓3,3,2,0,0,0,0,0,	95878	32277803,	↓3,3,7,0,0,0,0,0,			
21207	78	↓3,3,2,1,0,0,0,0,	1·38109688	28	↓3,3,7,1,0,0,0,0,	1	1377	1378	1379
34949	79	↓3,3,2,2,0,0,0,0,	23499	29	↓3,3,7,2,0,0,0,0,	2	2754	2756	2758
48692	80	↓3,3,2,3,0,0,0,0,	37311	30	↓3,3,7,3,0,0,0,0,	3	4131	4134	4137
62437	81	↓3,3,2,4,0,0,0,0,	51125	31	↓3,3,7,4,0,0,0,0,	4	5508	5512	5516
						5	6885	6890	6895
76183	82	↓3,3,2,5,0,0,0,0,	64940	32	↓3,3,7,5,0,0,0,0,	6	8262	8268	8274
89931	83	↓3,3,2,6,0,0,0,0,	78756	33	↓3,3,7,6,0,0,0,0,	7	9639	9646	9653
1·37503680	84	↓3,3,2,7,0,0,0,0,	92574	34	↓3,3,7,7,0,0,0,0,	8	11016	11024	11032
17430	85	↓3,3,2,8,0,0,0,0,	1·38206393	35	↓3,3,7,8,0,0,0,0,	9	12393	12402	12411
31182	86	↓3,3,2,9,0,0,0,0,	20214	36	↓3,3,7,9,0,0,0,0,			
44873	31878003,	↓3,3,3,0,0,0,0,0,	33974	32377753,	↓3,3,8,0,0,0,0,0,	1	1380	1381	1382
58627	88	↓3,3,3,1,0,0,0,0,	47797	38	↓3,3,8,1,0,0,0,0,	2	2760	2762	2764
72383	89	↓3,3,3,2,0,0,0,0,	61622	,39	↓3,3,8,2,0,0,0,0,	3	4140	4143	4146
86140	90	↓3,3,3,3,0,0,0,0,	75448	40	↓3,3,8,3,0,0,0,0,	4	5520	5524	5528
99899	91	↓3,3,3,4,0,0,0,0,	89276	41	↓3,3,8,4,0,0,0,0,	5	6900	6905	6910
						6	8280	8286	8292
1·37613659	92	↓3,3,3,5,0,0,0,0,	1·38303105	42	↓3,3,8,5,0,0,0,0,	7	9660	9667	9674
27420	93	↓3,3,3,6,0,0,0,0,	16935	43	↓3,3,8,6,0,0,0,0,	8	11040	11048	11056
41183	94	↓3,3,3,7,0,0,0,0,	30767	44	↓3,3,8,7,0,0,0,0,	9	12420	12429	12438
54947	95	↓3,3,3,8,0,0,0,0,	44600	45	↓3,3,8,8,0,0,0,0,			
68712	96	↓3,3,3,9,0,0,0,0,	58434	46	↓3,3,8,9,0,0,0,0,			
82418	31977953,	↓3,3,4,0,0,0,0,0,	72208	32477703,	↓3,3,9,0,0,0,0,0,	1	1383	1384
96186	98	↓3,3,4,1,0,0,0,0,	86045	48	↓3,3,9,1,0,0,0,0,	2	2766	2768
1·37709956	99	↓3,3,4,2,0,0,0,0,	99884	49	↓3,3,9,2,0,0,0,0,	3	4149	4152
23727	3200	↓3,3,4,3,0,0,0,0,	1·38413724	50	↓3,3,9,3,0,0,0,0,	4	5532	5536
37499	01	↓3,3,4,4,0,0,0,0,	27565	51	↓3,3,9,4,0,0,0,0,	5	6915	6920
						6	8298	8304
51273	02	↓3,3,4,5,0,0,0,0,	41408	52	↓3,3,9,5,0,0,0,0,	7	9681	9688
65048	03	↓3,3,4,6,0,0,0,0,	55252	53	↓3,3,9,6,0,0,0,0,	8	11064	11072
78825	04	↓3,3,4,7,0,0,0,0,	69098	54	↓3,3,9,7,0,0,0,0,	9	12447	12456
92603	05	↓3,3,4,8,0,0,0,0,	82945	55	↓3,3,9,8,0,0,0,0,			
1·37806382	06	↓3,3,4,9,0,0,0,0,	96793	56	↓3,3,9,9,0,0,0,0,			

Dual Logarithms of powers of 2 and 10.

↓, 2 = 69314718,   ↓, 10 = 230258509,   ↓, 10^4 = 921034037,   ↓, 10^7 = 1611809565,
↓, 4 = 138629437, ↓, 10^2 = 460517019, ↓, 10^5 = 1151292546, ↓, 10^8 = 1842068074,
↓, 8 = 207944154, ↓, 10^3 = 690775528, ↓, 10^6 = 1381551056, ↓, 10^9 = 2072326584,

Nat. No. 1·3850 to 1·3988   D. Log. 3257.... to 3356....   D. No. ↓3,4,0,0, to ↓3,4,9,9, [35

Natural Numbers.	Dual Logarithms.	Dual Numbers.	Natural Numbers.	Dual Logarithms.	Dual Numbers.	Multiples of Differences.		
1·38504393	32573186,	↓3,4,0,0,0,0,0,0,	1·39198301	33072936,	↓3,4,5,0,0,0,0,0,			
18243	58	↓3,4,0,1,0,0,0,0,	1·39212221	08	↓3,4,5,1,0,0,0,0,	1	1385	1386	1387
32095	59	↓3,4,0,2,0,0,0,0,	26142	09	↓3,4,5,2,0,0,0,0,	2	2770	2772	2774
45948	60	↓3,4,0,3,0,0,0,0,	40065	10	↓3,4,5,3,0,0,0,0,	3	4155	4158	4161
59803	61	↓3,4,0,4,0,0,0,0,	53989	11	↓3,4,5,4,0,0,0,0,	4	5540	5544	5548
						5	6925	6930	6935
73659	62	↓3,4,0,5,0,0,0,0,	67914	12	↓3,4,5,5,0,0,0,0,	6	8310	8316	8322
87516	63	↓3,4,0,6,0,0,0,0,	81841	13	↓3,4,5,6,0,0,0,0,	7	9695	9702	9709
1·38601375	64	↓3,4,0,7,0,0,0,0,	95769	14	↓3,4,5,7,0,0,0,0,	8	11080	11088	11096
15235	65	↓3,4,0,8,0,0,0,0,	1·39309699	15	↓3,4,5,8,0,0,0,0,	9	12465	12474	12483
29097	66	↓3,4,0,9,0,0,0,0,	23630	16	↓3,4,5,9,0,0,0,0,				
42897	32673136,	↓3,4,1,0,0,0,0,0,	37500	33172886,	↓3,4,6,0,0,0,0,0,	1	1388	1389	1390
56761	68	↓3,4,1,1,0,0,0,0,	51434	18	↓3,4,6,1,0,0,0,0,	2	2776	2778	2780
70627	69	↓3,4,1,2,0,0,0,0,	65369	19	↓3,4,6,2,0,0,0,0,	3	4164	4167	4170
84494	70	↓3,4,1,3,0,0,0,0,	79306	20	↓3,4,6,3,0,0,0,0,	4	5552	5556	5560
98362	71	↓3,4,1,4,0,0,0,0,	93244	21	↓3,4,6,4,0,0,0,0,	5	6940	6945	6950
						6	8328	8334	8340
1·38712232	72	↓3,4,1,5,0,0,0,0,	1·39407183	22	↓3,4,6,5,0,0,0,0,	7	9716	9723	9730
26103	73	↓3,4,1,6,0,0,0,0,	21124	23	↓3,4,6,6,0,0,0,0,	8	11104	11112	11120
39976	74	↓3,4,1,7,0,0,0,0,	35066	24	↓3,4,6,7,0,0,0,0,	9	12492	12501	12510,
53850	75	↓3,4,1,8,0,0,0,0,	49010	25	↓3,4,6,8,0,0,0,0,				
67725	76	↓3,4,1,9,0,0,0,0,	62955	26	↓3,4,6,9,0,0,0,0,				
81540	32773086,	↓3,4,2,0,0,0,0,0,	76837	33272836,	↓3,4,7,0,0,0,0,0,	1	1391	1392	1393
95418	78	↓3,4,2,1,0,0,0,0,	90785	28	↓3,4,7,1,0,0,0,0,	2	2782	2784	2786
1·38809298	79	↓3,4,2,2,0,0,0,0,	1·39504734	29	↓3,4,7,2,0,0,0,0,	3	4173	4176	4179
23179	80	↓3,4,2,3,0,0,0,0,	18684	30	↓3,4,7,3,0,0,0,0,	4	5564	5568	5572
37061	81	↓3,4,2,4,0,0,0,0,	32636	31	↓3,4,7,4,0,0,0,0,	5	6955	6960	6965
						6	8346	8352	8358
50945	82	↓3,4,2,5,0,0,0,0,	46589	32	↓3,4,7,5,0,0,0,0,	7	9737	9744	9751,
64830	83	↓3,4,2,6,0,0,0,0,	60544	33	↓3,4,7,6,0,0,0,0,	8	11128	11136	11144,
78716	84	↓3,4,2,7,0,0,0,0,	74500	34	↓3,4,7,7,0,0,0,0,	9	12519	12528	12537
92604	85	↓3,4,2,8,0,0,0,0,	88457	35	↓3,4,7,8,0,0,0,0,				
1·38906493	86	↓3,4,2,9,0,0,0,0,	1·39602416	36	↓3,4,7,9,0,0,0,0,				
20322	32873036,	↓3,4,3,0,0,0,0,0,	16314	33372786,	↓3,4,8,0,0,0,0,0,	1	1394	1395	1396
34214	88	↓3,4,3,1,0,0,0,0,	30276	38	↓3,4,8,1,0,0,0,0,	2	2788	2790	2792
48107	89	↓3,4,3,2,0,0,0,0,	44239	39	↓3,4,8,2,0,0,0,0,	3	4182	4185	4188,
62002	90	↓3,4,3,3,0,0,0,0,	58203	40	↓3,4,8,3,0,0,0,0,	4	5576	5580	5584,
75898	91	↓3,4,3,4,0,0,0,0,	72169	41	↓3,4,8,4,0,0,0,0,	5	6970	6975	6980,
						6	8364	8370	8376,
89796	92	↓3,4,3,5,0,0,0,0,	86136	42	↓3,4,8,5,0,0,0,0,	7	9758	9765	9772,
1·39003695	93	↓3,4,3,6,0,0,0,0,	1·39700105	43	↓3,4,8,6,0,0,0,0,	8	11152	11160	11168.
17595	94	↓3,4,3,7,0,0,0,0,	14075	44	↓3,4,8,7,0,0,0,0,	9	12546	12555	12584
31497	95	↓3,4,3,8,0,0,0,0,	28046	45	↓3,4,8,8,0,0,0,0,				
45400	96	↓3,4,3,9,0,0,0,0,	42019	46	↓3,4,8,9,0,0,0,0,	1	1397	1398	
						2	2794	2796	
59242	32972986,	↓3,4,4,0,0,0,0,0,	55930	33472736,	↓3,4,9,0,0,0,0,0,	3	4191	4194	
73148	98	↓3,4,4,1,0,0,0,0,	69906	48	↓3,4,9,1,0,0,0,0,	4	5588	5592	
87055	99	↓3,4,4,2,0,0,0,0,	83883	49	↓3,4,9,2,0,0,0,0,	5	6985	6990	
1·39100064	3300	↓3,4,4,3,0,0,0,0,	97861	50	↓3,4,9,3,0,0,0,0,	6	8382	8388	
14874	01	↓3,4,4,4,0,0,0,0,	1·39811841	51	↓3,4,9,4,0,0,0,0,	7	9779	9786	
						8	11176	11184	
28785	02	↓3,4,4,5,0,0,0,0,	25822	52	↓3,4,9,5,0,0,0,0,	9	12573	12582	
42698	03	↓3,4,4,6,0,0,0,0,	39805	53	↓3,4,9,6,0,0,0,0,				
56612	04	↓3,4,4,7,0,0,0,0,	53789	54	↓3,4,9,7,0,0,0,0,				
70528	05	↓3,4,4,8,0,0,0,0,	67774	55	↓3,4,9,8,0,0,0,0,				
84445	06	↓3,4,4,9,0,0,0,0,	81761	56	↓3,4,9,9,0,0,0,0,				

Dual Logarithms of powers of 2 and 10.

↓, 2 = 69314718,   ↓, 10 = 230258509,   ↓, 10^4 = 921034237,   ↓, 10^7 = 1611809565,
↓, 4 = 138629437, ↓, 10^2 = 460517019, ↓, 10^5 = 1151292516, ↓, 10^8 = 1842068074,
↓, 8 = 207944154, ↓, 10^3 = 690775528, ↓, 10^6 = 1381551056, ↓, 10^9 = 2072326584,

36] Nat. No. 1·3988 to 1·4128   D. Log. 3356.... to 3455....   D. No. ↓3,5,0,0, to ↓3,5,9,9,

Natural Numbers.	Dual Logarithms.	Dual Numbers.	Natural Numbers.	Dual Logarithms.	Dual Numbers.	Multiples of Differences.		
1·39889438	33568219,	↓3,5,0,0,0,0,0,	1·40590285	34067969,	↓3,5,5,0,0,0,0,			
1·39903427	57	↓3,5,0,1,0,0,0,0,	1·40604344	07	↓3,5,5,1,0,0,0,0,	1	1398	1399	1400
17417	58	↓3,5,0,2,0,0,0,0,	18404	08	↓3,5,5,2,0,0,0,0,	2	2796	2798	2800
31409	59	↓3,5,0,3,0,0,0,0,	32466	09	↓3,5,5,3,0,0,0,0,	3	4194	4197	4200
45402	60	↓3,5,0,4,0,0,0,0,	46529	10	↓3,5,5,4,0,0,0,0,	4	5592	5596	5600
						5	6990	6995	7000
59397	61	↓3,5,0,5,0,0,0,0,	60594	11	↓3,5,5,5,0,0,0,0,	6	8388	8394	8400
73393	62	↓3,5,0,6,0,0,0,0,	74660	12	↓3,5,5,6,0,0,0,0,	7	9786	9793	9800
87390	63	↓3,5,0,7,0,0,0,0,	88727	13	↓3,5,5,7,0,0,0,0,	8	11184	11192	11200
1·40001389	64	↓3,5,0,8,0,0,0,0,	1·40702796	14	↓3,5,5,8,0,0,0,0,	9	12582	12591	12600
15389	65	↓3,5,0,9,0,0,0,0,	16866	15	↓3,5,5,9,0,0,0,0,				
29327	33668169,	↓3,5,1,0,0,0,0,0,	30875	34167919,	↓3,5,6,0,0,0,0,0,				
43330	67	↓3,5,1,1,0,0,0,0,	44948	17	↓3,5,6,1,0,0,0,0,	1	1401	1402	1403
57334	68	↓3,5,1,2,0,0,0,0,	59022	18	↓3,5,6,2,0,0,0,0,	2	2802	2804	2806
71340	69	↓3,5,1,3,0,0,0,0,	73098	19	↓3,5,6,3,0,0,0,0,	3	4203	4206	4209
85347	70	↓3,5,1,4,0,0,0,0,	87175	20	↓3,5,6,4,0,0,0,0,	4	5604	5608	5612
						5	7005	7010	7015
99355	71	↓3,5,1,5,0,0,0,0,	1·40801253	21	↓3,5,6,5,0,0,0,0,	6	8406	8412	8418
1·40113366	72	↓3,5,1,6,0,0,0,0,	15333	22	↓3,5,6,6,0,0,0,0,	7	9807	9814	9821
27377	73	↓3,5,1,7,0,0,0,0,	29415	23	↓3,5,6,7,0,0,0,0,	8	11208	11216	11224
41390	74	↓3,5,1,8,0,0,0,0,	43498	24	↓3,5,6,8,0,0,0,0,	9	12609	12618	12627
55404	75	↓3,5,1,9,0,0,0,0,	57582	25	↓3,5,6,9,0,0,0,0,				
69356	33768119,	↓3,5,2,0,0,0,0,0,	71606	34267869,	↓3,5,7,0,0,0,0,0,	1	1404	1405	1406
83373	77	↓3,5,2,1,0,0,0,0,	85693	27	↓3,5,7,1,0,0,0,0,	2	2808	2810	2812
97391	78	↓3,5,2,2,0,0,0,0,	99782	28	↓3,5,7,2,0,0,0,0,	3	4212	4215	4218
1·40211411	79	↓3,5,2,3,0,0,0,0,	1·40913872	29	↓3,5,7,3,0,0,0,0,	4	5616	5620	5624
25432	80	↓3,5,2,4,0,0,0,0,	27963	30	↓3,5,7,4,0,0,0,0,	5	7020	7025	7030
						6	8424	8430	8436
39455	81	↓3,5,2,5,0,0,0,0,	42056	31	↓3,5,7,5,0,0,0,0,	7	9828	9835	9842
53479	82	↓3,5,2,6,0,0,0,0,	56150	32	↓3,5,7,6,0,0,0,0,	8	11232	11240	11248
67504	83	↓3,5,2,7,0,0,0,0,	70246	33	↓3,5,7,7,0,0,0,0,	9	12636	12645	12654
81531	84	↓3,5,2,8,0,0,0,0,	84343	34	↓3,5,7,8,0,0,0,0,				
95559	85	↓3,5,2,9,0,0,0,0,	98441	35	↓3,5,7,9,0,0,0,0,				
1·40309525	33868069,	↓3,5,3,0,0,0,0,0,	1·41012478	34367819,	↓3,5,8,0,0,0,0,0,	1	1407	1408	1409
23556	87	↓3,5,3,1,0,0,0,0,	26579	37	↓3,5,8,1,0,0,0,0,	2	2814	2816	2818
37589	88	↓3,5,3,2,0,0,0,0,	40682	38	↓3,5,8,2,0,0,0,0,	3	4221	4224	4227
51623	89	↓3,5,3,3,0,0,0,0,	54786	39	↓3,5,8,3,0,0,0,0,	4	5628	5632	5636
65658	90	↓3,5,3,4,0,0,0,0,	68891	40	↓3,5,8,4,0,0,0,0,	5	7035	7040	7045
						6	8442	8448	8454
79695	91	↓3,5,3,5,0,0,0,0,	82998	41	↓3,5,8,5,0,0,0,0,	7	9849	9856	9863
93733	92	↓3,5,3,6,0,0,0,0,	97106	42	↓3,5,8,6,0,0,0,0,	8	11256	11264	11272
1·40407772	93	↓3,5,3,7,0,0,0,0,	1·41111216	43	↓3,5,8,7,0,0,0,0,	9	12663	12672	12681
21813	94	↓3,5,3,8,0,0,0,0,	25327	44	↓3,5,8,8,0,0,0,0,				
35855	95	↓3,5,3,9,0,0,0,0,	39440	45	↓3,5,8,9,0,0,0,0,				
49835	33968019,	↓3,5,4,0,0,0,0,0,	53490	34467769,	↓3,5,9,0,0,0,0,0,	1	1410	1411	1412
63880	97	↓3,5,4,1,0,0,0,0,	67605	47	↓3,5,9,1,0,0,0,0,	2	2820	2822	2824
77926	98	↓3,5,4,2,0,0,0,0,	81722	48	↓3,5,9,2,0,0,0,0,	3	4230	4233	4236
91974	99	↓3,5,4,3,0,0,0,0,	95840	49	↓3,5,9,3,0,0,0,0,	4	5640	5644	5648
1·40506023	3400	↓3,5,4,4,0,0,0,0,	1·41209960	50	↓3,5,9,4,0,0,0,0,	5	7050	7055	7060
						6	8460	8466	8472
20074	01	↓3,5,4,5,0,0,0,0,	24081	51	↓3,5,9,5,0,0,0,0,	7	9870	9877	9884
34126	02	↓3,5,4,6,0,0,0,0,	38203	52	↓3,5,9,6,0,0,0,0,	8	11280	11288	11296
48179	03	↓3,5,4,7,0,0,0,0,	52327	53	↓3,5,9,7,0,0,0,0,	9	12690	12699	12708
62234	04	↓3,5,4,8,0,0,0,0,	66452	54	↓3,5,9,8,0,0,0,0,				
76290	05	↓3,5,4,9,0,0,0,0,	80579	55	↓3,5,9,9,0,0,0,0,				

Dual Logarithms of powers of 2 and 10.

↓, 2 = 69314718,   ↓, 10 = 230258509,   ↓, 10^4 = 921034037,   ↓, 10^7 = 1611809565,
↓, 4 = 138629437, ↓, 10^2 = 460517019, ↓, 10^5 = 1151292546, ↓, 10^8 = 1842068074,
↓, 8 = 207944154, ↓, 10^3 = 690775528, ↓, 10^6 = 1381551056, ↓, 10^9 = 2072326584,

Nat. No. 1·4128 to 1·4269   D. Log. 3456.... to 3555....   D. No. ↓3,6,0,0, to ↓3,6,9,9,   [37

Natural Numbers	Dual Logarithms	Dual Numbers	Natural Numbers	Dual Logarithms	Dual Numbers	Multiples of Differences		
1·41288332	34563252,	↓3,6,0,0,0,0,0,0,	1·41996187	35063002,	↓3,6,5,0,0,0,0,0,			
1·41302461	57	↓3,6,0,1,0,0,0,0,	1·42010387	07	↓3,6,5,1,0,0,0,0,			
16591	58	↓3,6,0,2,0,0,0,0,	24588	08	↓3,6,5,2,0,0,0,0,	1 1412	1413	1414
30723	59	↓3,6,0,3,0,0,0,0,	38790	09	↓3,6,5,3,0,0,0,0,	2 2824	2826	2828
44856	60	↓3,6,0,4,0,0,0,0,	52994	10	↓3,6,5,4,0,0,0,0,	3 4236	4239	4242
						4 5648	5652	5656
58990	61	↓3,6,0,5,0,0,0,0,	67199	11	↓3,6,5,5,0,0,0,0,	5 7060	7065	7070
73126	62	↓3,6,0,6,0,0,0,0,	81406	12	↓3,6,5,6,0,0,0,0,	6 8472	8478	8484
87263	63	↓3,6,0,7,0,0,0,0,	95614	13	↓3,6,5,7,0,0,0,0,	7 9884	9891	9898
1·41401402	64	↓3,6,0,8,0,0,0,0,	1·42109824	14	↓3,6,5,8,0,0,0,0,	8 11296	11304	11312
15542	65	↓3,6,0,9,0,0,0,0,	24035	15	↓3,6,5,9,0,0,0,0,	9 12708	12717	12726
29620	34663202,	↓3,6,1,0,0,0,0,0,	38183	35162952,	↓3,6,6,0,0,0,0,0,			
43763	67	↓3,6,1,1,0,0,0,0,	52397	17	↓3,6,6,1,0,0,0,0,	1 1415	1416	1417
57907	68	↓3,6,1,2,0,0,0,0,	66612	18	↓3,6,6,2,0,0,0,0,	2 2830	2832	2834
72053	69	↓3,6,1,3,0,0,0,0,	80829	19	↓3,6,6,3,0,0,0,0,	3 4245	4248	4251
86200	70	↓3,6,1,4,0,0,0,0,	95047	20	↓3,6,6,4,0,0,0,0,	4 5660	5664	5668
						5 7075	7080	7085
1·41500349	71	↓3,6,1,5,0,0,0,0,	1·42209267	21	↓3,6,6,5,0,0,0,0,	6 8490	8496	8502
14499	72	↓3,6,1,6,0,0,0,0,	23488	22	↓3,6,6,6,0,0,0,0,	7 9905	9912	9919
28650	73	↓3,6,1,7,0,0,0,0,	37710	23	↓3,6,6,7,0,0,0,0,	8 11320	11328	11336
42803	74	↓3,6,1,8,0,0,0,0,	51934	24	↓3,6,6,8,0,0,0,0,	9 12735	12744	12753
56957	75	↓3,6,1,9,0,0,0,0,	66159	25	↓3,6,6,9,0,0,0,0,			
71050	34763152,	↓3,6,2,0,0,0,0,0,	80321	35262902,	↓3,6,7,0,0,0,0,0,	1 1416	1419	1420
85207	77	↓3,6,2,1,0,0,0,0,	94549	27	↓3,6,7,1,0,0,0,0,	2 2836	2838	2840
99366	78	↓3,6,2,2,0,0,0,0,	1·42308778	28	↓3,6,7,2,0,0,0,0,	3 4254	4257	4260
1·41613526	79	↓3,6,2,3,0,0,0,0,	23009	29	↓3,6,7,3,0,0,0,0,	4 5672	5676	5680
27687	80	↓3,6,2,4,0,0,0,0,	37241	30	↓3,6,7,4,0,0,0,0,	5 7090	7095	7100
						6 8508	8514	8520
41850	81	↓3,6,2,5,0,0,0,0,	51475	31	↓3,6,7,5,0,0,0,0,	7 9926	9933	9940
56014	82	↓3,6,2,6,0,0,0,0,	65710	32	↓3,6,7,6,0,0,0,0,	8 11344	11352	11360
70180	83	↓3,6,2,7,0,0,0,0,	79946	33	↓3,6,7,7,0,0,0,0,	9 12762	12771	12780
84347	84	↓3,6,2,8,0,0,0,0,	94184	34	↓3,6,7,8,0,0,0,0,			
98515	85	↓3,6,2,9,0,0,0,0,	1·42408423	35	↓3,6,7,9,0,0,0,0,	1 1421	1422	1423
1·41712621	34863102,	↓3,6,3,0,0,0,0,0,	22601	35362852,	↓3,6,8,0,0,0,0,0,	2 2842	2844	2846
26792	87	↓3,6,3,1,0,0,0,0,	36843	37	↓3,6,8,1,0,0,0,0,	3 4263	4266	4269
40965	88	↓3,6,3,2,0,0,0,0,	51086	38	↓3,6,8,2,0,0,0,0,	4 5684	5688	5692
55139	89	↓3,6,3,3,0,0,0,0,	65331	39	↓3,6,8,3,0,0,0,0,	5 7105	7110	7115
69315	90	↓3,6,3,4,0,0,0,0,	79578	40	↓3,6,8,4,0,0,0,0,	6 8526	8532	8538
						7 9947	9954	9961
83492	91	↓3,6,3,5,0,0,0,0,	93826	41	↓3,6,8,5,0,0,0,0,	8 11368	11376	11384
97670	92	↓3,6,3,6,0,0,0,0,	1·42508075	42	↓3,6,8,6,0,0,0,0,	9 12789	12798	12807
1·41811850	93	↓3,6,3,7,0,0,0,0,	22326	43	↓3,6,8,7,0,0,0,0,			
26031	94	↓3,6,3,8,0,0,0,0,	36578	44	↓3,6,8,8,0,0,0,0,			
40214	95	↓3,6,3,9,0,0,0,0,	50832	45	↓3,6,8,9,0,0,0,0,	1 1424	1425	1426
						2 2848	2850	2852
54333	34963052,	↓3,6,4,0,0,0,0,0,	65023	35462802,	↓3,6,9,0,0,0,0,0,	3 4272	4275	4278
68518	97	↓3,6,4,1,0,0,0,0,	79280	47	↓3,6,9,1,0,0,0,0,	4 5696	5700	5704
82705	98	↓3,6,4,2,0,0,0,0,	93538	48	↓3,6,9,2,0,0,0,0,	5 7120	7125	7130
96893	99	↓3,6,4,3,0,0,0,0,	1·42607797	49	↓3,6,9,3,0,0,0,0,	6 8544	8550	8556
1·41911083	3500	↓3,6,4,4,0,0,0,0,	22058	50	↓3,6,9,4,0,0,0,0,	7 9968	9975	9982
						8 11392	11400	11408
25274	01	↓3,6,4,5,0,0,0,0,	36320	51	↓3,6,9,5,0,0,0,0,	9 12816	12825	12834
39467	02·	↓3,6,4,6,0,0,0,0,	50584	52	↓3,6,9,6,0,0,0,0,			
53661	03	↓3,6,4,7,0,0,0,0,	64849	53	↓3,6,9,7,0,0,0,0,			
67856	04	↓3,6,4,8,0,0,0,0,	79115	54	↓3,6,9,8,0,0,0,0,			
82053	05	↓3,6,4,9,0,0,0,0,	93383	55	↓3,6,9,9,0,0,0,0,			

Dual Logarithms of powers of 2 and 10.

↓, 2 = 69314718,   ↓, 10 = 230258509,   ↓, 10⁴ = 921034037,   ↓, 10⁷ = 1611809565,
↓, 4 = 138629437, ↓, 10² = 460517019, ↓, 10⁵ = 1151292546, ↓, 10⁸ = 1842068074,
↓, 8 = 207944154, ↓, 10³ = 690775528, ↓, 10⁶ = 1381551056, ↓, 10⁹ = 2072326584,

38] Nat. No. 1·4270 to 1·4412   D. Log. 3555.... to 3654....   D. No. ↓3,7,0,0, to ↓3,7,9,9,

Natural Numbers.	Dual Logarithms.	Dual Numbers.	Natural Numbers.	Dual Logarithms.	Dual Numbers.	Multiples of Differences.		
1·42701215	35558285,	↓3,7,0,0,0,0,0,0,	1·43416150	36058035,	↓3,7,5,0,0,0,0,0,			
15485	56	↓3,7,0,1,0,0,0,0,	30492	06	↓3,7,5,1,0,0,0,0,	1	1427	1428	1429
29757	57	↓3,7,0,2,0,0,0,0,	44835	07	↓3,7,5,2,0,0,0,0,	2	2854	2856	2858
44030	58	↓3,7,0,3,0,0,0,0,	59179	08	↓3,7,5,3,0,0,0,0,	3	4281	4284	4287
58304	59	↓3,7,0,4,0,0,0,0,	73525	09	↓3,7,5,4,0,0,0,0,	4	5708	5712	5716
						5	7135	7140	7145
72580	60	↓3,7,0,5,0,0,0,0,	87872	10	↓3,7,5,5,0,0,0,0,	6	8562	8568	8574
86857	61	↓3,7,0,6,0,0,0,0,	1·43502221	11	↓3,7,5,6,0,0,0,0,	7	9989	9996	10003
1·42801136	62	↓3,7,0,7,0,0,0,0,	16571	12	↓3,7,5,7,0,0,0,0,	8	11416	11424	11432
15416	63	↓3,7,0,8,0,0,0,0,	30923	13	↓3,7,5,8,0,0,0,0,	9	12843	12852	12861
29698	64	↓3,7,0,9,0,0,0,0,	45276	14	↓3,7,5,9,0,0,0,0,			
43916	35658235,	↓3,7,1,0,0,0,0,0,	59566	36157985,	↓3,7,6,0,0,0,0,0,			
58200	66	↓3,7,1,1,0,0,0,0,	73922	16	↓3,7,6,1,0,0,0,0,	1	1430	1431	1432
72486	67	↓3,7,1,2,0,0,0,0,	88279	17	↓3,7,6,2,0,0,0,0,	2	2860	2862	2864
86773	68	↓3,7,1,3,0,0,0,0,	1·43602638	18	↓3,7,6,3,0,0,0,0,	3	4290	4293	4296
1·42901062	69	↓3,7,1,4,0,0,0,0,	16998	19	↓3,7,6,4,0,0,0,0,	4	5720	5724	5728
						5	7150	7155	7160
15352	70	↓3,7,1,5,0,0,0,0,	31360	20	↓3,7,6,5,0,0,0,0,	6	8580	8586	8592
29644	71	↓3,7,1,6,0,0,0,0,	45723	21	↓3,7,6,6,0,0,0,0,	7	10010	10017	10024
43937	72	↓3,7,1,7,0,0,0,0,	60088	22	↓3,7,6,7,0,0,0,0,	8	11440	11448	11456
58231	73	↓3,7,1,8,0,0,0,0,	74454	23	↓3,7,6,8,0,0,0,0,	9	12870	12879	12888
72527	74	↓3,7,1,9,0,0,0,0,	88821	24	↓3,7,6,9,0,0,0,0,			
86760	35758185,	↓3,7,2,0,0,0,0,0,	1·43703126	36257935,	↓3,7,7,0,0,0,0,0,	1	1433	1434	1435
1·43001059	76	↓3,7,2,1,0,0,0,0,	17496	26	↓3,7,7,1,0,0,0,0,	2	2866	2868	2870
15359	77	↓3,7,2,2,0,0,0,0,	31868	27	↓3,7,7,2,0,0,0,0,	3	4299	4302	4305
29661	78	↓3,7,2,3,0,0,0,0,	46241	28	↓3,7,7,3,0,0,0,0,	4	5732	5736	5740
43964	79	↓3,7,2,4,0,0,0,0,	60616	29	↓3,7,7,4,0,0,0,0,	5	7165	7170	7175
						6	8598	8604	8610
58268	80	↓3,7,2,5,0,0,0,0,	74992	30	↓3,7,7,5,0,0,0,0,	7	10031	10038	10045
72574	81	↓3,7,2,6,0,0,0,0,	89369	31	↓3,7,7,6,0,0,0,0,	8	11464	11472	11480
86881	82	↓3,7,2,7,0,0,0,0,	1·43803748	32	↓3,7,7,7,0,0,0,0,	9	12897	12906	12915
1·43101190	83	↓3,7,2,8,0,0,0,0,	18128	33	↓3,7,7,8,0,0,0,0,			
15500	84	↓3,7,2,9,0,0,0,0,	32510	34	↓3,7,7,9,0,0,0,0,			
29747	35858135,	↓3,7,3,0,0,0,0,0,	46829	36357885,	↓3,7,8,0,0,0,0,0,	1	1436	1437	1438
44060	86	↓3,7,3,1,0,0,0,0,	61214	36	↓3,7,8,1,0,0,0,0,	2	2872	2874	2876
58374	87	↓3,7,3,2,0,0,0,0,	75600	37	↓3,7,8,2,0,0,0,0,	3	4308	4311	4314
72690	88	↓3,7,3,3,0,0,0,0,	89988	38	↓3,7,8,3,0,0,0,0,	4	5744	5748	5752
87007	89	↓3,7,3,4,0,0,0,0,	1·43904377	39	↓3,7,8,4,0,0,0,0,	5	7180	7185	7190
						6	8616	8622	8628
1·43201326	90	↓3,7,3,5,0,0,0,0,	18767	40	↓3,7,8,5,0,0,0,0,	7	10052	10059	10066
15646	91	↓3,7,3,6,0,0,0,0,	33159	41	↓3,7,8,6,0,0,0,0,	8	11488	11496	11504
29968	92	↓3,7,3,7,0,0,0,0,	47552	42	↓3,7,8,7,0,0,0,0,	9	12924	12933	12942
44291	93	↓3,7,3,8,0,0,0,0,	61947	43	↓3,7,8,8,0,0,0,0,			
58615	94	↓3,7,3,9,0,0,0,0,	76343	44	↓3,7,8,9,0,0,0,0,	1	1439	1440	1441
						2	2878	2880	2882
72877	35958085,	↓3,7,4,0,0,0,0,0,	90676	36457835,	↓3,7,9,0,0,0,0,0,	3	4317	4320	4323
87204	96	↓3,7,4,1,0,0,0,0,	1·44005075	46	↓3,7,9,1,0,0,0,0,	4	5756	5760	5764
1·43301533	97	↓3,7,4,2,0,0,0,0,	19476	47	↓3,7,9,2,0,0,0,0,	5	7195	7200	7205
15863	98	↓3,7,4,3,0,0,0,0,	33878	48	↓3,7,9,3,0,0,0,0,	6	8634	8640	8646
30195	99	↓3,7,4,4,0,0,0,0,	48281	49	↓3,7,9,4,0,0,0,0,	7	10073	10080	10087
						8	11512	11520	11528
44528	3600	↓3,7,4,5,0,0,0,0,	62686	50	↓3,7,9,5,0,0,0,0,	9	12951	12960	12969
58862	01	↓3,7,4,6,0,0,0,0,	77092	51	↓3,7,9,6,0,0,0,0,			
73198	02	↓3,7,4,7,0,0,0,0,	91500	52	↓3,7,9,7,0,0,0,0,			
87535	03	↓3,7,4,8,0,0,0,0,	1·44105909	53	↓3,7,9,8,0,0,0,0,			
1·43401874	04	↓3,7,4,9,0,0,0,0,	20320	54	↓3,7,9,9,0,0,0,0,			

Dual Logarithms of powers of 2 and 10.

↓, 2 = 69314718,   ↓, 10 = 230258509,   ↓, 10^4 = 921034037,   ↓, 10^7 = 1611809565,
↓, 4 = 138629437,   ↓, 10^2 = 460517019,   ↓, 10^5 = 1151292546,   ↓, 10^8 = 1842068074,
↓, 8 = 207944154,   ↓, 10^3 = 690775528,   ↓, 10^6 = 1381551056,   ↓, 10^9 = 2072326584,

Nat. No. 1·4412 to 1·4556   D. Log. 3655.... to 3754....   D. No. ↓3,8,0,0, to ↓3,8,9,9,

Natural Numbers.	Dual Logarithms.	Dual Numbers.	Natural Numbers.	Dual Logarithms.	Dual Numbers.	Multiples of Differences.		
1·44128227	36553318,	↓3,8,0,0,0,0,0,0,	1·44850311	37053068,	↓3,8,5,0,0,0,0,0,			
42640	56	↓3,8,0,1,0,0,0,0,	64796	06	↓3,8,5,1,0,0,0,0,	1 1441	1442	1443
57054	57	↓3,8,0,2,0,0,0,0,	79282	07	↓3,8,5,2,0,0,0,0,	2 2882	2884	2886
71470	58	↓3,8,0,3,0,0,0,0,	93770	08	↓3,8,5,3,0,0,0,0,	3 4323	4326	4329
85887	59	↓3,8,0,4,0,0,0,0,	1·44908259	09	↓3,8,5,4,0,0,0,0,	4 5764	5768	5772
						5 7205	7210	7215
1·44200306	60	↓3,8,0,5,0,0,0,0,	22750	10	↓3,8,5,5,0,0,0,0,	6 8646	8652	8658
14726	61	↓3,8,0,6,0,0,0,0,	37242	11	↓3,8,5,6,0,0,0,0,	7 10087	10094	10101
29147	62	↓3,8,0,7,0,0,0,0,	51736	12	↓3,8,5,7,0,0,0,0,	8 11528	11536	11544
43570	63	↓3,8,0,8,0,0,0,0,	66231	13	↓3,8,5,8,0,0,0,0,	9 12969	12978	12987
57994	64	↓3,8,0,9,0,0,0,0,	80728	14	↓3,8,5,9,0,0,0,0,			
72355	36653268,	↓3,8,1,0,0,0,0,0,	95161	37153018,	↓3,8,6,0,0,0,0,0,			
86782	66	↓3,8,1,1,0,0,0,0,	1·45009661	16	↓3,8,6,1,0,0,0,0,	1 1444	1445	1446
1·44301211	67	↓3,8,1,2,0,0,0,0,	24162	17	↓3,8,6,2,0,0,0,0,	2 2888	2890	2892
15641	68	↓3,8,1,3,0,0,0,0,	38664	18	↓3,8,6,3,0,0,0,0,	3 4332	4335	4338
30073	69	↓3,8,1,4,0,0,0,0,	53168	19	↓3,8,6,4,0,0,0,0,	4 5776	5780	5784
						5 7220	7225	7230
44506	70	↓3,8,1,5,0,0,0,0,	67673	20	↓3,8,6,5,0,0,0,0,	6 8664	8670	8676
58940	71	↓3,8,1,6,0,0,0,0,	82180	21	↓3,8,6,6,0,0,0,0,	7 10108	10115	11122
73376	72	↓3,8,1,7,0,0,0,0,	96688	22	↓3,8,6,7,0,0,0,0,	8 11552	11560	11568
87813	73	↓3,8,1,8,0,0,0,0,	1·45111198	23	↓3,8,6,8,0,0,0,0,	9 12996	13005	13014
1·44402252	74	↓3,8,1,9,0,0,0,0,	25709	24	↓3,8,6,9,0,0,0,0,			
16627	36753218,	↓3,8,2,0,0,0,0,0,	40156	37252968,	↓3,8,7,0,0,0,0,0,	1 1447	1448	1449
31069	76	↓3,8,2,1,0,0,0,0,	54670	26	↓3,8,7,1,0,0,0,0,	2 2894	2896	2898
45512	77	↓3,8,2,2,0,0,0,0,	69185	27	↓3,8,7,2,0,0,0,0,	3 4341	4344	4347
59957	78	↓3,8,2,3,0,0,0,0,	83702	28	↓3,8,7,3,0,0,0,0,	4 5788	5792	5796
74403	79	↓3,8,2,4,0,0,0,0,	98220	29	↓3,8,7,4,0,0,0,0,	5 7235	7240	7245
						6 8682	8688	8694
88850	80	↓3,8,2,5,0,0,0,0,	1·45212740	30	↓3,8,7,5,0,0,0,0,	7 10129	10136	10143
1·44503299	81	↓3,8,2,6,0,0,0,0,	27261	31	↓3,8,7,6,0,0,0,0,	8 11576	11584	11592
17749	82	↓3,8,2,7,0,0,0,0,	41784	32	↓3,8,7,7,0,0,0,0,	9 13023	13032	13041
32201	83	↓3,8,2,8,0,0,0,0,	56308	33	↓3,8,7,8,0,0,0,0,			
46654	84	↓3,8,2,9,0,0,0,0,	70834	34	↓3,8,7,9,0,0,0,0,	1 1450	1451	1452
						2 2900	2902	2904
61044	36853168,	↓3,8,3,0,0,0,0,0,	85296	37352918,	↓3,8,8,0,0,0,0,0,	3 4350	4353	4356
75500	86	↓3,8,3,1,0,0,0,0,	99825	36	↓3,8,8,1,0,0,0,0,	4 5800	5804	5808
89957	87	↓3,8,3,2,0,0,0,0,	1·45314355	37	↓3,8,8,2,0,0,0,0,	5 7250	7255	7260
1·44604416	88	↓3,8,3,3,0,0,0,0,	28886	38	↓3,8,8,3,0,0,0,0,	6 8700	8706	8712
18876	89	↓3,8,3,4,0,0,0,0,	43419	39	↓3,8,8,4,0,0,0,0,	7 10150	10157	10164
						8 11600	11608	11616
33338	90	↓3,8,3,5,0,0,0,0,	57953	40	↓3,8,8,5,0,0,0,0,	9 13050	13059	13068
47801	91	↓3,8,3,6,0,0,0,0,	72489	41	↓3,8,8,6,0,0,0,0,			
62266	92	↓3,8,3,7,0,0,0,0,	87026	42	↓3,8,8,7,0,0,0,0,			
76732	93	↓3,8,3,8,0,0,0,0,	1·45401565	43	↓3,8,8,8,0,0,0,0,	1 1453	1454	1455
91200	94	↓3,8,3,9,0,0,0,0,	16105	44	↓3,8,8,9,0,0,0,0,	2 2906	2908	2910
						3 4359	4362	4365
1·44705605	36953118,	↓3,8,4,0,0,0,0,0,	30581	37452868,	↓3,8,9,0,0,0,0,0,	4 5812	5816	5820
20076	96	↓3,8,4,1,0,0,0,0,	45124	46	↓3,8,9,1,0,0,0,0,	5 7265	7270	7275
34548	97	↓3,8,4,2,0,0,0,0,	59669	47	↓3,8,9,2,0,0,0,0,	6 8718	8724	8730
49021	98	↓3,8,4,3,0,0,0,0,	74215	48	↓3,8,9,3,0,0,0,0,	7 10171	10178	10185
63496	99	↓3,8,4,4,0,0,0,0,	88762	49	↓3,8,9,4,0,0,0,0,	8 11624	11632	11640
						9 13077	13086	13095
77972	3700	↓3,8,4,5,0,0,0,0,	1·45503311	50	↓3,8,9,5,0,0,0,0,			
92450	01	↓3,8,4,6,0,0,0,0,	17861	51	↓3,8,9,6,0,0,0,0,			
1·44806929	02	↓3,8,4,7,0,0,0,0,	32413	52	↓3,8,9,7,0,0,0,0,			
21410	03	↓3,8,4,8,0,0,0,0,	46966	53	↓3,8,9,8,0,0,0,0,			
35892	04	↓3,8,4,9,0,0,0,0,	61521	54	↓3,8,9,9,0,0,0,0,			

Dual Logarithms of powers of 2 and 10.

$\downarrow 2 = 69314718$, $\downarrow 10 = 230258509$, $\downarrow 10^4 = 921034037$, $\downarrow 10^7 = 1611809565$,
$\downarrow 4 = 138629437$, $\downarrow 10^2 = 460517019$, $\downarrow 10^5 = 1151292546$, $\downarrow 10^8 = 1842068074$,
$\downarrow 8 = 207944154$, $\downarrow 10^3 = 690775528$, $\downarrow 10^6 = 1381551056$, $\downarrow 10^9 = 2072326584$.

40] Nat. No. 1·4556 to 1·4691   D. Log. 3754.... to 3853....   D. No. ↓3,9,0,0, to ↓3,9,9,9,

Natural Numbers.	Dual Logarithms.	Dual Numbers.	Natural Numbers.	Dual Logarithms.	Dual Numbers.	Multiples of Differences.
1·45569509	37548351,	↓3,9,0,0,0,0,0,0,	1·46298815	38048101,	↓3,9,5,0,0,0,0,0,	
84066	55	↓3,9,0,1,0,0,0,0,	1·46313445	05	↓3,9,5,1,0,0,0,0,	1 1455 1456 1
98624	56	↓3,9,0,2,0,0,0,0,	28076	06	↓3,9,5,2,0,0,0,0,	2 2910 2912 2
1·45613184	57	↓3,9,0,3,0,0,0,0,	42709	07	↓3,9,5,3,0,0,0,0,	3 4365 4368 4
27745	58	↓3,9,0,4,0,0,0,0,	57343	08	↓3,9,5,4,0,0,0,0,	4 5820 5824 5
						5 7275 7280 7
42308	59	↓3,9,0,5,0,0,0,0,	71979	09	↓3,9,5,5,0,0,0,0,	6 8730 8736 8
56872	60	↓3,9,0,6,0,0,0,0,	86616	10	↓3,9,5,6,0,0,0,0,	7 10185 10192 10
71438	61	↓3,9,0,7,0,0,0,0,	1·46401255	11	↓3,9,5,7,0,0,0,0,	8 11640 11648 11
86005	62	↓3,9,0,8,0,0,0,0,	15895	12	↓3,9,5,8,0,0,0,0,	9 13095 13104 13
1·45700574	63	↓3,9,0,9,0,0,0,0,	30537	13	↓3,9,5,9,0,0,0,0,	
15079	37648301,	↓3,9,1,0,0,0,0,0,	45114	38148051,	↓3,9,6,0,0,0,0,0,	1 1458 1459 1
29651	65	↓3,9,1,1,0,0,0,0,	59759	15	↓3,9,6,1,0,0,0,0,	2 2916 2918 2
44224	66	↓3,9,1,2,0,0,0,0,	74405	16	↓3,9,6,2,0,0,0,0,	3 4374 4377 4
58798	67	↓3,9,1,3,0,0,0,0,	89052	17	↓3,9,6,3,0,0,0,0,	4 5832 5836 5
73374	68	↓3,9,1,4,0,0,0,0,	1·46503701	18	↓3,9,6,4,0,0,0,0,	5 7290 7295 7
						6 8748 8754 8
87951	69	↓3,9,1,5,0,0,0,0,	18351	19	↓3,9,6,5,0,0,0,0,	7 10206 10213 10
1·45802530	70	↓3,9,1,6,0,0,0,0,	33003	20	↓3,9,6,6,0,0,0,0,	8 11664 11672 11
17110	71	↓3,9,1,7,0,0,0,0,	47656	21	↓3,9,6,7,0,0,0,0,	9 13122 13131 13
31692	72	↓3,9,1,8,0,0,0,0,	62311	22	↓3,9,6,8,0,0,0,0,	1 1461 1462 1
46275	73	↓3,9,1,9,0,0,0,0,	76967	23	↓3,9,6,9,0,0,0,0,	2 2922 2924 2
						3 4383 4386 4
60794	37748251,	↓3,9,2,0,0,0,0,0,	91559	38248001,	↓3,9,7,0,0,0,0,0,	4 5844 5848 5
75380	75	↓3,9,2,1,0,0,0,0,	1·46606218	25	↓3,9,7,1,0,0,0,0,	5 7305 7310 7
89968	76	↓3,9,2,2,0,0,0,0,	20879	26	↓3,9,7,2,0,0,0,0,	6 8766 8772 8
1·45904557	77	↓3,9,2,3,0,0,0,0,	35541	27	↓3,9,7,3,0,0,0,0,	7 10227 10234 10
19147	78	↓3,9,2,4,0,0,0,0,	50205	28	↓3,9,7,4,0,0,0,0,	8 11688 11696 11
						9 13149 13158 13
33739	79	↓3,9,2,5,0,0,0,0,	64870	29	↓3,9,7,5,0,0,0,0,	
48332	80	↓3,9,2,6,0,0,0,0,	79536	30	↓3,9,7,6,0,0,0,0,	1 1464 1465 1
62927	81	↓3,9,2,7,0,0,0,0,	94204	31	↓3,9,7,7,0,0,0,0,	2 2928 2930 2
77523	82	↓3,9,2,8,0,0,0,0,	1·46708873	32	↓3,9,7,8,0,0,0,0,	3 4392 4395 4
92121	83	↓3,9,2,9,0,0,0,0,	23544	33	↓3,9,7,9,0,0,0,0,	4 5856 5860 5
						5 7320 7325 7
						6 8784 8790 8
1·46006655	37848201,	↓3,9,3,0,0,0,0,0,	38151	38347951,	↓3,9,8,0,0,0,0,0,	7 10248 10255 10
21256	85	↓3,9,3,1,0,0,0,0,	52825	35	↓3,9,8,1,0,0,0,0,	8 11712 11720 11
35858	86	↓3,9,3,2,0,0,0,0,	67500	36	↓3,9,8,2,0,0,0,0,	9 13176 13185 13
50462	87	↓3,9,3,3,0,0,0,0,	82177	37	↓3,9,8,3,0,0,0,0,	
65067	88	↓3,9,3,4,0,0,0,0,	96855	38	↓3,9,8,4,0,0,0,0,	1 1467 1468 1
79674	89	↓3,9,3,5,0,0,0,0,	1·46811535	39	↓3,9,8,5,0,0,0,0,	2 2934 2936 2
94282	90	↓3,9,3,6,0,0,0,0,	26216	40	↓3,9,8,6,0,0,0,0,	3 4401 4404 4
1·46108891	91	↓3,9,3,7,0,0,0,0,	40899	41	↓3,9,8,7,0,0,0,0,	4 5868 5872 5
23502	92	↓3,9,3,8,0,0,0,0,	55583	42	↓3,9,8,8,0,0,0,0,	5 7335 7340 7
38114	93	↓3,9,3,9,0,0,0,0,	70269	43	↓3,9,8,9,0,0,0,0,	6 8802 8808 8
						7 10269 10276 10
52662	37948151,	↓3,9,4,0,0,0,0,0,	84889	38447901,	↓3,9,9,0,0,0,0,0,	8 11736 11744 11
67277	95	↓3,9,4,1,0,0,0,0,	99577	45	↓3,9,9,1,0,0,0,0,	9 13203 13212 13
81894	96	↓3,9,4,2,0,0,0,0,	1·46914267	46	↓3,9,9,2,0,0,0,0,	1 1470
96512	97	↓3,9,4,3,0,0,0,0,	28958	47	↓3,9,9,3,0,0,0,0,	2 2940
1·46211132	98	↓3,9,4,4,0,0,0,0,	43651	48	↓3,9,9,4,0,0,0,0,	3 4410
						4 5880
25753	99	↓3,9,4,5,0,0,0,0,	58345	49	↓3,9,9,5,0,0,0,0,	5 7350
40375	3800	↓3,9,4,6,0,0,0,0,	73041	50	↓3,9,9,6,0,0,0,0,	6 8820
54999	01	↓3,9,4,7,0,0,0,0,	87738	51	↓3,9,9,7,0,0,0,0,	7 10290
69624	02	↓3,9,4,8,0,0,0,0,	1·47002437	52	↓3,9,9,8,0,0,0,0,	8 11760
84251	03	↓3,9,4,9,0,0,0,0,	17137	53	↓3,9,9,9,0,0,0,0,	9 13230

Dual Logarithms of powers of 2 and 10.

↓, 2 = 69314718,   ↓, 10 = 230258509,   ↓, 10^4 = 921034037,   ↓, 10^7 = 1611809565,
↓, 4 = 138629437, ↓, 10^2 = 460517019, ↓, 10^5 = 1151292546, ↓, 10^8 = 1842068074,
↓, 8 = 207944154, ↓, 10^3 = 690775528, ↓, 10^6 = 1381551056, ↓, 10^9 = 2072326584;

Nat. No. 1·4641 to 1·4786   D. Log. 3812.... to 3911....   D. No. ↓4,0,0,0, to ↓4,0,9,9,   [41

Natural Numbers.	Dual Logarithms.	Dual Numbers.	Natural Numbers.	Dual Logarithms.	Dual Numbers.	Multiples of Differences.		
1·46410000	38124072,	↓4,0,0,0,0,0,0,0,	1·47143516	38623822,	↓4,0,5,0,0,0,0,0,			
24641	13	↓4,0,0,1,0,0,0,0,	58230	63	↓4,0,5,1,0,0,0,0,			
39283	14	↓4,0,0,2,0,0,0,0,	72946	64	↓4,0,5,2,0,0,0,0,	1 1464	1465	1466
53927	15	↓4,0,0,3,0,0,0,0,	87663	65	↓4,0,5,3,0,0,0,0,	2 2928	2930	2932
68572	16	↓4,0,0,4,0,0,0,0,	1·47202382	66	↓4,0,5,4,0,0,0,0,	3 4392	4395	4398
						4 5856	5860	5864
83219	17	↓4,0,0,5,0,0,0,0,	17102	67	↓4,0,5,5,0,0,0,0,	5 7320	7325	7330
97867	18	↓4,0,0,6,0,0,0,0,	31824	68	↓4,0,5,6,0,0,0,0,	6 8784	8790	8796
1·46512517	19	↓4,0,0,7,0,0,0,0,	46547	69	↓4,0,5,7,0,0,0,0,	7 10248	10255	10262
27168	20	↓4,0,0,8,0,0,0,0,	61272	70	↓4,0,5,8,0,0,0,0,	8 11712	11720	11728
41821	21	↓4,0,0,9,0,0,0,0,	75998	71	↓4,0,5,9,0,0,0,0,	9 13176	13185	13194
56410	38224022,	↓4,0,1,0,0,0,0,0,	90660	38723772,	↓4,0,6,0,0,0,0,0,			
71066	23	↓4,0,1,1,0,0,0,0,	1·47305389	73	↓4,0,6,1,0,0,0,0,	1 1467	1468	1469
85723	24	↓4,0,1,2,0,0,0,0,	20120	74	↓4,0,6,2,0,0,0,0,	2 2934	2936	2938
1·46600382	25	↓4,0,1,3,0,0,0,0,	34852	75	↓4,0,6,3,0,0,0,0,	3 4401	4404	4407
15042	26	↓4,0,1,4,0,0,0,0,	49585	76	↓4,0,6,4,0,0,0,0,	4 5868	5872	5876
						5 7335	7340	7345
29704	27	↓4,0,1,5,0,0,0,0,	64320	77	↓4,0,6,5,0,0,0,0,	6 8802	8808	8814
44367	28	↓4,0,1,6,0,0,0,0,	79056	78	↓4,0,6,6,0,0,0,0,	7 10269	10276	10283
59031	29	↓4,0,1,7,0,0,0,0,	93794	79	↓4,0,6,7,0,0,0,0,	8 11736	11744	11752
73697	30	↓4,0,1,8,0,0,0,0,	1·47408533	80	↓4,0,6,8,0,0,0,0,	9 13203	13212	13221
88364	31	↓4,0,1,9,0,0,0,0,	23274	81	↓4,0,6,9,0,0,0,0,			
1·46702966	38323972,	↓4,0,2,0,0,0,0,0,	37951	38823722,	↓4,0,7,0,0,0,0,0,	1 1470	1471	1472
17636	33	↓4,0,2,1,0,0,0,0,	52695	83	↓4,0,7,1,0,0,0,0,	2 2940	2942	2944
32308	34	↓4,0,2,2,0,0,0,0,	67440	84	↓4,0,7,2,0,0,0,0,	3 4410	4413	4416
46981	35	↓4,0,2,3,0,0,0,0,	82187	85	↓4,0,7,3,0,0,0,0,	4 5880	5884	5888
61656	36	↓4,0,2,4,0,0,0,0,	96935	86	↓4,0,7,4,0,0,0,0,	5 7350	7355	7360
						6 8820	8826	8832
76332	37	↓4,0,2,5,0,0,0,0,	1·47511685	87	↓4,0,7,5,0,0,0,0,	7 10290	10297	10304
91010	38	↓4,0,2,6,0,0,0,0,	26436	88	↓4,0,7,6,0,0,0,0,	8 11760	11768	11776
1·46805689	39	↓4,0,2,7,0,0,0,0,	41189	89	↓4,0,7,7,0,0,0,0,	9 13230	13239	13248
20370	40	↓4,0,2,8,0,0,0,0,	55943	90	↓4,0,7,8,0,0,0,0,			
35052	41	↓4,0,2,9,0,0,0,0,	70699	91	↓4,0,7,9,0,0,0,0,			
49669	38423922,	↓4,0,3,0,0,0,0,0,	85389	38923672,	↓4,0,8,0,0,0,0,0,	1 1473	1474	1475
64354	43	↓4,0,3,1,0,0,0,0,	1·47600148	93	↓4,0,8,1,0,0,0,0,	2 2946	2948	2950
79041	44	↓4,0,3,2,0,0,0,0,	14908	94	↓4,0,8,2,0,0,0,0,	3 4419	4422	4425
93729	45	↓4,0,3,3,0,0,0,0,	29669	95	↓4,0,8,3,0,0,0,0,	4 5892	5896	5900
1·46908418	46	↓4,0,3,4,0,0,0,0,	44432	96	↓4,0,8,4,0,0,0,0,	5 7365	7370	7375
						6 8838	8844	8850
23109	47	↓4,0,3,5,0,0,0,0,	59196	97	↓4,0,8,5,0,0,0,0,	7 10311	10318	10325
37801	48	↓4,0,3,6,0,0,0,0,	73962	98	↓4,0,8,6,0,0,0,0,	8 11784	11792	11800
52495	49	↓4,0,3,7,0,0,0,0,	88729	99	↓4,0,8,7,0,0,0,0,	9 13257	13266	13275
67190	50	↓4,0,3,8,0,0,0,0,	1·47703498	3900	↓4,0,8,8,0,0,0,0,			
81887	51	↓4,0,3,9,0,0,0,0,	18268	01	↓4,0,8,9,0,0,0,0,	1 1476	1477	1478
						2 2952	2954	2956
96519	38523872,	↓4,0,4,0,0,0,0,0,	32974	39023622,	↓4,0,9,0,0,0,0,0,	3 4428	4431	4434
1·47011219	53	↓4,0,4,1,0,0,0,0,	47747	03	↓4,0,9,1,0,0,0,0,	4 5904	5908	5912
25920	54	↓4,0,4,2,0,0,0,0,	62522	04	↓4,0,9,2,0,0,0,0,	5 7380	7385	7390
40623	55	↓4,0,4,3,0,0,0,0,	77298	05	↓4,0,9,3,0,0,0,0,	6 8856	8862	8868
55327	56	↓4,0,4,4,0,0,0,0,	92076	06	↓4,0,9,4,0,0,0,0,	7 10332	10339	10346
						8 11808	11816	11824
70033	57	↓4,0,4,5,0,0,0,0,	1·47806855	07	↓4,0,9,5,0,0,0,0,	9 13284	13293	13302
84740	58	↓4,0,4,6,0,0,0,0,	21636	08	↓4,0,9,6,0,0,0,0,			
99448	59	↓4,0,4,7,0,0,0,0,	36418	09	↓4,0,9,7,0,0,0,0,			
1·47114158	60	↓4,0,4,8,0,0,0,0,	51202	10	↓4,0,9,8,0,0,0,0,			
28869	61	↓4,0,4,9,0,0,0,0,	65987	11	↓4,0,9,9,0,0,0,0,			

Dual Logarithms of powers of 2 and 10.

↓, 2 = 69314718,   ↓, 10 = 230258509,   ↓, 10^4 = 921034037,   ↓, 10^7 = 1611809565,
↓, 4 = 138629437,   ↓, 10^2 = 460517019,   ↓, 10^5 = 1151292546,   ↓, 10^8 = 1842068074,
↓, 8 = 207944154,   ↓, 10^3 = 690775528,   ↓, 10^6 = 1381551056,   ↓, 10^9 = 2072326584,

42] Nat. No. 1·4787 to 1·4934   D. Log. 3911.... to 4010....   D. No. ↓4,1,0,0, to ↓4,1,9,9,

Natural Numbers.	Dual Logarithms.	Dual Numbers.	Natural Numbers.	Dual Logarithms.	Dual Numbers.	Multiples of Differences.		
1·47874100	39119105,	↓4,1,0,1,0,0,0,0,	1·48614951	39618855,	↓4,1,5,0,0,0,0,0,			
88887	12	↓4,1,0,1,0,0,0,0,	29812	62	↓4,1,5,1,0,0,0,0,			
1·47903676	13	↓4,1,0,2,0,0,0,0,	44675	63	↓4,1,5,2,0,0,0,0,	1	1478	1479	1480
18466	14	↓4,1,0,3,0,0,0,0,	59539	64	↓4,1,5,3,0,0,0,0,	2	2956	2958	2960
33258	15	↓4,1,0,4,0,0,0,0,	74405	65	↓4,1,5,4,0,0,0,0,	3	4434	4437	4440
						4	5912	5916	5920
48051	16	↓4,1,0,5,0,0,0,0,	89272	66	↓4,1,5,5,0,0,0,0,	5	7390	7395	7400
62846	17	↓4,1,0,6,0,0,0,0,	1·48704141	67	↓4,1,5,6,0,0,0,0,	6	8868	8874	8880
77642	18	↓4,1,0,7,0,0,0,0,	19011	68	↓4,1,5,7,0,0,0,0,	7	10346	10353	10360
92440	19	↓4,1,0,8,0,0,0,0,	33883	69	↓4,1,5,8,0,0,0,0,	8	11824	11832	11840
1·48007239	20	↓4,1,0,9,0,0,0,0,	48756	70	↓4,1,5,9,0,0,0,0,	9	13302	13311	13320
21974	39219055,	↓4,1,1,0,0,0,0,0,	63566	39718805,	↓4,1,6,0,0,0,0,0,	1	1481	1482	1483
36776	22	↓4,1,1,1,0,0,0,0,	78442	72	↓4,1,6,1,0,0,0,0,	2	2962	2964	2966
51580	23	↓4,1,1,2,0,0,0,0,	93320	73	↓4,1,6,2,0,0,0,0,	3	4443	4446	4449
66385	24	↓4,1,1,3,0,0,0,0,	1·48808199	74	↓4,1,6,3,0,0,0,0,	4	5924	5928	5932
81192	25	↓4,1,1,4,0,0,0,0,	23080	75	↓4,1,6,4,0,0,0,0,	5	7405	7410	7415
						6	8886	8892	8898
96000	26	↓4,1,1,5,0,0,0,0,	37962	76	↓4,1,6,5,0,0,0,0,	7	10367	10374	10381
1·48110810	27	↓4,1,1,6,0,0,0,0,	52846	77	↓4,1,6,6,0,0,0,0,	8	11848	11856	11864
25621	28	↓4,1,1,7,0,0,0,0,	67731	78	↓4,1,6,7,0,0,0,0,	9	13329	13338	13347
40434	29	↓4,1,1,8,0,0,0,0,	82618	79	↓4,1,6,8,0,0,0,0,	1	1484	1485	1486
55248	30	↓4,1,1,9,0,0,0,0,	97506	80	↓4,1,6,9,0,0,0,0,	2	2968	2970	2972
						3	4452	4455	4458
69996	39319005,	↓4,1,2,0,0,0,0,0,	1·48912329	39818755,	↓4,1,7,0,0,0,0,0,	4	5936	5940	5944
84813	32	↓4,1,2,1,0,0,0,0,	27220	82	↓4,1,7,1,0,0,0,0,	5	7420	7425	7430
99631	33	↓4,1,2,2,0,0,0,0,	42113	83	↓4,1,7,2,0,0,0,0,	6	8904	8910	8916
1·48214451	34	↓4,1,2,3,0,0,0,0,	57007	84	↓4,1,7,3,0,0,0,0,	7	10388	10395	10402
29272	35	↓4,1,2,4,0,0,0,0,	71903	85	↓4,1,7,4,0,0,0,0,	8	11872	11880	11888
						9	13356	13365	13374
44095	36	↓4,1,2,5,0,0,0,0,	86800	86	↓4,1,7,5,0,0,0,0,				
58919	37	↓4,1,2,6,0,0,0,0,	1·49001699	87	↓4,1,7,6,0,0,0,0,	1	1487	1488	1489
73745	38	↓4,1,2,7,0,0,0,0,	16599	88	↓4,1,7,7,0,0,0,0,	2	2974	2976	2978
88572	39	↓4,1,2,8,0,0,0,0,	31501	89	↓4,1,7,8,0,0,0,0,	3	4461	4464	4467
1·48303401	40	↓4,1,2,9,0,0,0,0,	46404	90	↓4,1,7,9,0,0,0,0,	4	5948	5952	5956
						5	7435	7440	7445
18166	39418955,	↓4,1,3,0,0,0,0,0,	61241	39918705,	↓4,1,8,0,0,0,0,0,	6	8922	8928	8934
32998	42	↓4,1,3,1,0,0,0,0,	76147	92	↓4,1,8,1,0,0,0,0,	7	10409	10416	10423
47831	43	↓4,1,3,2,0,0,0,0,	91055	93	↓4,1,8,2,0,0,0,0,	8	11896	11904	11912
62666	44	↓4,1,3,3,0,0,0,0,	1·49105964	94	↓4,1,8,3,0,0,0,0,	9	13383	13392	13401
77502	45	↓4,1,3,4,0,0,0,0,	20875	95	↓4,1,8,4,0,0,0,0,				
						1	1490	1491	1492
92340	46	↓4,1,3,5,0,0,0,0,	35787	96	↓4,1,8,5,0,0,0,0,	2	2980	2982	2984
1·48407179	47	↓4,1,3,6,0,0,0,0,	50701	97	↓4,1,8,6,0,0,0,0,	3	4470	4473	4476
22020	48	↓4,1,3,7,0,0,0,0,	65616	98	↓4,1,8,7,0,0,0,0,	4	5960	5964	5968
36862	49	↓4,1,3,8,0,0,0,0,	80533	99	↓4,1,8,8,0,0,0,0,	5	7450	7455	7460
51706	50	↓4,1,3,9,0,0,0,0,	95451	4000	↓4,1,8,9,0,0,0,0,	6	8940	8946	8952
						7	10430	10437	10444
66484	39518905,	↓4,1,4,0,0,0,0,0,	1·49210302	40018655,	↓4,1,9,0,0,0,0,0,	8	11920	11928	11936
81331	52	↓4,1,4,1,0,0,0,0,	25223	02	↓4,1,9,1,0,0,0,0,	9	13410	13419	13428
96179	53	↓4,1,4,2,0,0,0,0,	40146	03	↓4,1,9,2,0,0,0,0,				
1·48511029	54	↓4,1,4,3,0,0,0,0,	55070	04	↓4,1,9,3,0,0,0,0,	1	1493		
25880	55	↓4,1,4,4,0,0,0,0,	69996	05	↓4,1,9,4,0,0,0,0,	2	2986		
						3	4479		
40733	56	↓4,1,4,5,0,0,0,0,	84923	06	↓4,1,9,5,0,0,0,0,	4	5972		
55587	57	↓4,1,4,6,0,0,0,0,	99851	07	↓4,1,9,6,0,0,0,0,	5	7465		
70443	58	↓4,1,4,7,0,0,0,0,	1·49314781	08	↓4,1,9,7,0,0,0,0,	6	8958		
85300	59	↓4,1,4,8,0,0,0,0,	29712	09	↓4,1,9,8,0,0,0,0,	7	10451		
1·48600159	60	↓4,1,4,9,0,0,0,0,	44645	10	↓4,1,9,9,0,0,0,0,	8	11944		
						9	13437		

Dual Logarithms of powers of 2 and 10.

↓, 2 = 69314718,   ↓, 10 = 230258509,   ↓, 10^4 = 921034037,   ↓, 10^7 = 1611809565,
↓, 4 = 138629437, ↓, 10^2 = 460517019, ↓, 10^5 = 1151292546, ↓, 10^8 = 1842068074,
↓, 8 = 207944154, ↓, 10^3 = 690775528, ↓, 10^6 = 1381551056, ↓, 10^9 = 2072326584,

Nat. No. 1·4935 to 1·5083   D. Log. 4011.... to 4110....   D. No. ↓4,2,0,0, to ↓4,2,9,9,   [43

Natural Numbers.	Dual Logarithms.	Dual Numbers.	Natural Numbers.	Dual Logarithms.	Dual Numbers.	Multiples of Differences.		
1·49352841	40114138,	↓4,2,0,0,0,0,0,0,	1·50101100	40613888,	↓4,2,5,0,0,0,0,0,			
67776	12	↓4,2,0,1,0,0,0,0,	16110	62	↓4,2,5,1,0,0,0,0,	1	1493	1494	1495
82713	13	↓4,2,0,2,0,0,0,0,	31122	63	↓4,2,5,2,0,0,0,0,	2	2986	2988	2990
97651	14	↓4,2,0,3,0,0,0,0,	46135	64	↓4,2,5,3,0,0,0,0,	3	4479	4482	4485
1·49412591	15	↓4,2,0,4,0,0,0,0,	61150	65	↓4,2,5,4,0,0,0,0,	4	5972	5976	5980
						5	7465	7470	7475
27532	16	↓4,2,0,5,0,0,0,0,	76166	66	↓4,2,5,5,0,0,0,0,	6	8958	8964	8970
42475	17	↓4,2,0,6,0,0,0,0,	91184	67	↓4,2,5,6,0,0,0,0,	7	10451	10458	10465
57419	18	↓4,2,0,7,0,0,0,0,	1·50206203	68	↓4,2,5,7,0,0,0,0,	8	11944	11952	11960
72365	19	↓4,2,0,8,0,0,0,0,	21224	69	↓4,2,5,8,0,0,0,0,	9	13437	13446	13455
87312	20	↓4,2,0,9,0,0,0,0,	36246	70	↓4,2,5,9,0,0,0,0,			
						1	1496	1497	1498
1·49502194	40214088,	↓4,2,1,0,0,0,0,0,	51201	40713838,	↓4,2,6,0,0,0,0,0,	2	2992	2994	2996
17144	22	↓4,2,1,1,0,0,0,0,	66226	72	↓4,2,6,1,0,0,0,0,	3	4488	4491	4494
32096	23	↓4,2,1,2,0,0,0,0,	81253	73	↓4,2,6,2,0,0,0,0,	4	5984	5988	5992
47049	24	↓4,2,1,3,0,0,0,0,	96281	74	↓4,2,6,3,0,0,0,0,	5	7480	7485	7490
62004	25	↓4,2,1,4,0,0,0,0,	1·50311311	75	↓4,2,6,4,0,0,0,0,	6	8976	8982	8988
						7	10472	10479	10486
						8	11968	11976	11984
76960	26	↓4,2,1,5,0,0,0,0,	26342	76	↓4,2,6,5,0,0,0,0,	9	13464	13473	13482
91918	27	↓4,2,1,6,0,0,0,0,	41375	77	↓4,2,6,6,0,0,0,0,			
1·49606877	28	↓4,2,1,7,0,0,0,0,	56409	78	↓4,2,6,7,0,0,0,0,			
21838	29	↓4,2,1,8,0,0,0,0,	71445	79	↓4,2,6,8,0,0,0,0,	1	1499	1500	1501
36800	30	↓4,2,1,9,0,0,0,0,	86482	80	↓4,2,6,9,0,0,0,0,	2	2998	3000	3002
						3	4497	4500	4503
51696	40314038,	↓4,2,2,0,0,0,0,0,	1·50401452	40813788,	↓4,2,7,0,0,0,0,0,	4	5996	6000	6004
66661	32	↓4,2,2,1,0,0,0,0,	16492	82	↓4,2,7,1,0,0,0,0,	5	7495	7500	7505
81628	33	↓4,2,2,2,0,0,0,0,	31534	83	↓4,2,7,2,0,0,0,0,	6	8994	9000	9006
96596	34	↓4,2,2,3,0,0,0,0,	46577	84	↓4,2,7,3,0,0,0,0,	7	10493	10500	10507
1·49711566	35	↓4,2,2,4,0,0,0,0,	61622	85	↓4,2,7,4,0,0,0,0,	8	11992	12000	12008
						9	13491	13500	13509
26537	36	↓4,2,2,5,0,0,0,0,	76668	86	↓4,2,7,5,0,0,0,0,			
41510	37	↓4,2,2,6,0,0,0,0,	91716	87	↓4,2,7,6,0,0,0,0,	1	1502	1503	1504
56484	38	↓4,2,2,7,0,0,0,0,	1·50506765	88	↓4,2,7,7,0,0,0,0,	2	3004	3006	3008
71460	39	↓4,2,2,8,0,0,0,0,	21816	89	↓4,2,7,8,0,0,0,0,	3	4506	4509	4512
86437	40	↓4,2,2,9,0,0,0,0,	36868	90	↓4,2,7,9,0,0,0,0,	4	6008	6012	6016
						5	7510	7515	7520
						6	9012	9018	9024
1·49801348	40413988,	↓4,2,3,0,0,0,0,0,	51853	40913738,	↓4,2,8,0,0,0,0,0,	7	10514	10521	10528
16328	42	↓4,2,3,1,0,0,0,0,	66908	92	↓4,2,8,1,0,0,0,0,	8	12016	12024	12032
31310	43	↓4,2,3,2,0,0,0,0,	81965	93	↓4,2,8,2,0,0,0,0,	9	13518	13527	13536
46293	44	↓4,2,3,3,0,0,0,0,	97023	94	↓4,2,8,3,0,0,0,0,			
61278	45	↓4,2,3,4,0,0,0,0,	1·51012083	95	↓4,2,8,4,0,0,0,0,	1	1505	1506	1507
						2	3010	3012	3014
76264	46	↓4,2,3,5,0,0,0,0,	27144	96	↓4,2,8,5,0,0,0,0,	3	4515	4518	4521
91252	47	↓4,2,3,6,0,0,0,0,	42207	97	↓4,2,8,6,0,0,0,0,	4	6020	6024	6028
1·49906241	48	↓4,2,3,7,0,0,0,0,	57271	98	↓4,2,8,7,0,0,0,0,	5	7525	7530	7535
21232	49	↓4,2,3,8,0,0,0,0,	72337	99	↓4,2,8,8,0,0,0,0,	6	9030	9036	9042
36224	50	↓4,2,3,9,0,0,0,0,	87404	4100	↓4,2,8,9,0,0,0,0,	7	10535	10542	10549
						8	12040	12048	12056
51149	40513938,	↓4,2,4,0,0,0,0,0,	1·51702405	41013688,	↓4,2,9,0,0,0,0,0,	9	13545	13554	13563
66144	52	↓4,2,4,1,0,0,0,0,	17475	02	↓4,2,9,1,0,0,0,0,			
81141	53	↓4,2,4,2,0,0,0,0,	32547	03	↓4,2,9,2,0,0,0,0,	1	1508	
96139	54	↓4,2,4,3,0,0,0,0,	47620	04	↓4,2,9,3,0,0,0,0,	2	3016	
1·50011139	55	↓4,2,4,4,0,0,0,0,	62695	05	↓4,2,9,4,0,0,0,0,	3	4524	
						4	6032	
26140	56	↓4,2,4,5,0,0,0,0,	77771	06	↓4,2,9,5,0,0,0,0,	5	7540	
41143	57	↓4,2,4,6,0,0,0,0,	92849	07	↓4,2,9,6,0,0,0,0,	6	9048	
56147	58	↓4,2,4,7,0,0,0,0,	1·50807928	08	↓4,2,9,7,0,0,0,0,	7	10556	
71153	59	↓4,2,4,8,0,0,0,0,	23009	09	↓4,2,9,8,0,0,0,0,	8	12064	
86160	60	↓4,2,4,9,0,0,0,0,	38091	10	↓4,2,9,9,0,0,0,0,	9	13572	

Dual Logarithms of powers of 2 and 10.

$\downarrow, 2 = 69314718,$ $\downarrow, 10 = 230258509,$ $\downarrow, 10^4 = 921034037,$ $\downarrow, 10^7 = 1611809565,$
$\downarrow, 4 = 138629437,$ $\downarrow, 10^2 = 460517019,$ $\downarrow, 10^5 = 1151292546,$ $\downarrow, 10^8 = 1842068074,$
$\downarrow, 8 = 207944154,$ $\downarrow, 10^3 = 690775528,$ $\downarrow, 10^6 = 1381551056,$ $\downarrow, 10^n = 2072326584,$

Nat. No. 1·5084 to 1·5234 D. Log. 4110.... to 4209.... D. No. ↓4,3,0,0, to ↓4,3,9,9,

Natural Numbers.	Dual Logarithms.	Dual Numbers.	Natural Numbers.	Dual Logarithms.	Dual Numbers.	Multiples of Differences.
1·50846369	41109171,	↓4,3,0,0,0,0,0,0,	1·51602110	41608921,	↓4,3,5,0,0,0,0,0,	
61454	11	↓4,3,0,1,0,0,0,0,	17270	61	↓4,3,5,1,0,0,0,0,	1 1508 1509 1510
76540	12	↓4,3,0,2,0,0,0,0,	32432	62	↓4,3,5,2,0,0,0,0,	2 3016 3018 3020
91628	13	↓4,3,0,3,0,0,0,0,	47595	63	↓4,3,5,3,0,0,0,0,	3 4524 4527 4530
1·50906717	14	↓4,3,0,4,0,0,0,0,	62760	64	↓4,3,5,4,0,0,0,0,	4 6032 6036 6040
						5 7540 7545 7550
21808	15	↓4,3,0,5,0,0,0,0,	77926	65	↓4,3,5,5,0,0,0,0,	6 9048 9054 9060
36900	16	↓4,3,0,6,0,0,0,0,	93094	66	↓4,3,5,6,0,0,0,0,	7 10556 10563 10570
51993	17	↓4,3,0,7,0,0,0,0,	1·51708263	67	↓4,3,5,7,0,0,0,0,	8 12064 12072 12080
67088	18	↓4,3,0,8,0,0,0,0,	23434	68	↓4,3,5,8,0,0,0,0,	9 13572 13581 13590
82185	19	↓4,3,0,9,0,0,0,0,	38606	69	↓4,3,5,9,0,0,0,0,	
97215	41209121,	↓4,3,1,0,0,0,0,0,	53712	41708871,	↓4,3,6,0,0,0,0,0,	1 1511 1512 1513
1·51012315	21	↓4,3,1,1,0,0,0,0,	68887	71	↓4,3,6,1,0,0,0,0,	2 3022 3024 3026
27416	22	↓4,3,1,2,0,0,0,0,	84064	72	↓4,3,6,2,0,0,0,0,	3 4533 4536 4539
42518	23	↓4,3,1,3,0,0,0,0,	99242	73	↓4,3,6,3,0,0,0,0,	4 6044 6048 6052
57622	24	↓4,3,1,4,0,0,0,0,	1·51814422	74	↓4,3,6,4,0,0,0,0,	5 7555 7560 7565
						6 9066 9072 9078
72728	25	↓4,3,1,5,0,0,0,0,	29603	75	↓4,3,6,5,0,0,0,0,	7 10577 10584 10591
87835	26	↓4,3,1,6,0,0,0,0,	44786	76	↓4,3,6,6,0,0,0,0,	8 12088 12096 12104
1·51102944	27	↓4,3,1,7,0,0,0,0,	59970	77	↓4,3,6,7,0,0,0,0,	9 13599 13608 13617
18054	28	↓4,3,1,8,0,0,0,0,	75156	78	↓4,3,6,8,0,0,0,0,	
33166	29	↓4,3,1,9,0,0,0,0,	90344	79	↓4,3,6,9,0,0,0,0,	1 1514 1515 1516
						2 3028 3030 3032
48212	41309071,	↓4,3,2,0,0,0,0,0,	1·51905466	41808821,	↓4,3,7,0,0,0,0,0,	3 4542 4545 4548
63327	31	↓4,3,2,1,0,0,0,0,	20657	81	↓4,3,7,1,0,0,0,0,	4 6056 6060 6064
78443	32	↓4,3,2,2,0,0,0,0,	35849	82	↓4,3,7,2,0,0,0,0,	5 7570 7575 7580
93561	33	↓4,3,2,3,0,0,0,0,	51043	83	↓4,3,7,3,0,0,0,0,	6 9084 9090 9096
1·51208680	34	↓4,3,2,4,0,0,0,0,	66238	84	↓4,3,7,4,0,0,0,0,	7 10598 10605 10612
						8 12112 12120 12128
23801	35	↓4,3,2,5,0,0,0,0,	81435	85	↓4,3,7,5,0,0,0,0,	9 13626 13635 13644
38923	36	↓4,3,2,6,0,0,0,0,	96633	86	↓4,3,7,6,0,0,0,0,	
54047	37	↓4,3,2,7,0,0,0,0,	1·52011833	87	↓4,3,7,7,0,0,0,0,	1 1517 1518 1519
69172	38	↓4,3,2,8,0,0,0,0,	27034	88	↓4,3,7,8,0,0,0,0,	2 3034 3036 3038
84299	39	↓4,3,2,9,0,0,0,0,	42237	89	↓4,3,7,9,0,0,0,0,	3 4551 4554 4557
						4 6068 6072 6076
99360	41409021,	↓4,3,3,0,0,0,0,0,	57371	41908771,	↓4,3,8,0,0,0,0,0,	5 7585 7590 7595
1·51314490	41	↓4,3,3,1,0,0,0,0,	72577	91	↓4,3,8,1,0,0,0,0,	6 9102 9108 9114
29621	42	↓4,3,3,2,0,0,0,0,	87784	92	↓4,3,8,2,0,0,0,0,	7 10619 10626 10633
44754	43	↓4,3,3,3,0,0,0,0,	1·52102992	93	↓4,3,8,3,0,0,0,0,	8 12136 12144 12152
59888	44	↓4,3,3,4,0,0,0,0,	18202	94	↓4,3,8,4,0,0,0,0,	9 13653 13662 13671
75024	45	↓4,3,3,5,0,0,0,0,	33414	95	↓4,3,8,5,0,0,0,0,	1 1520 1521 1522
90162	46	↓4,3,3,6,0,0,0,0,	48627	96	↓4,3,8,6,0,0,0,0,	2 3040 3042 3044
1·51405301	47	↓4,3,3,7,0,0,0,0,	63842	97	↓4,3,8,7,0,0,0,0,	3 4560 4563 4566
20442	48	↓4,3,3,8,0,0,0,0,	79058	98	↓4,3,8,8,0,0,0,0,	4 6080 6084 6088
35584	49	↓4,3,3,9,0,0,0,0,	94276	99	↓4,3,8,9,0,0,0,0,	5 7600 7605 7610
						6 9120 9126 9132
50659	41508971,	↓4,3,4,0,0,0,0,0,	1·52209428	42008721,	↓4,3,9,0,0,0,0,0,	7 10640 10647 10654
65804	51	↓4,3,4,1,0,0,0,0,	24649	01	↓4,3,9,1,0,0,0,0,	8 12160 12168 12176
80951	52	↓4,3,4,2,0,0,0,0,	39871	02	↓4,3,9,2,0,0,0,0,	9 13680 13689 13698
96099	53	↓4,3,4,3,0,0,0,0,	55095	03	↓4,3,9,3,0,0,0,0,	
1·51511249	54	↓4,3,4,4,0,0,0,0,	70321	04	↓4,3,9,4,0,0,0,0,	1 1523
						2 3046
26400	55	↓4,3,4,5,0,0,0,0,	85548	05	↓4,3,9,5,0,0,0,0,	3 4569
41553	56	↓4,3,4,6,0,0,0,0,	1·52300777	06	↓4,3,9,6,0,0,0,0,	4 6092
56707	57	↓4,3,4,7,0,0,0,0,	16007	07	↓4,3,9,7,0,0,0,0,	5 7615
71863	58	↓4,3,4,8,0,0,0,0,	31239	08	↓4,3,9,8,0,0,0,0,	6 9138
87020	59	↓4,3,4,9,0,0,0,0,	46472	09	↓4,3,9,9,0,0,0,0,	7 10661
						8 12184
						9 13707

Dual Logarithms of powers of 2 and 10.

↓, 2 = 69314718,   ↓, 10 = 230258509,   ↓, 10^4 = 921034037,   ↓, 10^7 = 1611809565,
↓, 4 = 138629437,   ↓, 10^2 = 460517019,   ↓, 10^5 = 1151292546,   ↓, 10^8 = 1842068074,
↓, 8 = 207944154,   ↓, 10^3 = 690775528,   ↓, 10^6 = 1381551056,   ↓, 10^9 = 2072326584,

Nat. No. 1·5235 to 1·5386   D. Log. 4210.... to 4309....   D. No. ↓4,4,0,0, to ↓4,4,9,9,   [45

Natural Numbers.	Dual Logarithms.	Natural Numbers.	Natural Numbers.	Dual Logarithms.	Dual Numbers.	Multiples of Differences.		
1·52354833	42104204,	↓4,4,0,0,0,0,0,0,	1·53118132	42603954,	↓4,4,5,0,0,0,0,0,			
70068	11	↓4,4,0,1,0,0,0,0,	33444	61	↓4,4,5,1,0,0,0,0,			
85305	12	↓4,4,0,2,0,0,0,0,	48757	62	↓4,4,5,2,0,0,0,0,	1 1523	1524	1525
1·52400544	13	↓4,4,0,3,0,0,0,0,	64072	63	↓4,4,5,3,0,0,0,0,	2 3046	3048	3050
15784	14	↓4,4,0,4,0,0,0,0,	79389	64	↓4,4,5,4,0,0,0,0,	3 4569	4572	4575
						4 6092	6096	6100
						5 7615	7620	7625
31026	15	↓4,4,0,5,0,0,0,0,	94707	65	↓4,4,5,5,0,0,0,0,	6 9138	9144	9150
46269	16	↓4,4,0,6,0,0,0,0,	1·53210027	66	↓4,4,5,6,0,0,0,0,	7 10661	10668	10675
61514	17	↓4,4,0,7,0,0,0,0,	25348	67	↓4,4,5,7,0,0,0,0,	8 12184	12192	12200
76760	18	↓4,4,0,8,0,0,0,0,	40671	68	↓4,4,5,8,0,0,0,0,	9 13707	13716	13725
92008	19	↓4,4,0,9,0,0,0,0,	55995	69	↓4,4,5,9,0,0,0,0,			
1·52507188	42204154,	↓4,4,1,0,0,0,0,0,	71250	42703904,	↓4,4,6,0,0,0,0,0,	1 1526	1527	1528
22439	21	↓4,4,1,1,0,0,0,0,	86577	71	↓4,4,6,1,0,0,0,0,	2 3052	3054	3056
37691	22	↓4,4,1,2,0,0,0,0,	1·53301906	72	↓4,4,6,2,0,0,0,0,	3 4578	4581	4584
52945	23	↓4,4,1,3,0,0,0,0,	17236	73	↓4,4,6,3,0,0,0,0,	4 6104	6108	6112
68200	24	↓4,4,1,4,0,0,0,0,	32568	74	↓4,4,6,4,0,0,0,0,	5 7630	7635	7640
						6 9156	9162	9168
						7 10682	10689	10696
83457	25	↓4,4,1,5,0,0,0,0,	47901	75	↓4,4,6,5,0,0,0,0,	8 12208	12216	12224
98715	26	↓4,4,1,6,0,0,0,0,	63236	76	↓4,4,6,6,0,0,0,0,	9 13734	13743	13752
1·52613975	27	↓4,4,1,7,0,0,0,0,	78572	77	↓4,4,6,7,0,0,0,0,			
29236	28	↓4,4,1,8,0,0,0,0,	93910	78	↓4,4,6,8,0,0,0,0,	1 1529	1530	1531
44499	29	↓4,4,1,9,0,0,0,0,	1·53409249	79	↓4,4,6,9,0,0,0,0,	2 3058	3060	3062
						3 4587	4590	4593
59695	42304104,	↓4,4,2,0,0,0,0,0,	24521	42803854,	↓4,4,7,0,0,0,0,0,	4 6116	6120	6124
74961	31	↓4,4,2,1,0,0,0,0,	39863	81	↓4,4,7,1,0,0,0,0,	5 7645	7650	7655
90228	32	↓4,4,2,2,0,0,0,0,	55207	82	↓4,4,7,2,0,0,0,0,	6 9174	9180	9186
1·52705497	33	↓4,4,2,3,0,0,0,0,	70553	83	↓4,4,7,3,0,0,0,0,	7 10703	10710	10717
20768	34	↓4,4,2,4,0,0,0,0,	85900	84	↓4,4,7,4,0,0,0,0,	8 12232	12240	12248
						9 13761	13770	13779
36040	35	↓4,4,2,5,0,0,0,0,	1·53501249	85	↓4,4,7,5,0,0,0,0,			
51314	36	↓4,4,2,6,0,0,0,0,	16599	86	↓4,4,7,6,0,0,0,0,	1 1532	1533	1534
66589	37	↓4,4,2,7,0,0,0,0,	31951	87	↓4,4,7,7,0,0,0,0,	2 3064	3066	3068
81866	38	↓4,4,2,8,0,0,0,0,	47304	88	↓4,4,7,8,0,0,0,0,	3 4596	4599	4602
97144	39	↓4,4,2,9,0,0,0,0,	62659	89	↓4,4,7,9,0,0,0,0,	4 6128	6132	6136
						5 7660	7665	7670
						6 9192	9198	9204
1·52812355	42404054,	↓4,4,3,0,0,0,0,0,	77946	42903804,	↓4,4,8,0,0,0,0,0,	7 10724	10731	10738
27636	41	↓4,4,3,1,0,0,0,0,	93304	91	↓4,4,8,1,0,0,0,0,	8 12256	12264	12272
42919	42	↓4,4,3,2,0,0,0,0,	1·53608663	92	↓4,4,8,2,0,0,0,0,	9 13788	13797	13806
58203	43	↓4,4,3,3,0,0,0,0,	24024	93	↓4,4,8,3,0,0,0,0,			
73489	44	↓4,4,3,4,0,0,0,0,	39386	94	↓4,4,8,4,0,0,0,0,	1 1535	1536	1537
						2 3070	3072	3074
88776	45	↓4,4,3,5,0,0,0,0,	54750	95	↓4,4,8,5,0,0,0,0,	3 4605	4608	4611
1·52904065	46	↓4,4,3,6,0,0,0,0,	70115	96	↓4,4,8,6,0,0,0,0,	4 6140	6144	6148
19356	47	↓4,4,3,7,0,0,0,0,	85482	97	↓4,4,8,7,0,0,0,0,	5 7675	7680	7685
34648	48	↓4,4,3,8,0,0,0,0,	1·53700851	98	↓4,4,8,8,0,0,0,0,	6 9210	9216	9222
49941	49	↓4,4,3,9,0,0,0,0,	16221	99	↓4,4,8,9,0,0,0,0,	7 10745	10752	10759
						8 12280	12288	12296
65167	42504004,	↓4,4,4,0,0,0,0,0,	31524	43003754,	↓4,4,9,0,0,0,0,0,	9 13815	13824	13833
80464	51	↓4,4,4,1,0,0,0,0,	46897	01	↓4,4,9,1,0,0,0,0,			
95762	52	↓4,4,4,2,0,0,0,0,	62272	02	↓4,4,9,2,0,0,0,0,	1 1538		
1·53011062	53	↓4,4,4,3,0,0,0,0,	77648	03	↓4,4,9,3,0,0,0,0,	2 3076		
26363	54	↓4,4,4,4,0,0,0,0,	93026	04	↓4,4,9,4,0,0,0,0,	3 4614		
						4 6152		
41666	55	↓4,4,4,5,0,0,0,0,	1·53808405	05	↓4,4,9,5,0,0,0,0,	5 7690		
56970	56	↓4,4,4,6,0,0,0,0,	23786	06	↓4,4,9,6,0,0,0,0,	6 9228		
72276	57	↓4,4,4,7,0,0,0,0,	39168	07	↓4,4,9,7,0,0,0,0,	7 10766		
87583	58	↓4,4,4,8,0,0,0,0,	54552	08	↓4,4,9,8,0,0,0,0,	8 12304		
1·53102892	59	↓4,4,4,9,0,0,0,0,	69937	09	↓4,4,9,9,0,0,0,0,	9 13842		

Dual Logarithms of powers of 2 and 10.

↓ 2 = 69314718,   ↓ 10 = 230258509,   ↓ 10^4 = 921034037,   ↓ 10^7 = 1611809565,
↓ 4 = 138629437, ↓ 10^2 = 460517019, ↓ 10^5 = 1151292546, ↓ 10^8 = 1842068074,
↓ 8 = 207944154, ↓ 10^3 = 690775528, ↓ 10^6 = 1381551056, ↓ 10^9 = 2072326584,

46] Nat. No. 1·5387 to 1·5540   D. Log. 4309.... to 4408....   D. No. ↓4,5,0,0, to ↓4,5,9,9,

Natural Numbers.	Dual Logarithms.	Dual Numbers.	Natural Numbers.	Dual Logarithms.	Dual Numbers.	Multiples of Differences.		
1·53878381	43099237,	↓4,5,0,0,0,0,0,0,	1·54649314	43598987,	↓4,5,5,0,0,0,0,0,			
93769	10	↓4,5,0,1,0,0,0,0,	64779	60	↓4,5,5,1,0,0,0,0,	1	1538	1539	1540
1·53909158	11	↓4,5,0,2,0,0,0,0,	80245	61	↓4,5,5,2,0,0,0,0,	2	3076	3078	3080
24549	12	↓4,5,0,3,0,0,0,0,	95713	62	↓4,5,5,3,0,0,0,0,	3	4614	4617	4620
39941	13	↓4,5,0,4,0,0,0,0,	1·54711183	63	↓4,5,5,4,0,0,0,0,	4	6152	6156	6160
55335	14	↓4,5,0,5,0,0,0,0,	26654	64	↓4,5,5,5,0,0,0,0,	5	7690	7695	7700
70731	15	↓4,5,0,6,0,0,0,0,	42127	65	↓4,5,5,6,0,0,0,0,	6	9228	9234	9240
86128	16	↓4,5,0,7,0,0,0,0,	57601	66	↓4,5,5,7,0,0,0,0,	7	10766	10773	10780
1·54001527	17	↓4,5,0,8,0,0,0,0,	73077	67	↓4,5,5,8,0,0,0,0,	8	12304	12312	12320
16927	18	↓4,5,0,9,0,0,0,0,	88554	68	↓4,5,5,9,0,0,0,0,	9	13842	13851	13860
32259	43199187,	↓4,5,1,0,0,0,0,0,	1·54803963	43698937,	↓4,5,6,0,0,0,0,0,	1	1541	1542	1543
47662	20	↓4,5,1,1,0,0,0,0,	19443	70	↓4,5,6,1,0,0,0,0,	2	3082	3084	3086
63067	21	↓4,5,1,2,0,0,0,0,	34925	71	↓4,5,6,2,0,0,0,0,	3	4623	4626	4629
78473	22	↓4,5,1,3,0,0,0,0,	50409	72	↓4,5,6,3,0,0,0,0,	4	6164	6168	6172
93881	23	↓4,5,1,4,0,0,0,0,	65894	73	↓4,5,6,4,0,0,0,0,	5	7705	7710	7715
1·54109290	24	↓4,5,1,5,0,0,0,0,	81381	74	↓4,5,6,5,0,0,0,0,	6	9246	9252	9258
24701	25	↓4,5,1,6,0,0,0,0,	96769	75	↓4,5,6,6,0,0,0,0,	7	10787	10794	10801
40113	26	↓4,5,1,7,0,0,0,0,	1·54912259	76	↓4,5,6,7,0,0,0,0,	8	12328	12336	12344
55527	27	↓4,5,1,8,0,0,0,0,	27750	77	↓4,5,6,8,0,0,0,0,	9	13869	13878	13887
70943	28	↓4,5,1,9,0,0,0,0,	43243	78	↓4,5,6,9,0,0,0,0,				
86292	43299137,	↓4,5,2,0,0,0,0,0,	58767	43798887,	↓4,5,7,0,0,0,0,0,	1	1544	1545	1546
1·54201711	30	↓4,5,2,1,0,0,0,0,	74263	80	↓4,5,7,1,0,0,0,0,	2	3088	3090	3092
17131	31	↓4,5,2,2,0,0,0,0,	89760	81	↓4,5,7,2,0,0,0,0,	3	4632	4635	4638
32553	32	↓4,5,2,3,0,0,0,0,	1·55005259	82	↓4,5,7,3,0,0,0,0,	4	6176	6180	6184
47976	33	↓4,5,2,4,0,0,0,0,	20760	83	↓4,5,7,4,0,0,0,0,	5	7720	7725	7730
63401	34	↓4,5,2,5,0,0,0,0,	36262	84	↓4,5,7,5,0,0,0,0,	6	9264	9270	9276
78827	35	↓4,5,2,6,0,0,0,0,	51766	85	↓4,5,7,6,0,0,0,0,	7	10808	10815	10822
94255	36	↓4,5,2,7,0,0,0,0,	67271	86	↓4,5,7,7,0,0,0,0,	8	12352	12360	12368
1·54309684	37	↓4,5,2,8,0,0,0,0,	82778	87	↓4,5,7,8,0,0,0,0,	9	13896	13905	13914
25115	38	↓4,5,2,9,0,0,0,0,	98286	88	↓4,5,7,9,0,0,0,0,				
40478	43399087,	↓4,5,3,0,0,0,0,0,	1·55113726	43898837,	↓4,5,8,0,0,0,0,0,	1	1547	1548	1549
55912	40	↓4,5,3,1,0,0,0,0,	29237	90	↓4,5,8,1,0,0,0,0,	2	3094	3096	3098
71348	41	↓4,5,3,2,0,0,0,0,	44750	91	↓4,5,8,2,0,0,0,0,	3	4641	4644	4647
86785	42	↓4,5,3,3,0,0,0,0,	60264	92	↓4,5,8,3,0,0,0,0,	4	6188	6192	6196
1·54402224	43	↓4,5,3,4,0,0,0,0,	75780	93	↓4,5,8,4,0,0,0,0,	5	7735	7740	7745
17664	44	↓4,5,3,5,0,0,0,0,	91298	94	↓4,5,8,5,0,0,0,0,	6	9282	9288	9294
33106	45	↓4,5,3,6,0,0,0,0,	1·55206817	95	↓4,5,8,6,0,0,0,0,	7	10829	10836	10843
48549	46	↓4,5,3,7,0,0,0,0,	22338	96	↓4,5,8,7,0,0,0,0,	8	12376	12384	12392
63994	47	↓4,5,3,8,0,0,0,0,	37860	97	↓4,5,8,8,0,0,0,0,	9	13923	13932	13941
79440	48	↓4,5,3,9,0,0,0,0,	53384	98	↓4,5,8,9,0,0,0,0,				
94818	43499037,	↓4,5,4,0,0,0,0,0,	68840	43998787,	↓4,5,9,0,0,0,0,0,	1	1550	1551	1552
1·54510267	50	↓4,5,4,1,0,0,0,0,	84367	4400	↓4,5,9,1,0,0,0,0,	2	3100	3102	3104
25718	51	↓4,5,4,2,0,0,0,0,	99895	01	↓4,5,9,2,0,0,0,0,	3	4650	4653	4656
41171	52	↓4,5,4,3,0,0,0,0,	1·55315425	02	↓4,5,9,3,0,0,0,0,	4	6200	6204	6208
56625	53	↓4,5,4,4,0,0,0,0,	30957	03	↓4,5,9,4,0,0,0,0,	5	7750	7755	7760
72081	54	↓4,5,4,5,0,0,0,0,	46490	04	↓4,5,9,5,0,0,0,0,	6	9300	9306	9312
87538	55	↓4,5,4,6,0,0,0,0,	62025	05	↓4,5,9,6,0,0,0,0,	7	10850	10857	10864
1·54602997	56	↓4,5,4,7,0,0,0,0,	77561	06	↓4,5,9,7,0,0,0,0,	8	12400	12408	12416
18457	57	↓4,5,4,8,0,0,0,0,	93099	07	↓4,5,9,8,0,0,0,0,	9	13950	13959	13968
33919	58	↓4,5,4,9,0,0,0,0,	1·55408638	08	↓4,5,9,9,0,0,0,0,				

Dual Logarithms of powers of 2 and 10.

↓, 2 = 69314718,   ↓, 10 = 230258509,   ↓, 10^4 = 921034037,   ↓, 10^7 = 1611809565,
↓, 4 = 138629437,   ↓, 10^2 = 460517019,   ↓, 10^5 = 1151292546,   ↓, 10^8 = 1842068074,
↓, 8 = 207944154,   ↓, 10^3 = 690775528,   ↓, 10^6 = 1381551056,   ↓, 10^9 = 2072326584,

Nat. No. 1·5541 to 1·5696   D. Log. 4409.... to 4508....   D. No. ↓4,6,0,0, to ↓4,6,9,9,   [47

Natural Numbers.	Dual Logarithms.	Dual Numbers.	Natural Numbers.	Dual Logarithms.	Dual Numbers.	Multiples of Differences.		
1·55417165	44094270,	↓4,6,0,0,0,0,0,0,	1·56195807	44594020,	↓4,6,5,0,0,0,0,0,			
32707	10	↓4,6,0,1,0,0,0,0,	1·56211427	60	↓4,6,5,1,0,0,0,0,	1 1554	1555	1556
48250	11	↓4,6,0,2,0,0,0,0,	27048	61	↓4,6,5,2,0,0,0,0,	2 3108	3110	3112
63795	12	↓4,6,0,3,0,0,0,0,	42671	62	↓4,6,5,3,0,0,0,0,	3 4662	4665	4668
79341	13	↓4,6,0,4,0,0,0,0,	58295	63	↓4,6,5,4,0,0,0,0,	4 6216	6220	6224
						5 7770	7775	7780
94889	14	↓4,6,0,5,0,0,0,0,	73921	64	↓4,6,5,5,0,0,0,0,	6 9324	9330	9336
1·55510438	15	↓4,6,0,6,0,0,0,0,	89548	65	↓4,6,5,6,0,0,0,0,	7 10878	10885	10892
25989	16	↓4,6,0,7,0,0,0,0,	1·56305177	66	↓4,6,5,7,0,0,0,0,	8 12432	12440	12448
41542	17	↓4,6,0,8,0,0,0,0,	20808	67	↓4,6,5,8,0,0,0,0,	9 13986	13995	14004
57096	18	↓4,6,0,9,0,0,0,0,	36440	68	↓4,6,5,9,0,0,0,0,			
72582	44194220,	↓4,6,1,0,0,0,0,0,	52003	44693970,	↓4,6,6,0,0,0,0,0,	1 1557	1558	1559
88139	20	↓4,6,1,1,0,0,0,0,	67638	70	↓4,6,6,1,0,0,0,0,	2 3114	3116	3118
1·55603698	21	↓4,6,1,2,0,0,0,0,	83275	71	↓4,6,6,2,0,0,0,0,	3 4671	4674	4677
19258	22	↓4,6,1,3,0,0,0,0,	98913	72	↓4,6,6,3,0,0,0,0,	4 6228	6232	6236
34820	23	↓4,6,1,4,0,0,0,0,	1·56414553	73	↓4,6,6,4,0,0,0,0,	5 7785	7790	7795
						6 9342	9348	9354
50383	24	↓4,6,1,5,0,0,0,0,	30194	74	↓4,6,6,5,0,0,0,0,	7 10899	10906	10913
65948	25	↓4,6,1,6,0,0,0,0,	45837	75	↓4,6,6,6,0,0,0,0,	8 12456	12464	12472
81515	26	↓4,6,1,7,0,0,0,0,	61482	76	↓4,6,6,7,0,0,0,0,	9 14013	14022	14031
97083	27	↓4,6,1,8,0,0,0,0,	77128	77	↓4,6,6,8,0,0,0,0,	1 1560	1561	1562
1·55712653	28	↓4,6,1,9,0,0,0,0,	92776	78	↓4,6,6,9,0,0,0,0,	2 3120	3122	3124
						3 4680	4683	4686
28155	44294170,	↓4,6,2,0,0,0,0,0,	1·56508355	44793920,	↓4,6,7,0,0,0,0,0,	4 6240	6244	6248
43728	30	↓4,6,2,1,0,0,0,0,	24006	80	↓4,6,7,1,0,0,0,0,	5 7800	7805	7810
59302	31	↓4,6,2,2,0,0,0,0,	39658	81	↓4,6,7,2,0,0,0,0,	6 9360	9366	9372
74878	32	↓4,6,2,3,0,0,0,0,	55313	82	↓4,6,7,3,0,0,0,0,	7 10920	10927	10934
90455	33	↓4,6,2,4,0,0,0,0,	70968	83	↓4,6,7,4,0,0,0,0,	8 12480	12488	12496
						9 14040	14049	14058
1·55806034	34	↓4,6,2,5,0,0,0,0,	86625	84	↓4,6,7,5,0,0,0,0,			
21615	35	↓4,6,2,6,0,0,0,0,	1·56602284	85	↓4,6,7,6,0,0,0,0,	1 1563	1564	1565
37197	36	↓4,6,2,7,0,0,0,0,	17944	86	↓4,6,7,7,0,0,0,0,	2 3126	3128	3130
52781	37	↓4,6,2,8,0,0,0,0,	33606	87	↓4,6,7,8,0,0,0,0,	3 4689	4692	4695
68366	38	↓4,6,2,9,0,0,0,0,	49269	88	↓4,6,7,9,0,0,0,0,	4 6252	6256	6260
						5 7815	7820	7825
83883	44394120,	↓4,6,3,0,0,0,0,0,	64863	44893870,	↓4,6,8,0,0,0,0,0,	6 9378	9384	9390
99471	40	↓4,6,3,1,0,0,0,0,	80529	90	↓4,6,8,1,0,0,0,0,	7 10941	10948	10955
1·55915061	41	↓4,6,3,2,0,0,0,0,	96197	91	↓4,6,8,2,0,0,0,0,	8 12504	12512	12520
30653	42	↓4,6,3,3,0,0,0,0,	1·56711867	92	↓4,6,8,3,0,0,0,0,	9 14067	14076	14085
46246	43	↓4,6,3,4,0,0,0,0,	27538	93	↓4,6,8,4,0,0,0,0,	1 1566	1567	1568
						2 3132	3134	3136
61841	44	↓4,6,3,5,0,0,0,0,	43211	94	↓4,6,8,5,0,0,0,0,	3 4698	4701	4704
77437	45	↓4,6,3,6,0,0,0,0,	58885	95	↓4,6,8,6,0,0,0,0,	4 6264	6268	6272
93035	46	↓4,6,3,7,0,0,0,0,	74561	96	↓4,6,8,7,0,0,0,0,	5 7830	7835	7840
1·56008634	47	↓4,6,3,8,0,0,0,0,	90238	97	↓4,6,8,8,0,0,0,0,	6 9396	9402	9408
24235	48	↓4,6,3,9,0,0,0,0,	1·56805917	98	↓4,6,8,9,0,0,0,0,	7 10962	10969	10976
						8 12528	12536	12544
39767	44494070,	↓4,6,4,0,0,0,0,0,	21528	44993820,	↓4,6,9,0,0,0,0,0,	9 14094	14103	14112
55371	50	↓4,6,4,1,0,0,0,0,	37210	4500	↓4,6,9,1,0,0,0,0,			
70977	51	↓4,6,4,2,0,0,0,0,	52894	01	↓4,6,9,2,0,0,0,0,	1 1569		
86584	52	↓4,6,4,3,0,0,0,0,	68579	02	↓4,6,9,3,0,0,0,0,	2 3138		
1·56102193	53	↓4,6,4,4,0,0,0,0,	84266	03	↓4,6,9,4,0,0,0,0,	3 4707		
						4 6276		
17803	54	↓4,6,4,5,0,0,0,0,	99954	04	↓4,6,9,5,0,0,0,0,	5 7845		
33415	55	↓4,6,4,6,0,0,0,0,	1·56915644	05	↓4,6,9,6,0,0,0,0,	6 9414		
49028	56	↓4,6,4,7,0,0,0,0,	31336	06	↓4,6,9,7,0,0,0,0,	7 10983		
64643	57	↓4,6,4,8,0,0,0,0,	47029	07	↓4,6,9,8,0,0,0,0,	8 12552		
80259	58	↓4,6,4,9,0,0,0,0,	62724	08	↓4,6,9,9,0,0,0,0,	9 14121		

Dual Logarithms of powers of 2 and 10.

↓, 2 = 69314718,   ↓, 10 = 230258509,   ↓, 10^4 = 921034037,   ↓, 10^7 = 1611809565,
↓, 4 = 138629437, ↓, 10^2 = 460517019, ↓, 10^5 = 1151292546, ↓, 10^8 = 1842068074,
↓, 8 = 207944154, ↓, 10^3 = 690775528, ↓, 10^6 = 1381551056, ↓, 10^9 = 2072326584,

48] Nat. No. 1·5697 to 1·5853 D. Log. 4508.... to 4607.... D. No. ↓4,7,0,0, to ↓4,7,9,9,

Natural Numbers.	Dual Logarithms.	Dual Numbers.	Natural Numbers.	Dual Logarithms.	Dual Numbers.	Multiples of Differences.		
1·56971337	45089303,	↓4,7,0,0,0,0,0,0,	1·57757764	45589053,	↓4,7,5,0,0,0,0,0,			
87034	09	↓4,7,0,1,0,0,0,0,	73540	59	↓4,7,5,1,0,0,0,0,	1 1569	1570	1571
1·57002733	10	↓4,7,0,2,0,0,0,0,	89317	60	↓4,7,5,2,0,0,0,0,	2 3138	3140	3142
18433	11	↓4,7,0,3,0,0,0,0,	1·57805096	61	↓4,7,5,3,0,0,0,0,	3 4707	4710	4713
34135	12	↓4,7,0,4,0,0,0,0,	20877	62	↓4,7,5,4,0,0,0,0,	4 6276	6280	6284
						5 7845	7850	7855
49838	13	↓4,7,0,5,0,0,0,0,	36659	63	↓4,7,5,5,0,0,0,0,	6 9414	9420	9426
65543	14	↓4,7,0,6,0,0,0,0,	52443	64	↓4,7,5,6,0,0,0,0,	7 10983	10990	10997
81250	15	↓4,7,0,7,0,0,0,0,	68228	65	↓4,7,5,7,0,0,0,0,	8 12552	12560	12568
96958	16	↓4,7,0,8,0,0,0,0,	84015	66	↓4,7,5,8,0,0,0,0,	9 14121	14130	14139
1·57112668	17	↓4,7,0,9,0,0,0,0,	99803	67	↓4,7,5,9,0,0,0,0,			
28308	45189253,	↓4,7,1,0,0,0,0,0,	1·57915522	45689003,	↓4,7,6,0,0,0,0,0,	1 1572	1573	1574
44021	19	↓4,7,1,1,0,0,0,0,	31314	69	↓4,7,6,1,0,0,0,0,	2 3144	3146	3148
59735	20	↓4,7,1,2,0,0,0,0,	47107	70	↓4,7,6,2,0,0,0,0,	3 4716	4719	4722
75451	21	↓4,7,1,3,0,0,0,0,	62902	71	↓4,7,6,3,0,0,0,0,	4 6288	6292	6296
91169	22	↓4,7,1,4,0,0,0,0,	78698	72	↓4,7,6,4,0,0,0,0,	5 7860	7865	7870
						6 9432	9438	9444
1·57206888	23	↓4,7,1,5,0,0,0,0,	94496	73	↓4,7,6,5,0,0,0,0,	7 11004	11011	11018
22609	24	↓4,7,1,6,0,0,0,0,	1·58010295	74	↓4,7,6,6,0,0,0,0,	8 12576	12584	12592
38331	25	↓4,7,1,7,0,0,0,0,	26096	75	↓4,7,6,7,0,0,0,0,	9 14148	14157	14166
54055	26	↓4,7,1,8,0,0,0,0,	41899	76	↓4,7,6,8,0,0,0,0,	1 1575	1576	1577
69780	27	↓4,7,1,9,0,0,0,0,	57703	77	↓4,7,6,9,0,0,0,0,	2 3150	3152	3154
						3 4725	4728	4731
85436	45289203,	↓4,7,2,0,0,0,0,0,	73438	45788953,	↓4,7,7,0,0,0,0,0,	4 6300	6304	6308
1·57301165	29	↓4,7,2,1,0,0,0,0,	89245	79	↓4,7,7,1,0,0,0,0,	5 7875	7880	7885
16895	30	↓4,7,2,2,0,0,0,0,	1·58105054	80	↓4,7,7,2,0,0,0,0,	6 9450	9456	9462
32627	31	↓4,7,2,3,0,0,0,0,	20865	81	↓4,7,7,3,0,0,0,0,	7 11025	11032	11039
48360	32	↓4,7,2,4,0,0,0,0,	36677	82	↓4,7,7,4,0,0,0,0,	8 12600	12608	12616
						9 14175	14184	14193
64095	33	↓4,7,2,5,0,0,0,0,	52491	83	↓4,7,7,5,0,0,0,0,			
79831	34	↓4,7,2,6,0,0,0,0,	68306	84	↓4,7,7,6,0,0,0,0,	1 1578	1579	1580
95569	35	↓4,7,2,7,0,0,0,0,	84123	85	↓4,7,7,7,0,0,0,0,	2 3156	3158	3160
1·57411309	36	↓4,7,2,8,0,0,0,0,	99941	86	↓4,7,7,8,0,0,0,0,	3 4734	4737	4740
27050	37	↓4,7,2,9,0,0,0,0,	1·58215761	87	↓4,7,7,9,0,0,0,0,	4 6312	6316	6320
						5 7890	7895	7900
42721	45389153,	↓4,7,3,0,0,0,0,0,	31511	45888903,	↓4,7,8,0,0,0,0,0,	6 9468	9474	9480
58465	39	↓4,7,3,1,0,0,0,0,	47334	89	↓4,7,8,1,0,0,0,0,	7 11046	11053	11060
74211	40	↓4,7,3,2,0,0,0,0,	63159	90	↓4,7,8,2,0,0,0,0,	8 12624	12632	12640
89958	41	↓4,7,3,3,0,0,0,0,	78985	91	↓4,7,8,3,0,0,0,0,	9 14202	14211	14220
1·57505707	42	↓4,7,3,4,0,0,0,0,	94813	92	↓4,7,8,4,0,0,0,0,			
21458	43	↓4,7,3,5,0,0,0,0,	1·58310642	93	↓4,7,8,5,0,0,0,0,	1 1581	1582	1583
37210	44	↓4,7,3,6,0,0,0,0,	26473	94	↓4,7,8,6,0,0,0,0,	2 3162	3164	3166
52964	45	↓4,7,3,7,0,0,0,0,	42306	95	↓4,7,8,7,0,0,0,0,	3 4743	4746	4749
68719	46	↓4,7,3,8,0,0,0,0,	58140	96	↓4,7,8,8,0,0,0,0,	4 6324	6328	6332
84476	47	↓4,7,3,9,0,0,0,0,	73976	97	↓4,7,8,9,0,0,0,0,	5 7905	7910	7915
						6 9486	9492	9498
1·57600164	45489103,	↓4,7,4,0,0,0,0,0,	89743	45988853,	↓4,7,9,0,0,0,0,0,	7 11067	11074	11081
15924	49	↓4,7,4,1,0,0,0,0,	1·58405582	99	↓4,7,9,1,0,0,0,0,	8 12648	12656	12664
31686	50	↓4,7,4,2,0,0,0,0,	21423	4600	↓4,7,9,2,0,0,0,0,	9 14229	14238	14247
47449	51	↓4,7,4,3,0,0,0,0,	37265	01	↓4,7,9,3,0,0,0,0,			
63214	52	↓4,7,4,4,0,0,0,0,	53109	02	↓4,7,9,4,0,0,0,0,	1 1584	1585	
						2 3168	3170	
78980	53	↓4,7,4,5,0,0,0,0,	68954	03	↓4,7,9,5,0,0,0,0,	3 4752	4755	
94748	54	↓4,7,4,6,0,0,0,0,	84801	04	↓4,7,9,6,0,0,0,0,	4 6336	6340	
1·57710517	55	↓4,7,4,7,0,0,0,0,	1·58500649	05	↓4,7,9,7,0,0,0,0,	5 7920	7925	
26288	56	↓4,7,4,8,0,0,0,0,	16499	06	↓4,7,9,8,0,0,0,0,	6 9504	9510	
42061	57	↓4,7,4,9,0,0,0,0,	32351	07	↓4,7,9,9,0,0,0,0,	7 11088	11095	
						8 12672	12680	
						9 14256	14265	

Dual Logarithms of powers of 2 and 10.

↓, 2 = 69314718, ↓, 10 = 230258509, ↓, 10⁴ = 921034037, ↓, 10⁷ = 1611809565,
↓, 4 = 138629437, ↓, 10² = 460517019, ↓, 10⁵ = 1151292546, ↓, 10⁸ = 1842068074,
↓, 8 = 207944154, ↓, 10³ = 690775528, ↓, 10⁶ = 1381551056, ↓, 10⁹ = 2072326584,

Nat. No. 1·5854 to 1·6011   D. Log. 4608.... to 4707....   D. No. ↓4,8,0,0, to ↓4,8,9,9,   [49

Natural Numbers.	Dual Logarithms.	Dual Numbers.	Natural Numbers.	Dual Logarithms.	Dual Numbers.	Multiples of Differences.		
1·58541050	46084336,	↓4,8,0,0,0,0,0,0,	1·59335342	46584086,	↓4,8,5,0,0,0,0,0,			
56904	09	↓4,8,0,1,0,0,0,0,	51276	59	↓4,8,5,1,0,0,0,0,	1	1585	1586	1587
72760	10	↓4,8,0,2,0,0,0,0,	67211	60	↓4,8,5,2,0,0,0,0,	2	3170	3172	3174
88617	11	↓4,8,0,3,0,0,0,0,	83148	61	↓4,8,5,3,0,0,0,0,	3	4755	4758	4761
1·58604476	12	↓4,8,0,4,0,0,0,0,	99086	62	↓4,8,5,4,0,0,0,0,	4	6340	6344	6348
						5	7925	7930	7935
20336	13	↓4,8,0,5,0,0,0,0,	1·59415026	63	↓4,8,5,5,0,0,0,0,	6	9510	9516	9522
36198	14	↓4,8,0,6,0,0,0,0,	30968	64	↓4,8,5,6,0,0,0,0,	7	11095	11102	11109
52062	15	↓4,8,0,7,0,0,0,0,	46911	65	↓4,8,5,7,0,0,0,0,	8	12680	12688	12696
67927	16	↓4,8,0,8,0,0,0,0,	62856	66	↓4,8,5,8,0,0,0,0,	9	14265	14274	14283
83794	17	↓4,8,0,9,0,0,0,0,	78802	67	↓4,8,5,9,0,0,0,0,				
99591	46184286,	↓4,8,1,0,0,0,0,0,	94677	46684036,	↓4,8,6,0,0,0,0,0,	1	1588	1589	1590
1·58715461	19	↓4,8,1,1,0,0,0,0,	1·59510626	69	↓4,8,6,1,0,0,0,0,	2	3176	3178	3180
31333	20	↓4,8,1,2,0,0,0,0,	26577	70	↓4,8,6,2,0,0,0,0,	3	4764	4767	4770
47206	21	↓4,8,1,3,0,0,0,0,	42530	71	↓4,8,6,3,0,0,0,0,	4	6352	6356	6360
63081	22	↓4,8,1,4,0,0,0,0,	58484	72	↓4,8,6,4,0,0,0,0,	5	7940	7945	7950
						6	9528	9534	9540
78957	23	↓4,8,1,5,0,0,0,0,	74440	73	↓4,8,6,5,0,0,0,0,	7	11116	11123	11130
94835	24	↓4,8,1,6,0,0,0,0,	90397	74	↓4,8,6,6,0,0,0,0,	8	12704	12712	12720
1·58810714	25	↓4,8,1,7,0,0,0,0,	1·59606356	75	↓4,8,6,7,0,0,0,0,	9	14292	14301	14310
26595	26	↓4,8,1,8,0,0,0,0,	22317	76	↓4,8,6,8,0,0,0,0,				
42478	27	↓4,8,1,9,0,0,0,0,	38279	77	↓4,8,6,9,0,0,0,0,	1	1591	1592	1593
						2	3182	3184	3186
58291	46284236,	↓4,8,2,0,0,0,0,0,	54172	46783986,	↓4,8,7,0,0,0,0,0,	3	4773	4776	4779
74177	29	↓4,8,2,1,0,0,0,0,	70137	79	↓4,8,7,1,0,0,0,0,	4	6364	6368	6372
90064	30	↓4,8,2,2,0,0,0,0,	86104	80	↓4,8,7,2,0,0,0,0,	5	7955	7960	7965
1·58905953	31	↓4,8,2,3,0,0,0,0,	1·59702073	81	↓4,8,7,3,0,0,0,0,	6	9546	9552	9558
21844	32	↓4,8,2,4,0,0,0,0,	18043	82	↓4,8,7,4,0,0,0,0,	7	11137	11144	11151
						8	12728	12736	12744
37736	33	↓4,8,2,5,0,0,0,0,	34015	83	↓4,8,7,5,0,0,0,0,	9	14319	14328	14337
53630	34	↓4,8,2,6,0,0,0,0,	49988	84	↓4,8,7,6,0,0,0,0,				
69525	35	↓4,8,2,7,0,0,0,0,	65963	85	↓4,8,7,7,0,0,0,0,	1	1594	1595	1596
85422	36	↓4,8,2,8,0,0,0,0,	81940	86	↓4,8,7,8,0,0,0,0,	2	3188	3190	3192
1·59001321	37	↓4,8,2,9,0,0,0,0,	97918	87	↓4,8,7,9,0,0,0,0,	3	4782	4785	4788
						4	6376	6380	6384
17149	46384186,	↓4,8,3,0,0,0,0,0,	1·59813826	46883936,	↓4,8,8,0,0,0,0,0,	5	7970	7975	7980
33051	39	↓4,8,3,1,0,0,0,0,	29807	89	↓4,8,8,1,0,0,0,0,	6	9564	9570	9576
48954	40	↓4,8,3,2,0,0,0,0,	45790	90	↓4,8,8,2,0,0,0,0,	7	11158	11165	11172
64859	41	↓4,8,3,3,0,0,0,0,	61775	91	↓4,8,8,3,0,0,0,0,	8	12752	12760	12768
80765	42	↓4,8,3,4,0,0,0,0,	77761	92	↓4,8,8,4,0,0,0,0,	9	14346	14355	14364
						1	1597	1598	1599
96673	43	↓4,8,3,5,0,0,0,0,	93749	93	↓4,8,8,5,0,0,0,0,	2	3194	3196	3198
1·59112583	44	↓4,8,3,6,0,0,0,0,	1·59909738	94	↓4,8,8,6,0,0,0,0,	3	4791	4794	4797
28494	45	↓4,8,3,7,0,0,0,0,	25729	95	↓4,8,8,7,0,0,0,0,	4	6388	6392	6396
44407	46	↓4,8,3,8,0,0,0,0,	41722	96	↓4,8,8,8,0,0,0,0,	5	7985	7990	7995
60321	47	↓4,8,3,9,0,0,0,0,	57716	97	↓4,8,8,9,0,0,0,0,	6	9582	9588	9594
						7	11179	11186	11193
76166	46484136,	↓4,8,4,0,0,0,0,0,	73640	46983886,	↓4,8,9,0,0,0,0,0,	8	12776	12784	12792
92084	49	↓4,8,4,1,0,0,0,0,	89637	99	↓4,8,9,1,0,0,0,0,	9	14373	14382	14391
1·59208003	50	↓4,8,4,2,0,0,0,0,	1·56005636	4700	↓4,8,9,2,0,0,0,0,				
23924	51	↓4,8,4,3,0,0,0,0,	21637	01	↓4,8,9,3,0,0,0,0,	1	1600	1601	
39846	52	↓4,8,4,4,0,0,0,0,	37639	02	↓4,8,9,4,0,0,0,0,	2	3200	3202	
						3	4800	4803	
55770	53	↓4,8,4,5,0,0,0,0,	53643	03	↓4,8,9,5,0,0,0,0,	4	6400	6404	
71696	54	↓4,8,4,6,0,0,0,0,	69648	04	↓4,8,9,6,0,0,0,0,	5	8000	8005	
87623	55	↓4,8,4,7,0,0,0,0,	85655	05	↓4,8,9,7,0,0,0,0,	6	9600	9606	
1·59303552	56	↓4,8,4,8,0,0,0,0,	1·60101664	06	↓4,8,9,8,0,0,0,0,	7	11200	11207	
19482	57	↓4,8,4,9,0,0,0,0,	17674	07	↓4,8,9,9,0,0,0,0,	8	12800	12808	
						9	14400	14409	

Dual Logarithms of powers of 2 and 10.

↓, 2 = 69314718,   ↓, 10 = 230258509,   ↓, 10^4 = 921034037,   ↓, 10^7 = 1611809565,
↓, 4 = 138629437,   ↓, 10^2 = 460517019,   ↓, 10^5 = 1151292546,   ↓, 10^8 = 1842068074,
↓, 8 = 207944154,   ↓, 10^3 = 690775528,   ↓, 10^6 = 1381551056,   ↓, 10^9 = 2072326584,

II

50] Nat. No. 1·6012 to 1·6171   D. Log. 4707.... to 4806....   D. No. ↓4,9,0,0, to ↓4,9,9,9,

Natural Numbers.	Dual Logarithms.	Dual Numbers.	Natural Numbers.	Dual Logarithms.	Dual Numbers.	Multiples of Differences.
1·60126461	47079369,	↓4,9,0,0,0,0,0,0,	1·60928696	47579119,	↓4,9,5,0,0,0,0,0,	
42474	08	↓4,9,0,1,0,0,0,0,	44789	58	↓4,9,5,1,0,0,0,0,	1 1601 1602 1603
58488	09	↓4,9,0,2,0,0,0,0,	60883	59	↓4,9,5,2,0,0,0,0,	2 3202 3204 3206
74504	10	↓4,9,0,3,0,0,0,0,	76979	60	↓4,9,5,3,0,0,0,0,	3 4803 4806 4809
90521	11	↓4,9,0,4,0,0,0,0,	93077	61	↓4,9,5,4,0,0,0,0,	4 6404 6408 6412
						5 8005 8010 8015
1·60206540	12	↓4,9,0,5,0,0,0,0,	1·61009176	62	↓4,9,5,5,0,0,0,0,	6 9606 9612 9618
22561	13	↓4,9,0,6,0,0,0,0,	25277	63	↓4,9,5,6,0,0,0,0,	7 11207 11214 11221
38583	14	↓4,9,0,7,0,0,0,0,	41380	64	↓4,9,5,7,0,0,0,0,	8 12808 12816 12824
54607	15	↓4,9,0,8,0,0,0,0,	57484	65	↓4,9,5,8,0,0,0,0,	9 14409 14418 14427
70632	16	↓4,9,0,9,0,0,0,0,	73590	66	↓4,9,5,9,0,0,0,0,	
86587	47179319,	↓4,9,1,0,0,0,0,0,	89625	47679069,	↓4,9,6,0,0,0,0,0,	1 1604 1605 1606
1·60302616	18	↓4,9,1,1,0,0,0,0,	1·61105734	68	↓4,9,6,1,0,0,0,0,	2 3208 3210 3212
18646	19	↓4,9,1,2,0,0,0,0,	21845	69	↓4,9,6,2,0,0,0,0,	3 4812 4815 4818
34678	20	↓4,9,1,3,0,0,0,0,	37957	70	↓4,9,6,3,0,0,0,0,	4 6416 6420 6424
50711	21	↓4,9,1,4,0,0,0,0,	54071	71	↓4,9,6,4,0,0,0,0,	5 8020 8025 8030
						6 9624 9630 9636
66746	22	↓4,9,1,5,0,0,0,0,	70186	72	↓4,9,6,5,0,0,0,0,	7 11228 11235 11242
82783	23	↓4,9,1,6,0,0,0,0,	86303	73	↓4,9,6,6,0,0,0,0,	8 12832 12840 12848
98821	24	↓4,9,1,7,0,0,0,0,	1·61202422	74	↓4,9,6,7,0,0,0,0,	9 14436 14445 14454
1·60414861	25	↓4,9,1,8,0,0,0,0,	18542	75	↓4,9,6,8,0,0,0,0,	1 1607 1608 1609
30902	26	↓4,9,1,9,0,0,0,0,	34664	76	↓4,9,6,9,0,0,0,0,	2 3214 3216 3218
						3 4821 4824 4827
46874	47279269,	↓4,9,2,0,0,0,0,0,	50715	47779019,	↓4,9,7,0,0,0,0,0,	4 6428 6432 6436
62919	28	↓4,9,2,1,0,0,0,0,	66840	78	↓4,9,7,1,0,0,0,0,	5 8035 8040 8045
78965	29	↓4,9,2,2,0,0,0,0,	82967	79	↓4,9,7,2,0,0,0,0,	6 9642 9648 9654
95013	30	↓4,9,2,3,0,0,0,0,	99095	80	↓4,9,7,3,0,0,0,0,	7 11249 11256 11263
1·60511063	31	↓4,9,2,4,0,0,0,0,	1·61315225	81	↓4,9,7,4,0,0,0,0,	8 12856 12864 12872
						9 14463 14472 14481
27114	32	↓4,9,2,5,0,0,0,0,	31357	82	↓4,9,7,5,0,0,0,0,	
43167	33	↓4,9,2,6,0,0,0,0,	47490	83	↓4,9,7,6,0,0,0,0,	1 1610 1611 1612
59221	34	↓4,9,2,7,0,0,0,0,	63625	84	↓4,9,7,7,0,0,0,0,	2 3220 3222 3224
75277	35	↓4,9,2,8,0,0,0,0,	79761	85	↓4,9,7,8,0,0,0,0,	3 4830 4833 4836
91335	36	↓4,9,2,9,0,0,0,0,	95899	86	↓4,9,7,9,0,0,0,0,	4 6440 6444 6448
						5 8050 8055 8060
1·60607321	47379219,	↓4,9,3,0,0,0,0,0,	1·61411966	47879069,	↓4,9,8,0,0,0,0,0,	6 9660 9666 9672
23382	38	↓4,9,3,1,0,0,0,0,	28107	88	↓4,9,8,1,0,0,0,0,	7 11270 11277 11284
39444	39	↓4,9,3,2,0,0,0,0,	44250	89	↓4,9,8,2,0,0,0,0,	8 12880 12888 12896
55508	40	↓4,9,3,3,0,0,0,0,	60394	90	↓4,9,8,3,0,0,0,0,	9 14490 14499 14508
71574	41	↓4,9,3,4,0,0,0,0,	76540	91	↓4,9,8,4,0,0,0,0,	
						1 1613 1614 1615
87641	42	↓4,9,3,5,0,0,0,0,	92688	92	↓4,9,8,5,0,0,0,0,	2 3226 3228 3230
1·60703710	43	↓4,9,3,6,0,0,0,0,	1·61508837	93	↓4,9,8,6,0,0,0,0,	3 4839 4842 4845
19780	44	↓4,9,3,7,0,0,0,0,	24988	94	↓4,9,8,7,0,0,0,0,	4 6452 6456 6460
35852	45	↓4,9,3,8,0,0,0,0,	41140	95	↓4,9,8,8,0,0,0,0,	5 8065 8070 8075
51926	46	↓4,9,3,9,0,0,0,0,	57294	96	↓4,9,8,9,0,0,0,0,	6 9678 9684 9690
						7 11291 11298 11305
67928	47479169,	↓4,9,4,0,0,0,0,0,	73378	47978919,	↓4,9,9,0,0,0,0,0,	8 12904 12912 12920
84005	48	↓4,9,4,1,0,0,0,0,	89535	98	↓4,9,9,1,0,0,0,0,	9 14517 14526 14535
1·60800083	49	↓4,9,4,2,0,0,0,0,	1·61605694	99	↓4,9,9,2,0,0,0,0,	
16163	50	↓4,9,4,3,0,0,0,0,	21855	4800	↓4,9,9,3,0,0,0,0,	1 1616 1617
32245	51	↓4,9,4,4,0,0,0,0,	38017	01	↓4,9,9,4,0,0,0,0,	2 3232 3234
						3 4848 4851
48328	52	↓4,9,4,5,0,0,0,0,	54181	02	↓4,9,9,5,0,0,0,0,	4 6464 6468
64413	53	↓4,9,4,6,0,0,0,0,	70346	03	↓4,9,9,6,0,0,0,0,	5 8080 8085
80499	54	↓4,9,4,7,0,0,0,0,	86513	04	↓4,9,9,7,0,0,0,0,	6 9696 9702
96587	55	↓4,9,4,8,0,0,0,0,	1·61702682	05	↓4,9,9,8,0,0,0,0,	7 11312 11319
1·60912677	56	↓4,9,4,9,0,0,0,0,	18852	06	↓4,9,9,9,0,0,0,0,	8 12928 12936
						9 14544 14553

Dual Logarithms of powers of 2 and 10.

↓, 2 = 69314718,   ↓, 10 = 230258509,   ↓, 10^4 = 921034037,   ↓, 10^7 = 1611809565,
↓, 4 = 138629437, ↓, 10^2 = 460517019, ↓, 10^5 = 1151292546, ↓, 10^8 = 1842068074,
↓, 8 = 207944154, ↓, 10^3 = 690775528, ↓, 10^6 = 1381551056, ↓, 10^9 = 2072326584,

Nat. No. 1·6105 to 1·6265   D. Log. 4765.... to 4864....   D. No. ↓4,0,0,0, to ↓4,0,9,9,   [51

Natural Numbers.	Dual Logarithms.	Dual Numbers.	Natural Numbers.	Dual Logarithms.	Dual Numbers.	Multiples of Differences.
1·61051000	4765 5090,	↓5,0,0,0,0,0,0,0,	1·61857867	4815 4840,	↓5,0,5,0,0,0,0,0,	
67105	66	↓5,0,0,1,0,0,0,0,	74053	16	↓5,0,5,1,0,0,0,0,	1 1610 1611 1612
83211	67	↓5,0,0,2,0,0,0,0,	90240	17	↓5,0,5,2,0,0,0,0,	2 3220 3222 3224
99319	68	↓5,0,0,3,0,0,0,0,	1·61906429	18	↓5,0,5,3,0,0,0,0,	3 4830 4833 4836
1·61115429	69	↓5,0,0,4,0,0,0,0,	22620	19	↓5,0,5,4,0,0,0,0,	4 6440 6444 6448
						5 8050 8055 8060
31541	70	↓5,0,0,5,0,0,0,0,	38812	20	↓5,0,5,5,0,0,0,0,	6 9660 9666 9672
47654	71	↓5,0,0,6,0,0,0,0,	55006	21	↓5,0,5,6,0,0,0,0,	7 11270 11277 11284
63769	72	↓5,0,0,7,0,0,0,0,	71201	22	↓5,0,5,7,0,0,0,0,	8 12880 12888 12896
79885	73	↓5,0,0,8,0,0,0,0,	87398	23	↓5,0,5,8,0,0,0,0,	9 14490 14499 14508
96003	74	↓5,0,0,9,0,0,0,0,	1·62003597	24	↓5,0,5,9,0,0,0,0,	
						1 1613 1614 1615
1·61212051	4775 5040,	↓5,0,1,0,0,0,0,0,	19725	4825 4790,	↓5,0,6,0,0,0,0,0,	2 3226 3228 3230
28172	76	↓5,0,1,1,0,0,0,0,	35927	26	↓5,0,6,1,0,0,0,0,	3 4839 4842 4845
44295	77	↓5,0,1,2,0,0,0,0,	52131	27	↓5,0,6,2,0,0,0,0,	4 6452 6456 6460
60419	78	↓5,0,1,3,0,0,0,0,	68336	28	↓5,0,6,3,0,0,0,0,	5 8065 8070 8075
76545	79	↓5,0,1,4,0,0,0,0,	84543	29	↓5,0,6,4,0,0,0,0,	6 9678 9684 9690
						7 11291 11298 11305
92673	80	↓5,0,1,5,0,0,0,0,	1·62100751	30	↓5,0,6,5,0,0,0,0,	8 12904 12912 12920
1·61308802	81	↓5,0,1,6,0,0,0,0,	16961	31	↓5,0,6,6,0,0,0,0,	9 14517 14526 14535
24933	82	↓5,0,1,7,0,0,0,0,	33173	32	↓5,0,6,7,0,0,0,0,	
41065	83	↓5,0,1,8,0,0,0,0,	49386	33	↓5,0,6,8,0,0,0,0,	1 1616 1617 1618
57199	84	↓5,0,1,9,0,0,0,0,	65601	34	↓5,0,6,9,0,0,0,0,	2 3232 3234 3236
						3 4848 4851 4854
73263	4785 4990,	↓5,0,2,0,0,0,0,0,	81745	4835 4740,	↓5,0,7,0,0,0,0,0,	4 6464 6468 6472
89400	86	↓5,0,2,1,0,0,0,0,	97963	36	↓5,0,7,1,0,0,0,0,	5 8080 8085 8090
1·61405539	87	↓5,0,2,2,0,0,0,0,	1·62214183	37	↓5,0,7,2,0,0,0,0,	6 9696 9702 9708
21680	88	↓5,0,2,3,0,0,0,0,	30404	38	↓5,0,7,3,0,0,0,0,	7 11312 11319 11326
37822	89	↓5,0,2,4,0,0,0,0,	46627	39	↓5,0,7,4,0,0,0,0,	8 12928 12936 12944
						9 14544 14553 14562
53966	90	↓5,0,2,5,0,0,0,0,	62852	40	↓5,0,7,5,0,0,0,0,	
70111	91	↓5,0,2,6,0,0,0,0,	79078	41	↓5,0,7,6,0,0,0,0,	1 1619 1620 1621
86258	92	↓5,0,2,7,0,0,0,0,	95306	42	↓5,0,7,7,0,0,0,0,	2 3238 3240 3242
1·61502407	93	↓5,0,2,8,0,0,0,0,	1·62311536	43	↓5,0,7,8,0,0,0,0,	3 4857 4860 4863
18557	94	↓5,0,2,9,0,0,0,0,	27767	44	↓5,0,7,9,0,0,0,0,	4 6476 6480 6484
						5 8095 8100 8105
34636	4795 4940,	↓5,0,3,0,0,0,0,0,	43927	4845 4690,	↓5,0,8,0,0,0,0,0,	6 9714 9720 9726
50789	96	↓5,0,3,1,0,0,0,0,	60161	46	↓5,0,8,1,0,0,0,0,	7 11333 11340 11347
66944	97	↓5,0,3,2,0,0,0,0,	76397	47	↓5,0,8,2,0,0,0,0,	8 12952 12960 12968
83101	98	↓5,0,3,3,0,0,0,0,	92635	48	↓5,0,8,3,0,0,0,0,	9 14571 14580 14589
99259	99	↓5,0,3,4,0,0,0,0,	1·62408874	49	↓5,0,8,4,0,0,0,0,	
						1 1622 1623 1624
1·61615419	4800	↓5,0,3,5,0,0,0,0,	25115	50	↓5,0,8,5,0,0,0,0,	2 3244 3246 3248
31581	01	↓5,0,3,6,0,0,0,0,	41358	51	↓5,0,8,6,0,0,0,0,	3 4866 4869 4872
47744	02	↓5,0,3,7,0,0,0,0,	57602	52	↓5,0,8,7,0,0,0,0,	4 6488 6492 6496
63909	03	↓5,0,3,8,0,0,0,0,	73848	53	↓5,0,8,8,0,0,0,0,	5 8110 8115 8120
80075	04	↓5,0,3,9,0,0,0,0,	90095	54	↓5,0,8,9,0,0,0,0,	6 9732 9738 9744
						7 11354 11361 11368
96171	4805 4890,	↓5,0,4,0,0,0,0,0,	1·62506271	4855 4640,	↓5,0,9,0,0,0,0,0,	8 12976 12984 12992
1·61712341	06	↓5,0,4,1,0,0,0,0,	22522	56	↓5,0,9,1,0,0,0,0,	9 14598 14607 14616
28512	07	↓5,0,4,2,0,0,0,0,	38774	57	↓5,0,9,2,0,0,0,0,	
44685	08	↓5,0,4,3,0,0,0,0,	55028	58	↓5,0,9,3,0,0,0,0,	1 1625 1626
60859	09	↓5,0,4,4,0,0,0,0,	71284	59	↓5,0,9,4,0,0,0,0,	2 3250 3252
						3 4875 4878
77035	10	↓5,0,4,5,0,0,0,0,	87541	60	↓5,0,9,5,0,0,0,0,	4 6500 6504
93213	11	↓5,0,4,6,0,0,0,0,	1·62603800	61	↓5,0,9,6,0,0,0,0,	5 8125 8130
1·61809392	12	↓5,0,4,7,0,0,0,0,	20060	62	↓5,0,9,7,0,0,0,0,	6 9750 9756
25573	13	↓5,0,4,8,0,0,0,0,	36322	63	↓5,0,9,8,0,0,0,0,	7 11375 11382
41756	14	↓5,0,4,9,0,0,0,0,	52586	64	↓5,0,9,9,0,0,0,0,	8 13000 13008
						9 14625 14634

Dual Logarithms of powers of 2 and 10.

↓, 2 = 69314718,   ↓, 10 = 230258509,   ↓, 10^4 = 921034037,   ↓, 10^7 = 1611809565,
↓, 4 = 138629437,   ↓, 10^2 = 460517019, ↓, 10^5 = 1151292546, ↓, 10^8 = 1842068074,
↓, 8 = 207944154,   ↓, 10^3 = 690775528, ↓, 10^6 = 1381551056, ↓, 10^9 = 2072326584,

52] Nat. No. 1·6266 to 1·6427   D. Log. 4865.... to 4964....   D. No. ↓5,1,0,0, to ↓5,1,9,9,

Natural Numbers.	Dual Logarithms.	Dual Numbers.	Natural Numbers.	Dual Logarithms.	Dual Numbers.	Multiples of Differences.
1·62661510	48650123,	↓5,1,0,0,0,0,0,0,	1·63476446	49149873,	↓5,1,5,0,0,0,0,0,	
77776	66	↓5,1,0,1,0,0,0,0,	92794	15	↓5,1,5,1,0,0,0,0,	
94044	67	↓5,1,0,2,0,0,0,0,	1·63509143	16	↓5,1,5,2,0,0,0,0,	1 1626 1627 1628
1·62710313	68	↓5,1,0,3,0,0,0,0,	25494	17	↓5,1,5,3,0,0,0,0,	2 3252 3254 3256
26584	69	↓5,1,0,4,0,0,0,0,	41847	18	↓5,1,5,4,0,0,0,0,	3 4878 4881 4884
						4 6504 6508 6512
						5 8130 8135 8140
42857	70	↓5,1,0,5,0,0,0,0,	58201	19	↓5,1,5,5,0,0,0,0,	6 9756 9762 9768
59131	71	↓5,1,0,6,0,0,0,0,	74557	20	↓5,1,5,6,0,0,0,0,	7 11382 11389 11396
75407	72	↓5,1,0,7,0,0,0,0,	90914	21	↓5,1,5,7,0,0,0,0,	8 13008 13016 13024
91685	73	↓5,1,0,8,0,0,0,0,	1·63607273	22	↓5,1,5,8,0,0,0,0,	9 14634 14643 14652
1·62807964	74	↓5,1,0,9,0,0,0,0,	23634	23	↓5,1,5,9,0,0,0,0,	
24172	48750073,	↓5,1,1,0,0,0,0,0,	39922	49249823,	↓5,1,6,0,0,0,0,0,	1 1629 1630 1631
40454	76	↓5,1,1,1,0,0,0,0,	56286	25	↓5,1,6,1,0,0,0,0,	2 3258 3260 3262
56738	77	↓5,1,1,2,0,0,0,0,	72652	26	↓5,1,6,2,0,0,0,0,	3 4887 4890 4893
73024	78	↓5,1,1,3,0,0,0,0,	89019	27	↓5,1,6,3,0,0,0,0,	4 6516 6520 6524
89311	79	↓5,1,1,4,0,0,0,0,	1·63705388	28	↓5,1,6,4,0,0,0,0,	5 8145 8150 8155
						6 9774 9780 9786
1·62905600	80	↓5,1,1,5,0,0,0,0,	21759	29	↓5,1,6,5,0,0,0,0,	7 11403 11410 11417
21891	81	↓5,1,1,6,0,0,0,0,	38131	30	↓5,1,6,6,0,0,0,0,	8 13032 13040 13048
38183	82	↓5,1,1,7,0,0,0,0,	54505	31	↓5,1,6,7,0,0,0,0,	9 14661 14670 14679
54477	83	↓5,1,1,8,0,0,0,0,	70880	32	↓5,1,6,8,0,0,0,0,	
70772	84	↓5,1,1,9,0,0,0,0,	87257	33	↓5,1,6,9,0,0,0,0,	1 1632 1633 1634
						2 3264 3266 3268
86996	48850023,	↓5,1,2,0,0,0,0,0,	1·63803562	49349773,	↓5,1,7,0,0,0,0,0,	3 4896 4899 4902
1·63003295	86	↓5,1,2,1,0,0,0,0,	19942	35	↓5,1,7,1,0,0,0,0,	4 6528 6532 6536
19595	87	↓5,1,2,2,0,0,0,0,	36324	36	↓5,1,7,2,0,0,0,0,	5 8160 8165 8170
35897	88	↓5,1,2,3,0,0,0,0,	52708	37	↓5,1,7,3,0,0,0,0,	6 9792 9798 9804
52201	89	↓5,1,2,4,0,0,0,0,	69093	38	↓5,1,7,4,0,0,0,0,	7 11424 11431 11438
						8 13056 13064 13072
68506	90	↓5,1,2,5,0,0,0,0,	85480	39	↓5,1,7,5,0,0,0,0,	9 14688 14697 14706
84813	91	↓5,1,2,6,0,0,0,0,	1·63901869	40	↓5,1,7,6,0,0,0,0,	
1·63101121	92	↓5,1,2,7,0,0,0,0,	18259	41	↓5,1,7,7,0,0,0,0,	1 1635 1636 1637
17431	93	↓5,1,2,8,0,0,0,0,	34651	42	↓5,1,7,8,0,0,0,0,	2 3270 3272 3274
33743	94	↓5,1,2,9,0,0,0,0,	51044	43	↓5,1,7,9,0,0,0,0,	3 4905 4908 4911
						4 6540 6544 6548
49983	48949973,	↓5,1,3,0,0,0,0,0,	67365	49449723,	↓5,1,8,0,0,0,0,0,	5 8175 8180 8185
66298	95	↓5,1,3,1,0,0,0,0,	83762	45	↓5,1,8,1,0,0,0,0,	6 9810 9816 9822
82615	96	↓5,1,3,2,0,0,0,0,	1·64000161	46	↓5,1,8,2,0,0,0,0,	7 11445 11452 11459
98933	97	↓5,1,3,3,0,0,0,0,	16561	47	↓5,1,8,3,0,0,0,0,	8 13080 13088 13096
1·63215253	98	↓5,1,3,4,0,0,0,0,	32963	48	↓5,1,8,4,0,0,0,0,	9 14715 14724 14733
31575	4899	↓5,1,3,5,0,0,0,0,	49366	49	↓5,1,8,5,0,0,0,0,	1 1638 1639 1640
47898	4900	↓5,1,3,6,0,0,0,0,	65771	50	↓5,1,8,6,0,0,0,0,	2 3276 3278 3280
64223	01	↓5,1,3,7,0,0,0,0,	82178	51	↓5,1,8,7,0,0,0,0,	3 4914 4917 4920
80549	02	↓5,1,3,8,0,0,0,0,	98586	52	↓5,1,8,8,0,0,0,0,	4 6552 6556 6560
96877	03	↓5,1,3,9,0,0,0,0,	1·64114996	53	↓5,1,8,9,0,0,0,0,	5 8190 8195 8200
						6 9828 9834 9840
1·63313133	49049923,	↓5,1,4,0,0,0,0,0,	31332	49549673,	↓5,1,9,0,0,0,0,0,	7 11466 11473 11480
29464	05	↓5,1,4,1,0,0,0,0,	47745	55	↓5,1,9,1,0,0,0,0,	8 13104 13112 13120
45797	06	↓5,1,4,2,0,0,0,0,	64160	56	↓5,1,9,2,0,0,0,0,	9 14742 14751 14760
62132	07	↓5,1,4,3,0,0,0,0,	80576	57	↓5,1,9,3,0,0,0,0,	1 1641 1642
78468	08	↓5,1,4,4,0,0,0,0,	96994	58	↓5,1,9,4,0,0,0,0,	2 3282 3284
						3 4923 4926
94806	09	↓5,1,4,5,0,0,0,0,	1·64213414	59	↓5,1,9,5,0,0,0,0,	4 6564 6568
1·63411145	10	↓5,1,4,6,0,0,0,0,	29835	60	↓5,1,9,6,0,0,0,0,	5 8205 8210
27486	11	↓5,1,4,7,0,0,0,0,	46258	61	↓5,1,9,7,0,0,0,0,	6 9846 9852
43829	12	↓5,1,4,8,0,0,0,0,	62683	62	↓5,1,9,8,0,0,0,0,	7 11487 11494
60173	13	↓5,1,4,9,0,0,0,0,	79110	63	↓5,1,9,9,0,0,0,0,	8 13128 13136
						9 14769 14778

Dual Logarithms of powers of 2 and 10.

↓, 2 = 69314718,   ↓, 10 = 230258509,   ↓, 10^4 = 921034037,   ↓, 10^7 = 1611809565,
↓, 4 = 138629437,   ↓, 10^2 = 460517019,   ↓, 10^5 = 1151292546,   ↓, 10^8 = 1842068074,
↓, 8 = 207944154,   ↓, 10^3 = 690775528,   ↓, 10^6 = 1381551056,   ↓, 10^9 = 2072326584,

Nat. No. 1·6428 to 1·6592   D. Log. 4964.... to 5063....   D. No. ↓5,2,0,0, to ↓5,2,9,9, [53

Natural Numbers.	Dual Logarithms.	Dual Numbers.	Natural Numbers.	Dual Logarithms.	Dual Numbers.	Multiples of Differences.
1·64288125	49645156,	↓5,2,0,0,0,0,0,	1·65111210	50144906,	↓5,2,5,0,0,0,0,	
1·64304554	65	↓5,2,0,1,0,0,0,	27721	15	↓5,2,5,1,0,0,0,	1 1642 1643 1644
20984	66	↓5,2,0,2,0,0,0,	44234	16	↓5,2,5,2,0,0,0,	2 3284 3286 3288
37416	67	↓5,2,0,3,0,0,0,	60748	17	↓5,2,5,3,0,0,0,	3 4926 4929 4932
53850	68	↓5,2,0,4,0,0,0,	77264	18	↓5,2,5,4,0,0,0,	4 6568 6572 6576
						5 8210 8215 8220
70285	69	↓5,2,0,5,0,0,0,	93782	19	↓5,2,5,5,0,0,0,	6 9852 9858 9864
86722	70	↓5,2,0,6,0,0,0,	1·65210301	20	↓5,2,5,6,0,0,0,	7 11494 11501 11508
1·64403161	71	↓5,2,0,7,0,0,0,	26822	21	↓5,2,5,7,0,0,0,	8 13136 13144 13152
19601	72	↓5,2,0,8,0,0,0,	43345	22	↓5,2,5,8,0,0,0,	9 14778 14787 14796
36043	73	↓5,2,0,9,0,0,0,	59869	23	↓5,2,5,9,0,0,0,	
						1 1645 1646 1647
52413	49745106,	↓5,2,1,0,0,0,0,	76320	50244856,	↓5,2,6,0,0,0,0,	2 3290 3292 3294
68858	75	↓5,2,1,1,0,0,0,	92848	25	↓5,2,6,1,0,0,0,	3 4935 4938 4941
85305	76	↓5,2,1,2,0,0,0,	1·65309377	26	↓5,2,6,2,0,0,0,	4 6580 6584 6588
1·64501754	77	↓5,2,1,3,0,0,0,	25908	27	↓5,2,6,3,0,0,0,	5 8225 8230 8235
18204	78	↓5,2,1,4,0,0,0,	42441	28	↓5,2,6,4,0,0,0,	6 9870 9876 9882
						7 11515 11522 11529
						8 13160 13168 13176
34656	79	↓5,2,1,5,0,0,0,	58975	29	↓5,2,6,5,0,0,0,	9 14805 14814 14823
51109	80	↓5,2,1,6,0,0,0,	75511	30	↓5,2,6,6,0,0,0,	
67564	81	↓5,2,1,7,0,0,0,	92049	31	↓5,2,6,7,0,0,0,	
84021	82	↓5,2,1,8,0,0,0,	1·65408588	32	↓5,2,6,8,0,0,0,	1 1648 1649 1650
1·64600479	83	↓5,2,1,9,0,0,0,	25129	33	↓5,2,6,9,0,0,0,	2 3296 3298 3300
						3 4944 4947 4950
						4 6592 6596 6600
16865	49845056,	↓5,2,2,0,0,0,0,	41596	50344806,	↓5,2,7,0,0,0,0,	5 8240 8245 8250
33327	85	↓5,2,2,1,0,0,0,	58140	35	↓5,2,7,1,0,0,0,	6 9888 9894 9900
49790	86	↓5,2,2,2,0,0,0,	74686	36	↓5,2,7,2,0,0,0,	7 11536 11543 11550
66255	87	↓5,2,2,3,0,0,0,	91233	37	↓5,2,7,3,0,0,0,	8 13184 13192 13200
82722	88	↓5,2,2,4,0,0,0,	1·65507782	38	↓5,2,7,4,0,0,0,	9 14832 14841 14850
99190	89	↓5,2,2,5,0,0,0,	24333	39	↓5,2,7,5,0,0,0,	
1·64715660	90	↓5,2,2,6,0,0,0,	40885	40	↓5,2,7,6,0,0,0,	1 1651 1652 1653
32132	91	↓5,2,2,7,0,0,0,	57439	41	↓5,2,7,7,0,0,0,	2 3302 3304 3306
48605	92	↓5,2,2,8,0,0,0,	73995	42	↓5,2,7,8,0,0,0,	3 4953 4956 4959
65080	93	↓5,2,2,9,0,0,0,	90552	43	↓5,2,7,9,0,0,0,	4 6604 6608 6612
						5 8255 8260 8265
						6 9906 9912 9918
81482	49945006,	↓5,2,3,0,0,0,0,	1·65607037	50444756,	↓5,2,8,0,0,0,0,	7 11557 11564 11571
97960	95	↓5,2,3,1,0,0,0,	23598	45	↓5,2,8,1,0,0,0,	8 13208 13216 13224
1·64814440	96	↓5,2,3,2,0,0,0,	40160	46	↓5,2,8,2,0,0,0,	9 14859 14868 14877
30921	97	↓5,2,3,3,0,0,0,	56724	47	↓5,2,8,3,0,0,0,	
47404	98	↓5,2,3,4,0,0,0,	73290	48	↓5,2,8,4,0,0,0,	1 1654 1655 1656
						2 3308 3310 3312
63889	99	↓5,2,3,5,0,0,0,	89857	49	↓5,2,8,5,0,0,0,	3 4962 4965 4968
80375	5000	↓5,2,3,6,0,0,0,	1·65706426	50	↓5,2,8,6,0,0,0,	4 6616 6620 6624
96863	01	↓5,2,3,7,0,0,0,	22997	51	↓5,2,8,7,0,0,0,	5 8270 8275 8280
1·64913353	02	↓5,2,3,8,0,0,0,	39569	52	↓5,2,8,8,0,0,0,	6 9924 9930 9936
29844	03	↓5,2,3,9,0,0,0,	56143	53	↓5,2,8,9,0,0,0,	7 11578 11585 11592
						8 13232 13240 13248
46263	50044956,	↓5,2,4,0,0,0,0,	72644	50544706,	↓5,2,9,0,0,0,0,	9 14886 14895 14904
62758	05	↓5,2,4,1,0,0,0,	89221	55	↓5,2,9,1,0,0,0,	
79254	06	↓5,2,4,2,0,0,0,	1·65805800	56	↓5,2,9,2,0,0,0,	1 1657 1658 1659
95752	07	↓5,2,4,3,0,0,0,	22381	57	↓5,2,9,3,0,0,0,	2 3314 3316 3318
1·65012252	08	↓5,2,4,4,0,0,0,	38963	58	↓5,2,9,4,0,0,0,	3 4971 4974 4977
						4 6628 6632 6636
28753	09	↓5,2,4,5,0,0,0,	55547	59	↓5,2,9,5,0,0,0,	5 8285 8290 8295
45256	10	↓5,2,4,6,0,0,0,	72133	60	↓5,2,9,6,0,0,0,	6 9942 9948 9954
61761	11	↓5,2,4,7,0,0,0,	88720	61	↓5,2,9,7,0,0,0,	7 11599 11606 11613
78267	12	↓5,2,4,8,0,0,0,	1·65905309	62	↓5,2,9,8,0,0,0,	8 13256 13264 13272
94775	13	↓5,2,4,9,0,0,0,	21900	63	↓5,2,9,9,0,0,0,	9 14913 14922 14931

Dual Logarithms of powers of 2 and 10.

↓, 2 = 69314718,   ↓, 10 = 230258509,   ↓, 10^4 = 921034037,   ↓, 10^7 = 1611809565,
↓, 4 = 138629437,   ↓, 10^2 = 460517019,   ↓, 10^5 = 1151292546,   ↓, 10^8 = 1842068074,
↓, 8 = 207944154,   ↓, 10^3 = 690775528,   ↓, 10^6 = 1381551056,   ↓, 10^9 = 2072326584,

[54] Nat. No. 1·6593 to 1·6758   D. Log. 5064.... to 5162....   D. No. ↓5,3,0,0, to ↓5,3,9,9,

Natural Numbers.	Dual Logarithms.	Dual Numbers.	Natural Numbers.	Dual Logarithms.	Dual Numbers.	Multiples of Differences.		
1·65931006	50640189,	↓5,3,0,0,0,0,0,0,	1·66762322	51139939,	↓5,3,5,0,0,0,0,0,			
47599	65	↓5,3,0,1,0,0,0,0,	78998	14	↓5,3,5,1,0,0,0,0,			
64194	66	↓5,3,0,2,0,0,0,0,	95676	15	↓5,3,5,2,0,0,0,0,	1	1659 1660 1661	
80790	67	↓5,3,0,3,0,0,0,0,	1·66812356	16	↓5,3,5,3,0,0,0,0,	2	3318 3320 3322	
97388	68	↓5,3,0,4,0,0,0,0,	29037	17	↓5,3,5,4,0,0,0,0,	3	4977 4980 4983	
						4	6636 6640 6644	
						5	8295 8300 8305	
1·66013988	69	↓5,3,0,5,0,0,0,0,	45720	18	↓5,3,5,5,0,0,0,0,	6	9954 9960 9966	
30589	70	↓5,3,0,6,0,0,0,0,	62405	19	↓5,3,5,6,0,0,0,0,	7	11613 11620 11627	
47192	71	↓5,3,0,7,0,0,0,0,	79091	20	↓5,3,5,7,0,0,0,0,	8	13272 13280 13288	
63797	72	↓5,3,0,8,0,0,0,0,	95779	21	↓5,3,5,8,0,0,0,0,	9	14931 14940 14949	
80403	73	↓5,3,0,9,0,0,0,0,	1·66912469	22	↓5,3,5,9,0,0,0,0,			
96937	50740139,	↓5,3,1,0,0,0,0,0,	29084	51239889,	↓5,3,6,0,0,0,0,0,	1	1662 1663 1664	
1·66113547	75	↓5,3,1,1,0,0,0,0,	45777	24	↓5,3,6,1,0,0,0,0,	2	3324 3326 3328	
30158	76	↓5,3,1,2,0,0,0,0,	62472	25	↓5,3,6,2,0,0,0,0,	3	4986 4989 4992	
46771	77	↓5,3,1,3,0,0,0,0,	79168	26	↓5,3,6,3,0,0,0,0,	4	6648 6652 6656	
63386	78	↓5,3,1,4,0,0,0,0,	95866	27	↓5,3,6,4,0,0,0,0,	5	8310 8315 8320	
						6	9972 9978 9984	
						7	11634 11641 11648	
80002	79	↓5,3,1,5,0,0,0,0,	1·67012566	28	↓5,3,6,5,0,0,0,0,	8	13296 13304 13312	
96620	80	↓5,3,1,6,0,0,0,0,	29267	29	↓5,3,6,6,0,0,0,0,	9	14958 14967 14976	
1·66213239	81	↓5,3,1,7,0,0,0,0,	45970	30	↓5,3,6,7,0,0,0,0,			
29860	82	↓5,3,1,8,0,0,0,0,	62675	31	↓5,3,6,8,0,0,0,0,	1	1665 1666 1667	
46483	83	↓5,3,1,9,0,0,0,0,	79381	32	↓5,3,6,9,0,0,0,0,	2	3330 3332 3334	
						3	4995 4998 5001	
63034	50840089,	↓5,3,2,0,0,0,0,0,	96013	51339839,	↓5,3,7,0,0,0,0,0,	4	6660 6664 6668	
79660	85	↓5,3,2,1,0,0,0,0,	1·67112723	34	↓5,3,7,1,0,0,0,0,	5	8325 8330 8335	
96288	86	↓5,3,2,2,0,0,0,0,	29434	35	↓5,3,7,2,0,0,0,0,	6	9990 9996 10002	
1·66312918	87	↓5,3,2,3,0,0,0,0,	46147	36	↓5,3,7,3,0,0,0,0,	7	11655 11662 11669	
29549	88	↓5,3,2,4,0,0,0,0,	62862	37	↓5,3,7,4,0,0,0,0,	8	13320 13328 13336	
						9	14985 14994 15003	
46182	89	↓5,3,2,5,0,0,0,0,	79578	38	↓5,3,7,5,0,0,0,0,			
62817	90	↓5,3,2,6,0,0,0,0,	96296	39	↓5,3,7,6,0,0,0,0,	1	1668 1669 1670	
79453	91	↓5,3,2,7,0,0,0,0,	1·67213016	40	↓5,3,7,7,0,0,0,0,	2	3336 3338 3340	
96091	92	↓5,3,2,8,0,0,0,0,	29737	41	↓5,3,7,8,0,0,0,0,	3	5004 5007 5010	
1·66412731	93	↓5,3,2,9,0,0,0,0,	46460	42	↓5,3,7,9,0,0,0,0,	4	6672 6676 6680	
						5	8340 8345 8350	
						6	10008 10014 10020	
29297	50940039,	↓5,3,3,0,0,0,0,0,	63109	51439789,	↓5,3,8,0,0,0,0,0,	7	11676 11683 11690	
45940	95	↓5,3,3,1,0,0,0,0,	79835	44	↓5,3,8,1,0,0,0,0,	8	13344 13352 13360	
62585	96	↓5,3,3,2,0,0,0,0,	96563	45	↓5,3,8,2,0,0,0,0,	9	15012 15021 15030	
79231	97	↓5,3,3,3,0,0,0,0,	1·67313293	46	↓5,3,8,3,0,0,0,0,			
95878	98	↓5,3,3,4,0,0,0,0,	30024	47	↓5,3,8,4,0,0,0,0,	1	1671 1672 1673	
						2	3342 3344 3346	
1·66512528	99	↓5,3,3,5,0,0,0,0,	46757	48	↓5,3,8,5,0,0,0,0,	3	5013 5016 5019	
29179	5100	↓5,3,3,6,0,0,0,0,	63492	49	↓5,3,8,6,0,0,0,0,	4	6684 6688 6692	
45832	01	↓5,3,3,7,0,0,0,0,	80228	50	↓5,3,8,7,0,0,0,0,	5	8355 8360 8365	
62487	02	↓5,3,3,8,0,0,0,0,	96966	51	↓5,3,8,8,0,0,0,0,	6	10026 10032 10038	
79143	03	↓5,3,3,9,0,0,0,0,	1·67413706	52	↓5,3,8,9,0,0,0,0,	7	11697 11704 11711	
						8	13368 13376 13384	
95726	51039989,	↓5,3,4,0,0,0,0,0,	30372	51539739,	↓5,3,9,0,0,0,0,0,	9	15039 15048 15057	
1·66612386	04	↓5,3,4,1,0,0,0,0,	47115	54	↓5,3,9,1,0,0,0,0,			
29047	05	↓5,3,4,2,0,0,0,0,	63860	55	↓5,3,9,2,0,0,0,0,	1	1674 1675	
45710	06	↓5,3,4,3,0,0,0,0,	80606	56	↓5,3,9,3,0,0,0,0,	2	3348 3350	
62375	07	↓5,3,4,4,0,0,0,0,	97354	57	↓5,3,9,4,0,0,0,0,	3	5022 5025	
						4	6696 6700	
79041	08	↓5,3,4,5,0,0,0,0,	1·67514104	58	↓5,3,9,5,0,0,0,0,	5	8370 8375	
95709	09	↓5,3,4,6,0,0,0,0,	30855	59	↓5,3,9,6,0,0,0,0,	6	10044 10050	
1·66712379	10	↓5,3,4,7,0,0,0,0,	47608	60	↓5,3,9,7,0,0,0,0,	7	11718 11725	
29050	11	↓5,3,4,8,0,0,0,0,	64363	61	↓5,3,9,8,0,0,0,0,	8	13392 13400	
45723	12	↓5,3,4,9,0,0,0,0,	81119	62	↓5,3,9,9,0,0,0,0,	9	15066 15075	

Dual Logarithms of powers of 2 and 10.

↓, 2 = 69314718,   ↓, 10 = 230258509,   ↓, 10^4 = 921034037,   ↓, 10^7 = 1611809565,
↓, 4 = 138629437,   ↓, 10^2 = 460517019,   ↓, 10^5 = 1151292546,   ↓, 10^8 = 1842068074,
↓, 8 = 207944154,   ↓, 10^3 = 690775528,   ↓, 10^6 = 1381551056,   ↓, 10^9 = 2072326584,

Nat. No. 1·6759 to 1·6925   D. Log. 5163.... to 5262...   D. No. ↓5,4,0,0, to ↓5,4,9,9,   [55

Natural Numbers.	Dual Logarithms.	Dual Numbers.	Natural Numbers.	Dual Logarithms.	Dual Numbers.	Multiples of Differences.		
1·67590316	51635222,	↓5,4,0,0,0,0,0,0,	1·68429946	52134972,	↓5,4,5,0,0,0,0,0,			
1·67607075	64	↓5,4,0,1,0,0,0,0,	46789	14	↓5,4,5,1,0,0,0,0,	1	1675	1676	1677
23836	65	↓5,4,0,2,0,0,0,0,	63634	15	↓5,4,5,2,0,0,0,0,	2	3350	3352	3354
40598	66	↓5,4,0,3,0,0,0,0,	80480	16	↓5,4,5,3,0,0,0,0,	3	5025	5028	5031
57362	67	↓5,4,0,4,0,0,0,0,	97328	17	↓5,4,5,4,0,0,0,0,	4	6700	6704	6708
						5	8375	8380	8385
74128	68	↓5,4,0,5,0,0,0,0,	1·68514178	18	↓5,4,5,5,0,0,0,0,	6	10050	10056	10062
90895	69	↓5,4,0,6,0,0,0,0,	31029	19	↓5,4,5,6,0,0,0,0,	7	11725	11732	11739
1·67707664	70	↓5,4,0,7,0,0,0,0,	47882	20	↓5,4,5,7,0,0,0,0,	8	13400	13408	13416
24435	71	↓5,4,0,8,0,0,0,0,	64737	21	↓5,4,5,8,0,0,0,0,	9	15075	15084	15093
41207	72	↓5,4,0,9,0,0,0,0,	81593	22	↓5,4,5,9,0,0,0,0,			
						1	1678	1679	1680
57906	51735172,	↓5,4,1,0,0,0,0,0,	98376	52234922,	↓5,4,6,0,0,0,0,0,	2	3356	3358	3360
74682	74	↓5,4,1,1,0,0,0,0,	1·68615236	24	↓5,4,6,1,0,0,0,0,	3	5034	5037	5040
91459	75	↓5,4,1,2,0,0,0,0,	32098	25	↓5,4,6,2,0,0,0,0,	4	6712	6716	6720
1·67808238	76	↓5,4,1,3,0,0,0,0,	48961	26	↓5,4,6,3,0,0,0,0,	5	8390	8395	8400
25019	77	↓5,4,1,4,0,0,0,0,	65826	27	↓5,4,6,4,0,0,0,0,	6	10068	10074	10080
						7	11746	11753	11760
41802	78	↓5,4,1,5,0,0,0,0,	82693	28	↓5,4,6,5,0,0,0,0,	8	13424	13432	13440
58586	79	↓5,4,1,6,0,0,0,0,	99561	29	↓5,4,6,6,0,0,0,0,	9	15102	15111	15120
75372	80	↓5,4,1,7,0,0,0,0,	1·68716431	30	↓5,4,6,7,0,0,0,0,			
92160	81	↓5,4,1,8,0,0,0,0,	33303	31	↓5,4,6,8,0,0,0,0,	1	1681	1682	1683
1·67908949	82	↓5,4,1,9,0,0,0,0,	50176	32	↓5,4,6,9,0,0,0,0,	2	3362	3364	3366
						3	5043	5046	5049
25664	51835122,	↓5,4,2,0,0,0,0,0,	66974	52334872,	↓5,4,7,0,0,0,0,0,	4	6724	6728	6732
42457	84	↓5,4,2,1,0,0,0,0,	83851	34	↓5,4,7,1,0,0,0,0,	5	8405	8410	8415
59251	85	↓5,4,2,2,0,0,0,0,	1·68800729	35	↓5,4,7,2,0,0,0,0,	6	10086	10092	10098
76047	86	↓5,4,2,3,0,0,0,0,	17609	36	↓5,4,7,3,0,0,0,0,	7	11767	11774	11781
92845	87	↓5,4,2,4,0,0,0,0,	34492	37	↓5,4,7,4,0,0,0,0,	8	13448	13456	13464
						9	15129	15138	15147
1·68009644	88	↓5,4,2,5,0,0,0,0,	51374	38	↓5,4,7,5,0,0,0,0,			
26445	89	↓5,4,2,6,0,0,0,0,	68259	39	↓5,4,7,6,0,0,0,0,	1	1684	1685	1686
43248	90	↓5,4,2,7,0,0,0,0,	85146	40	↓5,4,7,7,0,0,0,0,	2	3368	3370	3372
60052	91	↓5,4,2,8,0,0,0,0,	1·68902035	41	↓5,4,7,8,0,0,0,0,	3	5052	5055	5058
76858	92	↓5,4,2,9,0,0,0,0,	18925	42	↓5,4,7,9,0,0,0,0,	4	6736	6740	6744
						5	8420	8425	8430
93590	51935072,	↓5,4,3,0,0,0,0,0,	35741	52434822,	↓5,4,8,0,0,0,0,0,	6	10104	10110	10116
1·68110399	94	↓5,4,3,1,0,0,0,0,	52635	44	↓5,4,8,1,0,0,0,0,	7	11788	11795	11802
27210	95	↓5,4,3,2,0,0,0,0,	69530	45	↓5,4,8,2,0,0,0,0,	8	13472	13480	13488
44023	96	↓5,4,3,3,0,0,0,0,	86427	46	↓5,4,8,3,0,0,0,0,	9	15156	15165	15174
60837	97	↓5,4,3,4,0,0,0,0,	1·69003326	47	↓5,4,8,4,0,0,0,0,			
						1	1687	1688	1689
77653	98	↓5,4,3,5,0,0,0,0,	20226	48	↓5,4,8,5,0,0,0,0,	2	3374	3376	3378
94471	99	↓5,4,3,6,0,0,0,0,	37128	49	↓5,4,8,6,0,0,0,0,	3	5061	5064	5067
1·68211290	5200	↓5,4,3,7,0,0,0,0,	54032	50	↓5,4,8,7,0,0,0,0,	4	6748	6752	6756
28111	01	↓5,4,3,8,0,0,0,0,	70937	51	↓5,4,8,8,0,0,0,0,	5	8435	8440	8445
44933	02	↓5,4,3,9,0,0,0,0,	87844	52	↓5,4,8,9,0,0,0,0,	6	10122	10128	10134
						7	11809	11816	11823
61684	52035022,	↓5,4,4,0,0,0,0,0,	1·69104677	52534772,	↓5,4,9,0,0,0,0,0,	8	13496	13504	13512
78510	04	↓5,4,4,1,0,0,0,0,	21587	54	↓5,4,9,1,0,0,0,0,	9	15183	15192	15201
95338	05	↓5,4,4,2,0,0,0,0,	38499	55	↓5,4,9,2,0,0,0,0,			
1·68312168	06	↓5,4,4,3,0,0,0,0,	55413	56	↓5,4,9,3,0,0,0,0,	1	1690	1691	1692
28999	07	↓5,4,4,4,0,0,0,0,	72329	57	↓5,4,9,4,0,0,0,0,	2	3380	3382	3384
						3	5070	5073	5076
45832	08	↓5,4,4,5,0,0,0,0,	89246	58	↓5,4,9,5,0,0,0,0,	4	6760	6764	6768
62667	09	↓5,4,4,6,0,0,0,0,	1·69206165	59	↓5,4,9,6,0,0,0,0,	5	8450	8455	8460
79503	10	↓5,4,4,7,0,0,0,0,	23086	60	↓5,4,9,7,0,0,0,0,	6	10140	10146	10152
96341	11	↓5,4,4,8,0,0,0,0,	40008	61	↓5,4,9,8,0,0,0,0,	7	11830	11837	11844
1·68413181	12	↓5,4,4,9,0,0,0,0,	56932	62	↓5,4,9,9,0,0,0,0,	8	13520	13528	13536
						9	15210	15219	15228

Dual Logarithms of powers of 2 and 10.

↓, 2 = 69314718,   ↓, 10 = 230258509,   ↓, 10⁴ = 921034037,   ↓, 10⁷ = 1611809565,
↓, 4 = 138629437,   ↓, 10² = 460517019,   ↓, 10⁵ = 1151292546,   ↓, 10⁸ = 1842068074,
↓, 8 = 207944154,   ↓, 10³ = 690775528,   ↓, 10⁶ = 1381551056,   ↓, 10⁹ = 2072326584,

56] Nat. No. 1·6926 to 1·7094 D. Log. 5263.... to 5361.... D. No. ↓5,5,0,0, to ↓5,5,9,9,

Natural Numbers.	Dual Logarithms.	Dual Numbers.	Natural Numbers.	Dual Logarithms.	Dual Numbers.	Multiples of Differences.
1·69266219	52630255,	↓5,5,0,0,0,0,0,0,	1·70114244	53130005,	↓5,5,5,0,0,0,0,0,	
83146	64	↓5,5,0,1,0,0,0,0,	31255	14	↓5,5,5,1,0,0,0,0,	1 1692 1693 1694
1·69300074	65	↓5,5,0,2,0,0,0,0,	48268	15	↓5,5,5,2,0,0,0,0,	2 3384 3386 3388
17004	66	↓5,5,0,3,0,0,0,0,	65283	16	↓5,5,5,3,0,0,0,0,	3 5076 5079 5082
33936	67	↓5,5,0,4,0,0,0,0,	82300	17	↓5,5,5,4,0,0,0,0,	4 6768 6772 6776
						5 8460 8465 8470
50869	68	↓5,5,0,5,0,0,0,0,	99318	18	↓5,5,5,5,0,0,0,0,	6 10152 10158 10164
67804	69	↓5,5,0,6,0,0,0,0,	1·70216338	19	↓5,5,5,6,0,0,0,0,	7 11844 11851 11858
84741	70	↓5,5,0,7,0,0,0,0,	33360	20	↓5,5,5,7,0,0,0,0,	8 13536 13544 13552
1·69401679	71	↓5,5,0,8,0,0,0,0,	50383	21	↓5,5,5,8,0,0,0,0,	9 15228 15237 15246
18619	72	↓5,5,0,9,0,0,0,0,	67408	22	↓5,5,5,9,0,0,0,0,	
						1 1695 1696 1697
35485	52730205,	↓5,5,1,0,0,0,0,0,	84358	53229955,	↓5,5,6,0,0,0,0,0,	2 3390 3392 3394
52428	74	↓5,5,1,1,0,0,0,0,	1·70301386	23	↓5,5,6,1,0,0,0,0,	3 5085 5088 5091
69373	75	↓5,5,1,2,0,0,0,0,	18416	24	↓5,5,6,2,0,0,0,0,	4 6780 6784 6788
86320	76	↓5,5,1,3,0,0,0,0,	35448	25	↓5,5,6,3,0,0,0,0,	5 8475 8480 8485
1·69503269	77	↓5,5,1,4,0,0,0,0,	52482	26	↓5,5,6,4,0,0,0,0,	6 10170 10176 10182
						7 11865 11872 11879
20219	78	↓5,5,1,5,0,0,0,0,	69517	27	↓5,5,6,5,0,0,0,0,	8 13560 13568 13576
37171	79	↓5,5,1,6,0,0,0,0,	86554	28	↓5,5,6,6,0,0,0,0,	9 15255 15264 15273
54125	80	↓5,5,1,7,0,0,0,0,	1·70403593	29	↓5,5,6,7,0,0,0,0,	
71080	81	↓5,5,1,8,0,0,0,0,	20633	30	↓5,5,6,8,0,0,0,0,	1 1698 1699 1700
88037	82	↓5,5,1,9,0,0,0,0,	37675	31	↓5,5,6,9,0,0,0,0,	2 3396 3398 3400
						3 5094 5097 5100
1·69604920	52830155,	↓5,5,2,0,0,0,0,0,	54642	53329905,	↓5,5,7,0,0,0,0,0,	4 6792 6796 6800
21880	84	↓5,5,2,1,0,0,0,0,	71687	33	↓5,5,7,1,0,0,0,0,	5 8490 8495 8500
38842	85	↓5,5,2,2,0,0,0,0,	88734	34	↓5,5,7,2,0,0,0,0,	6 10188 10194 10200
55806	86	↓5,5,2,3,0,0,0,0,	1·70505783	35	↓5,5,7,3,0,0,0,0,	7 11886 11893 11900
72772	87	↓5,5,2,4,0,0,0,0,	22834	36	↓5,5,7,4,0,0,0,0,	8 13584 13592 13600
						9 15282 15291 15300
89739	88	↓5,5,2,5,0,0,0,0,	39886	37	↓5,5,7,5,0,0,0,0,	
1·69706708	89	↓5,5,2,6,0,0,0,0,	56940	38	↓5,5,7,6,0,0,0,0,	1 1701 1702 1703
23679	90	↓5,5,2,7,0,0,0,0,	73996	39	↓5,5,7,7,0,0,0,0,	2 3402 3404 3406
40651	91	↓5,5,2,8,0,0,0,0,	91053	40	↓5,5,7,8,0,0,0,0,	3 5103 5106 5109
57625	92	↓5,5,2,9,0,0,0,0,	1·70608112	41	↓5,5,7,9,0,0,0,0,	4 6804 6808 6812
						5 8505 8510 8515
74525	52930105,	↓5,5,3,0,0,0,0,0,	25096	53429855,	↓5,5,8,0,0,0,0,0,	6 10206 10212 10218
91502	94	↓5,5,3,1,0,0,0,0,	42159	43	↓5,5,8,1,0,0,0,0,	7 11907 11914 11921
1·69808481	95	↓5,5,3,2,0,0,0,0,	59223	44	↓5,5,8,2,0,0,0,0,	8 13608 13616 13624
25462	96	↓5,5,3,3,0,0,0,0,	76289	45	↓5,5,8,3,0,0,0,0,	9 15309 15318 15327
42445	97	↓5,5,3,4,0,0,0,0,	93357	46	↓5,5,8,4,0,0,0,0,	
						1 1704 1705 1706
59429	98	↓5,5,3,5,0,0,0,0,	1·70710426	47	↓5,5,8,5,0,0,0,0,	2 3408 3410 3412
76415	99	↓5,5,3,6,0,0,0,0,	27497	48	↓5,5,8,6,0,0,0,0,	3 5112 5115 5118
93403	5300	↓5,5,3,7,0,0,0,0,	44570	49	↓5,5,8,7,0,0,0,0,	4 6816 6820 6824
1·69910392	01	↓5,5,3,8,0,0,0,0,	61644	50	↓5,5,8,8,0,0,0,0,	5 8520 8525 8530
27383	02	↓5,5,3,9,0,0,0,0,	78720	51	↓5,5,8,9,0,0,0,0,	6 10224 10230 10236
						7 11928 11935 11942
44300	53030055,	↓5,5,4,0,0,0,0,0,	95721	53529805,	↓5,5,9,0,0,0,0,0,	8 13632 13640 13648
61294	04	↓5,5,4,1,0,0,0,0,	1·70812801	53	↓5,5,9,1,0,0,0,0,	9 15336 15345 15354
78290	05	↓5,5,4,2,0,0,0,0,	29882	54	↓5,5,9,2,0,0,0,0,	
95288	06	↓5,5,4,3,0,0,0,0,	46965	55	↓5,5,9,3,0,0,0,0,	1 1707 1708 1709
1·70012288	07	↓5,5,4,4,0,0,0,0,	64050	56	↓5,5,9,4,0,0,0,0,	2 3414 3416 3418
						3 5121 5124 5127
29289	08	↓5,5,4,5,0,0,0,0,	81136	57	↓5,5,9,5,0,0,0,0,	4 6828 6832 6836
46292	09	↓5,5,4,6,0,0,0,0,	98224	58	↓5,5,9,6,0,0,0,0,	5 8535 8540 8545
63297	10	↓5,5,4,7,0,0,0,0,	1·70915314	59	↓5,5,9,7,0,0,0,0,	6 10242 10248 10254
80303	11	↓5,5,4,8,0,0,0,0,	32406	60	↓5,5,9,8,0,0,0,0,	7 11949 11956 11963
97311	12	↓5,5,4,9,0,0,0,0,	49499	61	↓5,5,9,9,0,0,0,0,	8 13656 13664 13672
						9 15363 15372 15381

Dual Logarithms of powers of 2 and 10.

↓, 2 = 69314718,   ↓, 10 = 230258509,   ↓, 10^4 = 921034037,   ↓, 10^7 = 1611809565,
↓, 4 = 138629437, ↓, 10^2 = 460517019,   ↓, 10^5 = 1151292546,   ↓, 10^8 = 1842068074,
↓, 8 = 207944154, ↓, 10^3 = 690775528,   ↓, 10^6 = 1381551056,   ↓, 10^9 = 2072326584,

Nat. No. 1·7095 to 1·7265 D. Log. 5362.... to 5461.... D. No. ↓5,6,0,0, to ↓5,6,9,9, [57

Natural Numbers.	Dual Logarithms.	Dual Numbers.	Natural Numbers.	Dual Logarithms.	Dual Numbers.	Multiples of Differences.		
1·70958881	53625288,	↓5,6,0,0,0,0,0,0,	1·71815387	54125038,	↓5,6,5,0,0,0,0,0,			
75977	63	↓5,6,0,1,0,0,0,0,	32569	13	↓5,6,5,1,0,0,0,0,	1	1709	1710	1711
93075	64	↓5,6,0,2,0,0,0,0,	49752	14	↓5,6,5,2,0,0,0,0,	2	3418	3420	3422
1·71010174	65	↓5,6,0,3,0,0,0,0,	66937	15	↓5,6,5,3,0,0,0,0,	3	5127	5130	5133
27275	66	↓5,6,0,4,0,0,0,0,	84124	16	↓5,6,5,4,0,0,0,0,	4	6836	6840	6844
						5	8545	8550	8555
44378	67	↓5,6,0,5,0,0,0,0,	1·71901312	17	↓5,6,5,5,0,0,0,0,	6	10254	10260	10266
61482	68	↓5,6,0,6,0,0,0,0,	18502	18	↓5,6,5,6,0,0,0,0,	7	11963	11970	11977
78588	69	↓5,6,0,7,0,0,0,0,	35694	19	↓5,6,5,7,0,0,0,0,	8	13672	13680	13688
95696	70	↓5,6,0,8,0,0,0,0,	52888	20	↓5,6,5,8,0,0,0,0,	9	15381	15390	15399
1·71112806	71	↓5,6,0,9,0,0,0,0,	70083	21	↓5,6,5,9,0,0,0,0,				
						1	1712	1713	1714
29840	53725238,	↓5,6,1,0,0,0,0,0,	87202	54224988,	↓5,6,6,0,0,0,0,0,	2	3424	3426	3428
46953	73	↓5,6,1,1,0,0,0,0,	1·72004401	23	↓5,6,6,1,0,0,0,0,	3	5136	5139	5142
64068	74	↓5,6,1,2,0,0,0,0,	21601	24	↓5,6,6,2,0,0,0,0,	4	6848	6852	6856
81184	75	↓5,6,1,3,0,0,0,0,	38803	25	↓5,6,6,3,0,0,0,0,	5	8560	8565	8570
98302	76	↓5,6,1,4,0,0,0,0,	56007	26	↓5,6,6,4,0,0,0,0,	6	10272	10278	10284
						7	11984	11991	11998
1·71215422	77	↓5,6,1,5,0,0,0,0,	73213	27	↓5,6,6,5,0,0,0,0,	8	13696	13704	13712
32544	78	↓5,6,1,6,0,0,0,0,	90420	28	↓5,6,6,6,0,0,0,0,	9	15408	15417	15426
49667	79	↓5,6,1,7,0,0,0,0,	1·72107629	29	↓5,6,6,7,0,0,0,0,				
66792	80	↓5,6,1,8,0,0,0,0,	24840	30	↓5,6,6,8,0,0,0,0,	1	1715	1716	1717
83919	81	↓5,6,1,9,0,0,0,0,	42052	31	↓5,6,6,9,0,0,0,0,	2	3430	3432	3434
						3	5145	5148	5151
1·71300970	53825188,	↓5,6,2,0,0,0,0,0,	59189	54324938,	↓5,6,7,0,0,0,0,0,	4	6860	6864	6868
18100	83	↓5,6,2,1,0,0,0,0,	76405	33	↓5,6,7,1,0,0,0,0,	5	8575	8580	8585
35232	84	↓5,6,2,2,0,0,0,0,	93623	34	↓5,6,7,2,0,0,0,0,	6	10290	10296	10302
52366	85	↓5,6,2,3,0,0,0,0,	1·72210842	35	↓5,6,7,3,0,0,0,0,	7	12005	12012	12019
69501	86	↓5,6,2,4,0,0,0,0,	28063	36	↓5,6,7,4,0,0,0,0,	8	13720	13728	13736
						9	15435	15444	15453
86638	87	↓5,6,2,5,0,0,0,0,	45286	37	↓5,6,7,5,0,0,0,0,				
1·71403777	88	↓5,6,2,6,0,0,0,0,	62511	38	↓5,6,7,6,0,0,0,0,	1	1718	1719	1720
20917	89	↓5,6,2,7,0,0,0,0,	79737	39	↓5,6,7,7,0,0,0,0,	2	3436	3438	3440
38059	90	↓5,6,2,8,0,0,0,0,	96965	40	↓5,6,7,8,0,0,0,0,	3	5154	5157	5160
55203	91	↓5,6,2,9,0,0,0,0,	1·72314195	41	↓5,6,7,9,0,0,0,0,	4	6872	6876	6880
						5	8590	8595	8600
72271	53925138,	↓5,6,3,0,0,0,0,0,	31348	54424888,	↓5,6,8,0,0,0,0,0,	6	10308	10314	10320
89418	93	↓5,6,3,1,0,0,0,0,	48581	43	↓5,6,8,1,0,0,0,0,	7	12026	12033	12040
1·71506567	94	↓5,6,3,2,0,0,0,0,	65816	44	↓5,6,8,2,0,0,0,0,	8	13744	13752	13760
23718	95	↓5,6,3,3,0,0,0,0,	83053	45	↓5,6,8,3,0,0,0,0,	9	15462	15471	15480
40870	96	↓5,6,3,4,0,0,0,0,	1·72400291	46	↓5,6,8,4,0,0,0,0,				
						1	1721	1722	1723
58024	97	↓5,6,3,5,0,0,0,0,	17531	47	↓5,6,8,5,0,0,0,0,	2	3442	3444	3446
75180	98	↓5,6,3,6,0,0,0,0,	34773	48	↓5,6,8,6,0,0,0,0,	3	5163	5166	5169
92338	99	↓5,6,3,7,0,0,0,0,	52016	49	↓5,6,8,7,0,0,0,0,	4	6884	6888	6892
1·71609497	5400	↓5,6,3,8,0,0,0,0,	69261	50	↓5,6,8,8,0,0,0,0,	5	8605	8610	8615
26658	01	↓5,6,3,9,0,0,0,0,	86508	51	↓5,6,8,9,0,0,0,0,	6	10326	10332	10338
						7	12047	12054	12061
43743	54025088,	↓5,6,4,0,0,0,0,0,	1·72503679	54524838,	↓5,6,9,0,0,0,0,0,	8	13768	13776	13784
60907	03	↓5,6,4,1,0,0,0,0,	20929	53	↓5,6,9,1,0,0,0,0,	9	15489	15498	15507
78073	04	↓5,6,4,2,0,0,0,0,	38181	54	↓5,6,9,2,0,0,0,0,				
95241	05	↓5,6,4,3,0,0,0,0,	55435	55	↓5,6,9,3,0,0,0,0,	1	1724	1725	1726
1·71712411	06	↓5,6,4,4,0,0,0,0,	72691	56	↓5,6,9,4,0,0,0,0,	2	3448	3450	3452
						3	5172	5175	5178
29582	07	↓5,6,4,5,0,0,0,0,	89948	57	↓5,6,9,5,0,0,0,0,	4	6896	6900	6904
46755	08	↓5,6,4,6,0,0,0,0,	1·72607207	58	↓5,6,9,6,0,0,0,0,	5	8620	8625	8630
63930	09	↓5,6,4,7,0,0,0,0,	24468	59	↓5,6,9,7,0,0,0,0,	6	10344	10350	10356
81106	10	↓5,6,4,8,0,0,0,0,	41730	60	↓5,6,9,8,0,0,0,0,	7	12068	12075	12082
98284	11	↓5,6,4,9,0,0,0,0,	58994	61	↓5,6,9,9,0,0,0,0,	8	13792	13800	13808
						9	15516	15525	15534

Dual Logarithms of powers of 2 and 10.

↓, 2 = 69314718,   ↓, 10 = 230258509,   ↓, 10⁴ = 921034037,   ↓, 10⁷ = 1611809565,
↓, 4 = 138629437, ↓, 10² = 460517019, ↓, 10⁵ = 1151292546, ↓, 10⁸ = 1842068074,
↓, 8 = 207944154, ↓, 10³ = 690775528, ↓, 10⁶ = 1381551056, ↓, 10⁹ = 2072326584,

60] Nat. No. 1·7613 to 1·7789   D. Log. 5661.... to 5759....   D. No. ↓5,9,0,0, to ↓5,9,9,9,

Natural Numbers.	Dual Logarithms.	Dual Numbers.	Natural Numbers.	Dual Logarithms.	Dual Numbers.	Multiples of Differences.
1·76139107	56610387,	↓5,9,0,0,0,0,0,0,	1·77021565	57110137,	↓5,9,5,0,0,0,0,0,	
56721	62	↓5,9,0,1,0,0,0,0,	39267	12	↓5,9,5,1,0,0,0,0,	1 1761 1762 1763
74337	63	↓5,9,0,2,0,0,0,0,	56971	13	↓5,9,5,2,0,0,0,0,	2 3522 3524 3526
91954	64	↓5,9,0,3,0,0,0,0,	74677	14	↓5,9,5,3,0,0,0,0,	3 5283 5286 5289
1·76209573	65	↓5,9,0,4,0,0,0,0,	92384	15	↓5,9,5,4,0,0,0,0,	4 7044 7048 7052
						5 8805 8810 8815
27194	66	↓5,9,0,5,0,0,0,0,	1·77110093	16	↓5,9,5,5,0,0,0,0,	6 10566 10572 10578
44817	67	↓5,9,0,6,0,0,0,0,	27804	17	↓5,9,5,6,0,0,0,0,	7 12327 12334 12341
62441	68	↓5,9,0,7,0,0,0,0,	45517	18	↓5,9,5,7,0,0,0,0,	8 14088 14096 14104
80067	69	↓5,9,0,8,0,0,0,0,	63232	19	↓5,9,5,8,0,0,0,0,	9 15849 15858 15867
97695	70	↓5,9,0,9,0,0,0,0,	80948	20	↓5,9,5,9,0,0,0,0,	
1·76315246	56710337,	↓5,9,1,0,0,0,0,0,	98587	57210087,	↓5,9,6,0,0,0,0,0,	1 1764 1765 1766
32878	72	↓5,9,1,1,0,0,0,0,	1·77216307	22	↓5,9,6,1,0,0,0,0,	2 3528 3530 3532
50511	73	↓5,9,1,2,0,0,0,0,	34029	23	↓5,9,6,2,0,0,0,0,	3 5292 5295 5298
68146	74	↓5,9,1,3,0,0,0,0,	51752	24	↓5,9,6,3,0,0,0,0,	4 7056 7060 7064
85783	75	↓5,9,1,4,0,0,0,0,	69477	25	↓5,9,6,4,0,0,0,0,	5 8820 8825 8830
						6 10584 10590 10596
1·76403422	76	↓5,9,1,5,0,0,0,0,	87204	26	↓5,9,6,5,0,0,0,0,	7 12348 12355 12362
21062	77	↓5,9,1,6,0,0,0,0,	1·77304933	27	↓5,9,6,6,0,0,0,0,	8 14112 14120 14128
38704	78	↓5,9,1,7,0,0,0,0,	22653	28	↓5,9,6,7,0,0,0,0,	9 15876 15885 15894
56348	79	↓5,9,1,8,0,0,0,0,	40395	29	↓5,9,6,8,0,0,0,0,	1 1767 1768 1769
73994	80	↓5,9,1,9,0,0,0,0,	58129	30	↓5,9,6,9,0,0,0,0,	2 3534 3536 3538
						3 5301 5304 5307
91561	56810287,	↓5,9,2,0,0,0,0,0,	75786	57310037,	↓5,9,7,0,0,0,0,0,	4 7068 7072 7076
1·76509210	82	↓5,9,2,1,0,0,0,0,	93524	32	↓5,9,7,1,0,0,0,0,	5 8835 8840 8845
26861	83	↓5,9,2,2,0,0,0,0,	1·77411263	33	↓5,9,7,2,0,0,0,0,	6 10602 10608 10614
44514	84	↓5,9,2,3,0,0,0,0,	29004	34	↓5,9,7,3,0,0,0,0,	7 12369 12376 12383
62168	85	↓5,9,2,4,0,0,0,0,	46747	35	↓5,9,7,4,0,0,0,0,	8 14136 14144 14152
						9 15903 15912 15921
79824	86	↓5,9,2,5,0,0,0,0,	64492	36	↓5,9,7,5,0,0,0,0,	
97482	87	↓5,9,2,6,0,0,0,0,	82238	37	↓5,9,7,6,0,0,0,0,	1 1770 1771 1772
1·76615142	88	↓5,9,2,7,0,0,0,0,	99986	38	↓5,9,7,7,0,0,0,0,	2 3540 3542 3544
32804	89	↓5,9,2,8,0,0,0,0,	1·77517735	39	↓5,9,7,8,0,0,0,0,	3 5310 5313 5316
50467	90	↓5,9,2,9,0,0,0,0,	35487	40	↓5,9,7,9,0,0,0,0,	4 7080 7084 7088
						5 8850 8855 8860
						6 10620 10626 10632
68052	56910237,	↓5,9,3,0,0,0,0,0,	53162	57409987,	↓5,9,8,0,0,0,0,0,	7 12390 12397 12404
85719	92	↓5,9,3,1,0,0,0,0,	70917	41	↓5,9,8,1,0,0,0,0,	8 14160 14168 14176
1·76703388	93	↓5,9,3,2,0,0,0,0,	88674	42	↓5,9,8,2,0,0,0,0,	9 15930 15939 15948
21058	94	↓5,9,3,3,0,0,0,0,	1·77606433	43	↓5,9,8,3,0,0,0,0,	
38730	95	↓5,9,3,4,0,0,0,0,	24194	44	↓5,9,8,4,0,0,0,0,	1 1773 1774 1775
						2 3546 3548 3550
56404	96	↓5,9,3,5,0,0,0,0,	41956	45	↓5,9,8,5,0,0,0,0,	3 5319 5322 5325
74080	97	↓5,9,3,6,0,0,0,0,	59720	46	↓5,9,8,6,0,0,0,0,	4 7092 7096 7100
91757	98	↓5,9,3,7,0,0,0,0,	77486	47	↓5,9,8,7,0,0,0,0,	5 8865 8870 8875
1·76809436	99	↓5,9,3,8,0,0,0,0,	95254	48	↓5,9,8,8,0,0,0,0,	6 10638 10644 10650
27117	5700	↓5,9,3,9,0,0,0,0,	1·77713024	49	↓5,9,8,9,0,0,0,0,	7 12411 12418 12425
						8 14184 14192 14200
44720	57010187,	↓5,9,4,0,0,0,0,0,	30715	57509937,	↓5,9,9,0,0,0,0,0,	9 15957 15966 15975
62404	02	↓5,9,4,1,0,0,0,0,	48488	51	↓5,9,9,1,0,0,0,0,	
80090	03	↓5,9,4,2,0,0,0,0,	66263	52	↓5,9,9,2,0,0,0,0,	1 1776 1777 1778
97778	04	↓5,9,4,3,0,0,0,0,	84040	53	↓5,9,9,3,0,0,0,0,	2 3552 3554 3556
1·76915468	05	↓5,9,4,4,0,0,0,0,	1·77801818	54	↓5,9,9,4,0,0,0,0,	3 5328 5331 5334
						4 7104 7108 7112
33160	06	↓5,9,4,5,0,0,0,0,	19598	55	↓5,9,9,5,0,0,0,0,	5 8880 8885 8890
50853	07	↓5,9,4,6,0,0,0,0,	37380	56	↓5,9,9,6,0,0,0,0,	6 10656 10662 10668
68548	08	↓5,9,4,7,0,0,0,0,	55164	57	↓5,9,9,7,0,0,0,0,	7 12432 12439 12446
86245	09	↓5,9,4,8,0,0,0,0,	72950	58	↓5,9,9,8,0,0,0,0,	8 14208 14216 14224
1·77003944	10	↓5,9,4,9,0,0,0,0,	90737	59	↓5,9,9,9,0,0,0,0,	9 15984 15993 16002

Dual Logarithms of powers of 2 and 10.

↓, 2 = 69314718,   ↓, 10 = 230258509,   ↓, 10^4 = 921034037,   ↓, 10^7 = 1611809565,
↓, 4 = 138629437,   ↓, 10^2 = 460517019,   ↓, 10^5 = 1151292546,   ↓, 10^8 = 1842068074,
↓, 8 = 207944154,   ↓, 10^3 = 690775528,   ↓, 10^6 = 1381551056,   ↓, 10^9 = 2072326584,

Nat. No. 1·7715 to 1·7891   D. Log. 5718.... to 5817....   D. No. ↓6,0,0,0, to ↓6,0,9,9,   [61

Natural Numbers.	Dual Logarithms.	Dual Numbers.	Natural Numbers.	Dual Logarithms.	Dual Numbers.	Multiples of Differences.		
1·77156100	57186108,	↓6,0,0,0,0,0,0,0,	1·78043654	57685858,	↓6,0,5,0,0,0,0,0,	1	1771	1772	1773
73816	19	↓6,0,0,1,0,0,0,0,	61458	69	↓6,0,5,1,0,0,0,0,	2	3542	3544	3546
91533	20	↓6,0,0,2,0,0,0,0,	79264	70	↓6,0,5,2,0,0,0,0,	3	5313	5316	5319
1·77209252	21	↓6,0,0,3,0,0,0,0,	97072	71	↓6,0,5,3,0,0,0,0,	4	7084	7088	7092
26973	22	↓6,0,0,4,0,0,0,0,	1·78114882	72	↓6,0,5,4,0,0,0,0,	5	8855	8860	8865
44696	23	↓6,0,0,5,0,0,0,0,	32693	73	↓6,0,5,5,0,0,0,0,	6	10626	10632	10638
62420	24	↓6,0,0,6,0,0,0,0,	50506	74	↓6,0,5,6,0,0,0,0,	7	12397	12404	12411
80146	25	↓6,0,0,7,0,0,0,0,	68321	75	↓6,0,5,7,0,0,0,0,	8	14168	14176	14184
97874	26	↓6,0,0,8,0,0,0,0,	86138	76	↓6,0,5,8,0,0,0,0,	9	15939	15948	15957
1·77315604	27	↓6,0,0,9,0,0,0,0,	1·78203957	77	↓6,0,5,9,0,0,0,0,				
33256	57286058,	↓6,0,1,0,0,0,0,0,	21698	57785808,	↓6,0,6,0,0,0,0,0,	1	1774	1775	1776
50989	29	↓6,0,1,1,0,0,0,0,	39520	79	↓6,0,6,1,0,0,0,0,	2	3548	3550	3552
68724	30	↓6,0,1,2,0,0,0,0,	57344	80	↓6,0,6,2,0,0,0,0,	3	5322	5325	5328
86461	31	↓6,0,1,3,0,0,0,0,	75170	81	↓6,0,6,3,0,0,0,0,	4	7096	7100	7104
1·77404200	32	↓6,0,1,4,0,0,0,0,	92998	82	↓6,0,6,4,0,0,0,0,	5	8870	8875	8880
21940	33	↓6,0,1,5,0,0,0,0,	1·78310827	83	↓6,0,6,5,0,0,0,0,	6	10644	10650	10656
39682	34	↓6,0,1,6,0,0,0,0,	28658	84	↓6,0,6,6,0,0,0,0,	7	12418	12425	12432
57426	35	↓6,0,1,7,0,0,0,0,	46491	85	↓6,0,6,7,0,0,0,0,	8	14192	14200	14208
75172	36	↓6,0,1,8,0,0,0,0,	64326	86	↓6,0,6,8,0,0,0,0,	9	15966	15975	15984
92920	37	↓6,0,1,9,0,0,0,0,	82162	87	↓6,0,6,9,0,0,0,0,				
1·77510589	57386008,	↓6,0,2,0,0,0,0,0,	99920	57885758,	↓6,0,7,0,0,0,0,0,	1	1777	1778	1779
28340	39	↓6,0,2,1,0,0,0,0,	1·78417760	89	↓6,0,7,1,0,0,0,0,	2	3554	3556	3558
46093	40	↓6,0,2,2,0,0,0,0,	35602	90	↓6,0,7,2,0,0,0,0,	3	5331	5334	5337
63848	41	↓6,0,2,3,0,0,0,0,	53446	91	↓6,0,7,3,0,0,0,0,	4	7108	7112	7116
81604	42	↓6,0,2,4,0,0,0,0,	71291	92	↓6,0,7,4,0,0,0,0,	5	8885	8890	8895
99362	43	↓6,0,2,5,0,0,0,0,	89138	93	↓6,0,7,5,0,0,0,0,	6	10662	10668	10674
1·77617122	44	↓6,0,2,6,0,0,0,0,	1·78506987	94	↓6,0,7,6,0,0,0,0,	7	12439	12446	12453
34884	45	↓6,0,2,7,0,0,0,0,	24838	95	↓6,0,7,7,0,0,0,0,	8	14216	14224	14232
52647	46	↓6,0,2,8,0,0,0,0,	42690	96	↓6,0,7,8,0,0,0,0,	9	15993	16002	16011
70412	47	↓6,0,2,9,0,0,0,0,	60544	97	↓6,0,7,9,0,0,0,0,				
88100	57485958,	↓6,0,3,0,0,0,0,0,	78320	57985708,	↓6,0,8,0,0,0,0,0,	1	1780	1781	1782
1·77705869	49	↓6,0,3,1,0,0,0,0,	96178	99	↓6,0,8,1,0,0,0,0,	2	3560	3562	3564
23640	50	↓6,0,3,2,0,0,0,0,	1·78614038	5800	↓6,0,8,2,0,0,0,0,	3	5340	5343	5346
41412	51	↓6,0,3,3,0,0,0,0,	31899	01	↓6,0,8,3,0,0,0,0,	4	7120	7124	7128
59186	52	↓6,0,3,4,0,0,0,0,	49762	02	↓6,0,8,4,0,0,0,0,	5	8900	8905	8910
76962	53	↓6,0,3,5,0,0,0,0,	67627	03	↓6,0,8,5,0,0,0,0,	6	10680	10686	10692
94740	54	↓6,0,3,6,0,0,0,0,	85494	04	↓6,0,8,6,0,0,0,0,	7	12460	12467	12474
1·77812519	55	↓6,0,3,7,0,0,0,0,	1·78703363	05	↓6,0,8,7,0,0,0,0,	8	14240	14248	14256
30300	56	↓6,0,3,8,0,0,0,0,	21233	06	↓6,0,8,8,0,0,0,0,	9	16020	16029	16038
48083	57	↓6,0,3,9,0,0,0,0,	39105	07	↓6,0,8,9,0,0,0,0,				
65788	57585908,	↓6,0,4,0,0,0,0,0,	56898	58085658,	↓6,0,9,0,0,0,0,0,	1	1783	1784	1785
83575	59	↓6,0,4,1,0,0,0,0,	74774	09	↓6,0,9,1,0,0,0,0,	2	3566	3568	3570
1·77901363	60	↓6,0,4,2,0,0,0,0,	92651	10	↓6,0,9,2,0,0,0,0,	3	5349	5352	5355
19153	61	↓6,0,4,3,0,0,0,0,	1·78810530	11	↓6,0,9,3,0,0,0,0,	4	7132	7136	7140
36945	62	↓6,0,4,4,0,0,0,0,	28411	12	↓6,0,9,4,0,0,0,0,	5	8915	8920	8925
54739	63	↓6,0,4,5,0,0,0,0,	46294	13	↓6,0,9,5,0,0,0,0,	6	10698	10704	10710
72534	64	↓6,0,4,6,0,0,0,0,	64179	14	↓6,0,9,6,0,0,0,0,	7	12481	12488	12495
90331	65	↓6,0,4,7,0,0,0,0,	82065	15	↓6,0,9,7,0,0,0,0,	8	14264	14272	14280
1·78008130	66	↓6,0,4,8,0,0,0,0,	99953	16	↓6,0,9,8,0,0,0,0,	9	16047	16056	16065
25931	67	↓6,0,4,9,0,0,0,0,	1·78917843	17	↓6,0,9,9,0,0,0,0,				
						1	1786	1787	1788
						2	3572	3574	3576
						3	5358	5361	5364
						4	7144	7148	7152
						5	8930	8935	8940
						6	10716	10722	10728
						7	12502	12509	12516
						8	14288	14296	14304
						9	16074	16083	16092
						1	1789		
						2	3578		
						3	5367		
						4	7156		
						5	8945		
						6	10734		
						7	12523		
						8	14312		
						9	16101		

Dual Logarithms of powers of 2 and 10.

↓, 2 = 69314718,   ↓, 10 = 230258509,   ↓, 10^4 = 921034037,   ↓, 10^7 = 1611809565,
↓, 4 = 138629437,   ↓, 10^2 = 460517019,   ↓, 10^5 = 1151292546,   ↓, 10^8 = 1842068074,
↓, 8 = 207944154,   ↓, 10^3 = 690775528,   ↓, 10^6 = 1381551056,   ↓, 10^9 = 2072326584,

(2) Nat. No. 1·7892 to 1·8070   D. Log. 5818.... to 5917....   D. No. ↓6,1,0,0, to ↓6,1,9,9,

Natural Numbers.	Dual Logarithms.	Dual Numbers.	Natural Numbers.	Dual Logarithms.	Dual Numbers.	Multiples of Differences.		
1·78927661	58181141,	↓6,1,0,0,0,0,0,0,	1·79824091	58680891,	↓6,1,5,0,0,0,0,0,	1 1789	1790	1791
45554	19	↓6,1,0,1,0,0,0,0,	42073	69	↓6,1,5,1,0,0,0,0,	2 3578	3580	3582
63449	20	↓6,1,0,2,0,0,0,0,	60057	70	↓6,1,5,2,0,0,0,0,	3 5367	5370	5373
81345	21	↓6,1,0,3,0,0,0,0,	78043	71	↓6,1,5,3,0,0,0,0,	4 7156	7160	7164
99243	22	↓6,1,0,4,0,0,0,0,	96031	72	↓6,1,5,4,0,0,0,0,	5 8945	8950	8955
						6 10734	10740	10746
1·79017143	23	↓6,1,0,5,0,0,0,0,	1·79914021	73	↓6,1,5,5,0,0,0,0,	7 12523	12530	12537
35045	24	↓6,1,0,6,0,0,0,0,	32012	74	↓6,1,5,6,0,0,0,0,	8 14312	14320	14328
52949	25	↓6,1,0,7,0,0,0,0,	50005	75	↓6,1,5,7,0,0,0,0,	9 16101	16110	16119
70854	26	↓6,1,0,8,0,0,0,0,	68000	76	↓6,1,5,8,0,0,0,0,	1 1792	1793	1794
88761	27	↓6,1,0,9,0,0,0,0,	85997	77	↓6,1,5,9,0,0,0,0,	2 3584	3586	3588
						3 5376	5379	5382
1·79106589	58281091,	↓6,1,1,0,0,0,0,0,	1·80003915	58780841,	↓6,1,6,0,0,0,0,0,	4 7168	7172	7176
24500	29	↓6,1,1,1,0,0,0,0,	21915	79	↓6,1,6,1,0,0,0,0,	5 8960	8965	8970
42412	30	↓6,1,1,2,0,0,0,0,	39917	80	↓6,1,6,2,0,0,0,0,	6 10752	10758	10764
60326	31	↓6,1,1,3,0,0,0,0,	57921	81	↓6,1,6,3,0,0,0,0,	7 12544	12551	12558
78242	32	↓6,1,1,4,0,0,0,0,	75927	82	↓6,1,6,4,0,0,0,0,	8 14336	14344	14352
						9 16128	16137	16146
96160	33	↓6,1,1,5,0,0,0,0,	93935	83	↓6,1,6,5,0,0,0,0,	1 1795	1796	1797
1·79214080	34	↓6,1,1,6,0,0,0,0,	1·80111944	84	↓6,1,6,6,0,0,0,0,	2 3590	3592	3594
32001	35	↓6,1,1,7,0,0,0,0,	29955	85	↓6,1,6,7,0,0,0,0,	3 5385	5388	5391
49924	36	↓6,1,1,8,0,0,0,0,	47968	86	↓6,1,6,8,0,0,0,0,	4 7180	7184	7188
67849	37	↓6,1,1,9,0,0,0,0,	65983	87	↓6,1,6,9,0,0,0,0,	5 8975	8980	8985
						6 10770	10776	10782
85696	58381041,	↓6,1,2,0,0,0,0,0,	83919	58880791,	↓6,1,7,0,0,0,0,0,	7 12565	12572	12579
1·79303625	39	↓6,1,2,1,0,0,0,0,	1·80201937	89	↓6,1,7,1,0,0,0,0,	8 14360	14368	14376
21555	40	↓6,1,2,2,0,0,0,0,	19957	90	↓6,1,7,2,0,0,0,0,	9 16155	16164	16173
39487	41	↓6,1,2,3,0,0,0,0,	37979	91	↓6,1,7,3,0,0,0,0,	1 1798	1799	1800
57421	42	↓6,1,2,4,0,0,0,0,	56003	92	↓6,1,7,4,0,0,0,0,	2 3596	3598	3600
						3 5394	5397	5400
75357	43	↓6,1,2,5,0,0,0,0,	74029	93	↓6,1,7,5,0,0,0,0,	4 7192	7196	7200
93295	44	↓6,1,2,6,0,0,0,0,	92056	94	↓6,1,7,6,0,0,0,0,	5 8990	8995	9000
1·79411234	45	↓6,1,2,7,0,0,0,0,	1·80310085	95	↓6,1,7,7,0,0,0,0,	6 10788	10794	10800
29175	46	↓6,1,2,8,0,0,0,0,	28116	96	↓6,1,7,8,0,0,0,0,	7 12586	12593	12600
47118	47	↓6,1,2,9,0,0,0,0,	46149	97	↓6,1,7,9,0,0,0,0,	8 14384	14392	14400
						9 16182	16191	16200
64982	58480991,	↓6,1,3,0,0,0,0,0,	64103	58980741,	↓6,1,8,0,0,0,0,0,	1 1801	1802	1803
82928	49	↓6,1,3,1,0,0,0,0,	82139	99	↓6,1,8,1,0,0,0,0,	2 3602	3604	3606
1·79500876	50	↓6,1,3,2,0,0,0,0,	1·80400177	5900	↓6,1,8,2,0,0,0,0,	3 5403	5406	5409
18826	51	↓6,1,3,3,0,0,0,0,	18217	01	↓6,1,8,3,0,0,0,0,	4 7204	7208	7212
36778	52	↓6,1,3,4,0,0,0,0,	36259	02	↓6,1,8,4,0,0,0,0,	5 9005	9010	9015
						6 10806	10812	10818
54732	53	↓6,1,3,5,0,0,0,0,	54303	03	↓6,1,8,5,0,0,0,0,	7 12607	12614	12621
72687	54	↓6,1,3,6,0,0,0,0,	72348	04	↓6,1,8,6,0,0,0,0,	8 14408	14416	14424
90644	55	↓6,1,3,7,0,0,0,0,	90395	05	↓6,1,8,7,0,0,0,0,	9 16209	16218	16227
1·79608603	56	↓6,1,3,8,0,0,0,0,	1·80508444	06	↓6,1,8,8,0,0,0,0,	1 1804	1805	1806
26564	57	↓6,1,3,9,0,0,0,0,	26495	07	↓6,1,8,9,0,0,0,0,	2 3608	3610	3612
						3 5412	5415	5418
44447	58580941,	↓6,1,4,0,0,0,0,0,	44467	59080691,	↓6,1,9,0,0,0,0,0,	4 7216	7220	7224
62411	59	↓6,1,4,1,0,0,0,0,	62521	09	↓6,1,9,1,0,0,0,0,	5 9020	9025	9030
80377	60	↓6,1,4,2,0,0,0,0,	80577	10	↓6,1,9,2,0,0,0,0,	6 10824	10830	10836
98345	61	↓6,1,4,3,0,0,0,0,	98635	11	↓6,1,9,3,0,0,0,0,	7 12628	12635	12642
1·79716315	62	↓6,1,4,4,0,0,0,0,	1·80616695	12	↓6,1,9,4,0,0,0,0,	8 14432	14440	14448
						9 16236	16245	16254
34287	63	↓6,1,4,5,0,0,0,0,	34757	13	↓6,1,9,5,0,0,0,0,	1 1807		
52260	64	↓6,1,4,6,0,0,0,0,	52820	14	↓6,1,9,6,0,0,0,0,	2 3614		
70235	65	↓6,1,4,7,0,0,0,0,	70885	15	↓6,1,9,7,0,0,0,0,	3 5421		
88212	66	↓6,1,4,8,0,0,0,0,	88952	16	↓6,1,9,8,0,0,0,0,	4 7228		
1·79806191	67	↓6,1,4,9,0,0,0,0,	1·80707021	17	↓6,1,9,9,0,0,0,0,	5 9035		
						6 10842		
						7 12649		
						8 14456		
						9 16263		

Dual Logarithms of powers of 2 and 10.

↓, 2 = 69314718,   ↓, 10 = 230258509,   ↓, 10^4 = 921034037,   ↓, 10^7 = 1611809565,
↓, 4 = 138629437, ↓, 10^2 = 460517019, ↓, 10^5 = 1151292546, ↓, 10^8 = 1842068074,
↓, 8 = 207944154, ↓, 10^3 = 690775528, ↓, 10^6 = 1381551056, ↓, 10^9 = 2072326584,

Nat. No. 1·8071 to 1·8251 D. Log. 5917.... to 6016.... D. No. ↓6,2,0,0, to ↓6,2,9,9, [63

Natural Numbers.	Dual Logarithms.	Dual Numbers.	Natural Numbers.	Dual Logarithms.	Dual Numbers.	Multiples of Differences.		
						1807	1808	1809
1·80716938	59176174,	↓6,2,0,0,0,0,0,0,	1·81622333	59675924,	↓6,2,5,0,0,0,0,0,	2 3614	3616	3618
35010	18	↓6,2,0,1,0,0,0,0,	40495	68	↓6,2,5,1,0,0,0,0,	3 5421	5424	5427
53084	19	↓6,2,0,2,0,0,0,0,	58659	69	↓6,2,5,2,0,0,0,0,	4 7228	7232	7236
71159	20	↓6,2,0,3,0,0,0,0,	76825	70	↓6,2,5,3,0,0,0,0,	5 9035	9040	9045
89236	21	↓6,2,0,4,0,0,0,0,	94992	71	↓6,2,5,4,0,0,0,0,	6 10842	10848	10854
						7 12649	12656	12663
1·80807315	22	↓6,2,0,5,0,0,0,0,	1·81713161	72	↓6,2,5,5,0,0,0,0,	8 14456	14464	14472
25396	23	↓6,2,0,6,0,0,0,0,	31332	73	↓6,2,5,6,0,0,0,0,	9 16263	16272	16281
43479	24	↓6,2,0,7,0,0,0,0,	49505	74	↓6,2,5,7,0,0,0,0,	1 1810	1811	1812
61563	25	↓6,2,0,8,0,0,0,0,	67680	75	↓6,2,5,8,0,0,0,0,	2 3620	3622	3624
79649	26	↓6,2,0,9,0,0,0,0,	85857	76	↓6,2,5,9,0,0,0,0,	3 5430	5433	5436
						4 7240	7244	7248
97655	59276124,	↓6,2,1,0,0,0,0,0,	1·81803955	59775874,	↓6,2,6,0,0,0,0,0,	5 9050	9055	9060
1·80915745	28	↓6,2,1,1,0,0,0,0,	22135	78	↓6,2,6,1,0,0,0,0,	6 10860	10866	10872
33837	29	↓6,2,1,2,0,0,0,0,	40317	79	↓6,2,6,2,0,0,0,0,	7 12670	12677	12684
51930	30	↓6,2,1,3,0,0,0,0,	58501	80	↓6,2,6,3,0,0,0,0,	8 14480	14488	14496
70025	31	↓6,2,1,4,0,0,0,0,	76687	81	↓6,2,6,4,0,0,0,0,	9 16290	16299	16308
88122	32	↓6,2,1,5,0,0,0,0,	94875	82	↓6,2,6,5,0,0,0,0,	1 1813	1814	1815
1·81006221	33	↓6,2,1,6,0,0,0,0,	1·81913064	83	↓6,2,6,6,0,0,0,0,	2 3626	3628	3630
24322	34	↓6,2,1,7,0,0,0,0,	31255	84	↓6,2,6,7,0,0,0,0,	3 5439	5442	5445
42424	35	↓6,2,1,8,0,0,0,0,	49448	85	↓6,2,6,8,0,0,0,0,	4 7252	7256	7260
60528	36	↓6,2,1,9,0,0,0,0,	67643	86	↓6,2,6,9,0,0,0,0,	5 9065	9070	9075
						6 10878	10884	10890
78553	59376074,	↓6,2,2,0,0,0,0,0,	85759	59875824,	↓6,2,7,0,0,0,0,0,	7 12691	12698	12705
96661	38	↓6,2,2,1,0,0,0,0,	1·82003958	88	↓6,2,7,1,0,0,0,0,	8 14504	14512	14520
1·81114771	39	↓6,2,2,2,0,0,0,0,	22158	89	↓6,2,7,2,0,0,0,0,	9 16317	16326	16335
32882	40	↓6,2,2,3,0,0,0,0,	40360	90	↓6,2,7,3,0,0,0,0,	1 1816	1817	1818
50995	41	↓6,2,2,4,0,0,0,0,	58564	91	↓6,2,7,4,0,0,0,0,	2 3632	3634	3636
						3 5448	5451	5454
69110	42	↓6,2,2,5,0,0,0,0,	76770	92	↓6,2,7,5,0,0,0,0,	4 7264	7268	7272
87227	43	↓6,2,2,6,0,0,0,0,	94978	93	↓6,2,7,6,0,0,0,0,	5 9080	9085	9090
1·81205346	44	↓6,2,2,7,0,0,0,0,	1·82113187	94	↓6,2,7,7,0,0,0,0,	6 10896	10902	10908
23467	45	↓6,2,2,8,0,0,0,0,	31398	95	↓6,2,7,8,0,0,0,0,	7 12712	12719	12726
41589	46	↓6,2,2,9,0,0,0,0,	49611	96	↓6,2,7,9,0,0,0,0,	8 14528	14536	14544
						9 16344	16353	16362
59632	59476024,	↓6,2,3,0,0,0,0,0,	67745	59975774,	↓6,2,8,0,0,0,0,0,	1 1819	1820	1821
77758	48	↓6,2,3,1,0,0,0,0,	85962	98	↓6,2,8,1,0,0,0,0,	2 3638	3640	3642
95886	49	↓6,2,3,2,0,0,0,0,	1·82204181	99	↓6,2,8,2,0,0,0,0,	3 5457	5460	5463
1·81314016	50	↓6,2,3,3,0,0,0,0,	22401	6000	↓6,2,8,3,0,0,0,0,	4 7276	7280	7284
32147	51	↓6,2,3,4,0,0,0,0,	40623	01	↓6,2,8,4,0,0,0,0,	5 9095	9100	9105
						6 10914	10920	10926
50280	52	↓6,2,3,5,0,0,0,0,	58847	02	↓6,2,8,5,0,0,0,0,	7 12733	12740	12747
68415	53	↓6,2,3,6,0,0,0,0,	77073	03	↓6,2,8,6,0,0,0,0,	8 14552	14560	14568
86552	54	↓6,2,3,7,0,0,0,0,	95301	04	↓6,2,8,7,0,0,0,0,	9 16371	16380	16389
1·81404691	55	↓6,2,3,8,0,0,0,0,	1·82313531	05	↓6,2,8,8,0,0,0,0,	1 1822	1823	1824
22831	56	↓6,2,3,9,0,0,0,0,	31762	06	↓6,2,8,9,0,0,0,0,	2 3644	3646	3648
						3 5466	5469	5472
40892	59575974,	↓6,2,4,0,0,0,0,0,	49913	60075724,	↓6,2,9,0,0,0,0,0,	4 7288	7292	7296
59036	58	↓6,2,4,1,0,0,0,0,	68148	08	↓6,2,9,1,0,0,0,0,	5 9110	9115	9120
77182	59	↓6,2,4,2,0,0,0,0,	86385	09	↓6,2,9,2,0,0,0,0,	6 10932	10938	10944
95330	60	↓6,2,4,3,0,0,0,0,	1·82404624	10	↓6,2,9,3,0,0,0,0,	7 12754	12761	12768
1·81513480	61	↓6,2,4,4,0,0,0,0,	22864	11	↓6,2,9,4,0,0,0,0,	8 14576	14584	14592
						9 16398	16407	16416
31631	62	↓6,2,4,5,0,0,0,0,	41106	12	↓6,2,9,5,0,0,0,0,	1 1825		
49784	63	↓6,2,4,6,0,0,0,0,	59350	13	↓6,2,9,6,0,0,0,0,	2 3650		
67939	64	↓6,2,4,7,0,0,0,0,	77596	14	↓6,2,9,7,0,0,0,0,	3 5475		
86096	65	↓6,2,4,8,0,0,0,0,	95844	15	↓6,2,9,8,0,0,0,0,	4 7300		
1·81604255	66	↓6,2,4,9,0,0,0,0,	1·82514094	16	↓6,2,9,9,0,0,0,0,	5 9125		
						6 10950		
						7 12775		
						8 14600		
						9 16425		

Dual Logarithms of powers of 2 and 10.

↓ 2 = 69314718,   ↓ 10 = 230258509,   ↓ 10² = 460517019,   ↓ 10⁴ = 921034037,   ↓ 10⁵ = 1151292546,   ↓ 10⁷ = 1611809565,
↓ 4 = 138629437,   ↓ 10³ = 690775528,   ↓ 10⁶ = 1381551056,   ↓ 10⁸ = 1842068074,   ↓ 10⁹ = 2072326584,
↓ 8 = 207944154,

64] Nat. No. 1·8252 to 1·8433   D. Log. 6017.... to 6116....   D. No. ↓6,3,0,0, to ↓6,3,9,9,

Natural Numbers.	Dual Logarithms.	Dual Numbers.	Natural Numbers.	Dual Logarithms.	Dual Numbers.	Multiples of Differences.		
							1825	1826	1827
1·82524107	60171207,	↓6,3,0,0,0,0,0,0,	1·83438554	60670957,	↓6,3,5,0,0,0,0,0,	2	3650	3652	3654
42359	18	↓6,3,0,1,0,0,0,0,	56898	68	↓6,3,5,1,0,0,0,0,	3	5475	5478	5481
60613	19	↓6,3,0,2,0,0,0,0,	75244	69	↓6,3,5,2,0,0,0,0,	4	7300	7304	7308
78869	20	↓6,3,0,3,0,0,0,0,	93592	70	↓6,3,5,3,0,0,0,0,	5	9125	9130	9135
97127	21	↓6,3,0,4,0,0,0,0,	1·83511941	71	↓6,3,5,4,0,0,0,0,	6	10950	10956	10962
						7	12775	12782	12789
						8	14600	14608	14616
1·82615387	22	↓6,3,0,5,0,0,0,0,	30292	72	↓6,3,5,5,0,0,0,0,	9	16425	16434	16443
33049	23	↓6,3,0,6,0,0,0,0,	48645	73	↓6,3,5,6,0,0,0,0,				
51912	24	↓6,3,0,7,0,0,0,0,	67000	74	↓6,3,5,7,0,0,0,0,	1	1828	1829	1830
70177	25	↓6,3,0,8,0,0,0,0,	85357	75	↓6,3,5,8,0,0,0,0,	2	3656	3658	3660
88444	26	↓6,3,0,9,0,0,0,0,	1·83603716	76	↓6,3,5,9,0,0,0,0,	3	5484	5487	5490
						4	7312	7316	7320
						5	9140	9145	9150
1·82706631	60271157,	↓6,3,1,0,0,0,0,0,	21993	60770907,	↓6,3,6,0,0,0,0,0,	6	10968	10974	10980
24902	28	↓6,3,1,1,0,0,0,0,	40355	78	↓6,3,6,1,0,0,0,0,	7	12796	12803	12810
43174	29	↓6,3,1,2,0,0,0,0,	58719	79	↓6,3,6,2,0,0,0,0,	8	14624	14632	14640
61448	30	↓6,3,1,3,0,0,0,0,	77085	80	↓6,3,6,3,0,0,0,0,	9	16452	16461	16470
79724	31	↓6,3,1,4,0,0,0,0,	95453	81	↓6,3,6,4,0,0,0,0,				
98002	32	↓6,3,1,5,0,0,0,0,	1·83713823	82	↓6,3,6,5,0,0,0,0,	1	1831	1832	1833
						2	3662	3664	3666
1·82816282	33	↓6,3,1,6,0,0,0,0,	32194	83	↓6,3,6,6,0,0,0,0,	3	5493	5496	5499
34564	34	↓6,3,1,7,0,0,0,0,	50567	84	↓6,3,6,7,0,0,0,0,	4	7324	7328	7332
52847	35	↓6,3,1,8,0,0,0,0,	68942	85	↓6,3,6,8,0,0,0,0,	5	9155	9160	9165
71132	36	↓6,3,1,9,0,0,0,0,	87319	86	↓6,3,6,9,0,0,0,0,	6	10986	10992	10998
						7	12817	12824	12831
						8	14648	14656	14664
89338	60371107,	↓6,3,2,0,0,0,0,0,	1·83805615	60870857,	↓6,3,7,0,0,0,0,0,	9	16479	16488	16497
1·82907627	38	↓6,3,2,1,0,0,0,0,	23996	88	↓6,3,7,1,0,0,0,0,	1	1834	1835	1836
25918	39	↓6,3,2,2,0,0,0,0,	42378	89	↓6,3,7,2,0,0,0,0,	2	3668	3670	3672
44211	40	↓6,3,2,3,0,0,0,0,	60762	90	↓6,3,7,3,0,0,0,0,	3	5502	5505	5508
62505	41	↓6,3,2,4,0,0,0,0,	79148	91	↓6,3,7,4,0,0,0,0,	4	7336	7340	7344
						5	9170	9175	9180
80801	42	↓6,3,2,5,0,0,0,0,	97536	92	↓6,3,7,5,0,0,0,0,	6	11004	11010	11016
99099	43	↓6,3,2,6,0,0,0,0,	1·83915926	93	↓6,3,7,6,0,0,0,0,	7	12838	12845	12852
1·83017399	44	↓6,3,2,7,0,0,0,0,	34318	94	↓6,3,7,7,0,0,0,0,	8	14672	14680	14688
35701	45	↓6,3,2,8,0,0,0,0,	52711	95	↓6,3,7,8,0,0,0,0,	9	16506	16515	16524
54005	46	↓6,3,2,9,0,0,0,0,	71106	96	↓6,3,7,9,0,0,0,0,				
						1	1837	1838	1839
						2	3674	3676	3678
72227	60471057,	↓6,3,3,0,0,0,0,0,	89421	60970807,	↓6,3,8,0,0,0,0,0,	3	5511	5514	5517
90534	48	↓6,3,3,1,0,0,0,0,	1·84007820	98	↓6,3,8,1,0,0,0,0,	4	7348	7352	7356
1·83108843	49	↓6,3,3,2,0,0,0,0,	26221	99	↓6,3,8,2,0,0,0,0,	5	9185	9190	9195
27154	50	↓6,3,3,3,0,0,0,0,	44624	6100	↓6,3,8,3,0,0,0,0,	6	11022	11028	11034
45467	51	↓6,3,3,4,0,0,0,0,	63028	01	↓6,3,8,4,0,0,0,0,	7	12859	12866	12873
						8	14696	14704	14712
63782	52	↓6,3,3,5,0,0,0,0,	81434	02	↓6,3,8,5,0,0,0,0,	9	16533	16542	16551
82098	53	↓6,3,3,6,0,0,0,0,	99842	03	↓6,3,8,6,0,0,0,0,				
1·83200416	54	↓6,3,3,7,0,0,0,0,	1·84118252	04	↓6,3,8,7,0,0,0,0,	1	1840	1841	1842
18736	55	↓6,3,3,8,0,0,0,0,	36664	05	↓6,3,8,8,0,0,0,0,	2	3680	3682	3684
37058	56	↓6,3,3,9,0,0,0,0,	55078	06	↓6,3,8,9,0,0,0,0,	3	5520	5523	5526
						4	7360	7364	7368
						5	9200	9205	9210
55299	60571007,	↓6,3,4,0,0,0,0,0,	73410	61070757,	↓6,3,9,0,0,0,0,0,	6	11040	11046	11052
73625	58	↓6,3,4,1,0,0,0,0,	91827	08	↓6,3,9,1,0,0,0,0,	7	12880	12887	12894
91952	59	↓6,3,4,2,0,0,0,0,	1·84210246	09	↓6,3,9,2,0,0,0,0,	8	14720	14728	14736
1·83310281	60	↓6,3,4,3,0,0,0,0,	28667	10	↓6,3,9,3,0,0,0,0,	9	16560	16569	16578
28612	61	↓6,3,4,4,0,0,0,0,	47090	11	↓6,3,9,4,0,0,0,0,	1	1843		
						2	3686		
46945	62	↓6,3,4,5,0,0,0,0,	65515	12	↓6,3,9,5,0,0,0,0,	3	5529		
65280	63	↓6,3,4,6,0,0,0,0,	83942	13	↓6,3,9,6,0,0,0,0,	4	7372		
83617	64	↓6,3,4,7,0,0,0,0,	1·84302370	14	↓6,3,9,7,0,0,0,0,	5	9215		
1·83401955	65	↓6,3,4,8,0,0,0,0,	20800	15	↓6,3,9,8,0,0,0,0,	6	11058		
20295	66	↓6,3,4,9,0,0,0,0,	39232	16	↓6,3,9,9,0,0,0,0,	7	12901		
						8	14744		
						9	16587		

Dual Logarithms of powers of 2 and 10.

↓, 2 = 69314718,   ↓, 10 = 230258509,   ↓, 10⁴ = 921034037,   ↓, 10⁷ = 1611809565,
↓, 4 = 138629437, ↓, 10² = 460517019, . ↓, 10⁵ = 1151292546, ↓, 10⁸ = 1842068074,
↓, 8 = 207944154, ↓, 10³ = 690775528,   ↓, 10⁶ = 1381551056, ↓, 10⁹ = 2072326584,

Nat. No. 1·8434 to 1·8618   D. Log. 6116.... to 6215....   D. No. ↓6,4,0,0, to ↓6,4,9,9,   [65

Natural Numbers.	Dual Logarithms.	Dual Numbers.	Natural Numbers.	Dual Logarithms.	Dual Numbers.	Multiples of Differences.		
						1843	1844	1845
1·84349348	61166240,	↓6,4,0,0,0,0,0,0,	1·85272940	61665990,	↓6,4,5,0,0,0,0,0,	2 3686	3688	3690
67783	17	↓6,4,0,1,0,0,0,0,	91467	67	↓6,4,5,1,0,0,0,0,	3 5529	5532	5535
86220	18	↓6,4,0,2,0,0,0,0,	1·85309996	68	↓6,4,5,2,0,0,0,0,	4 7372	7376	7380
1·84404659	19	↓6,4,0,3,0,0,0,0,	28527	69	↓6,4,5,3,0,0,0,0,	5 9215	9220	9225
23099	20	↓6,4,0,4,0,0,0,0,	47060	70	↓6,4,5,4,0,0,0,0,	6 11058	11064	11070
						7 12901	12908	12915
						8 14744	14752	14760
41541	21	↓6,4,0,5,0,0,0,0,	65595	71	↓6,4,5,5,0,0,0,0,	9 16587	16596	16605
59985	22	↓6,4,0,6,0,0,0,0,	84132	72	↓6,4,5,6,0,0,0,0,			
78431	23	↓6,4,0,7,0,0,0,0,	1·85402670	73	↓6,4,5,7,0,0,0,0,	1 1846	1847	1848
96879	24	↓6,4,0,8,0,0,0,0,	21210	74	↓6,4,5,8,0,0,0,0,	2 3692	3694	3696
1·84515329	25	↓6,4,0,9,0,0,0,0,	39752	75	↓6,4,5,9,0,0,0,0,	3 5538	5541	5544
						4 7384	7388	7392
						5 9230	9235	9240
33697	61266190,	↓6,4,1,0,0,0,0,0,	58213	61765940,	↓6,4,6,0,0,0,0,0,	6 11076	11082	11088
52150	27	↓6,4,1,1,0,0,0,0,	76759	77	↓6,4,6,1,0,0,0,0,	7 12922	12929	12936
70605	28	↓6,4,1,2,0,0,0,0,	95307	78	↓6,4,6,2,0,0,0,0,	8 14768	14776	14784
89062	29	↓6,4,1,3,0,0,0,0,	1·85513857	79	↓6,4,6,3,0,0,0,0,	9 16614	16623	16632
1·84607521	30	↓6,4,1,4,0,0,0,0,	32408	80	↓6,4,6,4,0,0,0,0,			
						1 1849	1850	1851
						2 3698	3700	3702
25982	31	↓6,4,1,5,0,0,0,0,	50961	81	↓6,4,6,5,0,0,0,0,	3 5547	5550	5553
44445	32	↓6,4,1,6,0,0,0,0,	69516	82	↓6,4,6,6,0,0,0,0,	4 7396	7400	7404
62909	33	↓6,4,1,7,0,0,0,0,	88073	83	↓6,4,6,7,0,0,0,0,	5 9245	9250	9255
81375	34	↓6,4,1,8,0,0,0,0,	1·85606632	84	↓6,4,6,8,0,0,0,0,	6 11094	11100	11106
99843	35	↓6,4,1,9,0,0,0,0,	25193	85	↓6,4,6,9,0,0,0,0,	7 12943	12950	12957
						8 14792	14800	14808
						9 16641	16650	16659
1·84718231	61366140,	↓6,4,2,0,0,0,0,0,	43671	61865890,	↓6,4,7,0,0,0,0,0,			
36703	37	↓6,4,2,1,0,0,0,0,	62235	87	↓6,4,7,1,0,0,0,0,	1 1852	1853	1854
55177	38	↓6,4,2,2,0,0,0,0,	80801	88	↓6,4,7,2,0,0,0,0,	2 3704	3706	3708
73653	39	↓6,4,2,3,0,0,0,0,	99369	89	↓6,4,7,3,0,0,0,0,	3 5556	5559	5562
92130	40	↓6,4,2,4,0,0,0,0,	1·85717939	90	↓6,4,7,4,0,0,0,0,	4 7408	7412	7416
						5 9260	9265	9270
1·84810609	41	↓6,4,2,5,0,0,0,0,	36511	91	↓6,4,7,5,0,0,0,0,	6 11112	11118	11124
29090	42	↓6,4,2,6,0,0,0,0,	55085	92	↓6,4,7,6,0,0,0,0,	7 12964	12971	12978
47573	43	↓6,4,2,7,0,0,0,0,	73661	93	↓6,4,7,7,0,0,0,0,	8 14816	14824	14832
66058	44	↓6,4,2,8,0,0,0,0,	92238	94	↓6,4,7,8,0,0,0,0,	9 16668	16677	16686
84545	45	↓6,4,2,9,0,0,0,0,	1·85810817	95	↓6,4,7,9,0,0,0,0,			
						1 1855	1856	1857
						2 3710	3712	3714
1·84902949	61466090,	↓6,4,3,0,0,0,0,0,	29315	61965840,	↓6,4,8,0,0,0,0,0,	3 5565	5568	5571
21439	47	↓6,4,3,1,0,0,0,0,	47898	97	↓6,4,8,1,0,0,0,0,	4 7420	7424	7428
39931	48	↓6,4,3,2,0,0,0,0,	66483	98	↓6,4,8,2,0,0,0,0,	5 9275	9280	9285
58425	49	↓6,4,3,3,0,0,0,0,	85070	99	↓6,4,8,3,0,0,0,0,	6 11130	11136	11142
76921	50	↓6,4,3,4,0,0,0,0,	1·85903659	6200	↓6,4,8,4,0,0,0,0,	7 12985	12992	12999
						8 14840	14848	14856
						9 16695	16704	16713
95419	51	↓6,4,3,5,0,0,0,0,	22249	01	↓6,4,8,5,0,0,0,0,			
1·85013919	52	↓6,4,3,6,0,0,0,0,	40841	02	↓6,4,8,6,0,0,0,0,	1 1858	1859	1860
32420	53	↓6,4,3,7,0,0,0,0,	59435	03	↓6,4,8,7,0,0,0,0,	2 3716	3718	3720
50923	54	↓6,4,3,8,0,0,0,0,	78031	04	↓6,4,8,8,0,0,0,0,	3 5574	5577	5580
69428	55	↓6,4,3,9,0,0,0,0,	96629	05	↓6,4,8,9,0,0,0,0,	4 7432	7436	7440
						5 9290	9295	9300
						6 11148	11154	11160
87852	61566040,	↓6,4,4,0,0,0,0,0,	1·86015144	62065790,	↓6,4,9,0,0,0,0,0,	7 13006	13013	13020
1·85106301	57	↓6,4,4,1,0,0,0,0,	33746	07	↓6,4,9,1,0,0,0,0,	8 14864	14872	14880
24872	58	↓6,4,4,2,0,0,0,0,	52349	08	↓6,4,9,2,0,0,0,0,	9 16722	16731	16740
43384	59	↓6,4,4,3,0,0,0,0,	70954	09	↓6,4,9,3,0,0,0,0,			
61898	60	↓6,4,4,4,0,0,0,0,	89561	10	↓6,4,9,4,0,0,0,0,	1 1861		
						2 3722		
						3 5583		
80414	61	↓6,4,4,5,0,0,0,0,	1·86108170	11	↓6,4,9,5,0,0,0,0,	4 7444		
98932	62	↓6,4,4,6,0,0,0,0,	26781	12	↓6,4,9,6,0,0,0,0,	5 9305		
1·85217452	63	↓6,4,4,7,0,0,0,0,	45394	13	↓6,4,9,7,0,0,0,0,	6 11166		
35974	64	↓6,4,4,8,0,0,0,0,	64009	14	↓6,4,9,8,0,0,0,0,	7 13027		
54498	65	↓6,4,4,9,0,0,0,0,	82625	15	↓6,4,9,9,0,0,0,0,	8 14888		
						9 16749		

Dual Logarithms of powers of 2 and 10.

↓ 2 = 69314718,   ↓ 10 = 230258509,   ↓ 10^4 = 921034037,   ↓ 10^7 = 1611809565,
↓ 4 = 138629437,   ↓ 10^2 = 460517019,   ↓ 10^5 = 1151292546,   ↓ 10^8 = 1842068074,
↓ 8 = 207944154,   ↓ 10^3 = 690775528,   ↓ 10^6 = 1381551056,   ↓ 10^9 = 2072326584,

K

66] Nat. No. 1·8619 to 1·8304   D. Log. 6216.... to 6315....   D. No. ↓6,5,0,0, to ↓6,5,9,9,

Natural Numbers.	Dual Logarithms.	Dual Numbers.	Natural Numbers.	Dual Logarithms.	Dual Numbers.	Multiples of Differences		
1·8619281	62161273,	↓6,5,0,0,0,0,0,0,	1·87125669	62661023,	↓6,5,5,0,0,0,0,0,	1	1861	1862	1863
1·86211460	17	↓6,5,0,1,0,0,0,0,	44382	67	↓6,5,5,1,0,0,0,0,	2	3722	3724	3726
30081	18	↓6,5,0,2,0,0,0,0,	63096	68	↓6,5,5,2,0,0,0,0,	3	5583	5586	5589
48704	19	↓6,5,0,3,0,0,0,0,	81812	69	↓6,5,5,3,0,0,0,0,	4	7444	7448	7452
67329	20	↓6,5,0,4,0,0,0,0,	1·87200530	70	↓6,5,5,4,0,0,0,0,	5	9305	9310	9315
						6	11166	11172	11178
85956	21	↓6,5,0,5,0,0,0,0,	19250	71	↓6,5,5,5,0,0,0,0,	7	13027	13034	13041
1·86304585	22	↓6,5,0,6,0,0,0,0,	37972	72	↓6,5,5,6,0,0,0,0,	8	14888	14896	14904
23215	23	↓6,5,0,7,0,0,0,0,	56696	73	↓6,5,5,7,0,0,0,0,	9	16749	16758	16767
41847	24	↓6,5,0,8,0,0,0,0,	75422	74	↓6,5,5,8,0,0,0,0,	1	1864	1865	1866
60481	25	↓6,5,0,9,0,0,0,0,	94150	75	↓6,5,5,9,0,0,0,0,	2	3728	3730	3732
						3	5592	5595	5598
79034	62261223,	↓6,5,1,0,0,0,0,0,	1·87312795	62760973,	↓6,5,6,0,0,0,0,0,	4	7456	7460	7464
97672	27	↓6,5,1,1,0,0,0,0,	31526	77	↓6,5,6,1,0,0,0,0,	5	9320	9325	9330
1·86416312	28	↓6,5,1,2,0,0,0,0,	50259	78	↓6,5,6,2,0,0,0,0,	6	11184	11190	11196
34954	29	↓6,5,1,3,0,0,0,0,	68994	79	↓6,5,6,3,0,0,0,0,	7	13048	13055	13062
53597	30	↓6,5,1,4,0,0,0,0,	87731	80	↓6,5,6,4,0,0,0,0,	8	14912	14920	14928
						9	16776	16785	16794
72242	31	↓6,5,1,5,0,0,0,0,	1·87406470	81	↓6,5,6,5,0,0,0,0,	1	1867	1868	1869
90889	32	↓6,5,1,6,0,0,0,0,	25211	82	↓6,5,6,6,0,0,0,0,	2	3734	3736	3738
1·86509538	33	↓6,5,1,7,0,0,0,0,	43954	83	↓6,5,6,7,0,0,0,0,	3	5601	5604	5607
28189	34	↓6,5,1,8,0,0,0,0,	62698	84	↓6,5,6,8,0,0,0,0,	4	7468	7472	7476
46842	35	↓6,5,1,9,0,0,0,0,	81444	85	↓6,5,6,9,0,0,0,0,	5	9335	9340	9345
						6	11202	11208	11214
65413	62361173,	↓6,5,2,0,0,0,0,0,	1·87500108	62860923,	↓6,5,7,0,0,0,0,0,	7	13069	13076	13083
84070	37	↓6,5,2,1,0,0,0,0,	18858	87	↓6,5,7,1,0,0,0,0,	8	14936	14944	14952
1·86602728	38	↓6,5,2,2,0,0,0,0,	37610	88	↓6,5,7,2,0,0,0,0,	9	16803	16812	16821
21388	39	↓6,5,2,3,0,0,0,0,	56364	89	↓6,5,7,3,0,0,0,0,	1	1870	1871	1872
40050	40	↓6,5,2,4,0,0,0,0,	75120	90	↓6,5,7,4,0,0,0,0,	2	3740	3742	3744
						3	5610	5613	5616
58714	41	↓6,5,2,5,0,0,0,0,	93878	91	↓6,5,7,5,0,0,0,0,	4	7480	7484	7488
77380	42	↓6,5,2,6,0,0,0,0,	1·87612637	92	↓6,5,7,6,0,0,0,0,	5	9350	9355	9360
96048	43	↓6,5,2,7,0,0,0,0,	31398	93	↓6,5,7,7,0,0,0,0,	6	11220	11226	11232
1·86714718	44	↓6,5,2,8,0,0,0,0,	50161	94	↓6,5,7,8,0,0,0,0,	7	13090	13097	13104
33389	45	↓6,5,2,9,0,0,0,0,	68926	95	↓6,5,7,9,0,0,0,0,	8	14960	14968	14976
						9	16830	16839	16848
51978	62461123,	↓6,5,3,0,0,0,0,0,	87608	62960873,	↓6,5,8,0,0,0,0,0,	1	1873	1874	1875
70653	47	↓6,5,3,1,0,0,0,0,	1·87706377	97	↓6,5,8,1,0,0,0,0,	2	3746	3748	3750
89330	48	↓6,5,3,2,0,0,0,0,	25148	98	↓6,5,8,2,0,0,0,0,	3	5619	5622	5625
1·86808009	49	↓6,5,3,3,0,0,0,0,	43921	99	↓6,5,8,3,0,0,0,0,	4	7492	7496	7500
26690	50	↓6,5,3,4,0,0,0,0,	62695	6300	↓6,5,8,4,0,0,0,0,	5	9365	9370	9375
						6	11238	11244	11250
45373	51	↓6,5,3,5,0,0,0,0,	81471	01	↓6,5,8,5,0,0,0,0,	7	13111	13118	13125
64058	52	↓6,5,3,6,0,0,0,0,	1·87800249	02	↓6,5,8,6,0,0,0,0,	8	14984	14992	15000
82744	53	↓6,5,3,7,0,0,0,0,	19029	03	↓6,5,8,7,0,0,0,0,	9	16857	16866	16875
1·86901432	54	↓6,5,3,8,0,0,0,0,	37811	04	↓6,5,8,8,0,0,0,0,	1	1876	1877	1878
20122	55	↓6,5,3,9,0,0,0,0,	56595	05	↓6,5,8,9,0,0,0,0,	2	3752	3754	3756
						3	5628	5631	5634
38730	62561073,	↓6,5,4,0,0,0,0,0,	75296	63060823,	↓65,9,0,0,0,0,0,	4	7504	7508	7512
57424	57	↓6,5,4,1,0,0,0,0,	94084	07	↓6,5,9,1,0,0,0,0,	5	9380	9385	9390
76120	58	↓6,5,4,2,0,0,0,0,	1·87912873	08	↓6,5,9,2,0,0,0,0,	6	11256	11262	11268
94818	59	↓6,5,4,3,0,0,0,0,	31664	09	↓6,5,9,3,0,0,0,0,	7	13132	13139	13146
1·87013517	60	↓6,5,4,4,0,0,0,0,	50457	10	↓6,5,9,4,0,0,0,0,	8	15008	15016	15024
						9	16884	16893	16902
32218	61	↓6,5,4,5,0,0,0,0,	69252	11	↓6,5,9,5,0,0,0,0,	1	1879	1880	
50921	62	↓6,5,4,6,0,0,0,0,	88049	12	↓6,5,9,6,0,0,0,0,	2	3758	3760	
69626	63	↓6,5,4,7,0,0,0,0,	1·88006848	13	↓6,5,9,7,0,0,0,0,	3	5637	5640	
88333	64	↓6,5,4,8,0,0,0,0,	25649	14	↓6,5,9,8,0,0,0,0,	4	7516	7520	
1·87107042	65	↓6,5,4,9,0,0,0,0,	44452	15	↓6,5,9,9,0,0,0,0,	5	9395	9400	
						6	11274	11280	
						7	13153	13160	
						8	15032	15040	
						9	16911	16920	

Dual Logarithms of powers of 2 and 10.

↓, 2 = 69314718,   ↓, 10 = 230258509,   ↓, 10⁴ = 921034037,   ↓, 10⁷ = 1611809565,
↓, 4 = 138629437,   ↓, 10² = 460517019,   ↓, 10⁵ = 1151292546,   ↓, 10⁸ = 1842068074,
↓, 8 = 207944154,   ↓, 10³ = 690775528,   ↓, 10⁶ = 1381551056,   ↓, 10⁹ = 2072326584,

Nat. No. 1·8805 to 1·8992   D. Log. 6315.... to 6414....   D. No. ↓6,6,0,0, to ↓6,6,9,9, [67

Natural Numbers.	Dual Logarithms.	Dual Numbers.	Natural Numbers.	Dual Logarithms.	Dual Numbers.	Multiples of Differences.		
1·88054769	63156306,	↓6,6,0,0,0,0,0,0,	1·88996925	63656056,	↓6,6,5,0,0,0,0,0,	1	1880	1881	1882
73574	16	↓6,6,0,1,0,0,0,0,	1·89015825	66	↓6,6,5,1,0,0,0,0,	2	3760	3762	3764
92381	17	↓6,6,0,2,0,0,0,0,	34727	67	↓6,6,5,2,0,0,0,0,	3	5640	5643	5646
1·88111190	18	↓6,6,0,3,0,0,0,0,	53630	68	↓6,6,5,3,0,0,0,0,	4	7520	7524	7528
30001	19	↓6,6,0,4,0,0,0,0,	72535	69	↓6,6,5,4,0,0,0,0,	5	9400	9405	9410
48814	20	↓6,6,0,5,0,0,0,0,	91442	70	↓6,6,5,5,0,0,0,0,	6	11280	11286	11292
67629	21	↓6,6,0,6,0,0,0,0,	1·89110351	71	↓6,6,5,6,0,0,0,0,	7	13160	13167	13174
86446	22	↓6,6,0,7,0,0,0,0,	29262	72	↓6,6,5,7,0,0,0,0,	8	15040	15048	15056
1·88205265	23	↓6,6,0,8,0,0,0,0,	48175	73	↓6,6,5,8,0,0,0,0,	9	16920	16929	16938
24086	24	↓6,6,0,9,0,0,0,0,	67089	74	↓6,6,5,9,0,0,0,0,	1	1883	1884	1885
42824	63256256,	↓6,6,1,0,0,0,0,0,	85922	63756006,	↓6,6,6,0,0,0,0,0,	2	3766	3768	3770
61648	26	↓6,6,1,1,0,0,0,0,	1·89204841	76	↓6,6,6,1,0,0,0,0,	3	5649	5652	5655
80474	27	↓6,6,1,2,0,0,0,0,	23761	77	↓6,6,6,2,0,0,0,0,	4	7532	7536	7540
99302	28	↓6,6,1,3,0,0,0,0,	42683	78	↓6,6,6,3,0,0,0,0,	5	9415	9420	9425
1·88318132	29	↓6,6,1,4,0,0,0,0,	61607	79	↓6,6,6,4,0,0,0,0,	6	11298	11304	11310
36964	30	↓6,6,1,5,0,0,0,0,	80533	80	↓6,6,6,5,0,0,0,0,	7	13181	13188	13195
55798	31	↓6,6,1,6,0,0,0,0,	99461	81	↓6,6,6,6,0,0,0,0,	8	15064	15072	15080
74634	32	↓6,6,1,7,0,0,0,0,	1·89318391	82	↓6,6,6,7,0,0,0,0,	9	16947	16956	16965
93471	33	↓6,6,1,8,0,0,0,0,	37323	83	↓6,6,6,8,0,0,0,0,	1	1886	1887	1888
1·88412310	34	↓6,6,1,9,0,0,0,0,	56257	84	↓6,6,6,9,0,0,0,0,	2	3772	3774	3776
31067	63356206,	↓6,6,2,0,0,0,0,0,	75108	63855956,	↓6,6,7,0,0,0,0,0,	3	5658	5661	5664
49910	36	↓6,6,2,1,0,0,0,0,	94046	86	↓6,6,7,1,0,0,0,0,	4	7544	7548	7552
68755	37	↓6,6,2,2,0,0,0,0,	1·89412985	87	↓6,6,7,2,0,0,0,0,	5	9430	9435	9440
87602	38	↓6,6,2,3,0,0,0,0,	31926	88	↓6,6,7,3,0,0,0,0,	6	11316	11322	11328
1·88506451	39	↓6,6,2,4,0,0,0,0,	50869	89	↓6,6,7,4,0,0,0,0,	7	13202	13209	13216
25302	40	↓6,6,2,5,0,0,0,0,	69814	90	↓6,6,7,5,0,0,0,0,	8	15088	15096	15104
44155	41	↓6,6,2,6,0,0,0,0,	88761	91	↓6,6,7,6,0,0,0,0,	9	16974	16983	16992
63009	42	↓6,6,2,7,0,0,0,0,	1·89507710	92	↓6,6,7,7,0,0,0,0,	1	1889	1890	1891
81865	43	↓6,6,2,8,0,0,0,0,	26661	93	↓6,6,7,8,0,0,0,0,	2	3778	3780	3782
1·88600723	44	↓6,6,2,9,0,0,0,0,	45614	94	↓6,6,7,9,0,0,0,0,	3	5667	5670	5673
19498	63456156,	↓6,6,3,0,0,0,0,0,	64483	63955906,	↓6,6,8,0,0,0,0,0,	4	7556	7560	7564
38360	46	↓6,6,3,1,0,0,0,0,	83439	96	↓6,6,8,1,0,0,0,0,	5	9445	9450	9455
57224	47	↓6,6,3,2,0,0,0,0,	1·89602397	97	↓6,6,8,2,0,0,0,0,	6	11334	11340	11346
76090	48	↓6,6,3,3,0,0,0,0,	21357	98	↓6,6,8,3,0,0,0,0,	7	13223	13230	13237
94958	49	↓6,6,3,4,0,0,0,0,	40319	99	↓6,6,8,4,0,0,0,0,	8	15112	15120	15128
1·88713827	50	↓6,6,3,5,0,0,0,0,	59283	6400	↓6,6,8,5,0,0,0,0,	9	17001	17010	17019
32698	51	↓6,6,3,6,0,0,0,0,	78249	01	↓6,6,8,6,0,0,0,0,	1	1892	1893	1894
51571	52	↓6,6,3,7,0,0,0,0,	97217	02	↓6,6,8,7,0,0,0,0,	2	3784	3786	3788
70446	53	↓6,6,3,8,0,0,0,0,	1·89716187	03	↓6,6,8,8,0,0,0,0,	3	5676	5679	5682
89323	54	↓6,6,3,9,0,0,0,0,	35159	04	↓6,6,8,9,0,0,0,0,	4	7568	7572	7576
1·88808117	63556106,	↓6,6,4,0,0,0,0,0,	54047	64055856,	↓6,6,9,0,0,0,0,0,	5	9460	9465	9470
26998	56	↓6,6,4,1,0,0,0,0,	73022	06	↓6,6,9,1,0,0,0,0,	6	11352	11358	11364
45881	57	↓6,6,4,2,0,0,0,0,	91999	07	↓6,6,9,2,0,0,0,0,	7	13244	13251	13258
64766	58	↓6,6,4,3,0,0,0,0,	1·89810978	08	↓6,6,9,3,0,0,0,0,	8	15136	15144	15152
83652	59	↓6,6,4,4,0,0,0,0,	29959	09	↓6,6,9,4,0,0,0,0,	9	17028	17037	17046
1·88902540	60	↓6,6,4,5,0,0,0,0,	48942	10	↓6,6,9,5,0,0,0,0,	1	1895	1896	1897
21430	61	↓6,6,4,6,0,0,0,0,	67927	11	↓6,6,9,6,0,0,0,0,	2	3790	3792	3794
40322	62	↓6,6,4,7,0,0,0,0,	86914	12	↓6,6,9,7,0,0,0,0,	3	5685	5688	5691
59216	63	↓6,6,4,8,0,0,0,0,	1·89905903	13	↓6,6,9,8,0,0,0,0,	4	7580	7584	7588
78112	64	↓6,6,4,9,0,0,0,0,	24894	14	↓6,6,9,9,0,0,0,0,	5	9475	9480	9485
						6	11370	11376	11382
						7	13265	13272	13279
						8	15160	15168	15176
						9	17055	17064	17073
						1	1898	1899	
						2	3796	3798	
						3	5694	5697	
						4	7592	7596	
						5	9490	9495	
						6	11388	11394	
						7	13286	13293	
						8	15184	15192	
						9	17082	17091	

Dual Logarithms of powers of 2 and 10.

$\downarrow$, 2 = 69314718, $\downarrow$, 10 = 230258509, $\downarrow$, 10^4 = 921034037, $\downarrow$, 10^7 = 1611809565,
$\downarrow$, 4 = 138629437, $\downarrow$, 10^2 = 460517019, $\downarrow$, 10^5 = 1151292546, $\downarrow$, 10^8 = 1842068074,
$\downarrow$, 8 = 207944154, $\downarrow$, 10^3 = 690775528, $\downarrow$, 10^6 = 1381551056, $\downarrow$, 10^9 = 2072326584,

68]   Nat. No. 1·8993 to 1·9182   D. Log. 6415.... to 6514....   D. No. ↓6,7,0,0, to ↓6,7,9,9,

Natural Numbers.	Dual Logarithms.	Dual Numbers.	Natural Numbers.	Dual Logarithms.	Dual Numbers.	Multiples of Differences.		
1·89935317	64151339,	↓6,7,0,0,0,0,0,0,	1·90886894	64651089,	↓6,7,5,0,0,0,0,0,	1 1899	1900	1901
54311	16	↓6,7,0,1,0,0,0,0,	1·90905983	66	↓6,7,5,1,0,0,0,0,	2 3798	3800	3802
73306	17	↓6,7,0,2,0,0,0,0,	25074	67	↓6,7,5,2,0,0,0,0,	3 5697	5700	5703
92303	18	↓6,7,0,3,0,0,0,0,	44167	68	↓6,7,5,3,0,0,0,0,	4 7596	7600	7604
1·90011302	19	↓6,7,0,4,0,0,0,0,	63261	69	↓6,7,5,4,0,0,0,0,	5 9495	9500	9505
						6 11394	11400	11406
						7 13293	13300	13307
						8 15192	15200	15208
30303	20	↓6,7,0,5,0,0,0,0,	82357	70	↓6,7,5,5,0,0,0,0,	9 17091	17100	17109
49306	21	↓6,7,0,6,0,0,0,0,	1·91001455	71	↓6,7,5,6,0,0,0,0,			
68311	22	↓6,7,0,7,0,0,0,0,	20555	72	↓6,7,5,7,0,0,0,0,	1 1902	1903	1904
87318	23	↓6,7,0,8,0,0,0,0,	39657	73	↓6,7,5,8,0,0,0,0,	2 3804	3806	3808
1·90106327	24	↓6,7,0,9,0,0,0,0,	58761	74	↓6,7,5,9,0,0,0,0,	3 5706	5709	5712
						4 7608	7612	7616
25252	64251289,	↓6,7,1,0,0,0,0,0,	77781	64751039,	↓6,7,6,0,0,0,0,0,	5 9510	9515	9520
44265	26	↓6,7,1,1,0,0,0,0,	96889	76	↓6,7,6,1,0,0,0,0,	6 11412	11418	11424
63279	27	↓6,7,1,2,0,0,0,0,	1·91115999	77	↓6,7,6,2,0,0,0,0,	7 13314	13321	13328
82295	28	↓6,7,1,3,0,0,0,0,	35111	78	↓6,7,6,3,0,0,0,0,	8 15216	15224	15232
1·90201313	29	↓6,7,1,4,0,0,0,0,	54225	79	↓6,7,6,4,0,0,0,0,	9 17118	17127	17136
						1 1905	1906	1907
20333	30	↓6,7,1,5,0,0,0,0,	73340	80	↓6,7,6,5,0,0,0,0,	2 3810	3812	3814
39355	31	↓6,7,1,6,0,0,0,0,	92457	81	↓6,7,6,6,0,0,0,0,	3 5715	5718	5721
58378	32	↓6,7,1,7,0,0,0,0,	1·91211576	82	↓6,7,6,7,0,0,0,0,	4 7620	7624	7628
77404	33	↓6,7,1,8,0,0,0,0,	30697	83	↓6,7,6,8,0,0,0,0,	5 9525	9530	9535
96432	34	↓6,7,1,9,0,0,0,0,	49820	84	↓6,7,6,9,0,0,0,0,	6 11430	11436	11442
						7 13335	13342	13349
						8 15240	15248	15256
1·90315377	64351239,	↓6,7,2,0,0,0,0,0,	68859	64850989,	↓6,7,7,0,0,0,0,0,	9 17145	17154	17163
34409	36	↓6,7,2,1,0,0,0,0,	87986	86	↓6,7,7,1,0,0,0,0,			
53442	37	↓6,7,2,2,0,0,0,0,	1·91307115	87	↓6,7,7,2,0,0,0,0,	1 1908	1909	1910
72477	38	↓6,7,2,3,0,0,0,0,	26246	88	↓6,7,7,3,0,0,0,0,	2 3816	3818	3820
91514	39	↓6,7,2,4,0,0,0,0,	45379	89	↓6,7,7,4,0,0,0,0,	3 5724	5727	5730
						4 7632	7636	7640
1·90410553	40	↓6,7,2,5,0,0,0,0,	64514	90	↓6,7,7,5,0,0,0,0,	5 9540	9545	9550
29594	41	↓6,7,2,6,0,0,0,0,	83650	91	↓6,7,7,6,0,0,0,0,	6 11448	11454	11460
48637	42	↓6,7,2,7,0,0,0,0,	1·91402788	92	↓6,7,7,7,0,0,0,0,	7 13356	13363	13370
67682	43	↓6,7,2,8,0,0,0,0,	21928	93	↓6,7,7,8,0,0,0,0,	8 15264	15272	15280
86729	44	↓6,7,2,9,0,0,0,0,	41070	94	↓6,7,7,9,0,0,0,0,	9 17172	17181	17190
						1 1911	1912	1913
1·90505692	64451189,	↓6,7,3,0,0,0,0,0,	60128	64950939,	↓6,7,8,0,0,0,0,0,	2 3822	3824	3826
24743	46	↓6,7,3,1,0,0,0,0,	79274	96	↓6,7,8,1,0,0,0,0,	3 5733	5736	5739
43795	47	↓6,7,3,2,0,0,0,0,	98422	97	↓6,7,8,2,0,0,0,0,	4 7644	7648	7652
62849	48	↓6,7,3,3,0,0,0,0,	1·91517572	98	↓6,7,8,3,0,0,0,0,	5 9555	9560	9565
·81905	49	↓6,7,3,4,0,0,0,0,	36724	99	↓6,7,8,4,0,0,0,0,	6 11466	11472	11478
						7 13377	13384	13391
						8 15288	15296	15304
1·90600963	50	↓6,7,3,5,0,0,0,0,	55878	6500	↓6,7,8,5,0,0,0,0,	9 17199	17208	17217
20023	51	↓6,7,3,6,0,0,0,0,	75034	01	↓6,7,8,6,0,0,0,0,			
39085	52	↓6,7,3,7,0,0,0,0,	94192	02	↓6,7,8,7,0,0,0,0,	1 1914	1915	1916
58149	53	↓6,7,3,8,0,0,0,0,	1·91613351	03	↓6,7,8,8,0,0,0,0,	2 3828	3830	3832
77215	54	↓6,7,3,9,0,0,0,0,	32512	04	↓6,7,8,9,0,0,0,0,	3 5742	5745	5748
						4 7656	7660	7664
96198	64551139,	↓6,7,4,0,0,0,0,0,	51588	65050889,	↓6,7,9,0,0,0,0,0,	5 9570	9575	9580
1·90715268	56	↓6,7,4,1,0,0,0,0,	70753	06	↓6,7,9,1,0,0,0,0,	6 11484	11490	11496
34340	57	↓6,7,4,2,0,0,0,0,	89920	07	↓6,7,9,2,0,0,0,0,	7 13398	13405	13412
53413	58	↓6,7,4,3,0,0,0,0,	1·91709089	08	↓6,7,9,3,0,0,0,0,	8 15312	15320	15328
72488	59	↓6,7,4,4,0,0,0,0,	28260	09	↓6,7,9,4,0,0,0,0,	9 17226	17235	17244
						1 1917	1918	
91565	60	↓6,7,4,5,0,0,0,0,	47433	10	↓6,7,9,5,0,0,0,0,	2 3834	3836	
1·90810644	61	↓6,7,4,6,0,0,0,0,	66608	11	↓6,7,9,6,0,0,0,0,	3 5751	5754	
29725	62	↓6,7,4,7,0,0,0,0,	85785	12	↓6,7,9,7,0,0,0,0,	4 7668	7672	
48808	63	↓6,7,4,8,0,0,0,0,	1·91804964	13	↓6,7,9,8,0,0,0,0,	5 9585	9590	
67893	64	↓6,7,4,9,0,0,0,0,	24144	14	↓6,7,9,9,0,0,0,0,	6 11502	11508	
						7 13419	13426	
						8 15336	15344	
						9 17253	17262	

Dual Logarithms of powers of 2 and 10.

↓, 2 = 69314718,   ↓, 10 = 230258509,   ↓, 10^4 = 921034037,   ↓, 10^7 = 1611809565,
↓, 4 = 138629437,   ↓, 10^2 = 460517019,   ↓, 10^5 = 1151292546,   ↓, 10^8 = 1842068074,
↓, 8 = 207944154,   ↓, 10^3 = 690775528,   ↓, 10^6 = 1381551056,   ↓, 10^9 = 2072326584,

Nat. No. 1·9183 to 1·9374   D. Log. 6514.... to 6613....   D. No. ↓6,8,0,0, to ↓6,8,9,9,   [69

Natural Numbers.	Dual Logarithms.	Dual Numbers.	Natural Numbers.	Dual Logarithms.	Dual Numbers.	Multiples of Differences.		
1·91834670	65146372,	↓6,8,0,0,0,0,0,0,	1·92795765	65646122,	↓6,8,5,0,0,0,0,0,	1 1918	1919	1920
53853	15	↓6,8,0,1,0,0,0,0,	1·92815045	65	↓6,8,5,1,0,0,0,0,	2 3836	3838	3840
73038	16	↓6,8,0,2,0,0,0,0,	34327	66	↓6,8,5,2,0,0,0,0,	3 5754	5757	5760
92225	17	↓6,8,0,3,0,0,0,0,	53610	67	↓6,8,5,3,0,0,0,0,	4 7672	7676	7680
1·91911414	18	↓6,8,0,4,0,0,0,0,	72895	68	↓6,8,5,4,0,0,0,0,	5 9590	9595	9600
						6 11508	11514	11520
30605	19	↓6,8,0,5,0,0,0,0,	92182	69	↓6,8,5,5,0,0,0,0,	7 13426	13433	13440
49798	20	↓6,8,0,6,0,0,0,0,	1·92911471	70	↓6,8,5,6,0,0,0,0,	8 15344	15352	15360
68993	21	↓6,8,0,7,0,0,0,0,	30762	71	↓6,8,5,7,0,0,0,0,	9 17262	17271	17280
88190	22	↓6,8,0,8,0,0,0,0,	50055	72	↓6,8,5,8,0,0,0,0,	1 1921	1922	1923
1·92007389	23	↓6,8,0,9,0,0,0,0,	69350	73	↓6,8,5,9,0,0,0,0,	2 3842	3844	3846
						3 5763	5766	5769
26505	65246322,	↓6,8,1,0,0,0,0,0,	88561	65746072,	↓6,8,6,0,0,0,0,0,	4 7684	7688	7692
45708	25	↓6,8,1,1,0,0,0,0,	1·93007860	75	↓6,8,6,1,0,0,0,0,	5 9605	9610	9615
64913	26	↓6,8,1,2,0,0,0,0,	27160	76	↓6,8,6,2,0,0,0,0,	6 11526	11532	11538
84119	27	↓6,8,1,3,0,0,0,0,	46463	77	↓6,8,6,3,0,0,0,0,	7 13447	13454	13461
1·92103327	28	↓6,8,1,4,0,0,0,0,	65768	78	↓6,8,6,4,0,0,0,0,	8 15368	15376	15384
						9 17289	17298	17307
22537	29	↓6,8,1,5,0,0,0,0,	85075	79	↓6,8,6,5,0,0,0,0,	1 1924	1925	1926
41749	30	↓6,8,1,6,0,0,0,0,	1·93104384	80	↓6,8,6,6,0,0,0,0,	2 3848	3850	3852
60963	31	↓6,8,1,7,0,0,0,0,	23694	81	↓6,8,6,7,0,0,0,0,	3 5772	5775	5778
80179	32	↓6,8,1,8,0,0,0,0,	43006	82	↓6,8,6,8,0,0,0,0,	4 7696	7700	7704
99397	33	↓6,8,1,9,0,0,0,0,	62320	83	↓6,8,6,9,0,0,0,0,	5 9620	9625	9630
						6 11544	11550	11556
1·92218532	65346272,	↓6,8,2,0,0,0,0,0,	81550	65846022,	↓6,8,7,0,0,0,0,0,	7 13468	13475	13482
37754	35	↓6,8,2,1,0,0,0,0;	1·93200868	85	↓6,8,7,1,0,0,0,0,	8 15392	15400	15408
56978	36	↓6,8,2,2,0,0,0,0,	20188	86	↓6,8,7,2,0,0,0,0,	9 17316	17325	17334
76204	37	↓6,8,2,3,0,0,0,0,	39510	87	↓6,8,7,3,0,0,0,0,	1 1927	1928	1929
95432	38	↓6,8,2,4,0,0,0,0,	58834	88	↓6,8,7,4,0,0,0,0,	2 3854	3856	3858
						3 5781	5784	5787
1·92314662	39	↓6,8,2,5,0,0,0,0,	78160	89	↓6,8,7,5,0,0,0,0,	4 7708	7712	7716
33893	40	↓6,8,2,6,0,0,0,0,	97488	90	↓6,8,7,6,0,0,0,0,	5 9635	9640	9645
53126	41	↓6,8,2,7,0,0,0,0,	1·93316818	91	↓6,8,7,7,0,0,0,0,	6 11562	11568	11574
72361	42	↓6,8,2,8,0,0,0,0,	36150	92	↓6,8,7,8,0,0,0,0,	7 13489	13496	13503
91598	43	↓6,8,2,9,0,0,0,0,	55484	93	↓6,8,7,9,0,0,0,0,	8 15416	15424	15432
						9 17343	17352	17361
1·92410751	65446222,	↓6,8,3,0,0,0,0,0,	74732	65945972,	↓6,8,8,0,0,0,0,0,	1 1930	1931	1932
29992	45	↓6,8,3,1,0,0,0,0,	94069	95	↓6,8,8,1,0,0,0,0,	2 3860	3862	3864
49235	46	↓6,8,3,2,0,0,0,0,	1·93413408	96	↓6,8,8,2,0,0,0,0,	3 5790	5793	5796
68480	47	↓6,8,3,3,0,0,0,0,	32749	97	↓6,8,8,3,0,0,0,0,	4 7720	7724	7728
87727	48	↓6,8,3,4,0,0,0,0,	52092	98	↓6,8,8,4,0,0,0,0,	5 9650	9655	9660
						6 11580	11586	11592
1·92506976	49	↓6,8,3,5,0,0,0,0,	71437	99	↓6,8,8,5,0,0,0,0,	7 13510	13517	13524
26227	50	↓6,8,3,6,0,0,0,0,	90784	6600	↓6,8,8,6,0,0,0,0,	8 15440	15448	15456
45480	51	↓6,8,3,7,0,0,0,0,	1·93510133	01	↓6,8,8,7,0,0,0,0,	9 17370	17379	17388
64735	52	↓6,8,3,8,0,0,0,0,	29484	02	↓6,8,8,8,0,0,0,0,	1 1933	1934	1935
83992	53	↓6,8,3,9,0,0,0,0,	48837	03	↓6,8,8,9,0,0,0,0,	2 3866	3868	3870
						3 5799	5802	5805
1·92603162	65546172,	↓6,8,4,0,0,0,0,0,	68107	66045922,	↓6,8,9,0,0,0,0,0,	4 7732	7736	7740
22422	55	↓6,8,4,1,0,0,0,0,	87464	05	↓6,8,9,1,0,0,0,0,	5 9665	9670	9675
41684	56	↓6,8,4,2,0,0,0,0,	1·93606823	06	↓6,8,9,2,0,0,0,0,	6 11598	11604	11610
60948	57	↓6,8,4,3,0,0,0,0,	26184	07	↓6,8,9,3,0,0,0,0,	7 13531	13538	13545
80214	58	↓6,8,4,4,0,0,0,0,	45547	08	↓6,8,9,4,0,0,0,0,	8 15464	15472	15480
						9 17397	17406	17415
99482	59	↓6,8,4,5,0,0,0,0,	64912	09	↓6,8,9,5,0,0,0,0,	1 1936	1937	
1·92718752	60	↓6,8,4,6,0,0,0,0,	84278	10	↓6,8,9,6,0,0,0,0,	2 3872	3874	
38024	61	↓6,8,4,7,0,0,0,0,	1·93703646	11	↓6,8,9,7,0,0,0,0,	3 5808	5811	
57298	62	↓6,8,4,8,0,0,0,0,	23016	12	↓6,8,9,8,0,0,0,0,	4 7744	7748	
76574	63	↓6,8,4,9,0,0,0,0,	42388	13	↓6,8,9,9,0,0,0,0,	5 9680	9685	
						6 11616	11622	
						7 13552	13559	
						8 15488	15496	
						9 17424	17433	

Dual Logarithms of powers of 2 and 10.

↓, 2 = 69314718, ↓, 10 = 23025809, ↓, 10⁴ = 921034037, ↓, 10⁷ = 1611809565,
↓, 4 = 138629437, ↓, 10² = 460517019, ↓, 10⁵ = 1151292546, ↓, 10⁸ = 1842068074,
↓, 8 = 207944154, ↓, 10³ = 690775528, ↓, 10⁶ = 1381551056, ↓, 10⁹ = 2072326584,

[70] Nat. No. 1·9375 to 1·9567   D. Log. 6614.... to 6713....   D. No. ↓6,9,0,0 to ↓6,9,9,9,

Natural Numbers.	Dual Logarithms.	Dual Numbers.	Natural Numbers.	Dual Logarithms.	Dual Numbers.	Multiples of Differences.		
1·93753017	66141405,	↓6,9,0,0,0,0,0,0,	1·94723722	66641155,	↓6,9,5,0,0,0,0,0,	1 1937	1938	1939
72392	15	↓6,9,0,1,0,0,0,0,	43194	65	↓6,9,5,1,0,0,0,0,	2 3874	3876	3878
91769	16	↓6,9,0,2,0,0,0,0,	62668	66	↓6,9,5,2,0,0,0,0,	3 5811	5814	5817
1·93811148	17	↓6,9,0,3,0,0,0,0,	82144	67	↓6,9,5,3,0,0,0,0,	4 7748	7752	7756
30529	18	↓6,9,0,4,0,0,0,0,	1·94801622	68	↓6,9,5,4,0,0,0,0,	5 9685	9690	9695
						6 11622	11628	11634
49912	19	↓6,9,0,5,0,0,0,0,	21102	69	↓6,9,5,5,0,0,0,0,	7 13559	13566	13573
69297	20	↓6,9,0,6,0,0,0,0,	40584	70	↓6,9,5,6,0,0,0,0,	8 15496	15404	15512
88684	21	↓6,9,0,7,0,0,0,0,	60068	71	↓6,9,5,7,0,0,0,0,	9 17433	17442	17451
1·93908073	22	↓6,9,0,8,0,0,0,0,	79554	72	↓6,9,5,8,0,0,0,0,	1 1940	1941	1942
27464	23	↓6,9,0,9,0,0,0,0,	99042	73	↓6,9,5,9,0,0,0,0,	2 3880	3882	3884
						3 5820	5823	5826
46770	66241355,	↓6,9,1,0,0,0,0,0,	1·94918446	66741105,	↓6,9,6,0,0,0,0,0,	4 7760	7764	7768
66165	25	↓6,9,1,1,0,0,0,0,	37938	75	↓6,9,6,1,0,0,0,0,	5 9700	9705	9710
85562	26	↓6,9,1,2,0,0,0,0,	57432	76	↓6,9,6,2,0,0,0,0,	6 11640	11646	11652
1·94004961	27	↓6,9,1,3,0,0,0,0,	76928	77	↓6,9,6,3,0,0,0,0,	7 13580	13587	13594
24361	28	↓6,9,1,4,0,0,0,0,	96426	78	↓6,9,6,4,0,0,0,0,	8 15520	15528	15536
						9 17460	17469	17478
43763	29	↓6,9,1,5,0,0,0,0,	1·95015926	79	↓6,9,6,5,0,0,0,0,	1 1943	1944	1945
63167	30	↓6,9,1,6,0,0,0,0,	35428	80	↓6,9,6,6,0,0,0,0,	2 3886	3888	3890
82573	31	↓6,9,1,7,0,0,0,0,	54932	81	↓6,9,6,7,0,0,0,0,	3 5829	5832	5835
1·94101981	32	↓6,9,1,8,0,0,0,0,	74437	82	↓6,9,6,8,0,0,0,0,	4 7772	7776	7780
21391	33	↓6,9,1,9,0,0,0,0,	93944	83	↓6,9,6,9,0,0,0,0,	5 9715	9720	9725
						6 11658	11664	11670
40717	66341305,	↓6,9,2,0,0,0,0,0,	1·95113364	66841055,	↓6,9,7,0,0,0,0,0,	7 13601	13608	13615
60131	35	↓6,9,2,1,0,0,0,0,	32875	85	↓6,9,7,1,0,0,0,0,	8 15544	15552	15560
79547	36	↓6,9,2,2,0,0,0,0,	52388	86	↓6,9,7,2,0,0,0,0,	9 17487	17496	17505
98965	37	↓6,9,2,3,0,0,0,0,	71903	87	↓6,9,7,3,0,0,0,0,	1 1946	1947	1948
1·94218385	38	↓6,9,2,4,0,0,0,0,	91421	88	↓6,9,7,4,0,0,0,0,	2 3892	3894	3896
						3 5838	5841	5844
37807	39	↓6,9,2,5,0,0,0,0,	1·95210940	89	↓6,9,7,5,0,0,0,0,	4 7784	7788	7792
57231	40	↓6,9,2,6,0,0,0,0,	30461	90	↓6,9,7,6,0,0,0,0,	5 9730	9735	9740
76657	41	↓6,9,2,7,0,0,0,0,	49984	91	↓6,9,7,7,0,0,0,0,	6 11676	11682	11688
96085	42	↓6,9,2,8,0,0,0,0,	69509	92	↓6,9,7,8,0,0,0,0,	7 13622	13629	13636
1·94315515	43	↓6,9,2,9,0,0,0,0,	89036	93	↓6,9,7,9,0,0,0,0,	8 15568	15576	15584
						9 17514	17523	17532
34858	66441255,	↓6,9,3,0,0,0,0,0,	1·95308477	66941005,	↓6,9,8,0,0,0,0,0,	1 1949	1950	1951
54291	45	↓6,9,3,1,0,0,0,0,	28008	95	↓6,9,8,1,0,0,0,0,	2 3898	3900	3902
73726	46	↓6,9,3,2,0,0,0,0,	47541	96	↓6,9,8,2,0,0,0,0,	3 5847	5850	5853
93163	47	↓6,9,3,3,0,0,0,0,	67076	97	↓6,9,8,3,0,0,0,0,	4 7796	7800	7804
1·94412602	48	↓6,9,3,4,0,0,0,0,	86613	98	↓6,9,8,4,0,0,0,0,	5 9745	9750	9755
						6 11694	11700	11706
32043	49	↓6,9,3,5,0,0,0,0,	1·95406152	99	↓6,9,8,5,0,0,0,0,	7 13643	13650	13657
51486	50	↓6,9,3,6,0,0,0,0,	25693	6700	↓6,9,8,6,0,0,0,0,	8 15592	15600	15608
70931	51	↓6,9,3,7,0,0,0,0,	45236	01	↓6,9,8,7,0,0,0,0,	9 17541	17550	17559
90378	52	↓6,9,3,8,0,0,0,0,	64781	02	↓6,9,8,8,0,0,0,0,	1 1952	1953	1954
1·94509827	53	↓6,9,3,9,0,0,0,0,	84327	03	↓6,9,8,9,0,0,0,0,	2 3904	3906	3908
						3 5856	5859	5862
29193	66541205,	↓6,9,4,0,0,0,0,0,	1·95503785	67040955,	↓6,9,9,0,0,0,0,0,	4 7808	7812	7816
48646	55	↓6,9,4,1,0,0,0,0,	23335	05	↓6,9,9,1,0,0,0,0,	5 9760	9765	9770
68101	56	↓6,9,4,2,0,0,0,0,	42887	06	↓6,9,9,2,0,0,0,0,	6 11712	11718	11724
87558	57	↓6,9,4,3,0,0,0,0,	62441	07	↓6,9,9,3,0,0,0,0,	7 13664	13671	13678
1·94607017	58	↓6,9,4,4,0,0,0,0,	81997	08	↓6,9,9,4,0,0,0,0,	8 15616	15624	15632
						9 17568	17577	17586
26478	59	↓6,9,4,5,0,0,0,0,	1·95601555	09	↓6,9,9,5,0,0,0,0,	1 1955	1956	
45941	60	↓6,9,4,6,0,0,0,0,	21115	10	↓6,9,9,6,0,0,0,0,	2 3910	3912	
65406	61	↓6,9,4,7,0,0,0,0,	40677	11	↓6,9,9,7,0,0,0,0,	3 5865	5868	
84873	62	↓6,9,4,8,0,0,0,0,	60241	12	↓6,9,9,8,0,0,0,0,	4 7820	7824	
1·94704341	63	↓6,9,4,9,0,0,0,0,	79807	13	↓6,9,9,9,0,0,0,0,	5 9775	9780	
						6 11730	11736	
						7 13685	13692	
						8 15640	15648	
						9 17595	17604	

Dual Logarithms of powers of 2 and 10.

↓, 2 = 69314718,   ↓, 10 = 230258509,   ↓, 10⁴ = 921034037,   ↓, 10⁷ = 1611809565,
↓, 4 = 138629437,   ↓, 10² = 460517019,   ↓, 10⁵ = 1151292546,   ↓, 10⁸ = 1842068074,
↓, 8 = 207944154,   ↓, 10³ = 690775528,   ↓, 10⁶ = 1381551056,   ↓, 10⁹ = 2072326584,

Nat. No. 1·9487 to 1·9680   D. Log. 6671.... to 6770....   D. No. ↓7,0,0,0, to ↓7,0,9,9,

Natural Numbers.	Dual Logarithms.	Dual Numbers.	Natural Numbers.	Dual Logarithms.	Dual Numbers.	Multiples of Differences.		
						1 1948	1949	1950
1·94871710	66717126,	↓7,0,0,0,0,0,0,0,	1·95848020	67216876,	↓7,0,5,0,0,0,0,0,	2 3896	3898	3900
91198	72	↓7,0,0,1,0,0,0,0,	67605	22	↓7,0,5,1,0,0,0,0,	3 5844	5847	5850
1·94910687	73	↓7,0,0,2,0,0,0,0,	87192	23	↓7,0,5,2,0,0,0,0,	4 7792	7796	7800
30178	74	↓7,0,0,3,0,0,0,0,	1·95906781	24	↓7,0,5,3,0,0,0,0,	5 9740	9745	9750
49671	75	↓7,0,0,4,0,0,0,0,	26372	25	↓7,0,5,4,0,0,0,0,	6 11688	11694	11700
						7 13636	13643	13650
69166	76	↓7,0,0,5,0,0,0,0,	45965	26	↓7,0,5,5,0,0,0,0,	8 15584	15592	15600
88663	77	↓7,0,0,6,0,0,0,0,	65560	27	↓7,0,5,6,0,0,0,0,	9 17532	17541	17550
1·95008162	78	↓7,0,0,7,0,0,0,0,	85157	28	↓7,0,5,7,0,0,0,0,	1 1951	1952	1953
27663	79	↓7,0,0,8,0,0,0,0,	1·96004756	29	↓7,0,5,8,0,0,0,0,	2 3902	3904	3906
47166	80	↓7,0,0,9,0,0,0,0,	24356	30	↓7,0,5,9,0,0,0,0,	3 5853	5856	5859
						4 7804	7808	7812
66582	66817076,	↓7,0,1,0,0,0,0,0,	43868	67316826,	↓7,0,6,0,0,0,0,0,	5 9755	9760	9765
86089	82	↓7,0,1,1,0,0,0,0,	63472	32	↓7,0,6,1,0,0,0,0,	6 11706	11712	11718
1·95105598	83	↓7,0,1,2,0,0,0,0,	83078	33	↓7,0,6,2,0,0,0,0,	7 13657	13664	13671
25109	84	↓7,0,1,3,0,0,0,0,	1·96102686	34	↓7,0,6,3,0,0,0,0,	8 15608	15616	15624
44622	85	↓7,0,1,4,0,0,0,0,	22296	35	↓7,0,6,4,0,0,0,0,	9 17559	17568	17577
						1 1954	1955	1956
64136	86	↓7,0,1,5,0,0,0,0,	41908	36	↓7,0,6,5,0,0,0,0,	2 3908	3910	3912
83652	87	↓7,0,1,6,0,0,0,0,	61522	37	↓7,0,6,6,0,0,0,0,	3 5862	5865	5868
1·95203170	88	↓7,0,1,7,0,0,0,0,	81138	38	↓7,0,6,7,0,0,0,0,	4 7816	7820	7824
22690	89	↓7,0,1,8,0,0,0,0,	1·96200756	39	↓7,0,6,8,0,0,0,0,	5 9770	9775	9780
42212	90	↓7,0,1,9,0,0,0,0,	20376	40	↓7,0,6,9,0,0,0,0,	6 11724	11730	11736
						7 13678	13685	13692
61649	66917026,	↓7,0,2,0,0,0,0,0,	39912	67416776,	↓7,0,7,0,0,0,0,0,	8 15632	15640	15648
81174	92	↓7,0,2,1,0,0,0,0,	59536	42	↓7,0,7,1,0,0,0,0,	9 17586	17595	17604
1·95300702	93	↓7,0,2,2,0,0,0,0,	79162	43	↓7,0,7,2,0,0,0,0,	1 1957	1958	1959
20232	94	↓7,0,2,3,0,0,0,0,	98790	44	↓7,0,7,3,0,0,0,0,	2 3914	3916	3918
39764	95	↓7,0,2,4,0,0,0,0,	1·96318420	45	↓7,0,7,4,0,0,0,0,	3 5871	5874	5877
						4 7828	7832	7836
59298	96	↓7,0,2,5,0,0,0,0,	38052	46	↓7,0,7,5,0,0,0,0,	5 9785	9790	9795
78834	97	↓7,0,2,6,0,0,0,0,	57686	47	↓7,0,7,6,0,0,0,0,	6 11742	11748	11754
98372	98	↓7,0,2,7,0,0,0,0,	77322	48	↓7,0,7,7,0,0,0,0,	7 13699	13706	13713
1·95417912	99	↓7,0,2,8,0,0,0,0,	96960	49	↓7,0,7,8,0,0,0,0,	8 15656	15664	15672
37454	6700	↓7,0,2,9,0,0,0,0,	1·96416599	50	↓7,0,7,9,0,0,0,0,	9 17613	17622	17631
						1 1960	1961	1962
56911	67016976,	↓7,0,3,0,0,0,0,0,	36152	67516726,	↓7,0,8,0,0,0,0,0,	2 3920	3922	3924
76457	02	↓7,0,3,1,0,0,0,0,	55796	52	↓7,0,8,1,0,0,0,0,	3 5880	5883	5886
96005	03	↓7,0,3,2,0,0,0,0,	75442	53	↓7,0,8,2,0,0,0,0,	4 7840	7844	7848
1·95515555	04	↓7,0,3,3,0,0,0,0,	95090	54	↓7,0,8,3,0,0,0,0,	5 9800	9805	9810
35107	05	↓7,0,3,4,0,0,0,0,	1·96514740	55	↓7,0,8,4,0,0,0,0,	6 11760	11766	11772
						7 13720	13727	13734
54661	06	↓7,0,3,5,0,0,0,0,	34391	56	↓7,0,8,5,0,0,0,0,	8 15680	15688	15696
74216	07	↓7,0,3,6,0,0,0,0,	54044	57	↓7,0,8,6,0,0,0,0,	9 17640	17649	17658
93773	08	↓7,0,3,7,0,0,0,0,	73699	58	↓7,0,8,7,0,0,0,0,	1 1963	1964	1965
1·95613332	09	↓7,0,3,8,0,0,0,0,	93356	59	↓7,0,8,8,0,0,0,0,	2 3926	3928	3930
32893	10	↓7,0,3,9,0,0,0,0,	1·96613015	60	↓7,0,8,9,0,0,0,0,	3 5889	5892	5895
						4 7852	7856	7860
52368	67116926,	↓7,0,4,0,0,0,0,0,	32588	67616676,	↓7,0,9,0,0,0,0,0,	5 9815	9820	9825
71933	12	↓7,0,4,1,0,0,0,0,	52251	62	↓7,0,9,1,0,0,0,0,	6 11778	11784	11790
91500	13	↓7,0,4,2,0,0,0,0,	71916	63	↓7,0,9,2,0,0,0,0,	7 13741	13748	13755
1·95711069	14	↓7,0,4,3,0,0,0,0,	91583	64	↓7,0,9,3,0,0,0,0,	8 15704	15712	15720
30640	15	↓7,0,4,4,0,0,0,0,	1·96711252	65	↓7,0,9,4,0,0,0,0,	9 17667	17676	17685
						1 1966	1967	1968
50213	16	↓7,0,4,5,0,0,0,0,	30923	66	↓7,0,9,5,0,0,0,0,	2 3932	3934	3936
69788	17	↓7,0,4,6,0,0,0,0,	50596	67	↓7,0,9,6,0,0,0,0,	3 5898	5901	5904
89365	18	↓7,0,4,7,0,0,0,0,	70271	68	↓7,0,9,7,0,0,0,0,	4 7864	7868	7872
1·95808944	19	↓7,0,4,8,0,0,0,0,	89948	69	↓7,0,9,8,0,0,0,0,	5 9830	9835	9840
28525	20	↓7,0,4,9,0,0,0,0,	1·96809627	70	↓7,0,9,9,0,0,0,0,	6 11796	11802	11808
						7 13762	13769	13776
						8 15728	15736	15744
						9 17694	17703	17712

Dual Logarithms of powers of 2 and 10.

↓, 2 = 69314718,   ↓, 10 = 230258509,   ↓, 10⁴ = 921034037,   ↓, 10⁷ = 1611809565,
↓, 4 = 138629437,   ↓, 10² = 460517019,   ↓, 10⁵ = 1151292546,   ↓, 10⁸ = 1842068074,
↓, 8 = 207944154,   ↓, 10³ = 690775528,   ↓, 10⁶ = 1381551056,   ↓, 10⁹ = 2072326584,

72] Nat. No. 1·9682 to 1·9877   D. Log. 6771.... to 6870....   D. No. ↓7,1,0,0, to ↓7,1,9,9,

Natural Numbers.	Dual Logarithms.	Dual Numbers.	Natural Numbers.	Dual Logarithms.	Dual Numbers.	Multiples of Differences.		
1·96820427	67712159,	↓7,1,0,0,0,0,0,0,	1·97806498	68211909,	↓7,1,5,0,0,0,0,0,	1	1968	1969	1970
40109	72	↓7,1,0,1,0,0,0,0,	26279	22	↓7,1,5,1,0,0,0,0,	2	3936	3938	3940
59793	73	↓7,1,0,2,0,0,0,0,	46062	23	↓7,1,5,2,0,0,0,0,	3	5904	5907	5910
79479	74	↓7,1,0,3,0,0,0,0,	65847	24	↓7,1,5,3,0,0,0,0,	4	7872	7876	7880
99167	75	↓7,1,0,4,0,0,0,0,	85634	25	↓7,1,5,4,0,0,0,0,	5	9840	9845	9850
						6	11808	11814	11820
1·96918857	76	↓7,1,0,5,0,0,0,0,	1·97905423	26	↓7,1,5,5,0,0,0,0,	7	13776	13783	13790
38549	77	↓7,1,0,6,0,0,0,0,	25214	27	↓7,1,5,6,0,0,0,0,	8	15744	15752	15760
58243	78	↓7,1,0,7,0,0,0,0,	45007	28	↓7,1,5,7,0,0,0,0,	9	17712	17721	17730
77939	79	↓7,1,0,8,0,0,0,0,	64802	29	↓7,1,5,8,0,0,0,0,				
97637	80	↓7,1,0,9,0,0,0,0,	84598	30	↓7,1,5,9,0,0,0,0,	1	1971	1972	1973
						2	3942	3944	3946
1·97017247	67812109,	↓7,1,1,0,0,0,0,0,	1·98004304	68311859,	↓7,1,6,0,0,0,0,0,	3	5913	5916	5919
36949	82	↓7,1,1,1,0,0,0,0,	24104	32	↓7,1,6,1,0,0,0,0,	4	7884	7888	7892
56653	83	↓7,1,1,2,0,0,0,0,	43906	33	↓7,1,6,2,0,0,0,0,	5	9855	9860	9865
76359	84	↓7,1,1,3,0,0,0,0,	63710	34	↓7,1,6,3,0,0,0,0,	6	11826	11832	11838
96067	85	↓7,1,1,4,0,0,0,0,	83516	35	↓7,1,6,4,0,0,0,0,	7	13797	13804	13811
						8	15768	15776	15784
1·97115777	86	↓7,1,1,5,0,0,0,0,	1·98103324	36	↓7,1,6,5,0,0,0,0,	9	17739	17748	17757
35489	87	↓7,1,1,6,0,0,0,0,	23134	37	↓7,1,6,6,0,0,0,0,				
55203	88	↓7,1,1,7,0,0,0,0,	42946	38	↓7,1,6,7,0,0,0,0,	1	1974	1975	1976
74919	89	↓7,1,1,8,0,0,0,0,	62760	39	↓7,1,6,8,0,0,0,0,	2	3948	3950	3952
94636	90	↓7,1,1,9,0,0,0,0,	82576	40	↓7,1,6,9,0,0,0,0,	3	5922	5925	5928
						4	7896	7900	7904
1·97214264	67912059,	↓7,1,2,0,0,0,0,0,	1·98202308	68411809,	↓7,1,7,0,0,0,0,0,	5	9870	9875	9880
33985	92	↓7,1,2,1,0,0,0,0,	22128	42	↓7,1,7,1,0,0,0,0,	6	11844	11850	11856
53708	93	↓7,1,2,2,0,0,0,0,	41950	43	↓7,1,7,2,0,0,0,0,	7	13818	13825	13832
73433	94	↓7,1,2,3,0,0,0,0,	61774	44	↓7,1,7,3,0,0,0,0,	8	15792	15800	15808
93160	95	↓7,1,2,4,0,0,0,0,	81600	45	↓7,1,7,4,0,0,0,0,	9	17766	17775	17784
1·97312889	96	↓7,1,2,5,0,0,0,0,	1·98301428	46	↓7,1,7,5,0,0,0,0,	1	1977	1978	1979
32620	97	↓7,1,2,6,0,0,0,0,	21258	47	↓7,1,7,6,0,0,0,0,	2	3954	3956	3958
52353	98	↓7,1,2,7,0,0,0,0,	41090	48	↓7,1,7,7,0,0,0,0,	3	5931	5934	5937
72088	99	↓7,1,2,8,0,0,0,0,	60924	49	↓7,1,7,8,0,0,0,0,	4	7908	7912	7916
91825	6800	↓7,1,2,9,0,0,0,0,	80760	50	↓7,1,7,9,0,0,0,0,	5	9885	9890	9895
						6	11862	11868	11874
1·97411478	68012009,	↓7,1,3,0,0,0,0,0,	1·98400510	68511759,	↓7,1,8,0,0,0,0,0,	7	13839	13846	13853
31219	02	↓7,1,3,1,0,0,0,0,	20350	52	↓7,1,8,1,0,0,0,0,	8	15816	15824	15832
50962	03	↓7,1,3,2,0,0,0,0,	40192	53	↓7,1,8,2,0,0,0,0,	9	17793	17802	17811
70707	04	↓7,1,3,3,0,0,0,0,	60036	54	↓7,1,8,3,0,0,0,0,				
90454	05	↓7,1,3,4,0,0,0,0,	79882	55	↓7,1,8,4,0,0,0,0,	1	1980	1981	1982
						2	3960	3962	3964
1·97510203	06	↓7,1,3,5,0,0,0,0,	99730	56	↓7,1,8,5,0,0,0,0,	3	5940	5943	5946
29954	07	↓7,1,3,6,0,0,0,0,	1·98519580	57	↓7,1,8,6,0,0,0,0,	4	7920	7924	7928
49706	08	↓7,1,3,7,0,0,0,0,	39432	58	↓7,1,8,7,0,0,0,0,	5	9900	9905	9910
69461	09	↓7,1,3,8,0,0,0,0,	59286	59	↓7,1,8,8,0,0,0,0,	6	11880	11886	11892
89218	10	↓7,1,3,9,0,0,0,0,	79142	60	↓7,1,8,9,0,0,0,0,	7	13860	13867	13874
						8	15840	15848	15856
1·97608889	68111959,	↓7,1,4,0,0,0,0,0,	98911	68611709,	↓7,1,9,0,0,0,0,0,	9	17820	17829	17838
28650	12	↓7,1,4,1,0,0,0,0,	1·98618771	62	↓7,1,9,1,0,0,0,0,				
48413	13	↓7,1,4,2,0,0,0,0,	38633	63	↓7,1,9,2,0,0,0,0,	1	1983	1984	1985
68178	14	↓7,1,4,3,0,0,0,0,	58497	64	↓7,1,9,3,0,0,0,0,	2	3966	3968	3970
87945	15	↓7,1,4,4,0,0,0,0,	78363	65	↓7,1,9,4,0,0,0,0,	3	5949	5952	5955
						4	7932	7936	7940
1·97707714	16	↓7,1,4,5,0,0,0,0,	98231	66	↓7,1,9,5,0,0,0,0,	5	9915	9920	9925
27485	17	↓7,1,4,6,0,0,0,0,	1·98718101	67	↓7,1,9,6,0,0,0,0,	6	11898	11904	11910
47258	18	↓7,1,4,7,0,0,0,0,	37973	68	↓7,1,9,7,0,0,0,0,	7	13881	13888	13895
67033	19	↓7,1,4,8,0,0,0,0,	57847	69	↓7,1,9,8,0,0,0,0,	8	15864	15872	15880
86810	20	↓7,1,4,9,0,0,0,0,	77722	70	↓7,1,9,9,0,0,0,0,	9	17847	17856	17865
						1	1986	1987	
						2	3972	3974	
						3	5958	5961	
						4	7944	7948	
						5	9930	9935	
						6	11916	11922	
						7	13902	13909	
						8	15888	15896	
						9	17874	17883	

Dual Logarithms of powers of 2 and 10.

↓, 2 = 69314718,   ↓, 10 = 230258509,   ↓, 10^4 = 921034037,   ↓, 10^7 = 1611809565,
↓, 4 = 138629437,   ↓, 10^2 = 460517019,   ↓, 10^5 = 1151292546,   ↓, 10^8 = 1842068074,
↓, 8 = 207944154,   ↓, 10^3 = 690775528,   ↓, 10^6 = 1381551056,   ↓, 10^9 = 2072326584,

Nat. No. 1·9878 to 2·0076   D. Log. 6870.... to 6969....   D. No. ↓7,2,0,0, to ↓7,2,9,9,   [73

Natural Numbers.	Dual Logarithms.	Dual Numbers.	Natural Numbers.	Dual Logarithms.	Dual Numbers.	Multiples of Differences.		
1·98788631	68707192,	↓7,2,0,0,0,0,0,0,	1·99784563	69206942,	↓7,2,5,0,0,0,0,0,	1 1987	1988	1989
1·98808510	71	↓7,2,0,1,0,0,0,0,	1·99804541	21	↓7,2,5,1,0,0,0,0,	2 3974	3976	3978
28391	72	↓7,2,0,2,0,0,0,0,	24521	22	↓7,2,5,2,0,0,0,0,	3 5961	5964	5967
48274	73	↓7,2,0,3,0,0,0,0,	44503	23	↓7,2,5,3,0,0,0,0,	4 7948	7952	7956
68159	74	↓7,2,0,4,0,0,0,0,	64487	24	↓7,2,5,4,0,0,0,0,	5 9935	9940	9945
						6 11922	11928	11934
						7 13909	13916	13923
						8 15896	15904	15912
88046	75	↓7,2,0,5,0,0,0,0,	84473	25	↓7,2,5,5,0,0,0,0,	9 17883	17892	17901
1·98907935	76	↓7,2,0,6,0,0,0,0,	1·99904461	26	↓7,2,5,6,0,0,0,0,			
27826	77	↓7,2,0,7,0,0,0,0,	24451	27	↓7,2,5,7,0,0,0,0,	1 1990	1991	1992
47719	78	↓7,2,0,8,0,0,0,0,	44443	28	↓7,2,5,8,0,0,0,0,	2 3980	3982	3984
67614	79	↓7,2,0,9,0,0,0,0,	64437	29	↓7,2,5,9,0,0,0,0,	3 5970	5973	5976
						4 7960	7964	7968
						5 9950	9955	9960
87420	68807142,	↓7,2,1,0,0,0,0,0,	84348	69306892,	↓7,2,6,0,0,0,0,0,	6 11940	11946	11952
1·99007319	81	↓7,2,1,1,0,0,0,0,	2·00004346	31	↓7,2,6,1,0,0,0,0,	7 13930	13937	13944
27220	82	↓7,2,1,2,0,0,0,0,	24346	32	↓7,2,6,2,0,0,0,0,	8 15920	15928	15936
47123	83	↓7,2,1,3,0,0,0,0,	44348	33	↓7,2,6,3,0,0,0,0,	9 17910	17919	17928
67028	84	↓7,2,1,4,0,0,0,0,	64352	34	↓7,2,6,4,0,0,0,0,			
						1 1993	1994	1995
						2 3986	3988	3990
86935	85	↓7,2,1,5,0,0,0,0,	84358	35	↓7,2,6,5,0,0,0,0,	3 5979	5982	5985
1·99106845	86	↓7,2,1,6,0,0,0,0,	2·00104366	36	↓7,2,6,6,0,0,0,0,	4 7972	7976	7980
26756	87	↓7,2,1,7,0,0,0,0,	24376	37	↓7,2,6,7,0,0,0,0,	5 9965	9970	9975
46669	88	↓7,2,1,8,0,0,0,0,	44388	38	↓7,2,6,8,0,0,0,0,	6 11958	11964	11970
66584	89	↓7,2,1,9,0,0,0,0,	64402	39	↓7,2,6,9,0,0,0,0,	7 13951	13958	13965
						8 15944	15952	15960
						9 17937	17946	17955
86407	68907092,	↓7,2,2,0,0,0,0,0,	84332	69406842,	↓7,2,7,0,0,0,0,0,			
1·99206326	91	↓7,2,2,1,0,0,0,0,	2·00204350	41	↓7,2,7,1,0,0,0,0,	1 1996	1997	1998
26247	92	↓7,2,2,2,0,0,0,0,	24370	42	↓7,2,7,2,0,0,0,0,	2 3992	3994	3996
46170	93	↓7,2,2,3,0,0,0,0,	44392	43	↓7,2,7,3,0,0,0,0,	3 5988	5991	5994
66095	94	↓7,2,2,4,0,0,0,0,	64416	44	↓7,2,7,4,0,0,0,0,	4 7984	7988	7992
						5 9980	9985	9990
						6 11976	11982	11988
86022	95	↓7,2,2,5,0,0,0,0,	84442	45	↓7,2,7,5,0,0,0,0,	7 13972	13979	13986
1·99305951	96	↓7,2,2,6,0,0,0,0,	2·00304470	46	↓7,2,7,6,0,0,0,0,	8 15968	15976	15984
25882	97	↓7,2,2,7,0,0,0,0,	24500	47	↓7,2,7,7,0,0,0,0,	9 17964	17973	17982
45815	98	↓7,2,2,8,0,0,0,0,	44532	48	↓7,2,7,8,0,0,0,0,			
65750	99	↓7,2,2,9,0,0,0,0,	64566	49	↓7,2,7,9,0,0,0,0,	1 1999	2000	2001
						2 3998	4000	4002
85593	69007042,	↓7,2,3,0,0,0,0,0,	84516	69506792,	↓7,2,8,0,0,0,0,0,	3 5997	6000	6003
1·99405532	01	↓7,2,3,1,0,0,0,0,	2·00404554	51	↓7,2,8,1,0,0,0,0,	4 7996	8000	8004
25473	02	↓7,2,3,2,0,0,0,0,	24594	52	↓7,2,8,2,0,0,0,0,	5 9995	10000	10005
45416	03	↓7,2,3,3,0,0,0,0,	44636	53	↓7,2,8,3,0,0,0,0,	6 11994	12000	12006
65361	04	↓7,2,3,4,0,0,0,0,	64680	54	↓7,2,8,4,0,0,0,0,	7 13993	14000	14007
						8 15992	16000	16008
						9 17991	18000	18009
85308	05	↓7,2,3,5,0,0,0,0,	84726	55	↓7,2,8,5,0,0,0,0,			
1·99505256	06	↓7,2,3,6,0,0,0,0,	2·00504774	56	↓7,2,8,6,0,0,0,0,	1 2002	2003	2004
25207	07	↓7,2,3,7,0,0,0,0,	24824	57	↓7,2,8,7,0,0,0,0,	2 4004	4006	4008
45160	08	↓7,2,3,8,0,0,0,0,	44876	58	↓7,2,8,8,0,0,0,0,	3 6006	6009	6012
65115	09	↓7,2,3,9,0,0,0,0,	64930	59	↓7,2,8,9,0,0,0,0,	4 8008	8012	8016
						5 10010	10015	10020
						6 12012	12018	12024
84978	69106992,	↓7,2,4,0,0,0,0,0,	84901	69606742,	↓7,2,9,0,0,0,0,0,	7 14014	14021	14028
1·99604936	11	↓7,2,4,1,0,0,0,0,	2·00604959	61	↓7,2,9,1,0,0,0,0,	8 16016	16024	16032
24896	12	↓7,2,4,2,0,0,0,0,	25019	62	↓7,2,9,2,0,0,0,0,	9 18018	18027	18036
44858	13	↓7,2,4,3,0,0,0,0,	45082	63	↓7,2,9,3,0,0,0,0,			
64822	14	↓7,2,4,4,0,0,0,0,	65147	64	↓7,2,9,4,0,0,0,0,	1 2005	2006	2007
						2 4010	4012	4014
						3 6015	6018	6021
84788	15	↓7,2,4,5,0,0,0,0,	85214	65	↓7,2,9,5,0,0,0,0,	4 8020	8024	8028
1·99704756	16	↓7,2,4,6,0,0,0,0,	2·00705283	66	↓7,2,9,6,0,0,0,0,	5 10025	10030	10035
24726	17	↓7,2,4,7,0,0,0,0,	25354	67	↓7,2,9,7,0,0,0,0,	6 12030	12036	12042
44698	18	↓7,2,4,8,0,0,0,0,	45427	68	↓7,2,9,8,0,0,0,0,	7 14035	14042	14049
64672	19	↓7,2,4,9,0,0,0,0,	65502	69	↓7,2,9,9,0,0,0,0,	8 16040	16048	16056
						9 18045	18054	18063

Dual Logarithms of powers of 2 and 10.

↓, 2 = 69314718,   ↓, 10 = 230258509,   ↓, 10^4 = 921034037,   ↓, 10^7 = 1611809565,
↓, 4 = 138629437, ↓, 10^2 = 460517019,   ↓, 10^5 = 1151292546,   ↓, 10^8 = 1842068074,
↓, 8 = 207944154, ↓, 10^3 = 690775528,   ↓, 10^6 = 1381551056,   ↓, 10^9 = 2072726584,

L

74] **Nat. No. 2·0078 to 2·0116   D. Log. 6970.... to 6989....   D. No. ↓,7,3,0,0, to ↓,7,3,1,9,**

Natural Numbers.	Dual Logarithms.	Dual Numbers.		Multiples of Differences.		
2·00785486	69702225,	↓7,3,0,0,0,0,0,0,				
2·00805565	71	↓7,3,0,1,0,0,0,0,				
25646	72	↓7,3,0,2,0,0,0,0,	1	2007	2008	2009
45729	73	↓7,3,0,3,0,0,0,0,	2	4014	4016	4018
65814	74	↓7,3,0,4,0,0,0,0,	3	6021	6024	6027
			4	8028	8032	8036
85901	75	↓7,3,0,5,0,0,0,0,	5	10035	10040	10045
2·00905990	76	↓7,3,0,6,0,0,0,0,	6	12042	12048	12054
26081	77	↓7,3,0,7,0,0,0,0,	7	14049	14056	14063
46174	78	↓7,3,0,8,0,0,0,0,	8	16056	16064	16072
66269	79	↓7,3,0,9,0,0,0,0,	9	18063	18072	18081
86271	69802175,	↓7,3,1,0,0,0,0,0,	1	2010	2011	
2·01006370	81	↓7,3,1,1,0,0,0,0,	2	4020	4022	
26471	82	↓7,3,1,2,0,0,0,0,	3	6030	6033	
46574	83	↓7,3,1,3,0,0,0,0,	4	8040	8044	
66679	84	↓7,3,1,4,0,0,0,0,	5	10050	10055	
			6	12060	12066	
86786	85	↓7,3,1,5,0,0,0,0,	7	14070	14077	
2·01106895	86	↓7,3,1,6,0,0,0,0,	8	16080	16088	
27006	87	↓7,3,1,7,0,0,0,0,	9	18090	18099	
47119	88	↓7,3,1,8,0,0,0,0,				
67234	89	↓7,3,1,9,0,0,0,0,				

With $\downarrow_n(10\cdot)$ and $\downarrow_n(2\cdot)$ the dual logarithm of any natural number may be obtained from this limited table; but, if it was continued to

$$\downarrow_n(2\cdot99161136) = \downarrow_n 11,4,7,6,0,2,3,9, = 109581215,$$

and a table of the descending branch from

$$\downarrow_n(\cdot299161136) = '11'4'7'6'0'2'3'9'\uparrow = '120677293$$

added, then the use of $\downarrow_n(2\cdot)$ would not be required and $\downarrow_n(10\cdot)$ would seldom have to be involved.

An abridgment of these complete tables are given in the "Young Dual Arithmetician."

THE END.

TABLE II.

DUAL LOGARITHMS AND DUAL NUMBERS,

WITH

CORRESPONDING NATURAL NUMBERS.

DESCENDING BRANCH.

Nat. No. ˙9999 to ˙9901   D. Log. ˙1.... to ˙09....   D. No. ˙0˙0˙0˙1↑ to ˙0˙0˙9˙9↑   (1)

Natural Numbers.	Dual Logarithms.	Dual Numbers.	Natural Numbers.	Dual Logarithms.	Dual Numbers.	Multiples of Differences.
˙99990000	˙10001	˙0˙0˙0˙1˙0˙0˙0˙0↑	˙99500999	˙500250	˙0˙0˙5˙0˙0˙0˙0˙0↑	
80001	˙20001	˙0˙0˙0˙2˙0˙0˙0˙0↑	˙99491049	˙510251	˙0˙0˙5˙1˙0˙0˙0˙0↑	1 | 999 | 998 | 997
70003	˙30002	˙0˙0˙0˙3˙0˙0˙0˙0↑	81100	˙520251	˙0˙0˙5˙2˙0˙0˙0˙0↑	2 | 1998 | 1995 | 1994
60006	˙40002	˙0˙0˙0˙4˙0˙0˙0˙0↑	71152	˙530252	˙0˙0˙5˙3˙0˙0˙0˙0↑	3 | 2997 | 2994 | 2991
50010	˙50003	˙0˙0˙0˙5˙0˙0˙0˙0↑	61205	˙540252	˙0˙0˙5˙4˙0˙0˙0˙0↑	4 | 3996 | 3992 | 3988
						5 | 4995 | 4990 | 4985
40015	˙60003	˙0˙0˙0˙6˙0˙0˙0˙0↑	51259	˙550253	˙0˙0˙5˙5˙0˙0˙0˙0↑	6 | 5994 | 5988 | 5982
30021	˙70004	˙0˙0˙0˙7˙0˙0˙0˙0↑	41314	˙560253	˙0˙0˙5˙6˙0˙0˙0˙0↑	7 | 6993 | 6986 | 6979
20028	˙80004	˙0˙0˙0˙8˙0˙0˙0˙0↑	31370	˙570254	˙0˙0˙5˙7˙0˙0˙0˙0↑	8 | 7992 | 7984 | 7976
10036	˙90005	˙0˙0˙0˙9˙0˙0˙0˙0↑	21427	˙580254	˙0˙0˙5˙8˙0˙0˙0˙0↑	9 | 8991 | 8982 | 8973
			11485	˙590255	˙0˙0˙5˙9˙0˙0˙0˙0↑	
00000	˙100050	˙0˙0˙1˙0˙0˙0˙0˙0↑	01498	˙600300	˙0˙0˙6˙0˙0˙0˙0˙0↑	1 | 996 | 995 | 994
˙99890010	˙110051	˙0˙0˙1˙1˙0˙0˙0˙0↑	˙99391558	˙610301	˙0˙0˙6˙1˙0˙0˙0˙0↑	2 | 1992 | 1990 | 1988
80021	˙120051	˙0˙0˙1˙2˙0˙0˙0˙0↑	81619	˙620301	˙0˙0˙6˙2˙0˙0˙0˙0↑	3 | 2988 | 2985 | 2982
70033	˙130052	˙0˙0˙1˙3˙0˙0˙0˙0↑	71681	˙630302	˙0˙0˙6˙3˙0˙0˙0˙0↑	4 | 3984 | 3980 | 3976
60046	˙140052	˙0˙0˙1˙4˙0˙0˙0˙0↑	61744	˙640302	˙0˙0˙6˙4˙0˙0˙0˙0↑	5 | 4980 | 4975 | 4970
						6 | 5976 | 5970 | 5964
50060	˙150053	˙0˙0˙1˙5˙0˙0˙0˙0↑	51808	˙650303	˙0˙0˙6˙5˙0˙0˙0˙0↑	7 | 6972 | 6965 | 6958
40075	˙160053	˙0˙0˙1˙6˙0˙0˙0˙0↑	41873	˙660303	˙0˙0˙6˙6˙0˙0˙0˙0↑	8 | 7968 | 7960 | 7952
30091	˙170054	˙0˙0˙1˙7˙0˙0˙0˙0↑	31939	˙670304	˙0˙0˙6˙7˙0˙0˙0˙0↑	9 | 8964 | 8955 | 8946
20108	˙180054	˙0˙0˙1˙8˙0˙0˙0˙0↑	22006	˙680304	˙0˙0˙6˙8˙0˙0˙0˙0↑	
10126	˙190055	˙0˙0˙1˙9˙0˙0˙0˙0↑	12074	˙690305	˙0˙0˙6˙9˙0˙0˙0˙0↑	1 | 993 | 992 | 991
						2 | 1986 | 1984 | 1982
00100	˙200100	˙0˙0˙2˙0˙0˙0˙0˙0↑	02097	˙700350	˙0˙0˙7˙0˙0˙0˙0˙0↑	3 | 2979 | 2976 | 2973
˙99700120	˙210101	˙0˙0˙2˙1˙0˙0˙0˙0↑	˙99292167	˙710351	˙0˙0˙7˙1˙0˙0˙0˙0↑	4 | 3972 | 3968 | 3964
80141	˙220101	˙0˙0˙2˙2˙0˙0˙0˙0↑	82238	˙720351	˙0˙0˙7˙2˙0˙0˙0˙0↑	5 | 4965 | 4960 | 4955
70163	˙230102	˙0˙0˙2˙3˙0˙0˙0˙0↑	72310	˙730352	˙0˙0˙7˙3˙0˙0˙0˙0↑	6 | 5958 | 5952 | 5946
60186	˙240102	˙0˙0˙2˙4˙0˙0˙0˙0↑	62383	˙740352	˙0˙0˙7˙4˙0˙0˙0˙0↑	7 | 6951 | 6944 | 6937
						8 | 7944 | 7936 | 7928
50210	˙250103	˙0˙0˙2˙5˙0˙0˙0˙0↑	52457	˙750353	˙0˙0˙7˙5˙0˙0˙0˙0↑	9 | 8937 | 8928 | 8919
40235	˙260103	˙0˙0˙2˙6˙0˙0˙0˙0↑	42532	˙760353	˙0˙0˙7˙6˙0˙0˙0˙0↑	
30261	˙270104	˙0˙0˙2˙7˙0˙0˙0˙0↑	32608	˙770354	˙0˙0˙7˙7˙0˙0˙0˙0↑	1 | 990
20288	˙280104	˙0˙0˙2˙8˙0˙0˙0˙0↑	22685	˙780354	˙0˙0˙7˙8˙0˙0˙0˙0↑	2 | 1980
10316	˙290105	˙0˙0˙2˙9˙0˙0˙0˙0↑	12763	˙790355	˙0˙0˙7˙9˙0˙0˙0˙0↑	3 | 2970
						4 | 3960
00300	˙300150	˙0˙0˙3˙0˙0˙0˙0˙0↑	02794	˙800400	˙0˙0˙8˙0˙0˙0˙0˙0↑	5 | 4950
˙99690330	˙310151	˙0˙0˙3˙1˙0˙0˙0˙0↑	˙99192874	˙810401	˙0˙0˙8˙1˙0˙0˙0˙0↑	6 | 5940
80361	˙320151	˙0˙0˙3˙2˙0˙0˙0˙0↑	82955	˙820401	˙0˙0˙8˙2˙0˙0˙0˙0↑	7 | 6930
70393	˙330152	˙0˙0˙3˙3˙0˙0˙0˙0↑	73037	˙830402	˙0˙0˙8˙3˙0˙0˙0˙0↑	8 | 7920
60426	˙340152	˙0˙0˙3˙4˙0˙0˙0˙0↑	63120	˙840402	˙0˙0˙8˙4˙0˙0˙0˙0↑	9 | 8910
50460	˙350153	˙0˙0˙3˙5˙0˙0˙0˙0↑	53204	˙850403	˙0˙0˙8˙5˙0˙0˙0˙0↑	
40495	˙360153	˙0˙0˙3˙6˙0˙0˙0˙0↑	43289	˙860403	˙0˙0˙8˙6˙0˙0˙0˙0↑	
30531	˙370154	˙0˙0˙3˙7˙0˙0˙0˙0↑	33375	˙870404	˙0˙0˙8˙7˙0˙0˙0˙0↑	
20568	˙380154	˙0˙0˙3˙8˙0˙0˙0˙0↑	23462	˙880404	˙0˙0˙8˙8˙0˙0˙0˙0↑	
10606	˙390155	˙0˙0˙3˙9˙0˙0˙0˙0↑	13550	˙890405	˙0˙0˙8˙9˙0˙0˙0˙0↑	
00600	˙400200	˙0˙0˙4˙0˙0˙0˙0˙0↑	03592	˙900450	˙0˙0˙9˙0˙0˙0˙0˙0↑	
˙99590640	˙410201	˙0˙0˙4˙1˙0˙0˙0˙0↑	˙99093682	˙910451	˙0˙0˙9˙1˙0˙0˙0˙0↑	
80681	˙420201	˙0˙0˙4˙2˙0˙0˙0˙0↑	83773	˙920451	˙0˙0˙9˙2˙0˙0˙0˙0↑	
70723	˙430202	˙0˙0˙4˙3˙0˙0˙0˙0↑	73865	˙930452	˙0˙0˙9˙3˙0˙0˙0˙0↑	
60766	˙440202	˙0˙0˙4˙4˙0˙0˙0˙0↑	63958	˙940452	˙0˙0˙9˙4˙0˙0˙0˙0↑	
50810	˙450203	˙0˙0˙4˙5˙0˙0˙0˙0↑	54052	˙950453	˙0˙0˙9˙5˙0˙0˙0˙0↑	
40855	˙460203	˙0˙0˙4˙6˙0˙0˙0˙0↑	44147	˙960453	˙0˙0˙9˙6˙0˙0˙0˙0↑	
30901	˙470204	˙0˙0˙4˙7˙0˙0˙0˙0↑	34243	˙970454	˙0˙0˙9˙7˙0˙0˙0˙0↑	
20948	˙480204	˙0˙0˙4˙8˙0˙0˙0˙0↑	24340	˙980454	˙0˙0˙9˙8˙0˙0˙0˙0↑	
10996	˙490205	˙0˙0˙4˙9˙0˙0˙0˙0↑	14438	˙990455	˙0˙0˙9˙9˙0˙0˙0˙0↑	

(2)   Nat. No. '9900 to '9803   D. Log. '100.... to '199....   D. No. '0'1'0'0↑ to '0'1'9'9↑

Natural Numbers.	Dual Logarithms.	Dual Numbers.	Natural Numbers.	Dual Logarithms.	Dual Numbers.	Multiples of Differences.
·99000000	'1005034	'0'1'0'0'0'0'0↑	·98505989	'1505284	'0'1'5'0'0'0'0'0↑	
·98990100	'1015035	'0'1'0'1'0'0'0'0↑	·98496138	'1515285	'0'1'5'1'0'0'0'0↑	1 990 989 9
80201	'1025035	'0'1'0'2'0'0'0'0↑	86288	'1525285	'0'1'5'2'0'0'0'0↑	2 1980 1978 19
70303	'1035036	'0'1'0'3'0'0'0'0↑	76439	'1535286	'0'1'5'3'0'0'0'0↑	3 2970 2967 29
60406	'1045036	'0'1'0'4'0'0'0'0↑	66591	'1545286	'0'1'5'4'0'0'0'0↑	4 3960 3956 39
						5 4950 4945 49
50510	'1055037	'0'1'0'5'0'0'0'0↑	56744	'1555287	'0'1'5'5'0'0'0'0↑	6 5940 5934 59
40615	'1065037	'0'1'0'6'0'0'0'0↑	46898	'1565287	'0'1'5'6'0'0'0'0↑	7 6930 6923 69
30721	'1075038	'0'1'0'7'0'0'0'0↑	37053	'1575288	'0'1'5'7'0'0'0'0↑	8 7920 7912 79
20828	'1085038	'0'1'0'8'0'0'0'0↑	27209	'1585288	'0'1'5'8'0'0'0'0↑	9 8910 8901 88
10936	'1095039	'0'1'0'9'0'0'0'0↑	17366	'1595289	'0'1'5'9'0'0'0'0↑	
01000	'1105084	'0'1'1'0'0'0'0'0↑	07483	'1605334	'0'1'6'0'0'0'0'0↑	1 987 986 9
·98891110	'1115085	'0'1'1'1'0'0'0'0↑	·98397642	'1615335	'0'1'6'1'0'0'0'0↑	2 1974 1972 19
81221	'1125085	'0'1'1'2'0'0'0'0↑	87802	'1625335	'0'1'6'2'0'0'0'0↑	3 2961 2958 29
71333	'1135086	'0'1'1'3'0'0'0'0↑	77973	'1635336	'0'1'6'3'0'0'0'0↑	4 3948 3944 39
61446	'1145086	'0'1'1'4'0'0'0'0↑	68135	'1645336	'0'1'6'4'0'0'0'0↑	5 4935 4930 49
						6 5922 5916 59
						7 6909 6902 68
51560	'1155087	'0'1'1'5'0'0'0'0↑	58298	'1655337	'0'1'6'5'0'0'0'0↑	8 7896 7888 78
41675	'1165087	'0'1'1'6'0'0'0'0↑	48462	'1665337	'0'1'6'6'0'0'0'0↑	9 8883 8874 88
31791	'1175088	'0'1'1'7'0'0'0'0↑	38627	'1675338	'0'1'6'7'0'0'0'0↑	
21908	'1185088	'0'1'1'8'0'0'0'0↑	28793	'1685338	'0'1'6'8'0'0'0'0↑	
12026	'1195089	'0'1'1'9'0'0'0'0↑	18960	'1695339	'0'1'6'9'0'0'0'0↑	
						1 984 983 9
						2 1968 1966 19
02099	'1205134	'0'1'2'0'0'0'0'0↑	09076	'1705384	'0'1'7'0'0'0'0'0↑	3 2952 2949 29
·98792219	'1215135	'0'1'2'1'0'0'0'0↑	·98299245	'1715385	'0'1'7'1'0'0'0'0↑	4 3936 3932 39
82340	'1225135	'0'1'2'2'0'0'0'0↑	89415	'1725385	'0'1'7'2'0'0'0'0↑	5 4920 4915 49
72462	'1235136	'0'1'2'3'0'0'0'0↑	79586	'1735386	'0'1'7'3'0'0'0'0↑	6 5904 5898 58
62585	'1245136	'0'1'2'4'0'0'0'0↑	69758	'1745386	'0'1'7'4'0'0'0'0↑	7 6888 6881 68
						8 7872 7864 78
52709	'1255137	'0'1'2'5'0'0'0'0↑	59931	'1755387	'0'1'7'5'0'0'0'0↑	9 8856 8847 88
42834	'1265137	'0'1'2'6'0'0'0'0↑	50105	'1765387	'0'1'7'6'0'0'0'0↑	
32960	'1275138	'0'1'2'7'0'0'0'0↑	40280	'1775388	'0'1'7'7'0'0'0'0↑	
23087	'1285138	'0'1'2'8'0'0'0'0↑	30456	'1785388	'0'1'7'8'0'0'0'0↑	1 981 980
13215	'1295139	'0'1'2'9'0'0'0'0↑	20633	'1795389	'0'1'7'9'0'0'0'0↑	2 1962 1960
						3 2943 2940
03297	'1305184	'0'1'3'0'0'0'0'0↑	10767	'1805434	'0'1'8'0'0'0'0'0↑	4 3924 3920
·98693427	'1315185	'0'1'3'1'0'0'0'0↑	00946	'1815435	'0'1'8'1'0'0'0'0↑	5 4905 4900
83558	'1325185	'0'1'3'2'0'0'0'0↑	·98191126	'1825435	'0'1'8'2'0'0'0'0↑	6 5886 5880
73690	'1335186	'0'1'3'3'0'0'0'0↑	81307	'1835436	'0'1'8'3'0'0'0'0↑	7 6867 6860
63823	'1345186	'0'1'3'4'0'0'0'0↑	71488	'1845436	'0'1'8'4'0'0'0'0↑	8 7848 7840
						9 8829 8820
53957	'1355187	'0'1'3'5'0'0'0'0↑	61671	'1855437	'0'1'8'5'0'0'0'0↑	
44092	'1365187	'0'1'3'6'0'0'0'0↑	51855	'1865437	'0'1'8'6'0'0'0'0↑	
34228	'1375188	'0'1'3'7'0'0'0'0↑	42040	'1875438	'0'1'8'7'0'0'0'0↑	
24365	'1385188	'0'1'3'8'0'0'0'0↑	32226	'1885438	'0'1'8'8'0'0'0'0↑	
14503	'1395189	'0'1'3'9'0'0'0'0↑	22413	'1895439	'0'1'8'9'0'0'0'0↑	
04594	'1405234	'0'1'4'0'0'0'0'0↑	12556	'1905484	'0'1'9'0'0'0'0'0↑	
·98594734	'1415235	'0'1'4'1'0'0'0'0↑	02745	'1915485	'0'1'9'1'0'0'0'0↑	
84875	'1425235	'0'1'4'2'0'0'0'0↑	·98092935	'1925485	'0'1'9'2'0'0'0'0↑	
75017	'1435236	'0'1'4'3'0'0'0'0↑	83126	'1935486	'0'1'9'3'0'0'0'0↑	
65159	'1445236	'0'1'4'4'0'0'0'0↑	73318	'1945486	'0'1'9'4'0'0'0'0↑	
55302	'1455237	'0'1'4'5'0'0'0'0↑	63511	'1955487	'0'1'9'5'0'0'0'0↑	
45446	'1465237	'0'1'4'6'0'0'0'0↑	53705	'1965487	'0'1'9'6'0'0'0'0↑	
35591	'1475238	'0'1'4'7'0'0'0'0↑	43900	'1975488	'0'1'9'7'0'0'0'0↑	
25737	'1485238	'0'1'4'8'0'0'0'0↑	34096	'1985488	'0'1'9'8'0'0'0'0↑	
15884	'1495239	'0'1'4'9'0'0'0'0↑	24292	'1995489	'0'1'9'9'0'0'0'0↑	

Nat. No. '9801 to '9704   D. Log. '201.... to '300....   D. No. '0'2'0'0'0↑ to '0'2'9'9'9↑   (3)

Natural Numbers.	Dual Logarithms.	Dual Numbers.	Natural Numbers.	Dual Logarithms.	Dual Numbers.	Multiples of Differences.		
'98010000	'2010067	'0'2'0'0'0'0'0↑	'97520929	'2510317	'0'2'5'0'0'0'0↑			
00199	'2020068	'0'2'0'1'0'0'0↑	11177	'2520318	'0'2'5'1'0'0'0↑	1	980	979	978
'97990399	'2030068	'0'2'0'2'0'0'0↑	01426	'2530318	'0'2'5'2'0'0'0↑	2	1960	1958	1956
80600	'2040069	'0'2'0'3'0'0'0↑	'97491676	'2540319	'0'2'5'3'0'0'0↑	3	2940	2937	2934
70802	'2050069	'0'2'0'4'0'0'0↑	81927	'2550319	'0'2'5'4'0'0'0↑	4	3920	3916	3912
						5	4900	4895	4890
61005	'2060070	'0'2'0'5'0'0'0↑	72179	'2560320	'0'2'5'5'0'0'0↑	6	5880	5874	5868
51209	'2070070	'0'2'0'6'0'0'0↑	62432	'2570320	'0'2'5'6'0'0'0↑	7	6860	6853	6846
41414	'2080071	'0'2'0'7'0'0'0↑	52686	'2580321	'0'2'5'7'0'0'0↑	8	7840	7832	7824
31620	'2090071	'0'2'0'8'0'0'0↑	42941	'2590321	'0'2'5'8'0'0'0↑	9	8820	8811	8802
21827	'2100072	'0'2'0'9'0'0'0↑	33197	'2600322	'0'2'5'9'0'0'0↑				
11990	'2110117	'0'2'1'0'0'0'0↑	23408	'2610367	'0'2'6'0'0'0'0↑	1	977	976	975
02199	'2120118	'0'2'1'1'0'0'0↑	13666	'2620368	'0'2'6'1'0'0'0↑	2	1954	1952	1950
'97892409	'2130118	'0'2'1'2'0'0'0↑	03925	'2630368	'0'2'6'2'0'0'0↑	3	2931	2928	2925
82620	'2140119	'0'2'1'3'0'0'0↑	'97394185	'2640369	'0'2'6'3'0'0'0↑	4	3908	3904	3900
72832	'2150119	'0'2'1'4'0'0'0↑	84445	'2650369	'0'2'6'4'0'0'0↑	5	4885	4880	4875
						6	5862	5856	5850
63045	'2160120	'0'2'1'5'0'0'0↑	74707	'2660370	'0'2'6'5'0'0'0↑	7	6839	6832	6825
53259	'2170120	'0'2'1'6'0'0'0↑	64970	'2670370	'0'2'6'6'0'0'0↑	8	7816	7808	7800
43474	'2180121	'0'2'1'7'0'0'0↑	55234	'2680371	'0'2'6'7'0'0'0↑	9	8793	8784	8775
33690	'2190121	'0'2'1'8'0'0'0↑	45498	'2690371	'0'2'6'8'0'0'0↑				
23907	'2200122	'0'2'1'9'0'0'0↑	35763	'2700372	'0'2'6'9'0'0'0↑	1	974	973	972
						2	1948	1946	1944
14078	'2210167	'0'2'2'0'0'0'0↑	25985	'2710417	'0'2'7'0'0'0'0↑	3	2922	2919	2916
04297	'2220168	'0'2'2'1'0'0'0↑	16252	'2720418	'0'2'7'1'0'0'0↑	4	3896	3892	3888
'97794517	'2230168	'0'2'2'2'0'0'0↑	06520	'2730418	'0'2'7'2'0'0'0↑	5	4870	4865	4860
84738	'2240169	'0'2'2'3'0'0'0↑	'97296789	'2740419	'0'2'7'3'0'0'0↑	6	5844	5838	5832
74960	'2250169	'0'2'2'4'0'0'0↑	87059	'2750419	'0'2'7'4'0'0'0↑	7	6818	6811	6804
						8	7792	7784	7776
65183	'2260170	'0'2'2'5'0'0'0↑	77330	'2760420	'0'2'7'5'0'0'0↑	9	8766	8757	8748
55406	'2270170	'0'2'2'6'0'0'0↑	67602	'2770420	'0'2'7'6'0'0'0↑				
45630	'2280171	'0'2'2'7'0'0'0↑	57875	'2780421	'0'2'7'7'0'0'0↑				
35855	'2290171	'0'2'2'8'0'0'0↑	48149	'2790421	'0'2'7'8'0'0'0↑	1	971	970	
26081	'2300172	'0'2'2'9'0'0'0↑	38424	'2800422	'0'2'7'9'0'0'0↑	2	1942	1940	
						3	2913	2910	
16264	'2310217	'0'2'3'0'0'0'0↑	28659	'2810467	'0'2'8'0'0'0'0↑	4	3884	3880	
06492	'2320218	'0'2'3'1'0'0'0↑	18936	'2820468	'0'2'8'1'0'0'0↑	5	4855	4850	
'97696721	'2330218	'0'2'3'2'0'0'0↑	09214	'2830468	'0'2'8'2'0'0'0↑	6	5826	5820	
86951	'2340219	'0'2'3'3'0'0'0↑	'97199493	'2840469	'0'2'8'3'0'0'0↑	7	6797	6790	
77182	'2350219	'0'2'3'4'0'0'0↑	89773	'2850469	'0'2'8'4'0'0'0↑	8	7768	7760	
						9	8739	8730	
67414	'2360220	'0'2'3'5'0'0'0↑	80054	'2860470	'0'2'8'5'0'0'0↑				
57647	'2370220	'0'2'3'6'0'0'0↑	70336	'2870470	'0'2'8'6'0'0'0↑				
47881	'2380221	'0'2'3'7'0'0'0↑	60619	'2880471	'0'2'8'7'0'0'0↑				
38116	'2390221	'0'2'3'8'0'0'0↑	50903	'2890471	'0'2'8'8'0'0'0↑				
28352	'2400222	'0'2'3'9'0'0'0↑	41188	'2900472	'0'2'8'9'0'0'0↑				
18548	'2410267	'0'2'4'0'0'0'0↑	31430	'2910517	'0'2'9'0'0'0'0↑				
08786	'2420268	'0'2'4'1'0'0'0↑	21717	'2920518	'0'2'9'1'0'0'0↑				
'97599025	'2430268	'0'2'4'2'0'0'0↑	12005	'2930518	'0'2'9'2'0'0'0↑				
89265	'2440269	'0'2'4'3'0'0'0↑	02294	'2940519	'0'2'9'3'0'0'0↑				
79506	'2450269	'0'2'4'4'0'0'0↑	'97092584	'2950519	'0'2'9'4'0'0'0↑				
69748	'2460270	'0'2'4'5'0'0'0↑	82875	'2960520	'0'2'9'5'0'0'0↑				
59991	'2470270	'0'2'4'6'0'0'0↑	73167	'2970520	'0'2'9'6'0'0'0↑				
50235	'2480271	'0'2'4'7'0'0'0↑	63460	'2980521	'0'2'9'7'0'0'0↑				
40480	'2490271	'0'2'4'8'0'0'0↑	53754	'2990521	'0'2'9'8'0'0'0↑				
30726	'2500272	'0'2'4'9'0'0'0↑	44049	'3000522	'0'2'9'9'0'0'0↑				

(4) Nat. No. ·9702 to ·9607 D. Log. ·301.... to ·400.... D. No. ·0·3·0·0↑ to ·0·3·9·9↑

Natural Numbers.	Dual Logarithms.	Dual Numbers.	Natural Numbers.	Dual Logarithms.	Dual Numbers.	Multiples of Differences.
·97029900	·3015101	·0·3·0·0·0·0·0↑	·96545720	·3515351	·0·3·5·0·0·0·0↑	
20197	3025102	·0·3·0·1·0·0·0·0↑	36065	3525352	·0·3·5·1·0·0·0·0↑	1 970 969 968
10495	3035102	·0·3·0·2·0·0·0·0↑	26411	3535352	·0·3·5·2·0·0·0·0↑	2 1940 1938 1936
00794	3045103	·0·3·0·3·0·0·0·0↑	16758	3545353	·0·3·5·3·0·0·0·0↑	3 2910 2907 2904
·96991094	3055103	·0·3·0·4·0·0·0·0↑	07106	3555353	·0·3·5·4·0·0·0·0↑	4 3880 3876 3872
						5 4850 4845 4840
81395	3065104	·0·3·0·5·0·0·0·0↑	·96497455	3565354	·0·3·5·5·0·0·0·0↑	6 5820 5814 5808
71697	3075104	·0·3·0·6·0·0·0·0↑	87805	3575354	·0·3·5·6·0·0·0·0↑	7 6790 6783 6776
62000	3085105	·0·3·0·7·0·0·0·0↑	78156	3585355	·0·3·5·7·0·0·0·0↑	8 7760 7752 7744
52304	3095105	·0·3·0·8·0·0·0·0↑	68508	3595355	·0·3·5·8·0·0·0·0↑	9. 8730 8721 8712
42609	3105106	·0·3·0·9·0·0·0·0↑	58861	3605356	·0·3·5·9·0·0·0·0↑	
32870	3115151	·0·3·1·0·0·0·0·0↑	49174	3615401	·0·3·6·0·0·0·0·0↑	1 967 966 965
23177	3125152	·0·3·1·1·0·0·0·0↑	39529	3625402	·0·3·6·1·0·0·0·0↑	2 1934 1932 1930
13485	3135152	·0·3·1·2·0·0·0·0↑	29885	3635402	·0·3·6·2·0·0·0·0↑	3 2901 2898 2895
03794	3145153	·0·3·1·3·0·0·0·0↑	20242	3645403	·0·3·6·3·0·0·0·0↑	4 3868 3864 3860
·96894104	3155153	·0·3·1·4·0·0·0·0↑	10600	3655403	·0·3·6·4·0·0·0·0↑	5 4835 4830 4825
						6 5802 5796 5790
84415	3165154	·0·3·1·5·0·0·0·0↑	00959	3665404	·0·3·6·5·0·0·0·0↑	7 6769 6762 6755
74727	3175154	·0·3·1·6·0·0·0·0↑	·96391219	3675404	·0·3·6·6·0·0·0·0↑	8 7736 7728 7720
65040	3185155	·0·3·1·7·0·0·0·0↑	81680	3685405	·0·3·6·7·0·0·0·0↑	9 8703 8694 8685
55353	3195155	·0·3·1·8·0·0·0·0↑	72042	3695405	·0·3·6·8·0·0·0·0↑	
∴ 45667	3205156	·0·3·1·9·0·0·0·0↑	62405	3705406	·0·3·6·9·0·0·0·0↑	
35937	3215201	·0·3·2·0·0·0·0·0↑	52725	3715451	·0·3·7·0·0·0·0·0↑	1 964 963 962
26253	3225202	·0·3·2·1·0·0·0·0↑	43090	3725452	·0·3·7·1·0·0·0·0↑	2 1928 1926 1924
16570	3235202	·0·3·2·2·0·0·0·0↑	33456	3735452	·0·3·7·2·0·0·0·0↑	3 2892 2889 2886
06888	3245203	·0·3·2·3·0·0·0·0↑	23823	3745453	·0·3·7·3·0·0·0·0↑	4 3856 3852 3848
·96797207	3255203	·0·3·2·4·0·0·0·0↑	14191	3755453	·0·3·7·4·0·0·0·0↑	5 4820 4815 4810
						6 5784 5778 5772
87527	3265204	·0·3·2·5·0·0·0·0↑	04560	3765454	·0·3·7·5·0·0·0·0↑	7 6748 6741 6734
77848	3275204	·0·3·2·6·0·0·0·0↑	·96294930	3775454	·0·3·7·6·0·0·0·0↑	8 7712 7704 7696
68170	3285205	·0·3·2·7·0·0·0·0↑	85301	3785455	·0·3·7·7·0·0·0·0↑	9 8676 8667 8658
58493	3295205	·0·3·2·8·0·0·0·0↑	75672	3795455	·0·3·7·8·0·0·0·0↑	
48819	3305206	·0·3·2·9·0·0·0·0↑	66044	3805456	·0·3·7·9·0·0·0·0↑	1 961 960
						2 1922 1920
39101	3315251	·0·3·3·0·0·0·0·0↑	56372	3815501	·0·3·8·0·0·0·0·0↑	3 2883 2880
29427	3325252	·0·3·3·1·0·0·0·0↑	46746	3825502	·0·3·8·1·0·0·0·0↑	4 3844 3840
19754	3335252	·0·3·3·2·0·0·0·0↑	37121	3835502	·0·3·8·2·0·0·0·0↑	5 4805 4800
10082	3345253	·0·3·3·3·0·0·0·0↑	27497	3845503	·0·3·8·3·0·0·0·0↑	6 5766 5760
00411	3355253	·0·3·3·4·0·0·0·0↑	17874	3855503	·0·3·8·4·0·0·0·0↑	7 6727 6720
						8 7688 7680
·96690741	3365254	·0·3·3·5·0·0·0·0↑	08252	3865504	·0·3·8·5·0·0·0·0↑	9 8649 8640
81072	3375254	·0·3·3·6·0·0·0·0↑	·96198631	3875504	·0·3·8·6·0·0·0·0↑	
71404	3385255	·0·3·3·7·0·0·0·0↑	89011	3885505	·0·3·8·7·0·0·0·0↑	
61737	3395255	·0·3·3·8·0·0·0·0↑	79392	3895505	·0·3·8·8·0·0·0·0↑	
52071	3405256	·0·3·3·9·0·0·0·0↑	69774	3905506	·0·3·8·9·0·0·0·0↑	
42362	3415301	·0·3·4·0·0·0·0·0↑	60116	3915551	·0·3·9·0·0·0·0·0↑	
32698	3425302	·0·3·4·1·0·0·0·0↑	50500	3925552	·0·3·9·1·0·0·0·0↑	
23035	3435302	·0·3·4·2·0·0·0·0↑	40885	3935552	·0·3·9·2·0·0·0·0↑	
13373	3445303	·0·3·4·3·0·0·0·0↑	31271	3945553	·0·3·9·3·0·0·0·0↑	
03712	3455303	·0·3·4·4·0·0·0·0↑	21658	3955553	·0·3·9·4·0·0·0·0↑	
·96594052	3465304	·0·3·4·5·0·0·0·0↑	12046	3965554	·0·3·9·5·0·0·0·0↑	
84393	3475304	·0·3·4·6·0·0·0·0↑	02435	3975554	·0·3·9·6·0·0·0·0↑	
74735	3485305	·0·3·4·7·0·0·0·0↑	·96092825	3985555	·0·3·9·7·0·0·0·0↑	
65078	3495305	·0·3·4·8·0·0·0·0↑	83215	3995555	·0·3·9·8·0·0·0·0↑	
55421	3505306	·0·3·4·9·0·0·0·0↑	73607	4005556	·0·3·9·9·0·0·0·0↑	

Nat. No. '9605 to 9511   D. Log. '402.... to '501....   D. No. '0'4'0'0↑ to '0'4'9'9↑

Natural Numbers.	Dual Logarithms.	Dual Numbers.	Natural Numbers.	Dual Logarithms.	Dual Numbers.	Multiples of Differences.
'96059601	'4020134	'0'4'0'0'0'0'0'0↑	'95580263	'4520384	'0'4'5'0'0'0'0'0↑	
49995	'4030135	'0'4'0'1'0'0'0'0↑	70705	'4530385	'0'4'5'1'0'0'0'0↑	1| 960| 959| 958
40390	'4040135	'0'4'0'2'0'0'0'0↑	61148	'4540385	'0'4'5'2'0'0'0'0↑	2| 1920| 1918| 1916
30786	'4050136	'0'4'0'3'0'0'0'0↑	51592	'4550386	'0'4'5'3'0'0'0'0↑	3| 2880| 2877| 2874
21183	'4060136	'0'4'0'4'0'0'0'0↑	42037	'4560386	'0'4'5'4'0'0'0'0↑	4| 3840| 3836| 3832
						5| 4800| 4795| 4790
11581	'4070137	'0'4'0'5'0'0'0'0↑	32483	'4570387	'0'4'5'5'0'0'0'0↑	6| 5760| 5754| 5748
01980	'4080137	'0'4'0'6'0'0'0'0↑	22930	'4580387	'0'4'5'6'0'0'0'0↑	7| 6720| 6713| 6706
'95992380	'4090138	'0'4'0'7'0'0'0'0↑	13378	'4590388	'0'4'5'7'0'0'0'0↑	8| 7680| 7672| 7664
82781	'4100138	'0'4'0'8'0'0'0'0↑	03827	'4600388	'0'4'5'8'0'0'0'0↑	9| 8640| 8631| 8622
73183	'4110139	'0'4'0'9'0'0'0'0↑	'95494277	'4610389	'0'4'5'9'0'0'0'0↑	
63541	'4120184	'0'4'1'0'0'0'0'0↑	84683	'4620434	'0'4'6'0'0'0'0'0↑	1| 957| 956| 955
53945	'4130185	'0'4'1'1'0'0'0'0↑	75135	'4630435	'0'4'6'1'0'0'0'0↑	2| 1914| 1912| 1910
44350	'4140185	'0'4'1'2'0'0'0'0↑	65587	'4640435	'0'4'6'2'0'0'0'0↑	3| 2871| 2868| 2865
34756	'4150186	'0'4'1'3'0'0'0'0↑	56040	'4650436	'0'4'6'3'0'0'0'0↑	4| 3828| 3824| 3820
25163	'4160186	'0'4'1'4'0'0'0'0↑	46494	'4660436	'0'4'6'4'0'0'0'0↑	5| 4785| 4780| 4775
						6| 5742| 5736| 5730
						7| 6699| 6692| 6685
15570	'4170187	'0'4'1'5'0'0'0'0↑	36949	'4670437	'0'4'6'5'0'0'0'0↑	8| 7656| 7648| 7640
05978	'4180187	'0'4'1'6'0'0'0'0↑	27405	'4680437	'0'4'6'6'0'0'0'0↑	9| 8613| 8604| 8595
'95896387	'4190188	'0'4'1'7'0'0'0'0↑	17862	'4690438	'0'4'6'7'0'0'0'0↑	
86797	'4200188	'0'4'1'8'0'0'0'0↑	08320	'4700438	'0'4'6'8'0'0'0'0↑	
77208	'4210189	'0'4'1'9'0'0'0'0↑	'95398779	'4710439	'0'4'6'9'0'0'0'0↑	1| 954| 953| 952
						2| 1908| 1906| 1904
67578	'4220234	'0'4'2'0'0'0'0'0↑	89198	'4720484	'0'4'7'0'0'0'0'0↑	3| 2862| 2859| 2856
57991	'4230235	'0'4'2'1'0'0'0'0↑	79659	'4730485	'0'4'7'1'0'0'0'0↑	4| 3816| 3812| 3808
48405	'4240235	'0'4'2'2'0'0'0'0↑	70121	'4740485	'0'4'7'2'0'0'0'0↑	5| 4770| 4765| 4760
38820	'4250236	'0'4'2'3'0'0'0'0↑	60584	'4750486	'0'4'7'3'0'0'0'0↑	6| 5724| 5718| 5712
29236	'4260236	'0'4'2'4'0'0'0'0↑	51048	'4760486	'0'4'7'4'0'0'0'0↑	7| 6678| 6671| 6664
						8| 7632| 7624| 7616
19653	'4270237	'0'4'2'5'0'0'0'0↑	41513	'4770487	'0'4'7'5'0'0'0'0↑	9| 8586| 8577| 8568
10071	'4280237	'0'4'2'6'0'0'0'0↑	31979	'4780487	'0'4'7'6'0'0'0'0↑	
00490	'4290238	'0'4'2'7'0'0'0'0↑	22446	'4790488	'0'4'7'7'0'0'0'0↑	
'95790910	'4300238	'0'4'2'8'0'0'0'0↑	12914	'4800488	'0'4'7'8'0'0'0'0↑	1| 951
81331	'4310239	'0'4'2'9'0'0'0'0↑	03383	'4810489	'0'4'7'9'0'0'0'0↑	2| 1902
						3| 2853
71710	'4320284	'0'4'3'0'0'0'0'0↑	'95293809	'4820534	'0'4'8'0'0'0'0'0↑	4| 3804
62133	'4330285	'0'4'3'1'0'0'0'0↑	84280	'4830535	'0'4'8'1'0'0'0'0↑	5| 4755
52557	'4340285	'0'4'3'2'0'0'0'0↑	74752	'4840535	'0'4'8'2'0'0'0'0↑	6| 5706
42982	'4350286	'0'4'3'3'0'0'0'0↑	65225	'4850536	'0'4'8'3'0'0'0'0↑	7| 6657
33408	'4360286	'0'4'3'4'0'0'0'0↑	55698	'4860536	'0'4'8'4'0'0'0'0↑	8| 7608
						9| 8559
23835	'4370287	'0'4'3'5'0'0'0'0↑	46172	'4870537	'0'4'8'5'0'0'0'0↑	
14263	'4380287	'0'4'3'6'0'0'0'0↑	36647	'4880537	'0'4'8'6'0'0'0'0↑	
04692	'4390288	'0'4'3'7'0'0'0'0↑	27123	'4890538	'0'4'8'7'0'0'0'0↑	
'95695122	'4400288	'0'4'3'8'0'0'0'0↑	17600	'4900538	'0'4'8'8'0'0'0'0↑	
85552	'4410289	'0'4'3'9'0'0'0'0↑	08078	'4910539	'0'4'8'9'0'0'0'0↑	
75939	'4420334	'0'4'4'0'0'0'0'0↑	'95198515	'4920584	'0'4'9'0'0'0'0'0↑	
66371	'4430335	'0'4'4'1'0'0'0'0↑	88995	'4930585	'0'4'9'1'0'0'0'0↑	
56804	'4440335	'0'4'4'2'0'0'0'0↑	79476	'4940535	'0'4'9'2'0'0'0'0↑	
47238	'4450336	'0'4'4'3'0'0'0'0↑	69958	'4950586	'0'4'9'3'0'0'0'0↑	
37673	'4460336	'0'4'4'4'0'0'0'0↑	60441	'4960586	'0'4'9'4'0'0'0'0↑	
28109	'4470337	'0'4'4'5'0'0'0'0↑	50925	'4970587	'0'4'9'5'0'0'0'0↑	
18546	'4480337	'0'4'4'6'0'0'0'0↑	41410	'4980587	'0'4'9'6'0'0'0'0↑	
08984	'4490338	'0'4'4'7'0'0'0'0↑	31896	'4990588	'0'4'9'7'0'0'0'0↑	
'95599423	'4500338	'0'4'4'8'0'0'0'0↑	22383	'5000588	'0'4'9'8'0'0'0'0↑	
89863	'4510339	'0'4'4'9'0'0'0'0↑	12871	'5010589	'0'4'9'9'0'0'0'0↑	

(6)   Nat. No. '9509 to '9416   D. Log. '502.... to '601....   D. No. '0'5'0'0↑ to '0'5'9'9↑

Natural Numbers.	Dual Logarithms.	Dual Numbers.	Natural Numbers.	Dual Logarithms.	Dual Numbers.	Multiples of Differences.		
'95099005	'5025168	'0'5'0'0'0'0'0↑	'94624460	'5525418	'0'5'5'0'0'0'0↑			
89495	'5035169	'0'5'0'1'0'0'0↑	14998	'5535419	'0'5'5'1'0'0'0↑	1 950	949	948
79986	'5045169	'0'5'0'2'0'0'0↑	05537	'5545419	'0'5'5'2'0'0'0↑	2 1900	1898	1896
70478	'5055170	'0'5'0'3'0'0'0↑	'94596076	'5555420	'0'5'5'3'0'0'0↑	3 2850	2847	2844
60971	'5065170	'0'5'0'4'0'0'0↑	86616	'5565420	'0'5'5'4'0'0'0↑	4 3800	3796	3792
						5 4750	4745	4740
51465	'5075171	'0'5'0'5'0'0'0↑	77157	'5575421	'0'5'5'5'0'0'0↑	6 5700	5694	5688
41960	'5085171	'0'5'0'6'0'0'0↑	67699	'5585421	'0'5'5'6'0'0'0↑	7 6650	6643	6636
32456	'5095172	'0'5'0'7'0'0'0↑	58242	'5595422	'0'5'5'7'0'0'0↑	8 7600	7592	7584
22953	'5105172	'0'5'0'8'0'0'0↑	48786	'5605422	'0'5'5'8'0'0'0↑	9 8550	8541	8532
13451	'5115173	'0'5'0'9'0'0'0↑	39331	'5615423	'0'5'5'9'0'0'0↑			
03906	'5125218	'0'5'1'0'0'0'0↑	29836	'5625468	'0'5'6'0'0'0'0↑	1 947	946	945
'94994406	'5135219	'0'5'1'1'0'0'0↑	20383	'5635469	'0'5'6'1'0'0'0↑	2 1894	1892	1890
84907	'5145219	'0'5'1'2'0'0'0↑	10931	'5645469	'0'5'6'2'0'0'0↑	3 2841	2838	2835
75409	'5155220	'0'5'1'3'0'0'0↑	01480	'5655470	'0'5'6'3'0'0'0↑	4 3788	3784	3780
65911	'5165220	'0'5'1'4'0'0'0↑	'94492030	'5665470	'0'5'6'4'0'0'0↑	5 4735	4730	4725
						6 5682	5676	5670
						7 6629	6622	6615
56414	'5175221	'0'5'1'5'0'0'0↑	82581	'5675471	'0'5'6'5'0'0'0↑	8 7576	7568	7560
46918	'5185221	'0'5'1'6'0'0'0↑	73133	'5685471	'0'5'6'6'0'0'0↑	9 8523	8514	8505
37423	'5195222	'0'5'1'7'0'0'0↑	63686	'5695472	'0'5'6'7'0'0'0↑			
27929	'5205222	'0'5'1'8'0'0'0↑	54240	'5705472	'0'5'6'8'0'0'0↑			
18436	'5215223	'0'5'1'9'0'0'0↑	44795	'5715473	'0'5'6'9'0'0'0↑	1 944	943	942
						2 1888	1886	1884
08902	'5225268	'0'5'2'0'0'0'0↑	35306	'5725518	'0'5'7'0'0'0'0↑	3 2832	2829	2826
'94899411	'5235269	'0'5'2'1'0'0'0↑	25862	'5735519	'0'5'7'1'0'0'0↑	4 3776	3772	3768
89920	'5245269	'0'5'2'2'0'0'0↑	16419	'5745519	'0'5'7'2'0'0'0↑	5 4720	4715	4710
80431	'5255270	'0'5'2'3'0'0'0↑	06977	'5755520	'0'5'7'3'0'0'0↑	6 5664	5658	5652
70943	'5265270	'0'5'2'4'0'0'0↑	'94397536	'5765520	'0'5'7'4'0'0'0↑	7 6608	6601	6594
						8 7552	7544	7536
						9 8496	8487	8478
61456	'5275271	'0'5'2'5'0'0'0↑	88096	'5775521	'0'5'7'5'0'0'0↑			
51970	'5285271	'0'5'2'6'0'0'0↑	78657	'5785521	'0'5'7'6'0'0'0↑			
42485	'5295272	'0'5'2'7'0'0'0↑	69219	'5795522	'0'5'7'7'0'0'0↑			
33001	'5305272	'0'5'2'8'0'0'0↑	59782	'5805522	'0'5'7'8'0'0'0↑	1 941		
23518	'5315273	'0'5'2'9'0'0'0↑	50346	'5815523	'0'5'7'9'0'0'0↑	2 1882		
						3 2823		
13993	'5325318	'0'5'3'0'0'0'0↑	40870	'5825568	'0'5'8'0'0'0'0↑	4 3764		
04512	'5335319	'0'5'3'1'0'0'0↑	31436	'5835569	'0'5'8'1'0'0'0↑	5 4705		
'94795032	'5345319	'0'5'3'2'0'0'0↑	22003	'5845569	'0'5'8'2'0'0'0↑	6 5646		
85552	'5355320	'0'5'3'3'0'0'0↑	12571	'5855570	'0'5'8'3'0'0'0↑	7 6587		
76073	'5365320	'0'5'3'4'0'0'0↑	03140	'5865570	'0'5'8'4'0'0'0↑	8 7528		
						9 8469		
66595	'5375321	'0'5'3'5'0'0'0↑	'94293710	'5875571	'0'5'8'5'0'0'0↑			
57119	'5385321	'0'5'3'6'0'0'0↑	84281	'5885571	'0'5'8'6'0'0'0↑			
47643	'5395322	'0'5'3'7'0'0'0↑	74853	'5895572	'0'5'8'7'0'0'0↑			
38168	'5405322	'0'5'3'8'0'0'0↑	65426	'5905572	'0'5'8'8'0'0'0↑			
28694	'5415323	'0'5'3'9'0'0'0↑	55999	'5915573	'0'5'8'9'0'0'0↑			
19179	'5425368	'0'5'4'0'0'0'0↑	46530	'5925618	'0'5'9'0'0'0'0↑			
09707	'5435369	'0'5'4'1'0'0'0↑	37105	'5935619	'0'5'9'1'0'0'0↑			
00236	'5445369	'0'5'4'2'0'0'0↑	27681	'5945619	'0'5'9'2'0'0'0↑			
'94690766	'5455370	'0'5'4'3'0'0'0↑	18258	'5955620	'0'5'9'3'0'0'0↑			
81297	'5465370	'0'5'4'4'0'0'0↑	08836	'5965620	'0'5'9'4'0'0'0↑			
71829	'5475371	'0'5'4'5'0'0'0↑	'94199415	'5975621	'0'5'9'5'0'0'0↑			
62362	'5485371	'0'5'4'6'0'0'0↑	89995	'5985621	'0'5'9'6'0'0'0↑			
52896	'5495372	'0'5'4'7'0'0'0↑	80576	'5995622	'0'5'9'7'0'0'0↑			
43431	'5505372	'0'5'4'8'0'0'0↑	71158	'6005622	'0'5'9'8'0'0'0↑			
33967	'5515373	'0'5'4'9'0'0'0↑	61741	'6015623	'0'5'9'9'0'0'0↑			

Nat. No. ·9414 to ·9322   D. Log. ·603.... to ·702....   D. No. '0'6'0'0'↑ to '0'6'9'9'↑   (7)

Natural Numbers.	Dual Logarithms.	Dual Numbers.	Natural Numbers.	Dual Logarithms.	Dual Numbers.	Multiples of Differences.
·94148015	·6030202	'0'6'0'0'0'0'0'0'↑	·93678215	·6530452	'0'6'5'0'0'0'0'0'↑	
38600	·6040203	'0'6'0'1'0'0'0'0'↑	68847	·6540453	'0'6'5'1'0'0'0'0'↑	1 941 940 939
29186	·6050203	'0'6'0'2'0'0'0'0'↑	59480	·6550453	'0'6'5'2'0'0'0'0'↑	2 1882 1880 1878
19773	·6060204	'0'6'0'3'0'0'0'0'↑	50114	·6560454	'0'6'5'3'0'0'0'0'↑	3 2823 2820 2817
10361	·6070204	'0'6'0'4'0'0'0'0'↑	40749	·6570454	'0'6'5'4'0'0'0'0'↑	4 3764 3760 3756
						5 4705 4700 4695
00950	·6080205	'0'6'0'5'0'0'0'0'↑	31385	·6580455	'0'6'5'5'0'0'0'0'↑	6 5646 5640 5634
·94091540	·6090205	'0'6'0'6'0'0'0'0'↑	22022	·6590455	'0'6'5'6'0'0'0'0'↑	7 6587 6580 6573
82131	·6100206	'0'6'0'7'0'0'0'0'↑	12660	·6600456	'0'6'5'7'0'0'0'0'↑	8 7528 7520 7512
72723	·6110206	'0'6'0'8'0'0'0'0'↑	03299	·6610456	'0'6'5'8'0'0'0'0'↑	9 8469 8460 8451
63316	·6120207	'0'6'0'9'0'0'0'0'↑	·93593939	·6620457	'0'6'5'9'0'0'0'0'↑	
53867	·6130252	'0'6'1'0'0'0'0'0'↑	84537	·6630502	'0'6'6'0'0'0'0'0'↑	1 938 937 936
44462	·6140253	'0'6'1'1'0'0'0'0'↑	75179	·6640503	'0'6'6'1'0'0'0'0'↑	2 1876 1874 1872
35058	·6150253	'0'6'1'2'0'0'0'0'↑	65821	·6650503	'0'6'6'2'0'0'0'0'↑	3 2814 2811 2808
25654	·6160254	'0'6'1'3'0'0'0'0'↑	56464	·6660504	'0'6'6'3'0'0'0'0'↑	4 3752 3748 3744
16251	·6170254	'0'6'1'4'0'0'0'0'↑	47108	·6670504	'0'6'6'4'0'0'0'0'↑	5 4690 4685 4680
						6 5628 5622 5616
06849	·6180255	'0'6'1'5'0'0'0'0'↑	37753	·6680505	'0'6'6'5'0'0'0'0'↑	7 6566 6559 6552
·93997448	·6190255	'0'6'1'6'0'0'0'0'↑	28399	·6690505	'0'6'6'6'0'0'0'0'↑	8 7504 7496 7488
88048	·6200256	'0'6'1'7'0'0'0'0'↑	19046	·6700506	'0'6'6'7'0'0'0'0'↑	9 8442 8433 8424
78649	·6210256	'0'6'1'8'0'0'0'0'↑	09694	·6710506	'0'6'6'8'0'0'0'0'↑	
69251	·6220257	'0'6'1'9'0'0'0'0'↑	00343	·6720507	'0'6'6'9'0'0'0'0'↑	1 935 934 933
						2 1870 1868 1866
59813	·6230302	'0'6'2'0'0'0'0'0'↑	·93490953	·6730552	'0'6'7'0'0'0'0'0'↑	3 2805 2802 2799
50417	·6240303	'0'6'2'1'0'0'0'0'↑	81604	·6740553	'0'6'7'1'0'0'0'0'↑	4 3740 3736 3732
41022	·6250303	'0'6'2'2'0'0'0'0'↑	72256	·6750553	'0'6'7'2'0'0'0'0'↑	5 4675 4670 4665
31628	·6260304	'0'6'2'3'0'0'0'0'↑	62909	·6760554	'0'6'7'3'0'0'0'0'↑	6 5610 5604 5598
22235	·6270304	'0'6'2'4'0'0'0'0'↑	53563	·6770554	'0'6'7'4'0'0'0'0'↑	7 6545 6538 6531
						8 7480 7472 7464
12843	·6280305	'0'6'2'5'0'0'0'0'↑	44218	·6780555	'0'6'7'5'0'0'0'0'↑	9 8415 8406 8397
03452	·6290305	'0'6'2'6'0'0'0'0'↑	34874	·6790555	'0'6'7'6'0'0'0'0'↑	
·93894062	·6300306	'0'6'2'7'0'0'0'0'↑	25531	·6800556	'0'6'7'7'0'0'0'0'↑	
84673	·6310306	'0'6'2'8'0'0'0'0'↑	16188	·6810556	'0'6'7'8'0'0'0'0'↑	1 932
75285	·6320307	'0'6'2'9'0'0'0'0'↑	06846	·6820557	'0'6'7'9'0'0'0'0'↑	2 1864
						3 2796
65853	·6330352	'0'6'3'0'0'0'0'0'↑	·93397462	·6830602	'0'6'8'0'0'0'0'0'↑	4 3728
56466	·6340353	'0'6'3'1'0'0'0'0'↑	88122	·6840603	'0'6'8'1'0'0'0'0'↑	5 4660
47080	·6350353	'0'6'3'2'0'0'0'0'↑	78783	·6850603	'0'6'8'2'0'0'0'0'↑	6 5592
37695	·6360354	'0'6'3'3'0'0'0'0'↑	69445	·6860604	'0'6'8'3'0'0'0'0'↑	7 6524
28311	·6370354	'0'6'3'4'0'0'0'0'↑	60108	·6870604	'0'6'8'4'0'0'0'0'↑	8 7456
						9 8388
18928	·6380355	'0'6'3'5'0'0'0'0'↑	50772	·6880605	'0'6'8'5'0'0'0'0'↑	
09546	·6390355	'0'6'3'6'0'0'0'0'↑	41437	·6890605	'0'6'8'6'0'0'0'0'↑	
00165	·6400356	'0'6'3'7'0'0'0'0'↑	32103	·6900606	'0'6'8'7'0'0'0'0'↑	
·93790785	·6410356	'0'6'3'8'0'0'0'0'↑	22770	·6910606	'0'6'8'8'0'0'0'0'↑	
81405	·6420357	'0'6'3'9'0'0'0'0'↑	13438	·6920607	'0'6'8'9'0'0'0'0'↑	
71987	·6430402	'0'6'4'0'0'0'0'0'↑	04064	·6930652	'0'6'9'0'0'0'0'0'↑	
62610	·6440403	'0'6'4'1'0'0'0'0'↑	·93294734	·6940653	'0'6'9'1'0'0'0'0'↑	
53234	·6450403	'0'6'4'2'0'0'0'0'↑	85405	·6950653	'0'6'9'2'0'0'0'0'↑	
43859	·6460404	'0'6'4'3'0'0'0'0'↑	76076	·6960654	'0'6'9'3'0'0'0'0'↑	
34485	·6470404	'0'6'4'4'0'0'0'0'↑	66748	·6970654	'0'6'9'4'0'0'0'0'↑	
25112	·6480405	'0'6'4'5'0'0'0'0'↑	57421	·6980655	'0'6'9'5'0'0'0'0'↑	
15739	·6490405	'0'6'4'6'0'0'0'0'↑	48095	·6990655	'0'6'9'6'0'0'0'0'↑	
06367	·6500406	'0'6'4'7'0'0'0'0'↑	38770	·7000656	'0'6'9'7'0'0'0'0'↑	
·93696996	·6510406	'0'6'4'8'0'0'0'0'↑	29446	·7010656	'0'6'9'8'0'0'0'0'↑	
87626	·6520407	'0'6'4'9'0'0'0'0'↑	20123	·7020657	'0'6'9'9'0'0'0'0'↑	

(8) Nat. No. ˙9320 to ˙9228   D. Log. ˙703.... to ˙802....   D. No. ˙0˙7˙0˙0↑ to ˙0˙7˙9˙9↑

Natural Numbers.	Dual Logarithms.	Dual Numbers.	Natural Numbers.	Dual Logarithms.	Dual Numbers.	Multiples of Differences.		
˙93206535	˙7035235	˙0˙7˙0˙0˙0˙0˙0˙0↑	˙92741434	˙7535485	˙0˙7˙5˙0˙0˙0˙0˙0↑			
˙93197214	˙7045236	˙0˙7˙0˙1˙0˙0˙0˙0↑	32160	˙7545486	˙0˙7˙5˙1˙0˙0˙0˙0↑	1	932	931	930
87894	˙7055236	˙0˙7˙0˙2˙0˙0˙0˙0↑	22887	˙7555486	˙0˙7˙5˙2˙0˙0˙0˙0↑	2	1864	1862	1860
78575	˙7065237	˙0˙7˙0˙3˙0˙0˙0˙0↑	13615	˙7565487	˙0˙7˙5˙3˙0˙0˙0˙0↑	3	2796	2793	2790
69257	˙7075237	˙0˙7˙0˙4˙0˙0˙0˙0↑	04344	˙7575487	˙0˙7˙5˙4˙0˙0˙0˙0↑	4	3728	3724	3720
						5	4660	4655	4650
59940	˙7085238	˙0˙7˙0˙5˙0˙0˙0˙0↑	˙92695074	˙7585488	˙0˙7˙5˙5˙0˙0˙0˙0↑	6	5592	5586	5580
50624	˙7095238	˙0˙7˙0˙6˙0˙0˙0˙0↑	85804	˙7595488	˙0˙7˙5˙6˙0˙0˙0˙0↑	7	6524	6517	6510
41309	˙7105239	˙0˙7˙0˙7˙0˙0˙0˙0↑	76535	˙7605489	˙0˙7˙5˙7˙0˙0˙0˙0↑	8	7456	7448	7440
31995	˙7115239	˙0˙7˙0˙8˙0˙0˙0˙0↑	67267	˙7615489	˙0˙7˙5˙8˙0˙0˙0˙0↑	9	8388	8379	8370
22682	˙7125240	˙0˙7˙0˙9˙0˙0˙0˙0↑	58000	˙7625490	˙0˙7˙5˙9˙0˙0˙0˙0↑			
13329	˙7135285	˙0˙7˙1˙0˙0˙0˙0˙0↑	48692	˙7635535	˙0˙7˙6˙0˙0˙0˙0˙0↑	1	929	928	927
04018	˙7145286	˙0˙7˙1˙1˙0˙0˙0˙0↑	39427	˙7645536	˙0˙7˙6˙1˙0˙0˙0˙0↑	2	1858	1856	1854
˙93094708	˙7155286	˙0˙7˙1˙2˙0˙0˙0˙0↑	30163	˙7655536	˙0˙7˙6˙2˙0˙0˙0˙0↑	3	2787	2784	2781
85399	˙7165287	˙0˙7˙1˙3˙0˙0˙0˙0↑	20900	˙7665537	˙0˙7˙6˙3˙0˙0˙0˙0↑	4	3716	3712	3708
76090	˙7175287	˙0˙7˙1˙4˙0˙0˙0˙0↑	11637	˙7675537	˙0˙7˙6˙4˙0˙0˙0˙0↑	5	4645	4640	4635
						6	5574	5568	5562
66782	˙7185288	˙0˙7˙1˙5˙0˙0˙0˙0↑	02376	˙7685538	˙0˙7˙6˙5˙0˙0˙0˙0↑	7	6503	6496	6489
57475	˙7195288	˙0˙7˙1˙6˙0˙0˙0˙0↑	˙92593116	˙7695538	˙0˙7˙6˙6˙0˙0˙0˙0↑	8	7432	7424	7416
48169	˙7205289	˙0˙7˙1˙7˙0˙0˙0˙0↑	83857	˙7705539	˙0˙7˙6˙7˙0˙0˙0˙0↑	9	8361	8352	8343
38864	˙7215289	˙0˙7˙1˙8˙0˙0˙0˙0↑	74599	˙7715539	˙0˙7˙6˙8˙0˙0˙0˙0↑			
29560	˙7225290	˙0˙7˙1˙9˙0˙0˙0˙0↑	65342	˙7725540	˙0˙7˙6˙9˙0˙0˙0˙0↑			
20215	˙7235335	˙0˙7˙2˙0˙0˙0˙0˙0↑	56043	˙7735585	˙0˙7˙7˙0˙0˙0˙0˙0↑	1	926	925	924
10913	˙7245336	˙0˙7˙2˙1˙0˙0˙0˙0↑	46787	˙7745586	˙0˙7˙7˙1˙0˙0˙0˙0↑	2	1852	1850	1848
01612	˙7255336	˙0˙7˙2˙2˙0˙0˙0˙0↑	37532	˙7755586	˙0˙7˙7˙2˙0˙0˙0˙0↑	3	2778	2775	2772
˙92992312	˙7265337	˙0˙7˙2˙3˙0˙0˙0˙0↑	28278	˙7765587	˙0˙7˙7˙3˙0˙0˙0˙0↑	4	3704	3700	3696
83013	˙7275337	˙0˙7˙2˙4˙0˙0˙0˙0↑	19025	˙7775587	˙0˙7˙7˙4˙0˙0˙0˙0↑	5	4630	4625	4620
						6	5556	5550	5544
73715	˙7285338	˙0˙7˙2˙5˙0˙0˙0˙0↑	09773	˙7785588	˙0˙7˙7˙5˙0˙0˙0˙0↑	7	6482	6475	6468
64418	˙7295338	˙0˙7˙2˙6˙0˙0˙0˙0↑	00522	˙7795588	˙0˙7˙7˙6˙0˙0˙0˙0↑	8	7408	7400	7392
55122	˙7305339	˙0˙7˙2˙7˙0˙0˙0˙0↑	˙92491272	˙7805589	˙0˙7˙7˙7˙0˙0˙0˙0↑	9	8334	8325	8316
45826	˙7315339	˙0˙7˙2˙8˙0˙0˙0˙0↑	82023	˙7815589	˙0˙7˙7˙8˙0˙0˙0˙0↑			
36531	˙7325340	˙0˙7˙2˙9˙0˙0˙0˙0↑	72775	˙7825590	˙0˙7˙7˙9˙0˙0˙0˙0↑			
27195	˙7335385	˙0˙7˙3˙0˙0˙0˙0˙0↑	63487	˙7835635	˙0˙7˙8˙0˙0˙0˙0˙0↑	1	923	922	
17902	˙7345386	˙0˙7˙3˙1˙0˙0˙0˙0↑	54241	˙7845636	˙0˙7˙8˙1˙0˙0˙0˙0↑	2	1846	1844	
08610	˙7355386	˙0˙7˙3˙2˙0˙0˙0˙0↑	44996	˙7855636	˙0˙7˙8˙2˙0˙0˙0˙0↑	3	2769	2766	
˙92899319	˙7365387	˙0˙7˙3˙3˙0˙0˙0˙0↑	35752	˙7865637	˙0˙7˙8˙3˙0˙0˙0˙0↑	4	3692	3688	
90029	˙7375387	˙0˙7˙3˙4˙0˙0˙0˙0↑	26508	˙7875637	˙0˙7˙8˙4˙0˙0˙0˙0↑	5	4615	4610	
						6	5538	5532	
80740	˙7385388	˙0˙7˙3˙5˙0˙0˙0˙0↑	17265	˙7885638	˙0˙7˙8˙5˙0˙0˙0˙0↑	7	6461	6454	
71452	˙7395388	˙0˙7˙3˙6˙0˙0˙0˙0↑	08023	˙7895638	˙0˙7˙8˙6˙0˙0˙0˙0↑	8	7384	7376	
62165	˙7405389	˙0˙7˙3˙7˙0˙0˙0˙0↑	˙92398782	˙7905639	˙0˙7˙8˙7˙0˙0˙0˙0↑	9	8307	8298	
52879	˙7415389	˙0˙7˙3˙8˙0˙0˙0˙0↑	89542	˙7915639	˙0˙7˙8˙8˙0˙0˙0˙0↑			
43594	˙7425390	˙0˙7˙3˙9˙0˙0˙0˙0↑	80303	˙7925640	˙0˙7˙8˙9˙0˙0˙0˙0↑			
34268	˙7435435	˙0˙7˙4˙0˙0˙0˙0˙0↑	71024	˙7935685	˙0˙7˙9˙0˙0˙0˙0˙0↑			
24985	˙7445436	˙0˙7˙4˙1˙0˙0˙0˙0↑	61787	˙7945686	˙0˙7˙9˙1˙0˙0˙0˙0↑			
15703	˙7455436	˙0˙7˙4˙2˙0˙0˙0˙0↑	52551	˙7955686	˙0˙7˙9˙2˙0˙0˙0˙0↑			
06421	˙7465437	˙0˙7˙4˙3˙0˙0˙0˙0↑	43316	˙7965687	˙0˙7˙9˙3˙0˙0˙0˙0↑			
˙92797140	˙7475437	˙0˙7˙4˙4˙0˙0˙0˙0↑	34082	˙7975687	˙0˙7˙9˙4˙0˙0˙0˙0↑			
87860	˙7485438	˙0˙7˙4˙5˙0˙0˙0˙0↑	24849	˙7985688	˙0˙7˙9˙5˙0˙0˙0˙0↑			
78581	˙7495438	˙0˙7˙4˙6˙0˙0˙0˙0↑	15617	˙7995688	˙0˙7˙9˙6˙0˙0˙0˙0↑			
69303	˙7505439	˙0˙7˙4˙7˙0˙0˙0˙0↑	06385	˙8005689	˙0˙7˙9˙7˙0˙0˙0˙0↑			
60026	˙7515439	˙0˙7˙4˙8˙0˙0˙0˙0↑	˙92297154	˙8015689	˙0˙7˙9˙8˙0˙0˙0˙0↑			
50749	˙7525440	˙0˙7˙4˙9˙0˙0˙0˙0↑	87924	˙8025690	˙0˙7˙9˙9˙0˙0˙0˙0↑			

Nat. No. ·9227 to ·9137   D. Log. ·804.... to ·903....   D. No. ·0·8·0·0↑ to ·0·8·9·9↑   (9)

Natural Numbers.	Dual Logarithms.	Dual Numbers.	Natural Numbers.	Dual Logarithms.	Dual Numbers.	Multiples of Differences.
·92274469	·8040269	·0·8·0·0·0·0·0↑	·91814019	·8540519	·0·8·5·0·0·0·0↑	
65242	·8050270	·0·8·0·1·0·0·0↑	04838	·8550520	·0·8·5·1·0·0·0↑	1 922 921 920
56015	·8060270	·0·8·0·2·0·0·0↑	·91795658	·8560520	·0·8·5·2·0·0·0↑	2 1844 1842 1840
46789	·8070271	·0·8·0·3·0·0·0↑	86478	·8570521	·0·8·5·3·0·0·0↑	3 2766 2763 2760
37564	·8080271	·0·8·0·4·0·0·0↑	77299	·8580521	·0·8·5·4·0·0·0↑	4 3688 3684 3680
						5 4610 4605 4600
28340	·8090272	·0·8·0·5·0·0·0↑	68121	·8590522	·0·8·5·5·0·0·0↑	6 5532 5526 5520
19117	·8100272	·0·8·0·6·0·0·0↑	58944	·8600522	·0·8·5·6·0·0·0↑	7 6454 6447 6440
09895	·8110273	·0·8·0·7·0·0·0↑	49768	·8610523	·0·8·5·7·0·0·0↑	8 7376 7368 7360
00674	·8120273	·0·8·0·8·0·0·0↑	40593	·8620523	·0·8·5·8·0·0·0↑	9 8298 8289 8280
·92191454	·8130274	·0·8·0·9·0·0·0↑	31419	·8630524	·0·8·5·9·0·0·0↑	
82195	·8140319	·0·8·1·0·0·0·0↑	22205	·8640569	·0·8·6·0·0·0·0↑	1 919 918 917
72977	·8150320	·0·8·1·1·0·0·0↑	13033	·8650570	·0·8·6·1·0·0·0↑	2 1838 1836 1834
63760	·8160320	·0·8·1·2·0·0·0↑	03862	·8660570	·0·8·6·2·0·0·0↑	3 2757 2754 2751
54544	·8170321	·0·8·1·3·0·0·0↑	·91694692	·8670571	·0·8·6·3·0·0·0↑	4 3676 3672 3668
45329	·8180321	·0·8·1·4·0·0·0↑	85523	·8680571	·0·8·6·4·0·0·0↑	5 4595 4590 4585
						6 5514 5508 5502
36114	·8190322	·0·8·1·5·0·0·0↑	76354	·8690572	·0·8·6·5·0·0·0↑	7 6433 6426 6419
26900	·8200322	·0·8·1·6·0·0·0↑	67186	·8700572	·0·8·6·6·0·0·0↑	8 7352 7344 7336
17687	·8210323	·0·8·1·7·0·0·0↑	58019	·8710573	·0·8·6·7·0·0·0↑	9 8271 8262 8253
08475	·8220323	·0·8·1·8·0·0·0↑	48853	·8720573	·0·8·6·8·0·0·0↑	
·92099264	·8230324	·0·8·1·9·0·0·0↑	39688	·8730574	·0·8·6·9·0·0·0↑	1 916 915 914
						2 1832 1830 1828
90012	·8240369	·0·8·2·0·0·0·0↑	30482	·8740619	·0·8·7·0·0·0·0↑	3 2748 2745 2742
80803	·8250370	·0·8·2·1·0·0·0↑	21319	·8750620	·0·8·7·1·0·0·0↑	4 3664 3660 3656
71595	·8260370	·0·8·2·2·0·0·0↑	12157	·8760620	·0·8·7·2·0·0·0↑	5 4580 4575 4570
62388	·8270371	·0·8·2·3·0·0·0↑	02996	·8770621	·0·8·7·3·0·0·0↑	6 5496 5490 5484
53182	·8280371	·0·8·2·4·0·0·0↑	·91593836	·8780621	·0·8·7·4·0·0·0↑	7 6412 6405 6398
						8 7328 7320 7312
43977	·8290372	·0·8·2·5·0·0·0↑	84677	·8790622	·0·8·7·5·0·0·0↑	9 8244 8235 8226
34773	·8300372	·0·8·2·6·0·0·0↑	75519	·8800622	·0·8·7·6·0·0·0↑	
25570	·8310373	·0·8·2·7·0·0·0↑	66361	·8810623	·0·8·7·7·0·0·0↑	1 913
16367	·8320373	·0·8·2·8·0·0·0↑	57204	·8820623	·0·8·7·8·0·0·0↑	2 1826
07165	·8330374	·0·8·2·9·0·0·0↑	48048	·8830624	·0·8·7·9·0·0·0↑	3 2739
						4 3652
·91997922	·8340419	·0·8·3·0·0·0·0↑	38852	·8840669	·0·8·8·0·0·0·0↑	5 4565
88722	·8350420	·0·8·3·1·0·0·0↑	29698	·8850670	·0·8·8·1·0·0·0↑	6 5478
79523	·8360420	·0·8·3·2·0·0·0↑	20545	·8860670	·0·8·8·2·0·0·0↑	7 6391
70325	·8370421	·0·8·3·3·0·0·0↑	11393	·8870671	·0·8·8·3·0·0·0↑	8 7304
61128	·8380421	·0·8·3·4·0·0·0↑	02242	·8880671	·0·8·8·4·0·0·0↑	9 8217
51932	·8390422	·0·8·3·5·0·0·0↑	·91493090	·8890672	·0·8·8·5·0·0·0↑	
42737	·8400422	·0·8·3·6·0·0·0↑	83941	·8900672	·0·8·8·6·0·0·0↑	
33543	·8410423	·0·8·3·7·0·0·0↑	74793	·8910673	·0·8·8·7·0·0·0↑	
24350	·8420423	·0·8·3·8·0·0·0↑	65646	·8920673	·0·8·8·8·0·0·0↑	
15158	·8430424	·0·8·3·9·0·0·0↑	56499	·8930674	·0·8·8·9·0·0·0↑	
05924	·8440469	·0·8·4·0·0·0·0↑	47313	·8940719	·0·8·9·0·0·0·0↑	
·91896733	·8450470	·0·8·4·1·0·0·0↑	38168	·8950720	·0·8·9·1·0·0·0↑	
87543	·8460470	·0·8·4·2·0·0·0↑	29024	·8960720	·0·8·9·2·0·0·0↑	
78354	·8470471	·0·8·4·3·0·0·0↑	19881	·8970721	·0·8·9·3·0·0·0↑	
69166	·8480471	·0·8·4·4·0·0·0↑	10739	·8980721	·0·8·9·4·0·0·0↑	
59979	·8490472	·0·8·4·5·0·0·0↑	01598	·8990722	·0·8·9·5·0·0·0↑	
50793	·8500472	·0·8·4·6·0·0·0↑	·91392458	·9000722	·0·8·9·6·0·0·0↑	
41608	·8510473	·0·8·4·7·0·0·0↑	83319	·9010723	·0·8·9·7·0·0·0↑	
32424	·8520473	·0·8·4·8·0·0·0↑	74181	·9020723	·0·8·9·8·0·0·0↑	
23241	·8530474	·0·8·4·9·0·0·0↑	65044	·9030724	·0·8·9·9·0·0·0↑	

(10) Nat. No. '9135 to '9045   D. Log. '904.... to '1003....   D. No. '0'9'0'0'0↑ to '0'9'9'9↑

Natural Numbers.	Dual Logarithms.	Dual Numbers.	Natural Numbers.	Dual Logarithms.	Dual Numbers.	Multiples of Differences.
'91351725	'9045302	'0'9'0'0'0'0'0↑	'90895879	'9545552	'0'9'5'0'0'0'0↑	
42590	'9055303	'0'9'0'1'0'0'0↑	86789	'9555553	'0'9'5'1'0'0'0↑	1 913 912 911
33456	'9065303	'0'9'0'2'0'0'0↑	77700	'9565553	'0'9'5'2'0'0'0↑	2 1826 1824 1822
24323	'9075304	'0'9'0'3'0'0'0↑	68612	'9575554	'0'9'5'3'0'0'0↑	3 2739 2736 2733
15191	'9085304	'0'9'0'4'0'0'0↑	59525	'9585554	'0'9'5'4'0'0'0↑	4 3652 3648 3644
						5 4565 4560 4555
06059	'9095305	'0'9'0'5'0'0'0↑	50439	'9595555	'0'9'5'5'0'0'0↑	6 5478 5472 5466
'91296928	'9105305	'0'9'0'6'0'0'0↑	41354	'9605555	'0'9'5'6'0'0'0↑	7 6391 6384 6377
87798	'9115306	'0'9'0'7'0'0'0↑	32270	'9615556	'0'9'5'7'0'0'0↑	8 7304 7296 7288
78669	'9125306	'0'9'0'8'0'0'0↑	23187	'9625556	'0'9'5'8'0'0'0↑	9 8217 8208 8199
69541	'9135307	'0'9'0'9'0'0'0↑	14105	'9635557	'0'9'5'9'0'0'0↑	
60373	'9145352	'0'9'1'0'0'0'0↑	04983	'9645602	'0'9'6'0'0'0'0↑	1 910 909 908
51247	'9155353	'0'9'1'1'0'0'0↑	'90795903	'9655603	'0'9'6'1'0'0'0↑	2 1820 1818 1816
42122	'9165353	'0'9'1'2'0'0'0↑	86823	'9665603	'0'9'6'2'0'0'0↑	3 2730 2727 2724
32998	'9175354	'0'9'1'3'0'0'0↑	77744	'9675604	'0'9'6'3'0'0'0↑	4 3640 3636 3632
23875	'9185354	'0'9'1'4'0'0'0↑	68666	'9685604	'0'9'6'4'0'0'0↑	5 4550 4545 4540
						6 5460 5454 5448
14753	'9195355	'0'9'1'5'0'0'0↑	59589	'9695605	'0'9'6'5'0'0'0↑	7 6370 6363 6356
05632	'9205355	'0'9'1'6'0'0'0↑	50513	'9705605	'0'9'6'6'0'0'0↑	8 7280 7272 7264
'91196511	'9215356	'0'9'1'7'0'0'0↑	41438	'9715606	'0'9'6'7'0'0'0↑	9 8190 8181 8172
87391	'9225356	'0'9'1'8'0'0'0↑	32364	'9725606	'0'9'6'8'0'0'0↑	
78272	'9235357	'0'9'1'9'0'0'0↑	23291	'9735607	'0'9'6'9'0'0'0↑	
69113	'9245402	'0'9'2'0'0'0'0↑	14178	'9745652	'0'9'7'0'0'0'0↑	1 907 906 905
59996	'9255403	'0'9'2'1'0'0'0↑	05107	'9755653	'0'9'7'1'0'0'0↑	2 1814 1812 1810
50881	'9265403	'0'9'2'2'0'0'0↑	'90696036	'9765653	'0'9'7'2'0'0'0↑	3 2721 2718 2715
41766	'9275404	'0'9'2'3'0'0'0↑	86966	'9775654	'0'9'7'3'0'0'0↑	4 3628 3624 3620
32652	'9285404	'0'9'2'4'0'0'0↑	77897	'9785654	'0'9'7'4'0'0'0↑	5 4535 4530 4525
						6 5442 5436 5430
23539	'9295405	'0'9'2'5'0'0'0↑	68829	'9795655	'0'9'7'5'0'0'0↑	7 6349 6342 6335
14427	'9305405	'0'9'2'6'0'0'0↑	59762	'9805655	'0'9'7'6'0'0'0↑	8 7256 7248 7240
05316	'9315406	'0'9'2'7'0'0'0↑	50696	'9815656	'0'9'7'7'0'0'0↑	9 8163 8154 8145
'91096205	'9325406	'0'9'2'8'0'0'0↑	41631	'9825656	'0'9'7'8'0'0'0↑	
87095	'9335407	'0'9'2'9'0'0'0↑	32567	'9835657	'0'9'7'9'0'0'0↑	1 904
						2 1808
						3 2712
77944	'9345452	'0'9'3'0'0'0'0↑	23464	'9845702	'0'9'8'0'0'0'0↑	4 3616
58836	'9355453	'0'9'3'1'0'0'0↑	14402	'9855703	'0'9'8'1'0'0'0↑	5 4520
59729	'9365453	'0'9'3'2'0'0'0↑	05341	'9865703	'0'9'8'2'0'0'0↑	6 5424
50623	'9375454	'0'9'3'3'0'0'0↑	'90596280	'9875704	'0'9'8'3'0'0'0↑	7 6328
41518	'9385454	'0'9'3'4'0'0'0↑	87220	'9885704	'0'9'8'4'0'0'0↑	8 7232
						9 8136
32414	'9395455	'0'9'3'5'0'0'0↑	78161	'9895705	'0'9'8'5'0'0'0↑	
23311	'9405455	'0'9'3'6'0'0'0↑	69103	'9905705	'0'9'8'6'0'0'0↑	
14209	'9415456	'0'9'3'7'0'0'0↑	60046	'9915706	'0'9'8'7'0'0'0↑	
05108	'9425456	'0'9'3'8'0'0'0↑	50990	'9925706	'0'9'8'8'0'0'0↑	
'90996007	'9435457	'0'9'3'9'0'0'0↑	41935	'9935707	'0'9'8'9'0'0'0↑	
86866	'9445502	'0'9'4'0'0'0'0↑	32841	'9945752	'0'9'9'0'0'0'0↑	
77767	'9455503	'0'9'4'1'0'0'0↑	23788	'9955753	'0'9'9'1'0'0'0↑	
68669	'9465503	'0'9'4'2'0'0'0↑	14736	'9965753	'0'9'9'2'0'0'0↑	
59572	'9475504	'0'9'4'3'0'0'0↑	05685	'9975754	'0'9'9'3'0'0'0↑	
50476	'9485504	'0'9'4'4'0'0'0↑	'90496634	'9985754	'0'9'9'4'0'0'0↑	
41381	'9495505	'0'9'4'5'0'0'0↑	87585	'9995755	'0'9'9'5'0'0'0↑	
32287	'9505505	'0'9'4'6'0'0'0↑	78535	'10005755	'0'9'9'6'0'0'0↑	
23194	'9515506	'0'9'4'7'0'0'0↑	69487	'10015756	'0'9'9'7'0'0'0↑	
14102	'9525506	'0'9'4'8'0'0'0↑	60440	'10025756	'0'9'9'8'0'0'0↑	
05011	'9535507	'0'9'4'9'0'0'0↑	51394	'10035757	'0'9'9'9'0'0'0↑	

Nat. No. ·9000 to ·8911   D. Log. ·1053.... to ·1152....   D. No. '1'0'0'0↑ to '1'0'9'9↑   (11)

Natural Numbers.	Dual Logarithms.	Dual Numbers.	Natural Numbers.	Dual Logarithms.	Dual Numbers.	Multiples of Differences.		
·90000000	·10536052	'1'0'0'0'0'0'0↑	·89550899	·11036302	'1'0'5'0'0'0'0↑			
·89991000	·10546053	'1'0'0'1'0'0'0↑	41944	·11046303	'1'0'5'1'0'0'0↑	1	901	900	899
82001	·10556053	'1'0'0'2'0'0'0↑	32990	·11056303	'1'0'5'2'0'0'0↑	2	1802	1800	1798
73003	·10566054	'1'0'0'3'0'0'0↑	24037	·11066304	'1'0'5'3'0'0'0↑	3	2703	2700	2697
64006	·10576054	'1'0'0'4'0'0'0↑	15085	·11076304	'1'0'5'4'0'0'0↑	4	3604	3600	3596
						5	4505	4500	4495
55010	·10586055	'1'0'0'5'0'0'0↑	06133	·11086305	'1'0'5'5'0'0'0↑	6	5406	5400	5394
46014	·10596055	'1'0'0'6'0'0'0↑	·89497182	·11096305	'1'0'5'6'0'0'0↑	7	6307	6300	6293
37019	·10606056	'1'0'0'7'0'0'0↑	88232	·11106306	'1'0'5'7'0'0'0↑	8	7208	7200	7192
28025	·10616056	'1'0'0'8'0'0'0↑	79283	·11116306	'1'0'5'8'0'0'0↑	9	8109	8100	8091
19032	·10626057	'1'0'0'9'0'0'0↑	70335	·11126307	'1'0'5'9'0'0'0↑			
10000	·10636102	'1'0'1'0'0'0'0↑	61348	·11136352	'1'0'6'0'0'0'0↑	1	898	897	896
01009	·10646103	'1'0'1'1'0'0'0↑	52402	·11146353	'1'0'6'1'0'0'0↑	2	1796	1794	1792
·89892019	·10656103	'1'0'1'2'0'0'0↑	43457	·11156353	'1'0'6'2'0'0'0↑	3	2694	2691	2688
83030	·10666104	'1'0'1'3'0'0'0↑	34513	·11166354	'1'0'6'3'0'0'0↑	4	3592	3588	3584
74042	·10676104	'1'0'1'4'0'0'0↑	. 25570	·11176354	'1'0'6'4'0'0'0↑	5	4490	4485	4480
						6	5388	5382	5376
						7	6286	6279	6272
65055	·10686105	'1'0'1'5'0'0'0↑	16627	·11186355	'1'0'6'5'0'0'0↑	8	7184	7176	7168
56068	·10696105	'1'0'1'6'0'0'0↑	07685	·11196355	'1'0'6'6'0'0'0↑	9	8082	8073	8064
47082	·10706106	'1'0'1'7'0'0'0↑	·89398744	·11206356	'1'0'6'7'0'0'0↑			
38097	·10716106	'1'0'1'8'0'0'0↑	89804	·11216356	'1'0'6'8'0'0'0↑			
29113	·10726107	'1'0'1'9'0'0'0↑	80865	·11226357	'1'0'6'9'0'0'0↑			
20090	·10736152	'1'0'2'0'0'0'0↑	71887	·11236402	'1'0'7'0'0'0'0↑	1	895	894	893
11108	·10746153	'1'0'2'1'0'0'0↑	62950	·11246403	'1'0'7'1'0'0'0↑	2	1790	1783	1786
02127	·10756153	'1'0'2'2'0'0'0↑	54014	·11256403	'1'0'7'2'0'0'0↑	3	2685	2682	2679
·89793147	·10766154	'1'0'2'3'0'0'0↑	45079	·11266404	'1'0'7'3'0'0'0↑	4	3580	3576	3572
84168	·10776154	'1'0'2'4'0'0'0↑	36144	·11276404	'1'0'7'4'0'0'0↑	5	4475	4470	4465
						6	5370	5364	5358
						7	6265	6258	6251
75190	·10786155	'1'0'2'5'0'0'0↑	27210	·11286405	'1'0'7'5'0'0'0↑	8	7160	7152	7144
66212	·10796155	'1'0'2'6'0'0'0↑	18277	·11296405	'1'0'7'6'0'0'0↑	9	8055	8046	8037
57235	·10806156	'1'0'2'7'0'0'0↑	09345	·11306406	'1'0'7'7'0'0'0↑			
48259	·10816156	'1'0'2'8'0'0'0↑	00414	·11316406	'1'0'7'8'0'0'0↑	1	892	891	
39284	·10826157	'1'0'2'9'0'0'0↑	·89291484	·11326407	'1'0'7'9'0'0'0↑	2	1784	1782	
						3	2676	2673	
30270	·10836202	'1'0'3'0'0'0'0↑	82515	·11336452	'1'0'8'0'0'0'0↑	4	3568	3564	
21297	·10846203	'1'0'3'1'0'0'0↑	73587	·11346453	'1'0'8'1'0'0'0↑	5	4460	4455	
12325	·10856203	'1'0'3'2'0'0'0↑	64660	·11356454	'1'0'8'2'0'0'0↑	6	5352	5346	
03354	·10866204	'1'0'3'3'0'0'0↑	55734	·11366454	'1'0'8'3'0'0'0↑	7	6244	6237	
·89694384	·10876204	'1'0'3'4'0'0'0↑	46808	·11376454	'1'0'8'4'0'0'0↑	8	7136	7128	
						9	8028	8019	
85415	·10886205	'1'0'3'5'0'0'0↑	37883	·11386455	'1'0'8'5'0'0'0↑			
76446	·10896205	'1'0'3'6'0'0'0↑	28959	·11396455	'1'0'8'6'0'0'0↑			
67478	·10906206	'1'0'3'7'0'0'0↑	20036	·11406456	'1'0'8'7'0'0'0↑			
58511	·10916206	'1'0'3'8'0'0'0↑	11114	·11416456	'1'0'8'8'0'0'0↑			
49545	·10926207	'1'0'3'9'0'0'0↑	02193	·11426457	'1'0'8'9'0'0'0↑			
40580	·10936252	'1'0'4'0'0'0'0↑	·89193233	·11436502	'1'0'9'0'0'0'0↑			
31576	·10946253	'1'0'4'1'0'0'0↑	84314	·11446503	'1'0'9'1'0'0'0↑			
22613	·10956253	'1'0'4'2'0'0'0↑	75396	·11456503	'1'0'9'2'0'0'0↑			
13651	·10966254	'1'0'4'3'0'0'0↑	66478	·11466504	'1'0'9'3'0'0'0↑			
04690	·10976254	'1'0'4'4'0'0'0↑	. 57561	·11476504	'1'0'9'4'0'0'0↑			
·89595730	·10986255	'1'0'4'5'0'0'0↑	48645	·11486505	'1'0'9'5'0'0'0↑			
86770	·10996255	'1'0'4'6'0'0'0↑	39730	·11496505	'1'0'9'6'0'0'0↑			
77811	·11006256	'1'0'4'7'0'0'0↑	30816	·11506506	'1'0'9'7'0'0'0↑			
68853	·11016256	'1'0'4'8'0'0'0↑	21903	·11516506	'1'0'9'8'0'0'0↑			
59896	·11026257	'1'0'4'9'0'0'0↑	12991	·11526507	'1'0'9'9'0'0'0↑			

(12) **Nat. No.** ˙8910 to ˙8822   **D. Log.** ˙1154.... to ˙1253....   **D. No.** ˊ1ˊ1ˊ0ˊ0↑ to ˊ1ˊ1ˊ9ˊ9↑

Natural Numbers.	Dual Logarithms.	Dual Numbers.	Natural Numbers.	Dual Logarithms.	Dual Numbers.	Multiples of Differences.
˙89100000	ˊ11541086	ˊ1ˊ1ˊ0ˊ0ˊ0ˊ0ˊ0↑	˙88655390	ˊ12041336	ˊ1ˊ1ˊ5ˊ0ˊ0ˊ0ˊ0↑	
˙89091090	ˊ11551087	ˊ1ˊ1ˊ0ˊ1ˊ0ˊ0ˊ0↑	46524	ˊ12051337	ˊ1ˊ1ˊ5ˊ1ˊ0ˊ0ˊ0↑	1 891 890 8
82181	ˊ11561087	ˊ1ˊ1ˊ0ˊ2ˊ0ˊ0ˊ0↑	37659	ˊ12061337	ˊ1ˊ1ˊ5ˊ2ˊ0ˊ0ˊ0↑	2 1782 1780 17
73273	ˊ11571088	ˊ1ˊ1ˊ0ˊ3ˊ0ˊ0ˊ0↑	28795	ˊ12071338	ˊ1ˊ1ˊ5ˊ3ˊ0ˊ0ˊ0↑	3 2673 2670 26
64366	ˊ11581088	ˊ1ˊ1ˊ0ˊ4ˊ0ˊ0ˊ0↑	19932	ˊ12081338	ˊ1ˊ1ˊ5ˊ4ˊ0ˊ0ˊ0↑	4 3564 3560 35
						5 4455 4450 44
55460	ˊ11591089	ˊ1ˊ1ˊ0ˊ5ˊ0ˊ0ˊ0↑	11070	ˊ12091339	ˊ1ˊ1ˊ5ˊ5ˊ0ˊ0ˊ0↑	6 5346 5340 53
46554	ˊ11601089	ˊ1ˊ1ˊ0ˊ6ˊ0ˊ0ˊ0↑	02209	ˊ12101339	ˊ1ˊ1ˊ5ˊ6ˊ0ˊ0ˊ0↑	7 6237 6230 62
37649	ˊ11611090	ˊ1ˊ1ˊ0ˊ7ˊ0ˊ0ˊ0↑	˙88593349	ˊ12111340	ˊ1ˊ1ˊ5ˊ7ˊ0ˊ0ˊ0↑	8 7128 7120 71
28745	ˊ11621090	ˊ1ˊ1ˊ0ˊ8ˊ0ˊ0ˊ0↑	84490	ˊ12121340	ˊ1ˊ1ˊ5ˊ8ˊ0ˊ0ˊ0↑	9 8019 8010 80
19842	ˊ11631091	ˊ1ˊ1ˊ0ˊ9ˊ0ˊ0ˊ0↑	75632	ˊ12131341	ˊ1ˊ1ˊ5ˊ9ˊ0ˊ0ˊ0↑	
10900	ˊ11641136	ˊ1ˊ1ˊ1ˊ0ˊ0ˊ0ˊ0↑	66735	ˊ12141386	ˊ1ˊ1ˊ6ˊ0ˊ0ˊ0ˊ0↑	1 888 887 8
01999	ˊ11651137	ˊ1ˊ1ˊ1ˊ1ˊ0ˊ0ˊ0↑	57878	ˊ12151387	ˊ1ˊ1ˊ6ˊ1ˊ0ˊ0ˊ0↑	2 1776 1774 17
˙88993099	ˊ11661137	ˊ1ˊ1ˊ1ˊ2ˊ0ˊ0ˊ0↑	49022	ˊ12161387	ˊ1ˊ1ˊ6ˊ2ˊ0ˊ0ˊ0↑	3 2664 2661 26
84200	ˊ11671138	ˊ1ˊ1ˊ1ˊ3ˊ0ˊ0ˊ0↑	40167	ˊ12171388	ˊ1ˊ1ˊ6ˊ3ˊ0ˊ0ˊ0↑	4 3552 3548 35
75302	ˊ11681138	ˊ1ˊ1ˊ1ˊ4ˊ0ˊ0ˊ0↑	31313	ˊ12181388	ˊ1ˊ1ˊ6ˊ4ˊ0ˊ0ˊ0↑	5 4440 4435 44
						6 5328 5322 53
66404	ˊ11691139	ˊ1ˊ1ˊ1ˊ5ˊ0ˊ0ˊ0↑	22460	ˊ12191389	ˊ1ˊ1ˊ6ˊ5ˊ0ˊ0ˊ0↑	7 6216 6209 62
57507	ˊ11701139	ˊ1ˊ1ˊ1ˊ6ˊ0ˊ0ˊ0↑	13608	ˊ12201389	ˊ1ˊ1ˊ6ˊ6ˊ0ˊ0ˊ0↑	8 7104 7096 70
48611	ˊ11711140	ˊ1ˊ1ˊ1ˊ7ˊ0ˊ0ˊ0↑	04757	ˊ12211390	ˊ1ˊ1ˊ6ˊ7ˊ0ˊ0ˊ0↑	9 7992 7983 79
39716	ˊ11721140	ˊ1ˊ1ˊ1ˊ8ˊ0ˊ0ˊ0↑	˙88495907	ˊ12221390	ˊ1ˊ1ˊ6ˊ8ˊ0ˊ0ˊ0↑	
30822	ˊ11731141	ˊ1ˊ1ˊ1ˊ9ˊ0ˊ0ˊ0↑	87057	ˊ12231391	ˊ1ˊ1ˊ6ˊ9ˊ0ˊ0ˊ0↑	
21889	ˊ11741186	ˊ1ˊ1ˊ2ˊ0ˊ0ˊ0ˊ0↑	78168	ˊ12241436	ˊ1ˊ1ˊ7ˊ0ˊ0ˊ0ˊ0↑	1 885 884 8
12997	ˊ11751187	ˊ1ˊ1ˊ2ˊ1ˊ0ˊ0ˊ0↑	69320	ˊ12251437	ˊ1ˊ1ˊ7ˊ1ˊ0ˊ0ˊ0↑	2 1770 1768 17
04106	ˊ11761187	ˊ1ˊ1ˊ2ˊ2ˊ0ˊ0ˊ0↑	60473	ˊ12261437	ˊ1ˊ1ˊ7ˊ2ˊ0ˊ0ˊ0↑	3 2655 2652 26
˙88895216	ˊ11771188	ˊ1ˊ1ˊ2ˊ3ˊ0ˊ0ˊ0↑	51628	ˊ12271438	ˊ1ˊ1ˊ7ˊ3ˊ0ˊ0ˊ0↑	4 3540 3536 35
86326	ˊ11781188	ˊ1ˊ1ˊ2ˊ4ˊ0ˊ0ˊ0↑	42783	ˊ12281438	ˊ1ˊ1ˊ7ˊ4ˊ0ˊ0ˊ0↑	5 4425 4420 44
						6 5310 5304 52
77437	ˊ11791189	ˊ1ˊ1ˊ2ˊ5ˊ0ˊ0ˊ0↑	33939	ˊ12291439	ˊ1ˊ1ˊ7ˊ5ˊ0ˊ0ˊ0↑	7 6195 6188 61
68549	ˊ11801189	ˊ1ˊ1ˊ2ˊ6ˊ0ˊ0ˊ0↑	25096	ˊ12301439	ˊ1ˊ1ˊ7ˊ6ˊ0ˊ0ˊ0↑	8 7080 7072 70
59662	ˊ11811190	ˊ1ˊ1ˊ2ˊ7ˊ0ˊ0ˊ0↑	16253	ˊ12311440	ˊ1ˊ1ˊ7ˊ7ˊ0ˊ0ˊ0↑	9 7965 7956 79
50776	ˊ11821190	ˊ1ˊ1ˊ2ˊ8ˊ0ˊ0ˊ0↑	07411	ˊ12321440	ˊ1ˊ1ˊ7ˊ8ˊ0ˊ0ˊ0↑	
41891	ˊ11831191	ˊ1ˊ1ˊ2ˊ9ˊ0ˊ0ˊ0↑	˙88398570	ˊ12331441	ˊ1ˊ1ˊ7ˊ9ˊ0ˊ0ˊ0↑	
32967	ˊ11841236	ˊ1ˊ1ˊ3ˊ0ˊ0ˊ0ˊ0↑	89690	ˊ12341486	ˊ1ˊ1ˊ8ˊ0ˊ0ˊ0ˊ0↑	1 882
24084	ˊ11851237	ˊ1ˊ1ˊ3ˊ1ˊ0ˊ0ˊ0↑	80851	ˊ12351487	ˊ1ˊ1ˊ8ˊ1ˊ0ˊ0ˊ0↑	2 1764
15202	ˊ11861237	ˊ1ˊ1ˊ3ˊ2ˊ0ˊ0ˊ0↑	72013	ˊ12361487	ˊ1ˊ1ˊ8ˊ2ˊ0ˊ0ˊ0↑	3 2646
06320	ˊ11871238	ˊ1ˊ1ˊ3ˊ3ˊ0ˊ0ˊ0↑	63176	ˊ12371488	ˊ1ˊ1ˊ8ˊ3ˊ0ˊ0ˊ0↑	4 3528
˙88797439	ˊ11881238	ˊ1ˊ1ˊ3ˊ4ˊ0ˊ0ˊ0↑	54340	ˊ12381488	ˊ1ˊ1ˊ8ˊ4ˊ0ˊ0ˊ0↑	5 4410
						6 5292
88559	ˊ11891239	ˊ1ˊ1ˊ3ˊ5ˊ0ˊ0ˊ0↑	45505	ˊ12391489	ˊ1ˊ1ˊ8ˊ5ˊ0ˊ0ˊ0↑	7 6174
79680	ˊ11901239	ˊ1ˊ1ˊ3ˊ6ˊ0ˊ0ˊ0↑	36670	ˊ12401489	ˊ1ˊ1ˊ8ˊ6ˊ0ˊ0ˊ0↑	8 7056
70802	ˊ11911240	ˊ1ˊ1ˊ3ˊ7ˊ0ˊ0ˊ0↑	27836	ˊ12411490	ˊ1ˊ1ˊ8ˊ7ˊ0ˊ0ˊ0↑	9 7938
61925	ˊ11921240	ˊ1ˊ1ˊ3ˊ8ˊ0ˊ0ˊ0↑	19003	ˊ12421490	ˊ1ˊ1ˊ8ˊ8ˊ0ˊ0ˊ0↑	
53049	ˊ11931241	ˊ1ˊ1ˊ3ˊ9ˊ0ˊ0ˊ0↑	10171	ˊ12431491	ˊ1ˊ1ˊ8ˊ9ˊ0ˊ0ˊ0↑	
44134	ˊ11941286	ˊ1ˊ1ˊ4ˊ0ˊ0ˊ0ˊ0↑	01300	ˊ12441536	ˊ1ˊ1ˊ9ˊ0ˊ0ˊ0ˊ0↑	
35260	ˊ11951287	ˊ1ˊ1ˊ4ˊ1ˊ0ˊ0ˊ0↑	˙88292470	ˊ12451537	ˊ1ˊ1ˊ9ˊ1ˊ0ˊ0ˊ0↑	
26386	ˊ11961287	ˊ1ˊ1ˊ4ˊ2ˊ0ˊ0ˊ0↑	83641	ˊ12461537	ˊ1ˊ1ˊ9ˊ2ˊ0ˊ0ˊ0↑	
17513	ˊ11971288	ˊ1ˊ1ˊ4ˊ3ˊ0ˊ0ˊ0↑	74813	ˊ12471538	ˊ1ˊ1ˊ9ˊ3ˊ0ˊ0ˊ0↑	
08641	ˊ11981288	ˊ1ˊ1ˊ4ˊ4ˊ0ˊ0ˊ0↑	65986	ˊ12481538	ˊ1ˊ1ˊ9ˊ4ˊ0ˊ0ˊ0↑	
˙88699770	ˊ11991289	ˊ1ˊ1ˊ4ˊ5ˊ0ˊ0ˊ0↑	57159	ˊ12491538	ˊ1ˊ1ˊ9ˊ5ˊ0ˊ0ˊ0↑	
90900	ˊ12001289	ˊ1ˊ1ˊ4ˊ6ˊ0ˊ0ˊ0↑	48333	ˊ12501538	ˊ1ˊ1ˊ9ˊ6ˊ0ˊ0ˊ0↑	
82031	ˊ12011290	ˊ1ˊ1ˊ4ˊ7ˊ0ˊ0ˊ0↑	39508	ˊ12511539	ˊ1ˊ1ˊ9ˊ7ˊ0ˊ0ˊ0↑	
73163	ˊ12021290	ˊ1ˊ1ˊ4ˊ8ˊ0ˊ0ˊ0↑	30684	ˊ12521539	ˊ1ˊ1ˊ9ˊ8ˊ0ˊ0ˊ0↑	
64296	ˊ12031291	ˊ1ˊ1ˊ4ˊ9ˊ0ˊ0ˊ0↑	21861	ˊ12531540	ˊ1ˊ1ˊ9ˊ9ˊ0ˊ0ˊ0↑	

Nat. No. ˙8820 to ˙8733   D. Log. ˙1254.... to ˙1353....   D. No. ˙1˙2˙0˙0↑ to ˙1˙2˙9˙9↑   (13)

Natural Numbers.	Dual Logarithms.	Dual Numbers.	Natural Numbers.	Dual Logarithms.	Dual Numbers.	Multiples of Differences.		
˙88209000	˙12546119	˙1˙2˙0˙0˙0˙0˙0˙0↑	˙87768836	˙13046369	˙1˙2˙5˙0˙0˙0˙0˙0↑			
00179	˙12556120	˙1˙2˙0˙1˙0˙0˙0˙0↑	60059	˙13056370	˙1˙2˙5˙1˙0˙0˙0˙0↑	1	882	881	880
˙88191359	˙12566120	˙1˙2˙0˙2˙0˙0˙0˙0↑	51283	˙13066370	˙1˙2˙5˙2˙0˙0˙0˙0↑	2	1764	1762	1760
82540	˙12576121	˙1˙2˙0˙3˙0˙0˙0˙0↑	42508	˙13076371	˙1˙2˙5˙3˙0˙0˙0˙0↑	3	2646	2643	2640
73722	˙12586121	˙1˙2˙0˙4˙0˙0˙0˙0↑	33734	˙13086371	˙1˙2˙5˙4˙0˙0˙0˙0↑	4	3528	3524	3520
						5	4410	4405	4400
64905	˙12596122	˙1˙2˙0˙5˙0˙0˙0˙0↑	24961	˙13096372	˙1˙2˙5˙5˙0˙0˙0˙0↑	6	5292	5286	5280
56089	˙12606122	˙1˙2˙0˙6˙0˙0˙0˙0↑	16189	˙13106372	˙1˙2˙5˙6˙0˙0˙0˙0↑	7	6174	6167	6160
47273	˙12616123	˙1˙2˙0˙7˙0˙0˙0˙0↑	07417	˙13116373	˙1˙2˙5˙7˙0˙0˙0˙0↑	8	7056	7048	7040
38458	˙12626123	˙1˙2˙0˙8˙0˙0˙0˙0↑	˙87698646	˙13126373	˙1˙2˙5˙8˙0˙0˙0˙0↑	9	7938	7929	7920
29644	˙12636124	˙1˙2˙0˙9˙0˙0˙0˙0↑	89876	˙13136374	˙1˙2˙5˙9˙0˙0˙0˙0↑			
20791	˙12646169	˙1˙2˙1˙0˙0˙0˙0˙0↑	81068	˙13146419	˙1˙2˙6˙0˙0˙0˙0˙0↑	1	879	878	877
11979	˙12656170	˙1˙2˙1˙1˙0˙0˙0˙0↑	72300	˙13156420	˙1˙2˙6˙1˙0˙0˙0˙0↑	2	1758	1756	1754
03168	˙12666170	˙1˙2˙1˙2˙0˙0˙0˙0↑	63533	˙13166420	˙1˙2˙6˙2˙0˙0˙0˙0↑	3	2637	2634	2631
˙88094358	˙12676171	˙1˙2˙1˙3˙0˙0˙0˙0↑	54767	˙13176421	˙1˙2˙6˙3˙0˙0˙0˙0↑	4	3516	3512	3508
85549	˙12686171	˙1˙2˙1˙4˙0˙0˙0˙0↑	46002	˙13186421	˙1˙2˙6˙4˙0˙0˙0˙0↑	5	4395	4390	4385
						6	5274	5268	5262
76740	˙12696172	˙1˙2˙1˙5˙0˙0˙0˙0↑	37237	˙13196422	˙1˙2˙6˙5˙0˙0˙0˙0↑	7	6153	6146	6139
67932	˙12706172	˙1˙2˙1˙6˙0˙0˙0˙0↑	28473	˙13206422	˙1˙2˙6˙6˙0˙0˙0˙0↑	8	7032	7024	7016
59125	˙12716173	˙1˙2˙1˙7˙0˙0˙0˙0↑	19710	˙13216423	˙1˙2˙6˙7˙0˙0˙0˙0↑	9	7911	7902	7893
50319	˙12726173	˙1˙2˙1˙8˙0˙0˙0˙0↑	10948	˙13226423	˙1˙2˙6˙8˙0˙0˙0˙0↑			
41514	˙12736174	˙1˙2˙1˙9˙0˙0˙0˙0↑	02187	˙13236424	˙1˙2˙6˙9˙0˙0˙0˙0↑			
32670	˙12746219	˙1˙2˙2˙0˙0˙0˙0˙0↑	˙87593386	˙13246469	˙1˙2˙7˙0˙0˙0˙0˙0↑	1	876	875	874
23867	˙12756220	˙1˙2˙2˙1˙0˙0˙0˙0↑	84627	˙13256470	˙1˙2˙7˙1˙0˙0˙0˙0↑	2	1752	1750	1748
15065	˙12766220	˙1˙2˙2˙2˙0˙0˙0˙0↑	75868	˙13266470	˙1˙2˙7˙2˙0˙0˙0˙0↑	3	2628	2625	2622
06263	˙12776221	˙1˙2˙2˙3˙0˙0˙0˙0↑	67110	˙13276471	˙1˙2˙7˙3˙0˙0˙0˙0↑	4	3504	3500	3496
˙87997462	˙12786221	˙1˙2˙2˙4˙0˙0˙0˙0↑	58353	˙13286471	˙1˙2˙7˙4˙0˙0˙0˙0↑	5	4380	4375	4370
						6	5256	5250	5244
88662	˙12796222	˙1˙2˙2˙5˙0˙0˙0˙0↑	49597	˙13296472	˙1˙2˙7˙5˙0˙0˙0˙0↑	7	6132	6125	6118
79863	˙12806222	˙1˙2˙2˙6˙0˙0˙0˙0↑	40842	˙13306472	˙1˙2˙7˙6˙0˙0˙0˙0↑	8	7008	7000	6992
71065	˙12816223	˙1˙2˙2˙7˙0˙0˙0˙0↑	32088	˙13316473	˙1˙2˙7˙7˙0˙0˙0˙0↑	9	7884	7875	7866
62268	˙12826223	˙1˙2˙2˙8˙0˙0˙0˙0↑	23335	˙13326473	˙1˙2˙7˙8˙0˙0˙0˙0↑			
53472	˙12836224	˙1˙2˙2˙9˙0˙0˙0˙0↑	14582	˙13336474	˙1˙2˙7˙9˙0˙0˙0˙0↑	1	873		
						2	1746		
44638	˙12846269	˙1˙2˙3˙0˙0˙0˙0˙0↑	05793	˙13346519	˙1˙2˙8˙0˙0˙0˙0˙0↑	3	2619		
35844	˙12856270	˙1˙2˙3˙1˙0˙0˙0˙0↑	˙87497042	˙13356520	˙1˙2˙8˙1˙0˙0˙0˙0↑	4	3492		
27050	˙12866270	˙1˙2˙3˙2˙0˙0˙0˙0↑	88292	˙13366520	˙1˙2˙8˙2˙0˙0˙0˙0↑	5	4365		
18257	˙12876271	˙1˙2˙3˙3˙0˙0˙0˙0↑	79543	˙13376521	˙1˙2˙8˙3˙0˙0˙0˙0↑	6	5238		
09465	˙12886271	˙1˙2˙3˙4˙0˙0˙0˙0↑	70795	˙13386521	˙1˙2˙8˙4˙0˙0˙0˙0↑	7	6111		
						8	6984		
00674	˙12896272	˙1˙2˙3˙5˙0˙0˙0˙0↑	62048	˙13396522	˙1˙2˙8˙5˙0˙0˙0˙0↑	9	7857		
˙87891884	˙12906272	˙1˙2˙3˙6˙0˙0˙0˙0↑	53302	˙13406522	˙1˙2˙8˙6˙0˙0˙0˙0↑			
83095	˙12916273	˙1˙2˙3˙7˙0˙0˙0˙0↑	44557	˙13416523	˙1˙2˙8˙7˙0˙0˙0˙0↑			
74307	˙12926273	˙1˙2˙3˙8˙0˙0˙0˙0↑	35813	˙13426523	˙1˙2˙8˙8˙0˙0˙0˙0↑			
65520	˙12936274	˙1˙2˙3˙9˙0˙0˙0˙0↑	27069	˙13436524	˙1˙2˙8˙9˙0˙0˙0˙0↑			
56693	˙12946319	˙1˙2˙4˙0˙0˙0˙0˙0↑	18287	˙13446569	˙1˙2˙9˙0˙0˙0˙0˙0↑			
47907	˙12956320	˙1˙2˙4˙1˙0˙0˙0˙0↑	09545	˙13456570	˙1˙2˙9˙1˙0˙0˙0˙0↑			
39122	˙12966320	˙1˙2˙4˙2˙0˙0˙0˙0↑	00804	˙13466570	˙1˙2˙9˙2˙0˙0˙0˙0↑			
30338	˙12976321	˙1˙2˙4˙3˙0˙0˙0˙0↑	˙87392064	˙13476571	˙1˙2˙9˙3˙0˙0˙0˙0↑			
21555	˙12986321	˙1˙2˙4˙4˙0˙0˙0˙0↑	83325	˙13486571	˙1˙2˙9˙4˙0˙0˙0˙0↑			
12773	˙12996322	˙1˙2˙4˙5˙0˙0˙0˙0↑	74587	˙13496572	˙1˙2˙9˙5˙0˙0˙0˙0↑			
03992	˙13006322	˙1˙2˙4˙6˙0˙0˙0˙0↑	65850	˙13506572	˙1˙2˙9˙6˙0˙0˙0˙0↑			
˙87795212	˙13016323	˙1˙2˙4˙7˙0˙0˙0˙0↑	57113	˙13516573	˙1˙2˙9˙7˙0˙0˙0˙0↑			
86432	˙13026323	˙1˙2˙4˙8˙0˙0˙0˙0↑	48377	˙13526573	˙1˙2˙9˙8˙0˙0˙0˙0↑			
77653	˙13036324	˙1˙2˙4˙9˙0˙0˙0˙0↑	39642	˙13536574	˙1˙2˙9˙9˙0˙0˙0˙0↑			

(14) Nat. No. ·8732 to ·8646   D. Log. ·1355.... to ·1454....   D. No. '1'3'0'0↑ to '1'3'9'9↑

Natural Numbers.	Dual Logarithms.	Dual Numbers.	Natural Numbers.	Dual Logarithms.	Dual Numbers.	Multiples of Differences.
·87326910	·13551153	'1'3'0'0'0'0'0'0↑	·86891148	·14051403	'1'3'5'0'0'0'0'0↑	
18177	13561154	'1'3'0'1'0'0'0'0↑	82459	14061404	'1'3'5'1'0'0'0'0↑	1 873 872 8
09444	13571154	'1'3'0'2'0'0'0'0↑	73771	14071404	'1'3'5'2'0'0'0'0↑	2 1746 1744 17
00714	13581155	'1'3'0'3'0'0'0'0↑	65084	14081405	'1'3'5'3'0'0'0'0↑	3 2619 2616 26
·87291984	13591155	'1'3'0'4'0'0'0'0↑	56397	14091405	'1'3'5'4'0'0'0'0↑	4 3492 3488 34
						5 4365 4360 43
83255	13601156	'1'3'0'5'0'0'0'0↑	47711	14101406	'1'3'5'5'0'0'0'0↑	6 5238 5232 52
74527	13611156	'1'3'0'6'0'0'0'0↑	39026	14111406	'1'3'5'6'0'0'0'0↑	7 6111 6104 60
65800	13621157	'1'3'0'7'0'0'0'0↑	30342	14121407	'1'3'5'7'0'0'0'0↑	8 6984 6976 69
57073	13631157	'1'3'0'8'0'0'0'0↑	21659	14131407	'1'3'5'8'0'0'0'0↑	9 7857 7848 78
48347	13641158	'1'3'0'9'0'0'0'0↑	12977	14141408	'1'3'5'9'0'0'0'0↑	
39583	13651203	'1'3'1'0'0'0'0'0↑	04257	14151453	'1'3'6'0'0'0'0'0↑	1 870 869 8
30859	13661204	'1'3'1'1'0'0'0'0↑	·86795577	14161454	'1'3'6'1'0'0'0'0↑	2 1740 1738 17
22136	13671204	'1'3'1'2'0'0'0'0↑	86897	14171454	'1'3'6'2'0'0'0'0↑	3 2610 2607 26
13414	13681205	'1'3'1'3'0'0'0'0↑	78218	14181455	'1'3'6'3'0'0'0'0↑	4 3480 3476 34
04693	13691205	'1'3'1'4'0'0'0'0↑	69540	14191455	'1'3'6'4'0'0'0'0↑	5 4350 4345 43
						6 5220 5214 52
·87195973	13701206	'1'3'1'5'0'0'0'0↑	60863	14201456	'1'3'6'5'0'0'0'0↑	7 6090 6083 60
87253	13711206	'1'3'1'6'0'0'0'0↑	52187	14211456	'1'3'6'6'0'0'0'0↑	8 6960 6952 69
78534	13721207	'1'3'1'7'0'0'0'0↑	43512	14221457	'1'3'6'7'0'0'0'0↑	9 7830 7821 78
69816	13731207	'1'3'1'8'0'0'0'0↑	34838	14231457	'1'3'6'8'0'0'0'0↑	
61099	13741208	'1'3'1'9'0'0'0'0↑	26165	14241458	'1'3'6'9'0'0'0'0↑	
						1 867 866 8
52344	13751253	'1'3'2'0'0'0'0'0↑	17453	14251503	'1'3'7'0'0'0'0'0↑	2 1734 1732 17
43629	13761254	'1'3'2'1'0'0'0'0↑	08781	14261504	'1'3'7'1'0'0'0'0↑	3 2601 2598 25
34915	13771254	'1'3'2'2'0'0'0'0↑	00110	14271504	'1'3'7'2'0'0'0'0↑	4 3468 3464 34
26202	13781255	'1'3'2'3'0'0'0'0↑	·86691440	14281505	'1'3'7'3'0'0'0'0↑	5 4335 4330 43
17489	13791255	'1'3'2'4'0'0'0'0↑	82771	14291505	'1'3'7'4'0'0'0'0↑	6 5202 5196 51
						7 6069 6062 60
08777	13801256	'1'3'2'5'0'0'0'0↑	74103	14301506	'1'3'7'5'0'0'0'0↑	8 6936 6928 69
00066	13811256	'1'3'2'6'0'0'0'0↑	65436	14311506	'1'3'7'6'0'0'0'0↑	9 7803 7794 77
·87091356	13821257	'1'3'2'7'0'0'0'0↑	56769	14321507	'1'3'7'7'0'0'0'0↑	
82647	13831257	'1'3'2'8'0'0'0'0↑	48103	14331507	'1'3'7'8'0'0'0'0↑	1 864
73939	13841258	'1'3'2'9'0'0'0'0↑	39438	14341508	'1'3'7'9'0'0'0'0↑	2 1728
						3 2592
65191	13851303	'1'3'3'0'0'0'0'0↑	30735	14351553	'1'3'8'0'0'0'0'0↑	4 3456
56484	13861304	'1'3'3'1'0'0'0'0↑	22072	14361554	'1'3'8'1'0'0'0'0↑	5 4320
47778	13871304	'1'3'3'2'0'0'0'0↑	13410	14371554	'1'3'8'2'0'0'0'0↑	6 5184
39073	13881305	'1'3'3'3'0'0'0'0↑	04749	14381555	'1'3'8'3'0'0'0'0↑	7 6048
30369	13891305	'1'3'3'4'0'0'0'0↑	·86596089	14391555	'1'3'8'4'0'0'0'0↑	8 6912
						9 7776
21666	13901306	'1'3'3'5'0'0'0'0↑	87429	14401556	'1'3'8'5'0'0'0'0↑	
12964	13911306	'1'3'3'6'0'0'0'0↑	78770	14411556	'1'3'8'6'0'0'0'0↑	
04263	13921307	'1'3'3'7'0'0'0'0↑	70112	14421557	'1'3'8'7'0'0'0'0↑	
·86995563	13931307	'1'3'3'8'0'0'0'0↑	61455	14431557	'1'3'8'8'0'0'0'0↑	
86863	13941308	'1'3'3'9'0'0'0'0↑	52799	14441558	'1'3'8'9'0'0'0'0↑	
78126	13951353	'1'3'4'0'0'0'0'0↑	44104	14451603	'1'3'9'0'0'0'0'0↑	
69428	13961354	'1'3'4'1'0'0'0'0↑	35450	14461604	'1'3'9'1'0'0'0'0↑	
60731	13971354	'1'3'4'2'0'0'0'0↑	26796	14471604	'1'3'9'2'0'0'0'0↑	
52035	13981355	'1'3'4'3'0'0'0'0↑	18143	14481605	'1'3'9'3'0'0'0'0↑	
43340	13991355	'1'3'4'4'0'0'0'0↑	09491	14491605	'1'3'9'4'0'0'0'0↑	
34646	14001356	'1'3'4'5'0'0'0'0↑	00840	14501606	'1'3'9'5'0'0'0'0↑	
25953	14011356	'1'3'4'6'0'0'0'0↑	·86492190	14511606	'1'3'9'6'0'0'0'0↑	
17260	14021357	'1'3'4'7'0'0'0'0↑	83541	14521607	'1'3'9'7'0'0'0'0↑	
08568	14031357	'1'3'4'8'0'0'0'0↑	74893	14531607	'1'3'9'8'0'0'0'0↑	
·86899877	14041358	'1'3'4'9'0'0'0'0↑	66246	14541608	'1'3'9'9'0'0'0'0↑	

Nat. No. ˙8645 to ˙8560 D. Log. ˙1455.... to ˙1554.... D. No. ˙1ʹ4ʹ0ʹ0↑ to ˙1ʹ4ʹ9ʹ9↑ (15)

Natural Numbers.	Dual Logarithms.	Dual Numbers.	Natural Numbers.	Dual Logarithms.	Dual Numbers.	Multiples of Differences.
˙86453641	˙14556186	˙1ʹ4ʹ0ʹ0ʹ0ʹ0ʹ0↑	˙86022237	˙15056436	˙1ʹ4ʹ5ʹ0ʹ0ʹ0ʹ0↑	
44996	˙14566187	˙1ʹ4ʹ0ʹ1ʹ0ʹ0ʹ0↑	13635	˙15066437	˙1ʹ4ʹ5ʹ1ʹ0ʹ0ʹ0↑	1 864 863 862
36352	˙14576187	˙1ʹ4ʹ0ʹ2ʹ0ʹ0ʹ0↑	05034	˙15076437	˙1ʹ4ʹ5ʹ2ʹ0ʹ0ʹ0↑	2 1728 1726 1724
27708	˙14586188	˙1ʹ4ʹ0ʹ3ʹ0ʹ0ʹ0↑	˙85996433	˙15086438	˙1ʹ4ʹ5ʹ3ʹ0ʹ0ʹ0↑	3 2592 2589 2586
19065	˙14596188	˙1ʹ4ʹ0ʹ4ʹ0ʹ0ʹ0↑	87833	˙15096438	˙1ʹ4ʹ5ʹ4ʹ0ʹ0ʹ0↑	4 3456 3452 3448
						5 4320 4315 4310
10423	˙14606189	˙1ʹ4ʹ0ʹ5ʹ0ʹ0ʹ0↑	79234	˙15106439	˙1ʹ4ʹ5ʹ5ʹ0ʹ0ʹ0↑	6 5184 5178 5172
01782	˙14616189	˙1ʹ4ʹ0ʹ6ʹ0ʹ0ʹ0↑	70636	˙15116439	˙1ʹ4ʹ5ʹ6ʹ0ʹ0ʹ0↑	7 6048 6041 6034
˙86393142	˙14626190	˙1ʹ4ʹ0ʹ7ʹ0ʹ0ʹ0↑	62039	˙15126440	˙1ʹ4ʹ5ʹ7ʹ0ʹ0ʹ0↑	8 6912 6904 6896
84503	˙14636190	˙1ʹ4ʹ0ʹ8ʹ0ʹ0ʹ0↑	53443	˙15136440	˙1ʹ4ʹ5ʹ8ʹ0ʹ0ʹ0↑	9 7776 7767 7758
75865	˙14646191	˙1ʹ4ʹ0ʹ9ʹ0ʹ0ʹ0↑	44848	˙15146441	˙1ʹ4ʹ5ʹ9ʹ0ʹ0ʹ0↑	
67187	˙14656236	˙1ʹ4ʹ1ʹ0ʹ0ʹ0ʹ0↑	36214	˙15156486	˙1ʹ4ʹ6ʹ0ʹ0ʹ0ʹ0↑	1 861 860 859
58550	˙14666237	˙1ʹ4ʹ1ʹ1ʹ0ʹ0ʹ0↑	27620	˙15166487	˙1ʹ4ʹ6ʹ1ʹ0ʹ0ʹ0↑	2 1722 1720 1718
49914	˙14676237	˙1ʹ4ʹ1ʹ2ʹ0ʹ0ʹ0↑	19027	˙15176487	˙1ʹ4ʹ6ʹ2ʹ0ʹ0ʹ0↑	3 2583 2580 2577
41279	˙14686238	˙1ʹ4ʹ1ʹ3ʹ0ʹ0ʹ0↑	10435	˙15186488	˙1ʹ4ʹ6ʹ3ʹ0ʹ0ʹ0↑	4 3444 3440 3436
32645	˙14696238	˙1ʹ4ʹ1ʹ4ʹ0ʹ0ʹ0↑	01844	˙15196488	˙1ʹ4ʹ6ʹ4ʹ0ʹ0ʹ0↑	5 4305 4300 4295
						6 5166 5160 5154
24012	˙14706239	˙1ʹ4ʹ1ʹ5ʹ0ʹ0ʹ0↑	˙85393254	˙15206489	˙1ʹ4ʹ6ʹ5ʹ0ʹ0ʹ0↑	7 6027 6020 6013
15380	˙14716239	˙1ʹ4ʹ1ʹ6ʹ0ʹ0ʹ0↑	84665	˙15216489	˙1ʹ4ʹ6ʹ6ʹ0ʹ0ʹ0↑	8 6888 6880 6872
06748	˙14726240	˙1ʹ4ʹ1ʹ7ʹ0ʹ0ʹ0↑	76077	˙15226490	˙1ʹ4ʹ6ʹ7ʹ0ʹ0ʹ0↑	9 7749 7740 7731
˙86298117	˙14736240	˙1ʹ4ʹ1ʹ8ʹ0ʹ0ʹ0↑	67489	˙15236490	˙1ʹ4ʹ6ʹ8ʹ0ʹ0ʹ0↑	
89487	˙14746241	˙1ʹ4ʹ1ʹ9ʹ0ʹ0ʹ0↑	58902	˙15246491	˙1ʹ4ʹ6ʹ9ʹ0ʹ0ʹ0↑	1 858 857 856
						2 1716 1714 1712
80820	˙14756286	˙1ʹ4ʹ2ʹ0ʹ0ʹ0ʹ0↑	50278	˙15256536	˙1ʹ4ʹ7ʹ0ʹ0ʹ0ʹ0↑	3 2574 2571 2568
72192	˙14766287	˙1ʹ4ʹ2ʹ1ʹ0ʹ0ʹ0↑	41693	˙15266537	˙1ʹ4ʹ7ʹ1ʹ0ʹ0ʹ0↑	4 3432 3428 3424
63565	˙14776287	˙1ʹ4ʹ2ʹ2ʹ0ʹ0ʹ0↑	33109	˙15276537	˙1ʹ4ʹ7ʹ2ʹ0ʹ0ʹ0↑	5 4290 4285 4280
54939	˙14786288	˙1ʹ4ʹ2ʹ3ʹ0ʹ0ʹ0↑	24526	˙15286538	˙1ʹ4ʹ7ʹ3ʹ0ʹ0ʹ0↑	6 5148 5142 5136
46314	˙14796288	˙1ʹ4ʹ2ʹ4ʹ0ʹ0ʹ0↑	15944	˙15296538	˙1ʹ4ʹ7ʹ4ʹ0ʹ0ʹ0↑	7 6006 5999 5992
						8 6864 6856 6848
37689	˙14806289	˙1ʹ4ʹ2ʹ5ʹ0ʹ0ʹ0↑	07362	˙15306539	˙1ʹ4ʹ7ʹ5ʹ0ʹ0ʹ0↑	9 7722 7713 7704
29065	˙14816289	˙1ʹ4ʹ2ʹ6ʹ0ʹ0ʹ0↑	˙85798781	˙15316539	˙1ʹ4ʹ7ʹ6ʹ0ʹ0ʹ0↑	
20442	˙14826290	˙1ʹ4ʹ2ʹ7ʹ0ʹ0ʹ0↑	90201	˙15326540	˙1ʹ4ʹ7ʹ7ʹ0ʹ0ʹ0↑	
11820	˙14836290	˙1ʹ4ʹ2ʹ8ʹ0ʹ0ʹ0↑	81622	˙15336540	˙1ʹ4ʹ7ʹ8ʹ0ʹ0ʹ0↑	
03199	˙14846291	˙1ʹ4ʹ2ʹ9ʹ0ʹ0ʹ0↑	73044	˙15346541	˙1ʹ4ʹ7ʹ9ʹ0ʹ0ʹ0↑	
˙86194539	˙14856336	˙1ʹ4ʹ3ʹ0ʹ0ʹ0ʹ0↑	64428	˙15356586	˙1ʹ4ʹ8ʹ0ʹ0ʹ0ʹ0↑	
85920	˙14866337	˙1ʹ4ʹ3ʹ1ʹ0ʹ0ʹ0↑	55852	˙15366587	˙1ʹ4ʹ8ʹ1ʹ0ʹ0ʹ0↑	
77301	˙14876337	˙1ʹ4ʹ3ʹ2ʹ0ʹ0ʹ0↑	47276	˙15376587	˙1ʹ4ʹ8ʹ2ʹ0ʹ0ʹ0↑	
68683	˙14886338	˙1ʹ4ʹ3ʹ3ʹ0ʹ0ʹ0↑	38701	˙15386588	˙1ʹ4ʹ8ʹ3ʹ0ʹ0ʹ0↑	
60066	˙14896338	˙1ʹ4ʹ3ʹ4ʹ0ʹ0ʹ0↑	30127	˙15396588	˙1ʹ4ʹ8ʹ4ʹ0ʹ0ʹ0↑	
51450	˙14906339	˙1ʹ4ʹ3ʹ5ʹ0ʹ0ʹ0↑	21554	˙15406589	˙1ʹ4ʹ8ʹ5ʹ0ʹ0ʹ0↑	
42835	˙14916339	˙1ʹ4ʹ3ʹ6ʹ0ʹ0ʹ0↑	12982	˙15416589	˙1ʹ4ʹ8ʹ6ʹ0ʹ0ʹ0↑	
34221	˙14926340	˙1ʹ4ʹ3ʹ7ʹ0ʹ0ʹ0↑	04411	˙15426590	˙1ʹ4ʹ8ʹ7ʹ0ʹ0ʹ0↑	
25608	˙14936340	˙1ʹ4ʹ3ʹ8ʹ0ʹ0ʹ0↑	˙85695841	˙15436590	˙1ʹ4ʹ8ʹ8ʹ0ʹ0ʹ0↑	
16995	˙14946341	˙1ʹ4ʹ3ʹ9ʹ0ʹ0ʹ0↑	87271	˙15446591	˙1ʹ4ʹ8ʹ9ʹ0ʹ0ʹ0↑	
08345	˙14956386	˙1ʹ4ʹ4ʹ0ʹ0ʹ0ʹ0↑	78663	˙15456636	˙1ʹ4ʹ9ʹ0ʹ0ʹ0ʹ0↑	
˙86099734	˙14966387	˙1ʹ4ʹ4ʹ1ʹ0ʹ0ʹ0↑	70095	˙15466637	˙1ʹ4ʹ9ʹ1ʹ0ʹ0ʹ0↑	
91124	˙14976387	˙1ʹ4ʹ4ʹ2ʹ0ʹ0ʹ0↑	61528	˙15476637	˙1ʹ4ʹ9ʹ2ʹ0ʹ0ʹ0↑	
82515	˙14986388	˙1ʹ4ʹ4ʹ3ʹ0ʹ0ʹ0↑	52962	˙15486638	˙1ʹ4ʹ9ʹ3ʹ0ʹ0ʹ0↑	
73907	˙14996388	˙1ʹ4ʹ4ʹ4ʹ0ʹ0ʹ0↑	44397	˙15496638	˙1ʹ4ʹ9ʹ4ʹ0ʹ0ʹ0↑	
65300	˙15006389	˙1ʹ4ʹ4ʹ5ʹ0ʹ0ʹ0↑	35833	˙15506639	˙1ʹ4ʹ9ʹ5ʹ0ʹ0ʹ0↑	
56693	˙15016389	˙1ʹ4ʹ4ʹ6ʹ0ʹ0ʹ0↑	27269	˙15516639	˙1ʹ4ʹ9ʹ6ʹ0ʹ0ʹ0↑	
48087	˙15026390	˙1ʹ4ʹ4ʹ7ʹ0ʹ0ʹ0↑	18706	˙15526640	˙1ʹ4ʹ9ʹ7ʹ0ʹ0ʹ0↑	
39482	˙15036390	˙1ʹ4ʹ4ʹ8ʹ0ʹ0ʹ0↑	10144	˙15536640	˙1ʹ4ʹ9ʹ8ʹ0ʹ0ʹ0↑	
30878	˙15046391	˙1ʹ4ʹ4ʹ9ʹ0ʹ0ʹ0↑	01583	˙15546641	˙1ʹ4ʹ9ʹ9ʹ0ʹ0ʹ0↑	

(16) Nat. No. ˙8558 to ˙8474   D. Log. ˙1556.... to ˙1655....   D. No: ˙1ʹ5ʹ0ʹ0↑ to ˙1ʹ5ʹ9ʹ9↑

Natural Numbers.	Dual Logarithms.	Dual Numbers.	Natural Numbers.	Dual Logarithms.	Dual Numbers.	Multiples of Differences.
˙85589105	˙15561220	˙1ʹ5ʹ0ʹ0ʹ0ʹ0ʹ0↑	˙85162015	˙16061470	˙1ʹ5ʹ5ʹ0ʹ0ʹ0ʹ0↑	
80546	15571221	1ʹ5ʹ0ʹ1ʹ0ʹ0ʹ0↑	53499	16071471	1ʹ5ʹ5ʹ1ʹ0ʹ0ʹ0↑	1 855 854 8
71988	15581221	1ʹ5ʹ0ʹ2ʹ0ʹ0ʹ0↑	44984	16081471	1ʹ5ʹ5ʹ2ʹ0ʹ0ʹ0↑	2 1710 1708 17
63431	15591222	1ʹ5ʹ0ʹ3ʹ0ʹ0ʹ0↑	36470	16091472	1ʹ5ʹ5ʹ3ʹ0ʹ0ʹ0↑	3 2565 2562 25
54875	15601222	1ʹ5ʹ0ʹ4ʹ0ʹ0ʹ0↑	27956	16101472	1ʹ5ʹ5ʹ4ʹ0ʹ0ʹ0↑	4 3420 3416 34
						5 4275 4270 42
46320	15611223	1ʹ5ʹ0ʹ5ʹ0ʹ0ʹ0↑	19443	16111473	1ʹ5ʹ5ʹ5ʹ0ʹ0ʹ0↑	6 5130 5124 51
37765	15621223	1ʹ5ʹ0ʹ6ʹ0ʹ0ʹ0↑	10931	16121473	1ʹ5ʹ5ʹ6ʹ0ʹ0ʹ0↑	7 5985 5978 59
29211	15631224	1ʹ5ʹ0ʹ7ʹ0ʹ0ʹ0↑	02420	16131474	1ʹ5ʹ5ʹ7ʹ0ʹ0ʹ0↑	8 6840 6832 68
20658	15641224	1ʹ5ʹ0ʹ8ʹ0ʹ0ʹ0↑	˙85093910	16141474	1ʹ5ʹ5ʹ8ʹ0ʹ0ʹ0↑	9 7695 7686 76
12106	15651225	1ʹ5ʹ0ʹ9ʹ0ʹ0ʹ0↑	85401	16151475	1ʹ5ʹ5ʹ9ʹ0ʹ0ʹ0↑	
03516	15661270	1ʹ5ʹ1ʹ0ʹ0ʹ0ʹ0↑	76853	16161520	1ʹ5ʹ6ʹ0ʹ0ʹ0ʹ0↑	1 852 851 8
˙85494866	15671271	1ʹ5ʹ1ʹ1ʹ0ʹ0ʹ0↑	68345	16171521	1ʹ5ʹ6ʹ1ʹ0ʹ0ʹ0↑	2 1704 1702 17
86317	15681271	1ʹ5ʹ1ʹ2ʹ0ʹ0ʹ0↑	59838	16181521	1ʹ5ʹ6ʹ2ʹ0ʹ0ʹ0↑	3 2556 2553 25
77768	15691272	1ʹ5ʹ1ʹ3ʹ0ʹ0ʹ0↑	51332	16191522	1ʹ5ʹ6ʹ3ʹ0ʹ0ʹ0↑	4 3408 3404 34
69220	15701272	1ʹ5ʹ1ʹ4ʹ0ʹ0ʹ0↑	42827	16201522	1ʹ5ʹ6ʹ4ʹ0ʹ0ʹ0↑	5 4260 4255 42
						6 5112 5106 51
60673	15711273	1ʹ5ʹ1ʹ5ʹ0ʹ0ʹ0↑	34323	16211523	1ʹ5ʹ6ʹ5ʹ0ʹ0ʹ0↑	7 5964 5957 59
52127	15721273	1ʹ5ʹ1ʹ6ʹ0ʹ0ʹ0↑	25820	16221523	1ʹ5ʹ6ʹ6ʹ0ʹ0ʹ0↑	8 6816 6808 68
43682	15731274	1ʹ5ʹ1ʹ7ʹ0ʹ0ʹ0↑	17317	16231524	1ʹ5ʹ6ʹ7ʹ0ʹ0ʹ0↑	9 7668 7659 76
35138	15741274	1ʹ5ʹ1ʹ8ʹ0ʹ0ʹ0↑	08815	16241524	1ʹ5ʹ6ʹ8ʹ0ʹ0ʹ0↑	
26594	15751275	1ʹ5ʹ1ʹ9ʹ0ʹ0ʹ0↑	00315	16251525	1ʹ5ʹ6ʹ9ʹ0ʹ0ʹ0↑	1 849 848 8
						2 1698 1696 16
18012	15761320	1ʹ5ʹ2ʹ0ʹ0ʹ0ʹ0↑	˙84991776	16261570	1ʹ5ʹ7ʹ0ʹ0ʹ0ʹ0↑	3 2547 2544 25
09470	15771321	1ʹ5ʹ2ʹ1ʹ0ʹ0ʹ0↑	83278	16271571	1ʹ5ʹ7ʹ1ʹ0ʹ0ʹ0↑	4 3396 3392 33
00929	15781321	1ʹ5ʹ2ʹ2ʹ0ʹ0ʹ0↑	74780	16281571	1ʹ5ʹ7ʹ2ʹ0ʹ0ʹ0↑	5 4245 4240 42
˙85392389	15791322	1ʹ5ʹ2ʹ3ʹ0ʹ0ʹ0↑	66283	16291572	1ʹ5ʹ7ʹ3ʹ0ʹ0ʹ0↑	6 5094 5088 50
83850	15801322	1ʹ5ʹ2ʹ4ʹ0ʹ0ʹ0↑	57786	16301572	1ʹ5ʹ7ʹ4ʹ0ʹ0ʹ0↑	7 5943 5936 59
						8 6792 6784 67
75312	15811323	1ʹ5ʹ2ʹ5ʹ0ʹ0ʹ0↑	49290	16311573	1ʹ5ʹ7ʹ5ʹ0ʹ0ʹ0↑	9 7641 7632 76
66774	15821323	1ʹ5ʹ2ʹ6ʹ0ʹ0ʹ0↑	40795	16321573	1ʹ5ʹ7ʹ6ʹ0ʹ0ʹ0↑	
58237	15831324	1ʹ5ʹ2ʹ7ʹ0ʹ0ʹ0↑	32301	16331574	1ʹ5ʹ7ʹ7ʹ0ʹ0ʹ0↑	
49701	15841324	1ʹ5ʹ2ʹ8ʹ0ʹ0ʹ0↑	23808	16341574	1ʹ5ʹ7ʹ8ʹ0ʹ0ʹ0↑	
41166	15851325	1ʹ5ʹ2ʹ9ʹ0ʹ0ʹ0↑	15316	16351575	1ʹ5ʹ7ʹ9ʹ0ʹ0ʹ0↑	
32594	15861370	1ʹ5ʹ3ʹ0ʹ0ʹ0ʹ0↑	06784	16361620	1ʹ5ʹ8ʹ0ʹ0ʹ0ʹ0↑	
24061	15871371	1ʹ5ʹ3ʹ1ʹ0ʹ0ʹ0↑	˙84898293	16371621	1ʹ5ʹ8ʹ1ʹ0ʹ0ʹ0↑	
15529	15881371	1ʹ5ʹ3ʹ2ʹ0ʹ0ʹ0↑	89803	16381621	1ʹ5ʹ8ʹ2ʹ0ʹ0ʹ0↑	
06997	15891372	1ʹ5ʹ3ʹ3ʹ0ʹ0ʹ0↑	81314	16391622	1ʹ5ʹ8ʹ3ʹ0ʹ0ʹ0↑	
˙85298466	15901372	1ʹ5ʹ3ʹ4ʹ0ʹ0ʹ0↑	72826	16401622	1ʹ5ʹ8ʹ4ʹ0ʹ0ʹ0↑	
89936	15911373	1ʹ5ʹ3ʹ5ʹ0ʹ0ʹ0↑	64338	16411623	1ʹ5ʹ8ʹ5ʹ0ʹ0ʹ0↑	
81407	15921373	1ʹ5ʹ3ʹ6ʹ0ʹ0ʹ0↑	55852	16421623	1ʹ5ʹ8ʹ6ʹ0ʹ0ʹ0↑	
72879	15931374	1ʹ5ʹ3ʹ7ʹ0ʹ0ʹ0↑	47366	16431624	1ʹ5ʹ8ʹ7ʹ0ʹ0ʹ0↑	
64352	15941374	1ʹ5ʹ3ʹ8ʹ0ʹ0ʹ0↑	38881	16441624	1ʹ5ʹ8ʹ8ʹ0ʹ0ʹ0↑	
55826	15951375	1ʹ5ʹ3ʹ9ʹ0ʹ0ʹ0↑	30397	16451625	1ʹ5ʹ8ʹ9ʹ0ʹ0ʹ0↑	
47262	15961420	1ʹ5ʹ4ʹ0ʹ0ʹ0ʹ0↑	21877	16461670	1ʹ5ʹ9ʹ0ʹ0ʹ0ʹ0↑	
38737	15971421	1ʹ5ʹ4ʹ1ʹ0ʹ0ʹ0↑	13395	16471671	1ʹ5ʹ9ʹ1ʹ0ʹ0ʹ0↑	
30213	15981421	1ʹ5ʹ4ʹ2ʹ0ʹ0ʹ0↑	04914	16481671	1ʹ5ʹ9ʹ2ʹ0ʹ0ʹ0↑	
21690	15991422	1ʹ5ʹ4ʹ3ʹ0ʹ0ʹ0↑	˙84796434	16491672	1ʹ5ʹ9ʹ3ʹ0ʹ0ʹ0↑	
13168	16001422	1ʹ5ʹ4ʹ4ʹ0ʹ0ʹ0↑	87954	16501672	1ʹ5ʹ9ʹ4ʹ0ʹ0ʹ0↑	
04647	16011423	1ʹ5ʹ4ʹ5ʹ0ʹ0ʹ0↑	79475	16511673	1ʹ5ʹ9ʹ5ʹ0ʹ0ʹ0↑	
˙85196127	16021423	1ʹ5ʹ4ʹ6ʹ0ʹ0ʹ0↑	70997	16521673	1ʹ5ʹ9ʹ6ʹ0ʹ0ʹ0↑	
87607	16031424	1ʹ5ʹ4ʹ7ʹ0ʹ0ʹ0↑	62520	16531674	1ʹ5ʹ9ʹ7ʹ0ʹ0ʹ0↑	
79088	16041424	1ʹ5ʹ4ʹ8ʹ0ʹ0ʹ0↑	54044	16541674	1ʹ5ʹ9ʹ8ʹ0ʹ0ʹ0↑	
70570	16051425	1ʹ5ʹ4ʹ9ʹ0ʹ0ʹ0↑	45569	16551675	1ʹ5ʹ9ʹ9ʹ0ʹ0ʹ0↑	

Nat. No. ˙8473 to ˙8389   D. Log. ˙16)6.... to ˙1755....   D. No. ˙1ˈ6ˈ0ˈ0↑ to ˙1ˈ6ˈ9ˈ9↑   (17)

Natural Numbers.	Dual Logarithms.	Dual Numbers.	Natural Numbers.	Dual Logarithms.	Dual Numbers.	Multiples of Differences.		
˙84733214	˙16566254	˙1ˈ6ˈ0ˈ0ˈ0ˈ0ˈ0↑	˙84310394	˙17066504	˙1ˈ6ˈ5ˈ0ˈ0ˈ0ˈ0↑			
24741	16576255	˙1ˈ6ˈ0ˈ1ˈ0ˈ0ˈ0↑	01963	17076505	˙1ˈ6ˈ5ˈ1ˈ0ˈ0ˈ0↑	1 847	846	845
16269	16586255	˙1ˈ6ˈ0ˈ2ˈ0ˈ0ˈ0↑	˙84293533	17086505	˙1ˈ6ˈ5ˈ2ˈ0ˈ0ˈ0↑	2 1694	1692	1690
07797	16596256	˙1ˈ6ˈ0ˈ3ˈ0ˈ0ˈ0↑	85104	17096506	˙1ˈ6ˈ5ˈ3ˈ0ˈ0ˈ0↑	3 2541	2538	2535
˙84699326	16606256	˙1ˈ6ˈ0ˈ4ˈ0ˈ0ˈ0↑	76675	17106506	˙1ˈ6ˈ5ˈ4ˈ0ˈ0ˈ0↑	4 3388	3384	3380
						5 4235	4230	4225
90856	16616257	˙1ˈ6ˈ0ˈ5ˈ0ˈ0ˈ0↑	68247	17116507	˙1ˈ6ˈ5ˈ5ˈ0ˈ0ˈ0↑	6 5082	5076	5070
82387	16626257	˙1ˈ6ˈ0ˈ6ˈ0ˈ0ˈ0↑	59820	17126507	˙1ˈ6ˈ5ˈ6ˈ0ˈ0ˈ0↑	7 5929	5922	5915
73919	16636258	˙1ˈ6ˈ0ˈ7ˈ0ˈ0ˈ0↑	51394	17136508	˙1ˈ6ˈ5ˈ7ˈ0ˈ0ˈ0↑	8 6776	6768	6760
65452	16646258	˙1ˈ6ˈ0ˈ8ˈ0ˈ0ˈ0↑	42969	17146508	˙1ˈ6ˈ5ˈ8ˈ0ˈ0ˈ0↑	9 7623	7614	7605
56985	16656259	˙1ˈ6ˈ0ˈ9ˈ0ˈ0ˈ0↑	34545	17156509	˙1ˈ6ˈ5ˈ9ˈ0ˈ0ˈ0↑			
48481	16666304	˙1ˈ6ˈ1ˈ0ˈ0ˈ0ˈ0↑	26084	17166554	˙1ˈ6ˈ6ˈ0ˈ0ˈ0ˈ0↑	1 844	843	842
40016	16676305	˙1ˈ6ˈ1ˈ1ˈ0ˈ0ˈ0↑	17661	17176555	˙1ˈ6ˈ6ˈ1ˈ0ˈ0ˈ0↑	2 1688	1686	1684
31552	16686305	˙1ˈ6ˈ1ˈ2ˈ0ˈ0ˈ0↑	09239	17186555	˙1ˈ6ˈ6ˈ2ˈ0ˈ0ˈ0↑	3 2532	2529	2526
23089	16696306	˙1ˈ6ˈ1ˈ3ˈ0ˈ0ˈ0↑	00818	17196556	˙1ˈ6ˈ6ˈ3ˈ0ˈ0ˈ0↑	4 3376	3372	3368
14627	16706306	˙1ˈ6ˈ1ˈ4ˈ0ˈ0ˈ0↑	˙84192398	17206556	˙1ˈ6ˈ6ˈ4ˈ0ˈ0ˈ0↑	5 4220	4215	4210
						6 5064	5058	5052
06166	16716307	˙1ˈ6ˈ1ˈ5ˈ0ˈ0ˈ0↑	83979	17216557	˙1ˈ6ˈ6ˈ5ˈ0ˈ0ˈ0↑	7 5908	5901	5894
˙84597705	16726307	˙1ˈ6ˈ1ˈ6ˈ0ˈ0ˈ0↑	75561	17226557	˙1ˈ6ˈ6ˈ6ˈ0ˈ0ˈ0↑	8 6752	6744	6736
89245	16736308	˙1ˈ6ˈ1ˈ7ˈ0ˈ0ˈ0↑	67143	17236558	˙1ˈ6ˈ6ˈ7ˈ0ˈ0ˈ0↑	9 7596	7587	7578
80786	16746308	˙1ˈ6ˈ1ˈ8ˈ0ˈ0ˈ0↑	58726	17246558	˙1ˈ6ˈ6ˈ8ˈ0ˈ0ˈ0↑			
72328	16756309	˙1ˈ6ˈ1ˈ9ˈ0ˈ0ˈ0↑	50310	17256559	˙1ˈ6ˈ6ˈ9ˈ0ˈ0ˈ0↑	1 841	840	839
						2 1682	1680	1678
63832	16766354	˙1ˈ6ˈ2ˈ0ˈ0ˈ0ˈ0↑	41858	17266604	˙1ˈ6ˈ7ˈ0ˈ0ˈ0ˈ0↑	3 2523	2520	2517
55376	16776355	˙1ˈ6ˈ2ˈ1ˈ0ˈ0ˈ0↑	33444	17276605	˙1ˈ6ˈ7ˈ1ˈ0ˈ0ˈ0↑	4 3364	3360	3356
46920	16786355	˙1ˈ6ˈ2ˈ2ˈ0ˈ0ˈ0↑	25031	17286605	˙1ˈ6ˈ7ˈ2ˈ0ˈ0ˈ0↑	5 4205	4200	4195
38465	16796356	˙1ˈ6ˈ2ˈ3ˈ0ˈ0ˈ0↑	16618	17296606	˙1ˈ6ˈ7ˈ3ˈ0ˈ0ˈ0↑	6 5046	5040	5034
30011	16806356	˙1ˈ6ˈ2ˈ4ˈ0ˈ0ˈ0↑	08206	17306606	˙1ˈ6ˈ7ˈ4ˈ0ˈ0ˈ0↑	7 5887	5880	5873
						8 6728	6720	6712
21558	16816357	˙1ˈ6ˈ2ˈ5ˈ0ˈ0ˈ0↑	˙84099795	17316607	˙1ˈ6ˈ7ˈ5ˈ0ˈ0ˈ0↑	9 7569	7560	7551
13106	16826357	˙1ˈ6ˈ2ˈ6ˈ0ˈ0ˈ0↑	91385	17326607	˙1ˈ6ˈ7ˈ6ˈ0ˈ0ˈ0↑			
04654	16836358	˙1ˈ6ˈ2ˈ7ˈ0ˈ0ˈ0↑	82976	17336608	˙1ˈ6ˈ7ˈ7ˈ0ˈ0ˈ0↑	1 838		
˙84496203	16846358	˙1ˈ6ˈ2ˈ8ˈ0ˈ0ˈ0↑	74568	17346608	˙1ˈ6ˈ7ˈ8ˈ0ˈ0ˈ0↑	2 1676		
87753	16856359	˙1ˈ6ˈ2ˈ9ˈ0ˈ0ˈ0↑	66161	17356609	˙1ˈ6ˈ7ˈ9ˈ0ˈ0ˈ0↑	3 2514		
						4 3352		
79269	16866404	˙1ˈ6ˈ3ˈ0ˈ0ˈ0ˈ0↑	57716	17366654	˙1ˈ6ˈ8ˈ0ˈ0ˈ0ˈ0↑	5 4190		
70821	16876405	˙1ˈ6ˈ3ˈ1ˈ0ˈ0ˈ0↑	49310	17376655	˙1ˈ6ˈ8ˈ1ˈ0ˈ0ˈ0↑	6 5028		
62374	16886405	˙1ˈ6ˈ3ˈ2ˈ0ˈ0ˈ0↑	40905	17386655	˙1ˈ6ˈ8ˈ2ˈ0ˈ0ˈ0↑	7 5866		
53928	16896406	˙1ˈ6ˈ3ˈ3ˈ0ˈ0ˈ0↑	32501	17396656	˙1ˈ6ˈ8ˈ3ˈ0ˈ0ˈ0↑	8 6704		
45483	16906406	˙1ˈ6ˈ3ˈ4ˈ0ˈ0ˈ0↑	24098	17406656	˙1ˈ6ˈ8ˈ4ˈ0ˈ0ˈ0↑	9 7542		
37038	16916407	˙1ˈ6ˈ3ˈ5ˈ0ˈ0ˈ0↑	15696	17416657	˙1ˈ6ˈ8ˈ5ˈ0ˈ0ˈ0↑			
28594	16926407	˙1ˈ6ˈ3ˈ6ˈ0ˈ0ˈ0↑	07294	17426657	˙1ˈ6ˈ8ˈ6ˈ0ˈ0ˈ0↑			
20151	16936408	˙1ˈ6ˈ3ˈ7ˈ0ˈ0ˈ0↑	˙83998893	17436658	˙1ˈ6ˈ8ˈ7ˈ0ˈ0ˈ0↑			
11709	16946408	˙1ˈ6ˈ3ˈ8ˈ0ˈ0ˈ0↑	90493	17446658	˙1ˈ6ˈ8ˈ8ˈ0ˈ0ˈ0↑			
03268	16956409	˙1ˈ6ˈ3ˈ9ˈ0ˈ0ˈ0↑	82094	17456659	˙1ˈ6ˈ8ˈ9ˈ0ˈ0ˈ0↑			
˙84394789	16966454	˙1ˈ6ˈ4ˈ0ˈ0ˈ0ˈ0↑	73658	17466704	˙1ˈ6ˈ9ˈ0ˈ0ˈ0ˈ0↑			
86350	16976455	˙1ˈ6ˈ4ˈ1ˈ0ˈ0ˈ0↑	65261	17476705	˙1ˈ6ˈ9ˈ1ˈ0ˈ0ˈ0↑			
77911	16986455	˙1ˈ6ˈ4ˈ2ˈ0ˈ0ˈ0↑	56865	17486705	˙1ˈ6ˈ9ˈ2ˈ0ˈ0ˈ0↑			
69473	16996456	˙1ˈ6ˈ4ˈ3ˈ0ˈ0ˈ0↑	48469	17496706	˙1ˈ6ˈ9ˈ3ˈ0ˈ0ˈ0↑			
61036	17006456	˙1ˈ6ˈ4ˈ4ˈ0ˈ0ˈ0↑	40074	17506706	˙1ˈ6ˈ9ˈ4ˈ0ˈ0ˈ0↑			
52600	17016457	˙1ˈ6ˈ4ˈ5ˈ0ˈ0ˈ0↑	31680	17516707	˙1ˈ6ˈ9ˈ5ˈ0ˈ0ˈ0↑			
44165	17026457	˙1ˈ6ˈ4ˈ6ˈ0ˈ0ˈ0↑	23287	17526707	˙1ˈ6ˈ9ˈ6ˈ0ˈ0ˈ0↑			
35731	17036458	˙1ˈ6ˈ4ˈ7ˈ0ˈ0ˈ0↑	14895	17536708	˙1ˈ6ˈ9ˈ7ˈ0ˈ0ˈ0↑			
27297	17046458	˙1ˈ6ˈ4ˈ8ˈ0ˈ0ˈ0↑	06504	17546708	˙1ˈ6ˈ9ˈ8ˈ0ˈ0ˈ0↑			
18864	17056459	˙1ˈ6ˈ4ˈ9ˈ0ˈ0ˈ0↑	˙83898113	17556709	˙1ˈ6ˈ9ˈ9ˈ0ˈ0↑			

(18) Nat. No. ˙8388 to ˙8305   D. Log. ˙1757.... to ˙1856....   D. No. ˙1ʹ7ʹ0ʹ0↑ to ˙1ʹ7ʹ9ʹ9↑

Natural Numbers.	Dual Logarithms.	Dual Numbers.	Natural Numbers.	Dual Logarithms.	Dual Numbers.	Multiples of Differences.		
˙83885881	˙17571287	˙1ʹ7ʹ0ʹ0ʹ0ʹ0ʹ0↑	˙83467290	˙18071537	˙1ʹ7ʹ5ʹ0ʹ0ʹ0ʹ0↑			
77492	˙17581288	˙1ʹ7ʹ0ʹ1ʹ0ʹ0ʹ0↑	58943	˙18081538	˙1ʹ7ʹ5ʹ1ʹ0ʹ0ʹ0↑	1	838	837	836
69104	˙17591288	˙1ʹ7ʹ0ʹ2ʹ0ʹ0ʹ0↑	50597	˙18091538	˙1ʹ7ʹ5ʹ2ʹ0ʹ0ʹ0↑	2	1676	1674	1672
60717	˙17601289	˙1ʹ7ʹ0ʹ3ʹ0ʹ0ʹ0↑	42252	˙18101539	˙1ʹ7ʹ5ʹ3ʹ0ʹ0ʹ0↑	3	2514	2511	2508
52331	˙17611289	˙1ʹ7ʹ0ʹ4ʹ0ʹ0ʹ0↑	33908	˙18111539	˙1ʹ7ʹ5ʹ4ʹ0ʹ0ʹ0↑	4	3352	3348	3344
						5	4190	4185	4180
43946	˙17621290	˙1ʹ7ʹ0ʹ5ʹ0ʹ0ʹ0↑	25565	˙18121540	˙1ʹ7ʹ5ʹ5ʹ0ʹ0ʹ0↑	6	5028	5022	5016
35562	˙17631290	˙1ʹ7ʹ0ʹ6ʹ0ʹ0ʹ0↑	17222	˙18131540	˙1ʹ7ʹ5ʹ6ʹ0ʹ0ʹ0↑	7	5866	5859	5852
27179	˙17641291	˙1ʹ7ʹ0ʹ7ʹ0ʹ0ʹ0↑	08880	˙18141541	˙1ʹ7ʹ5ʹ7ʹ0ʹ0ʹ0↑	8	6704	6696	6688
18796	˙17651291	˙1ʹ7ʹ0ʹ8ʹ0ʹ0ʹ0↑	00539	˙18151541	˙1ʹ7ʹ5ʹ8ʹ0ʹ0ʹ0↑	9	7542	7533	7524
10414	˙17661292	˙1ʹ7ʹ0ʹ9ʹ0ʹ0ʹ0↑	˙83392199	˙18161542	˙1ʹ7ʹ5ʹ9ʹ0ʹ0ʹ0↑				
01995	˙17671337	˙1ʹ7ʹ1ʹ0ʹ0ʹ0ʹ0↑	83822	˙18171587	˙1ʹ7ʹ6ʹ0ʹ0ʹ0ʹ0↑	1	835	834	833
˙83793615	˙17681338	˙1ʹ7ʹ1ʹ1ʹ0ʹ0ʹ0↑	75484	˙18181588	˙1ʹ7ʹ6ʹ1ʹ0ʹ0ʹ0↑	2	1670	1668	1666
85236	˙17691338	˙1ʹ7ʹ1ʹ2ʹ0ʹ0ʹ0↑	67146	˙18191588	˙1ʹ7ʹ6ʹ2ʹ0ʹ0ʹ0↑	3	2505	2502	2499
76857	˙17701339	˙1ʹ7ʹ1ʹ3ʹ0ʹ0ʹ0↑	58809	˙18201589	˙1ʹ7ʹ6ʹ3ʹ0ʹ0ʹ0↑	4	3340	3336	3332
68479	˙17711339	˙1ʹ7ʹ1ʹ4ʹ0ʹ0ʹ0↑	50473	˙18211589	˙1ʹ7ʹ6ʹ4ʹ0ʹ0ʹ0↑	5	4175	4170	4165
						6	5010	5004	4998
60102	˙17721340	˙1ʹ7ʹ1ʹ5ʹ0ʹ0ʹ0↑	42138	˙18221590	˙1ʹ7ʹ6ʹ5ʹ0ʹ0ʹ0↑	7	5845	5838	5831
51726	˙17731340	˙1ʹ7ʹ1ʹ6ʹ0ʹ0ʹ0↑	33804	˙18231590	˙1ʹ7ʹ6ʹ6ʹ0ʹ0ʹ0↑	8	6680	6672	6664
43351	˙17741341	˙1ʹ7ʹ1ʹ7ʹ0ʹ0ʹ0↑	25471	˙18241591	˙1ʹ7ʹ6ʹ7ʹ0ʹ0ʹ0↑	9	7515	7506	7497
34977	˙17751341	˙1ʹ7ʹ1ʹ8ʹ0ʹ0ʹ0↑	17138	˙18251591	˙1ʹ7ʹ6ʹ8ʹ0ʹ0ʹ0↑				
26604	˙17761342	˙1ʹ7ʹ1ʹ9ʹ0ʹ0ʹ0↑	08806	˙18261592	˙1ʹ7ʹ6ʹ9ʹ0ʹ0ʹ0↑	1	832	831	830
						2	1664	1662	1660
18193	˙17771387	˙1ʹ7ʹ2ʹ0ʹ0ʹ0ʹ0↑	00439	˙18271637	˙1ʹ7ʹ7ʹ0ʹ0ʹ0ʹ0↑	3	2496	2493	2490
09821	˙17781388	˙1ʹ7ʹ2ʹ1ʹ0ʹ0ʹ0↑	˙83292109	˙18281638	˙1ʹ7ʹ7ʹ1ʹ0ʹ0ʹ0↑	4	3328	3324	3320
01450	˙17791388	˙1ʹ7ʹ2ʹ2ʹ0ʹ0ʹ0↑	83780	˙18291638	˙1ʹ7ʹ7ʹ2ʹ0ʹ0ʹ0↑	5	4160	4155	4150
˙83693080	˙17801389	˙1ʹ7ʹ2ʹ3ʹ0ʹ0ʹ0↑	75452	˙18301639	˙1ʹ7ʹ7ʹ3ʹ0ʹ0ʹ0↑	6	4992	4986	4980
84711	˙17811389	˙1ʹ7ʹ2ʹ4ʹ0ʹ0ʹ0↑	67124	˙18311639	˙1ʹ7ʹ7ʹ4ʹ0ʹ0ʹ0↑	7	5824	5817	5810
						8	6656	6648	6640
76343	˙17821390	˙1ʹ7ʹ2ʹ5ʹ0ʹ0ʹ0↑	58797	˙18321640	˙1ʹ7ʹ7ʹ5ʹ0ʹ0ʹ0↑	9	7488	7479	7470
67975	˙17831390	˙1ʹ7ʹ2ʹ6ʹ0ʹ0ʹ0↑	50471	˙18331640	˙1ʹ7ʹ7ʹ6ʹ0ʹ0ʹ0↑				
59608	˙17841391	˙1ʹ7ʹ2ʹ7ʹ0ʹ0ʹ0↑	42146	˙18341641	˙1ʹ7ʹ7ʹ7ʹ0ʹ0ʹ0↑				
51242	˙17851391	˙1ʹ7ʹ2ʹ8ʹ0ʹ0ʹ0↑	33822	˙18351641	˙1ʹ7ʹ7ʹ8ʹ0ʹ0ʹ0↑				
42877	˙17861392	˙1ʹ7ʹ2ʹ9ʹ0ʹ0ʹ0↑	25499	˙18361642	˙1ʹ7ʹ7ʹ9ʹ0ʹ0ʹ0↑				
34475	˙17871437	˙1ʹ7ʹ3ʹ0ʹ0ʹ0ʹ0↑	17138	˙18371687	˙1ʹ7ʹ8ʹ0ʹ0ʹ0ʹ0↑				
26112	˙17881438	˙1ʹ7ʹ3ʹ1ʹ0ʹ0ʹ0↑	08816	˙18381688	˙1ʹ7ʹ8ʹ1ʹ0ʹ0ʹ0↑				
17749	˙17891438	˙1ʹ7ʹ3ʹ2ʹ0ʹ0ʹ0↑	00495	˙18391688	˙1ʹ7ʹ8ʹ2ʹ0ʹ0ʹ0↑				
09387	˙17901439	˙1ʹ7ʹ3ʹ3ʹ0ʹ0ʹ0↑	˙83192175	˙18401689	˙1ʹ7ʹ8ʹ3ʹ0ʹ0ʹ0↑				
01026	˙17911439	˙1ʹ7ʹ3ʹ4ʹ0ʹ0ʹ0↑	83856	˙18411639	˙1ʹ7ʹ8ʹ4ʹ0ʹ0ʹ0↑				
˙83592666	˙17921440	˙1ʹ7ʹ3ʹ5ʹ0ʹ0ʹ0↑	75538	˙18421690	˙1ʹ7ʹ8ʹ5ʹ0ʹ0ʹ0↑				
84307	˙17931440	˙1ʹ7ʹ3ʹ6ʹ0ʹ0ʹ0↑	67220	˙18431690	˙1ʹ7ʹ8ʹ6ʹ0ʹ0ʹ0↑				
75949	˙17941441	˙1ʹ7ʹ3ʹ7ʹ0ʹ0ʹ0↑	58903	˙18441691	˙1ʹ7ʹ8ʹ7ʹ0ʹ0ʹ0↑				
67592	˙17951441	˙1ʹ7ʹ3ʹ8ʹ0ʹ0ʹ0↑	50587	˙18451691	˙1ʹ7ʹ8ʹ8ʹ0ʹ0ʹ0↑				
59235	˙17961442	˙1ʹ7ʹ3ʹ9ʹ0ʹ0ʹ0↑	42272	˙18461692	˙1ʹ7ʹ8ʹ9ʹ0ʹ0ʹ0↑				
50840	˙17971487	˙1ʹ7ʹ4ʹ0ʹ0ʹ0ʹ0↑	33921	˙18471737	˙1ʹ7ʹ9ʹ0ʹ0ʹ0ʹ0↑				
42485	˙17981488	˙1ʹ7ʹ4ʹ1ʹ0ʹ0ʹ0↑	25608	˙18481738	˙1ʹ7ʹ9ʹ1ʹ0ʹ0ʹ0↑				
34131	˙17991488	˙1ʹ7ʹ4ʹ2ʹ0ʹ0ʹ0↑	17295	˙18491738	˙1ʹ7ʹ9ʹ2ʹ0ʹ0ʹ0↑				
25778	˙18001489	˙1ʹ7ʹ4ʹ3ʹ0ʹ0ʹ0↑	08983	˙18501739	˙1ʹ7ʹ9ʹ3ʹ0ʹ0ʹ0↑				
17425	˙18011489	˙1ʹ7ʹ4ʹ4ʹ0ʹ0ʹ0↑	00672	˙18511739	˙1ʹ7ʹ9ʹ4ʹ0ʹ0ʹ0↑				
09073	˙18021490	˙1ʹ7ʹ4ʹ5ʹ0ʹ0ʹ0↑	˙83092362	˙18521740	˙1ʹ7ʹ9ʹ5ʹ0ʹ0ʹ0↑				
00722	˙18031490	˙1ʹ7ʹ4ʹ6ʹ0ʹ0ʹ0↑	84053	˙18531740	˙1ʹ7ʹ9ʹ6ʹ0ʹ0ʹ0↑				
˙83492372	˙18041491	˙1ʹ7ʹ4ʹ7ʹ0ʹ0ʹ0↑	75745	˙18541741	˙1ʹ7ʹ9ʹ7ʹ0ʹ0ʹ0↑				
84023	˙18051491	˙1ʹ7ʹ4ʹ8ʹ0ʹ0ʹ0↑	67437	˙18551741	˙1ʹ7ʹ9ʹ8ʹ0ʹ0ʹ0↑				
75675	˙18061492	˙1ʹ7ʹ4ʹ9ʹ0ʹ0ʹ0↑	59130	˙18561742	˙1ʹ7ʹ9ʹ9ʹ0ʹ0ʹ0↑				

Nat. No. ·8304 to ·8222   D. Log. ·1857.... to ·1956....   D. No. ·1'8'0'0↑ to ·1'8'9'9↑   (19)

Natural Numbers.	Dual Logarithms.	Dual Numbers.	Natural Numbers.	Dual Logarithms.	Dual Numbers.	Multiples of Differences.		
·83047023	·18576321	·1'8'0'0'0'0'0'0↑	·82632618	·19076571	·1'8'5'0'0'0'0'0↑			
38718	18586322	1'8'0'1'0'0'0'0↑	24355	19086572	1'8'5'1'0'0'0'0↑	1	830	829	828
30414	18596322	1'8'0'2'0'0'0'0↑	16093	19096572	1'8'5'2'0'0'0'0↑	2	1660	1658	1656
22111	18606323	1'8'0'3'0'0'0'0↑	07831	19106573	1'8'5'3'0'0'0'0↑	3	2490	2487	2484
13809	18616323	1'8'0'4'0'0'0'0↑	·82599570	19116573	1'8'5'4'0'0'0'0↑	4	3320	3316	3312
						5	4150	4145	4140
05508	18626324	1'8'0'5'0'0'0'0↑	91310	19126574	1'8'5'5'0'0'0'0↑	6	4980	4974	4968
·82997207	18636324	1'8'0'6'0'0'0'0↑	83051	19136574	1'8'5'6'0'0'0'0↑	7	5810	5803	5796
88907	18646325	1'8'0'7'0'0'0'0↑	74793	19146575	1'8'5'7'0'0'0'0↑	8	6640	6632	6624
80608	18656325	1'8'0'8'0'0'0'0↑	66536	19156575	1'8'5'8'0'0'0'0↑	9	7470	7461	7452
72310	18666326	1'8'0'9'0'0'0'0↑	58279	19166576	1'8'5'9'0'0'0'0↑				
63976	18676371	1'8'1'0'0'0'0'0↑	49985	19176621	1'8'6'0'0'0'0'0↑	1	827	826	825
55680	18686372	1'8'1'1'0'0'0'0↑	41730	19186622	1'8'6'1'0'0'0'0↑	2	1654	1652	1650
47384	18696372	1'8'1'2'0'0'0'0↑	33476	19196622	1'8'6'2'0'0'0'0↑	3	2481	2478	2475
39089	18706373	1'8'1'3'0'0'0'0↑	25223	19206623	1'8'6'3'0'0'0'0↑	4	3308	3304	3300
30795	18716373	1'8'1'4'0'0'0'0↑	16970	19216623	1'8'6'4'0'0'0'0↑	5	4135	4130	4125
						6	4962	4956	4950
22502	18726374	1'8'1'5'0'0'0'0↑	08718	19226624	1'8'6'5'0'0'0'0↑	7	5789	5782	5775
14210	18736374	1'8'1'6'0'0'0'0↑	00467	19236624	1'8'6'6'0'0'0'0↑	8	6616	6608	6600
05919	18746375	1'8'1'7'0'0'0'0↑	·82492217	19246625	1'8'6'7'0'0'0'0↑	9	7443	7434	7425
·82897628	18756375	1'8'1'8'0'0'0'0↑	83968	19256625	1'8'6'8'0'0'0'0↑				
89338	18766376	1'8'1'9'0'0'0'0↑	75720	19266626	1'8'6'9'0'0'0'0↑	1	824	823	822
						2	1648	1646	1644
81012	18776421	1'8'2'0'0'0'0'0↑	67435	19276671	1'8'7'0'0'0'0'0↑	3	2472	2469	2466
72724	18786422	1'8'2'1'0'0'0'0↑	59188	19286672	1'8'7'1'0'0'0'0↑	4	3296	3292	3288
64437	18796422	1'8'2'2'0'0'0'0↑	50942	19296672	1'8'7'2'0'0'0'0↑	5	4120	4115	4110
56151	18806423	1'8'2'3'0'0'0'0↑	42697	19306673	1'8'7'3'0'0'0'0↑	6	4944	4938	4932
47865	18816423	1'8'2'4'0'0'0'0↑	34453	19316673	1'8'7'4'0'0'0'0↑	7	5768	5761	5754
						8	6592	6584	6576
39580	18826424	1'8'2'5'0'0'0'0↑	26210	19326674	1'8'7'5'0'0'0'0↑	9	7416	7407	7398
31296	18836424	1'8'2'6'0'0'0'0↑	17967	19336674	1'8'7'6'0'0'0'0↑				
23013	18846425	1'8'2'7'0'0'0'0↑	09725	19346675	1'8'7'7'0'0'0'0↑				
14731	18856425	1'8'2'8'0'0'0'0↑	01484	19356675	1'8'7'8'0'0'0'0↑				
06450	18866426	1'8'2'9'0'0'0'0↑	·82393244	19366676	1'8'7'9'0'0'0'0↑				
·82798131	18876471	1'8'3'0'0'0'0'0↑	84968	19376721	1'8'8'0'0'0'0'0↑				
89851	18886472	1'8'3'1'0'0'0'0↑	76730	19386722	1'8'8'1'0'0'0'0↑				
81572	18896472	1'8'3'2'0'0'0'0↑	68492	19396722	1'8'8'2'0'0'0'0↑				
73294	18906473	1'8'3'3'0'0'0'0↑	60255	19406723	1'8'8'3'0'0'0'0↑				
65017	18916473	1'8'3'4'0'0'0'0↑	52019	19416723	1'8'8'4'0'0'0'0↑				
56740	18926474	1'8'3'5'0'0'0'0↑	43784	19426724	1'8'8'5'0'0'0'0↑				
48464	18936474	1'8'3'6'0'0'0'0↑	35550	19436724	1'8'8'6'0'0'0'0↑				
40189	18946475	1'8'3'7'0'0'0'0↑	27316	19446725	1'8'8'7'0'0'0'0↑				
31915	18956475	1'8'3'8'0'0'0'0↑	19083	19456725	1'8'8'8'0'0'0'0↑				
23642	18966476	1'8'3'9'0'0'0'0↑	10851	19466726	1'8'8'9'0'0'0'0↑				
15333	18976521	1'8'4'0'0'0'0'0↑	02583	19476771	1'8'9'0'0'0'0'0↑				
07062	18986522	1'8'4'1'0'0'0'0↑	·82294353	19486772	1'8'9'1'0'0'0'0↑				
·82698792	18996522	1'8'4'2'0'0'0'0↑	86124	19496772	1'8'9'2'0'0'0'0↑				
90522	19006523	1'8'4'3'0'0'0'0↑	77895	19506773	1'8'9'3'0'0'0'0↑				
82253	19016523	1'8'4'4'0'0'0'0↑	69667	19516773	1'8'9'4'0'0'0'0↑				
73985	19026524	1'8'4'5'0'0'0'0↑	61440	19526774	1'8'9'5'0'0'0'0↑				
65718	19036524	1'8'4'6'0'0'0'0↑	53214	19536774	1'8'9'6'0'0'0'0↑				
57452	19046525	1'8'4'7'0'0'0'0↑	44989	19546775	1'8'9'7'0'0'0'0↑				
49186	19056525	1'8'4'8'0'0'0'0↑	36765	19556775	1'8'9'8'0'0'0'0↑				
40921	19066526	1'8'4'9'0'0'0'0↑	28541	19566776	1'8'9'9'0'0'0'0↑				

(20)   **Nat. No. ·8221 to ·8140   D. Log. ·1958.... to ·2057....   D. No. ·1·9·0·0↑ to ·1·9·9·0↑**

Natural Numbers.	Dual Logarithms.	Dual Numbers.	Natural Numbers.	Dual Logarithms.	Dual Numbers.	Multiples of Differences.
·82216552	·19581354	·1·9·0·0·0·0·0↑	·81806291	·20081604	·1·9·5·0·0·0·0↑	
08330	·19591355	·1·9·0·1·0·0·0↑	·81798110	·20091605	·1·9·5·1·0·0·0↑	1 822 821 820
00109	·19601355	·1·9·0·2·0·0·0↑	89930	·20101605	·1·9·5·2·0·0·0↑	2 1644 1642 1640
·82191889	·19611356	·1·9·0·3·0·0·0↑	81751	·20111606	·1·9·5·3·0·0·0↑	3 2466 2463 2460
83670	·19621356	·1·9·0·4·0·0·0↑	73573	·20121606	·1·9·5·4·0·0·0↑	4 3288 3284 3280
						5 4110 4105 4100
75452	·19631357	·1·9·0·5·0·0·0↑	65396	·20131607	·1·9·5·5·0·0·0↑	6 4932 4926 4920
67234	·19641357	·1·9·0·6·0·0·0↑	57219	·20141607	·1·9·5·6·0·0·0↑	7 5754 5747 5740
59017	·19651358	·1·9·0·7·0·0·0↑	49043	·20151608	·1·9·5·7·0·0·0↑	8 6576 6568 6560
50802	·19661358	·1·9·0·8·0·0·0↑	40868	·20161608	·1·9·5·8·0·0·0↑	9 7398 7389 7380
42587	·19671359	·1·9·0·9·0·0·0↑	32694	·20171609	·1·9·5·9·0·0·0↑	
34335	·19681404	·1·9·1·0·0·0·0↑	24484	·20181654	·1·9·6·0·0·0·0↑	1 819 818 817
26122	·19691405	·1·9·1·1·0·0·0↑	16312	·20191655	·1·9·6·1·0·0·0↑	2 1638 1636 1634
17909	·19701405	·1·9·1·2·0·0·0↑	08140	·20201655	·1·9·6·2·0·0·0↑	3 2457 2454 2451
09697	·19711406	·1·9·1·3·0·0·0↑	·81699969	·20211656	·1·9·6·3·0·0·0↑	4 3276 3272 3268
01486	·19721406	·1·9·1·4·0·0·0↑	91799	·20221656	·1·9·6·4·0·0·0↑	5 4095 4090 4085
						6 4914 4908 4902
·82093276	·19731407	·1·9·1·5·0·0·0↑	83630	·20231657	·1·9·6·5·0·0·0↑	7 5733 5726 5719
85067	·19741407	·1·9·1·6·0·0·0↑	75462	·20241657	·1·9·6·6·0·0·0↑	8 6552 6544 6536
76858	·19751408	·1·9·1·7·0·0·0↑	67294	·20251658	·1·9·6·7·0·0·0↑	9 7371 7362 7353
68650	·19761408	·1·9·1·8·0·0·0↑	59127	·20261658	·1·9·6·8·0·0·0↑	
60443	·19771400	·1·9·1·9·0·0·0↑	50961	·20271659	·1·9·6·9·0·0·0↑	
						1 816 815 814
52201	·19781454	·1·9·2·0·0·0·0↑	42760	·20281704	·1·9·7·0·0·0·0↑	2 1632 1630 1628
43996	·19791455	·1·9·2·1·0·0·0↑	34596	·20291705	·1·9·7·1·0·0·0↑	3 2448 2445 2442
35792	·19801455	·1·9·2·2·0·0·0↑	26433	·20301705	·1·9·7·2·0·0·0↑	4 3264 3260 3256
27588	·19811456	·1·9·2·3·0·0·0↑	18270	·20311706	·1·9·7·3·0·0·0↑	5 4080 4075 4070
19385	·19821456	·1·9·2·4·0·0·0↑	10108	·20321706	·1·9·7·4·0·0·0↑	6 4896 4890 4884
						7 5712 5705 5698
11183	·19831457	·1·9·2·5·0·0·0↑	01947	·20331707	·1·9·7·5·0·0·0↑	8 6528 6520 6512
02982	·19841457	·1·9·2·6·0·0·0↑	·81593787	·20341707	·1·9·7·6·0·0·0↑	9 7344 7335 7326
·81994782	·19851458	·1·9·2·7·0·0·0↑	85628	·20351708	·1·9·7·7·0·0·0↑	
86583	·19861458	·1·9·2·8·0·0·0↑	77469	·20361708	·1·9·7·8·0·0·0↑	
78384	·19871459	·1·9·2·9·0·0·0↑	69311	·20371709	·1·9·7·9·0·0·0↑	
70149	·19881504	·1·9·3·0·0·0·0↑	61117	·20381754	·1·9·8·0·0·0·0↑	
61952	·19891505	·1·9·3·1·0·0·0↑	52961	·20391755	·1·9·8·1·0·0·0↑	
53756	·19901505	·1·9·3·2·0·0·0↑	44806	·20401755	·1·9·8·2·0·0·0↑	
45561	·19911506	·1·9·3·3·0·0·0↑	36652	·20411756	·1·9·8·3·0·0·0↑	
37366	·19921506	·1·9·3·4·0·0·0↑	28498	·20421756	·1·9·8·4·0·0·0↑	
29172	·19931507	·1·9·3·5·0·0·0↑	20345	·20431757	·1·9·8·5·0·0·0↑	
20979	·19941507	·1·9·3·6·0·0·0↑	12193	·20441757	·1·9·8·6·0·0·0↑	
12787	·19951508	·1·9·3·7·0·0·0↑	04042	·20451758	·1·9·8·7·0·0·0↑	
04596	·19961508	·1·9·3·8·0·0·0↑	·81495892	·20461758	·1·9·8·8·0·0·0↑	
·81896406	·19971509	·1·9·3·9·0·0·0↑	87742	·20471759	·1·9·8·9·0·0·0↑	
88179	·19981554	·1·9·4·0·0·0·0↑	79556	·20481804	·1·9·9·0·0·0·0↑	
79990	·19991555	·1·9·4·1·0·0·0↑	71408	·20491805	·1·9·9·1·0·0·0↑	
71802	·20001555	·1·9·4·2·0·0·0↑	63261	·20501805	·1·9·9·2·0·0·0↑	
63615	·20011556	·1·9·4·3·0·0·0↑	55115	·20511806	·1·9·9·3·0·0·0↑	
55429	·20021556	·1·9·4·4·0·0·0↑	46969	·20521806	·1·9·9·4·0·0·0↑	
47243	·20031557	·1·9·4·5·0·0·0↑	38824	·20531807	·1·9·9·5·0·0·0↑	
39058	·20041557	·1·9·4·6·0·0·0↑	30680	·20541807	·1·9·9·6·0·0·0↑	
30874	·20051558	·1·9·4·7·0·0·0↑	22537	·20551808	·1·9·9·7·0·0·0↑	
22691	·20061558	·1·9·4·8·0·0·0↑	14395	·20561808	·1·9·9·8·0·0·0↑	
14509	·20071559	·1·9·4·9·0·0·0↑	06254	·20571809	·1·9·9·9·0·0·0↑	

Nat. No. ·8100 to ·8020   D. Log. ·2107.... to ·2206....   D. No. ·2·0·0·0↑ to ·2·0·9·9↑   (21)

Natural Numbers.	Dual Logarithms.	Dual Numbers.	Natural Numbers.	Dual Logarithms.	Dual Numbers.	Multiples of Differences.		
·81000000	·21072103	·2·0·0·0·0·0·0↑	·80595809	·21572353	·2·0·5·0·0·0·0·0↑			
·80991900	·21082104	·2·0·0·1·0·0·0·0↑	87749	·21582354	·2·0·5·1·0·0·0·0↑	1	810	809	808
83801	·21092104	·2·0·0·2·0·0·0·0↑	79690	·21592354	·2·0·5·2·0·0·0·0↑	2	1620	1618	1616
75703	·21102105	·2·0·0·3·0·0·0·0↑	71632	·21602355	·2·0·5·3·0·0·0·0↑	3	2430	2427	2424
67605	·21112105	·2·0·0·4·0·0·0·0↑	63575	·21612355	·2·0·5·4·0·0·0·0↑	4	3240	3236	3232
59508	·21122106	·2·0·0·5·0·0·0·0↑	55519	·21622356	·2·0·5·5·0·0·0·0↑	5	4050	4045	4040
51412	·21132106	·2·0·0·6·0·0·0·0↑	47463	·21632356	·2·0·5·6·0·0·0·0↑	6	4860	4854	4848
43317	·21142107	·2·0·0·7·0·0·0·0↑	39408	·21642357	·2·0·5·7·0·0·0·0↑	7	5670	5663	5656
35223	·21152107	·2·0·0·8·0·0·0·0↑	31354	·21652357	·2·0·5·8·0·0·0·0↑	8	6480	6472	6464
27129	·21162108	·2·0·0·9·0·0·0·0↑	23301	·21662358	·2·0·5·9·0·0·0·0↑	9	7290	7281	7272
19000	·21172153	·2·0·1·0·0·0·0·0↑	15213	·21672403	·2·0·6·0·0·0·0·0↑	1	807	806	805
10908	·21182154	·2·0·1·1·0·0·0·0↑	07161	·21682404	·2·0·6·1·0·0·0·0↑	2	1614	1612	1610
02817	·21192154	·2·0·1·2·0·0·0·0↑	·80499110	·21692404	·2·0·6·2·0·0·0·0↑	3	2421	2418	2415
·80894727	·21202155	·2·0·1·3·0·0·0·0↑	91060	·21702405	·2·0·6·3·0·0·0·0↑	4	3228	3224	3220
86638	·21212155	·2·0·1·4·0·0·0·0↑	83011	·21712405	·2·0·6·4·0·0·0·0↑	5	4035	4030	4025
78549	·21222156	·2·0·1·5·0·0·0·0↑	74963	·21722406	·2·0·6·5·0·0·0·0↑	6	4842	4836	4830
70461	·21232156	·2·0·1·6·0·0·0·0↑	66916	·21732406	·2·0·6·6·0·0·0·0↑	7	5649	5642	5635
62374	·21242157	·2·0·1·7·0·0·0·0↑	58869	·21742407	·2·0·6·7·0·0·0·0↑	8	6456	6448	6440
54288	·21252157	·2·0·1·8·0·0·0·0↑	50823	·21752407	·2·0·6·8·0·0·0·0↑	9	7263	7254	7245
46203	·21262158	·2·0·1·9·0·0·0·0↑	42778	·21762408	·2·0·6·9·0·0·0·0↑			
38081	·21272203	·2·0·2·0·0·0·0·0↑	34698	·21772453	·2·0·7·0·0·0·0·0↑	1	804	803	802
29997	·21282204	·2·0·2·1·0·0·0·0↑	26655	·21782454	·2·0·7·1·0·0·0·0↑	2	1608	1606	1604
21915	·21292204	·2·0·2·2·0·0·0·0↑	18612	·21792454	·2·0·7·2·0·0·0·0↑	3	2412	2409	2406
13833	·21302205	·2·0·2·3·0·0·0·0↑	10570	·21802455	·2·0·7·3·0·0·0·0↑	4	3216	3212	3208
05752	·21312205	·2·0·2·4·0·0·0·0↑	02529	·21812455	·2·0·7·4·0·0·0·0↑	5	4020	4015	4010
·80797671	·21322206	·2·0·2·5·0·0·0·0↑	·80394489	·21822456	·2·0·7·5·0·0·0·0↑	6	4824	4818	4812
89591	·21332206	·2·0·2·6·0·0·0·0↑	86450	·21832456	·2·0·7·6·0·0·0·0↑	7	5628	5621	5614
81512	·21342207	·2·0·2·7·0·0·0·0↑	78411	·21842457	·2·0·7·7·0·0·0·0↑	8	6432	6424	6416
73434	·21352207	·2·0·2·8·0·0·0·0↑	70373	·21852457	·2·0·7·8·0·0·0·0↑	9	7236	7227	7218
65357	·21362208	·2·0·2·9·0·0·0·0↑	62336	·21862458	·2·0·7·9·0·0·0·0↑			
57243	·21372253	·2·0·3·0·0·0·0·0↑	54264	·21872503	·2·0·8·0·0·0·0·0↑			
49167	·21382254	·2·0·3·1·0·0·0·0↑	46229	·21882504	·2·0·8·1·0·0·0·0↑			
41092	·21392254	·2·0·3·2·0·0·0·0↑	38194	·21892504	·2·0·8·2·0·0·0·0↑			
33018	·21402255	·2·0·3·3·0·0·0·0↑	30160	·21902505	·2·0·8·3·0·0·0·0↑			
24945	·21412255	·2·0·3·4·0·0·0·0↑	22127	·21912505	·2·0·8·4·0·0·0·0↑			
16873	·21422256	·2·0·3·5·0·0·0·0↑	14095	·21922506	·2·0·8·5·0·0·0·0↑			
08801	·21432256	·2·0·3·6·0·0·0·0↑	06064	·21932506	·2·0·8·6·0·0·0·0↑			
00730	·21442257	·2·0·3·7·0·0·0·0↑	·80298033	·21942307	·2·0·8·7·0·0·0·0↑			
·80692660	·21452257	·2·0·3·8·0·0·0·0↑	90003	·21952307	·2·0·8·8·0·0·0·0↑			
84591	·21462258	·2·0·3·9·0·0·0·0↑	81974	·21962308	·2·0·8·9·0·0·0·0↑			
76486	·21472303	·2·0·4·0·0·0·0·0↑	73909	·21972553	·2·0·9·0·0·0·0·0↑			
68418	·21482304	·2·0·4·1·0·0·0·0↑	65882	·21982554	·2·0·9·1·0·0·0·0↑			
60351	·21492304	·2·0·4·2·0·0·0·0↑	57855	·21992554	·2·0·9·2·0·0·0·0↑			
52285	·21502305	·2·0·4·3·0·0·0·0↑	49829	·22002555	·2·0·9·3·0·0·0·0↑			
44220	·21512305	·2·0·4·4·0·0·0·0↑	41804	·22012555	·2·0·9·4·0·0·0·0↑			
36156	·21522306	·2·0·4·5·0·0·0·0↑	33780	·22022556	·2·0·9·5·0·0·0·0↑			
28092	·21532306	·2·0·4·6·0·0·0·0↑	25757	·22032556	·2·0·9·6·0·0·0·0↑			
20029	·21542307	·2·0·4·7·0·0·0·0↑	17734	·22042557	·2·0·9·7·0·0·0·0↑			
11967	·21552307	·2·0·4·8·0·0·0·0↑	09712	·22052557	·2·0·9·8·0·0·0·0↑			
03906	·21562308	·2·0·4·9·0·0·0·0↑	01691	·22062558	·2·0·9·9·0·0·0·0↑			

(12) Nat. No. '8019 to '7939   D. Log. '2207.... to '2306....   D. No. '2'1'0'0↑ to '2'1'9'9↑

Natural Numbers.	Dual Logarithms.	Dual Numbers.	Natural Numbers.	Dual Logarithms.	Dual Numbers.	Multiples of Differences.
·80190000	'22077137	'2'1'0'0'0'0'0'0↑	79789851	'22577387	'2'1'5'0'0'0'0'0↑	
81981	'22087138	'2'1'0'1'0'0'0'0↑	81872	'22587388	'2'1'5'1'0'0'0'0↑	1 801 800 79
73963	'22097138	'2'1'0'2'0'0'0'0↑	73894	'22597388	'2'1'5'2'0'0'0'0↑	2 1602 1600 159
65946	'22107139	'2'1'0'3'0'0'0'0↑	65917	'22607389	'2'1'5'3'0'0'0'0↑	3 2403 2400 239
57929	'22117140	'2'1'0'4'0'0'0'0↑	57940	'22617389	'2'1'5'4'0'0'0'0↑	4 3204 3200 319
						5 4005 4000 399
49913	'22127140	'2'1'0'5'0'0'0'0↑	49964	'22627390	'2'1'5'5'0'0'0'0↑	6 4806 4800 479
41898	'22137140	'2'1'0'6'0'0'0'0↑	41989	'22637390	'2'1'5'6'0'0'0'0↑	7 5607 5600 559
33884	'22147141	'2'1'0'7'0'0'0'0↑	34015	'22647391	'2'1'5'7'0'0'0'0↑	8 6408 6400 639
25871	'22157141	'2'1'0'8'0'0'0'0↑	26042	'22657391	'2'1'5'8'0'0'0'0↑	9 7209 7200 719
17858	'22167142	'2'1'0'9'0'0'0'0↑	18069	'22667392	'2'1'5'9'0'0'0'0↑	
09810	'22177187	'2'1'1'0'0'0'0'0↑	10061	'22677437	'2'1'6'0'0'0'0'0↑	1 798 797 79
01799	'22187188	'2'1'1'1'0'0'0'0↑	02090	'22687438	'2'1'6'1'0'0'0'0↑	2 1596 1594 159
·80093789	'22197188	'2'1'1'2'0'0'0'0↑	·79694120	'22697438	'2'1'6'2'0'0'0'0↑	3 2394 2391 238
85780	'22207189	'2'1'1'3'0'0'0'0↑	86151	'22707439	'2'1'6'3'0'0'0'0↑	4 3192 3188 318
77771	'22217189	'2'1'1'4'0'0'0'0↑	78182	'22717439	'2'1'6'4'0'0'0'0↑	5 3990 3985 398
						6 4788 4782 477
69763	'22227190	'2'1'1'5'0'0'0'0↑	70214	'22727440	'2'1'6'5'0'0'0'0↑	7 5586 5579 557
61756	'22237190	'2'1'1'6'0'0'0'0↑	62247	'22737440	'2'1'6'6'0'0'0'0↑	8 6384 6376 636
53750	'22247191	'2'1'1'7'0'0'0'0↑	54281	'22747441	'2'1'6'7'0'0'0'0↑	9 7182 7173 716
45745	'22257191	'2'1'1'8'0'0'0'0↑	46316	'22757441	'2'1'6'8'0'0'0'0↑	
37740	'22267192	'2'1'1'9'0'0'0'0↑	38351	'22767442	'2'1'6'9'0'0'0'0↑	1 795 794 79
29700	'22277237	'2'1'2'0'0'0'0'0↑	30351	'22777487	'2'1'7'0'0'0'0'0↑	2 1590 1588 158
21697	'22287238	'2'1'2'1'0'0'0'0↑	22388	'22787488	'2'1'7'1'0'0'0'0↑	3 2385 2382 237
13695	'22297238	'2'1'2'2'0'0'0'0↑	14426	'22797488	'2'1'7'2'0'0'0'0↑	4 3180 3176 317
05694	'22307239	'2'1'2'3'0'0'0'0↑	06465	'22807489	'2'1'7'3'0'0'0'0↑	5 3975 3970 396
·79997693	'22317239	'2'1'2'4'0'0'0'0↑	·79598504	'22817489	'2'1'7'4'0'0'0'0↑	6 4770 4764 475
						7 5565 5558 555
89693	'22327240	'2'1'2'5'0'0'0'0↑	90544	'22827490	'2'1'7'5'0'0'0'0↑	8 6360 6352 634
81694	'22337240	'2'1'2'6'0'0'0'0↑	82585	'22837490	'2'1'7'6'0'0'0'0↑	9 7155 7146 713
73696	'22347241	'2'1'2'7'0'0'0'0↑	74627	'22847491	'2'1'7'7'0'0'0'0↑	
65699	'22357241	'2'1'2'8'0'0'0'0↑	66670	'22857491	'2'1'7'8'0'0'0'0↑	
57702	'22367242	'2'1'2'9'0'0'0'0↑	58713	'22867492	'2'1'7'9'0'0'0'0↑	
49671	'22377287	'2'1'3'0'0'0'0'0↑	50721	'22877537	'2'1'8'0'0'0'0'0↑	
41676	'22387288	'2'1'3'1'0'0'0'0↑	42766	'22887538	'2'1'8'1'0'0'0'0↑	
33682	'22397288	'2'1'3'2'0'0'0'0↑	34812	'22897538	'2'1'8'2'0'0'0'0↑	
25689	'22407289	'2'1'3'3'0'0'0'0↑	26859	'22907539	'2'1'8'3'0'0'0'0↑	
17696	'22417289	'2'1'3'4'0'0'0'0↑	18906	'22917539	'2'1'8'4'0'0'0'0↑	
09704	'22427290	'2'1'3'5'0'0'0'0↑	10954	'22927540	'2'1'8'5'0'0'0'0↑	
01713	'22437290	'2'1'3'6'0'0'0'0↑	03003	'22937540	'2'1'8'6'0'0'0'0↑	
·79893723	'22447291	'2'1'3'7'0'0'0'0↑	·79495053	'22947541	'2'1'8'7'0'0'0'0↑	
85734	'22457291	'2'1'3'8'0'0'0'0↑	87103	'22957541	'2'1'8'8'0'0'0'0↑	
77745	'22467292	'2'1'3'9'0'0'0'0↑	79154	'22967542	'2'1'8'9'0'0'0'0↑	
69721	'22477337	'2'1'4'0'0'0'0'0↑	71170	'22977587	'2'1'9'0'0'0'0'0↑	
61734	'22487338	'2'1'4'1'0'0'0'0↑	63223	'22987588	'2'1'9'1'0'0'0'0↑	
53748	'22497338	'2'1'4'2'0'0'0'0↑	55277	'22997588	'2'1'9'2'0'0'0'0↑	
45763	'22507339	'2'1'4'3'0'0'0'0↑	47331	'23007589	'2'1'9'3'0'0'0'0↑	
37778	'22517339	'2'1'4'4'0'0'0'0↑	39386	'23017589	'2'1'9'4'0'0'0'0↑	
29794	'22527340	'2'1'4'5'0'0'0'0↑	31442	'23027590	'2'1'9'5'0'0'0'0↑	
21811	'22537340	'2'1'4'6'0'0'0'0↑	23499	'23037590	'2'1'9'6'0'0'0'0↑	
13829	'22547341	'2'1'4'7'0'0'0'0↑	15557	'23047591	'2'1'9'7'0'0'0'0↑	
05848	'22557341	'2'1'4'8'0'0'0'0↑	07615	'23057591	'2'1'9'8'0'0'0'0↑	
·79797867	'22567342	'2'1'4'9'0'0'0'0↑	·79399674	'23067592	'2'1'9'9'0'0'0'0↑	

Nat. No. '7938 to '7860   D. Log. '2308.... to '2407....   D. No. '2'2'0'0↑ to '2'2'9'9↑   (23)

Natural Numbers.	Dual Logarithms.	Dual Numbers.	Natural Numbers.	Dual Logarithms.	Dual Numbers.	Multiples of Differences.		
'79388100	'23082170	'2'2'0'0'0'0'0'0↑	'78991953	'23582420	'2'2'5'0'0'0'0'0↑			
80161	'23092171	'2'2'0'1'0'0'0'0↑	84054	'23592421	'2'2'5'1'0'0'0'0↑	1	793	792	791
72223	'23102171	'2'2'0'2'0'0'0'0↑	76156	'23602421	'2'2'5'2'0'0'0'0↑	2	1586	1584	1582
64286	'23112172	'2'2'0'3'0'0'0'0↑	68258	'23612422	'2'2'5'3'0'0'0'0↑	3	2379	2376	2373
56350	'23122172	'2'2'0'4'0'0'0'0↑	60361	'23622422	'2'2'5'4'0'0'0'0↑	4	3172	3168	3164
						5	3965	3960	3955
48414	'23132173	'2'2'0'5'0'0'0'0↑	52465	'23632423	'2'2'5'5'0'0'0'0↑	6	4758	4752	4746
40479	'23142173	'2'2'0'6'0'0'0'0↑	44570	'23642423	'2'2'5'6'0'0'0'0↑	7	5551	5544	5537
32545	'23152174	'2'2'0'7'0'0'0'0↑	36676	'23652424	'2'2'5'7'0'0'0'0↑	8	6344	6336	6328
24612	'23162174	'2'2'0'8'0'0'0'0↑	28782	'23662424	'2'2'5'8'0'0'0'0↑	9	7137	7128	7119
16680	'23172175	'2'2'0'9'0'0'0'0↑	20889	'23672425	'2'2'5'9'0'0'0'0↑			
08712	'23182220	'2'2'1'0'0'0'0'0↑	12961	'23682470	'2'2'6'0'0'0'0'0↑	1	790	789	788
00781	'23192221	'2'2'1'1'0'0'0'0↑	05070	'23692471	'2'2'6'1'0'0'0'0↑	2	1580	1578	1576
'79202851	'23202221	'2'2'1'2'0'0'0'0↑	'78897179	'23702471	'2'2'6'2'0'0'0'0↑	3	2370	2367	2364
84922	'23212222	'2'2'1'3'0'0'0'0↑	89289	'23712472	'2'2'6'3'0'0'0'0↑	4	3160	3156	3152
76994	'23222222	'2'2'1'4'0'0'0'0↑	81400	'23722472	'2'2'6'4'0'0'0'0↑	5	3950	3945	3940
						6	4740	4734	4728
69066	'23232223	'2'2'1'5'0'0'0'0↑	73512	'23732473	'2'2'6'5'0'0'0'0↑	7	5530	5523	5516
61139	'23242223	'2'2'1'6'0'0'0'0↑	65625	'23742473	'2'2'6'6'0'0'0'0↑	8	6320	6312	6304
53213	'23252224	'2'2'1'7'0'0'0'0↑	57738	'23752474	'2'2'6'7'0'0'0'0↑	9	7110	7101	7092
45288	'23262224	'2'2'1'8'0'0'0'0↑	49852	'23762474	'2'2'6'8'0'0'0'0↑			
37363	'23272225	'2'2'1'9'0'0'0'0↑	41967	'23772475	'2'2'6'9'0'0'0'0↑			
29403	'23282270	'2'2'2'0'0'0'0'0↑	34048	'23782520	'2'2'7'0'0'0'0'0↑	1	787	786
21480	'23292271	'2'2'2'1'0'0'0'0↑	26165	'23792521	'2'2'7'1'0'0'0'0↑	2	1574	1572
13558	'23302271	'2'2'2'2'0'0'0'0↑	18282	'23802521	'2'2'7'2'0'0'0'0↑	3	2361	2358
05637	'23312272	'2'2'2'3'0'0'0'0↑	10400	'23812522	'2'2'7'3'0'0'0'0↑	4	3148	3144
'79197716	'23322272	'2'2'2'4'0'0'0'0↑	02519	'23822522	'2'2'7'4'0'0'0'0↑	5	3935	3930
						6	4722	4716
89796	'23332273	'2'2'2'5'0'0'0'0↑	'78794639	'23832523	'2'2'7'5'0'0'0'0↑	7	5509	5502
81877	'23342273	'2'2'2'6'0'0'0'0↑	86760	'23842523	'2'2'7'6'0'0'0'0↑	8	6296	6288
73959	'23352274	'2'2'2'7'0'0'0'0↑	78881	'23852524	'2'2'7'7'0'0'0'0↑	9	7083	7074
66142	'23362274	'2'2'2'8'0'0'0'0↑	71003	'23862524	'2'2'7'8'0'0'0'0↑			
58125	'23372275	'2'2'2'9'0'0'0'0↑	63126	'23872525	'2'2'7'9'0'0'0'0↑			
50174	'23382320	'2'2'3'0'0'0'0'0↑	55214	'23882570	'2'2'8'0'0'0'0'0↑			
42259	'23392321	'2'2'3'1'0'0'0'0↑	47338	'23892571	'2'2'8'1'0'0'0'0↑			
34345	'23402321	'2'2'3'2'0'0'0'0↑	39463	'23902571	'2'2'8'2'0'0'0'0↑			
26432	'23412322	'2'2'3'3'0'0'0'0↑	31589	'23912572	'2'2'8'3'0'0'0'0↑			
18519	'23422322	'2'2'3'4'0'0'0'0↑	23716	'23922572	'2'2'8'4'0'0'0'0↑			
10607	'23432323	'2'2'3'5'0'0'0'0↑	15844	'23932573	'2'2'8'5'0'0'0'0↑			
02696	'23442323	'2'2'3'6'0'0'0'0↑	07972	'23942573	'2'2'8'6'0'0'0'0↑			
'79094786	'23452324	'2'2'3'7'0'0'0'0↑	00101	'23952574	'2'2'8'7'0'0'0'0↑			
86877	'23462324	'2'2'3'8'0'0'0'0↑	'78692231	'23962574	'2'2'8'8'0'0'0'0↑			
78968	'23472325	'2'2'3'9'0'0'0'0↑	84362	'23972575	'2'2'8'9'0'0'0'0↑			
71024	'23482370	'2'2'4'0'0'0'0'0↑	76458	'23982620	'2'2'9'0'0'0'0'0↑			
63117	'23492371	'2'2'4'1'0'0'0'0↑	68590	'23992621	'2'2'9'1'0'0'0'0↑			
55211	'23502371	'2'2'4'2'0'0'0'0↑	60723	'24002621	'2'2'9'2'0'0'0'0↑			
47305	'23512372	'2'2'4'3'0'0'0'0↑	52857	'24012622	'2'2'9'3'0'0'0'0↑			
39400	'23522372	'2'2'4'4'0'0'0'0↑	44992	'24022622	'2'2'9'4'0'0'0'0↑			
31496	'23532373	'2'2'4'5'0'0'0'0↑	37128	'24032623	'2'2'9'5'0'0'0'0↑			
23593	'23542373	'2'2'4'6'0'0'0'0↑	29264	'24042623	'2'2'9'6'0'0'0'0↑			
15691	'23552374	'2'2'4'7'0'0'0'0↑	21401	'24052624	'2'2'9'7'0'0'0'0↑			
07789	'23562374	'2'2'4'8'0'0'0'0↑	13539	'24062624	'2'2'9'8'0'0'0'0↑			
'78999888	'23572375	'2'2'4'9'0'0'0'0↑	05678	'24072625	'2'2'9'9'0'0'0'0↑			

(24) **Nat. No. ˙7859 to ˙7781 D. Log. ˙2408.... to ˙2507.... D. No. ˙2˙3˙0˙0↑ to ˙2˙3˙9˙9↑**

Natural Numbers.	Dual Logarithms.	Dual Numbers.	Natural Numbers.	Dual Logarithms.	Dual Numbers.	Multiples of Differences.
˙78594219	˙24087204	˙2˙3˙0˙0˙0˙0˙0˙0↑	˙78202033	˙24587454	˙2˙3˙5˙0˙0˙0˙0˙0↑	
86360	24097205	2˙3˙0˙1˙0˙0˙0˙0↑	˙78194213	24597455	2˙3˙5˙1˙0˙0˙0˙0↑	1| 785| 784| 783
78501	24107205	2˙3˙0˙2˙0˙0˙0˙0↑	86394	24607455	2˙3˙5˙2˙0˙0˙0˙0↑	2| 1570| 1568| 1566
70643	24117206	2˙3˙0˙3˙0˙0˙0˙0↑	78575	24617456	2˙3˙5˙3˙0˙0˙0˙0↑	3| 2355| 2352| 2349
62786	24127206	2˙3˙0˙4˙0˙0˙0˙0↑	70757	24627456	2˙3˙5˙4˙0˙0˙0˙0↑	4| 3140| 3136| 3132
						5| 3925| 3920| 3915
54930	24137207	2˙3˙0˙5˙0˙0˙0˙0↑	62940	24637457	2˙3˙5˙5˙0˙0˙0˙0↑	6| 4710| 4704| 4698
47074	24147207	2˙3˙0˙6˙0˙0˙0˙0↑	55124	24647457	2˙3˙5˙6˙0˙0˙0˙0↑	7| 5495| 5488| 5481
39219	24157208	2˙3˙0˙7˙0˙0˙0˙0↑	47308	24657458	2˙3˙5˙7˙0˙0˙0˙0↑	8| 6280| 6272| 6264
31365	24167208	2˙3˙0˙8˙0˙0˙0˙0↑	39493	24667458	2˙3˙5˙8˙0˙0˙0˙0↑	9| 7065| 7056| 7047
23512	24177209	2˙3˙0˙9˙0˙0˙0˙0↑	31679	24677459	2˙3˙5˙9˙0˙0˙0˙0↑	
15625	24187254	2˙3˙1˙0˙0˙0˙0˙0↑	23831	24687504	2˙3˙6˙0˙0˙0˙0˙0↑	1| 782| 781| 780
07773	24197255	2˙3˙1˙1˙0˙0˙0˙0↑	16019	24697505	2˙3˙6˙1˙0˙0˙0˙0↑	2| 1564| 1562| 1560
˙78499922	24207255	2˙3˙1˙2˙0˙0˙0˙0↑	08207	24707505	2˙3˙6˙2˙0˙0˙0˙0↑	3| 2346| 2343| 2340
92072	24217256	2˙3˙1˙3˙0˙0˙0˙0↑	00396	24717506	2˙3˙6˙3˙0˙0˙0˙0↑	4| 3128| 3124| 3120
84223	24227256	2˙3˙1˙4˙0˙0˙0˙0↑	˙78092586	24727506	2˙3˙6˙4˙0˙0˙0˙0↑	5| 3910| 3905| 3900
						6| 4692| 4686| 4680
76375	24237257	2˙3˙1˙5˙0˙0˙0˙0↑	84777	24737507	2˙3˙6˙5˙0˙0˙0˙0↑	7| 5474| 5467| 5460
68527	24247257	2˙3˙1˙6˙0˙0˙0˙0↑	76969	24747507	2˙3˙6˙6˙0˙0˙0˙0↑	8| 6256| 6248| 6240
60680	24257258	2˙3˙1˙7˙0˙0˙0˙0↑	69161	24757508	2˙3˙6˙7˙0˙0˙0˙0↑	9| 7038| 7029| 7020
52834	24267258	2˙3˙1˙8˙0˙0˙0˙0↑	61354	24767508	2˙3˙6˙8˙0˙0˙0˙0↑	
44989	24277259	2˙3˙1˙9˙0˙0˙0˙0↑	53548	24777508	2˙3˙6˙9˙0˙0˙0˙0↑	
						1| 779| 778
37109	24287304	2˙3˙2˙0˙0˙0˙0˙0↑	45707	24787554	2˙3˙7˙0˙0˙0˙0˙0↑	2| 1558| 1556
29265	24297305	2˙3˙2˙1˙0˙0˙0˙0↑	37902	24797555	2˙3˙7˙1˙0˙0˙0˙0↑	3| 2337| 2334
21422	24307305	2˙3˙2˙2˙0˙0˙0˙0↑	30098	24807555	2˙3˙7˙2˙0˙0˙0˙0↑	4| 3116| 3112
13580	24317306	2˙3˙2˙3˙0˙0˙0˙0↑	22295	24817556	2˙3˙7˙3˙0˙0˙0˙0↑	5| 3895| 3890
05739	24327306	2˙3˙2˙4˙0˙0˙0˙0↑	14493	24827556	2˙3˙7˙4˙0˙0˙0˙0↑	6| 4674| 4668
						7| 5453| 5446
˙78397898	24337307	2˙3˙2˙5˙0˙0˙0˙0↑	06692	24837557	2˙3˙7˙5˙0˙0˙0˙0↑	8| 6232| 6224
90058	24347307	2˙3˙2˙6˙0˙0˙0˙0↑	˙77998891	24847557	2˙3˙7˙6˙0˙0˙0˙0↑	9| 7011| 7002
82219	24357308	2˙3˙2˙7˙0˙0˙0˙0↑	91091	24857558	2˙3˙7˙7˙0˙0˙0˙0↑	
74381	24367308	2˙3˙2˙8˙0˙0˙0˙0↑	83292	24867558	2˙3˙7˙8˙0˙0˙0˙0↑	
66544	24377309	2˙3˙2˙9˙0˙0˙0˙0↑	75494	24877559	2˙3˙7˙9˙0˙0˙0˙0↑	
58672	24387354	2˙3˙3˙0˙0˙0˙0˙0↑	67662	24887604	2˙3˙8˙0˙0˙0˙0˙0↑	
50836	24397355	2˙3˙3˙1˙0˙0˙0˙0↑	59865	24897605	2˙3˙8˙1˙0˙0˙0˙0↑	
43001	24407355	2˙3˙3˙2˙0˙0˙0˙0↑	52069	24907605	2˙3˙8˙2˙0˙0˙0˙0↑	
35167	24417356	2˙3˙3˙3˙0˙0˙0˙0↑	44274	24917606	2˙3˙8˙3˙0˙0˙0˙0↑	
27333	24427356	2˙3˙3˙4˙0˙0˙0˙0↑	36480	24927606	2˙3˙8˙4˙0˙0˙0˙0↑	
19500	24437357	2˙3˙3˙5˙0˙0˙0˙0↑	28686	24937607	2˙3˙8˙5˙0˙0˙0˙0↑	
11668	24447357	2˙3˙3˙6˙0˙0˙0˙0↑	20893	24947607	2˙3˙8˙6˙0˙0˙0˙0↑	
03837	24457358	2˙3˙3˙7˙0˙0˙0˙0↑	13101	24957608	2˙3˙8˙7˙0˙0˙0˙0↑	
˙78296007	24467358	2˙3˙3˙8˙0˙0˙0˙0↑	05310	24967608	2˙3˙8˙8˙0˙0˙0˙0↑	
88177	24477359	2˙3˙3˙9˙0˙0˙0˙0↑	˙77897519	24977609	2˙3˙8˙9˙0˙0˙0˙0↑	
80313	24487404	2˙3˙4˙0˙0˙0˙0˙0↑	89694	24987654	2˙3˙9˙0˙0˙0˙0˙0↑	
72485	24497405	2˙3˙4˙1˙0˙0˙0˙0↑	81905	24997655	2˙3˙9˙1˙0˙0˙0˙0↑	
64658	24507405	2˙3˙4˙2˙0˙0˙0˙0↑	74117	25007655	2˙3˙9˙2˙0˙0˙0˙0↑	
56832	24517406	2˙3˙4˙3˙0˙0˙0˙0↑	66330	25017656	2˙3˙9˙3˙0˙0˙0˙0↑	
49006	24527406	2˙3˙4˙4˙0˙0˙0˙0↑	58543	25027656	2˙3˙9˙4˙0˙0˙0˙0↑	
41181	24537407	2˙3˙4˙5˙0˙0˙0˙0↑	50757	25037657	2˙3˙9˙5˙0˙0˙0˙0↑	
33357	24547407	2˙3˙4˙6˙0˙0˙0˙0↑	42972	25047657	2˙3˙9˙6˙0˙0˙0˙0↑	
25534	24557408	2˙3˙4˙7˙0˙0˙0˙0↑	35188	25057658	2˙3˙9˙7˙0˙0˙0˙0↑	
17711	24567408	2˙3˙4˙8˙0˙0˙0˙0↑	27404	25067658	2˙3˙9˙8˙0˙0˙0˙0↑	
09889	24577409	2˙3˙4˙9˙0˙0˙0˙0↑	19621	25077659	2˙3˙9˙9˙0˙0˙0˙0↑	

Nat. No. '7780 to '7704   D. Log. '2509.... to '2608....   D. No. '2'4'0'0↑ to '2'4'9'9↑   (25)

Natural Numbers.	Dual Logarithms.	Dual Numbers.	Natural Numbers.	Dual Logarithms.	Dual Numbers.	Multiples of Differences.		
'77808277	'25092237	'2'4'0'0'0'0'0'0↑	'77420013	'25592487	'2'4'5'0'0'0'0'0↑			
00496	'25102238	'2'4'0'1'0'0'0'0↑	12271	'25602488	'2'4'5'1'0'0'0'0↑	1	778	777	776
'77792716	'25112238	'2'4'0'2'0'0'0'0↑	04530	'25612488	'2'4'5'2'0'0'0'0↑	2	1556	1554	1552
84937	'25122239	'2'4'0'3'0'0'0'0↑	'77396790	'25622489	'2'4'5'3'0'0'0'0↑	3	2334	2331	2328
77159	'25132239	'2'4'0'4'0'0'0'0↑	89050	'25632489	'2'4'5'4'0'0'0'0↑	4	3112	3108	3104
						5	3890	3885	3880
69381	'25142240	'2'4'0'5'0'0'0'0↑	81311	'25642490	'2'4'5'5'0'0'0'0↑	6	4668	4662	4656
61604	'25152240	'2'4'0'6'0'0'0'0↑	73573	'25652490	'2'4'5'6'0'0'0'0↑	7	5446	5439	5432
53828	'25162241	'2'4'0'7'0'0'0'0↑	65836	'25662491	'2'4'5'7'0'0'0'0↑	8	6224	6216	6208
46053	'25172241	'2'4'0'8'0'0'0'0↑	58099	'25672491	'2'4'5'8'0'0'0'0↑	9	7002	6993	6984
38278	'25182242	'2'4'0'9'0'0'0'0↑	50363	'25682492	'2'4'5'9'0'0'0'0↑				
30469	'25192287	'2'4'1'0'0'0'0'0↑	42593	'25692537	'2'4'6'0'0'0'0'0↑	1	775	774	773
22696	'25202288	'2'4'1'1'0'0'0'0↑	34859	'25702538	'2'4'6'1'0'0'0'0↑	2	1550	1548	1546
14924	'25212288	'2'4'1'2'0'0'0'0↑	27126	'25712538	'2'4'6'2'0'0'0'0↑	3	2325	2322	2319
07153	'25222289	'2'4'1'3'0'0'0'0↑	19393	'25722539	'2'4'6'3'0'0'0'0↑	4	3100	3096	3092
'77699382	'25232289	'2'4'1'4'0'0'0'0↑	11661	'25732539	'2'4'6'4'0'0'0'0↑	5	3875	3870	3865
						6	4650	4644	4638
91612	'25242290	'2'4'1'5'0'0'0'0↑	03930	'25742540	'2'4'6'5'0'0'0'0↑	7	5425	5418	5411
83843	'25252290	'2'4'1'6'0'0'0'0↑	'77296200	'25752540	'2'4'6'6'0'0'0'0↑	8	6200	6192	6184
76075	'25262291	'2'4'1'7'0'0'0'0↑	88470	'25762541	'2'4'6'7'0'0'0'0↑	9	6975	6966	6957
68307	'25272291	'2'4'1'8'0'0'0'0↑	80741	'25772541	'2'4'6'8'0'0'0'0↑				
60540	'25282292	'2'4'1'9'0'0'0'0↑	73013	'25782542	'2'4'6'9'0'0'0'0↑	1	772	771	770
						2	1544	1542	1540
52738	'25292337	'2'4'2'0'0'0'0'0↑	65250	'25792587	'2'4'7'0'0'0'0'0↑	3	2316	2313	2310
44973	'25302338	'2'4'2'1'0'0'0'0↑	57523	'25802588	'2'4'7'1'0'0'0'0↑	4	3088	3084	3080
37209	'25312338	'2'4'2'2'0'0'0'0↑	49797	'25812588	'2'4'7'2'0'0'0'0↑	5	3860	3855	3850
29445	'25322339	'2'4'2'3'0'0'0'0↑	42072	'25822589	'2'4'7'3'0'0'0'0↑	6	4632	4626	4620
21682	'25332339	'2'4'2'4'0'0'0'0↑	34348	'25832589	'2'4'7'4'0'0'0'0↑	7	5404	5397	5390
						8	6176	6168	6160
13920	'25342340	'2'4'2'5'0'0'0'0↑	26625	'25842590	'2'4'7'5'0'0'0'0↑	9	6948	6939	6930
06159	'25352340	'2'4'2'6'0'0'0'0↑	18902	'25852590	'2'4'7'6'0'0'0'0↑				
98399	'25362341	'2'4'2'7'0'0'0'0↑	11180	'25862591	'2'4'7'7'0'0'0'0↑				
'77590639	'25372341	'2'4'2'8'0'0'0'0↑	03459	'25872591	'2'4'7'8'0'0'0'0↑				
82880	'25382342	'2'4'2'9'0'0'0'0↑	'77195739	'25882592	'2'4'7'9'0'0'0'0↑				
75086	'25392387	'2'4'3'0'0'0'0'0↑	87985	'25892637	'2'4'8'0'0'0'0'0↑				
67328	'25402388	'2'4'3'1'0'0'0'0↑	80266	'25902638	'2'4'8'1'0'0'0'0↑				
59571	'25412388	'2'4'3'2'0'0'0'0↑	72548	'25912638	'2'4'8'2'0'0'0'0↑				
51815	'25422389	'2'4'3'3'0'0'0'0↑	64831	'25922639	'2'4'8'3'0'0'0'0↑				
44060	'25432389	'2'4'3'4'0'0'0'0↑	57115	'25932639	'2'4'8'4'0'0'0'0↑				
36306	'25442390	'2'4'3'5'0'0'0'0↑	49399	'25942640	'2'4'8'5'0'0'0'0↑				
28552	'25452390	'2'4'3'6'0'0'0'0↑	41684	'25952640	'2'4'8'6'0'0'0'0↑				
20799	'25462391	'2'4'3'7'0'0'0'0↑	33970	'25962641	'2'4'8'7'0'0'0'0↑				
13047	'25472391	'2'4'3'8'0'0'0'0↑	26257	'25972641	'2'4'8'8'0'0'0'0↑				
05296	'25482392	'2'4'3'9'0'0'0'0↑	18544	'25982642	'2'4'8'9'0'0'0'0↑				
'77497510	'25492437	'2'4'4'0'0'0'0'0↑	10797	'25992687	'2'4'9'0'0'0'0'0↑				
89760	'25502438	'2'4'4'1'0'0'0'0↑	03086	'26002688	'2'4'9'1'0'0'0'0↑				
82011	'25512438	'2'4'4'2'0'0'0'0↑	'77095376	'26012688	'2'4'9'2'0'0'0'0↑				
74263	'25522439	'2'4'4'3'0'0'0'0↑	87666	'26022689	'2'4'9'3'0'0'0'0↑				
66516	'25532439	'2'4'4'4'0'0'0'0↑	79957	'26032689	'2'4'9'4'0'0'0'0↑				
58769	'25542440	'2'4'4'5'0'0'0'0↑	72249	'26042690	'2'4'9'5'0'0'0'0↑				
51023	'25552440	'2'4'4'6'0'0'0'0↑	64542	'26052690	'2'4'9'6'0'0'0'0↑				
43278	'25562441	'2'4'4'7'0'0'0'0↑	56836	'26062691	'2'4'9'7'0'0'0'0↑				
35534	'25572441	'2'4'4'8'0'0'0'0↑	49130	'26072691	'2'4'9'8'0'0'0'0↑				
27790	'25582442	'2'4'4'9'0'0'0'0↑	41425	'26082692	'2'4'9'9'0'0'0'0↑				

(26)   Nat. No. '7703 to '7627   D. Log. '2609.... to '2708....   D. No. '2'5'0'0↑ to '2'5'9'9↑

Natural Numbers.	Dual Logarithms.	Dual Numbers.	Natural Numbers.	Dual Logarithms.	Dual Numbers.	Multiples of Differences.
'77030194	'26097271	'2'5'0'0'0'0'0'0↑	'76645813	'26597521	'2'5'5'0'0'0'0'0↑	
22491	'26107272	'2'5'0'1'0'0'0'0↑	38148	'26607522	'2'5'5'1'0'0'0'0↑	1 770 769 768
14789	'26117272	'2'5'0'2'0'0'0'0↑	30484	'26617522	'2'5'5'2'0'0'0'0↑	2 1540 1538 1536
07088	'26127273	'2'5'0'3'0'0'0'0↑	22821	'26627523	'2'5'5'3'0'0'0'0↑	3 2310 2307 2304
'76999387	'26137273	'2'5'0'4'0'0'0'0↑	15159	'26637523	'2'5'5'4'0'0'0'0↑	4 3080 3076 3072
						5 3850 3845 3840
91687	'26147274	'2'5'0'5'0'0'0'0↑	07497	'26647524	'2'5'5'5'0'0'0'0↑	6 4620 4614 4608
83988	'26157274	'2'5'0'6'0'0'0'0↑	'76599836	'26657524	'2'5'5'6'0'0'0'0↑	7 5390 5383 5376
76290	'26167275	'2'5'0'7'0'0'0'0↑	92176	'26667525	'2'5'5'7'0'0'0'0↑	8 6160 6152 6144
68592	'26177275	'2'5'0'8'0'0'0'0↑	84517	'26677525	'2'5'5'8'0'0'0'0↑	9 6930 6921 6912
60895	'26187276	'2'5'0'9'0'0'0'0↑	76859	'26687526	'2'5'5'9'0'0'0'0↑	
53164	'26197321	'2'5'1'0'0'0'0'0↑	69167	'26697571	'2'5'6'0'0'0'0'0↑	1 767 766 765
45469	'26207322	'2'5'1'1'0'0'0'0↑	61510	'26707572	'2'5'6'1'0'0'0'0↑	2 1534 1532 1530
37774	'26217322	'2'5'1'2'0'0'0'0↑	53854	'26717572	'2'5'6'2'0'0'0'0↑	3 2301 2298 2295
30080	'26227323	'2'5'1'3'0'0'0'0↑	46199	'26727573	'2'5'6'3'0'0'0'0↑	4 3068 3064 3060
22387	'26237324	'2'5'1'4'0'0'0'0↑	38544	'26737573	'2'5'6'4'0'0'0'0↑	5 3835 3830 3825
						6 4602 4596 4590
14695	'26247325	'2'5'1'5'0'0'0'0↑	30890	'26747574	'2'5'6'5'0'0'0'0↑	7 5369 5362 5355
07004	'26257325	'2'5'1'6'0'0'0'0↑	23237	'26757574	'2'5'6'6'0'0'0'0↑	8 6136 6128 6120
'76899313	'26267326	'2'5'1'7'0'0'0'0↑	15585	'26767575	'2'5'6'7'0'0'0'0↑	9 6903 6894 6885
91623	'26277326	'2'5'1'8'0'0'0'0↑	07933	'26777575	'2'5'6'8'0'0'0'0↑	
83934	'26287327	'2'5'1'9'0'0'0'0↑	00282	'26787576	'2'5'6'9'0'0'0'0↑	
						1 764 763 762
76211	'26297371	'2'5'2'0'0'0'0'0↑	'76492598	'26797621	'2'5'7'0'0'0'0'0↑	2 1528 1526 1524
68523	'26307372	'2'5'2'1'0'0'0'0↑	84949	'26807622	'2'5'7'1'0'0'0'0↑	3 2292 2289 2286
60836	'26317372	'2'5'2'2'0'0'0'0↑	77301	'26817622	'2'5'7'2'0'0'0'0↑	4 3056 3052 3048
53150	'26327373	'2'5'2'3'0'0'0'0↑	69653	'26827623	'2'5'7'3'0'0'0'0↑	5 3820 3815 3810
45465	'26337373	'2'5'2'4'0'0'0'0↑	62006	'26837623	'2'5'7'4'0'0'0'0↑	6 4584 4578 4572
						7 5348 5341 5334
37780	'26347374	'2'5'2'5'0'0'0'0↑	54360	'26847624	'2'5'7'5'0'0'0'0↑	8 6112 6104 6096
30096	'26357374	'2'5'2'6'0'0'0'0↑	46715	'26857624	'2'5'7'6'0'0'0'0↑	9 6876 6867 6858
22413	'26367375	'2'5'2'7'0'0'0'0↑	39070	'26867625	'2'5'7'7'0'0'0'0↑	
14731	'26377375	'2'5'2'8'0'0'0'0↑	31426	'26877625	'2'5'7'8'0'0'0'0↑	
07050	'26387376	'2'5'2'9'0'0'0'0↑	23783	'26887626	'2'5'7'9'0'0'0'0↑	
'76799334	'26397421	'2'5'3'0'0'0'0'0↑	16105	'26897671	'2'5'8'0'0'0'0'0↑	
91654	'26407422	'2'5'3'1'0'0'0'0↑	08463	'26907672	'2'5'8'1'0'0'0'0↑	
83975	'26417422	'2'5'3'2'0'0'0'0↑	00822	'26917672	'2'5'8'2'0'0'0'0↑	
76297	'26427423	'2'5'3'3'0'0'0'0↑	'76393182	'26927673	'2'5'8'3'0'0'0'0↑	
68619	'26437423	'2'5'3'4'0'0'0'0↑	85543	'26937673	'2'5'8'4'0'0'0'0↑	
60942	'26447424	'2'5'3'5'0'0'0'0↑	77904	'26947674	'2'5'8'5'0'0'0'0↑	
53266	'26457424	'2'5'3'6'0'0'0'0↑	70266	'26957674	'2'5'8'6'0'0'0'0↑	
45591	'26467425	'2'5'3'7'0'0'0'0↑	62629	'26967675	'2'5'8'7'0'0'0'0↑	
37916	'26477425	'2'5'3'8'0'0'0'0↑	54993	'26977675	'2'5'8'8'0'0'0'0↑	
30242	'26487426	'2'5'3'9'0'0'0'0↑	47358	'26987676	'2'5'8'9'0'0'0'0↑	
22535	'26497471	'2'5'4'0'0'0'0'0↑	39689	'26997721	'2'5'9'0'0'0'0'0↑	
14863	'26507472	'2'5'4'1'0'0'0'0↑	32055	'27007722	'2'5'9'1'0'0'0'0↑	
07192	'26517472	'2'5'4'2'0'0'0'0↑	24422	'27017722	'2'5'9'2'0'0'0'0↑	
'76699521	'26527473	'2'5'4'3'0'0'0'0↑	16790	'27027723	'2'5'9'3'0'0'0'0↑	
91851	'26537473	'2'5'4'4'0'0'0'0↑	09158	'27037723	'2'5'9'4'0'0'0'0↑	
84182	'26547474	'2'5'4'5'0'0'0'0↑	01527	'27047724	'2'5'9'5'0'0'0'0↑	
76514	'26557474	'2'5'4'6'0'0'0'0↑	'76293897	'27057724	'2'5'9'6'0'0'0'0↑	
68846	'26567475	'2'5'4'7'0'0'0'0↑	86268	'27067725	'2'5'9'7'0'0'0'0↑	
61179	'26577475	'2'5'4'8'0'0'0'0↑	78639	'27077725	'2'5'9'8'0'0'0'0↑	
53513	'26587476	'2'5'4'9'0'0'0'0↑	71011	'27087726	'2'5'9'9'0'0'0'0↑	

Nat. No. '7625 to '7553   D. Log. '2710.... to '2809....   D. No. '2'6'0'0↑ to '2'6'9'9↑   (27)

Natural Numbers.	Dual Logarithms.	Dual Numbers.	Natural Numbers.	Dual Logarithms.	Dual Numbers.	Multiples of Differences.
'76259892	'27102305	'2'6'0'0'0'0'0'0↑	'75879355	'27602555	'2'6'5'0'0'0'0'0↑	
52266	'27112306	'2'6'0'1'0'0'0'0↑	71767	'27612556	'2'6'5'1'0'0'0'0↑	1 762 761 760
44641	'27122306	'2'6'0'2'0'0'0'0↑	64180	'27622556	'2'6'5'2'0'0'0'0↑	2 1524 1522 1520
37017	'27132307	'2'6'0'3'0'0'0'0↑	56594	'27632557	'2'6'5'3'0'0'0'0↑	3 2286 2283 2280
29393	'27142307	'2'6'0'4'0'0'0'0↑	49008	'27642557	'2'6'5'4'0'0'0'0↑	4 3048 3044 3040
						5 3810 3805 3800
21770	'27152308	'2'6'0'5'0'0'0'0↑	41423	'27652558	'2'6'5'5'0'0'0'0↑	6 4572 4566 4660
14148	'27162308	'2'6'0'6'0'0'0'0↑	33839	'27662558	'2'6'5'6'0'0'0'0↑	7 5334 5327 5320
06527	'27172309	'2'6'0'7'0'0'0'0↑	26256	'27672559	'2'6'5'7'0'0'0'0↑	8 6096 6088 6080
'76198906	'27182309	'2'6'0'8'0'0'0'0↑	18673	'27682559	'2'6'5'8'0'0'0'0↑	9 6858 6849 6840
91286	'27192310	'2'6'0'9'0'0'0'0↑	11091	'27692560	'2'6'5'9'0'0'0'0↑	
83632	'27202355	'2'6'1'0'0'0'0'0↑	03475	'27702605	'2'6'6'0'0'0'0'0↑	1 759 758 757
76014	'27212356	'2'6'1'1'0'0'0'0↑	'75795895	'27712606	'2'6'6'1'0'0'0'0↑	2 1518 1516 1514
68396	'27222356	'2'6'1'2'0'0'0'0↑	88315	'27722606	'2'6'6'2'0'0'0'0↑	3 2277 2274 2271
60779	'27232357	'2'6'1'3'0'0'0'0↑	80736	'27732607	'2'6'6'3'0'0'0'0↑	4 3036 3032 3028
53163	'27242357	'2'6'1'4'0'0'0'0↑	73158	'27742607	'2'6'6'4'0'0'0'0↑	5 3795 3790 3785
						6 4554 4548 4542
45548	'27252358	'2'6'1'5'0'0'0'0↑	65581	'27752608	'2'6'6'5'0'0'0'0↑	7 5313 5306 5299
37933	'27262358	'2'6'1'6'0'0'0'0↑	58004	'27762608	'2'6'6'6'0'0'0'0↑	8 6072 6064 6056
30319	'27272359	'2'6'1'7'0'0'0'0↑	50428	'27772609	'2'6'6'7'0'0'0'0↑	9 6831 6822 6813
22706	'27282359	'2'6'1'8'0'0'0'0↑	42853	'27782609	'2'6'6'8'0'0'0'0↑	
15094	'27292360	'2'6'1'9'0'0'0'0↑	35279	'27792610	'2'6'6'9'0'0'0'0↑	1 756 755
						2 1512 1510
07449	'27302405	'2'6'2'0'0'0'0'0↑	27672	'27802655	'2'6'7'0'0'0'0'0↑	3 2268 2265
'76099838	'27312406	'2'6'2'1'0'0'0'0↑	20099	'27812656	'2'6'7'1'0'0'0'0↑	4 3024 3020
92228	'27322406	'2'6'2'2'0'0'0'0↑	12527	'27822656	'2'6'7'2'0'0'0'0↑	5 3780 3775
84619	'27332407	'2'6'2'3'0'0'0'0↑	04956	'27832657	'2'6'7'3'0'0'0'0↑	6 4536 4530
77011	'27342407	'2'6'2'4'0'0'0'0↑	'75697386	'27842657	'2'6'7'4'0'0'0'0↑	7 5292 5285
						8 6048 6040
69403	'27352408	'2'6'2'5'0'0'0'0↑	89816	'27852658	'2'6'7'5'0'0'0'0↑	9 6804 6795
61796	'27362408	'2'6'2'6'0'0'0'0↑	82247	'27862658	'2'6'7'6'0'0'0'0↑	
54190	'27372409	'2'6'2'7'0'0'0'0↑	74679	'27872659	'2'6'7'7'0'0'0'0↑	
46585	'27382409	'2'6'2'8'0'0'0'0↑	67112	'27882659	'2'6'7'8'0'0'0'0↑	
38980	'27392410	'2'6'2'9'0'0'0'0↑	59545	'27892660	'2'6'7'9'0'0'0'0↑	
31341	'27402455	'2'6'3'0'0'0'0'0↑	51944	'27902705	'2'6'8'0'0'0'0'0↑	
23738	'27412456	'2'6'3'1'0'0'0'0↑	44379	'27912706	'2'6'8'1'0'0'0'0↑	
16136	'27422456	'2'6'3'2'0'0'0'0↑	36814	'27922706	'2'6'8'2'0'0'0'0↑	
08534	'27432457	'2'6'3'3'0'0'0'0↑	29250	'27932707	'2'6'8'3'0'0'0'0↑	
00933	'27442457	'2'6'3'4'0'0'0'0↑	21687	'27942707	'2'6'8'4'0'0'0'0↑	
'75993333	'27452458	'2'6'3'5'0'0'0'0↑	14125	'27952708	'2'6'8'5'0'0'0'0↑	
85734	'27462458	'2'6'3'6'0'0'0'0↑	06563	'27962708	'2'6'8'6'0'0'0'0↑	
78135	'27472459	'2'6'3'7'0'0'0'0↑	'75599002	'27972709	'2'6'8'7'0'0'0'0↑	
70537	'27482459	'2'6'3'8'0'0'0'0↑	91442	'27982709	'2'6'8'8'0'0'0'0↑	
62940	'27492460	'2'6'3'9'0'0'0'0↑	83883	'27992710	'2'6'8'9'0'0'0'0↑	
55310	'27502505	'2'6'4'0'0'0'0'0↑	76292	'28002755	'2'6'9'0'0'0'0'0↑	
47714	'27512506	'2'6'4'1'0'0'0'0↑	68734	'28012756	'2'6'9'1'0'0'0'0↑	
40119	'27522506	'2'6'4'2'0'0'0'0↑	61177	'28022756	'2'6'9'2'0'0'0'0↑	
32525	'27532507	'2'6'4'3'0'0'0'0↑	53621	'28032757	'2'6'9'3'0'0'0'0↑	
24932	'27542507	'2'6'4'4'0'0'0'0↑	46066	'28042757	'2'6'9'4'0'0'0'0↑	
17340	'27552508	'2'6'4'5'0'0'0'0↑	38511	'28052758	'2'6'9'5'0'0'0'0↑	
09748	'27562508	'2'6'4'6'0'0'0'0↑	30957	'28062758	'2'6'9'6'0'0'0'0↑	
02157	'27572509	'2'6'4'7'0'0'0'0↑	23404	'28072759	'2'6'9'7'0'0'0'0↑	
'75894567	'27582509	'2'6'4'8'0'0'0'0↑	15852	'28082759	'2'6'9'8'0'0'0'0↑	
86978	'27592510	'2'6'4'9'0'0'0'0↑	08300	'28092760	'2'6'9'9'0'0'0'0↑	

(28) Nat. No. '7549 to '7475   D. Log. '2810.... to '2909....   D. No. '2'7'0'0↑ to '2'7'9'9↑

Natural Numbers.	Dual Logarithms.	Dual Numbers.	Natural Numbers.	Dual Logarithms.	Dual Numbers.	Multiples of Differences.
'75497293	'28107338	'2'7'0'0'0'0'0'0↑	'75120561	'28607588	'2'7'5'0'0'0'0'0↑	
89743	'28117339	'2'7'0'1'0'0'0'0↑	13049	'28617589	'2'7'5'1'0'0'0'0↑	
82194	'28127339	'2'7'0'2'0'0'0'0↑	05538	'28627589	'2'7'5'2'0'0'0'0↑	1 754 753 7!
74646	'28137340	'2'7'0'3'0'0'0'0↑	'75098027	'28637590	'2'7'5'3'0'0'0'0↑	2 1508 1506 150
67099	'28147340	'2'7'0'4'0'0'0'0↑	90517	'28647590	'2'7'5'4'0'0'0'0↑	3 2262 2259 22!
						4 3016 3012 300
59552	'28157341	'2'7'0'5'0'0'0'0↑	83008	'28657591	'2'7'5'5'0'0'0'0↑	5 3770 3765 370
52006	'28167341	'2'7'0'6'0'0'0'0↑	75500	'28667591	'2'7'5'6'0'0'0'0↑	6 4524 4518 451
44401	'28177342	'2'7'0'7'0'0'0'0↑	67992	'28677592	'2'7'5'7'0'0'0'0↑	7 5278 5271 526
36917	'28187342	'2'7'0'8'0'0'0'0↑	60485	'28687592	'2'7'5'8'0'0'0'0↑	8 6032 6024 601
29373	'28197343	'2'7'0'9'0'0'0'0↑	52979	'28697593	'2'7'5'9'0'0'0'0↑	9 6786 6777 676
21796	'28207388	'2'7'1'0'0'0'0'0↑	45440	'28707638	'2'7'6'0'0'0'0'0↑	1 751 750 74
14254	'28217389	'2'7'1'1'0'0'0'0↑	37935	'28717639	'2'7'6'1'0'0'0'0↑	2 1502 1500 149
06713	'28227389	'2'7'1'2'0'0'0'0↑	30431	'28727639	'2'7'6'2'0'0'0'0↑	3 2253 2250 224
'75399172	'28237390	'2'7'1'3'0'0'0'0↑	22928	'28737640	'2'7'6'3'0'0'0'0↑	4 3004 3000 299
91632	'28247390	'2'7'1'4'0'0'0'0↑	15426	'28747640	'2'7'6'4'0'0'0'0↑	5 3755 3750 374
						6 4506 4500 449
84093	'28257391	'2'7'1'5'0'0'0'0↑	07924	'28757641	'2'7'6'5'0'0'0'0↑	7 5257 5250 524
76554	'28267391	'2'7'1'6'0'0'0'0↑	00423	'28767641	'2'7'6'6'0'0'0'0↑	8 6008 6000 599
69016	'28277392	'2'7'1'7'0'0'0'0↑	'74992923	'28777642	'2'7'6'7'0'0'0'0↑	9 6759 6750 674
61479	'28287392	'2'7'1'8'0'0'0'0↑	85424	'28787642	'2'7'6'8'0'0'0'0↑	
53943	'28297393	'2'7'1'9'0'0'0'0↑	77925	'28797643	'2'7'6'9'0'0'0'0↑	1 748 747
						2 1496 1494
46374	'28307438	'2'7'2'0'0'0'0'0↑	70396	'28807688	'2'7'7'0'0'0'0'0↑	3 2244 2241
38839	'28317439	'2'7'2'1'0'0'0'0↑	62899	'28817689	'2'7'7'1'0'0'0'0↑	4 2992 2988
31305	'28327439	'2'7'2'2'0'0'0'0↑	55403	'28827689	'2'7'7'2'0'0'0'0↑	5 3740 3735
23772	'28337440	'2'7'2'3'0'0'0'0↑	47907	'28837690	'2'7'7'3'0'0'0'0↑	6 4488 4482
16240	'28347440	'2'7'2'4'0'0'0'0↑	40412	'28847690	'2'7'7'4'0'0'0'0↑	7 5236 5229
						8 5984 5976
08708	'28357441	'2'7'2'5'0'0'0'0↑	32918	'28857691	'2'7'7'5'0'0'0'0↑	9 6732 6723
01177	'28367441	'2'7'2'6'0'0'0'0↑	25425	'28867691	'2'7'7'6'0'0'0'0↑	
'75293647	'28377442	'2'7'2'7'0'0'0'0↑	17932	'28877692	'2'7'7'7'0'0'0'0↑	
86118	'28387442	'2'7'2'8'0'0'0'0↑	10440	'28887692	'2'7'7'8'0'0'0'0↑	
78589	'28397443	'2'7'2'9'0'0'0'0↑	02950	'28897693	'2'7'7'9'0'0'0'0↑	
71027	'28407488	'2'7'3'0'0'0'0'0↑	'74895425	'28907738	'2'7'8'0'0'0'0'0↑	
63500	'28417489	'2'7'3'1'0'0'0'0↑	87935	'28917739	'2'7'8'1'0'0'0'0↑	
55974	'28427489	'2'7'3'2'0'0'0'0↑	80446	'28927739	'2'7'8'2'0'0'0'0↑	
48448	'28437490	'2'7'3'3'0'0'0'0↑	72958	'28937740	'2'7'8'3'0'0'0'0↑	
40923	'28447490	'2'7'3'4'0'0'0'0↑	65471	'28947740	'2'7'8'4'0'0'0'0↑	
33399	'28457491	'2'7'3'5'0'0'0'0↑	57984	'28957741	'2'7'8'5'0'0'0'0↑	
25876	'28467491	'2'7'3'6'0'0'0'0↑	50498	'28967741	'2'7'8'6'0'0'0'0↑	
18353	'28477492	'2'7'3'7'0'0'0'0↑	43013	'28977742	'2'7'8'7'0'0'0'0↑	
10831	'28487492	'2'7'3'8'0'0'0'0↑	35529	'28987742	'2'7'8'8'0'0'0'0↑	
03310	'28497493	'2'7'3'9'0'0'0'0↑	28045	'28997743	'2'7'8'9'0'0'0'0↑	
'75195757	'28507538	'2'7'4'0'0'0'0'0↑	20530	'29007788	'2'7'9'0'0'0'0'0↑	
88237	'28517539	'2'7'4'1'0'0'0'0↑	13048	'29017789	'2'7'9'1'0'0'0'0↑	
80718	'28527539	'2'7'4'2'0'0'0'0↑	05567	'29027789	'2'7'9'2'0'0'0'0↑	
73200	'28537540	'2'7'4'3'0'0'0'0↑	'74798086	'29037790	'2'7'9'3'0'0'0'0↑	
65683	'28547540	'2'7'4'4'0'0'0'0↑	90606	'29047790	'2'7'9'4'0'0'0'0↑	
58166	'28557541	'2'7'4'5'0'0'0'0↑	83127	'29057791	'2'7'9'5'0'0'0'0↑	
50650	'28567541	'2'7'4'6'0'0'0'0↑	75649	'29067791	'2'7'9'6'0'0'0'0↑	
43135	'28577542	'2'7'4'7'0'0'0'0↑	68171	'29077792	'2'7'9'7'0'0'0'0↑	
35621	'28587542	'2'7'4'8'0'0'0'0↑	60695	'29087792	'2'7'9'8'0'0'0'0↑	
28107	'28597543	'2'7'4'9'0'0'0'0↑	53219	'29097793	'2'7'9'9'0'0'0'0↑	

Nat. No. ·7474 to ·7400   D. Log. ·2911.... to ·3010....   D. No. '2'8'0'0'0↑ to '2'8'9'9↑   (29)

Natural Numbers.	Dual Logarithms.	Dual Numbers.	Natural Numbers.	Dual Logarithms.	Dual Numbers.	Multiples of Differences.
·74742320	'29112372	'2'8'0'0'0'0'0↑	·74369355	'29612622	'2'8'5'0'0'0'0'0↑	
34846	'29122373	'2'8'0'1'0'0'0'0↑	61918	'29622623	'2'8'5'1'0'0'0'0↑	747 746 745
27373	'29132373	'2'8'0'2'0'0'0'0↑	54482	'29632623	'2'8'5'2'0'0'0'0↑	1 747 746 745
19900	'29142374	'2'8'0'3'0'0'0'0↑	47047	'29642624	'2'8'5'3'0'0'0'0↑	2 1494 1492 1490
12428	'29152374	'2'8'0'4'0'0'0'0↑	39612	'29652624	'2'8'5'4'0'0'0'0↑	3 2241 2238 2235
						4 2988 2984 2980
04957	'29162375	'2'8'0'5'0'0'0'0↑	32177	'29662625	'2'8'5'5'0'0'0'0↑	5 3735 3730 3725
·74697487	'29172375	'2'8'0'6'0'0'0'0↑	24744	'29672625	'2'8'5'6'0'0'0'0↑	6 4482 4476 4470
90017	'29182376	'2'8'0'7'0'0'0'0↑	17312	'29682626	'2'8'5'7'0'0'0'0↑	7 5229 5222 5215
82548	'29192376	'2'8'0'8'0'0'0'0↑	09880	'29692626	'2'8'5'8'0'0'0'0↑	8 5976 5968 5960
75080	'29202377	'2'8'0'9'0'0'0'0↑	02449	'29702627	'2'8'5'9'0'0'0'0↑	9 6723 6714 6705
67578	'29212422	'2'8'1'0'0'0'0'0↑	·74294986	'29712672	'2'8'6'0'0'0'0'0↑	
60111	'29222423	'2'8'1'1'0'0'0'0↑	87557	'29722673	'2'8'6'1'0'0'0'0↑	1 744 743 742
52645	'29232423	'2'8'1'2'0'0'0'0↑	80128	'29732673	'2'8'6'2'0'0'0'0↑	2 1488 1486 1484
45180	'29242424	'2'8'1'3'0'0'0'0↑	72700	'29742674	'2'8'6'3'0'0'0'0↑	3 2232 2229 2226
37715	'29252424	'2'8'1'4'0'0'0'0↑	65273	'29752674	'2'8'6'4'0'0'0'0↑	4 2976 2972 2968
						5 3720 3715 3710
30251	'29262425	'2'8'1'5'0'0'0'0↑	57846	'29762675	'2'8'6'5'0'0'0'0↑	6 4464 4458 4452
22788	'29272425	'2'8'1'6'0'0'0'0↑	50420	'29772675	'2'8'6'6'0'0'0'0↑	7 5208 5201 5194
15326	'29282426	'2'8'1'7'0'0'0'0↑	42995	'29782676	'2'8'6'7'0'0'0'0↑	8 5952 5944 5936
07864	'29292426	'2'8'1'8'0'0'0'0↑	35571	'29792676	'2'8'6'8'0'0'0'0↑	9 6696 6687 6678
00403	'29302427	'2'8'1'9'0'0'0'0↑	28147	'29802677	'2'8'6'9'0'0'0'0↑	
·74592910	'29312472	'2'8'2'0'0'0'0'0↑	20691	'29812722	'2'8'7'0'0'0'0'0↑	1 741 740
85451	'29322473	'2'8'2'1'0'0'0'0↑	13269	'29822723	'2'8'7'1'0'0'0'0↑	2 1482 1480
77992	'29332473	'2'8'2'2'0'0'0'0↑	05828	'29832723	'2'8'7'2'0'0'0'0↑	3 2223 2220
70534	'29342474	'2'8'2'3'0'0'0'0↑	·74198427	'29842724	'2'8'7'3'0'0'0'0↑	4 2964 2960
63077	'29352474	'2'8'2'4'0'0'0'0↑	91007	'29852724	'2'8'7'4'0'0'0'0↑	5 3705 3700
						6 4446 4440
55621	'29362475	'2'8'2'5'0'0'0'0↑	83588	'29862725	'2'8'7'5'0'0'0'0↑	7 5187 5180
48165	'29372475	'2'8'2'6'0'0'0'0↑	76170	'29872725	'2'8'7'6'0'0'0'0↑	8 5928 5920
40710	'29382476	'2'8'2'7'0'0'0'0↑	68752	'29882726	'2'8'7'7'0'0'0'0↑	9 6669 6600
33256	'29392476	'2'8'2'8'0'0'0'0↑	61335	'29892726	'2'8'7'8'0'0'0'0↑	
25803	'29402477	'2'8'2'9'0'0'0'0↑	53919	'29902727	'2'8'7'9'0'0'0'0↑	
18317	'29412522	'2'8'3'0'0'0'0'0↑	46470	'29912772	'2'8'8'0'0'0'0'0↑	
10865	'29422523	'2'8'3'1'0'0'0'0↑	39055	'29922773	'2'8'8'1'0'0'0'0↑	
03414	'29432523	'2'8'3'2'0'0'0'0↑	31641	'29932773	'2'8'8'2'0'0'0'0↑	
·74495964	'29442524	'2'8'3'3'0'0'0'0↑	24228	'29942774	'2'8'8'3'0'0'0'0↑	
88514	'29452524	'2'8'3'4'0'0'0'0↑	16816	'29952774	'2'8'8'4'0'0'0'0↑	
81065	'29462525	'2'8'3'5'0'0'0'0↑	09404	'29962775	'2'8'8'5'0'0'0'0↑	
73617	'29472525	'2'8'3'6'0'0'0'0↑	01993	'29972775	'2'8'8'6'0'0'0'0↑	
66170	'29482526	'2'8'3'7'0'0'0'0↑	·74094583	'29982776	'2'8'8'7'0'0'0'0↑	
58723	'29492526	'2'8'3'8'0'0'0'0↑	87174	'29992776	'2'8'8'8'0'0'0'0↑	
51277	'29502527	'2'8'3'9'0'0'0'0↑	79766	'30002777	'2'8'8'9'0'0'0'0↑	
43799	'29512572	'2'8'4'0'0'0'0'0↑	72324	'30012822	'2'8'9'0'0'0'0'0↑	
36355	'29522573	'2'8'4'1'0'0'0'0↑	64917	'30022823	'2'8'9'1'0'0'0'0↑	
28911	'29532573	'2'8'4'2'0'0'0'0↑	57511	'30032823	'2'8'9'2'0'0'0'0↑	
21468	'29542574	'2'8'4'3'0'0'0'0↑	50105	'30042824	'2'8'9'3'0'0'0'0↑	
14026	'29552574	'2'8'4'4'0'0'0'0↑	42700	'30052824	'2'8'9'4'0'0'0'0↑	
06585	'29562575	'2'8'4'5'0'0'0'0↑	35296	'30062825	'2'8'9'5'0'0'0'0↑	
·74399144	'29572575	'2'8'4'6'0'0'0'0↑	27892	'30072825	'2'8'9'6'0'0'0'0↑	
91704	'29582576	'2'8'4'7'0'0'0'0↑	20489	'30082826	'2'8'9'7'0'0'0'0↑	
84265	'29592576	'2'8'4'8'0'0'0'0↑	13087	'30092826	'2'8'9'8'0'0'0'0↑	
76827	'29602577	'2'8'4'9'0'0'0'0↑	05686	'30102827	'2'8'9'9'0'0'0'0↑	

(30)   Nat. No. '7399 to '7326   D. Log. '3011.... to '3110....   D. No. '2'9'0'0↑ to '2'0'9'9↑

Natural Numbers.	Dual Logarithms.	Dual Numbers.	Natural Numbers.	Dual Logarithms.	Dual Numbers.	Multiples of Differences
'73994897	'30117405	'2'9'0'0'0'0'0'0↑	'73625662	'30617655	'2'9'5'0'0'0'0'0↑	
87498	30127406	'2'9'0'1'0'0'0'0↑	18299	30627656	'2'9'5'1'0'0'0'0↑	
80099	30137406	'2'9'0'2'0'0'0'0↑	10937	30637656	'2'9'5'2'0'0'0'0↑	1 739 738
72701	30147407	'2'9'0'3'0'0'0'0↑	03576	30647657	'2'9'5'3'0'0'0'0↑	2 1478 1476
65304	30157407	'2'9'0'4'0'0'0'0↑	'73596216	30657657	'2'9'5'4'0'0'0'0↑	3 2217 2214
						4 2956 2952
57907	30167408	'2'9'0'5'0'0'0'0↑	88856	30667658	'2'9'5'5'0'0'0'0↑	5 3695 3690
50511	30177408	'2'9'0'6'0'0'0'0↑	81497	30677658	'2'9'5'6'0'0'0'0↑	6 4434 4428
43116	30187409	'2'9'0'7'0'0'0'0↑	74139	30687659	'2'9'5'7'0'0'0'0↑	7 5173 5166
35722	30197409	'2'9'0'8'0'0'0'0↑	66782	30697659	'2'9'5'8'0'0'0'0↑	8 5912 5904
28328	30207410	'2'9'0'9'0'0'0'0↑	59425	30707660	'2'9'5'9'0'0'0'0↑	9 6651 6642
20902	30217455	'2'9'1'0'0'0'0'0↑	52036	30717705	'2'9'6'0'0'0'0'0↑	1 736 735
13510	30227456	'2'9'1'1'0'0'0'0↑	44681	30727706	'2'9'6'1'0'0'0'0↑	2 1472 1470
06119	30237456	'2'9'1'2'0'0'0'0↑	37327	30737706	'2'9'6'2'0'0'0'0↑	3 2208 2205
'73898728	30247457	'2'9'1'3'0'0'0'0↑	29973	30747707	'2'9'6'3'0'0'0'0↑	4 2944 2940
91338	30257457	'2'9'1'4'0'0'0'0↑	22620	30757707	'2'9'6'4'0'0'0'0↑	5 3680 3675
						6 4416 4410
83949	30267458	'2'9'1'5'0'0'0'0↑	15268	30767708	'2'9'6'5'0'0'0'0↑	7 5152 5145
76561	30277458	'2'9'1'6'0'0'0'0↑	07916	30777708	'2'9'6'6'0'0'0'0↑	8 5888 5880
69173	30287459	'2'9'1'7'0'0'0'0↑	00565	30787709	'2'9'6'7'0'0'0'0↑	9 6624 6615
61786	30297459	'2'9'1'8'0'0'0'0↑	'73493215	30797709	'2'9'6'8'0'0'0'0↑	
54400	30307460	'2'9'1'9'0'0'0'0↑	85866	30807710	'2'9'6'9'0'0'0'0↑	1 733 732
						2 1466 1464
46981	30317505	'2'9'2'0'0'0'0'0↑	78484	30817755	'2'9'7'0'0'0'0'0↑	3 2199 2196
39596	30327506	'2'9'2'1'0'0'0'0↑	71136	30827756	'2'9'7'1'0'0'0'0↑	4 2932 2928
32212	30337506	'2'9'2'2'0'0'0'0↑	63789	30837756	'2'9'7'2'0'0'0'0↑	5 3665 3660
24829	30347507	'2'9'2'3'0'0'0'0↑	56443	30847757	'2'9'7'3'0'0'0'0↑	6 4398 4392
17447	30357507	'2'9'2'4'0'0'0'0↑	49097	30857757	'2'9'7'4'0'0'0'0↑	7 5131 5124
						8 5864 5856
10065	30367508	'2'9'2'5'0'0'0'0↑	41752	30867758	'2'9'7'5'0'0'0'0↑	9 6597 6588
02684	30377508	'2'9'2'6'0'0'0'0↑	34408	30877758	'2'9'7'6'0'0'0'0↑	
'73795304	30387509	'2'9'2'7'0'0'0'0↑	27065	30887759	'2'9'7'7'0'0'0'0↑	
87924	30397509	'2'9'2'8'0'0'0'0↑	19722	30897759	'2'9'7'8'0'0'0'0↑	
80545	30407510	'2'9'2'9'0'0'0'0↑	12380	30907760	'2'9'7'9'0'0'0'0↑	
73134	30417555	'2'9'3'0'0'0'0'0↑	05006	30917805	'2'9'8'0'0'0'0'0↑	
65757	30427556	'2'9'3'1'0'0'0'0↑	'73397665	30927806	'2'9'8'1'0'0'0'0↑	
58380	30437556	'2'9'3'2'0'0'0'0↑	90325	30937806	'2'9'8'2'0'0'0'0↑	
51004	30447557	'2'9'3'3'0'0'0'0↑	82986	30947807	'2'9'8'3'0'0'0'0↑	
43629	30457557	'2'9'3'4'0'0'0'0↑	75648	30957807	'2'9'8'4'0'0'0'0↑	
36255	30467558	'2'9'3'5'0'0'0'0↑	68310	30967808	'2'9'8'5'0'0'0'0↑	
28881	30477558	'2'9'3'6'0'0'0'0↑	60973	30977808	'2'9'8'6'0'0'0'0↑	
21508	30487559	'2'9'3'7'0'0'0'0↑	53637	30987809	'2'9'8'7'0'0'0'0↑	
14136	30497559	'2'9'3'8'0'0'0'0↑	46302	30997809	'2'9'8'8'0'0'0'0↑	
06765	30507560	'2'9'3'9'0'0'0'0↑	38967	31007810	'2'9'8'9'0'0'0'0↑	
'73699361	30517605	'2'9'4'0'0'0'0'0↑	31601	31017855	'2'9'9'0'0'0'0'0↑	
91991	30527606	'2'9'4'1'0'0'0'0↑	24268	31027856	'2'9'9'1'0'0'0'0↑	
84622	30537606	'2'9'4'2'0'0'0'0↑	16936	31037856	'2'9'9'2'0'0'0'0↑	
77254	30547607	'2'9'4'3'0'0'0'0↑	09604	31047857	'2'9'9'3'0'0'0'0↑	
69886	30557607	'2'9'4'4'0'0'0'0↑	02273	31057857	'2'9'9'4'0'0'0'0↑	
62519	30567608	'2'9'4'5'0'0'0'0↑	'73294943	31067858	'2'9'9'5'0'0'0'0↑	
55153	30577608	'2'9'4'6'0'0'0'0↑	87614	31077858	'2'9'9'6'0'0'0'0↑	
47787	30587609	'2'9'4'7'0'0'0'0↑	80285	31087859	'2'9'9'7'0'0'0'0↑	
40422	30597609	'2'9'4'8'0'0'0'0↑	72957	31097859	'2'9'9'8'0'0'0'0↑	
33058	30607610	'2'9'4'9'0'0'0'0↑	65630	31107860	'2'9'9'9'0'0'0'0↑	

Nat. No. '7290 to '7218   D. Log. '3160.... to '3259....   D. No: '3'0'0'0↑ to '3'0'9'9↑   (31)

Natural Numbers.	Dual Logarithms.	Dual Numbers.	Natural Numbers.	Dual Logarithms.	Dual Numbers.	Multiples of Differences.		
'72900000	'31628155	'3'0'0'0'0'0'0'0↑	'72536228	'32108305	'3'0'5'0'0'0'0'0↑			
'72892710	'31618156	'3'0'0'1'0'0'0'0↑	28974	'32118306	'3'0'5'1'0'0'0'0↑	1	729	728	727
85421	'31628156	'3'0'0'2'0'0'0'0↑	21721	'32128306	'3'0'5'2'0'0'0'0↑	2	1458	1456	1454
78132	'31638157	'3'0'0'3'0'0'0'0↑	14469	'32138307	'3'0'5'3'0'0'0'0↑	3	2187	2184	2181
70844	'31648157	'3'0'0'4'0'0'0'0↑	07218	'32148307	'3'0'5'4'0'0'0'0↑	4	2916	2912	2908
						5	3645	3640	3635
63557	'31658158	'3'0'0'5'0'0'0'0↑	'72499967	'32158308	'3'0'5'5'0'0'0'0↑	6	4374	4368	4362
56271	'31668158	'3'0'0'6'0'0'0'0↑	92717	'32168308	'3'0'5'6'0'0'0'0↑	7	5103	5096	5089
48985	'31678159	'3'0'0'7'0'0'0'0↑	85468	'32178309	'3'0'5'7'0'0'0'0↑	8	5832	5824	5816
41700	'31688159	'3'0'0'8'0'0'0'0↑	78219	'32188309	'3'0'5'8'0'0'0'0↑	9	6561	6552	6543
34416	'31698160	'3'0'0'9'0'0'0'0↑	70971	'32198310	'3'0'5'9'0'0'0'0↑			
27100	'31708205	'3'0'1'0'0'0'0'0↑	63692	'32208355	'3'0'6'0'0'0'0'0↑	1	726	725	724
19817	'31718206	'3'0'1'1'0'0'0'0↑	56446	'32218356	'3'0'6'1'0'0'0'0↑	2	1452	1450	1448
12535	'31728206	'3'0'1'2'0'0'0'0↑	49200	'32228356	'3'0'6'2'0'0'0'0↑	3	2178	2175	2172
05254	'31738207	'3'0'1'3'0'0'0'0↑	41955	'32238357	'3'0'6'3'0'0'0'0↑	4	2904	2900	2896
'72797973	'31748207	'3'0'1'4'0'0'0'0↑	34711	'32248357	'3'0'6'4'0'0'0'0↑	5	3630	3625	3620
						6	4356	4350	4344
						7	5082	5075	5068
90693	'31758208	'3'0'1'5'0'0'0'0↑	27468	'32258358	'3'0'6'5'0'0'0'0↑	8	5808	5800	5792
83414	'31768208	'3'0'1'6'0'0'0'0↑	20225	'32268358	'3'0'6'6'0'0'0'0↑	9	6534	6525	6516
76136	'31778209	'3'0'1'7'0'0'0'0↑	12983	'32278359	'3'0'6'7'0'0'0'0↑			
68858	'31788209	'3'0'1'8'0'0'0'0↑	05742	'32288359	'3'0'6'8'0'0'0'0↑			
61581	'31798210	'3'0'1'9'0'0'0'0↑	'72398501	'32298360	'3'0'6'9'0'0'0'0↑	1	723	722	721
						2	1446	1444	1442
54273	'31808255	'3'0'2'0'0'0'0'0↑	91228	'32308405	'3'0'7'0'0'0'0'0↑	3	2169	2166	2163
46998	'31818256	'3'0'2'1'0'0'0'0↑	83989	'32318406	'3'0'7'1'0'0'0'0↑	4	2892	2888	2884
39723	'31828256	'3'0'2'2'0'0'0'0↑	76751	'32328406	'3'0'7'2'0'0'0'0↑	5	3615	3610	3605
32449	'31838257	'3'0'2'3'0'0'0'0↑	69513	'32338407	'3'0'7'3'0'0'0'0↑	6	4338	4332	4326
25176	'31848257	'3'0'2'4'0'0'0'0↑	62276	'32348407	'3'0'7'4'0'0'0'0↑	7	5061	5054	5047
						8	5784	5776	5768
17903	'31858258	'3'0'2'5'0'0'0'0↑	55040	'32358408	'3'0'7'5'0'0'0'0↑	9	6507	6498	6489
10631	'31868258	'3'0'2'6'0'0'0'0↑	47804	'32368408	'3'0'7'6'0'0'0'0↑			
03360	'31878259	'3'0'2'7'0'0'0'0↑	40569	'32378409	'3'0'7'7'0'0'0'0↑			
'72696090	'31888259	'3'0'2'8'0'0'0'0↑	33335	'32388409	'3'0'7'8'0'0'0'0↑			
88820	'31898260	'3'0'2'9'0'0'0'0↑	26102	'32398410	'3'0'7'9'0'0'0'0↑			
81519	'31908305	'3'0'3'0'0'0'0'9↑	18837	'32408455	'3'0'8'0'0'0'0'0↑			
74251	'31918306	'3'0'3'1'0'0'0'0↑	11605	'32418456	'3'0'8'1'0'0'0'0↑			
66984	'31928306	'3'0'3'2'0'0'0'0↑	04374	'32428456	'3'0'8'2'0'0'0'0↑			
59717	'31938307	'3'0'3'3'0'0'0'0↑	'72297144	'32438457	'3'0'8'3'0'0'0'0↑			
52451	'31948307	'3'0'3'4'0'0'0'0↑	89914	'32448457	'3'0'8'4'0'0'0'0↑			
45186	'31958308	'3'0'3'5'0'0'0'0↑	82685	'32458458	'3'0'8'5'0'0'0'0↑			
37921	'31968308	'3'0'3'6'0'0'0'0↑	75457	'32468458	'3'0'8'6'0'0'0'0↑			
30657	'31978309	'3'0'3'7'0'0'0'0↑	68229	'32478459	'3'0'8'7'0'0'0'0↑			
23394	'31988309	'3'0'3'8'0'0'0'0↑	61002	'32488459	'3'0'8'8'0'0'0'0↑			
16132	'31998310	'3'0'3'9'0'0'0'0↑	53776	'32498460	'3'0'8'9'0'0'0'0↑			
08837	'32008355	'3'0'4'0'0'0'0'0↑	46518	'32508505	'3'0'9'0'0'0'0'0↑			
01576	'32018356	'3'0'4'1'0'0'0'0↑	39293	'32518506	'3'0'9'1'0'0'0'0↑			
'72594316	'32028356	'3'0'4'2'0'0'0'0↑	32069	'32528506	'3'0'9'2'0'0'0'0↑			
87057	'32038357	'3'0'4'3'0'0'0'0↑	24846	'32538507	'3'0'9'3'0'0'0'0↑			
79798	'32048357	'3'0'4'4'0'0'0'0↑	17624	'32548507	'3'0'9'4'0'0'0'0↑			
72540	'32058358	'3'0'4'5'0'0'0'0↑	10402	'32558508	'3'0'9'5'0'0'0'0↑			
65283	'32068358	'3'0'4'6'0'0'0'0↑	03181	'32568508	'3'0'9'6'0'0'0'0↑			
58026	'32078359	'3'0'4'7'0'0'0'0↑	'72195961	'32578509	'3'0'9'7'0'0'0'0↑			
50770	'32088359	'3'0'4'8'0'0'0'0↑	88741	'32588509	'3'0'9'8'0'0'0'0↑			
43515	'32098360	'3'0'4'9'0'0'0'0↑	81522	'32598510	'3'0'9'9'0'0'0'0↑			

(32)   Nat. No. '7217 to '7145   D. Log. '3261.... to '3360....   D. No. '3'1'0'0↑ to '3'1'9'9↑

Natural Numbers.	Dual Logarithms.	Dual Numbers.	Natural Numbers.	Dual Logarithms.	Dual Numbers.	Multiples of Differences.
'72171000	'32613189	'3'1'0'0'0'0'0↑	'71810866	'33113439	'3'1'5'0'0'0'0↑	
63783	'32623190	'3'1'0'1'0'0'0↑	03685	'33123440	'3'1'5'1'0'0'0↑	1 721 720 719
56567	'32633190	'3'1'0'2'0'0'0↑	'71796505	'33133440	'3'1'5'2'0'0'0↑	2 1442 1440 1438
49351	'32643191	'3'1'0'3'0'0'0↑	89325	'33143441	'3'1'5'3'0'0'0↑	3 2163 2160 2157
42136	'32653191	'3'1'0'4'0'0'0↑	82146	'33153441	'3'1'5'4'0'0'0↑	4 2884 2880 2876
						5 3605 3600 3595
34922	'32663192	'3'1'0'5'0'0'0↑	74968	'33163442	'3'1'5'5'0'0'0↑	6 4326 4320 4314
27709	'32673192	'3'1'0'6'0'0'0↑	67791	'33173442	'3'1'5'6'0'0'0↑	7 5047 5040 5033
20496	'32683193	'3'1'0'7'0'0'0↑	60614	'33183443	'3'1'5'7'0'0'0↑	8 5768 5760 5752
13284	'32693193	'3'1'0'8'0'0'0↑	53438	'33193443	'3'1'5'8'0'0'0↑	9 6489 6480 6471
06073	'32703194	'3'1'0'9'0'0'0↑	46263	'33203444	'3'1'5'9'0'0'0↑	
'72098829	'32713239	'3'1'1'0'0'0'0↑	39055	'33213489	'3'1'6'0'0'0'0↑	1 718 717 716
91619	'32723240	'3'1'1'1'0'0'0↑	31881	'33223490	'3'1'6'1'0'0'0↑	2 1436 1434 1432
84410	'32733240	'3'1'1'2'0'0'0↑	24708	'33233490	'3'1'6'2'0'0'0↑	3 2154 2151 2148
77202	'32743241	'3'1'1'3'0'0'0↑	17536	'33243491	'3'1'6'3'0'0'0↑	4 2872 2868 2864
69994	'32753241	'3'1'1'4'0'0'0↑	10364	'33253491	'3'1'6'4'0'0'0↑	5 3590 3585 3580
						6 4308 4302 4296
62787	'32763242	'3'1'1'5'0'0'0↑	03193	'33263492	'3'1'6'5'0'0'0↑	7 5026 5019 5012
55581	'32773242	'3'1'1'6'0'0'0↑	'71696023	'33273492	'3'1'6'6'0'0'0↑	8 5744 5736 5728
48375	'32783243	'3'1'1'7'0'0'0↑	88854	'33283493	'3'1'6'7'0'0'0↑	9 6462 6453 6444
41170	'32793243	'3'1'1'8'0'0'0↑	81685	'33293493	'3'1'6'8'0'0'0↑	
33966	'32803244	'3'1'1'9'0'0'0↑	74517	'33303494	'3'1'6'9'0'0'0↑	
						1 715 714
26730	'32813289	'3'1'2'0'0'0'0↑	67316	'33313539	'3'1'7'0'0'0'0↑	2 1430 1428
19527	'32823290	'3'1'2'1'0'0'0↑	60149	'33323540	'3'1'7'1'0'0'0↑	3 2145 2142
12325	'32833290	'3'1'2'2'0'0'0↑	52983	'33333540	'3'1'7'2'0'0'0↑	4 2860 2856
05124	'32843291	'3'1'2'3'0'0'0↑	45818	'33343541	'3'1'7'3'0'0'0↑	5 3575 3570
'71997923	'32853291	'3'1'2'4'0'0'0↑	38653	'33353541	'3'1'7'4'0'0'0↑	6 4290 4284
						7 5005 4998
90723	'32863292	'3'1'2'5'0'0'0↑	31489	'33363542	'3'1'7'5'0'0'0↑	8 5720 5712
83524	'32873292	'3'1'2'6'0'0'0↑	24326	'33373542	'3'1'7'6'0'0'0↑	9 6435 6426
76326	'32883293	'3'1'2'7'0'0'0↑	17164	'33383543	'3'1'7'7'0'0'0↑	
69128	'32893293	'3'1'2'8'0'0'0↑	10002	'33393543	'3'1'7'8'0'0'0↑	
61931	'32903294	'3'1'2'9'0'0'0↑	02841	'33403544	'3'1'7'9'0'0'0↑	
54704	'32913339	'3'1'3'0'0'0'0↑	'71595649	'33413589	'3'1'8'0'0'0'0↑	
47509	'32923340	'3'1'3'1'0'0'0↑	88489	'33423590	'3'1'8'1'0'0'0↑	
40314	'32933340	'3'1'3'2'0'0'0↑	81330	'33433590	'3'1'8'2'0'0'0↑	
33120	'32943341	'3'1'3'3'0'0'0↑	74172	'33443591	'3'1'8'3'0'0'0↑	
25927	'32953341	'3'1'3'4'0'0'0↑	67015	'33453591	'3'1'8'4'0'0'0↑	
18734	'32963342	'3'1'3'5'0'0'0↑	59858	'33463592	'3'1'8'5'0'0'0↑	
11542	'32973342	'3'1'3'6'0'0'0↑	52702	'33473592	'3'1'8'6'0'0'0↑	
04351	'32983343	'3'1'3'7'0'0'0↑	45547	'33483593	'3'1'8'7'0'0'0↑	
'71897161	'32993343	'3'1'3'8'0'0'0↑	38392	'33493593	'3'1'8'8'0'0'0↑	
89971	'33003344	'3'1'3'9'0'0'0↑	31238	'33503594	'3'1'8'9'0'0'0↑	
82749	'33013389	'3'1'4'0'0'0'0↑	24053	'33513639	'3'1'9'0'0'0'0↑	
75561	'33023390	'3'1'4'1'0'0'0↑	16901	'33523640	'3'1'9'1'0'0'0↑	
68373	'33033390	'3'1'4'2'0'0'0↑	09749	'33533640	'3'1'9'2'0'0'0↑	
61186	'33043391	'3'1'4'3'0'0'0↑	02598	'33543641	'3'1'9'3'0'0'0↑	
54000	'33053391	'3'1'4'4'0'0'0↑	'71495448	'33553641	'3'1'9'4'0'0'0↑	
46815	'33063392	'3'1'4'5'0'0'0↑	88298	'33563642	'3'1'9'5'0'0'0↑	
39630	'33073392	'3'1'4'6'0'0'0↑	81150	'33573642	'3'1'9'6'0'0'0↑	
32446	'33083393	'3'1'4'7'0'0'0↑	74002	'33583643	'3'1'9'7'0'0'0↑	
25263	'33093393	'3'1'4'8'0'0'0↑	66855	'33593643	'3'1'9'8'0'0'0↑	
18080	'33103394	'3'1'4'9'0'0'0↑	59708	'33603644	'3'1'9'9'0'0'0↑	

Nat. No. '7144 to '7074   D. Log. '3361.... to '3460....   D. No. '3'2'0'0↑ to '3'2'8'9↑   (33)

Natural Numbers.	Dual Logarithms.	Dual Numbers.	Natural Numbers.	Dual Logarithms.	Dual Numbers.	Multiples of Differences.
'71449290	'33618222	'3'2'0'0'0'0'd'o↑	'71092757	'34118472	'3'2'5'0'0'0'0'0↑	
42145	'33628223	'3'2'0'1'0'0'0'0↑	85648	'34128473	'3'2'5'1'0'0'0'0↑	
35001	'33638223	'3'2'0'2'0'0'0'0↑	78539	'34138473	'3'2'5'2'0'0'0'0↑	1 714 713 712
27857	'33648224	'3'2'0'3'0'0'0'o	71431	'34148474	'3'2'5'3'0'0'0'0↑	2 1428 1426 1424
20714	'33658224	'3'2'0'4'0'0'0'0↑	64324	'34158474	'3'2'5'4'0'0'0'0↑	3 2142 2139 2136
						4 2856 2852 2848
						5 3570 3565 3560
13572	'33668225	'3'2'0'5'0'0'0'0↑	57218	'34168475	'3'2'5'5'0'0'0'0↑	6 4284 4278 4272
06431	'33678225	'3'2'0'6'0'0'0'0↑	50112	'34178475	'3'2'5'6'0'0'0'0↑	7 4998 4991 4984
'71399290	'33688226	'3'2'0'7'0'0'0'0↑	43007	'34188476	'3'2'5'7'0'0'0'0↑	8 5712 5704 5696
92150	'33698226	'3'2'0'8'0'0'0'0↑	35903	'34198476	'3'2'5'8'0'0'0'0↑	9 6426 6417 6408
85011	'33708227	'3'2'0'9'0'0'0'0↑	28799	'34208477	'3'2'5'9'0'0'0'0↑	
77841	'33718272	'3'2'1'0'0'0'0'0↑	21665	'34218522	'3'2'6'0'0'0'0'0↑	1 711 710 709
70703	'33728273	'3'2'1'1'0'0'0'0↑	14563	'34228523	'3'2'6'1'0'0'0'0↑	2 1422 1420 1418
63566	'33738273	'3'2'1'2'0'0'0'0↑	07462	'34238523	'3'2'6'2'0'0'0'0↑	3 2133 2130 2127
56430	'33748274	'3'2'1'3'0'0'0'0↑	00361	'34248524	'3'2'6'3'0'0'0'0↑	4 2844 2840 2836
49294	'33758274	'3'2'1'4'0'0'0'0↑	'70993261	'34258524	'3'2'6'4'0'0'0'0↑	5 3555 3550 3545
						6 4266 4260 4254
						7 4977 4970 4963
42159	'33768275	'3'2'1'5'0'0'0'0↑	86162	'34268525	'3'2'6'5'0'0'0'0↑	8 5688 5680 5672
35025	'33778275	'3'2'1'6'0'0'0'0↑	79063	'34278525	'3'2'6'6'0'0'0'0↑	9 6399 6390 6381
27891	'33788276	'3'2'1'7'0'0'0'0↑	71965	'34288526	'3'2'6'7'0'0'0'0↑	
20758	'33798276	'3'2'1'8'0'0'0'0↑	64868	'34298526	'3'2'6'8'0'0'0'0↑	
13626	'33808277	'3'2'1'9'0'0'0'0↑	57772	'34308527	'3'2'6'9'0'0'0'0↑	
06463	'33818322	'3'2'2'0'0'0'0'0↑	50643	'34318572	'3'2'7'0'0'0'0'0↑	1 708 707
'71299332	'33828323	'3'2'2'1'0'0'0'0↑	43548	'34328573	'3'2'7'1'0'0'0'0↑	2 1416 1414
92202	'33838323	'3'2'2'2'0'0'0'0↑	36454	'34338573	'3'2'7'2'0'0'0'0↑	3 2124 2121
85073	'33848324	'3'2'2'3'0'0'0'0↑	29360	'34348574	'3'2'7'3'0'0'0'0↑	4 2832 2828
77944	'33858324	'3'2'2'4'0'0'0'0↑	22267	'34358574	'3'2'7'4'0'0'0'0↑	5 3540 3535
						6 4248 4242
						7 4956 4949
70816	'33868325	'3'2'2'5'0'0'0'0↑	15175	'34368575	'3'2'7'5'0'0'0'0↑	8 5664 5656
63689	'33878325	'3'2'2'6'0'0'0'0↑	08083	'34378575	'3'2'7'6'0'0'0'0↑	9 6372 6363
56563	'33888326	'3'2'2'7'0'0'0'0↑	00992	'34388576	'3'2'7'7'0'0'0'0↑	
49437	'33898326	'3'2'2'8'0'0'0'0↑	'70893902	'34398576	'3'2'7'8'0'0'0'0↑	
42312	'33908327	'3'2'2'9'0'0'0'0↑	86813	'34408577	'3'2'7'9'0'0'0'0↑	
35157	'33918372	'3'2'3'0'0'0'0'0↑	79692	'34418622	'3'2'8'0'0'0'0'0↑	
28033	'33928373	'3'2'3'1'0'0'0'0↑	72604	'34428623	'3'2'8'1'0'0'0'0↑	
20910	'33938373	'3'2'3'2'0'0'0'0↑	65517	'34438623	'3'2'8'2'0'0'0'0↑	
13788	'33948374	'3'2'3'3'0'0'0'0↑	58430	'34448624	'3'2'8'3'0'0'0'0↑	
06667	'33958374	'3'2'3'4'0'0'0'0↑	51344	'34458624	'3'2'8'4'0'0'0'0↑	
'71199546	'33968375	'3'2'3'5'0'0'0'0↑	44259	'34468625	'3'2'8'5'0'0'0'0↑	
92426	'33978375	'3'2'3'6'0'0'0'0↑	37175	'34478625	'3'2'8'6'0'0'0'0↑	
85307	'33988376	'3'2'3'7'0'0'0'0↑	30091	'34488626	'3'2'8'7'0'0'0'0↑	
78189	'33998376	'3'2'3'8'0'0'0'0↑	23008	'34498626	'3'2'8'8'0'0'0'0↑	
71071	'34008377	'3'2'3'9'0'0'0'0↑	15926	'34508627	'3'2'8'9'0'0'0'0↑	
63921	'34018422	'3'2'4'0'0'0'0'0↑	08813	'34518672	'3'2'9'0'0'0'0'0↑	
56805	'34028423	'3'2'4'1'0'0'0'0↑	01732	'34528673	'3'2'9'1'0'0'0'0↑	
49689	'34038423	'3'2'4'2'0'0'0'0↑	'70794652	'34538673	'3'2'9'2'0'0'0'0↑	
42574	'34048424	'3'2'4'3'0'0'0'0↑	87573	'34548674	'3'2'9'3'0'0'0'0↑	
35460	'34058424	'3'2'4'4'0'0'0'0↑	80494	'34558674	'3'2'9'4'0'0'0'0↑	
28346	'34068425	'3'2'4'5'0'0'0'0↑	'73416	'34568675	'3'2'9'5'0'0'0'0↑	
21233	'34078425	'3'2'4'6'0'0'0'0↑	66339	'34578675	'3'2'9'6'0'0'0'0↑	
14121	'34088426	'3'2'4'7'0'0'0'0↑	59262	'34588676	'3'2'9'7'0'0'0'0↑	
07010	'34098426	'3'2'4'8'0'0'0'0↑	52186	'34598676	'3'2'9'8'0'0'0'0↑	
'71099899	'34108427	'3'2'4'9'0'0'0'0↑	45111	'34608677	'3'2'9'9'0'0'0'0↑	

(34) Nat. No. '7073 to '7003   D. Log. '3462.... to '3561....   D. No: '3'3'0'0↑ to '3'3'9'9↑

Natural Numbers.	Dual Logarithms.	Dual Numbers.	Natural Numbers.	Dual Logarithms.	Dual Numbers.	Multiples of Differences.		
'70734797	'34623256	'3'3'0'0'0'0'0'0↑	'70381830	'35123506	'3'3'5'0'0'0'0'0↑			
27724	34633257	'3'3'0'1'0'0'0'0↑	74792	35133507	'3'3'5'1'0'0'0'0↑	1	707	706	705
20651	34643257	'3'3'0'2'0'0'0'0↑	67755	35143507	'3'3'5'2'0'0'0'0↑	2	1414	1412	1410
13579	34653258	'3'3'0'3'0'0'0'0↑	60718	35153508	'3'3'5'3'0'0'0'0↑	3	2121	2118	2115
06508	34663258	'3'3'0'4'0'0'0'0↑	53682	35163508	'3'3'5'4'0'0'0'0↑	4	2828	2824	2820
						5	3535	3530	3525
'70699437	34673259	'3'3'0'5'0'0'0'0↑	46647	35173509	'3'3'5'5'0'0'0'0↑	6	4242	4236	4230
92367	34683259	'3'3'0'6'0'0'0'0↑	39612	35183509	'3'3'5'6'0'0'0'0↑	7	4949	4942	4935
85298	34693260	'3'3'0'7'0'0'0'0↑	32578	35193510	'3'3'5'7'0'0'0'0↑	8	5656	5648	5640
78229	34703260	'3'3'0'8'0'0'0'0↑	25545	35203510	'3'3'5'8'0'0'0'0↑	9	6363	6354	6345
71161	34713265	'3'3'0'9'0'0'0'0↑	18512	35213511	'3'3'5'9'0'0'0'0↑				
64062	34723306	'3'3'1'0'0'0'0'0↑	11448	35223556	'3'3'6'0'0'0'0'0↑	1	704	703	702
56996	34733307	'3'3'1'1'0'0'0'0↑	04417	35233557	'3'3'6'1'0'0'0'0↑	2	1408	1406	1404
49930	34743307	'3'3'1'2'0'0'0'0↑	'70297387	35243557	'3'3'6'2'0'0'0'0↑	3	2112	2109	2106
42865	34753308	'3'3'1'3'0'0'0'0↑	90357	35253558	'3'3'6'3'0'0'0'0↑	4	2826	2812	2808
35801	34763308	'3'3'1'4'0'0'0'0↑	83328	35263558	'3'3'6'4'0'0'0'0↑	5	3520	3515	3510
						6	4224	4218	4212
28737	34773309	'3'3'1'5'0'0'0'0↑	76300	35273559	'3'3'6'5'0'0'0'0↑	7	4928	4921	4914
21674	34783309	'3'3'1'6'0'0'0'0↑	69272	35283559	'3'3'6'6'0'0'0'0↑	8	5632	5624	5616
14612	34793310	'3'3'1'7'0'0'0'0↑	62245	35293560	'3'3'6'7'0'0'0'0↑	9	6336	6327	6318
07551	34803310	'3'3'1'8'0'0'0'0↑	55219	35303560	'3'3'6'8'0'0'0'0↑				
'70600491	34813311	'3'3'1'9'0'0'0'0↑	48193	35313561	'3'3'6'9'0'0'0'0↑				
93398	34823356	'3'3'2'0'0'0'0'0↑	41136	35323606	'3'3'7'0'0'0'0'0↑	1	701	700	
86339	34833357	'3'3'2'1'0'0'0'0↑	34112	35333607	'3'3'7'1'0'0'0'0↑	2	1402	1400	
79280	34843357	'3'3'2'2'0'0'0'0↑	27089	35343607	'3'3'7'2'0'0'0'0↑	3	2103	2100	
72222	34853358	'3'3'2'3'0'0'0'0↑	20066	35353608	'3'3'7'3'0'0'0'0↑	4	2804	2800	
65165	34863358	'3'3'2'4'0'0'0'0↑	13044	35363608	'3'3'7'4'0'0'0'0↑	5	3505	3500	
						6	4206	4200	
58108	34873359	'3'3'2'5'0'0'0'0↑	06023	35373609	'3'3'7'5'0'0'0'0↑	7	4907	4900	
51052	34883359	'3'3'2'6'0'0'0'0↑	'70199002	35383609	'3'3'7'6'0'0'0'0↑	8	5608	5600	
43997	34893360	'3'3'2'7'0'0'0'0↑	91982	35393610	'3'3'7'7'0'0'0'0↑	9	6309	6300	
36943	34903360	'3'3'2'8'0'0'0'0↑	84963	35403610	'3'3'7'8'0'0'0'0↑				
29889	34913361	'3'3'2'9'0'0'0'0↑	77944	35413611	'3'3'7'9'0'0'0'0↑				
22805	34923406	'3'3'3'0'0'0'0'0↑	70895	35423656	'3'3'8'0'0'0'0'0↑				
15753	34933407	'3'3'3'1'0'0'0'0↑	63878	35433657	'3'3'8'1'0'0'0'0↑				
08701	34943407	'3'3'3'2'0'0'0'0↑	56862	35443657	'3'3'8'2'0'0'0'0↑				
01650	34953408	'3'3'3'3'0'0'0'0↑	49846	35453658	'3'3'8'3'0'0'0'0↑				
'70494600	34963408	'3'3'3'4'0'0'0'0↑	42831	35463658	'3'3'8'4'0'0'0'0↑				
87551	34973409	'3'3'3'5'0'0'0'0↑	35817	35473659	'3'3'8'5'0'0'0'0↑				
80502	34983409	'3'3'3'6'0'0'0'0↑	28803	35483659	'3'3'8'6'0'0'0'0↑				
73454	34993410	'3'3'3'7'0'0'0'0↑	21790	35493660	'3'3'8'7'0'0'0'0↑				
66407	35003410	'3'3'3'8'0'0'0'0↑	14778	35503660	'3'3'8'8'0'0'0'0↑				
59360	35013411	'3'3'3'9'0'0'0'0↑	07767	35513661	'3'3'8'9'0'0'0'0↑				
52282	35023456	'3'3'4'0'0'0'0'0↑	00724	35523706	'3'3'9'0'0'0'0'0↑				
45237	35033457	'3'3'4'1'0'0'0'0↑	'70093714	35533707	'3'3'9'1'0'0'0'0↑				
38192	35043457	'3'3'4'2'0'0'0'0↑	86705	35543707	'3'3'9'2'0'0'0'0↑				
31148	35053458	'3'3'4'3'0'0'0'0↑	79696	35553708	'3'3'9'3'0'0'0'0↑				
24105	35063458	'3'3'4'4'0'0'0'0↑	72688	35563708	'3'3'9'4'0'0'0'0↑				
17063	35073459	'3'3'4'5'0'0'0'0↑	65681	35573709	'3'3'9'5'0'0'0'0↑				
10021	35083459	'3'3'4'6'0'0'0'0↑	58674	35583709	'3'3'9'6'0'0'0'0↑				
02980	35093460	'3'3'4'7'0'0'0'0↑	51668	35593710	'3'3'9'7'0'0'0'0↑				
'70395940	35103460	'3'3'4'8'0'0'0'0↑	44663	35603710	'3'3'9'8'0'0'0'0↑				
88900	35113461	'3'3'4'9'0'0'0'0↑	37659	35613711	'3'3'9'9'0'0'0'0↑				

Nat. No. '7002 to '6933   D. Log. '3562.... to '3661....   D. No. '3'4'0'0'↑ to '3'4'9'9'↑   (35)

Natural Numbers.	Dual Logarithms.	Dual Numbers.	Natural Numbers.	Dual Logarithms.	Dual Numbers.	Multiples of Differences.		
'70027449	'35628289	'3'4'0'0'0'0'0'0↑	'69678012	'36128539	'3'4'5'0'0'0'0'0↑			
20446	35638290	3'4'0'1'0'0'0'0↑	71044	36138540	3'4'5'1'0'0'0'0↑	1	700	699	698
13444	35648290	3'4'0'2'0'0'0'0↑	64077	36148540	3'4'5'2'0'0'0'0↑	2	1400	1398	1396
06443	35658291	3'4'0'3'0'0'0'0↑	57111	36158541	3'4'5'3'0'0'0'0↑	3	2100	2097	2094
'69999442	35668291	3'4'0'4'0'0'0'0↑	50145	36168541	3'4'5'4'0'0'0'0↑	4	2800	2796	2792
						5	3500	3495	3490
92442	35678292	3'4'0'5'0'0'0'0↑	43180	36178542	3'4'5'5'0'0'0'0↑	6	4200	4194	4188
85443	35688292	3'4'0'6'0'0'0'0↑	36216	36188542	3'4'5'6'0'0'0'0↑	7	4900	4893	4886
78444	35698293	3'4'0'7'0'0'0'0↑	29252	36198543	3'4'5'7'0'0'0'0↑	8	5600	5592	5584
71446	35708293	3'4'0'8'0'0'0'0↑	22289	36208543	3'4'5'8'0'0'0'0↑	9	6300	6291	6282
64449	35718294	3'4'0'9'0'0'0'0↑	15327	36218544	3'4'5'9'0'0'0'0↑			
57422	35728339	3'4'1'0'0'0'0'0↑	08334	36228589	3'4'6'0'0'0'0'0↑	1	697	696	695
50426	35738340	3'4'1'1'0'0'0'0↑	01373	36238590	3'4'6'1'0'0'0'0↑	2	1394	1392	1390
43431	35748340	3'4'1'2'0'0'0'0↑	'69594413	36248590	3'4'6'2'0'0'0'0↑	3	2091	2088	2085
36437	35758341	3'4'1'3'0'0'0'0↑	87454	36258591	3'4'6'3'0'0'0'0↑	4	2788	2784	2780
29443	35768341	3'4'1'4'0'0'0'0↑	80495	36268591	3'4'6'4'0'0'0'0↑	5	3485	3480	3475
						6	4182	4176	4170
22450	35778342	3'4'1'5'0'0'0'0↑	73537	36278592	3'4'6'5'0'0'0'0↑	7	4879	4872	4865
15458	35788342	3'4'1'6'0'0'0'0↑	66580	36288592	3'4'6'6'0'0'0'0↑	8	5576	5568	5560
08466	35798343	3'4'1'7'0'0'0'0↑	59623	36298593	3'4'6'7'0'0'0'0↑	9	6273	6264	6255
01475	35808343	3'4'1'8'0'0'0'0↑	52667	36308593	3'4'6'8'0'0'0'0↑			
'69894485	35818344	3'4'1'9'0'0'0'0↑	45712	36318594	3'4'6'9'0'0'0'0↑	1	694	693	
87465	35828389	3'4'2'0'0'0'0'0↑	38726	36328639	3'4'7'0'0'0'0'0↑	2	1388	1386
80476	35838390	3'4'2'1'0'0'0'0↑	31772	36338640	3'4'7'1'0'0'0'0↑	3	2082	2079
73488	35848390	3'4'2'2'0'0'0'0↑	24819	36348640	3'4'7'2'0'0'0'0↑	4	2776	2772
66501	35858391	3'4'2'3'0'0'0'0↑	17867	36358641	3'4'7'3'0'0'0'0↑	5	3470	3465
59514	35868391	3'4'2'4'0'0'0'0↑	10915	36368641	3'4'7'4'0'0'0'0↑	6	4164	4158
						7	4858	4851
52528	35878392	3'4'2'5'0'0'0'0↑	.03964	36378642	3'4'7'5'0'0'0'0↑	8	5552	5544
45543	35888392	3'4'2'6'0'0'0'0↑	'69497014	36388642	3'4'7'6'0'0'0'0↑	9	6246	6237
38558	35898393	3'4'2'7'0'0'0'0↑	90064	36398643	3'4'7'7'0'0'0'0↑			
31574	35908393	3'4'2'8'0'0'0'0↑	83115	36408643	3'4'7'8'0'0'0'0↑			
24591	35918394	3'4'2'9'0'0'0'0↑	76167	36418644	3'4'7'9'0'0'0'0↑			
17578	35928439	3'4'3'0'0'0'0'0↑	69187	36428689	3'4'8'0'0'0'0'0↑			
10596	35938440	3'4'3'1'0'0'0'0↑	62240	36438690	3'4'8'1'0'0'0'0↑			
03615	35948440	3'4'3'2'0'0'0'0↑	55294	36448690	3'4'8'2'0'0'0'0↑			
'69796635	35958441	3'4'3'3'0'0'0'0↑	48348	36458691	3'4'8'3'0'0'0'0↑			
89655	35968441	3'4'3'4'0'0'0'0↑	41403	36468691	3'4'8'4'0'0'0'0↑			
82676	35978442	3'4'3'5'0'0'0'0↑	34459	36478692	3'4'8'5'0'0'0'0↑			
75698	35988442	3'4'3'6'0'0'0'0↑	27516	36488692	3'4'8'6'0'0'0'0↑			
58720	35998443	3'4'3'7'0'0'0'0↑	20573	36498693	3'4'8'7'0'0'0'0↑			
61743	36008443	3'4'3'8'0'0'0'0↑	13631	36508693	3'4'8'8'0'0'0'0↑			
54767	36018444	3'4'3'9'0'0'0'0↑	.06690	36518694	3'4'8'9'0'0'0'0↑			
47760	36028489	3'4'4'0'0'0'0'0↑	'69399718	36528739	3'4'9'0'0'0'0'0↑			
40785	36038490	3'4'4'1'0'0'0'0↑	92778	36538740	3'4'9'1'0'0'0'0↑			
33811	36048490	3'4'4'2'0'0'0'0↑	85839	36548740	3'4'9'2'0'0'0'0↑			
26838	36058491	3'4'4'3'0'0'0'0↑	78900	36558741	3'4'9'3'0'0'0'0↑			
19865	36068491	3'4'4'4'0'0'0'0↑	71962	36568741	3'4'9'4'0'0'0'0↑			
12893	36078492	3'4'4'5'0'0'0'0↑	65025	36578742	3'4'9'5'0'0'0'0↑			
05922	36088492	3'4'4'6'0'0'0'0↑	58087	36588742	3'4'9'6'0'0'0'0↑			
'69698951	36098493	3'4'4'7'0'0'0'0↑	51151	36598743	3'4'9'7'0'0'0'0↑			
91981	36108493	3'4'4'8'0'0'0'0↑	44216	36608743	3'4'9'8'0'0'0'0↑			
85012	36118494	3'4'4'9'0'0'0'0↑	37282	36618744	3'4'9'9'0'0'0'0↑			

(36) Nat. No. '6932 to '6864 D. Log. '3663.... to '3762.... D. No. '3'5'0'0'↑ to '3'5'9'9'↑

Natural Numbers.	Dual Logarithms.	Dual Numbers.	Natural Numbers.	Dual Logarithms.	Dual Numbers.	Multiples of Differences.
·69327175	'36633323	'3'5'0'0'0'0'0'0'↑	·68981232	'37133573	'3'5'5'0'0'0'0'0'↑	
20242	'36643324	'3'5'0'1'0'0'0'0'↑	74334	'37143574	'3'5'5'1'0'0'0'0'↑	1 693 692 69
13310	'36653324	'3'5'0'2'0'0'0'0'↑	67437	'37153574	'3'5'5'2'0'0'0'0'↑	2 1386 1384 138
06379	'36663325	'3'5'0'3'0'0'0'0'↑	60540	'37163575	'3'5'5'3'0'0'0'0'↑	3 2079 2076 207
·69299448	'36673325	'3'5'0'4'0'0'0'0'↑	53644	'37173575	'3'5'5'4'0'0'0'0'↑	4 2772 2768 276
						5 3465 3460 345
92518	'36683326	'3'5'0'5'0'0'0'0'↑	46749	'37183576	'3'5'5'5'0'0'0'0'↑	6 4158 4152 414
85589	'36693326	'3'5'0'6'0'0'0'0'↑	39854	'37193576	'3'5'5'6'0'0'0'0'↑	7 4851 4844 483
78660	'36703327	'3'5'0'7'0'0'0'0'↑	32960	'37203577	'3'5'5'7'0'0'0'0'↑	8 5544 5536 552
71731	'36713327	'3'5'0'8'0'0'0'0'↑	26067	'37213577	'3'5'5'8'0'0'0'0'↑	9 6237 6228 6219
64803	'36723328	'3'5'0'9'0'0'0'0'↑	19174	'37223578	'3'5'5'9'0'0'0'0'↑	
57848	'36733373	'3'5'1'0'0'0'0'0'↑	12251	'37233623	'3'5'6'0'0'0'0'0'↑	1 690 689 688
50922	'36743374	'3'5'1'1'0'0'0'0'↑	05360	'37243624	'3'5'6'1'0'0'0'0'↑	2 1380 1378 1376
43997	'36753374	'3'5'1'2'0'0'0'0'↑	·68898469	'37253624	'3'5'6'2'0'0'0'0'↑	3 2070 2067 2064
37073	'36763375	'3'5'1'3'0'0'0'0'↑	91580	'37263625	'3'5'6'3'0'0'0'0'↑	4 2760 2756 2752
30149	'36773375	'3'5'1'4'0'0'0'0'↑	84691	'37273625	'3'5'6'4'0'0'0'0'↑	5 3450 3445 3440
						6 4140 4134 4128
23226	'36783376	'3'5'1'5'0'0'0'0'↑	77803	'37283626	'3'5'6'5'0'0'0'0'↑	7 4830 4823 4816
16304	'36793376	'3'5'1'6'0'0'0'0'↑	70915	'37293626	'3'5'6'6'0'0'0'0'↑	8 5520 5512 5504
09382	'36803377	'3'5'1'7'0'0'0'0'↑	64028	'37303627	'3'5'6'7'0'0'0'0'↑	9 6210 6201 6192
02461	'36813377	'3'5'1'8'0'0'0'0'↑	57142	'37313627	'3'5'6'8'0'0'0'0'↑	
·69195541	'36823378	'3'5'1'9'0'0'0'0'↑	50256	'37323628	'3'5'6'9'0'0'0'0'↑	
88590	'36833423	'3'5'2'0'0'0'0'0'↑	43339	'37333673	'3'5'7'0'0'0'0'0'↑	1 687 686
81671	'36843424	'3'5'2'1'0'0'0'0'↑	36455	'37343674	'3'5'7'1'0'0'0'0'↑	2 1374 1372
74753	'36853424	'3'5'2'2'0'0'0'0'↑	29571	'37353674	'3'5'7'2'0'0'0'0'↑	3 2061 2058
67836	'36863425	'3'5'2'3'0'0'0'0'↑	22688	'37363675	'3'5'7'3'0'0'0'0'↑	4 2748 2744
60919	'36873425	'3'5'2'4'0'0'0'0'↑	15806	'37373675	'3'5'7'4'0'0'0'0'↑	5 3435 3430
						6 4122 4116
54003	'36883426	'3'5'2'5'0'0'0'0'↑	08924	'37383676	'3'5'7'5'0'0'0'0'↑	7 4809 4802
47088	'36893426	'3'5'2'6'0'0'0'0'↑	02043	'37393676	'3'5'7'6'0'0'0'0'↑	8 5496 5488
40173	'36903427	'3'5'2'7'0'0'0'0'↑	·68795163	'37403677	'3'5'7'7'0'0'0'0'↑	9 6183 6174
33259	'36913427	'3'5'2'8'0'0'0'0'↑	88283	'37413677	'3'5'7'8'0'0'0'0'↑	
26346	'36923428	'3'5'2'9'0'0'0'0'↑	81404	'37423678	'3'5'7'9'0'0'0'0'↑	
19401	'36933473	'3'5'3'0'0'0'0'0'↑	74496	'37433723	'3'5'8'0'0'0'0'0'↑	
12489	'36943474	'3'5'3'1'0'0'0'0'↑	67619	'37443724	'3'5'8'1'0'0'0'0'↑	
05578	'36953474	'3'5'3'2'0'0'0'0'↑	60742	'37453724	'3'5'8'2'0'0'0'0'↑	
·69098667	'36963475	'3'5'3'3'0'0'0'0'↑	53866	'37463725	'3'5'8'3'0'0'0'0'↑	
91757	'36973475	'3'5'3'4'0'0'0'0'↑	46991	'37473725	'3'5'8'4'0'0'0'0'↑	
84848	'36983476	'3'5'3'5'0'0'0'0'↑	40116	'37483726	'3'5'8'5'0'0'0'0'↑	
77940	'36993476	'3'5'3'6'0'0'0'0'↑	33242	'37493726	'3'5'8'6'0'0'0'0'↑	
71032	'37003477	'3'5'3'7'0'0'0'0'↑	26369	'37503727	'3'5'8'7'0'0'0'0'↑	
64125	'37013477	'3'5'3'8'0'0'0'0'↑	19496	'37513727	'3'5'8'8'0'0'0'0'↑	
57219	'37023478	'3'5'3'9'0'0'0'0'↑	12624	'37523728	'3'5'8'9'0'0'0'0'↑	
50282	'37033523	'3'5'4'0'0'0'0'0'↑	05722	'37533773	'3'5'9'0'0'0'0'0'↑	
43377	'37043524	'3'5'4'1'0'0'0'0'↑	·68698851	'37543774	'3'5'9'1'0'0'0'0'↑	
36473	'37053524	'3'5'4'2'0'0'0'0'↑	91981	'37553774	'3'5'9'2'0'0'0'0'↑	
29569	'37063525	'3'5'4'3'0'0'0'0'↑	85112	'37563775	'3'5'9'3'0'0'0'0'↑	
22666	'37073525	'3'5'4'4'0'0'0'0'↑	78243	'37573775	'3'5'9'4'0'0'0'0'↑	
15764	'37083526	'3'5'4'5'0'0'0'0'↑	71375	'37583776	'3'5'9'5'0'0'0'0'↑	
08862	'37093526	'3'5'4'6'0'0'0'0'↑	64508	'37593776	'3'5'9'6'0'0'0'0'↑	
01961	'37103527	'3'5'4'7'0'0'0'0'↑	57642	'37603777	'3'5'9'7'0'0'0'0'↑	
·68995061	'37113527	'3'5'4'8'0'0'0'0'↑	50776	'37613777	'3'5'9'8'0'0'0'0'↑	
88161	'37123528	'3'5'4'9'0'0'0'0'↑	43911	'37623778	'3'5'9'9'0'0'0'0'↑	

Nat. No. ˙6863 to ˙6793   D. Log. ˙3763.... to ˙3862....   D. No. ˙3˙6˙0˙0↑ to ˙3˙6˙9˙9↑   (37)

Natural Numbers.	Dual Logarithms.	Dual Numbers.	Natural Numbers.	Dual Logarithms.	Dual Numbers.	Multiples of Differences.		
˙68633903	˙37638357	˙3˙6˙0˙0˙0˙0˙0↑	˙68291419	˙38138607	˙3˙6˙5˙0˙0˙0˙0˙0↑			
27040	37648358	˙3˙6˙0˙1˙0˙0˙0˙0↑	84590	38148608	˙3˙6˙5˙1˙0˙0˙0˙0↑	1	686	685	684
20177	37658358	˙3˙6˙0˙2˙0˙0˙0˙0↑	77762	38158608	˙3˙6˙5˙2˙0˙0˙0˙0↑	2	1372	1370	1368
13315	37668359	˙3˙6˙0˙3˙0˙0˙0˙0↑	70934	38168609	˙3˙6˙5˙3˙0˙0˙0˙0↑	3	2058	2055	2052
06454	37678359	˙3˙6˙0˙4˙0˙0˙0˙0↑	64107	38178609	˙3˙6˙5˙4˙0˙0˙0˙0↑	4	2744	2740	2736
						5	3430	3425	3420
˙68599593	37688360	˙3˙6˙0˙5˙0˙0˙0˙0↑	57281	˙38188610	˙3˙6˙5˙5˙0˙0˙0˙0↑	6	4116	4110	4104
92733	37698360	˙3˙6˙0˙6˙0˙0˙0˙0↑	50455	38198610	˙3˙6˙5˙6˙0˙0˙0˙0↑	7	4802	4795	4788
85874	37708361	˙3˙6˙0˙7˙0˙0˙0˙0↑	43630	38208611	˙3˙6˙5˙7˙0˙0˙0˙0↑	8	5488	5480	5472
79015	37718361	˙3˙6˙0˙8˙0˙0˙0˙0↑	36806	38218611	˙3˙6˙5˙8˙0˙0˙0˙0↑	9	6174	6165	6156
72158	37728362	˙3˙6˙0˙9˙0˙0˙0˙0↑	29982	38228612	˙3˙6˙5˙9˙0˙0˙0˙0↑			
65269	37738407	˙3˙6˙1˙0˙0˙0˙0˙0↑	23128	˙38238657	˙3˙6˙6˙0˙0˙0˙0˙0↑	1	683	682	681
58412	37748408	˙3˙6˙1˙1˙0˙0˙0˙0↑	16306	38248658	˙3˙6˙6˙1˙0˙0˙0˙0↑	2	1366	1364	1362
51556	37758408	˙3˙6˙1˙2˙0˙0˙0˙0↑	09484	38258658	˙3˙6˙6˙2˙0˙0˙0˙0↑	3	2049	2046	2043
44701	37768409	˙3˙6˙1˙3˙0˙0˙0˙0↑	02663	38268659	˙3˙6˙6˙3˙0˙0˙0˙0↑	4	2732	2728	2724
37847	37778409	˙3˙6˙1˙4˙0˙0˙0˙0↑	˙68195843	38278659	˙3˙6˙6˙4˙0˙0˙0˙0↑	5	3415	3410	3405
						6	4098	4092	4086
30993	37788410	˙3˙6˙1˙5˙0˙0˙0˙0↑	89023	˙38288660	˙3˙6˙6˙5˙0˙0˙0˙0↑	7	4781	4774	4767
24140	37798410	˙3˙6˙1˙6˙0˙0˙0˙0↑	82204	38298660	˙3˙6˙6˙6˙0˙0˙0˙0↑	8	5464	5456	5448
17288	37808411	˙3˙6˙1˙7˙0˙0˙0˙0↑	75386	38308661	˙3˙6˙6˙7˙0˙0˙0˙0↑	9	6147	6138	6129
10436	37818411	˙3˙6˙1˙8˙0˙0˙0˙0↑	68568	38318661	˙3˙6˙6˙8˙0˙0˙0˙0↑			
03585	37828412	˙3˙6˙1˙9˙0˙0˙0˙0↑	61751	38328662	˙3˙6˙6˙9˙0˙0˙0˙0↑			
						1	680	679
˙68496704	37838457	˙3˙6˙2˙0˙0˙0˙0˙0↑	54905	˙38338707	˙3˙6˙7˙0˙0˙0˙0˙0↑	2	1360	1358
89854	37848458	˙3˙6˙2˙1˙0˙0˙0˙0↑	48090	38348708	˙3˙6˙7˙1˙0˙0˙0˙0↑	3	2040	2037
83005	37858458	˙3˙6˙2˙2˙0˙0˙0˙0↑	41275	38358708	˙3˙6˙7˙2˙0˙0˙0˙0↑	4	2720	2716
76157	37868459	˙3˙6˙2˙3˙0˙0˙0˙0↑	34461	38368709	˙3˙6˙7˙3˙0˙0˙0˙0↑	5	3400	3395
69309	37878459	˙3˙6˙2˙4˙0˙0˙0˙0↑	27648	38378709	˙3˙6˙7˙4˙0˙0˙0˙0↑	6	4080	4074
						7	4760	4753
62462	37888460	˙3˙6˙2˙5˙0˙0˙0˙0↑	20835	˙38388710	˙3˙6˙7˙5˙0˙0˙0˙0↑	8	5440	5432
55616	37898460	˙3˙6˙2˙6˙0˙0˙0˙0↑	14023	38398710	˙3˙6˙7˙6˙0˙0˙0˙0↑	9	6120	6111
48770	37908461	˙3˙6˙2˙7˙0˙0˙0˙0↑	07211	38408711	˙3˙6˙7˙7˙0˙0˙0˙0↑			
41925	37918461	˙3˙6˙2˙8˙0˙0˙0˙0↑	00399	38418711	˙3˙6˙7˙8˙0˙0˙0˙0↑			
35081	37928462	˙3˙6˙2˙9˙0˙0˙0˙0↑	˙68093589	38428712	˙3˙6˙7˙9˙0˙0˙0˙0↑			
28207	37938507	˙3˙6˙3˙0˙0˙0˙0˙0↑	86750	˙38438757	˙3˙6˙8˙0˙0˙0˙0˙0↑			
21364	37948508	˙3˙6˙3˙1˙0˙0˙0˙0↑	79941	38448758	˙3˙6˙8˙1˙0˙0˙0˙0↑			
14522	37958508	˙3˙6˙3˙2˙0˙0˙0˙0↑	73133	38458758	˙3˙6˙8˙2˙0˙0˙0˙0↑			
07681	37968509	˙3˙6˙3˙3˙0˙0˙0˙0↑	66326	38468759	˙3˙6˙8˙3˙0˙0˙0˙0↑			
00840	37978509	˙3˙6˙3˙4˙0˙0˙0˙0↑	59519	38478759	˙3˙6˙8˙4˙0˙0˙0˙0↑			
˙68394000	37988510	˙3˙6˙3˙5˙0˙0˙0˙0↑	52713	˙38488760	˙3˙6˙8˙5˙0˙0˙0˙0↑			
87161	37998510	˙3˙6˙3˙6˙0˙0˙0˙0↑	45908	38498760	˙3˙6˙8˙6˙0˙0˙0˙0↑			
80322	38008511	˙3˙6˙3˙7˙0˙0˙0˙0↑	39105	38508761	˙3˙6˙8˙7˙0˙0˙0˙0↑			
73484	38018511	˙3˙6˙3˙8˙0˙0˙0˙0↑	32301	38518761	˙3˙6˙8˙8˙0˙0˙0˙0↑			
66647	38028512	˙3˙6˙3˙9˙0˙0˙0˙0↑	25498	38528762	˙3˙6˙8˙9˙0˙0˙0˙0↑			
59779	38038557	˙3˙6˙4˙0˙0˙0˙0˙0↑	18663	˙38538807	˙3˙6˙9˙0˙0˙0˙0˙0↑			
52943	38048558	˙3˙6˙4˙1˙0˙0˙0˙0↑	11861	38548808	˙3˙6˙9˙1˙0˙0˙0˙0↑			
46108	38058558	˙3˙6˙4˙2˙0˙0˙0˙0↑	˙67905060	38558808	˙3˙6˙9˙2˙0˙0˙0˙0↑			
39273	38068559	˙3˙6˙4˙3˙0˙0˙0˙0↑	98259	38568809	˙3˙6˙9˙3˙0˙0˙0˙0↑			
32439	38078559	˙3˙6˙4˙4˙0˙0˙0˙0↑	91459	38578809	˙3˙6˙9˙4˙0˙0˙0˙0↑			
25606	38088560	˙3˙6˙4˙5˙0˙0˙0˙0↑	84660	˙38588810	˙3˙6˙9˙5˙0˙0˙0˙0↑			
18773	38098560	˙3˙6˙4˙6˙0˙0˙0˙0↑	77862	38598810	˙3˙6˙9˙6˙0˙0˙0˙0↑			
11941	38108561	˙3˙6˙4˙7˙0˙0˙0˙0↑	71064	38608811	˙3˙6˙9˙7˙0˙0˙0˙0↑			
05110	38118561	˙3˙6˙4˙8˙0˙0˙0˙0↑	64267	38618811	˙3˙6˙9˙8˙0˙0˙0˙0↑			
˙68298279	38128562	˙3˙6˙4˙9˙0˙0˙0˙0↑	57471	38628812	˙3˙6˙9˙9˙0˙0˙0˙0↑			

(38) Nat. No. ˙6794 to ˙6727   D. Log. ˙3864.... to ˙3963....   D. No. ˙3˙7˙0˙0↑ to ˙3˙7˙9˙9↑

Natural Numbers.	Dual Logarithms.	Dual Numbers.	Natural Numbers.	Dual Logarithms.	Dual Numbers.	Multiples of Differences.
˙67947564	˙3864 3390	˙3˙7˙0˙0˙0˙0˙0˙0↑	˙67608504	˙3914 3640	˙3˙7˙5˙0˙0˙0˙0˙0↑	
40769	3865 3391	˙3˙7˙0˙1˙0˙0˙0˙0↑	01743	3915 3641	˙3˙7˙5˙1˙0˙0˙0˙0↑	1 679 678
33975	3866 3391	˙3˙7˙0˙2˙0˙0˙0˙0↑	˙67594983	3916 3641	˙3˙7˙5˙2˙0˙0˙0˙0↑	2 1358 1356 1
27182	3867 3392	˙3˙7˙0˙3˙0˙0˙0˙0↑	82223	3917 3642	˙3˙7˙5˙3˙0˙0˙0˙0↑	3 2037 2034 2
20389	3868 3392	˙3˙7˙0˙4˙0˙0˙0˙0↑	81464	3918 3642	˙3˙7˙5˙4˙0˙0˙0˙0↑	4 2716 2712 2
						5 3395 3390 3
13597	3869 3393	˙3˙7˙0˙5˙0˙0˙0˙0↑	74706	3919 3643	˙3˙7˙5˙5˙0˙0˙0˙0↑	6 4074 4068 4
06806	3870 3393	˙3˙7˙0˙6˙0˙0˙0˙0↑	67949	3920 3643	˙3˙7˙5˙6˙0˙0˙0˙0↑	7 4753 4746 4
00015	3871 3394	˙3˙7˙0˙7˙0˙0˙0˙0↑	61192	3921 3644	˙3˙7˙5˙7˙0˙0˙0˙0↑	8 5432 5424 5
˙67893225	3872 3394	˙3˙7˙0˙8˙0˙0˙0˙0↑	54436	3922 3644	˙3˙7˙5˙8˙0˙0˙0˙0↑	9 6111 6102 6
86436	3873 3395	˙3˙7˙0˙9˙0˙0˙0˙0↑	47681	3923 3645	˙3˙7˙5˙9˙0˙0˙0˙0↑	
79616	3874 3440	˙3˙7˙1˙0˙0˙0˙0˙0↑	40895	3924 3690	˙3˙7˙6˙0˙0˙0˙0˙0↑	1 676 675
72828	3875 3441	˙3˙7˙1˙1˙0˙0˙0˙0↑	34141	3925 3691	˙3˙7˙6˙1˙0˙0˙0˙0↑	2 1352 1350 1
66041	3876 3441	˙3˙7˙1˙2˙0˙0˙0˙0↑	27388	3926 3691	˙3˙7˙6˙2˙0˙0˙0˙0↑	3 2028 2025 1
59254	3877 3442	˙3˙7˙1˙3˙0˙0˙0˙0↑	20635	3927 3692	˙3˙7˙6˙3˙0˙0˙0˙0↑	4 2704 2700 2
52468	3878 3442	˙3˙7˙1˙4˙0˙0˙0˙0↑	13883	3928 3692	˙3˙7˙6˙4˙0˙0˙0˙0↑	5 3380 3375 3
						6 4056 4050 4
45683	3879 3443	˙3˙7˙1˙5˙0˙0˙0˙0↑	07132	3929 3693	˙3˙7˙6˙5˙0˙0˙0˙0↑	7 4732 4725 4
38898	3880 3443	˙3˙7˙1˙6˙0˙0˙0˙0↑	00381	3930 3693	˙3˙7˙6˙6˙0˙0˙0˙0↑	8 5408 5400 5
32114	3881 3444	˙3˙7˙1˙7˙0˙0˙0˙0↑	˙67493631	3931 3694	˙3˙7˙6˙7˙0˙0˙0˙0↑	9 6084 6075 6
25331	3882 3444	˙3˙7˙1˙8˙0˙0˙0˙0↑	86882	3932 3694	˙3˙7˙6˙8˙0˙0˙0˙0↑	
18548	3883 3445	˙3˙7˙1˙9˙0˙0˙0˙0↑	80133	3933 3695	˙3˙7˙6˙9˙0˙0˙0˙0↑	1 673 672
						2 1346 1344
11736	3884 3490	˙3˙7˙2˙0˙0˙0˙0˙0↑	73354	3934 3740	˙3˙7˙7˙0˙0˙0˙0˙0↑	3 2019 2016
04955	3885 3491	˙3˙7˙2˙1˙0˙0˙0˙0↑	66607	3935 3741	˙3˙7˙7˙1˙0˙0˙0˙0↑	4 2692 2688
˙67798175	3886 3491	˙3˙7˙2˙2˙0˙0˙0˙0↑	59860	3936 3741	˙3˙7˙7˙2˙0˙0˙0˙0↑	5 3365 3360
91395	3887 3492	˙3˙7˙2˙3˙0˙0˙0˙0↑	53114	3937 3742	˙3˙7˙7˙3˙0˙0˙0˙0↑	6 4038 4032
84616	3888 3492	˙3˙7˙2˙4˙0˙0˙0˙0↑	46369	3938 3742	˙3˙7˙7˙4˙0˙0˙0˙0↑	7 4711 4704
						8 5384 5376
77838	3889 3493	˙3˙7˙2˙5˙0˙0˙0˙0↑	39624	3939 3743	˙3˙7˙7˙5˙0˙0˙0˙0↑	9 6057 6048
71060	3890 3493	˙3˙7˙2˙6˙0˙0˙0˙0↑	32880	3940 3743	˙3˙7˙7˙6˙0˙0˙0˙0↑	
64283	3891 3494	˙3˙7˙2˙7˙0˙0˙0˙0↑	26137	3941 3744	˙3˙7˙7˙7˙0˙0˙0˙0↑	
57507	3892 3494	˙3˙7˙2˙8˙0˙0˙0˙0↑	29394	3942 3744	˙3˙7˙7˙8˙0˙0˙0˙0↑	
50731	3893 3495	˙3˙7˙2˙9˙0˙0˙0˙0↑	12652	3943 3745	˙3˙7˙7˙9˙0˙0˙0˙0↑	
43924	3894 3540	˙3˙7˙3˙0˙0˙0˙0˙0↑	05881	3944 3790	˙3˙7˙8˙0˙0˙0˙0˙0↑	
37150	3895 3541	˙3˙7˙3˙1˙0˙0˙0˙0↑	˙67399140	3945 3791	˙3˙7˙8˙1˙0˙0˙0˙0↑	
30376	3896 3541	˙3˙7˙3˙2˙0˙0˙0˙0↑	92400	3946 3791	˙3˙7˙8˙2˙0˙0˙0˙0↑	
23603	3897 3542	˙3˙7˙3˙3˙0˙0˙0˙0↑	85661	3947 3792	˙3˙7˙8˙3˙0˙0˙0˙0↑	
16831	3898 3542	˙3˙7˙3˙4˙0˙0˙0˙0↑	78922	3948 3792	˙3˙7˙8˙4˙0˙0˙0˙0↑	
10059	3899 3543	˙3˙7˙3˙5˙0˙0˙0˙0↑	72184	3949 3793	˙3˙7˙8˙5˙0˙0˙0˙0↑	
03288	3900 3543	˙3˙7˙3˙6˙0˙0˙0˙0↑	65447	3950 3793	˙3˙7˙8˙6˙0˙0˙0˙0↑	
˙67696518	3901 3544	˙3˙7˙3˙7˙0˙0˙0˙0↑	58710	3951 3794	˙3˙7˙8˙7˙0˙0˙0˙0↑	
89748	3902 3544	˙3˙7˙3˙8˙0˙0˙0˙0↑	51974	3952 3794	˙3˙7˙8˙8˙0˙0˙0˙0↑	
82979	3903 3545	˙3˙7˙3˙9˙0˙0˙0˙0↑	45239	3953 3795	˙3˙7˙8˙9˙0˙0˙0˙0↑	
76180	3904 3590	˙3˙7˙4˙0˙0˙0˙0˙0↑	38475	3954 3840	˙3˙7˙9˙0˙0˙0˙0˙0↑	
69412	3905 3591	˙3˙7˙4˙1˙0˙0˙0˙0↑	31741	3955 3841	˙3˙7˙9˙1˙0˙0˙0˙0↑	
62645	3906 3591	˙3˙7˙4˙2˙0˙0˙0˙0↑	25008	3956 3841	˙3˙7˙9˙2˙0˙0˙0˙0↑	
55879	3907 3592	˙3˙7˙4˙3˙0˙0˙0˙0↑	18276	3957 3842	˙3˙7˙9˙3˙0˙0˙0˙0↑	
49113	3908 3592	˙3˙7˙4˙4˙0˙0˙0˙0↑	11544	3958 3842	˙3˙7˙9˙4˙0˙0˙0˙0↑	
42348	3909 3593	˙3˙7˙4˙5˙0˙0˙0˙0↑	04813	3959 3843	˙3˙7˙9˙5˙0˙0˙0˙0↑	
35584	3910 3593	˙3˙7˙4˙6˙0˙0˙0˙0↑	˙67298083	3960 3843	˙3˙7˙9˙6˙0˙0˙0˙0↑	
28820	3911 3594	˙3˙7˙4˙7˙0˙0˙0˙0↑	91353	3961 3844	˙3˙7˙9˙7˙0˙0˙0˙0↑	
22057	3912 3594	˙3˙7˙4˙8˙0˙0˙0˙0↑	84624	3962 3844	˙3˙7˙9˙8˙0˙0˙0˙0↑	
15295	3913 3595	˙3˙7˙4˙9˙0˙0˙0˙0↑	77895	3963 3845	˙3˙7˙9˙9˙0˙0˙0˙0↑	

TABLE III.

ANGULAR MAGNITUDES AND TRIGONOMETRICAL LINES.

0 Degree.   Difference for Seconds.   [1

M.	Sine.	M.	10″	20″	30″	40″	50″	60″	70″	80″	90″	Arc.
0	0000000	60	485	970	1455	1940	2424	2909	3394	3879	4364	0000000
1	2909	59	485	970	1455	1940	2424	2909	3394	3879	4364	2909
2	5818	58	485	970	1455	1940	2424	2909	3394	3879	4364	5818
3	8727	57	485	970	1455	1940	2424	2909	3394	3879	4364	8727
4	0011636	56	485	970	1455	1940	2424	2909	3394	3879	4364	0011636
5	4544	55	485	970	1455	1940	2424	2909	3394	3879	4364	4545
6	7453	54	485	970	1455	1940	2424	2909	3394	3879	4364	7454
7	0020362	53	485	970	1455	1940	2424	2909	3394	3879	4364	0020363
8	3271	52	485	970	1455	1940	2424	2909	3394	3879	4364	3272
9	6180	51	485	970	1455	1940	2424	2909	3394	3879	4364	6181
10	9089	50	485	970	1455	1940	2424	2909	3394	3879	4364	9089
11	0031998	49	485	970	1455	1940	2424	2909	3394	3879	4364	0031998
12	4907	48	485	970	1455	1940	2424	2909	3394	3879	4364	4907
13	7815	47	485	970	1455	1940	2424	2909	3394	3879	4364	7816
14	0040724	46	485	970	1455	1940	2424	2909	3394	3879	4364	0040725
15	3633	45	485	970	1455	1940	2424	2909	3394	3879	4364	3634
16	6542	44	485	970	1455	1940	2424	2909	3394	3879	4364	6543
17	9451	43	485	970	1455	1940	2424	2909	3394	3879	4364	9452
18	0052360	42	485	970	1455	1940	2424	2909	3394	3879	4363	0052361
19	5268	41	485	970	1455	1940	2424	2909	3394	3878	4363	5270
20	8177	40	485	970	1455	1940	2424	2909	3394	3878	4363	8178
21	0061086	39	485	970	1455	1940	2424	2909	3394	3878	4363	0061086
22	3995	38	485	970	1455	1940	2424	2909	3394	3878	4363	3995
23	6904	37	485	970	1455	1940	2424	2909	3394	3878	4363	6904
24	9813	36	485	970	1455	1940	2424	2909	3394	3878	4363	9813
25	0072721	35	485	970	1455	1940	2424	2909	3394	3878	4363	0072722
26	5630	34	485	970	1455	1940	2424	2909	3394	3878	4363	5631
27	8539	33	485	970	1455	1940	2424	2909	3394	3878	4363	8540
28	0081448	32	485	970	1455	1940	2424	2909	3394	3878	4363	0081449
29	4357	31	485	970	1455	1940	2424	2909	3394	3878	4363	4358
30	7265	30	485	970	1455	1940	2424	2909	3394	3878	4363	7266
31	0090174	29	485	970	1455	1940	2424	2909	3394	3878	4363	0090175
32	3083	28	485	970	1455	1940	2424	2909	3394	3878	4363	3084
33	5992	27	485	970	1455	1940	2424	2909	3394	3878	4363	5993
34	8900	26	485	970	1455	1940	2424	2909	3394	3878	4363	8902
35	0101809	25	485	970	1455	1940	2424	2909	3394	3878	4363	0101811
36	4718	24	485	970	1455	1940	2424	2909	3394	3878	4363	4720
37	7627	23	485	970	1455	1940	2424	2909	3394	3878	4363	7629
38	0110535	22	485	970	1454	1939	2424	2909	3394	3878	4363	0110538
39	3444	21	485	970	1454	1939	2424	2909	3394	3878	4363	3447
40	6353	20	485	970	1454	1939	2424	2909	3394	3878	4363	6355
41	9261	19	485	970	1454	1939	2424	2909	3394	3878	4363	9264
42	0122170	18	485	970	1454	1939	2424	2909	3394	3878	4363	0122173
43	5079	17	485	970	1454	1939	2424	2909	3394	3878	4363	5082
44	7987	16	485	970	1454	1939	2424	2909	3394	3878	4363	7991
45	0130896	15	485	970	1454	1939	2424	2909	3394	3878	4363	0130900
46	3805	14	485	970	1454	1939	2424	2909	3394	3878	4363	3809
47	6713	13	485	970	1454	1939	2424	2909	3394	3878	4363	6718
48	9622	12	485	970	1454	1939	2424	2909	3394	3878	4363	9627
49	0142530	11	485	970	1454	1939	2424	2909	3394	3878	4363	0142536
50	5439	10	485	970	1454	1939	2424	2909	3394	3878	4363	5444
51	8348	9	485	970	1454	1939	2424	2909	3394	3878	4363	8353
52	0151256	8	485	970	1454	1939	2424	2909	3394	3878	4363	0151262
53	4165	7	485	970	1454	1939	2424	2909	3394	3878	4363	4171
54	7073	6	485	970	1454	1939	2424	2909	3394	3878	4363	7080
55	9982	5	485	970	1454	1939	2424	2909	3394	3878	4363	9989
56	0162890	4	485	970	1454	1939	2423	2909	3393	3878	4363	0162898
57	5799	3	485	969	1454	1939	2423	2908	3393	3878	4363	5807
58	8707	2	485	969	1454	1939	2423	2908	3393	3878	4362	8716
59	0171616	1	485	969	1454	1939	2423	2908	3393	3878	4362	0171625
60	4524	0	485	969	1454	1939	2423	2908	3393	3878	4362	4533
M.	Cosine.	M.	10″	20″	30″	40″	50″	60″	70″	80″	90″	Arc.

Arc

Sec.	Diff.
10	485
20	970
30	1454
40	1939
50	2424
60	2909
70	3394
80	3878
90	4363

89 Degrees.

1 Degree.

Difference for Seconds.

M.	Sine.	M.	10"	20"	30"	40"	50"	60"	70"	80"	90"	Arc.
0	0174524	60	485	969	1454	1938	2423	2908	3393	3878	4363	0174533
1	7432	59	485	969	1454	1938	2423	2908	3393	3878	4362	7442
2	0180341	58	485	969	1454	1938	2423	2908	3393	3878	4362	0180351
3	3249	57	485	969	1454	1938	2423	2908	3393	3878	4362	3260
4	6158	56	485	969	1454	1938	2423	2908	3393	3878	4362	6169
5	9066	55	485	969	1454	1938	2423	2908	3393	3878	4362	9078
6	0191974	54	485	969	1454	1938	2423	2908	3393	3878	4362	0191987
7	4883	53	485	969	1454	1938	2423	2908	3393	3878	4362	4896
8	7791	52	485	969	1454	1938	2423	2908	3393	3878	4362	7805
9	0200699	51	485	969	1454	1938	2423	2908	3393	3878	4362	0200714
10	3608	50	485	969	1454	1938	2423	2908	3393	3878	4362	3622
11	6516	49	485	969	1454	1938	2423	2908	3393	3878	4362	6530
12	9424	48	485	969	1454	1938	2423	2908	3393	3877	4362	9440
13	0212332	47	485	969	1454	1938	2423	2908	3393	3877	4362	0212349
14	5241	46	485	969	1454	1938	2423	2908	3393	3877	4362	5258
15	8149	45	485	969	1454	1938	2423	2908	3393	3877	4362	8167
16	0221057	44	485	969	1454	1938	2423	2908	3393	3877	4362	0221076
17	3965	43	485	969	1454	1938	2423	2908	3393	3877	4362	3985
18	6873	42	485	969	1454	1938	2423	2908	3393	3877	4362	6894
19	9781	41	485	969	1454	1938	2423	2908	3393	3877	4362	9803
20	0232690	40	485	969	1454	1938	2423	2908	3393	3877	4362	0232711
21	5598	39	485	969	1454	1938	2423	2908	3393	3877	4362	5620
22	8506	38	485	969	1454	1938	2423	2908	3393	3877	4362	8529
23	0241414	37	485	969	1454	1938	2423	2908	3393	3877	4362	0241438
24	4322	36	485	969	1454	1938	2423	2908	3393	3877	4362	4347
25	7230	35	485	969	1454	1938	2423	2908	3393	3877	4362	7256
26	0250138	34	485	969	1454	1938	2423	2908	3393	3877	4362	0250165
27	3046	33	485	969	1454	1938	2423	2908	3392	3877	4362	3074
28	5954	32	485	969	1454	1938	2423	2908	3392	3877	4362	5983
29	8862	31	485	969	1454	1938	2423	2908	3392	3877	4362	8891
30	0261769	30	485	969	1454	1938	2423	2907	3392	3877	4362	0261799
31	4677	29	485	969	1454	1938	2422	2907	3392	3877	4362	4708
32	7585	28	485	969	1454	1938	2422	2907	3392	3877	4362	7617
33	0270493	27	485	969	1454	1938	2422	2907	3392	3876	4362	0270527
34	3401	26	485	969	1454	1938	2422	2907	3392	3876	4362	3435
35	6309	25	485	969	1454	1938	2422	2907	3392	3876	4362	6344
36	9216	24	485	969	1454	1938	2422	2907	3392	3876	4361	9253
37	0282124	23	485	969	1454	1938	2422	2907	3392	3876	4361	0282162
38	5032	22	485	969	1454	1938	2422	2907	3392	3876	4361	5071
39	7940	21	485	969	1454	1938	2422	2907	3392	3876	4361	7981
40	0290847	20	485	969	1454	1938	2422	2907	3392	3876	4361	0290888
41	3755	19	485	969	1454	1938	2422	2907	3392	3876	4361	3797
42	6662	18	485	969	1454	1938	2422	2907	3392	3876	4361	6706
43	9570	17	485	969	1454	1938	2422	2907	3392	3876	4361	9615
44	0302478	16	485	969	1454	1938	2422	2907	3392	3876	4361	0302524
45	5385	15	485	969	1454	1938	2422	2907	3392	3876	4361	5433
46	8293	14	485	969	1454	1938	2422	2907	3392	3876	4361	8342
47	0311200	13	485	969	1454	1938	2422	2907	3392	3876	4361	0311251
48	4108	12	485	969	1454	1938	2422	2907	3392	3876	4361	4160
49	7015	11	485	969	1454	1938	2422	2907	3392	3876	4361	7069
50	9922	10	485	969	1454	1938	2422	2907	3392	3876	4361	9977
51	0322830	9	485	969	1454	1938	2422	2907	3392	3876	4361	0322886
52	5737	8	485	969	1454	1938	2422	2907	3392	3876	4361	5795
53	8644	7	485	969	1454	1938	2422	2907	3392	3876	4361	8704
54	0331552	6	485	969	1454	1938	2422	2907	3392	3876	4361	0331613
55	4459	5	485	969	1454	1938	2422	2907	3392	3876	4361	4522
56	7366	4	485	969	1454	1938	2422	2907	3392	3876	4361	7431
57	0340274	3	485	969	1454	1938	2422	2907	3392	3876	4361	0340340
58	3181	2	485	969	1454	1938	2422	2907	3392	3876	4361	3249
59	6088	1	485	969	1454	1938	2422	2907	3392	3876	4361	6158
60	8995	0	485	969	1454	1938	2422	2907	3392	3876	4361	9066
M.	Cosine.	M.	10"	20"	30"	40"	50"	60"	70"	80"	90"	Arc.

Arc.

Sec.	Diff.
10	485
20	970
30	1454
40	1939
50	2424
60	2909
70	3394
80	3878
90	4363

88 Degrees.

2 Degrees.   Difference for Seconds.   [3

10″	20″	30″	40″	50″	60″	70″	80″	90″	Arc.
485	969	1454	1938	2423	2907	3392	3876	4361	0349066
485	969	1454	1938	2423	2907	3392	3876	4361	0351975
485	969	1454	1938	2423	2907	3392	3876	4361	4884
485	969	1454	1938	2423	2907	3392	3876	4361	7793
485	969	1454	1938	2423	2907	3392	3876	4361	0360702
485	969	1454	1938	2423	2907	3392	3876	4361	3611
485	969	1454	1938	2423	2907	3392	3876	4361	6520
485	969	1454	1938	2423	2907	3392	3876	4361	9429
485	969	1454	1938	2423	2907	3392	3876	4361	0372338
485	969	1454	1938	2423	2907	3392	3876	4361	5247
485	969	1454	1938	2423	2907	3392	3876	4361	8155
485	969	1454	1938	2423	2907	3392	3876	4361	0381064
485	969	1454	1938	2423	2907	3392	3876	4361	3973
485	969	1454	1938	2423	2907	3392	3876	4361	6882
485	969	1454	1938	2423	2907	3392	3876	4361	9791
484	969	1453	1937	2422	2906	3391	3875	4360	0392700
484	969	1453	1937	2422	2906	3391	3875	4360	5609
484	969	1453	1937	2422	2906	3391	3875	4360	8518
484	969	1453	1937	2422	2906	3391	3875	4360	0401427
484	969	1453	1937	2422	2906	3391	3875	4360	4336
484	969	1453	1937	2422	2906	3391	3875	4360	7244
484	969	1453	1937	2422	2906	3391	3875	4360	0411053
484	969	1453	1937	2422	2906	3391	3875	4360	3062
484	969	1453	1937	2422	2906	3391	3875	4360	5971
484	969	1453	1937	2422	2906	3391	3875	4360	8880
484	969	1453	1937	2422	2906	3391	3875	4360	0421789
484	969	1453	1937	2422	2906	3391	3875	4360	4698
484	969	1453	1937	2422	2906	3391	3875	4360	7607
484	969	1453	1937	2422	2906	3391	3875	4359	0430516
484	969	1453	1937	2422	2906	3391	3875	4359	3425
484	969	1453	1937	2422	2906	3391	3875	4359	6332
484	969	1453	1937	2422	2906	3391	3875	4359	9241
484	969	1453	1937	2422	2906	3391	3874	4359	0442150
484	969	1453	1937	2422	2906	3391	3874	4359	5059
484	969	1453	1937	2422	2906	3391	3874	4359	7968
484	969	1453	1937	2422	2906	3391	3874	4359	0450877
484	969	1453	1937	2422	2906	3391	3874	4359	3786
484	969	1453	1937	2422	2906	3391	3874	4359	6695
484	969	1453	1937	2422	2906	3391	3874	4359	9604
484	969	1453	1937	2422	2906	3391	3874	4359	0462513
484	968	1452	1936	2422	2905	3390	3873	4358	5421
484	968	1452	1936	2421	2905	3390	3873	4358	8330
484	968	1452	1936	2421	2905	3390	3873	4358	0471239
484	968	1452	1936	2421	2905	3390	3873	4358	4148
484	968	1452	1936	2421	2905	3390	3873	4358	7057
484	968	1452	1936	2421	2905	3390	3873	4358	9966
484	968	1452	1936	2421	2905	3390	3873	4358	0482875
484	968	1452	1936	2421	2905	3390	3873	4358	5784
484	968	1452	1936	2421	2905	3390	3873	4357	8693
484	968	1452	1936	2421	2905	3390	3873	4357	0491602
484	968	1452	1936	2421	2905	3390	3873	4357	4510
484	968	1452	1936	2421	2905	3390	3873	4357	7419
484	968	1452	1936	2421	2905	3390	3873	4357	0500328
484	968	1452	1936	2421	2905	3390	3873	4357	3237
484	968	1452	1936	2421	2905	3390	3873	4357	6146
484	968	1452	1936	2421	2905	3390	3873	4357	9055
484	968	1452	1936	2421	2905	3390	3873	4357	0511964
484	968	1452	1936	2421	2905	3390	3873	4357	4873
484	968	1452	1936	2421	2905	3390	3873	4357	7782
484	968	1452	1936	2421	2905	3390	3873	4357	0520691
484	968	1452	1936	2421	2905	3390	3873	4357	3599
10″	20″	30″	40″	50″	60″	70″	80″	90″	Arc.

87 Degrees.

Arc.	
Sec.	Diff.
10	485
20	970
30	1454
40	1939
50	2424
60	2909
70	3394
80	3878
90	4363

3 Degrees.

Difference for Seconds.

M.	Sine.	M.	10"	20"	30"	40"	50"	60"	70"	80"	90"	Arc.
0	0523360	60	484	968	1452	1936	2420	2904	3388	3872	4356	0523599
1	6264	59	484	968	1452	1936	2420	2904	3388	3872	4356	6508
2	9169	58	484	968	1452	1936	2420	2904	3388	3872	4356	9417
3	0532074	57	484	968	1452	1936	2420	2904	3388	3872	4356	0532326
4	4979	56	484	968	1452	1936	2420	2904	3388	3872	4356	5235
5	7883	55	484	968	1452	1936	2420	2904	3388	3872	4356	8144
6	0540788	54	484	968	1452	1936	2420	2904	3388	3872	4356	0541053
7	3693	53	484	968	1452	1936	2420	2904	3388	3872	4356	3962
8	6597	52	484	968	1452	1936	2420	2904	3388	3872	4356	6871
9	9502	51	484	968	1452	1936	2420	2904	3388	3872	4356	9780
10	0552406	50	484	968	1452	1936	2420	2904	3388	3872	4356	0552688
11	5311	49	484	968	1452	1936	2420	2904	3388	3872	4356	5597
12	8215	48	484	968	1452	1936	2420	2904	3388	3872	4356	8506
13	0561119	47	484	968	1452	1936	2420	2904	3388	3872	4356	0561415
14	4024	46	484	968	1452	1936	2420	2904	3388	3872	4356	4324
15	6928	45	484	968	1452	1936	2420	2904	3388	3872	4356	7233
16	9832	44	484	968	1452	1936	2420	2904	3388	3872	4356	0570142
17	0572736	43	484	968	1452	1936	2420	2904	3388	3872	4356	3051
18	5640	42	484	968	1452	1936	2420	2904	3388	3872	4356	5960
19	8544	41	484	968	1452	1936	2420	2904	3388	3872	4356	8869
20	0581448	40	484	968	1452	1936	2420	2904	3388	3872	4356	0581777
21	4352	39	484	968	1452	1936	2420	2904	3388	3872	4356	4686
22	7256	38	484	968	1452	1936	2420	2904	3388	3872	4356	7595
23	0590160	37	484	968	1452	1936	2420	2904	3388	3872	4356	0590504
24	3064	36	484	968	1452	1936	2420	2904	3388	3872	4356	3413
25	5967	35	484	968	1452	1936	2420	2904	3388	3872	4356	6322
26	8871	34	484	968	1452	1936	2420	2904	3388	3872	4356	9231
27	0601775	33	484	968	1452	1936	2420	2904	3388	3872	4356	0602140
28	4678	32	484	968	1452	1936	2420	2904	3388	3872	4355	5049
29	7582	31	484	968	1451	1936	2419	2903	3387	3871	4355	7958
30	0610485	30	484	968	1451	1936	2419	2903	3387	3871	4355	0610865
31	3389	29	484	968	1451	1935	2419	2903	3387	3871	4355	3774
32	6292	28	484	968	1451	1935	2419	2903	3387	3871	4355	6683
33	9196	27	484	968	1451	1935	2419	2903	3387	3871	4354	9592
34	0622099	26	484	968	1451	1935	2419	2903	3387	3871	4354	0622501
35	5002	25	484	968	1451	1935	2419	2903	3387	3870	4354	5410
36	7905	24	484	968	1451	1935	2419	2903	3387	3870	4354	8319
37	0630808	23	484	968	1451	1935	2419	2903	3387	3870	4354	0631228
38	3711	22	484	968	1451	1935	2419	2903	3387	3870	4354	4137
39	6614	21	484	968	1451	1935	2419	2903	3387	3870	4354	7046
40	9517	20	484	968	1451	1935	2419	2903	3387	3870	4354	9954
41	0642420	19	484	968	1451	1935	2419	2903	3387	3870	4354	0642863
42	5323	18	484	968	1451	1935	2419	2903	3387	3870	4354	5772
43	8226	17	484	968	1451	1935	2419	2903	3387	3870	4354	8681
44	0651129	16	484	968	1451	1935	2419	2903	3387	3870	4354	0651590
45	4031	15	484	968	1451	1935	2419	2903	3387	3870	4354	4499
46	6934	14	484	968	1451	1935	2419	2903	3387	3870	4354	7408
47	9836	13	484	968	1451	1935	2419	2903	3387	3870	4354	0660317
48	0662739	12	484	968	1451	1935	2419	2903	3387	3870	4354	3226
49	5641	11	484	968	1451	1935	2419	2903	3387	3870	4354	6135
50	8544	10	484	968	1451	1935	2419	2903	3387	3870	4354	9043
51	0671446	9	484	968	1451	1935	2419	2903	3387	3870	4354	0671952
52	4349	8	484	968	1451	1935	2419	2903	3387	3870	4354	4861
53	7251	7	484	968	1451	1935	2419	2903	3387	3870	4354	7770
54	0680153	6	484	968	1451	1935	2419	2903	3387	3870	4354	0680679
55	3055	5	484	968	1451	1935	2419	2903	3387	3870	4354	3588
56	5957	4	484	968	1451	1935	2419	2903	3387	3870	4354	6497
57	8859	3	484	968	1451	1935	2419	2903	3387	3870	4354	9406
58	0691761	2	484	968	1451	1935	2419	2903	3387	3870	4354	0692315
59	4663	1	484	968	1451	1934	2418	2902	3386	3870	4353	5224
60	7565	0	484	967	1451	1934	2418	2902	3386	3870	4353	8132
M.	Cosine.	M.	10"	20"	30"	40"	50"	60"	70"	80"	90"	Arc.

86 Degrees.

Arc.	
Sec.	Diff.
10	485
20	970
30	1454
40	1939
50	2424
60	2909
70	3394
80	3878
90	4363

4 Degrees.   Difference for Seconds.   [5

M.	Sine.	M.	10"	20"	30"	40"	50"	60"	70"	80"	90"	Arc.
0	0697565	60	484	967	1451	1934	2418	2902	3385	3869	4352	0698132
1	0700467	59	484	967	1451	1934	2418	2902	3385	3869	4352	0701041
2	3368	58	484	967	1451	1934	2418	2902	3385	3869	4352	3950
3	6270	57	484	967	1451	1934	2417	2901	3385	3868	4352	6859
4	9171	56	484	967	1451	1934	2417	2901	3385	3868	4352	9768
5	0712073	55	484	967	1451	1934	2417	2901	3385	3868	4352	0712677
6	4974	54	484	967	1451	1934	2417	2901	3385	3868	4352	5586
7	7876	53	484	967	1451	1934	2417	2901	3385	3868	4352	8495
8	0720777	52	484	967	1451	1934	2417	2901	3385	3868	4352	0721404
9	3678	51	484	967	1451	1934	2417	2901	3385	3868	4352	4313
10	6580	50	484	967	1451	1934	2417	2901	3385	3868	4352	7221
11	9481	49	484	967	1451	1934	2417	2901	3385	3868	4352	0730130
12	0732382	48	484	967	1451	1934	2417	2901	3385	3868	4352	3039
13	5283	47	484	967	1451	1934	2417	2901	3385	3868	4352	5948
14	8184	46	484	967	1451	1934	2417	2901	3385	3868	4352	8857
15	0741085	45	484	967	1451	1934	2417	2901	3385	3868	4352	0741766
16	3986	44	484	967	1451	1934	2417	2901	3385	3868	4352	4675
17	6887	43	484	967	1451	1934	2417	2901	3385	3868	4352	7584
18	9787	42	484	967	1451	1934	2417	2901	3385	3868	4352	0750493
19	0752688	41	484	967	1451	1934	2417	2901	3385	3868	4352	3402
20	5589	40	484	967	1451	1934	2417	2901	3385	3868	4352	6310
21	8489	39	484	967	1451	1934	2417	2901	3385	3868	4352	9219
22	0761390	38	483	967	1450	1934	2416	2900	3384	3867	4351	0762128
23	4290	37	483	967	1450	1934	2416	2900	3384	3867	4351	5037
24	7190	36	483	967	1450	1934	2416	2900	3384	3867	4351	7946
25	0770091	35	483	967	1450	1934	2416	2900	3384	3867	4351	0770855
26	2991	34	483	967	1450	1934	2416	2900	3384	3867	4351	3764
27	5891	33	483	967	1450	1934	2416	2900	3384	3867	4351	6673
28	8791	32	483	967	1450	1934	2416	2900	3384	3867	4351	9582
29	0781691	31	483	967	1450	1934	2416	2900	3384	3867	4351	0782490
30	4591	30	483	967	1450	1934	2416	2900	3384	3867	4351	5398
31	7491	29	483	967	1450	1934	2416	2900	3384	3867	4351	8307
32	0790391	28	483	967	1450	1934	2416	2900	3384	3867	4351	0791216
33	3290	27	483	967	1450	1934	2416	2900	3384	3867	4351	4125
34	6190	26	483	967	1450	1934	2416	2900	3384	3867	4351	7034
35	9090	25	483	967	1450	1934	2416	2900	3384	3867	4351	9943
36	0801989	24	483	966	1450	1933	2416	2899	3383	3866	4351	0802852
37	4889	23	483	966	1450	1933	2416	2899	3383	3866	4351	5761
38	7788	22	483	966	1450	1933	2416	2899	3383	3866	4350	8670
39	0810687	21	483	966	1450	1933	2416	2899	3383	3866	4350	0811579
40	3587	20	483	966	1450	1933	2416	2899	3383	3866	4350	4487
41	6486	19	483	966	1450	1933	2416	2899	3383	3866	4350	7396
42	9385	18	483	966	1450	1933	2416	2899	3382	3866	4350	0820305
43	0822284	17	483	966	1450	1933	2416	2899	3382	3866	4350	3214
44	5183	16	483	966	1450	1933	2416	2899	3382	3866	4350	6123
45	8082	15	483	966	1450	1933	2416	2899	3382	3866	4350	9032
46	0830981	14	483	966	1450	1933	2416	2899	3382	3866	4350	0831941
47	3880	13	483	966	1450	1933	2416	2899	3382	3866	4350	4850
48	6778	12	483	966	1450	1933	2416	2899	3382	3866	4350	7759
49	9677	11	483	966	1450	1933	2416	2899	3382	3866	4350	0840668
50	0842576	10	483	966	1450	1932	2415	2898	3381	3865	4349	3576
51	5474	9	483	966	1450	1932	2415	2898	3381	3865	4349	6485
52	8373	8	483	966	1450	1932	2415	2898	3381	3865	4349	9394
53	0851271	7	483	966	1450	1932	2415	2898	3381	3865	4349	0853203
54	4169	6	483	966	1450	1932	2415	2898	3381	3864	4349	5212
55	7067	5	483	966	1450	1932	2415	2898	3381	3864	4349	8121
56	9966	4	483	966	1450	1932	2415	2898	3381	3864	4349	0861030
57	0862864	3	483	966	1450	1932	2415	2898	3381	3864	4349	3939
58	5762	2	483	966	1450	1932	2415	2898	3381	3864	4349	6848
59	8660	1	483	966	1450	1932	2415	2898	3381	3864	4349	9757
60	0871557	0	483	966	1450	1932	2415	2898	3381	3864	4349	0872665
M.	Cosine.	M.	10"	20"	30"	40"	50"	60"	70"	80"	90"	Arc.

Arc.

Sec.	Diff.
10	485
20	970
30	1454
40	1939
50	2424
60	2909
70	3394
80	3878
90	4363

85 Degrees.

5 Degrees.

Difference for Seconds.

M.	Sine.	M.	10″	20″	30″	40″	50″	60″	70″	80″	90″	Arc.
0	0871557	60	483	966	1449	1932	2415	2898	3381	3864	4347	0872665
1	4455	59	483	966	1449	1932	2415	2898	3381	3864	4347	5574
2	7353	58	483	966	1449	1932	2415	2898	3381	3864	4347	8483
3	0880251	57	483	966	1449	1932	2415	2897	3381	3864	4347	0881392
4	3148	56	483	966	1449	1932	2415	2898	3381	3864	4347	4301
5	6046	55	483	966	1449	1932	2415	2897	3381	3864	4347	7210
6	8943	54	483	966	1449	1932	2415	2897	3381	3864	4347	0890119
7	0891840	53	483	966	1449	1932	2415	2898	3381	3864	4347	3028
8	4738	52	483	966	1449	1932	2415	2897	3380	3864	4346	5937
9	7635	51	483	966	1449	1932	2415	2897	3380	3863	4346	8846
10	0900532	50	483	966	1449	1932	2415	2897	3380	3863	4345	0901754
11	3429	49	483	966	1449	1932	2415	2897	3380	3862	4345	4663
12	6326	48	483	966	1448	1931	2414	2897	3380	3862	4345	7572
13	9223	47	483	966	1448	1931	2414	2896	3380	3862	4345	0910481
14	0912119	46	483	966	1448	1931	2414	2897	3380	3862	4345	3390
15	5016	45	483	966	1448	1931	2414	2897	3380	3862	4345	6299
16	7913	44	483	966	1448	1931	2414	2896	3380	3862	4345	9208
17	0920809	43	483	966	1448	1931	2414	2897	3380	3862	4345	0922117
18	3706	42	483	966	1448	1931	2414	2896	3380	3862	4345	5026
19	6602	41	483	966	1448	1931	2414	2897	3380	3862	4345	7935
20	9499	40	483	965	1448	1930	2413	2896	3379	3861	4344	0930843
21	0932395	39	483	965	1448	1930	2413	2896	3379	3861	4344	3752
22	5291	38	483	965	1448	1930	2413	2896	3379	3861	4344	6661
23	8187	37	483	965	1448	1930	2413	2896	3379	3861	4344	9570
24	0941083	36	483	965	1448	1930	2413	2896	3379	3861	4343	0942479
25	3979	35	483	965	1448	1930	2413	2896	3378	3861	4343	5388
26	6875	34	483	965	1448	1930	2413	2896	3378	3861	4343	8297
27	9771	33	483	965	1448	1930	2413	2895	3378	3861	4343	0951206
28	0952666	32	483	965	1448	1930	2413	2896	3378	3861	4343	4115
29	5562	31	483	965	1448	1930	2413	2895	3378	3861	4343	7024
30	8458	30	483	965	1448	1930	2413	2895	3378	3861	4343	9931
31	0961353	29	483	965	1448	1930	2413	2895	3378	3861	4343	0962840
32	4248	28	483	965	1448	1930	2413	2896	3378	3861	4343	5749
33	7144	27	483	965	1448	1930	2412	2895	3378	3860	4343	8658
34	0970039	26	483	965	1448	1930	2412	2895	3378	3860	4343	0971567
35	2934	25	483	965	1448	1930	2412	2895	3378	3860	4343	4476
36	5829	24	483	965	1448	1930	2412	2895	3378	3860	4343	7385
37	8724	23	483	965	1448	1930	2412	2895	3378	3860	4343	0980294
38	0981619	22	483	965	1448	1930	2412	2895	3377	3860	4343	3203
39	4514	21	483	965	1448	1930	2412	2894	3377	3860	4343	6112
40	7408	20	483	965	1448	1930	2412	2895	3377	3859	4342	9019
41	0990303	19	483	965	1448	1930	2412	2894	3377	3859	4342	0991928
42	3197	18	483	965	1448	1930	2412	2895	3377	3859	4342	4837
43	6092	17	483	965	1448	1930	2412	2894	3377	3859	4342	7746
44	8986	16	483	965	1448	1930	2412	2895	3377	3859	4342	1000655
45	1001881	15	482	965	1447	1929	2411	2894	3376	3858	4341	3564
46	4775	14	482	965	1447	1929	2411	2894	3376	3858	4341	6473
47	7669	13	482	965	1447	1929	2411	2894	3376	3858	4341	9382
48	1010563	12	482	965	1447	1929	2411	2894	3376	3858	4341	1012291
49	3457	11	482	965	1447	1929	2411	2894	3376	3858	4341	5200
50	6351	10	482	965	1447	1929	2411	2894	3376	3858	4341	8108
51	9245	9	482	965	1447	1929	2411	2893	3376	3858	4341	1021017
52	1022138	8	482	965	1447	1929	2411	2894	3376	3858	4341	3926
53	5032	7	482	965	1447	1929	2411	2893	3376	3858	4341	6835
54	7925	6	482	965	1447	1929	2411	2894	3376	3858	4341	9744
55	1030819	5	482	965	1447	1929	2411	2893	3376	3858	4341	1032653
56	3712	4	482	965	1447	1929	2411	2893	3376	3858	4341	5562
57	6605	3	482	965	1447	1929	2411	2893	3376	3858	4341	8471
58	9499	2	482	964	1446	1928	2410	2893	3375	3857	4339	1041380
59	1042392	1	482	964	1446	1928	2410	2893	3375	3857	4339	4289
60	5285	0	482	964	1446	1928	2410	2893	3375	3857	4339	7198
M.	Cosine.	M.	10″	20″	30″	40″	50″	60″	70″	80″	90″	Arc.

Arc.

Sec.	Diff.
10	485
20	970
30	1454
40	1939
50	2424
60	2909
70	3394
80	3878
90	4363

84 Degrees.

6 Degrees. Difference for Seconds. [7

M.	10″	20″	30″	40″	50″	60″	70″	80″	90″	Arc.
60	482	964	1446	1928	2410	2893	3375	3857	4339	1047198
59	482	964	1446	1928	2410	2892	3375	3857	4339	1050107
58	482	964	1446	1928	2410	2893	3375	3857	4339	3016
57	482	964	1446	1928	2410	2893	3375	3857	4339	5925
56	482	964	1446	1928	2410	2892	3375	3857	4339	8834
55	482	964	1446	1928	2410	2893	3375	3857	4339	1061743
54	482	964	1446	1928	2410	2892	3375	3857	4339	4652
53	482	964	1446	1928	2410	2892	3375	3857	4339	7561
52	482	964	1446	1928	2410	2893	3375	3857	4339	1070470
51	482	964	1446	1928	2410	2892	3375	3857	4339	3379
50	482	964	1446	1928	2410	2892	3375	3857	4339	6287
49	482	964	1446	1928	2410	2892	3375	3857	4339	9196
48	482	964	1446	1928	2410	2891	3375	3857	4339	1082105
47	482	964	1446	1928	2409	2892	3373	3855	4337	5014
46	482	964	1446	1928	2409	2892	3373	3855	4337	7923
45	482	964	1446	1928	2409	2891	3373	3855	4337	1090832
44	482	964	1446	1928	2409	2892	3373	3855	4337	3741
43	482	964	1446	1928	2409	2891	3373	3855	4337	6650
42	482	964	1446	1928	2409	2891	3373	3855	4337	9559
41	482	964	1446	1928	2409	2892	3373	3855	4337	1102468
40	482	964	1445	1927	2409	2891	3373	3854	4336	5376
39	482	964	1445	1927	2409	2891	3373	3854	4336	8285
38	482	964	1445	1927	2409	2891	3373	3854	4336	1111194
37	482	964	1445	1927	2409	2890	3373	3854	4336	4103
36	482	964	1445	1927	2409	2891	3373	3854	4336	7012
35	482	964	1445	1927	2409	2891	3373	3854	4336	9921
34	482	964	1445	1927	2409	2890	3373	3854	4336	1122830
33	482	964	1445	1927	2409	2891	3373	3854	4336	5739
32	482	963	1445	1927	2408	2890	3372	3853	4335	8648
31	482	963	1445	1927	2408	2890	3372	3853	4335	1131557
30	482	963	1445	1926	2408	2890	3372	3853	4335	4464
29	482	963	1445	1926	2408	2890	3372	3853	4335	7373
28	482	963	1445	1926	2408	2890	3372	3853	4335	1140282
27	482	963	1445	1926	2408	2890	3372	3853	4335	3191
26	482	963	1445	1926	2408	2890	3371	3853	4334	6100
25	482	963	1445	1926	2408	2890	3371	3853	4334	9009
24	482	963	1445	1926	2408	2889	3371	3853	4334	1151918
23	482	963	1445	1926	2408	2890	3371	3853	4334	4827
22	482	963	1445	1926	2407	2889	3371	3852	4334	7736
21	482	963	1445	1926	2407	2889	3371	3852	4334	1160645
20	482	963	1445	1926	2407	2889	3371	3852	4334	3553
19	482	963	1445	1926	2407	2889	3371	3852	4334	6462
18	482	963	1445	1926	2407	2889	3371	3852	4334	9371
17	482	963	1445	1926	2407	2889	3371	3852	4334	1172280
16	482	963	1445	1926	2407	2889	3371	3852	4334	5189
15	482	963	1445	1926	2407	2889	3371	3852	4334	8098
14	482	963	1445	1926	2407	2888	3371	3852	4334	1181007
13	482	963	1445	1926	2407	2889	3371	3852	4334	3916
12	482	963	1445	1926	2407	2888	3371	3852	4334	6825
11	482	963	1445	1926	2407	2888	3371	3852	4334	9734
10	482	963	1445	1926	2407	2888	3370	3852	4334	1192642
9	482	963	1445	1926	2407	2889	3370	3852	4334	5551
8	482	963	1445	1926	2407	2888	3369	3851	4333	8460
7	482	963	1445	1926	2407	2887	3369	3850	4332	1201369
6	481	962	1444	1925	2406	2888	3369	3850	4332	4278
5	481	962	1444	1924	2406	2888	3368	3849	4331	7187
4	481	962	1443	1924	2405	2887	3368	3849	4330	1210096
3	481	962	1443	1924	2405	2888	3368	3849	4330	3005
2	481	962	1443	1924	2405	2887	3368	3849	4330	5914
1	481	962	1443	1924	2405	2887	3368	3849	4330	8823
0	481	962	1443	1924	2405	2888	3368	3849	4330	1221730
M.	10″	20″	30″	40″	50″	60″	70″	80″	90″	Arc.

Arc.

Sec.	Diff.
10	485
20	970
30	1454
40	1939
50	2424
60	2909
70	3394
80	3878
90	4363

83 Degrees.

7 Degrees.

Difference for Seconds.

M.	Sine.	M.	10"	20"	30"	40"	50"	60"	70"	80"	90"	Arc.
0	1218693	60	481	963	1444	1926	2406	2888	3369	3850	4332	1221730
1	1221581	59	481	963	1444	1926	2406	2887	3368	3849	4330	4639
2	4468	58	481	963	1444	1926	2406	2887	3368	3849	4330	7548
3	7355	57	481	963	1443	1924	2405	2886	3367	3848	4329	1230457
4	1230241	56	481	963	1443	1924	2405	2887	3367	3848	4329	3366
5	3128	55	481	963	1443	1924	2405	2887	3367	3848	4329	6275
6	6015	54	481	963	1443	1924	2405	2886	3367	3848	4329	9184
7	8901	53	481	963	1443	1924	2405	2887	3367	3848	4329	1242093
8	1241788	52	481	963	1443	1924	2405	2886	3367	3848	4329	5002
9	4674	51	481	963	1443	1924	2405	2886	3367	3848	4329	7911
10	7560	50	481	963	1443	1924	2405	2886	3367	3848	4329	1250819
11	1250446	49	481	963	1443	1924	2405	2886	3367	3848	4329	3728
12	3332	48	481	963	1443	1924	2405	2886	3367	3848	4329	6637
13	6218	47	481	963	1443	1924	2405	2886	3367	3848	4329	9546
14	9104	46	481	963	1443	1924	2405	2886	3367	3848	4329	1262455
15	1261990	45	481	963	1443	1924	2405	2885	3367	3848	4329	5364
16	4875	44	481	963	1443	1924	2405	2886	3367	3848	4329	8273
17	7761	43	481	963	1443	1924	2405	2885	3367	3848	4329	1271182
18	1270646	42	481	963	1443	1924	2405	2885	3367	3848	4329	4091
19	3531	41	481	963	1443	1924	2405	2885	3367	3848	4329	7000
20	6416	40	481	963	1443	1924	2405	2886	3367	3848	4329	9908
21	9302	39	481	963	1443	1924	2405	2884	3367	3848	4329	1282817
22	1282186	38	481	963	1443	1924	2405	2885	3367	3848	4329	5726
23	5071	37	481	963	1443	1924	2405	2885	3367	3848	4329	8635
24	7956	36	481	963	1443	1924	2405	2885	3367	3848	4329	1291544
25	1290841	35	481	963	1443	1924	2405	2884	3367	3848	4329	4453
26	3725	34	481	963	1443	1924	2405	2884	3367	3848	4329	7362
27	6609	33	481	963	1443	1924	2405	2885	3367	3848	4329	1300271
28	9494	32	481	962	1442	1923	2403	2884	3365	3846	4326	3180
29	1302378	31	481	962	1442	1923	2403	2884	3365	3846	4326	6089
30	5262	30	481	962	1442	1923	2403	2884	3365	3846	4326	8996
31	8146	29	481	962	1442	1923	2403	2884	3365	3846	4326	1311905
32	1311030	28	481	962	1442	1923	2403	2883	3365	3846	4326	4814
33	3913	27	481	961	1442	1923	2403	2884	3365	3846	4326	7723
34	6797	26	481	961	1442	1923	2403	2884	3365	3846	4326	1320632
35	9681	25	481	961	1442	1922	2402	2883	3364	3844	4325	3541
36	1322564	24	481	961	1442	1922	2402	2883	3364	3844	4325	6450
37	5447	23	481	961	1442	1922	2402	2883	3364	3844	4325	9359
38	8330	22	481	961	1442	1922	2402	2883	3364	3844	4325	1332268
39	1331213	21	481	961	1442	1922	2402	2883	3364	3844	4325	5177
40	4096	20	481	961	1442	1922	2402	2883	3364	3844	4325	8085
41	6979	19	481	961	1442	1922	2402	2883	3364	3844	4325	1340994
42	9862	18	481	961	1442	1922	2402	2882	3364	3844	4325	3903
43	1342744	17	481	961	1442	1922	2402	2883	3364	3844	4325	6812
44	5627	16	481	961	1442	1922	2402	2882	3364	3844	4325	9721
45	8509	15	481	961	1442	1922	2402	2883	3364	3844	4325	1352630
46	1351392	14	481	961	1441	1921	2401	2882	3363	3843	4324	5539
47	4274	13	481	961	1441	1921	2401	2882	3363	3843	4324	8448
48	7156	12	481	961	1441	1921	2401	2882	3363	3843	4324	1361357
49	1360038	11	481	961	1441	1921	2401	2881	3363	3843	4324	4266
50	2919	10	481	961	1441	1921	2401	2882	3363	3843	4324	7174
51	5801	9	481	961	1441	1921	2401	2882	3363	3843	4324	1370083
52	8683	8	481	961	1441	1921	2401	2881	3363	3843	4324	2992
53	1371564	7	481	961	1441	1921	2401	2881	3363	3843	4324	5901
54	4445	6	480	960	1441	1921	2401	2882	3363	3843	4324	8810
55	7327	5	480	960	1440	1920	2400	2881	3361	3841	4321	1381719
56	1380208	4	480	960	1440	1920	2400	2881	3361	3841	4321	4628
57	3089	3	480	960	1440	1920	2400	2881	3361	3841	4321	7537
58	5970	2	480	960	1440	1920	2400	2880	3361	3841	4321	1390446
59	8850	1	480	960	1440	1920	2400	2881	3361	3841	4321	3355
60	1391731	0	480	960	1440	1920	2400	2881	3361	3841	4321	6263
M.	Cosine.	M.	10"	20"	30"	40"	50"	60"	70"	80"	90"	Arc.

Arc.

Sec.	Diff.
10	485
20	970
30	1454
40	1939
50	2424
60	2909
70	3394
80	3878
90	4363

82 Degrees.

8 Degrees. Difference for Seconds.

M.	Sine.	M.	10"	20"	30"	40"	50"	60"	70"	80"	90"	Arc.
0	1391731	60	480	960	1441	1921	2401	2881	3361	3842	4322	1396263
1	4612	59	480	960	1440	1920	2400	2880	3360	3841	4321	9172
2	7492	58	480	960	1440	1920	2400	2880	3360	3841	4321	1402081
3	1400372	57	480	960	1440	1920	2400	2880	3360	3841	4321	4990
4	3252	56	480	960	1440	1920	2400	2880	3360	3840	4320	7899
5	6132	55	480	960	1440	1920	2400	2880	3360	3840	4320	1410808
6	9012	54	480	960	1440	1920	2400	2880	3360	3840	4320	3717
7	1411892	53	480	960	1440	1920	2400	2880	3360	3840	4320	6626
8	4772	52	480	960	1440	1920	2400	2880	3360	3840	4320	9535
9	7651	51	480	960	1440	1920	2400	2880	3360	3840	4320	1422444
10	1420531	50	480	960	1440	1920	2400	2880	3360	3840	4320	5352
11	3410	49	480	960	1440	1920	2400	2880	3360	3840	4320	8261
12	6289	48	480	960	1440	1920	2399	2879	3359	3839	4319	1431170
13	9168	47	480	960	1440	1920	2399	2879	3359	3839	4319	4079
14	1432047	46	480	960	1440	1920	2399	2879	3359	3839	4319	6988
15	4926	45	480	960	1440	1920	2399	2879	3359	3839	4319	9897
16	7805	44	480	960	1440	1920	2399	2879	3359	3839	4319	1442806
17	1440684	43	480	959	1439	1919	2398	2878	3358	3838	4318	5715
18	3562	42	480	959	1439	1919	2398	2878	3358	3838	4318	8624
19	6440	41	480	959	1439	1919	2398	2878	3358	3838	4318	1451533
20	9319	40	480	959	1439	1919	2398	2878	3358	3838	4318	4441
21	1452197	39	480	959	1439	1919	2398	2878	3358	3838	4318	7350
22	5075	38	480	959	1439	1919	2398	2878	3358	3838	4318	1460259
23	7953	37	480	959	1439	1919	2398	2878	3358	3838	4318	3168
24	1460830	36	480	959	1439	1919	2398	2878	3358	3838	4318	6077
25	3708	35	480	959	1439	1919	2398	2878	3358	3838	4318	8986
26	6585	34	480	959	1439	1919	2398	2878	3358	3838	4318	1471895
27	9463	33	480	959	1439	1918	2397	2877	3357	3837	4317	4804
28	1472340	32	480	959	1439	1918	2397	2877	3357	3837	4317	7713
29	5217	31	480	959	1439	1918	2397	2877	3357	3836	4317	1480622
30	8094	30	480	959	1439	1918	2397	2877	3357	3836	4316	3529
31	1480971	29	480	959	1439	1918	2397	2877	3357	3836	4316	6438
32	3848	28	480	959	1439	1918	2397	2877	3357	3836	4316	9347
33	6724	27	480	959	1439	1918	2397	2877	3357	3836	4316	1492256
34	9601	26	480	959	1439	1918	2397	2876	3356	3836	4315	5165
35	1492477	25	479	959	1438	1918	2397	2876	3356	3835	4315	8076
36	5353	24	479	959	1438	1918	2397	2876	3356	3835	4315	1500983
37	8230	23	479	959	1438	1918	2397	2876	3356	3835	4315	3892
38	1501106	22	479	959	1438	1918	2397	2876	3356	3835	4315	6801
39	3981	21	479	959	1438	1918	2397	2876	3356	3835	4315	9710
40	6857	20	479	959	1438	1918	2397	2876	3356	3835	4315	1512618
41	9733	19	479	959	1438	1918	2397	2876	3356	3835	4315	5527
42	1512608	18	479	958	1438	1917	2396	2875	3355	3834	4314	8436
43	5484	17	479	958	1438	1917	2396	2875	3355	3834	4314	1521345
44	8359	16	479	958	1438	1917	2396	2875	3355	3834	4314	4254
45	1521234	15	479	958	1438	1917	2396	2875	3354	3834	4313	7163
46	4109	14	479	958	1438	1917	2396	2875	3354	3834	4313	1530072
47	6984	13	479	958	1438	1917	2396	2875	3354	3834	4313	2981
48	9858	12	479	958	1438	1917	2396	2875	3354	3834	4313	5890
49	1532733	11	479	958	1438	1917	2396	2875	3354	3834	4313	8799
50	5607	10	479	958	1438	1917	2396	2875	3354	3834	4313	1541707
51	8482	9	479	958	1438	1917	2396	2875	3354	3834	4313	4616
52	1541356	8	479	958	1437	1916	2395	2874	3353	3833	4312	7525
53	4230	7	479	958	1437	1916	2395	2874	3353	3833	4312	1550434
54	7104	6	479	958	1437	1916	2395	2874	3353	3832	4312	3343
55	9978	5	479	958	1437	1916	2395	2874	3353	3832	4311	6252
56	1552851	4	479	958	1437	1916	2395	2874	3353	3832	4311	9161
57	5725	3	479	958	1437	1916	2395	2874	3353	3832	4311	1562070
58	8598	2	479	958	1437	1916	2395	2874	3353	3832	4311	4979
59	1561472	1	479	958	1436	1915	2394	2873	3352	3831	4310	7888
60	4345	0	479	958	1436	1915	2394	2873	3352	3831	4310	1570796
M.	Cosine.	M.	10"	20"	30"	40"	50"	60"	70"	80"	90"	Arc.

Arc.

Sec.	Diff.
10	485
20	970
30	1454
40	1939
50	2424
60	2909
70	3394
80	3878
90	4363

81 Degrees.

9 Degrees.   Difference for Seconds.

M.	10"	20"	30"	40"	50"	60"	70"
60	479	958	1437	1916	2394	2873	3352
59	479	958	1437	1916	2394	2873	3352
58	479	958	1437	1916	2394	2873	3352
57	479	958	1437	1916	2394	2873	3352
56	479	958	1437	1916	2394	2873	3352
55	479	958	1437	1916	2394	2873	3352
54	479	957	1437	1915	2393	2872	3351
53	479	957	1436	1915	2393	2872	3351
52	479	957	1436	1915	2393	2872	3351
51	479	957	1436	1915	2393	2872	3351
50	479	957	1436	1915	2393	2872	3351
49	479	957	1436	1915	2393	2872	3351
48	479	957	1436	1915	2393	2872	3351
47	479	957	1436	1915	2393	2872	3351
46	479	957	1436	1914	2392	2871	3350
45	479	957	1436	1914	2392	2871	3350
44	479	957	1436	1914	2392	2871	3350
43	479	957	1436	1914	2392	2871	3350
42	479	957	1436	1914	2392	2871	3350
41	479	957	1436	1914	2392	2871	3350
40	479	957	1436	1914	2392	2871	3350
39	478	957	1435	1914	2392	2870	3349
38	478	957	1435	1914	2392	2870	3349
37	478	957	1435	1914	2392	2870	3349
36	478	957	1435	1914	2392	2870	3349
35	478	957	1435	1914	2392	2870	3349
34	478	957	1435	1914	2392	2870	3349
33	478	957	1435	1914	2392	2870	3349
32	478	956	1435	1913	2391	2869	3348
31	478	956	1435	1913	2391	2869	3348
30	478	956	1435	1913	2391	2869	3347
29	478	956	1435	1913	2391	2869	3347
28	478	956	1434	1912	2390	2868	3346
27	478	956	1434	1912	2390	2868	3346
26	478	956	1434	1912	2390	2868	3346
25	478	956	1434	1912	2390	2868	3346
24	478	956	1434	1912	2390	2868	3346
23	478	956	1434	1912	2390	2868	3346
22	478	956	1434	1912	2390	2868	3346
21	478	956	1434	1912	2390	2868	3346
20	478	956	1433	1911	2389	2867	3345
19	478	956	1433	1911	2389	2867	3345
18	478	956	1433	1911	2389	2867	3345
17	478	956	1433	1911	2389	2867	3345
16	478	956	1433	1911	2389	2867	3345
15	478	956	1433	1911	2389	2867	3345
14	478	956	1433	1911	2389	2867	3345
13	478	956	1433	1911	2389	2867	3345
12	478	955	1433	1910	2388	2866	3344
11	478	955	1433	1910	2388	2866	3344
10	478	955	1433	1910	2388	2866	3344
9	478	955	1433	1910	2388	2866	3343
8	478	955	1433	1910	2388	2866	3343
7	478	955	1433	1910	2388	2866	3343
6	478	955	1433	1910	2388	2866	3343
5	478	955	1433	1910	2388	2866	3343
4	478	955	1433	1910	2387	2865	3343
3	478	955	1433	1910	2387	2865	3343
2	478	955	1433	1910	2387	2865	3343
1	478	955	1433	1910	2387	2865	3343
0	478	955	1433	1910	2387	2865	3343
M.	10"	20"	30"	40"	50"	60"	70"

80 Degrees.

10 Degrees. Difference for Seconds. [11

M.	10"	20"	30"	40"	50"	60"	70"	80"	90"	Arc.
60	477	955	1432	1910	2387	2864	3342	3819	4297	1745329
59	477	955	1432	1910	2387	2865	3342	3819	4297	8238
58	477	955	1432	1910	2387	2864	3342	3819	4297	1751147
57	477	955	1432	1910	2387	2864	3342	3819	4297	4056
56	477	955	1432	1910	2387	2864	3342	3819	4297	6965
55	477	955	1432	1910	2387	2864	3342	3819	4297	9874
54	477	955	1432	1910	2387	2864	3342	3819	4297	1762783
53	477	955	1432	1910	2387	2864	3342	3819	4297	5692
52	477	955	1432	1910	2387	2863	3342	3819	4297	8601
51	477	955	1432	1910	2387	2863	3342	3819	4297	1771510
50	477	955	1432	1910	2387	2863	3342	3819	4297	4418
49	477	955	1432	1910	2387	2863	3342	3819	4297	7327
48	477	955	1432	1910	2387	2863	3342	3819	4297	1780236
47	477	955	1432	1910	2387	2863	3342	3819	4297	3145
46	477	954	1432	1909	2386	2862	3341	3818	4296	6054
45	477	954	1432	1909	2386	2863	3341	3818	4296	8963
44	477	954	1432	1909	2386	2862	3341	3818	4296	1791872
43	477	954	1432	1909	2386	2862	3341	3818	4296	4781
42	477	954	1432	1909	2386	2862	3341	3818	4296	7690
41	477	954	1432	1909	2386	2862	3341	3818	4296	1800599
40	477	954	1432	1909	2386	2861	3341	3818	4296	3507
39	477	954	1432	1909	2386	2862	3341	3818	4296	6416
38	477	954	1432	1909	2386	2861	3341	3818	4296	9325
37	477	953	1430	1907	2384	2861	3338	3816	4294	1812234
36	477	953	1430	1907	2384	2861	3338	3816	4294	5143
35	477	953	1430	1907	2384	2861	3338	3816	4294	8052
34	477	953	1430	1907	2384	2861	3338	3816	4294	1820961
33	477	953	1430	1907	2384	2861	3338	3816	4294	3870
32	477	953	1430	1906	2383	2860	3336	3814	4291	6778
31	477	953	1430	1906	2383	2860	3336	3814	4291	9687
30	477	953	1430	1906	2383	2860	3336	3814	4291	1832595
29	477	953	1430	1906	2383	2860	3336	3814	4291	5504
28	477	953	1430	1906	2383	2860	3336	3814	4291	8413
27	477	953	1430	1906	2383	2860	3336	3814	4291	1841322
26	477	953	1430	1906	2383	2859	3336	3814	4291	4231
25	477	953	1430	1906	2383	2860	3336	3814	4291	7140
24	477	953	1430	1906	2382	2859	3336	3812	4289	1850049
23	477	953	1430	1906	2382	2859	3336	3812	4289	2958
22	477	953	1430	1906	2382	2859	3336	3812	4289	5867
21	477	953	1430	1906	2382	2858	3336	3812	4289	8775
20	477	953	1430	1906	2382	2859	3336	3812	4289	1861684
19	476	953	1429	1905	2381	2858	3334	3810	4287	4593
18	476	953	1429	1905	2381	2858	3334	3810	4287	7502
17	476	953	1429	1905	2381	2858	3334	3810	4287	1870411
16	476	953	1429	1905	2381	2858	3334	3810	4287	3320
15	476	953	1429	1905	2381	2858	3334	3810	4287	6229
14	476	953	1429	1905	2381	2858	3334	3810	4287	9138
13	476	953	1429	1905	2381	2857	3334	3810	4287	1882047
12	476	953	1429	1905	2381	2857	3334	3810	4287	4956
11	476	953	1429	1905	2381	2858	3334	3810	4287	7865
10	476	952	1428	1904	2380	2857	3333	3809	4285	1890773
9	476	952	1428	1904	2380	2856	3333	3809	4285	3682
8	476	952	1428	1904	2380	2857	3333	3809	4285	6591
7	476	952	1428	1904	2380	2856	3333	3809	4285	9500
6	476	952	1428	1904	2380	2857	3333	3809	4285	1902409
5	476	952	1428	1904	2380	2856	3332	3808	4284	5318
4	476	952	1428	1904	2380	2856	3332	3808	4284	8227
3	476	952	1428	1904	2380	2856	3332	3808	4284	1911136
2	476	952	1428	1904	2380	2855	3332	3808	4284	4045
1	476	952	1428	1904	2380	2856	3332	3808	4284	6954
0	476	952	1428	1904	2380	2855	3332	3808	4284	9862
M.	10"	20"	30"	40"	50"	60"	70"	80"	90"	Arc.

Arc.

Sec.	Diff.
10	485
20	970
30	1454
40	1939
50	2424
60	2909
70	3394
80	3878
90	4363

79 Degrees.

[12] 11 Degrees.   Difference for Seconds.

M.	Sine.	M.	10″	20″	30″	40″	50″	60″	70″	80″	90″	Arc.
0	1908090	60	476	952	1427	1903	2379	2855	3331	3806	4282	1919862
1	1910945	59	476	952	1427	1903	2379	2856	3331	3806	4282	1922771
2	3801	58	476	952	1427	1903	2379	2855	3331	3806	4282	5680
3	6656	57	476	952	1427	1903	2379	2855	3331	3806	4282	8589
4	9510	56	476	952	1427	1903	2379	2855	3331	3806	4282	1931498
5	1922365	55	476	952	1427	1903	2379	2855	3331	3806	4282	4407
6	5220	54	476	951	1427	1902	2378	2854	3329	3805	4280	7316
7	8074	53	476	951	1427	1902	2378	2854	3329	3805	4280	1940225
8	1930928	52	476	951	1427	1902	2378	2854	3329	3805	4280	3134
9	3782	51	476	951	1427	1902	2378	2854	3329	3805	4280	6043
10	6636	50	476	951	1427	1902	2378	2854	3329	3805	4280	8951
11	9490	49	476	951	1427	1902	2378	2854	3329	3805	4280	1951860
12	1942344	48	476	951	1427	1902	2377	2853	3329	3804	4280	4769
13	5197	47	476	951	1427	1902	2377	2853	3329	3804	4280	7678
14	8050	46	476	951	1427	1902	2377	2853	3329	3804	4280	1960587
15	1950903	45	476	951	1427	1902	2377	2853	3329	3804	4280	3496
16	3756	44	476	951	1427	1902	2377	2853	3329	3804	4280	6405
17	6609	43	476	951	1427	1902	2377	2852	3329	3804	4280	9314
18	9461	42	476	951	1427	1902	2377	2852	3329	3804	4280	1972223
19	1962314	41	475	951	1426	1901	2376	2852	3327	3803	4279	5132
20	5166	40	475	951	1426	1901	2376	2852	3327	3803	4279	8040
21	8018	39	475	951	1426	1901	2376	2852	3327	3803	4279	1980949
22	1970870	38	475	951	1426	1901	2376	2852	3327	3803	4279	3858
23	3722	37	475	950	1425	1900	2375	2851	3326	3801	4276	6767
24	6573	36	475	950	1425	1900	2375	2852	3326	3801	4276	9676
25	9425	35	475	950	1425	1900	2375	2851	3326	3801	4276	1992585
26	1982276	34	475	950	1425	1900	2375	2851	3326	3801	4276	5494
27	5127	33	475	950	1425	1900	2375	2851	3326	3801	4276	8403
28	7978	32	475	950	1425	1900	2375	2851	3326	3801	4276	2001312
29	1990829	31	475	950	1425	1900	2375	2850	3326	3801	4276	4220
30	3679	30	475	950	1425	1900	2375	2851	3326	3801	4276	7128
31	6530	29	475	950	1425	1900	2375	2850	3325	3800	4276	2010037
32	9380	28	475	950	1425	1900	2375	2850	3325	3800	4276	2946
33	2002230	27	475	950	1425	1900	2375	2850	3325	3800	4276	5855
34	5080	26	475	950	1425	1900	2375	2850	3325	3800	4276	8764
35	7930	25	475	950	1425	1900	2374	2849	3324	3799	4274	2021673
36	2010779	24	475	950	1425	1900	2374	2850	3324	3799	4274	4582
37	3629	23	475	950	1425	1900	2374	2849	3324	3799	4274	7491
38	6478	22	475	950	1425	1900	2374	2849	3324	3799	4274	2030400
39	9327	21	475	950	1425	1900	2374	2849	3324	3799	4274	3309
40	2022176	20	475	950	1425	1900	2374	2848	3324	3799	4274	6217
41	5024	19	475	950	1425	1900	2374	2849	3324	3799	4274	9126
42	7873	18	475	949	1424	1899	2373	2848	3323	3798	4272	2042035
43	2030721	17	475	949	1424	1899	2373	2848	3323	3798	4272	4944
44	3569	16	475	949	1424	1899	2373	2849	3323	3798	4272	7853
45	6418	15	475	949	1424	1899	2373	2847	3323	3798	4272	2050762
46	9265	14	475	949	1424	1899	2373	2848	3323	3798	4272	3671
47	2042113	13	475	949	1424	1899	2373	2848	3323	3798	4272	6580
48	4961	12	475	949	1424	1898	2372	2847	3321	3795	4270	9489
49	7808	11	475	949	1424	1898	2372	2847	3321	3795	4270	2062398
50	2050655	10	475	949	1424	1898	2372	2847	3321	3795	4270	5306
51	3502	9	475	949	1424	1898	2372	2847	3321	3795	4270	8215
52	6349	8	474	949	1423	1897	2371	2846	3320	3794	4269	2071124
53	9195	7	474	949	1423	1897	2371	2847	3320	3794	4269	4033
54	2062042	6	474	949	1423	1897	2371	2846	3320	3794	4269	6942
55	4888	5	474	949	1423	1897	2371	2846	3320	3794	4269	9851
56	7734	4	474	949	1423	1897	2371	2846	3320	3794	4269	2082760
57	2070580	3	474	949	1423	1897	2371	2846	3320	3794	4269	5669
58	3426	2	474	949	1423	1897	2371	2846	3320	3794	4269	8578
59	6272	1	474	948	1422	1896	2370	2845	3319	3793	4267	2091487
60	9117	0	474	948	1422	1896	2370	2845	3319	3793	4267	4395
M.	Cosine.	M.	10″	20″	30″	40″	50″	60″	70″	80″	90″	Arc.

78 Degrees.

Arc.

Sec.	Diff.
10	485
20	970
30	1454
40	1939
50	2424
60	2909
70	3394
80	3878
90	4363

12 Degrees.   Difference for Seconds.   [13

M.	Sine.	M.	10"	20"	30"	40"	50"	60"	70"	80"	90"	Arc.
0	2079117	60	474	948	1422	1896	2370	2845	3319	3793	4267	2094395
1	2081962	59	474	948	1422	1896	2370	2845	3319	3793	4267	7304
2	4807	58	474	948	1422	1896	2370	2845	3319	3793	4267	2100213
3	7652	57	474	948	1422	1896	2370	2845	3319	3793	4267	3122
4	2090497	56	474	948	1422	1896	2370	2844	3319	3793	4267	6031
5	3341	55	474	948	1422	1896	2370	2845	3319	3793	4267	8940
6	6186	54	474	948	1422	1896	2370	2844	3318	3792	4266	2111849
7	9030	53	474	948	1422	1896	2370	2844	3318	3792	4266	4758
8	2101874	52	474	948	1422	1896	2370	2844	3318	3792	4266	7667
9	4718	51	474	948	1422	1896	2370	2843	3318	3792	4266	2120576
10	7561	50	474	948	1422	1896	2370	2844	3318	3792	4266	3484
11	2110405	49	474	948	1422	1896	2369	2843	3317	3791	4265	6393
12	3248	48	474	948	1422	1896	2369	2843	3317	3791	4265	9302
13	6091	47	474	948	1422	1896	2369	2843	3317	3791	4265	2132211
14	8934	46	474	948	1422	1896	2369	2843	3317	3791	4265	5120
15	2121777	45	474	948	1422	1896	2369	2842	3317	3791	4265	8029
16	4619	44	474	948	1422	1896	2369	2843	3317	3791	4265	2140938
17	7462	43	474	947	1421	1895	2368	2842	3316	3790	4263	3847
18	2130304	42	474	947	1421	1894	2368	2842	3316	3790	4263	6756
19	3146	41	474	947	1421	1894	2368	2842	3316	3790	4263	9665
20	5988	40	474	947	1421	1894	2368	2841	3316	3790	4263	2152573
21	8829	39	474	947	1421	1894	2368	2842	3316	3790	4263	5482
22	2141671	38	474	947	1421	1894	2367	2841	3315	3788	4262	8391
23	4512	37	474	947	1421	1894	2367	2841	3315	3788	4262	2161300
24	7353	36	474	947	1421	1894	2367	2841	3315	3788	4262	4209
25	2150194	35	474	947	1421	1894	2367	2841	3315	3788	4262	7118
26	3035	34	474	947	1421	1894	2367	2841	3315	3788	4262	2170027
27	5876	33	473	947	1420	1893	2366	2840	3314	3787	4261	2936
28	8716	32	473	947	1420	1893	2366	2840	3314	3787	4261	5845
29	2161556	31	473	947	1420	1893	2366	2840	3313	3787	4261	8754
30	4396	30	473	947	1420	1893	2366	2840	3313	3787	4261	2181662
31	7236	29	473	947	1420	1893	2366	2840	3313	3787	4261	4571
32	2170076	28	473	946	1419	1892	2365	2839	3312	3785	4258	7480
33	2915	27	473	946	1419	1892	2365	2839	3312	3785	4258	2190389
34	5754	26	473	946	1419	1892	2365	2839	3312	3785	4258	3298
35	8593	25	473	946	1419	1892	2365	2839	3312	3785	4258	6207
36	2181432	24	473	946	1419	1892	2365	2839	3312	3785	4258	9116
37	4271	23	473	946	1419	1892	2365	2839	3312	3785	4258	2202025
38	7110	22	473	946	1419	1892	2365	2838	3311	3784	4257	4934
39	9948	21	473	946	1419	1892	2365	2838	3311	3784	4257	7843
40	2192786	20	473	946	1419	1892	2365	2838	3311	3784	4257	2210750
41	5624	19	473	946	1419	1892	2365	2838	3311	3784	4257	3659
42	8462	18	473	946	1419	1892	2365	2838	3311	3784	4257	6568
43	2201300	17	473	946	1418	1891	2364	2837	3310	3783	4256	9477
44	4137	16	473	946	1418	1891	2364	2837	3310	3783	4256	2222386
45	6974	15	473	946	1418	1891	2364	2837	3310	3783	4256	5295
46	9811	14	473	946	1418	1891	2364	2837	3310	3782	4255	8204
47	2212648	13	473	946	1418	1891	2364	2837	3310	3782	4255	2231113
48	5485	12	473	946	1418	1891	2364	2836	3310	3782	4255	4022
49	8321	11	473	946	1418	1891	2364	2837	3310	3782	4255	6931
50	2221158	10	473	945	1418	1891	2363	2836	3309	3782	4254	9839
51	3994	9	473	945	1418	1891	2363	2836	3309	3782	4254	2242748
52	6830	8	473	945	1418	1891	2363	2836	3309	3782	4254	5657
53	9666	7	473	945	1418	1891	2363	2835	3309	3782	4254	8566
54	2232501	6	473	945	1418	1891	2363	2836	3309	3782	4254	2251475
55	5337	5	473	945	1418	1890	2362	2835	3308	3780	4253	4384
56	8172	4	473	945	1418	1890	2362	2835	3308	3780	4253	7293
57	2241007	3	473	945	1418	1890	2362	2835	3308	3780	4253	2260202
58	3842	2	473	945	1418	1890	2362	2834	3308	3780	4253	3111
59	6676	1	473	945	1418	1890	2362	2835	3308	3780	4253	6020
60	9511	0	473	945	1418	1890	2362	2834	3308	3780	4253	8928
M.	Cosine.	M.	10"	20"	30"	40"	50"	60"	70"	80"	90"	Arc.

Arc.	
Sec.	Diff.
10	485
20	970
30	1454
40	1939
50	2424
60	2909
70	3394
80	3878
90	4363

77 Degrees.

13 Degrees.

Difference for Seconds.

M.	Sine.	M.	10"	20"	30"	40"	50"	60"	70"	80"	90"	Arc.
0	2249511	60	472	945	1417	1889	2361	2834	3306	3778	4251	2268928
1	2252345	59	472	945	1417	1889	2361	2834	3306	3778	4251	2271837
2	5179	58	472	945	1417	1889	2361	2834	3306	3778	4251	4746
3	8013	57	472	945	1417	1889	2361	2833	3306	3778	4251	7655
4	2260846	56	472	945	1417	1889	2361	2834	3306	3778	4251	2280564
5	3680	55	472	944	1416	1889	2360	2833	3305	3777	4249	3473
6	6513	54	472	944	1416	1889	2360	2833	3305	3777	4249	6382
7	9346	53	472	944	1416	1889	2360	2833	3305	3777	4249	9291
8	2272179	52	472	944	1416	1889	2360	2833	3305	3777	4249	2292200
9	5012	51	472	944	1416	1889	2360	2832	3305	3777	4249	5109
10	7844	50	472	944	1416	1889	2360	2833	3305	3777	4249	8017
11	2280677	49	472	944	1416	1888	2360	2832	3304	3776	4248	2300926
12	3509	48	472	944	1416	1888	2360	2832	3304	3776	4248	3835
13	6341	47	472	944	1416	1888	2360	2831	3304	3776	4248	6744
14	9172	46	472	944	1416	1888	2360	2832	3304	3776	4248	9653
15	2292004	45	472	944	1416	1888	2359	2831	3303	3775	4247	2312562
16	4835	44	472	944	1416	1888	2359	2831	3303	3775	4247	5471
17	7666	43	472	944	1415	1888	2359	2831	3303	3774	4246	8380
18	2300497	42	472	944	1415	1888	2359	2831	3303	3774	4246	2321289
19	3328	41	472	944	1415	1887	2359	2831	3303	3774	4246	4198
20	6159	40	472	943	1415	1887	2358	2830	3302	3774	4245	7106
21	8989	39	472	943	1415	1887	2358	2830	3302	3773	4245	2330015
22	2311819	38	472	943	1415	1886	2358	2830	3301	3773	4244	2924
23	4649	37	472	943	1415	1886	2358	2830	3301	3773	4244	5833
24	7479	36	472	943	1415	1886	2358	2830	3301	3773	4244	8742
25	2320309	35	472	943	1415	1886	2357	2829	3301	3772	4244	2341651
26	3138	34	472	943	1415	1886	2357	2829	3301	3772	4244	4560
27	5967	33	472	943	1415	1886	2357	2829	3301	3772	4244	7469
28	8796	32	472	943	1415	1886	2357	2829	3301	3772	4244	2350378
29	2331625	31	472	943	1415	1886	2357	2829	3301	3772	4244	3287
30	4454	30	472	943	1414	1886	2357	2828	3300	3771	4243	6194
31	7282	29	472	943	1414	1886	2357	2828	3300	3771	4243	9103
32	2340110	28	472	943	1414	1886	2356	2828	3300	3771	4243	2362012
33	2938	27	472	943	1414	1885	2356	2828	3299	3770	4242	4921
34	5766	26	472	943	1414	1885	2356	2828	3299	3770	4242	7830
35	8594	25	471	942	1414	1884	2356	2827	3298	3770	4241	2370739
36	2351421	24	471	942	1413	1884	2355	2827	3298	3769	4241	3648
37	4248	23	471	942	1413	1884	2355	2827	3298	3769	4240	6557
38	7075	22	471	942	1413	1884	2355	2827	3298	3769	4240	9466
39	9902	21	471	942	1413	1884	2355	2827	3298	3769	4240	2382375
40	2362729	20	471	942	1413	1884	2355	2826	3297	3768	4239	5283
41	5555	19	471	942	1413	1884	2355	2826	3297	3768	4239	8192
42	8381	18	471	942	1413	1884	2355	2826	3297	3768	4239	2391101
43	2371207	17	471	942	1413	1884	2355	2826	3297	3768	4239	4010
44	4033	16	471	942	1413	1884	2355	2826	3297	3768	4239	6919
45	6859	15	471	942	1413	1884	2355	2825	3297	3768	4239	9828
46	9684	14	471	942	1413	1884	2355	2826	3297	3768	4239	2402737
47	2382510	13	471	942	1412	1884	2354	2825	3296	3767	4238	5646
48	5335	12	471	942	1412	1883	2354	2824	3296	3767	4238	8555
49	8159	11	471	942	1412	1883	2354	2825	3296	3766	4237	2411464
50	2390984	10	471	942	1412	1883	2354	2824	3296	3766	4237	4372
51	3808	9	471	942	1412	1883	2354	2825	3296	3766	4237	7281
52	6633	8	471	941	1412	1883	2353	2824	3295	3766	4236	2420190
53	9457	7	471	941	1412	1882	2353	2823	3295	3765	4236	3099
54	2402280	6	471	941	1412	1882	2353	2824	3294	3765	4235	6008
55	5104	5	471	941	1412	1882	2353	2823	3294	3765	4235	8917
56	7927	4	471	941	1412	1882	2352	2824	3294	3765	4235	2431826
57	2410751	3	471	941	1412	1882	2352	2823	3294	3764	4235	4735
58	3574	2	471	941	1412	1882	2352	2823	3294	3764	4234	7644
59	6396	1	471	941	1412	1882	2352	2823	3294	3764	4234	2440553
60	9219	0	471	941	1412	1882	2352	2822	3294	3764	4234	3461
M.	Cosine.	M.	10"	20"	30"	40"	50"	60"	70"	80"	90"	Arc.

Arc.

Sec.	Diff.
10	485
20	970
30	1454
40	1939
50	2424
60	2909
70	3394
80	3878
90	4363

76 Degrees.

14 Degrees.   Difference for Seconds.   [15

M.	Sine.	M.	10"	20"	30"	40"	50"	60"	70"	80"	90"	Arc.
0	2419219	60	470	941	1411	1881	2351	2822	3292	3762	4233	2443461
1	2422041	59	470	941	1411	1881	2351	2822	3292	3762	4233	6370
2	4863	58	470	941	1411	1881	2351	2822	3292	3762	4233	9279
3	7685	57	470	941	1411	1881	2351	2822	3292	3762	4233	2452188
4	2430507	56	470	941	1411	1881	2351	2822	3292	3762	4233	5097
5	3329	55	470	940	1410	1880	2350	2821	3291	3762	4232	8006
6	6150	54	470	940	1410	1880	2350	2821	3291	3761	4232	2460915
7	8971	53	470	940	1410	1880	2350	2821	3291	3761	4231	3824
8	2441792	52	470	940	1410	1880	2350	2821	3291	3761	4231	6733
9	4613	51	470	940	1410	1880	2350	2820	3291	3761	4231	9642
10	7433	50	470	940	1410	1880	2350	2821	3291	3761	4231	2472550
11	2450254	49	470	940	1410	1880	2350	2820	3290	3760	4230	5459
12	3074	48	470	940	1410	1880	2350	2820	3290	3760	4230	8368
13	5894	47	470	940	1410	1880	2349	2819	3290	3760	4230	2481277
14	8713	46	470	940	1410	1880	2349	2820	3290	3760	4230	4186
15	2461533	45	470	940	1409	1879	2349	2819	3289	3759	4229	7095
16	4352	44	470	940	1409	1879	2349	2819	3289	3759	4229	2490004
17	7171	43	470	940	1409	1879	2349	2819	3289	3758	4228	2913
18	9990	42	470	940	1409	1879	2349	2819	3289	3758	4228	5822
19	2472809	41	470	939	1409	1878	2348	2818	3288	3758	4227	8731
20	5627	40	470	939	1409	1878	2348	2818	3288	3757	4227	2501639
21	8445	39	470	939	1409	1878	2348	2818	3287	3757	4226	4548
22	2481263	38	470	939	1409	1878	2348	2818	3287	3757	4226	7457
23	4081	37	470	939	1409	1878	2348	2818	3287	3757	4226	2510366
24	6899	36	470	939	1409	1878	2347	2817	3287	3756	4226	3275
25	9716	35	470	939	1409	1878	2347	2817	3287	3756	4226	6184
26	2492533	34	470	939	1409	1878	2347	2817	3287	3756	4226	9093
27	5350	33	470	939	1409	1878	2347	2817	3287	3756	4226	2522002
28	8167	32	470	939	1409	1878	2347	2817	3287	3756	4226	4911
29	2500984	31	469	939	1408	1878	2347	2816	3286	3755	4225	7820
30	3800	30	469	939	1408	1877	2346	2816	3286	3755	4225	2530727
31	6616	29	469	939	1408	1877	2346	2816	3286	3755	4225	3636
32	9432	28	469	939	1408	1877	2346	2816	3286	3755	4225	6545
33	2512248	27	469	938	1408	1877	2346	2815	3285	3754	4223	9454
34	5063	26	469	938	1408	1877	2346	2816	3285	3754	4223	2542363
35	7879	25	469	938	1407	1876	2345	2815	3284	3753	4222	5272
36	2520694	24	469	938	1407	1876	2345	2814	3284	3753	4222	8181
37	3508	23	469	938	1407	1876	2345	2815	3284	3753	4222	2551090
38	6323	22	469	938	1407	1876	2345	2814	3284	3753	4222	3999
39	9137	21	469	938	1407	1876	2345	2815	3284	3753	4222	6908
40	2531952	20	469	938	1407	1876	2345	2814	3283	3752	4221	9816
41	4766	19	469	938	1407	1876	2344	2813	3283	3752	4221	2562725
42	7579	18	469	938	1406	1875	2344	2814	3283	3752	4221	5634
43	2540393	17	469	938	1406	1875	2344	2813	3282	3751	4220	8543
44	3206	16	469	938	1406	1875	2344	2813	3282	3751	4220	2571452
45	6019	15	469	938	1406	1875	2344	2813	3282	3751	4220	4361
46	8832	14	469	938	1406	1875	2344	2813	3282	3751	4220	7270
47	2551645	13	469	938	1406	1875	2344	2813	3282	3751	4220	2580179
48	4458	12	469	937	1406	1874	2343	2812	3281	3750	4219	3088
49	7270	11	469	937	1406	1874	2343	2812	3281	3749	4218	5997
50	2560082	10	469	937	1406	1874	2343	2812	3281	3749	4218	8906
51	2894	9	469	937	1406	1874	2343	2811	3280	3748	4218	2591815
52	5705	8	469	937	1406	1874	2343	2812	3280	3747	4217	4724
53	8517	7	469	937	1406	1874	2342	2811	3280	3747	4217	7633
54	2571328	6	469	937	1406	1874	2342	2811	3280	3747	4217	2600542
55	4139	5	469	937	1406	1874	2342	2811	3280	3747	4217	3451
56	6950	4	468	937	1405	1874	2342	2810	3279	3747	4216	6360
57	9760	3	468	937	1405	1874	2341	2810	3279	3746	4216	9269
58	2582570	2	468	937	1405	1874	2341	2811	3279	3746	4215	2612178
59	5381	1	468	936	1405	1873	2341	2809	3278	3746	4215	5087
60	8190	0	468	936	1405	1873	2341	2810	3278	3745	4214	7994
M.	Cosine.	M.	10"	20"	30"	40"	50"	60"	70"	80"	90"	Arc.

75 Degrees.

Arc.	
Sec.	Diff.
10	485
20	970
30	1454
40	1939
50	2424
60	2909
70	3394
80	3878
90	4363

15 Degrees.

Difference for Seconds.

M.	Sine.	M.	10"	20"	30"	40"	50"	60"	70"	80"	90"	Arc.
0	2588190	60	468	937	1405	1873	2341	2810	3278	3746	4215	2617994
1	2591000	59	468	937	1405	1873	2341	2810	3278	3746	4215	2620903
2	3810	58	468	936	1404	1872	2340	2809	3277	3746	4214	3812
3	6619	57	468	936	1404	1872	2340	2809	3277	3746	4214	6721
4	9428	56	468	936	1404	1872	2340	2809	3277	3746	4214	9630
5	2602237	55	468	936	1404	1872	2340	2808	3277	3746	4214	2632539
6	5045	54	468	936	1404	1872	2340	2808	3277	3746	4214	5448
7	7853	53	468	936	1404	1872	2340	2809	3277	3746	4214	8357
8	2610662	52	468	936	1404	1872	2340	2807	3276	3744	4212	2641266
9	3469	51	468	936	1404	1872	2340	2808	3276	3744	4212	4175
10	6277	50	468	936	1404	1872	2340	2808	3276	3744	4212	7083
11	9085	49	468	936	1403	1871	2339	2807	3276	3744	4212	9992
12	2621892	48	468	936	1403	1871	2339	2807	3275	3743	4211	2652901
13	4699	47	468	936	1403	1871	2339	2807	3275	3743	4211	5810
14	7506	46	468	936	1403	1871	2339	2806	3275	3743	4211	8719
15	2630312	45	468	936	1403	1871	2339	2806	3275	3743	4211	2661628
16	3118	44	468	936	1403	1871	2339	2807	3275	3743	4211	4537
17	5925	43	468	935	1403	1870	2338	2805	3273	3741	4208	7446
18	8730	42	468	935	1403	1870	2338	2806	3273	3741	4208	2670355
19	2641536	41	468	935	1403	1870	2338	2806	3273	3741	4208	3264
20	4342	40	468	935	1403	1870	2338	2805	3273	3740	4208	6172
21	7147	39	468	935	1403	1870	2338	2805	3273	3740	4208	9081
22	9952	38	468	935	1403	1870	2338	2805	3273	3740	4208	2681990
23	2652757	37	468	935	1403	1870	2338	2804	3273	3740	4208	4899
24	5561	36	468	935	1403	1870	2338	2805	3273	3740	4208	7808
25	8366	35	467	935	1402	1869	2337	2804	3271	3738	4206	2690717
26	2661170	34	467	935	1402	1869	2337	2803	3271	3738	4206	3626
27	3973	33	467	935	1402	1869	2337	2804	3271	3738	4206	6535
28	6777	32	467	935	1402	1869	2337	2804	3271	3738	4206	9444
29	9581	31	467	934	1401	1868	2336	2803	3270	3737	4204	2702353
30	2672384	30	467	934	1401	1868	2336	2803	3270	3737	4204	5260
31	5187	29	467	934	1401	1868	2336	2802	3270	3737	4204	8169
32	7989	28	467	934	1401	1868	2336	2803	3270	3737	4204	2711078
33	2680792	27	467	934	1401	1868	2335	2802	3269	3736	4203	3987
34	3594	26	467	934	1401	1868	2335	2802	3269	3736	4203	6896
35	6396	25	467	934	1401	1868	2335	2802	3269	3736	4203	9805
36	9198	24	467	934	1401	1868	2335	2802	3269	3736	4203	2722714
37	2692000	23	467	934	1400	1867	2334	2801	3268	3734	4201	5623
38	4801	22	467	934	1400	1867	2334	2801	3268	3734	4201	8532
39	7602	21	467	934	1400	1867	2334	2801	3268	3734	4201	2731441
40	2700403	20	467	934	1400	1867	2334	2801	3268	3734	4201	4349
41	3204	19	467	934	1400	1867	2334	2801	3268	3734	4201	7258
42	6004	18	467	934	1400	1867	2334	2801	3268	3734	4201	2740167
43	8805	17	467	933	1400	1866	2333	2800	3266	3733	4199	3076
44	2711605	16	467	933	1400	1866	2333	2799	3266	3733	4199	5985
45	4404	15	467	933	1400	1866	2333	2800	3266	3733	4199	8894
46	7204	14	467	933	1400	1866	2333	2799	3266	3732	4199	2751803
47	2720003	13	467	933	1400	1866	2333	2799	3266	3732	4199	4712
48	2802	12	467	933	1400	1866	2333	2799	3266	3732	4199	7621
49	5601	11	467	933	1400	1866	2333	2799	3266	3732	4199	2760530
50	8400	10	467	933	1400	1866	2333	2798	3266	3732	4199	3438
51	2731198	9	467	933	1400	1866	2333	2799	3266	3732	4199	6347
52	3997	8	466	933	1399	1865	2332	2797	3264	3730	4197	9256
53	6794	7	466	933	1399	1865	2332	2798	3264	3730	4197	2772165
54	9592	6	466	933	1399	1865	2332	2798	3264	3730	4197	5074
55	2742390	5	466	932	1398	1864	2331	2797	3263	3729	4195	7983
56	5187	4	466	932	1398	1864	2331	2797	3263	3729	4195	2780892
57	7984	3	466	932	1398	1864	2331	2797	3263	3729	4195	3801
58	2750781	2	466	932	1398	1864	2331	2796	3263	3729	4195	6710
59	3577	1	466	932	1398	1864	2331	2797	3263	3729	4195	9619
60	6374	0	466	932	1398	1864	2331	2796	3263	3729	4195	2792527
M.	Cosine.	M.	10"	20"	30"	40"	50"	60"	70"	80"	90"	Arc.

Sec.	Arc. Diff.
10	485
20	970
30	1454
40	1939
50	2424
60	2909
70	3394
80	3878
90	4363

74 Degrees.

16 Degrees. Difference for Seconds. [17

M.	Sine.	M.	10"	20"	30"	40"	50"	60"	70"	80"	90"	Arc.
0	2756374	60	466	932	1398	1864	2330	2796	3262	3728	4194	2792527
1	9170	59	466	932	1398	1864	2330	2795	3262	3728	4194	5436
2	2761965	58	466	932	1398	1864	2330	2796	3262	3728	4194	8345
3	4761	57	466	932	1398	1864	2330	2795	3262	3728	4194	2801254
4	7556	56	466	932	1398	1864	2330	2796	3262	3728	4194	4163
5	2770352	55	466	932	1398	1864	2330	2795	3261	3727	4193	7072
6	3147	54	466	932	1398	1864	2330	2794	3261	3727	4193	9981
7	5941	53	466	932	1398	1864	2330	2795	3261	3727	4193	2812890
8	8736	52	466	931	1397	1862	2329	2794	3259	3725	4190	5799
9	2781530	51	466	931	1397	1862	2329	2794	3259	3725	4190	8708
10	4324	50	466	931	1397	1862	2329	2794	3259	3725	4190	2821616
11	7118	49	466	931	1397	1862	2328	2793	3259	3724	4190	4525
12	9911	48	466	931	1397	1862	2328	2793	3259	3724	4190	7434
13	2792704	47	466	931	1397	1862	2328	2793	3259	3724	4190	2830343
14	5497	46	466	931	1397	1862	2328	2793	3259	3724	4190	3252
15	8290	45	466	931	1397	1862	2328	2793	3259	3724	4190	6161
16	2801083	44	466	931	1397	1861	2327	2792	3257	3722	4188	9070
17	3875	43	465	931	1396	1861	2327	2792	3257	3722	4188	2841979
18	6667	42	465	931	1396	1861	2327	2792	3257	3722	4188	4888
19	9459	41	465	931	1396	1861	2327	2792	3257	3722	4188	7797
20	2812251	40	465	930	1395	1860	2326	2791	3256	3721	4186	2850705
21	5042	39	465	930	1395	1860	2326	2791	3256	3721	4186	3614
22	7833	38	465	930	1395	1860	2326	2791	3256	3721	4186	6523
23	2820624	37	465	930	1395	1860	2326	2791	3256	3721	4186	9432
24	3415	36	465	930	1395	1860	2325	2790	3255	3720	4185	2862341
25	6205	35	465	930	1395	1860	2325	2790	3255	3720	4185	5250
26	8995	34	465	930	1395	1860	2325	2790	3255	3720	4185	8159
27	2831785	33	465	930	1395	1860	2325	2790	3255	3720	4185	2871068
28	4575	32	465	930	1394	1859	2324	2789	3254	3718	4183	3977
29	7364	31	465	930	1394	1859	2324	2789	3254	3718	4183	6886
30	2840153	30	465	930	1394	1859	2324	2789	3254	3718	4183	9793
31	2942	29	465	930	1394	1859	2324	2789	3254	3718	4183	2882702
32	5731	28	465	930	1394	1859	2324	2789	3254	3718	4183	5611
33	8520	27	465	929	1394	1858	2323	2788	3252	3717	4181	8520
34	2851308	26	465	929	1394	1858	2323	2788	3252	3717	4181	2891429
35	4096	25	465	929	1394	1858	2323	2788	3252	3717	4181	4338
36	6884	24	465	929	1394	1858	2323	2787	3252	3716	4181	7247
37	9671	23	465	929	1394	1858	2323	2787	3252	3716	4181	2900156
38	2862458	22	465	929	1394	1858	2323	2788	3252	3716	4181	3065
39	5246	21	465	929	1394	1858	2323	2787	3252	3716	4181	5974
40	8032	20	465	929	1394	1858	2323	2787	3252	3716	4181	8882
41	2870819	19	464	929	1393	1857	2322	2786	3250	3714	4179	2911791
42	3605	18	464	929	1393	1857	2322	2786	3250	3714	4179	4700
43	6391	17	464	929	1393	1857	2322	2786	3250	3714	4179	7609
44	9177	16	464	929	1393	1857	2322	2786	3250	3714	4179	2920518
45	2881963	15	464	928	1392	1856	2321	2785	3249	3713	4177	3427
46	4748	14	464	928	1392	1856	2321	2785	3249	3713	4177	6336
47	7533	13	464	928	1392	1856	2321	2785	3249	3713	4177	9245
48	2890318	12	464	928	1392	1856	2321	2785	3249	3713	4177	2932154
49	3103	11	464	928	1392	1856	2320	2784	3248	3712	4176	5063
50	5887	10	464	928	1392	1856	2320	2784	3248	3712	4176	7971
51	8671	9	464	928	1392	1856	2320	2784	3248	3712	4176	2940880
52	2901455	8	464	928	1392	1856	2320	2784	3248	3712	4176	3789
53	4239	7	464	928	1391	1855	2319	2783	3247	3710	4174	6698
54	7022	6	464	928	1391	1855	2319	2783	3247	3710	4174	9607
55	9805	5	464	928	1391	1855	2319	2783	3247	3710	4174	2952516
56	2912588	4	464	928	1391	1855	2319	2783	3247	3710	4174	5425
57	5371	3	464	927	1391	1854	2318	2782	3245	3709	4172	8334
58	8153	2	464	927	1391	1854	2318	2782	3245	3709	4172	2961243
59	2920935	1	464	927	1391	1854	2318	2782	3245	3709	4172	4152
60	3717	0	464	927	1391	1854	2318	2782	3245	3709	4172	7060
M.	Cosine.	M.	10"	20"	30"	40"	50"	60"	70"	80"	90"	Arc.

Arc.

Sec.	Diff.
10	485
20	970
30	1454
40	1939
50	2424
60	2909
70	3394
80	3878
90	4363

73 Degrees.

18] 17 Degrees. Difference for Seconds.

M.	Sine.	M.	10"	20"	30"	40"	50"	60"	70"	80"	90"	Arc.
0	2923717	60	464	927	1391	1854	2318	2782	3245	3709	4172	2967060
1	6499	59	464	927	1391	1854	2318	2781	3245	3708	4172	9969
2	9280	58	464	927	1391	1854	2318	2781	3245	3708	4172	2972878
3	2932061	57	464	927	1391	1854	2318	2781	3245	3708	4172	5787
4	4842	56	464	927	1391	1854	2318	2781	3245	3708	4172	8696
5	7623	55	463	927	1390	1853	2317	2780	3243	3706	4170	2981605
6	2940403	54	463	927	1390	1853	2317	2780	3243	3706	4170	4514
7	3183	53	463	927	1390	1853	2317	2780	3243	3706	4170	7423
8	5963	52	463	927	1390	1853	2317	2780	3243	3706	4170	2990332
9	8743	51	463	927	1390	1853	2317	2779	3243	3706	4170	3241
10	2951522	50	463	927	1390	1853	2317	2780	3243	3706	4170	6149
11	4302	49	463	926	1389	1852	2316	2779	3242	3705	4168	9058
12	7081	48	463	926	1389	1852	2316	2778	3242	3705	4168	3001967
13	9859	47	463	926	1389	1852	2316	2779	3242	3705	4168	4876
14	2962638	46	463	926	1389	1852	2315	2778	3241	3704	4167	7785
15	5416	45	463	926	1389	1852	2315	2778	3241	3704	4167	3010694
16	8194	44	463	926	1389	1852	2315	2777	3241	3704	4167	3603
17	2970971	43	463	926	1389	1852	2315	2778	3241	3704	4167	6512
18	3749	42	463	926	1388	1851	2314	2777	3240	3702	4165	9421
19	6526	41	463	926	1388	1851	2314	2777	3240	3702	4165	3022330
20	9303	40	463	926	1388	1851	2314	2776	3240	3702	4165	5238
21	2982079	39	463	926	1388	1851	2314	2777	3240	3702	4165	8147
22	4856	38	463	925	1388	1850	2313	2776	3238	3701	4163	3031056
23	7632	37	463	925	1388	1850	2313	2776	3238	3701	4163	3965
24	2990408	36	463	925	1388	1850	2313	2776	3238	3701	4163	6874
25	3184	35	463	925	1388	1850	2313	2775	3238	3700	4163	9783
26	5959	34	463	925	1388	1850	2313	2775	3238	3700	4163	3042692
27	8734	33	463	925	1388	1850	2313	2775	3238	3700	4163	5601
28	3001509	32	463	925	1388	1850	2313	2775	3238	3700	4163	8510
29	4284	31	462	925	1387	1849	2312	2774	3236	3698	4161	3051419
30	7058	30	462	925	1387	1849	2312	2774	3236	3698	4161	4327
31	9832	29	462	925	1387	1849	2312	2774	3236	3698	4161	7236
32	3012606	28	462	925	1387	1849	2312	2774	3236	3698	4161	3060145
33	5380	27	462	924	1386	1848	2311	2773	3235	3697	4159	3054
34	8153	26	462	924	1386	1848	2311	2773	3235	3697	4159	5963
35	3020926	25	462	924	1386	1848	2311	2773	3235	3697	4159	8872
36	3699	24	462	924	1386	1848	2311	2772	3235	3697	4159	3071781
37	6471	23	462	924	1386	1848	2311	2773	3235	3697	4159	4690
38	9244	22	462	924	1386	1848	2310	2772	3234	3696	4158	7599
39	3032016	21	462	924	1386	1848	2310	2772	3234	3696	4158	3080408
40	4788	20	462	924	1386	1848	2310	2771	3234	3696	4158	3415
41	7559	19	462	924	1386	1848	2310	2772	3234	3696	4158	6324
42	3040331	18	462	924	1385	1847	2309	2771	3233	3694	4156	9233
43	3102	17	462	924	1385	1847	2309	2770	3233	3694	4156	3092142
44	5872	16	462	924	1385	1847	2309	2771	3233	3694	4156	5051
45	8643	15	462	923	1385	1846	2308	2770	3231	3693	4154	7960
46	3051413	14	462	923	1385	1846	2308	2770	3231	3693	4154	3100869
47	4183	13	462	923	1385	1846	2308	2770	3231	3693	4154	3778
48	6953	12	462	923	1385	1846	2308	2770	3231	3693	4154	6687
49	9723	11	462	923	1385	1846	2308	2769	3231	3692	4154	9596
50	3062492	10	462	923	1385	1846	2308	2769	3231	3692	4154	3112504
51	5261	9	462	923	1385	1846	2308	2769	3231	3692	4154	5413
52	8030	8	461	923	1384	1845	2307	2768	3229	3690	4152	8322
53	3070798	7	461	923	1384	1845	2307	2768	3229	3690	4152	3121231
54	3566	6	461	923	1384	1845	2307	2768	3229	3690	4152	4140
55	6334	5	461	923	1384	1844	2307	2768	3229	3690	4152	7049
56	9102	4	461	922	1383	1844	2306	2767	3228	3689	4150	9958
57	3081869	3	461	922	1383	1844	2306	2767	3228	3689	4150	3132867
58	4636	2	461	922	1383	1844	2306	2767	3228	3689	4150	5776
59	7403	1	461	922	1383	1844	2306	2767	3228	3689	4150	8685
60	3090170	0	461	922	1383	1844	2305	2766	3227	3688	4149	3141593
M.	Cosine.	M.	10"	20"	30"	40"	50"	60"	70"	80"	90"	Arc.

Arc.	
Sec.	Diff.
10	485
20	970
30	1454
40	1939
50	2424
60	2909
70	3394
80	3878
90	4363

72 Degrees.

18 Degrees. Difference for Seconds.

M.	Sine.	M.	10″	20″	30″	40″	50″	60″	70″	80″	90″	Arc.
0	3090170	60	461	922	1383	1844	2305	2766	3227	3688	4149	3141593
1	2936	59	461	922	1383	1844	2305	2766	3227	3688	4149	4502
2	5702	58	461	922	1383	1844	2305	2766	3227	3688	4149	7411
3	8468	57	461	922	1383	1844	2305	2766	3227	3688	4149	3150320
4	3101234	56	461	922	1382	1843	2304	2765	3226	3687	4148	3229
5	3999	55	461	922	1382	1843	2304	2765	3226	3686	4147	6138
6	6764	54	461	922	1382	1843	2304	2765	3226	3686	4147	9047
7	9529	53	461	922	1382	1843	2304	2765	3226	3686	4147	3161956
8	3112294	52	461	921	1382	1842	2303	2764	3224	3685	4145	4865
9	5058	51	461	921	1382	1842	2303	2764	3224	3685	4145	7774
10	7822	50	461	921	1382	1842	2303	2764	3224	3685	4145	3170682
11	3120586	49	461	921	1382	1842	2303	2763	3224	3684	4145	3591
12	3349	48	461	921	1382	1842	2303	2763	3224	3684	4145	6500
13	6112	47	461	921	1382	1842	2303	2763	3224	3684	4145	9409
14	8875	46	461	921	1382	1842	2303	2763	3224	3684	4145	3182318
15	3131638	45	461	921	1382	1842	2303	2762	3224	3684	4145	5227
16	4400	44	461	921	1382	1842	2303	2763	3224	3684	4145	8136
17	7163	43	461	921	1381	1841	2302	2762	3222	3682	4143	3191045
18	9925	42	461	921	1381	1841	2302	2761	3222	3682	4143	3954
19	3142686	41	460	920	1380	1840	2302	2762	3222	3682	4143	6863
20	5448	40	460	920	1380	1840	2301	2761	3221	3681	4141	9771
21	8209	39	460	920	1380	1840	2301	2760	3221	3681	4141	3202680
22	3150969	38	460	920	1380	1840	2301	2761	3221	3681	4141	5589
23	3730	37	460	920	1380	1840	2300	2760	3220	3680	4140	8498
24	6490	36	460	920	1380	1840	2300	2760	3220	3680	4140	3211407
25	9250	35	460	920	1380	1840	2300	2760	3220	3680	4140	4316
26	3162010	34	460	920	1380	1840	2300	2760	3220	3680	4140	7225
27	4770	33	460	920	1380	1840	2300	2759	3219	3679	4139	3220134
28	7529	32	460	920	1380	1840	2299	2759	3219	3679	4139	3043
29	3170288	31	460	920	1379	1839	2299	2759	3219	3679	4139	5952
30	3047	30	460	920	1379	1839	2299	2758	3217	3677	4136	8860
31	5805	29	460	919	1379	1838	2298	2758	3217	3677	4136	3231769
32	8563	28	460	919	1379	1838	2298	2758	3217	3677	4136	4678
33	3181321	27	460	919	1379	1838	2298	2758	3217	3677	4136	7587
34	4079	26	460	919	1379	1838	2298	2757	3217	3676	4136	3240496
35	6836	25	460	919	1379	1838	2298	2757	3217	3676	4136	3405
36	9593	24	460	919	1379	1838	2298	2757	3217	3676	4136	6314
37	3192350	23	460	919	1379	1838	2298	2756	3217	3676	4136	9223
38	5106	22	459	919	1379	1838	2298	2757	3217	3676	4136	3252132
39	7863	21	459	919	1379	1378	1837	2297	2756	3215	3674	4134	5041
40	3200619	20	459	919	1378	1837	2297	2755	3215	3674	4134	7948
41	3374	19	459	919	1378	1837	2297	2756	3215	3674	4134	3260857
42	6130	18	459	918	1377	1836	2296	2755	3214	3673	4132	3766
43	8885	17	459	918	1377	1836	2296	2755	3214	3673	4132	6675
44	3211640	16	459	918	1377	1836	2296	2755	3214	3673	4132	9584
45	4395	15	459	918	1377	1836	2295	2754	3213	3672	4131	3272493
46	7149	14	459	918	1377	1836	2295	2754	3213	3672	4131	5402
47	9903	13	459	918	1377	1836	2295	2754	3213	3672	4131	8311
48	3222657	12	459	918	1377	1836	2295	2754	3213	3672	4131	3281220
49	5411	11	459	918	1376	1835	2294	2753	3212	3670	4129	4129
50	8164	10	459	918	1376	1835	2294	2753	3212	3670	4129	7037
51	3230917	9	459	918	1376	1835	2294	2753	3212	3670	4129	9946
52	3670	8	459	917	1376	1834	2293	2752	3210	3669	4127	3292855
53	6422	7	459	917	1376	1834	2293	2752	3210	3669	4127	5764
54	9174	6	459	917	1376	1834	2293	2752	3210	3669	4127	8673
55	3241926	5	459	917	1376	1834	2293	2752	3210	3669	4127	3301582
56	4678	4	459	917	1376	1834	2293	2751	3210	3668	4127	4491
57	7429	3	459	917	1376	1834	2293	2751	3210	3668	4127	7400
58	3250180	2	459	917	1376	1834	2293	2751	3210	3668	4127	3310309
59	2931	1	459	917	1376	1834	2293	2751	3210	3668	4127	3218
60	5682	0	458	917	1375	1833	2292	2750	3208	3666	4125	6126
M.	Cosine.	M.	10″	20″	30″	40″	50″	60″	70″	80″	90″	Arc.

Arc.

Sec.	Diff.
10	485
20	970
30	1454
40	1939
50	2424
60	2909
70	3394
80	3878
90	4363

71 Degrees.

20] 19 Degrees. Difference for Seconds.

M.	Sine.	M.	10"	20"	30"	40"	50"	60"	70"	80"	90"	Arc.
0	3255682	60	458	917	1375	1833	2292	2750	3208	3666	4125	3316126
1	8432	59	458	917	1375	1833	2292	2750	3208	3666	4125	9035
2	3261182	58	458	917	1375	1833	2292	2750	3208	3666	4125	3321944
3	3932	57	458	916	1374	1832	2291	2749	3207	3665	4123	4853
4	6681	56	458	916	1374	1832	2291	2749	3207	3665	4123	7762
5	9430	55	458	916	1374	1832	2291	2749	3207	3665	4123	3330671
6	3272179	54	458	916	1374	1832	2291	2749	3207	3665	4123	3580
7	4928	53	458	916	1374	1832	2290	2748	3206	3664	4122	6489
8	7676	52	458	916	1374	1832	2290	2748	3206	3664	4122	9398
9	3280424	51	458	916	1374	1832	2290	2748	3206	3664	4122	3342307
10	3172	50	458	916	1373	1831	2289	2747	3205	3662	4120	5215
11	5919	49	458	916	1373	1831	2289	2747	3205	3662	4120	8124
12	8666	48	458	916	1373	1831	2289	2747	3205	3662	4120	3351033
13	3291413	47	458	916	1373	1831	2289	2747	3205	3662	4120	3942
14	4160	46	458	916	1373	1831	2289	2746	3205	3662	4120	6851
15	6906	45	458	916	1373	1831	2289	2747	3205	3662	4120	9760
16	9653	44	458	915	1373	1830	2288	2745	3203	3661	4118	3362669
17	3302398	43	458	915	1373	1830	2288	2746	3203	3661	4118	5578
18	5144	42	458	915	1373	1830	2288	2745	3203	3661	4118	8487
19	7889	41	458	915	1373	1830	2288	2745	3203	3661	4118	3371396
20	3310634	40	458	915	1373	1830	2288	2745	3203	3661	4118	4304
21	3379	39	457	915	1372	1829	2287	2744	3201	3658	4116	7213
22	6123	38	457	915	1372	1829	2287	2744	3201	3658	4116	3380122
23	8867	37	457	915	1372	1829	2287	2744	3201	3658	4116	3031
24	3321611	36	457	915	1372	1829	2287	2744	3201	3658	4116	5940
25	4355	35	457	914	1371	1828	2286	2743	3200	3657	4114	8849
26	7098	34	457	914	1371	1828	2286	2743	3200	3657	4114	3391758
27	9841	33	457	914	1371	1828	2286	2743	3200	3657	4114	4667
28	3332584	32	457	914	1371	1828	2286	2742	3200	3657	4114	7576
29	5326	31	457	914	1371	1828	2286	2743	3200	3657	4114	3400485
30	8069	30	457	914	1371	1828	2285	2741	3199	3656	4113	3392
31	3340810	29	457	914	1371	1828	2285	2742	3199	3656	4113	6301
32	3552	28	457	914	1370	1827	2284	2741	3198	3654	4111	9210
33	6293	27	457	914	1370	1827	2284	2741	3198	3654	4111	3412119
34	9034	26	457	914	1370	1827	2284	2741	3198	3654	4111	5028
35	3351775	25	457	914	1370	1827	2284	2741	3198	3654	4111	7937
36	4516	24	457	913	1370	1826	2283	2740	3196	3653	4109	3420846
37	7256	23	457	913	1370	1826	2283	2740	3196	3653	4109	3755
38	9996	22	457	913	1370	1826	2283	2739	3196	3653	4109	6664
39	3362735	21	457	913	1370	1826	2283	2740	3196	3653	4109	9573
40	5475	20	457	913	1370	1826	2283	2739	3196	3652	4109	3432481
41	8214	19	457	913	1370	1826	2283	2739	3196	3652	4109	5390
42	3370953	18	456	913	1369	1825	2282	2738	3194	3650	4107	8299
43	3691	17	456	913	1369	1825	2282	2738	3194	3650	4107	3441208
44	6429	16	456	913	1369	1825	2282	2738	3194	3650	4107	4117
45	9167	15	456	913	1369	1825	2282	2738	3194	3650	4107	7026
46	3381905	14	456	912	1368	1824	2281	2737	3193	3649	4105	9935
47	4642	13	456	912	1368	1824	2281	2737	3193	3649	4105	3452844
48	7379	12	456	912	1368	1824	2281	2737	3193	3649	4105	5753
49	3390116	11	456	912	1368	1824	2281	2736	3193	3649	4105	8662
50	2852	10	456	912	1368	1824	2281	2737	3193	3649	4105	3461570
51	5589	9	456	912	1368	1824	2280	2736	3192	3648	4104	4479
52	8325	8	456	912	1368	1824	2280	2735	3192	3648	4104	7388
53	3401060	7	456	912	1368	1824	2280	2736	3192	3648	4104	3470297
54	3796	6	456	912	1367	1823	2279	2735	3191	3646	4102	3206
55	6531	5	456	912	1367	1823	2279	2734	3191	3646	4100	6115
56	9265	4	456	912	1367	1823	2279	2735	3191	3646	4100	9024
57	3412000	3	456	911	1367	1822	2278	2734	3189	3645	4100	3481933
58	4734	2	456	911	1367	1822	2278	2734	3189	3645	4100	4842
59	7468	1	456	911	1367	1822	2278	2733	3189	3645	4100	7751
60	3420201	0	456	911	1367	1822	2278	2734	3189	3645	4100	3490659
M.	Cosine.	M.	10"	20"	30"	40"	50"	60"	70"	80"	90"	Arc.

Arc.

Sec.	Diff.
10	485
20	970
30	1454
40	1939
50	2424
60	2909
70	3394
80	3878
90	4363

70 Degrees.

20 Degrees.   Difference for Seconds.   [21

M.	Sine.	M.	10"	20"	30"	40"	50"	60"	70"	80"	90"	Arc.
0	3420201	60	456	911	1367	1822	2278	2734	3189	3645	4100	3490659
1	2935	59	456	911	1367	1822	2278	2733	3189	3644	4100	3568
2	5668	58	456	911	1367	1822	2278	2732	3189	3644	4100	6477
3	8400	57	456	911	1367	1822	2278	2733	3189	3644	4100	9386
4	3431133	56	455	911	1366	1821	2277	2732	3187	3642	4098	3502295
5	3865	55	455	911	1366	1821	2277	2732	3187	3642	4098	5204
6	6597	54	455	911	1366	1821	2277	2732	3187	3642	4098	8113
7	9329	53	455	910	1365	1820	2276	2731	3186	3641	4096	3511022
8	3442060	52	455	910	1365	1820	2276	2731	3186	3641	4096	3931
9	4791	51	455	910	1365	1820	2276	2730	3186	3641	4096	6840
10	7521	50	455	910	1365	1820	2276	2731	3186	3641	4096	9748
11	3450252	49	455	910	1365	1820	2275	2730	3185	3641	4096	3522657
12	2982	48	455	910	1365	1820	2275	2730	3185	3641	4096	5566
13	5712	47	455	910	1365	1820	2275	2729	3185	3641	4096	8475
14	8441	46	455	910	1365	1820	2275	2730	3185	3641	4096	3531384
15	3461171	45	455	910	1364	1819	2274	2729	3184	3638	4093	4293
16	3900	44	455	910	1364	1819	2274	2728	3184	3638	4093	7202
17	6628	43	455	910	1364	1819	2274	2729	3184	3638	4093	3540111
18	9357	42	455	910	1364	1819	2273	2728	3182	3637	4091	3020
19	3472085	41	455	909	1364	1819	2273	2727	3182	3637	4091	5929
20	4812	40	455	909	1364	1819	2273	2728	3182	3637	4091	8837
21	7540	39	455	909	1364	1818	2273	2727	3182	3636	4091	3551746
22	3480267	38	455	909	1364	1818	2273	2727	3182	3636	4091	4655
23	2994	37	455	909	1364	1818	2273	2726	3182	3636	4091	7564
24	5720	36	455	909	1364	1818	2273	2727	3182	3636	4091	3560473
25	8447	35	454	909	1363	1817	2272	2726	3180	3634	4089	3382
26	3491173	34	454	909	1363	1817	2272	2725	3180	3634	4089	6291
27	3898	33	454	909	1363	1817	2272	2726	3180	3634	4089	9200
28	6624	32	454	908	1362	1816	2272	2725	3179	3633	4087	3572109
29	9349	31	454	908	1362	1816	2272	2725	3179	3633	4087	5018
30	3502074	30	454	908	1362	1816	2272	2724	3179	3633	4087	7926
31	4798	29	454	908	1362	1816	2272	2725	3179	3633	4087	3580835
32	7523	28	454	908	1362	1816	2270	2723	3178	3632	4086	3744
33	3510246	27	454	908	1362	1816	2270	2724	3178	3632	4086	6653
34	2970	26	454	908	1361	1815	2269	2723	3177	3630	4084	9562
35	5693	25	454	908	1361	1815	2269	2723	3177	3630	4084	3592471
36	8416	24	454	908	1361	1815	2269	2723	3177	3630	4084	5380
37	3521139	23	454	908	1361	1815	2269	2723	3177	3630	4084	8289
38	3862	22	454	907	1361	1814	2268	2722	3175	3629	4082	3601198
39	6584	21	454	907	1361	1814	2268	2722	3175	3629	4082	4107
40	9306	20	454	907	1361	1814	2268	2721	3175	3628	4082	7015
41	3552027	19	454	907	1361	1814	2268	2721	3175	3628	4082	9924
42	4748	18	454	907	1361	1814	2268	2721	3175	3628	4082	3612833
43	7469	17	454	907	1361	1814	2268	2721	3175	3628	4082	5742
44	3540190	16	453	907	1360	1813	2267	2720	3173	3626	4080	8651
45	2910	15	453	907	1360	1813	2267	2720	3173	3626	4080	3621560
46	5630	14	453	907	1360	1813	2267	2720	3173	3626	4080	4469
47	8350	13	453	907	1360	1813	2267	2720	3173	3626	4080	7378
48	3551070	12	453	906	1359	1812	2266	2719	3172	3625	4078	3630287
49	3789	11	453	906	1359	1812	2266	2719	3172	3625	4078	3196
50	6508	10	453	906	1359	1812	2265	2718	3171	3624	4077	6104
51	9226	9	453	906	1359	1812	2265	2718	3171	3624	4077	9013
52	3561944	8	453	906	1359	1812	2265	2718	3171	3624	4077	3641922
53	4662	7	453	906	1359	1812	2265	2718	3171	3624	4077	4831
54	7380	6	453	905	1358	1811	2264	2717	3170	3622	4075	7740
55	3570097	5	453	905	1358	1811	2264	2717	3170	3622	4075	3650649
56	2814	4	453	905	1358	1811	2264	2717	3170	3622	4075	3558
57	5531	3	453	905	1358	1811	2264	2717	3170	3622	4075	6467
58	8248	2	453	905	1358	1810	2263	2716	3168	3621	4073	9376
59	3580964	1	453	905	1358	1810	2263	2715	3168	3621	4073	3662285
60	3679	0	453	905	1358	1810	2263	2716	3168	3621	4073	5193
M.	Cosine.	M.	10"	20"	30"	40"	50"	60"	70"	80"	90"	Arc.

Arc.

Sec.	Diff.
10	485
20	970
30	1454
40	1939
50	2424
60	2909
70	3394
80	3878
90	4363

69 Degrees.

21 Degrees.

Difference for Seconds.

M.	Sine.	M.	10"	20"	30"	40"	50"	60"	70"	80"	90"	Arc.
0	3583679	60	453	905	1358	1810	2263	2716	3168	3621	4073	3665191
1	6395	59	453	905	1358	1810	2263	2715	3168	3620	4073	8100
2	9110	58	453	905	1358	1810	2263	2715	3168	3620	4073	3671009
3	3591825	57	453	905	1358	1810	2263	2715	3168	3620	4073	3918
4	4540	56	452	905	1357	1809	2262	2714	3166	3618	4071	6827
5	7254	55	452	905	1357	1809	2262	2714	3166	3618	4071	9736
6	9968	54	452	905	1357	1809	2262	2714	3166	3618	4071	3682645
7	3602682	53	452	904	1356	1808	2261	2713	3165	3617	4069	5554
8	5395	52	452	904	1356	1808	2261	2713	3165	3617	4069	8463
9	8108	51	452	904	1356	1808	2261	2713	3165	3617	4069	3691372
10	3610821	50	452	904	1356	1808	2261	2713	3165	3617	4069	4280
11	3534	49	452	904	1356	1808	2260	2712	3164	3616	4068	7189
12	6246	48	452	904	1356	1808	2260	2712	3164	3616	4068	3700098
13	8958	47	452	904	1355	1807	2259	2711	3163	3614	4066	3007
14	3621669	46	452	904	1355	1807	2259	2711	3163	3614	4066	5916
15	4380	45	452	904	1355	1807	2259	2711	3163	3614	4066	8825
16	7091	44	452	904	1355	1807	2259	2711	3163	3614	4066	3711734
17	9802	43	452	903	1355	1806	2258	2710	3161	3613	4064	4643
18	3632512	42	452	903	1355	1806	2258	2710	3161	3613	4064	7552
19	5222	41	452	903	1355	1806	2258	2710	3161	3613	4064	3720461
20	7932	40	452	903	1355	1806	2258	2709	3161	3613	4064	3369
21	3640641	39	452	903	1355	1806	2258	2710	3161	3613	4064	6278
22	3351	38	452	903	1355	1806	2258	2708	3161	3612	4064	9187
23	6059	37	452	903	1355	1806	2258	2709	3161	3612	4064	3732096
24	8768	36	452	903	1355	1805	2257	2708	3159	3610	4062	5005
25	3651476	35	451	903	1354	1805	2257	2708	3159	3610	4062	7914
26	4184	34	451	903	1354	1805	2257	2707	3159	3610	4062	3740823
27	6891	33	451	903	1354	1805	2257	2708	3159	3610	4062	3732
28	9599	32	451	902	1353	1804	2256	2707	3158	3609	4060	6641
29	3662306	31	451	902	1353	1804	2256	2706	3158	3609	4060	9550
30	5012	30	451	902	1353	1804	2256	2707	3158	3609	4060	3752458
31	7719	29	451	902	1353	1804	2255	2706	3157	3608	4059	5367
32	3670425	28	451	902	1353	1804	2255	2705	3157	3608	4059	8276
33	3130	27	451	902	1353	1804	2255	2706	3157	3608	4059	3761185
34	5836	26	451	902	1352	1803	2254	2705	3156	3607	4057	4094
35	8541	25	451	902	1352	1803	2254	2705	3156	3606	4057	7003
36	3681246	24	451	901	1352	1802	2253	2704	3154	3605	4055	9912
37	3950	23	451	901	1352	1802	2253	2704	3154	3605	4055	3772821
38	6654	22	451	901	1352	1802	2253	2704	3154	3605	4055	5730
39	9358	21	451	901	1352	1802	2253	2703	3154	3605	4055	8639
40	3692061	20	451	901	1352	1802	2253	2704	3154	3605	4055	3781547
41	4765	19	451	901	1352	1802	2253	2703	3154	3604	4055	4456
42	7468	18	450	901	1351	1801	2252	2702	3152	3602	4053	7365
43	3700170	17	450	901	1351	1801	2252	2702	3152	3602	4053	3790274
44	2872	16	450	901	1351	1801	2252	2702	3152	3602	4053	3183
45	5574	15	450	901	1351	1801	2252	2702	3152	3602	4053	6092
46	8276	14	450	900	1350	1800	2251	2701	3151	3601	4051	9001
47	3710977	13	450	900	1350	1800	2251	2701	3151	3601	4051	3801910
48	3678	12	450	900	1350	1800	2251	2701	3151	3601	4051	4819
49	6379	11	450	900	1350	1800	2251	2700	3150	3601	4051	7728
50	9079	10	450	900	1350	1800	2251	2701	3150	3601	4051	3810636
51	3721780	9	450	900	1350	1800	2250	2699	3150	3600	4050	3545
52	4479	8	450	900	1350	1800	2250	2700	3150	3600	4050	6454
53	7179	7	450	900	1349	1799	2249	2699	3149	3599	4048	9363
54	9878	6	450	900	1349	1799	2249	2699	3149	3599	4048	3822272
55	3732577	5	450	899	1349	1798	2248	2698	3147	3597	4046	5181
56	5275	4	450	899	1349	1798	2248	2698	3147	3597	4046	8090
57	7973	3	450	899	1349	1798	2248	2698	3147	3597	4046	3830999
58	3740671	2	450	899	1349	1798	2248	2698	3147	3597	4046	3908
59	3369	1	450	899	1349	1798	2248	2697	3147	3596	4045	6817
60	6066	0	450	899	1349	1798	2248	2697	3147	3596	4045	9724
M.	Cosine.	M.	10"	20"	30"	40".	50"	60"	70"	80"	90"	Arc.

Arc.

Sec.	Diff.
10	485
20	970
30	1454
40	1939
50	2424
60	2909
70	3394
80	3878
90	4363

68 Degrees.

22° Degrees.   Difference for Seconds.   [23

M.	Sine.	M.	10″	20″	30″	40″	50″	60″	70″	80″	90″	Arc.
0	3746066	60	450	899	1349	1798	2248	2697	3147	3596	4045	3839724
1	8763	59	450	899	1349	1798	2248	2696	3147	3596	4045	3842633
2	3751459	58	450	899	1349	1798	2248	2697	3147	3596	4045	5542
3	4156	57	449	899	1348	1797	2247	2696	3145	3594	4044	8451
4	6852	56	449	899	1348	1797	2247	2695	3145	3594	4044	3851360
5	9547	55	449	899	1348	1797	2247	2696	3145	3594	4044	4269
6	3762243	54	449	898	1347	1796	2246	2695	3144	3593	4042	7178
7	4938	53	449	898	1347	1796	2246	2694	3144	3593	4042	3860087
8	7632	52	449	898	1347	1796	2246	2695	3144	3593	4042	2996
9	3770327	51	449	898	1347	1796	2245	2694	3143	3592	4041	5905
10	3021	50	449	898	1347	1796	2245	2693	3143	3592	4041	8813
11	5714	49	449	898	1347	1796	2245	2694	3143	3592	4041	3871722
12	8408	48	449	898	1346	1795	2244	2693	3142	3590	4039	4631
13	3781101	47	449	898	1346	1795	2244	2693	3142	3590	4039	7540
14	3794	46	449	897	1346	1794	2243	2692	3140	3589	4037	3880449
15	6486	45	449	897	1346	1794	2243	2692	3140	3589	4037	3358
16	9178	44	449	897	1346	1794	2243	2692	3140	3589	4037	6267
17	3791870	43	449	897	1346	1794	2243	2692	3140	3589	4037	9176
18	4562	42	449	897	1346	1794	2243	2691	3140	3588	4036	3892085
19	7253	41	449	897	1346	1794	2243	2691	3140	3588	4036	4994
20	9944	40	448	897	1345	1793	2242	2690	3138	3586	4035	7902
21	3802634	39	448	897	1345	1793	2242	2690	3138	3586	4035	3900811
22	5324	38	448	897	1345	1793	2242	2690	3138	3586	4035	3720
23	8014	37	448	897	1345	1793	2242	2690	3138	3586	4035	6629
24	3810704	36	448	896	1344	1792	2241	2689	3137	3585	4033	9538
25	3393	35	448	896	1344	1792	2241	2689	3137	3585	4033	3912447
26	6082	34	448	896	1344	1792	2241	2688	3137	3585	4033	5356
27	8770	33	448	896	1344	1792	2241	2689	3137	3585	4033	8265
28	3821459	32	448	896	1344	1792	2240	2688	3136	3584	4032	3921174
29	4147	31	448	896	1344	1792	2240	2687	3136	3584	4032	4083
30	6834	30	448	896	1344	1792	2240	2688	3136	3584	4032	6991
31	9522	29	448	896	1343	1791	2239	2687	3135	3582	4030	9900
32	3832209	28	448	896	1343	1791	2239	2686	3135	3582	4030	3932809
33	4895	27	448	896	1343	1791	2239	2687	3135	3582	4030	5718
34	7582	26	448	895	1343	1790	2238	2686	3133	3581	4028	8627
35	3840268	25	448	895	1343	1790	2238	2685	3133	3581	4028	3941536
36	2953	24	448	895	1343	1790	2238	2686	3133	3581	4028	4445
37	5639	23	448	895	1343	1790	2238	2685	3133	3580	4028	7354
38	8324	22	448	895	1343	1790	2238	2684	3133	3580	4028	3950263
39	3851008	21	448	895	1343	1790	2238	2685	3133	3580	4028	3172
40	3693	20	447	895	1342	1789	2237	2684	3131	3578	4026	6079
41	6377	19	447	895	1342	1789	2237	2683	3131	3578	4026	8988
42	9060	18	447	895	1342	1789	2237	2684	3131	3578	4026	3961897
43	3861744	17	447	894	1341	1788	2236	2683	3130	3577	4024	4806
44	4427	16	447	894	1341	1788	2236	2683	3130	3577	4024	7715
45	7110	15	447	894	1341	1788	2235	2682	3129	3576	4023	3970624
46	9792	14	447	894	1341	1788	2235	2682	3129	3576	4023	3533
47	3872474	13	447	894	1341	1788	2235	2682	3129	3576	4023	6442
48	5156	12	447	894	1340	1787	2234	2681	3128	3574	4021	9351
49	7837	11	447	894	1340	1787	2234	2681	3128	3574	4021	3982260
50	3880518	10	447	894	1340	1787	2234	2681	3128	3574	4021	5168
51	3199	9	447	894	1340	1787	2234	2681	3128	3574	4021	8077
52	5880	8	447	893	1340	1786	2233	2680	3126	3573	4019	3990986
53	8560	7	447	893	1340	1786	2233	2680	3126	3573	4019	3895
54	3891240	6	447	893	1340	1786	2233	2679	3126	3572	4019	6804
55	3919	5	447	893	1340	1786	2233	2679	3126	3572	4019	9713
56	6598	4	447	893	1340	1786	2233	2679	3126	3572	4019	4002622
57	9277	3	446	893	1339	1785	2232	2678	3124	3570	4017	5531
58	3901955	2	446	893	1339	1785	2232	2678	3124	3570	4017	8440
59	4633	1	446	893	1339	1785	2232	2678	3124	3570	4017	1349
60	7311	0	446	893	1339	1785	2232	2678	3124	3570	4017	4014257
M.	Cosine.	M.	10″	20″	30″	40″	50″	60″	70″	80″	90″	Arc.

Arc.	
Sec.	Diff.
10	485
20	970
30	1454
40	1939
50	2424
60	2909
70	3394
80	3878
90	4363

67 Degrees.

23 Degrees.

Difference for Seconds.

M.	Sine.	M.	10"	20"	30"	40"	50"	60"	70"	80"	90"	Arc.
0	3907311	60	446	893	1339	1785	2232	2678	3124	3570	4017	4014257
1	9989	59	446	892	1338	1784	2231	2677	3123	3569	4015	7166
2	3912666	58	446	892	1338	1784	2231	2677	3123	3569	4015	4020075
3	5343	57	446	892	1338	1784	2230	2676	3122	3568	4014	2984
4	8019	56	446	892	1338	1784	2230	2676	3122	3568	4014	5893
5	3920695	55	446	892	1338	1784	2230	2676	3122	3568	4014	8802
6	3371	54	446	892	1338	1784	2230	2676	3122	3568	4014	4031711
7	6047	53	446	892	1337	1783	2229	2675	3121	3566	4012	4620
8	8722	52	446	892	1337	1783	2229	2675	3121	3566	4012	7529
9	3931397	51	446	891	1337	1782	2228	2674	3119	3565	4010	4040438
10	4071	50	446	891	1337	1782	2228	2674	3119	3565	4010	3346
11	6745	49	446	891	1337	1782	2228	2674	3119	3565	4010	6255
12	9419	48	446	891	1337	1782	2228	2674	3119	3565	4010	9164
13	3942093	47	446	891	1337	1782	2228	2673	3119	3564	4010	4052073
14	4766	46	445	891	1336	1782	2228	2673	3119	3564	4010	4982
15	7439	45	445	891	1336	1781	2227	2672	3117	3562	4008	7891
16	3950111	44	445	891	1336	1781	2227	2672	3117	3562	4008	4060800
17	2783	43	445	891	1336	1781	2227	2672	3117	3562	4008	3709
18	5455	42	445	891	1336	1781	2227	2672	3117	3562	4008	6618
19	8127	41	445	890	1335	1780	2226	2671	3116	3561	4006	9527
20	3960798	40	445	890	1335	1780	2226	2670	3116	3561	4006	4072435
21	3468	39	445	890	1335	1780	2226	2671	3116	3561	4006	5344
22	6139	38	445	890	1335	1780	2225	2670	3115	3560	4005	8253
23	8809	37	445	890	1335	1780	2225	2670	3115	3560	4005	4081162
24	3971479	36	445	890	1335	1780	2225	2669	3115	3560	4005	4071
25	4148	35	445	890	1335	1780	2225	2670	3115	3560	4005	6980
26	6818	34	445	890	1335	1780	2225	2668	3114	3558	4003	9889
27	9486	33	445	890	1335	1780	2225	2669	3114	3558	4003	4092798
28	3982155	32	445	889	1334	1778	2223	2668	3112	3557	4001	5707
29	4823	31	445	889	1334	1778	2223	2668	3112	3557	4001	8616
30	7491	30	445	889	1334	1778	2223	2667	3112	3556	4001	4101523
31	3990158	29	445	889	1334	1778	2223	2667	3112	3556	4001	4432
32	2825	28	445	889	1334	1778	2223	2667	3112	3556	4001	7341
33	5492	27	445	889	1334	1778	2223	2666	3112	3556	4001	4110250
34	8158	26	445	889	1334	1778	2223	2667	3112	3556	4001	3159
35	4000825	25	444	889	1333	1777	2222	2665	3110	3554	3999	6068
36	3490	24	444	889	1333	1777	2222	2666	3110	3554	3999	8977
37	6156	23	444	888	1332	1776	2221	2665	3110	3554	3999	4121886
38	8821	22	444	888	1332	1776	2221	2665	3110	3554	3999	4795
39	4011486	21	444	888	1332	1776	2220	2664	3108	3552	3996	7704
40	4150	20	444	888	1332	1776	2220	2664	3108	3552	3996	4130612
41	6814	19	444	888	1332	1776	2220	2664	3108	3552	3996	3521
42	9478	18	444	888	1331	1775	2219	2663	3107	3550	3994	6430
43	4022141	17	444	888	1331	1775	2219	2663	3107	3550	3994	9339
44	4804	16	444	888	1331	1775	2219	2663	3107	3550	3994	4142248
45	7467	15	444	887	1331	1774	2218	2662	3105	3549	3992	5157
46	4030129	14	444	887	1331	1774	2218	2662	3105	3549	3992	8066
47	2791	13	444	887	1331	1774	2218	2662	3105	3549	3992	4150975
48	5453	12	444	887	1331	1774	2218	2661	3105	3548	3992	3884
49	8114	11	444	887	1331	1774	2218	2661	3105	3548	3992	6793
50	4040775	10	444	887	1331	1774	2218	2661	3105	3548	3992	9701
51	3436	9	443	887	1330	1773	2217	2660	3103	3546	3990	4162610
52	6096	8	443	887	1330	1773	2217	2660	3103	3546	3990	5519
53	8756	7	443	887	1330	1773	2217	2660	3103	3546	3990	8428
54	4051416	6	443	886	1329	1772	2216	2659	3102	3545	3988	4171337
55	4075	5	443	886	1329	1772	2216	2659	3102	3545	3988	4246
56	6734	4	443	886	1329	1772	2216	2659	3102	3545	3988	7155
57	9393	3	443	886	1329	1772	2215	2658	3101	3544	3987	4180064
58	4062051	2	443	886	1329	1772	2215	2658	3101	3544	3987	2973
59	4709	1	443	886	1329	1772	2215	2657	3101	3544	3987	5882
60	7366	0	443	886	1329	1772	2215	2658	3101	3544	3987	8790
M.	Cosine.	M.	10"	20"	30"	40"	50"	60"	70"	80"	90"	Arc.

Arc.	
Sec.	Diff.
10	485
20	970
30	1454
40	1939
50	2424
60	2909
70	3394
80	3878
90	4363

66 Degrees.

24 Degrees.

Difference for Seconds. [25

M.	Sine.	M.	10"	20"	30"	40"	50"	60"	70"	80"	90"	Arc.
0	4067366	60	443	886	1329	1772	2215	2658	3101	3544	3987	4188790
1	4070024	59	443	886	1328	1771	2214	2657	3100	3542	3985	4191699
2	2681	58	443	885	1328	1770	2213	2656	3098	3541	3983	4608
3	5337	57	443	885	1328	1770	2213	2656	3098	3541	3983	7517
4	7993	56	443	885	1328	1770	2213	2656	3098	3541	3983	4200426
5	4080649	55	443	885	1328	1770	2213	2656	3098	3541	3983	3335
6	3305	54	443	885	1328	1770	2213	2655	3098	3540	3983	6244
7	5960	53	443	885	1328	1770	2213	2655	3098	3540	3983	9153
8	8615	52	442	885	1327	1769	2212	2654	3096	3538	3981	4212062
9	4091269	51	442	885	1327	1769	2212	2654	3096	3538	3981	4971
10	3923	50	442	885	1327	1769	2212	2654	3096	3538	3981	7879
11	6577	49	442	884	1326	1768	2211	2653	3095	3537	3979	4220788
12	9230	48	442	884	1326	1768	2211	2653	3095	3537	3979	3697
13	4101883	47	442	884	1326	1768	2211	2653	3095	3537	3979	6606
14	4536	46	442	884	1326	1768	2211	2653	3095	3537	3979	9515
15	7189	45	442	884	1326	1768	2210	2652	3094	3536	3978	4232424
16	9841	44	442	884	1326	1768	2210	2651	3094	3536	3978	5333
17	4112492	43	442	884	1326	1768	2210	2652	3094	3536	3978	8242
18	5144	42	442	884	1325	1767	2209	2651	3093	3534	3976	4241151
19	7795	41	442	884	1325	1767	2209	2650	3093	3534	3976	4060
20	4120445	40	442	884	1325	1767	2209	2651	3093	3534	3976	6968
21	3096	39	442	883	1325	1766	2208	2649	3091	3533	3974	9877
22	5745	38	442	883	1325	1766	2208	2650	3091	3533	3974	4252786
23	8395	37	442	883	1325	1766	2208	2649	3091	3532	3974	5695
24	4131044	36	442	883	1325	1766	2208	2649	3091	3532	3974	8604
25	3693	35	442	883	1325	1766	2208	2649	3091	3532	3974	4261513
26	6342	34	441	883	1325	1766	2208	2648	3089	3530	3972	4422
27	8990	33	441	883	1325	1766	2208	2648	3089	3530	3972	7331
28	4141638	32	441	882	1323	1764	2206	2647	3088	3529	3970	4270240
29	4285	31	441	882	1323	1764	2206	2647	3088	3529	3970	3149
30	6932	30	441	882	1323	1764	2206	2647	3088	3529	3970	6057
31	9579	29	441	882	1323	1764	2206	2647	3088	3529	3970	8966
32	4152226	28	441	882	1323	1764	2205	2646	3087	3528	3969	4281875
33	4872	27	441	882	1323	1764	2205	2646	3087	3528	3969	4784
34	7517	26	441	882	1323	1764	2205	2646	3087	3528	3969	7693
35	4160163	25	441	882	1322	1763	2204	2645	3086	3526	3969	4290602
36	2808	24	441	882	1322	1763	2204	2645	3086	3526	3969	3511
37	5453	23	441	881	1322	1762	2203	2644	3084	3525	3965	6420
38	8097	22	441	881	1322	1762	2203	2644	3084	3525	3965	9329
39	4170741	21	441	881	1322	1762	2203	2644	3084	3525	3965	4302238
40	3385	20	441	881	1322	1762	2203	2643	3084	3524	3965	5146
41	6028	19	441	881	1322	1762	2203	2643	3084	3524	3965	8055
42	8671	18	441	881	1322	1762	2203	2642	3084	3524	3965	4310964
43	4181313	17	441	881	1322	1762	2203	2643	3084	3524	3965	3873
44	3956	16	440	881	1321	1761	2202	2641	3082	3522	3963	6782
45	6597	15	440	881	1321	1761	2202	2642	3082	3522	3963	9691
46	9239	14	440	880	1320	1760	2201	2641	3081	3521	3961	4322600
47	4191880	13	440	880	1320	1760	2201	2641	3081	3521	3961	5509
48	4521	12	440	880	1320	1760	2200	2640	3080	3520	3960	8418
49	7161	11	440	880	1320	1760	2200	2640	3080	3520	3960	4331327
50	9801	10	440	880	1320	1760	2200	2640	3080	3520	3960	4235
51	4202441	9	440	880	1319	1759	2199	2639	3079	3518	3958	7144
52	5080	8	440	880	1319	1759	2199	2639	3078	3518	3958	4340053
53	7719	7	440	880	1319	1759	2199	2639	3078	3518	3958	2962
54	4210358	6	440	879	1319	1758	2198	2638	3077	3517	3956	5871
55	2996	5	440	879	1319	1758	2198	2638	3077	3517	3956	8780
56	5634	4	440	879	1319	1758	2198	2638	3077	3517	3956	4351689
57	8272	3	440	879	1319	1758	2198	2637	3077	3516	3956	4598
58	4220909	2	440	879	1319	1758	2198	2637	3077	3516	3956	7507
59	3546	1	440	879	1319	1758	2198	2637	3077	3516	3956	4360416
60	6183	0	439	879	1318	1757	2197	2636	3075	3514	3954	3324
M.	Cosine.	M.	10"	20"	30"	40"	50"	60"	70"	80"	90"	Arc.

Arc.	
Sec.	Diff.
10	485
20	970
30	1454
40	1939
50	2424
60	2909
70	3394
80	3878
90	4363

65 Degrees.

25 Degrees.

Difference for Seconds.

M	Sine.	M.	10"	20"	30"	40"	50"	60"	70"	80"	90"	Arc.
0	4226183	60	439	879	1318	1757	2197	2636	3075	3514	3954	4363323
1	8819	59	439	879	1318	1757	2197	2636	3075	3514	3954	6232
2	4231455	58	439	878	1317	1756	2196	2635	3074	3513	3952	9141
3	4090	57	439	878	1317	1756	2196	2635	3074	3513	3952	4372050
4		56	439	878	1317	1756	2196	2635	3074	3513	3952	4959
5	9360	55	439	878	1317	1756	2195	2634	3073	3512	3951	7868
6	4241994	54	439	878	1317	1756	2195	2634	3073	3512	3951	4380777
7	4628	53	439	878	1317	1756	2195	2634	3073	3512	3951	3686
8	7262	52	439	878	1316	1755	2194	2633	3072	3510	3949	6595
9	9895	51	439	878	1316	1755	2194	2633	3072	3510	3949	9504
10	4252528	50	439	878	1316	1755	2194	2633	3072	3510	3949	4392412
11	5161	49	439	877	1316	1754	2193	2632	3070	3509	3947	5321
12	7793	48	439	877	1316	1754	2193	2632	3070	3509	3947	8230
13	4260425	47	439	877	1316	1754	2193	2631	3070	3508	3947	4401139
14	3056	46	439	877	1316	1754	2193	2631	3070	3508	3947	4048
15	5687	45	439	877	1316	1754	2193	2631	3070	3508	3947	6957
16	8318	44	439	877	1316	1754	2193	2631	3070	3508	3947	9866
17	4270949	43	438	877	1315	1753	2192	2630	3068	3506	3945	4412775
18	3579	42	438	877	1315	1753	2192	2629	3068	3506	3945	5684
19	6208	41	438	877	1315	1753	2192	2630	3068	3506	3945	8593
20	8838	40	438	876	1314	1752	2191	2629	3067	3505	3943	4421501
21	4281467	39	438	876	1314	1752	2190	2628	3066	3504	3942	4410
22	4095	38	438	876	1314	1752	2190	2628	3066	3504	3942	7319
23	6723	37	438	876	1314	1752	2190	2628	3066	3504	3942	4430228
24	9351	36	438	876	1314	1752	2190	2628	3066	3504	3942	3137
25	4291979	35	438	876	1313	1751	2189	2627	3065	3502	3940	6046
26	4606	34	438	876	1313	1751	2189	2627	3065	3502	3940	8955
27	7233	33	438	875	1313	1750	2188	2626	3063	3501	3938	4441864
28	9859	32	438	875	1313	1750	2188	2626	3063	3501	3938	4773
29	4302485	31	438	875	1313	1750	2188	2626	3063	3501	3938	7682
30	5111	30	438	875	1313	1750	2188	2625	3063	3500	3938	4450589
31	7736	29	438	875	1313	1750	2188	2625	3063	3500	3938	3498
32	4310361	28	438	875	1313	1750	2188	2625	3063	3500	3938	6407
33	2986	27	437	875	1312	1749	2187	2624	3061	3498	3936	9316
34	5610	26	437	875	1312	1749	2187	2624	3061	3498	3936	4462225
35	8234	25	437	875	1312	1749	2187	2623	3061	3498	3936	5134
36	4320857	24	437	875	1312	1749	2187	2624	3061	3498	3936	8043
37	3481	23	437	874	1311	1748	2186	2622	3060	3497	3934	4470952
38	6103	22	437	874	1311	1748	2186	2623	3060	3497	3934	3861
39	8726	21	437	874	1311	1748	2185	2622	3059	3496	3933	6770
40	4331348	20	437	874	1311	1748	2185	2622	3059	3496	3933	9678
41	3970	19	437	874	1310	1747	2184	2621	3058	3494	3931	4482587
42	6591	18	437	874	1310	1747	2184	2621	3058	3494	3931	5496
43	9212	17	437	874	1310	1747	2184	2620	3058	3494	3931	8405
44	4341832	16	437	874	1310	1747	2184	2621	3058	3494	3931	4491314
45	4453	15	437	873	1310	1746	2183	2619	3056	3493	3929	4223
46	7072	14	437	873	1310	1746	2183	2620	3056	3493	3929	7132
47	9692	13	437	873	1310	1746	2183	2619	3056	3493	3929	4500041
48	4352311	12	437	873	1310	1746	2183	2619	3056	3493	3929	2950
49	4930	11	436	873	1309	1745	2182	2618	3054	3490	3927	5859
50	7548	10	436	873	1309	1745	2182	2618	3054	3490	3927	8767
51	4360166	9	436	873	1309	1745	2182	2618	3054	3490	3927	4511676
52	2784	8	436	872	1308	1744	2181	2617	3053	3489	3925	4585
53	5401	7	436	872	1308	1744	2181	2617	3053	3489	3925	7494
54	8018	6	436	872	1308	1744	2181	2616	3053	3489	3925	4520403
55	4370634	5	436	872	1308	1744	2181	2617	3052	3488	3925	3312
56	3251	4	436	872	1308	1744	2180	2615	3052	3488	3924	6221
57	5866	3	436	872	1308	1744	2180	2616	3052	3488	3924	9130
58	8482	2	436	872	1307	1743	2179	2615	3051	3486	3922	4532039
59	4381097	1	436	872	1307	1743	2179	2614	3051	3486	3922	4918
60	3711	0	436	872	1307	1743	2179	2615	3051	3486	3922	7856
M.	Cosine.	M.	10"	20"	30"	40"	50"	60"	70"	80"	90"	Arc.

64 Degrees.

Arc.	
Sec.	Diff.
10	485
20	970
30	1454
40	1939
50	2424
60	2909
70	3394
80	3878
90	4363

26 Degrees.   Difference for Seconds.   [27

M.	Sine.	M.	10"	20"	30"	40"	50"	60"	70"	80"	90"	Arc.
0	4383711	60	436	872	1307	1743	2179	2615	3058	3486	3922	4537856
1	6326	59	436	871	1307	1742	2178	2614	3049	3485	3920	4540765
2	8940	58	436	871	1307	1742	2178	2613	3049	3484	3920	3674
3	4391553	57	436	871	1307	1742	2178	2613	3049	3484	3920	6583
4	4166	56	436	871	1307	1742	2178	2613	3049	3484	3920	9492
5	6779	55	436	871	1307	1742	2178	2613	3049	3484	3920	4552401
6	9392	54	436	871	1306	1741	2177	2612	3047	3482	3918	5310
7	4402004	53	435	871	1306	1741	2177	2611	3047	3482	3918	8219
8	4615	52	435	871	1306	1741	2177	2612	3047	3482	3918	4561128
9	7227	51	435	870	1305	1740	2176	2611	3046	3481	3916	4037
10	9838	50	435	870	1305	1740	2176	2610	3046	3481	3916	6945
11	4412448	49	435	870	1305	1740	2176	2611	3046	3481	3916	9854
12	5059	48	435	870	1305	1740	2175	2609	3045	3480	3915	4572763
13	7668	47	435	870	1305	1740	2175	2610	3045	3480	3915	5672
14	4420278	46	435	·870	1304	1739	2174	2609	3044	3478	3913	8581
15	2887	45	435	870	1304	1739	2174	2609	3044	3478	3913	4581490
16	5496	44	435	869	1304	1738	2173	2608	3042	3477	3911	4399
17	8104	43	435	869	1304	1738	2173	2608	3042	3477	3911	7308
18	4430712	42	435	869	1304	1738	2173	2607	3042	3477	3911	4590217
19	3319	41	435	869	1304	1738	2173	2608	3042	3477	3911	3126
20	5927	40	435	869	1304	1738	2173	2607	3042	3476	3911	6034
21	8534	39	434	869	1303	1737	2172	2606	3041	3474	3909	8943
22	4441140	38	434	869	1303	1737	2172	2606	3041	3474	3909	4601852
23	3746	37	434	869	1303	1737	2172	2606	3041	3474	3909	4761
24	6352	36	434	868	1302	1736	2171	2605	3039	3473	3907	7670
25	8957	35	434	868	1302	1736	2171	2605	3039	3473	3907	4610579
26	4451562	34	434	868	1302	1736	2171	2605	3039	3473	3907	3488
27	4167	33	434	868	1302	1736	2170	2604	3038	3472	3906	6397
28	6771	32	434	868	1302	1736	2170	2604	3038	3472	3906	9306
29	9375	31	434	868	1301	1735	2169	2603	3037	3470	3904	4622215
30	4461978	30	434	868	1301	1735	2169	2603	3037	3470	3904	5123
31	4581	29	434	868	1301	1735	2169	2603	3037	3470	3904	8032
32	7184	28	434	867	1301	1734	2168	2602	3035	3469	3902	4630941
33	9786	27	434	867	1301	1734	2168	2602	3035	3469	3902	3850
34	4472388	26	434	867	1301	1734	2168	2602	3035	3469	3902	6759
35	4990	25	434	867	1301	1734	2168	2601	3035	3468	3902	9668
36	7591	24	434	867	1301	1734	2168	2601	3035	3468	3902	4642577
37	4480192	23	433	867	1300	1733	2167	2600	3033	3466	3900	5486
38	2792	22	433	867	1300	1733	2167	2600	3033	3466	3900	8395
39	5392	21	433	867	1300	1733	2167	2600	3033	3466	3900	4651304
40	7992	20	433	866	1299	1732	2166	2599	3032	3465	3898	4211
41	4490591	19	433	866	1299	1732	2166	2599	3032	3465	3898	7120
42	3190	18	433	866	1299	1732	2166	2599	3032	3465	3898	4660029
43	5789	17	433	866	1299	1732	2165	2598	3031	3464	3897	2938
44	8387	16	433	866	1299	1732	2165	2597	3031	3464	3897	5847
45	4500984	15	433	866	1299	1732	2165	2598	3031	3464	3897	8756
46	3582	14	433	866	1298	1731	2164	2597	3030	3462	3895	4671665
47	6179	13	433	866	1298	1731	2164	2596	3030	3462	3895	4574
48	8775	12	433	866	1298	1731	2164	2597	3030	3462	3895	7483
49	4511372	11	433	865	1298	1730	2163	2595	3028	3461	3893	4680392
50	3967	10	433	865	1298	1730	2163	2596	3028	3461	3893	3300
51	6563	9	433	865	1298	1730	2163	2595	3028	3460	3893	6209
52	9158	8	433	865	1298	1730	2163	2595	3028	3460	3893	9118
53	4521753	7	432	865	1297	1729	2162	2594	3026	3458	3891	4692027
54	4347	6	432	865	1297	1729	2162	2594	3026	3458	3891	4936
55	6941	5	432	865	1297	1729	2162	2594	3026	3458	3891	7845
56	9535	4	432	864	1296	1728	2161	2593	3025	3457	3889	4700754
57	4532128	3	432	864	1296	1728	2161	2593	3025	3457	3889	3663
58	4721	2	432	864	1296	1728	2160	2592	3024	3456	3888	6572
59	7313	1	432	864	1296	1728	2160	2592	3024	3456	3888	9481
60	9905	0	432	864	1296	1728	2160	2592	3024	3456	3888	4712389
M.	Cosine.	M.	10"	20"	30"	40"	50"	60"	70"	80"	90"	Arc.

Arc.

Sec.	Diff.
10	485
20	970
30	1454
40	1939
50	2424
60	2909
70	3394
80	3878
90	4363

63 Degrees.

[28] **27 Degrees.** Difference for Seconds.

M.	Sine.	M.	10"	20"	30"	40"	50"	60"	70"	80"	90"	Arc.
0	4539905	60	432	864	1296	1728	2160	2592	3024	3456	3888	4712388
1	4542497	59	432	864	1295	1727	2159	2591	3023	3454	3886	5297
2	5088	58	432	864	1295	1727	2159	2591	3023	3454	3886	8206
3	7679	57	432	863	1295	1726	2159	2590	3021	3453	3884	4721115
4	4550269	56	432	863	1295	1726	2159	2590	3021	3454	3885	4024
5	2859	55	432	863	1295	1726	2159	2590	3021	3453	3885	6933
6	5449	54	432	863	1295	1726	2158	2589	3021	3452	3884	9842
7	8038	53	432	863	1295	1726	2158	2589	3021	3452	3884	4732751
8	4560627	52	432	863	1295	1726	2158	2589	3021	3452	3884	5660
9	3216	51	431	863	1294	1726	2157	2588	3020	3451	3883	8569
10	5804	50	431	863	1294	1726	2157	2588	3020	3451	3883	4741477
11	8392	49	431	862	1294	1725	2156	2587	3019	3450	3881	4386
12	4570979	48	431	862	1294	1725	2156	2587	3019	3450	3881	7295
13	3566	47	431	862	1294	1725	2156	2587	3018	3450	3881	4750204
14	6153	46	431	862	1293	1724	2155	2586	3017	3448	3879	3113
15	8739	45	431	862	1293	1724	2155	2586	3017	3448	3879	6022
16	4581325	44	431	862	1293	1724	2155	2585	3017	3448	3879	8931
17	3910	43	431	862	1293	1724	2155	2586	3017	3448	3879	4761840
18	6496	42	431	862	1293	1724	2155	2584	3016	3447	3878	4749
19	9080	41	431	862	1293	1724	2155	2585	3016	3447	3878	7658
20	4591665	40	431	861	1292	1723	2154	2583	3015	3446	3876	4770566
21	4248	39	431	861	1292	1723	2154	2584	3015	3446	3876	3475
22	6832	38	431	861	1292	1722	2153	2583	3014	3444	3875	6384
23	9415	37	431	861	1292	1722	2153	2583	3014	3444	3875	9293
24	4601998	36	430	861	1291	1722	2152	2582	3013	3443	3874	4782202
25	4580	35	430	861	1291	1722	2152	2582	3013	3443	3874	5111
26	7162	34	430	861	1291	1722	2152	2582	3013	3443	3874	8020
27	9744	33	430	860	1291	1721	2151	2581	3011	3442	3872	4790929
28	4612325	32	430	860	1291	1721	2151	2581	3011	3442	3872	3838
29	4906	31	430	860	1290	1720	2150	2580	3010	3440	3870	6747
30	7486	30	430	860	1290	1720	2150	2580	3010	3440	3870	9654
31	4620066	29	430	860	1290	1720	2150	2580	3010	3440	3870	4802563
32	2646	28	430	860	1289	1719	2149	2579	3009	3438	3868	5472
33	5225	27	430	860	1289	1719	2149	2579	3009	3438	3868	8381
34	7804	26	430	859	1289	1719	2149	2578	3008	3438	3867	4811290
35	4630382	25	430	859	1289	1719	2149	2578	3008	3438	3867	4199
36	2960	24	430	859	1289	1719	2149	2578	3008	3438	3867	7108
37	5538	23	429	859	1289	1718	2148	2577	3007	3436	3866	4820017
38	8115	22	429	859	1289	1718	2148	2577	3007	3436	3866	2926
39	4640692	21	430	859	1289	1718	2148	2577	3007	3436	3866	5835
40	3269	20	429	859	1288	1718	2147	2576	3006	3435	3865	8743
41	5845	19	429	859	1288	1718	2147	2575	3006	3435	3865	4831652
42	8420	18	429	859	1288	1718	2147	2576	3006	3435	3865	4561
43	4650996	17	429	858	1287	1716	2146	2575	3004	3433	3862	7470
44	3571	16	429	858	1287	1716	2145	2574	3003	3432	3861	4840379
45	6145	15	429	858	1287	1716	2145	2574	3003	3432	3861	3288
46	8719	14	429	858	1287	1716	2145	2574	3003	3432	3861	6197
47	4661293	13	429	858	1287	1716	2145	2573	3002	3431	3860	9106
48	3866	12	429	858	1287	1716	2145	2573	3002	3431	3860	4852015
49	6439	11	429	858	1287	1716	2145	2573	3002	3431	3860	4924
50	9012	10	429	857	1286	1715	2144	2572	3001	3430	3858	7832
51	4671584	9	429	857	1286	1715	2144	2572	3001	3430	3858	4860741
52	4156	8	429	857	1286	1715	2144	2571	3001	3430	3858	3650
53	6727	7	429	857	1286	1714	2143	2571	3000	3428	3857	6559
54	9298	6	429	857	1286	1714	2143	2571	3000	3428	3857	9468
55	4681869	5	428	857	1285	1714	2142	2570	2999	3427	3856	4872377
56	4439	4	428	857	1285	1714	2142	2570	2999	3427	3856	5286
57	7009	3	428	856	1284	1713	2141	2569	2997	3426	3854	8195
58	9578	2	428	856	1284	1713	2141	2569	2997	3426	3854	4881104
59	4692147	1	428	856	1284	1712	2141	2569	2997	3425	3853	4013
60	4716	0	428	856	1284	1712	2140	2568	2996	3424	3852	6921
M.	Cosine.	M.	10"	20"	30"	40"	50"	60"	70"	80"	90"	Arc.

	Arc.	
Sec.	Diff.	
10	485	
20	970	
30	1454	
40	1939	
50	2424	
60	2909	
70	3394	
80	3878	
90	4363	

62 Degrees.

28 Degrees. Difference for Seconds.

M.	Sine.	M.	10"	20"	30"	40"	50"	60"	70"	80"	90"	Arc.
0	4694716	60	428	856	1284	1712	2140	2568	2996	3424	3852	4886922
1	7284	59	428	856	1284	1712	2140	2568	2996	3424	3852	9831
2	9852	58	428	856	1283	1711	2139	2567	2995	3422	3850	4892740
3	4702419	57	428	856	1283	1711	2139	2567	2995	3422	3850	5649
4	4986	56	428	856	1283	1711	2139	2567	2995	3422	3850	8558
5	7553	55	428	855	1283	1710	2138	2566	2993	3421	3848	4901467
6	4710119	54	428	855	1283	1710	2138	2566	2993	3421	3848	4376
7	2685	53	428	855	1283	1710	2138	2565	2993	3420	3848	7285
8	5250	52	428	855	1283	1710	2138	2565	2993	3420	3848	4910194
9	7815	51	428	855	1283	1710	2138	2565	2993	3420	3848	3103
10	4720380	50	427	855	1282	1709	2137	2564	2991	3418	3846	6011
11	2944	49	427	855	1282	1709	2137	2564	2991	3418	3846	8920
12	5508	48	427	854	1281	1708	2136	2563	2990	3417	3844	4921829
13	8071	47	427	854	1281	1708	2136	2563	2990	3417	3844	4738
14	4730634	46	427	854	1281	1708	2136	2563	2990	3417	3844	7647
15	3197	45	427	854	1281	1708	2135	2562	2989	3416	3843	4930556
16	5759	44	427	854	1281	1708	2135	2562	2989	3416	3843	3465
17	8321	43	427	854	1280	1707	2134	2561	2988	3414	3841	6374
18	4740882	42	427	854	1280	1707	2134	2561	2988	3414	3841	9283
19	3443	41	427	854	1280	1707	2134	2561	2988	3414	3841	4942192
20	6004	40	427	853	1280	1706	2133	2560	2986	3413	3839	5100
21	8564	39	427	853	1280	1706	2133	2560	2986	3413	3839	8009
22	4751124	38	427	853	1280	1706	2133	2559	2986	3412	3839	4950918
23	3683	37	427	853	1280	1706	2133	2559	2986	3412	3839	3827
24	6242	36	427	853	1280	1706	2133	2559	2986	3412	3839	6736
25	8801	35	426	853	1279	1705	2132	2558	2984	3410	3837	9645
26	4761359	34	426	853	1279	1705	2132	2558	2984	3410	3837	4962554
27	3917	33	426	852	1278	1704	2131	2557	2983	3409	3835	5463
28	6474	32	426	852	1278	1704	2131	2557	2983	3409	3835	8372
29	9031	31	426	852	1278	1704	2131	2557	2983	3409	3835	4971281
30	4771588	30	426	852	1278	1704	2130	2556	2982	3408	3834	4189
31	4144	29	426	852	1278	1704	2130	2556	2982	3408	3834	7098
32	6700	28	426	852	1277	1703	2129	2555	2981	3406	3832	4980007
33	9255	27	426	852	1277	1703	2129	2555	2981	3406	3832	2916
34	4781810	26	426	852	1277	1703	2129	2554	2981	3406	3832	5825
35	4364	25	426	852	1277	1703	2129	2554	2981	3406	3832	8734
36	6919	24	426	851	1277	1702	2128	2553	2979	3405	3830	4991643
37	9472	23	426	851	1277	1702	2128	2554	2979	3405	3830	4552
38	4792026	22	426	851	1277	1702	2128	2553	2979	3404	3830	7461
39	4579	21	425	851	1276	1701	2127	2552	2977	3402	3828	5000370
40	7131	20	425	851	1276	1701	2127	2552	2977	3402	3828	3278
41	9683	19	425	851	1276	1701	2127	2552	2977	3402	3828	6187
42	4802235	18	425	850	1275	1700	2126	2551	2976	3401	3826	9096
43	4786	17	425	850	1275	1700	2126	2551	2976	3401	3826	5012005
44	7337	16	425	850	1275	1700	2126	2551	2976	3401	3826	4914
45	9888	15	425	850	1275	1700	2125	2550	2975	3400	3825	7822
46	4812438	14	425	850	1275	1700	2125	2549	2975	3400	3825	5020731
47	4987	13	425	850	1275	1700	2125	2550	2975	3400	3825	3640
48	7537	12	425	850	1274	1699	2124	2549	2974	3398	3823	6549
49	4820086	11	425	849	1274	1698	2123	2548	2972	3397	3822	9458
50	2634	10	425	849	1274	1698	2123	2548	2972	3397	3822	5032366
51	5182	9	425	849	1274	1698	2123	2548	2972	3397	3821	5275
52	7730	8	425	849	1274	1698	2123	2547	2972	3396	3821	8184
53	4830277	7	425	849	1274	1698	2123	2547	2972	3396	3821	5041093
54	2824	6	424	849	1273	1697	2122	2546	2970	3394	3819	4002
55	5370	5	424	849	1273	1697	2122	2546	2970	3394	3819	6911
56	7916	4	424	849	1273	1697	2122	2546	2970	3394	3819	9820
57	4840462	3	424	848	1272	1696	2121	2545	2969	3393	3817	5052729
58	3007	2	424	848	1272	1696	2121	2545	2969	3393	3817	5638
59	5552	1	424	848	1272	1696	2120	2544	2968	3392	3816	8546
60	8096	0	424	848	1272	1696	2120	2544	2968	3392	3816	5061455
M.	Cosine.	M.	10"	20"	30"	40"	50"	60"	70"	80"	90"	Arc.

61 Degrees.

Arc.	
Sec.	Diff.
10	485
20	970
30	1454
40	1939
50	2424
60	2909
70	3394
80	3878
90	4363

29 Degrees.

Difference for Seconds.

M.	Sine.	M.	10"	20"	30"	40"	50"	60"	70"	80"	90"	Arc.
0	4848096	60	424	848	1272	1696	2120	2544	2968	3392	3816	5061455
1	4850640	59	424	848	1272	1696	2120	2544	2968	3392	3816	4364
2	3184	58	424	848	1271	1695	2119	2543	2967	3390	3814	7273
3	5727	57	424	848	1271	1695	2119	2543	2967	3390	3814	5070182
4	8270	56	424	847	1271	1694	2118	2542	2965	3389	3812	3091
5	4860812	55	424	847	1271	1694	2118	2542	2965	3389	3812	6000
6	3354	54	424	847	1271	1694	2118	2541	2965	3388	3812	8909
7	5895	53	424	847	1271	1694	2118	2541	2965	3388	3812	5081818
8	8436	52	424	847	1271	1694	2118	2541	2965	3388	3812	4727
9	4870977	51	423	847	1270	1693	2117	2540	2963	3386	3810	7636
10	3517	50	423	847	1270	1693	2117	2540	2963	3386	3810	5090544
11	6057	49	423	847	1270	1693	2117	2540	2963	3386	3810	3453
12	8597	48	423	846	1269	1692	2116	2539	2962	3385	3808	6362
13	4881136	47	423	846	1269	1692	2115	2538	2961	3384	3807	9271
14	3674	46	423	846	1269	1692	2115	2538	2961	3384	3807	5102180
15	6212	45	423	846	1269	1692	2115	2538	2961	3384	3807	5089
16	8750	44	423	846	1269	1692	2115	2538	2961	3384	3807	7998
17	4891288	43	423	846	1268	1691	2114	2537	2960	3382	3805	5110907
18	3825	42	423	845	1268	1690	2113	2536	2958	3381	3803	3816
19	6361	41	423	845	1268	1690	2113	2536	2958	3381	3803	6725
20	8897	40	423	845	1268	1690	2113	2536	2958	3381	3803	9633
21	4901433	39	423	845	1268	1690	2113	2535	2958	3380	3803	5122542
22	3968	38	423	845	1268	1690	2113	2535	2958	3380	3803	.5451
23	6503	37	423	845	1268	1690	2113	2535	2958	3380	3803	8360
24	9038	36	422	845	1267	1689	2112	2534	2956	3378	3801	5131269
25	4911572	35	422	844	1266	1688	2111	2533	2955	3377	3799	4178
26	4105	34	422	844	1266	1688	2111	2533	2955	3377	3799	7087
27	6638	33	422	844	1266	1688	2111	2533	2955	3377	3799	9996
28	9171	32	422	844	1266	1688	2111	2533	2955	3377	3799	5142905
29	4921704	31	422	844	1266	1688	2110	2532	2954	3376	3798	5814
30	4236	30	422	844	1265	1687	2109	2531	2953	3374	3796	8722
31	6767	29	422	844	1265	1687	2109	2531	2953	3374	3796	5151631
32	9298	28	422	844	1265	1687	2109	2531	2953	3374	3796	4540
33	4931829	27	422	843	1265	1686	2108	2530	2951	3373	3794	7449
34	4359	26	422	843	1265	1686	2108	2530	2951	3373	3794	5160358
35	6889	25	422	843	1265	1686	2108	2530	2951	3373	3794	3267
36	9419	24	422	843	1265	1686	2108	2529	2951	3372	3794	6176
37	4941948	23	422	843	1265	1686	2108	2528	2951	3372	3794	9085
38	4476	22	422	843	1265	1686	2108	2529	2951	3372	3794	5171994
39	7005	21	421	843	1264	1685	2107	2527	2949	3370	3792	4903
40	9532	20	421	843	1264	1685	2107	2528	2949	3370	3792	7811
41	4952060	19	421	842	1263	1684	2106	2527	2948	3369	3790	5180720
42	4587	18	421	842	1263	1684	2105	2526	2947	3368	3789	3629
43	7113	17	421	842	1263	1684	2105	2526	2947	3368	3789	6538
44	9639	16	421	842	1263	1684	2105	2526	2947	3368	3789	9447
45	4962165	15	421	842	1262	1683	2104	2525	2946	3366	3787	5192356
46	4690	14	421	842	1262	1683	2104	2525	2946	3366	3787	5265
47	7215	13	421	842	1262	1683	2104	2525	2946	3366	3787	8174
48	9740	12	421	841	1262	1682	2103	2524	2944	3365	3785	5201083
49	4972264	11	421	841	1262	1682	2103	2523	2944	3364	3785	3992
50	4787	10	421	841	1262	1682	2103	2523	2944	3364	3785	6899
51	7310	9	421	841	1262	1682	2103	2523	2944	3364	3785	9808
52	9833	8	420	841	1261	1681	2102	2522	2942	3362	3783	5212717
53	4982355	7	420	841	1261	1681	2102	2522	2942	3362	3783	5626
54	4877	6	420	841	1261	1681	2102	2522	2942	3362	3783	8535
55	7399	5	420	840	1260	1680	2101	2521	2941	3361	3781	5221444
56	9920	4	420	840	1260	1680	2101	2521	2941	3361	3781	4353
57	4992441	3	420	840	1260	1680	2100	2520	2940	3360	3780	7262
58	4961	2	420	840	1260	1680	2100	2520	2940	3360	3780	5230171
59	7481	1	420	840	1259	1679	2099	2519	2939	3358	3778	3080
60	5000000	0	420	840	1259	1679	2099	2519	2939	3358	3778	5988
M.	Cosine.	M.	'10"	20"	30"	40"	50"	60"	70"	80"	90"	Arc.

Arc.

Sec.	Diff.
10	485
20	970
30	1454
40	1939
50	2424
60	2909
70	3394
80	3878
90	4363

60 Degrees.

30 Degrees. Difference for Seconds. [31

M.	Sine.	M.	10"	20"	30"	40"	50"	60"	70"	80"	90"	Arc.
0	5000000	60	420	840	1259	1679	2099	2519	2939	3358	3778	5235988
1	2519	59	420	840	1259	1679	2099	2518	2939	3358	3778	8897
2	5037	58	420	840	1259	1679	2099	2519	2939	3358	3778	5241806
3	7556	57	420	839	1259	1678	2098	2517	2937	3357	3776	4715
4	5010073	56	420	839	1259	1678	2098	2518	2937	3357	3776	7624
5	2591	55	420	839	1259	1678	2098	2516	2937	3356	3776	5250533
6	5107	54	420	839	1259	1678	2098	2517	2937	3356	3776	3442
7	7624	53	419	839	1258	1677	2097	2516	2935	3354	3774	6351
8	5020140	52	419	838	1257	1676	2096	2515	2934	3353	3772	9260
9	2655	51	419	838	1257	1676	2096	2515	2934	3353	3772	5262169
10	5170	50	419	838	1257	1676	2096	2515	2934	3353	3772	5077
11	7685	49	419	838	1257	1676	2095	2514	2933	3352	3771	7986
12	5030199	48	419	838	1257	1676	2095	2514	2933	3352	3771	5270895
13	2713	47	419	838	1257	1676	2095	2514	2933	3352	3771	3804
14	5227	46	419	838	1256	1676	2094	2513	2932	3350	3769	6713
15	7740	45	419	838	1256	1675	2094	2512	2932	3350	3769	9622
16	5040252	44	419	838	1256	1675	2094	2513	2932	3350	3769	5282531
17	2765	43	419	837	1256	1674	2093	2511	2930	3349	3767	5440
18	5276	42	419	837	1256	1674	2093	2512	2930	3349	3767	8349
19	7788	41	419	837	1256	1674	2093	2510	2930	3348	3767	5291258
20	5050298	40	419	837	1256	1674	2093	2511	2930	3348	3767	4166
21	2809	39	418	837	1255	1673	2092	2510	2928	3346	3765	7075
22	5319	38	418	837	1255	1673	2092	2509	2928	3346	3765	9984
23	7828	37	418	837	1255	1673	2092	2510	2928	3346	3765	5302893
24	5060338	36	418	836	1254	1672	2091	2508	2927	3345	3763	5802
25	2846	35	418	836	1254	1672	2091	2509	2927	3345	3763	8711
26	5355	34	418	836	1254	1672	2090	2508	2926	3344	3762	5311620
27	7863	33	418	836	1253	1671	2089	2507	2925	3342	3760	4529
28	5070370	32	418	836	1253	1671	2089	2507	2925	3342	3760	7438
29	2877	31	418	836	1253	1671	2089	2507	2925	3342	3760	5320347
30	5384	30	418	835	1253	1670	2088	2506	2923	3341	3758	3255
31	7890	29	418	835	1253	1670	2088	2506	2923	3341	3758	6164
32	5080396	28	418	835	1253	1670	2088	2505	2923	3340	3758	9073
33	2901	27	418	835	1253	1670	2088	2505	2923	3340	3758	5331982
34	5406	26	417	835	1252	1669	2087	2504	2921	3338	3756	4891
35	7910	25	417	835	1252	1669	2087	2504	2921	3338	3756	7800
36	5090414	24	417	835	1252	1669	2087	2504	2921	3338	3756	5340709
37	2918	23	417	834	1251	1668	2086	2503	2920	3337	3754	3618
38	5421	22	417	834	1251	1668	2086	2503	2920	3337	3754	6527
39	7924	21	417	834	1251	1668	2085	2502	2919	3336	3753	9436
40	5100426	20	417	834	1251	1668	2085	2502	2918	3336	3753	5352344
41	2928	19	417	834	1250	1667	2084	2501	2918	3334	3751	5253
42	5429	18	417	834	1250	1667	2084	2501	2918	3334	3751	8162
43	7930	17	417	834	1250	1667	2084	2501	2918	3334	3751	5361071
44	5110431	16	417	833	1250	1666	2083	2500	2916	3333	3749	3980
45	2931	15	417	833	1250	1666	2083	2500	2916	3332	3749	6889
46	5431	14	417	833	1250	1666	2083	2499	2916	3332	3749	9798
47	7930	13	416	833	1250	1666	2083	2499	2916	3332	3749	5372707
48	5120429	12	416	833	1249	1665	2082	2498	2914	3330	3747	5616
49	2927	11	416	833	1249	1665	2082	2498	2914	3330	3747	8525
50	5425	10	416	833	1249	1665	2082	2498	2914	3330	3747	5381432
51	7923	9	416	832	1248	1664	2081	2497	2913	3329	3745	4341
52	5130420	8	416	832	1248	1664	2081	2496	2913	3329	3745	7250
53	2916	7	416	832	1248	1664	2081	2497	2913	3329	3745	5390159
54	5413	6	416	832	1248	1664	2080	2495	2912	3328	3744	3068
55	7908	5	416	832	1248	1664	2080	2496	2912	3328	3744	5977
56	5140404	4	416	832	1247	1663	2079	2495	2911	3326	3742	8886
57	2899	3	416	831	1247	1663	2079	2494	2909	3325	3740	5401795
58	5393	2	416	831	1247	1662	2079	2494	2909	3325	3740	4704
59	7887	1	416	831	1247	1662	2078	2494	2909	3325	3740	7613
60	5150381	0	416	831	1247	1662	2078	2493	2909	3324	3740	5410521
M.	Cosine.	M.	10"	20"	30"	40"	50"	60"	70"	80"	90"	Arc.

Arc.	
Sec.	Diff.
10	485
20	970
30	1454
40	1939
50	2424
60	2909
70	3394
80	3878
90	4363

59 Degrees.

31 Degrees.

Difference for Seconds.

M.	Sine.	M.	10"	20"	30"	40"	50"	60"	70"	80"	90"	Arc.
0	5150381	60	416	831	1247	1662	2078	2493	2909	3324	3740	5410521
1	2874	59	416	831	1247	1662	2078	2493	2909	3324	3740	3430
2	5367	58	415	831	1246	1661	2077	2492	2907	3322	3738	6339
3	7859	57	415	831	1246	1661	2077	2492	2907	3322	3738	9248
4	5160351	56	415	830	1245	1660	2076	2491	2906	3321	3736	5422157
5	2842	55	415	830	1245	1660	2076	2491	2906	3321	3736	5066
6	5333	54	415	830	1245	1660	2076	2491	2906	3321	3736	7975
7	7824	53	415	830	1245	1660	2075	2490	2905	3320	3735	5430884
8	5170314	52	415	830	1245	1660	2075	2490	2905	3320	3735	3793
9	2804	51	415	830	1244	1659	2074	2489	2904	3318	3733	6702
10	5293	50	415	830	1244	1659	2074	2489	2904	3318	3733	9610
11	7782	49	415	829	1244	1658	2073	2488	2902	3317	3731	5442519
12	5180270	48	415	829	1244	1658	2073	2488	2902	3317	3731	5428
13	2758	47	415	829	1244	1658	2073	2488	2902	3317	3731	8337
14	5246	46	415	829	1244	1658	2073	2487	2902	3316	3731	5451246
15	7733	45	414	829	1243	1657	2072	2486	2900	3314	3729	4155
16	5190219	44	414	829	1243	1657	2072	2486	2900	3314	3729	7064
17	2705	43	414	829	1243	1657	2072	2486	2900	3314	3729	9973
18	5191	42	414	828	1242	1656	2071	2485	2899	3313	3727	5462882
19	7676	41	414	828	1242	1656	2071	2485	2899	3313	3727	5791
20	5200161	40	414	828	1242	1656	2071	2485	2899	3313	3727	8699
21	2646	39	414	828	1242	1656	2070	2484	2898	3312	3726	5471608
22	5130	38	414	828	1241	1655	2069	2483	2897	3310	3724	4517
23	7613	37	414	828	1241	1655	2069	2483	2897	3310	3724	7426
24	5210096	36	414	828	1241	1655	2069	2483	2897	3310	3724	5480335
25	2579	35	414	827	1241	1654	2068	2482	2895	3309	3722	3244
26	5061	34	414	827	1241	1654	2068	2482	2895	3309	3722	6153
27	7543	33	414	827	1241	1654	2068	2481	2895	3308	3722	9062
28	5220024	32	414	827	1241	1654	2068	2481	2895	3308	3722	5491971
29	2505	31	414	827	1241	1654	2068	2481	2895	3308	3722	4880
30	4986	30	413	827	1240	1653	2067	2480	2893	3306	3720	7788
31	7466	29	413	826	1239	1652	2066	2479	2892	3306	3719	5500697
32	9945	28	413	826	1239	1652	2066	2479	2892	3306	3719	3606
33	5232424	27	413	826	1239	1652	2066	2479	2892	3306	3719	6515
34	4903	26	413	826	1239	1652	2065	2478	2891	3304	3717	9424
35	7381	25	413	826	1239	1652	2065	2478	2891	3304	3717	5512333
36	9859	24	413	826	1238	1651	2064	2477	2890	3302	3715	5242
37	5242336	23	413	826	1238	1651	2064	2477	2890	3302	3715	8151
38	4813	22	413	826	1238	1651	2064	2477	2890	3302	3715	5521060
39	7290	21	413	825	1238	1650	2063	2476	2888	3301	3713	3969
40	9766	20	413	825	1238	1650	2063	2475	2888	3301	3713	6877
41	5252241	19	413	825	1238	1650	2063	2476	2888	3301	3713	9786
42	4717	18	412	825	1237	1649	2062	2474	2886	3298	3711	5532695
43	7191	17	412	825	1237	1649	2062	2474	2886	3298	3711	5604
44	9665	16	412	825	1237	1649	2062	2474	2886	3298	3711	8513
45	5262139	15	412	825	1237	1649	2062	2474	2886	3298	3711	5541422
46	4613	14	412	824	1236	1648	2061	2472	2885	3297	3709	4331
47	7085	13	412	824	1236	1648	2061	2473	2885	3297	3709	7240
48	9558	12	412	824	1236	1648	2060	2472	2884	3296	3708	5550149
49	5272030	11	412	824	1236	1648	2060	2472	2884	3296	3708	3058
50	4502	10	412	824	1235	1647	2059	2471	2883	3294	3706	5966
51	6973	9	412	824	1235	1647	2059	2470	2883	3294	3706	8875
52	9443	8	412	824	1235	1647	2059	2471	2883	3294	3706	5561784
53	5281914	7	412	823	1235	1646	2058	2469	2881	3293	3704	4693
54	4383	6	412	823	1235	1646	2058	2470	2881	3293	3704	7602
55	6853	5	412	823	1235	1646	2058	2469	2881	3292	3704	5570511
56	9322	4	411	823	1234	1645	2057	2468	2879	3290	3702	3420
57	5291792	3	411	823	1234	1645	2057	2468	2879	3290	3702	6329
58	4258	2	411	823	1234	1645	2057	2468	2879	3290	3702	9237
59	6726	1	411	822	1233	1644	2056	2467	2878	3289	3700	5582145
60	9193	0	411	822	1233	1644	2056	2466	2878	3289	3700	5054
M.	Cosine.	M.	10"	20"	30"	40"	50"	60"	70"	80"	90"	Arc.

Arc.

Sec.	Diff.
10	485
20	970
30	1454
40	1939
50	2424
60	2909
70	3394
80	3878
90	4363

58 Degrees.

32 Degrees.   Difference for Seconds.   [33

M.	Sine.	M.	10"	20"	30"	40"	50"	60"	70"	80"	90"	Arc.
0	5299193	60	411	822	1233	1644	2055	2466	2877	3288	3699	5585054
1	5301659	59	411	822	1233	1644	2055	2466	2877	3288	3699	7963
2	4125	58	411	822	1233	1644	2055	2466	2877	3288	3699	5590872
3	6591	57	411	822	1233	1644	2055	2466	2877	3288	3699	3781
4	9057	56	411	822	1232	1643	2054	2464	2876	3286	3697	6690
5	5311521	55	411	822	1232	1643	2054	2465	2876	3286	3697	9599
6	3986	54	411	821	1232	1642	2053	2464	2874	3285	3695	5602508
7	6450	53	411	821	1232	1642	2053	2463	2874	3284	3695	5417
8	8913	52	411	821	1232	1642	2053	2463	2874	3284	3695	8326
9	5321376	51	411	821	1232	1642	2053	2463	2874	3284	3695	5611235
10	3839	50	410	821	1231	1641	2052	2462	2872	3282	3693	4143
11	6301	49	410	821	1231	1641	2052	2462	2872	3282	3693	7052
12	8763	48	410	820	1230	1640	2051	2461	2871	3281	3691	9961
13	5331224	47	410	820	1230	1640	2051	2461	2871	3281	3691	5622870
14	3685	46	410	820	1230	1640	2050	2460	2870	3280	3690	5779
15	6145	45	410	820	1230	1640	2050	2460	2870	3280	3690	8688
16	8605	44	410	820	1230	1640	2050	2460	2870	3280	3690	5631597
17	5341065	43	410	820	1229	1639	2049	2458	2869	3278	3688	4506
18	3523	42	410	820	1229	1639	2049	2459	2869	3278	3688	7415
19	5982	41	410	819	1229	1638	2048	2458	2867	3277	3686	5640323
20	8440	40	410	819	1229	1638	2048	2458	2867	3277	3686	3232
21	5350898	39	410	819	1229	1638	2048	2457	2867	3276	3686	6141
22	3355	38	410	819	1229	1638	2048	2457	2867	3276	3686	9050
23	5812	37	409	819	1228	1637	2047	2456	2865	3274	3684	5651959
24	8268	36	409	819	1228	1637	2047	2456	2865	3274	3684	4868
25	5360724	35	409	818	1227	1636	2046	2455	2864	3273	3682	7777
26	3179	34	409	818	1227	1636	2046	2455	2864	3273	3682	5660686
27	5634	33	409	818	1227	1636	2046	2455	2864	3273	3682	3595
28	8089	32	409	818	1227	1636	2045	2454	2863	3272	3681	6504
29	5370543	31	409	818	1226	1635	2044	2453	2862	3270	3679	9413
30	2996	30	409	818	1226	1635	2044	2453	2862	3270	3679	5672321
31	5449	29	409	818	1226	1635	2044	2453	2862	3270	3679	5230
32	7902	28	409	817	1226	1634	2043	2452	2860	3269	3677	8139
33	5380354	27	409	817	1226	1634	2043	2452	2860	3269	3677	5681048
34	2806	26	409	817	1226	1634	2043	2451	2860	3268	3677	3957
35	5257	25	409	817	1226	1634	2043	2451	2860	3268	3677	6866
36	7708	24	408	817	1225	1633	2042	2450	2858	3266	3675	9775
37	5392158	23	408	817	1225	1633	2042	2450	2858	3266	3675	5692684
38	2608	22	408	817	1225	1633	2042	2450	2858	3266	3675	5593
39	5058	21	408	816	1224	1632	2041	2449	2857	3265	3674	8502
40	7507	20	408	816	1224	1632	2040	2448	2856	3264	3672	5701410
41	9955	19	408	816	1224	1632	2040	2448	2856	3264	3672	4319
42	5402403	18	408	816	1224	1632	2040	2448	2856	3264	3672	7228
43	4851	17	408	816	1223	1631	2039	2447	2855	3262	3670	5710137
44	7298	16	408	816	1223	1631	2039	2447	2855	3262	3670	3046
45	9745	15	408	815	1223	1630	2038	2446	2853	3261	3668	5955
46	5412191	14	408	815	1223	1630	2038	2446	2853	3261	3668	8864
47	4637	13	408	815	1223	1630	2038	2445	2853	3260	3668	5721773
48	7082	12	408	815	1223	1630	2038	2445	2853	3260	3668	4682
49	9527	11	407	815	1222	1629	2037	2444	2851	3258	3666	7591
50	5421971	10	407	815	1222	1629	2037	2444	2851	3258	3666	5730499
51	4415	9	407	815	1222	1629	2037	2444	2851	3258	3666	3408
52	6859	8	407	814	1221	1628	2036	2443	2850	3257	3664	6317
53	9302	7	407	814	1221	1628	2036	2442	2849	3256	3663	9226
54	5431744	6	407	814	1221	1628	2036	2443	2849	3256	3663	5742135
55	4187	5	407	814	1220	1627	2034	2441	2848	3254	3661	5044
56	6628	4	407	814	1220	1627	2034	2441	2848	3254	3661	7953
57	9069	3	407	814	1220	1627	2034	2441	2848	3254	3661	5750862
58	5441510	2	407	814	1220	1627	2034	2441	2848	3254	3661	3771
59	3951	1	407	813	1220	1626	2033	2439	2846	3253	3659	6680
60	6390	0	407	813	1220	1626	2033	2440	2846	3253	3659	9587
M.	Cosine.	M.	10"	20"	30"	40"	50"	60"	70"	80"	90"	Arc.

Sec.	Diff.
10	485
20	970
30	1454
40	1939
50	2424
60	2909
70	3394
80	3878
90	4363

57 Degrees.

33 Degrees.

Difference for Seconds.

M.	Sine.	M.	10"	20"	30"	40"	50"	60"	70"	80"	90"	Arc.
0	5446390	60	407	813	1220	1626	2033	2440	2846	3253	3659	5759587
1	8830	59	407	813	1220	1626	2033	2439	2846	3252	3659	5762496
2	5451269	58	406	813	1219	1625	2032	2438	2844	3250	3657	5405
3	3707	57	406	813	1219	1625	2032	2438	2844	3250	3657	8314
4	6145	56	406	813	1219	1625	2032	2438	2844	3250	3657	5771223
5	8583	55	406	812	1218	1624	2031	2437	2843	3249	3655	4132
6	5461020	54	406	812	1218	1624	2030	2436	2842	3248	3654	7041
7	3456	53	406	812	1218	1624	2030	2436	2842	3248	3654	9950
8	5892	52	406	812	1218	1624	2030	2436	2842	3248	3654	5782859
9	8328	51	406	812	1217	1623	2029	2435	2841	3246	3652	5768
10	5470763	50	406	812	1217	1623	2029	2435	2841	3246	3652	8676
11	3198	49	406	811	1217	1622	2028	2434	2839	3245	3650	5791585
12	5632	48	406	811	1217	1622	2028	2434	2839	3245	3650	4494
13	8066	47	406	811	1217	1622	2028	2433	2839	3244	3650	7403
14	5480499	46	406	811	1217	1622	2028	2433	2839	3244	3650	5800312
15	2932	45	406	811	1217	1622	2028	2433	2839	3244	3650	3221
16	5365	44	405	811	1216	1621	2027	2432	2837	3242	3648	6130
17	7797	43	405	810	1215	1620	2026	2431	2836	3241	3646	9039
18	5490228	42	405	810	1215	1620	2026	2431	2836	3241	3646	5811948
19	2659	41	405	810	1215	1620	2026	2431	2836	3241	3646	4857
20	5090	40	405	810	1215	1620	2025	2430	2835	3240	3645	7765
21	7520	39	405	810	1215	1620	2025	2430	2835	3240	3645	5820674
22	9950	38	405	810	1214	1619	2024	2429	2834	3239	3644	3583
23	5502379	37	405	810	1214	1619	2024	2428	2834	3239	3644	6492
24	4807	36	405	810	1214	1619	2024	2429	2834	3239	3644	9401
25	7236	35	405	809	1214	1618	2023	2427	2832	3237	3641	5832310
26	9653	34	405	809	1214	1618	2023	2428	2832	3237	3641	5219
27	5512091	33	405	809	1214	1618	2023	2427	2832	3236	3641	8128
28	4518	32	404	809	1213	1617	2022	2426	2830	3234	3639	5841037
29	6944	31	404	809	1213	1617	2022	2426	2830	3234	3639	3946
30	9370	30	404	808	1212	1616	2021	2425	2829	3233	3637	6854
31	5521795	29	404	808	1212	1616	2021	2425	2829	3233	3637	9763
32	4220	28	404	808	1212	1616	2021	2425	2829	3233	3637	5852672
33	6645	27	404	808	1212	1616	2020	2424	2828	3232	3636	5581
34	9069	26	404	808	1211	1615	2019	2423	2827	3230	3634	8490
35	5531492	25	404	808	1211	1615	2019	2423	2827	3230	3634	5861399
36	3915	24	404	808	1211	1615	2019	2423	2827	3230	3634	4308
37	6338	23	404	807	1211	1614	2018	2422	2825	3229	3632	7217
38	8760	22	404	807	1211	1614	2018	2422	2825	3229	3632	5870126
39	5541182	21	404	807	1211	1614	2018	2421	2825	3228	3632	3035
40	3603	20	404	807	1211	1614	2018	2421	2825	3228	3632	5943
41	6024	19	403	807	1210	1613	2017	2420	2823	3226	3630	8852
42	8444	18	403	807	1210	1613	2017	2420	2823	3226	3630	5881761
43	5550864	17	403	806	1209	1612	2016	2419	2822	3225	3628	4670
44	3283	16	403	806	1209	1612	2016	2419	2822	3225	3628	7579
45	5702	15	403	806	1209	1612	2016	2419	2822	3225	3628	5890488
46	8121	14	403	806	1209	1612	2015	2418	2821	3224	3627	3397
47	5560539	13	403	806	1208	1611	2014	2417	2820	3222	3625	6306
48	2956	12	403	806	1208	1611	2014	2417	2820	3222	3625	9215
49	5373	11	403	806	1208	1611	2014	2417	2820	3222	3625	5902124
50	7790	10	403	805	1208	1610	2013	2416	2818	3220	3623	5032
51	5570206	9	403	805	1208	1610	2013	2415	2818	3220	3623	7941
52	2621	8	403	805	1208	1610	2013	2415	2818	3220	3623	5910850
53	5036	7	403	805	1208	1610	2013	2415	2818	3220	3623	3759
54	7451	6	402	805	1207	1609	2012	2414	2816	3218	3621	6668
55	9865	5	402	805	1207	1609	2012	2414	2816	3218	3621	9577
56	5582279	4	402	804	1206	1608	2011	2413	2815	3217	3619	5922486
57	4692	3	402	804	1206	1608	2011	2413	2815	3217	3619	5395
58	7105	2	402	804	1206	1608	2010	2412	2814	3216	3618	8304
59	9517	1	402	804	1206	1608	2010	2412	2814	3216	3618	5931213
60	5591929	0	402	804	1205	1607	2009	2411	2813	3214	3616	4119
M.	Cosine.	M.	10"	20"	30"	40"	50"	60"	70"	80"	90"	Arc.

Arc.	
Sec.	Diff.
10	485
20	970
30	1454
40	1939
50	2424
60	2909
70	3394
80	3878
90	4363

56 Degrees.

34 Degrees. Difference for Seconds.

M.	Sine.	M.	10"	20"	30"	40"	50"	60"	70"	80"	90"	Arc.
0	5591929	60	402	804	1205	1607	2009	2411	2813	3214	3616	5934119
1	4340	59	402	804	1205	1607	2009	2411	2813	3214	3616	7028
2	6751	58	402	804	1205	1607	2009	2411	2813	3214	3616	9937
3	9162	57	402	803	1205	1606	2008	2410	2811	3213	3614	5942846
4	5601572	56	402	803	1205	1606	2008	2409	2811	3212	3614	5755
5	3981	55	402	803	1205	1606	2008	2409	2811	3212	3614	8664
6	6390	54	401	803	1204	1605	2008	2408	2809	3210	3612	5951573
7	8798	53	401	803	1204	1605	2007	2408	2809	3210	3612	4482
8	5611206	52	401	803	1204	1605	2007	2408	2809	3210	3612	7391
9	3614	51	401	802	1203	1604	2006	2407	2808	3209	3610	5960200
10	6021	50	401	802	1203	1604	2006	2407	2808	3209	3610	3208
11	8428	49	401	802	1203	1604	2005	2406	2807	3208	3609	6117
12	5620834	48	401	802	1203	1604	2005	2405	2807	3208	3609	9026
13	3239	47	401	802	1203	1604	2005	2406	2807	3208	3609	5971935
14	5645	46	401	801	1202	1602	2003	2404	2804	3205	3605	4844
15	8049	45	401	801	1202	1602	2003	2404	2804	3205	3605	7753
16	5630453	44	401	801	1202	1602	2003	2404	2804	3205	3605	5980662
17	2857	43	401	801	1202	1602	2003	2403	2803	3204	3605	3571
18	5260	42	401	801	1202	1602	2003	2403	2803	3204	3605	6480
19	7663	41	401	801	1202	1602	2003	2403	2803	3204	3605	9389
20	5640066	40	400	801	1201	1601	2002	2401	2802	3202	3603	5992297
21	2467	39	400	801	1201	1601	2002	2402	2802	3202	3603	5206
22	4869	38	400	800	1200	1600	2001	2401	2801	3201	3601	8115
23	7270	37	400	800	1200	1600	2000	2400	2800	3200	3600	6001024
24	9670	36	400	800	1200	1600	2000	2400	2800	3200	3600	3933
25	5652070	35	400	800	1199	1599	1999	2399	2799	3198	3598	6842
26	4469	34	400	800	1199	1599	1999	2399	2799	3198	3598	9751
27	6868	33	400	800	1199	1599	1999	2399	2799	3198	3598	6012660
28	9267	32	400	799	1199	1598	1998	2398	2797	3197	3596	5569
29	5661665	31	400	799	1199	1598	1998	2397	2797	3196	3596	8478
30	4062	30	400	799	1199	1598	1998	2397	2797	3196	3596	6021385
31	6459	29	400	799	1199	1598	1998	2397	2797	3196	3596	4294
32	8856	28	399	799	1198	1597	1997	2396	2795	3194	3594	7203
33	5671252	27	399	799	1198	1597	1997	2396	2795	3194	3594	6030112
34	3648	26	399	798	1197	1596	1996	2395	2794	3193	3592	3021
35	6043	25	399	798	1197	1596	1996	2394	2794	3193	3592	5930
36	8437	24	399	798	1197	1596	1996	2395	2794	3193	3592	8839
37	5680832	23	399	798	1197	1596	1995	2393	2793	3192	3591	6041748
38	3225	22	399	798	1197	1596	1995	2394	2793	3192	3591	4657
39	5619	21	399	797	1196	1594	1993	2392	2790	3189	3587	7566
40	8011	20	399	797	1196	1594	1993	2392	2790	3189	3587	6050474
41	5690403	19	399	797	1196	1594	1993	2392	2790	3189	3587	3383
42	2795	18	399	797	1196	1594	1993	2392	2790	3189	3587	6292
43	5187	17	398	797	1195	1593	1992	2390	2788	3186	3585	9201
44	7577	16	398	797	1195	1593	1992	2391	2788	3186	3585	6062110
45	9968	15	398	797	1195	1593	1992	2389	2788	3186	3585	5019
46	5702357	14	398	797	1195	1593	1992	2390	2788	3186	3585	7928
47	4747	13	398	796	1194	1592	1991	2389	2787	3185	3583	6070837
48	7136	12	398	796	1194	1592	1990	2388	2786	3184	3582	3746
49	9524	11	398	796	1194	1592	1990	2388	2786	3184	3582	6655
50	5711912	10	398	796	1193	1591	1989	2387	2785	3182	3580	9563
51	4299	9	398	796	1193	1591	1989	2387	2785	3182	3580	6082472
52	6686	8	398	796	1193	1591	1989	2387	2785	3182	3580	5381
53	9073	7	398	795	1193	1590	1988	2386	2783	3181	3578	8290
54	5721459	6	398	795	1193	1590	1988	2385	2783	3180	3578	6091199
55	3844	5	398	795	1193	1590	1988	2385	2783	3180	3578	4108
56	6229	4	398	795	1193	1590	1988	2385	2783	3180	3578	7017
57	8614	3	397	795	1192	1589	1987	2384	2781	3178	3576	9926
58	5730998	2	397	794	1191	1588	1986	2383	2780	3177	3574	6102835
59	3381	1	397	794	1191	1588	1986	2383	2780	3177	3574	5744
60	5764	0	397	794	1191	1588	1986	2383	2780	3177	3574	8652
M.	Cosine.	M.	10"	20"	30"	40"	50"	60"	70"	80"	90"	Arc.

Arc.	
Sec.	Diff.
10	485
20	970
30	1454
40	1939
50	2424
60	2909
70	3394
80	3878
90	4363

55 Degrees.

[3€] **35 Degrees.** Difference for Seconds.

M.	Sinc.	M.	10"	20"	30"	40"	50"	60"	70"	80"	90"	Arc.
0	5735764	60	397	794	1191	1588	1986	2383	2780	3177	3574	6103653
1	8147	59	397	794	1191	1588	1985	2382	2779	3176	3573	6111562
2	5740529	58	397	794	1191	1588	1985	2382	2779	3176	3573	4471
3	2911	57	397	794	1190	1587	1984	2381	2778	3175	3572	7380
4	5292	56	397	793	1190	1587	1984	2380	2777	3174	3570	6120289
5	7672	55	397	793	1190	1586	1983	2381	2776	3173	3569	3198
6	5750053	54	397	793	1190	1586	1983	2379	2776	3172	3569	6107
7	2432	53	397	793	1190	1586	1983	2379	2776	3172	3569	9016
8	4811	52	397	793	1190	1586	1983	2379	2776	3172	3569	6131925
9	7190	51	396	793	1189	1586	1982	2378	2775	3171	3568	4834
10	9568	50	396	793	1189	1586	1982	2378	2775	3171	3568	7742
11	5761946	49	396	793	1189	1586	1982	2377	2775	3171	3568	6140651
12	4323	48	396	792	1189	1585	1981	2377	2773	3170	3567	3560
13	6700	47	396	792	1189	1585	1981	2376	2773	3170	3566	6469
14	9076	46	396	792	1188	1584	1980	2376	2772	3169	3565	9378
15	5771452	45	396	792	1188	1584	1980	2375	2771	3167	3564	6152287
16	3827	44	396	792	1188	1584	1980	2375	2771	3167	3563	5196
17	6202	43	396	791	1187	1583	1979	2374	2770	3166	3562	8105
18	8576	42	396	791	1187	1583	1979	2374	2770	3166	3561	6161014
19	5780950	41	396	791	1186	1582	1978	2373	2769	3164	3560	3923
20	3323	40	396	791	1186	1582	1978	2373	2769	3164	3560	6831
21	5696	39	396	791	1186	1582	1978	2373	2769	3164	3560	9740
22	8069	38	395	791	1186	1582	1977	2371	2768	3163	3559	6172649
23	5790440	37	395	791	1186	1582	1977	2372	2767	3162	3558	5558
24	2812	36	395	790	1186	1581	1976	2371	2766	3162	3557	8467
25	5183	35	395	790	1185	1580	1975	2370	2765	3160	3555	6181376
26	7553	34	395	790	1185	1580	1975	2370	2765	3160	3555	4285
27	9923	33	395	790	1185	1580	1975	2369	2764	3159	3554	7194
28	5802292	32	395	790	1185	1580	1975	2369	2764	3159	3554	6190103
29	4661	31	395	790	1185	1580	1975	2369	2764	3159	3554	3012
30	7030	30	395	789	1184	1579	1974	2367	2763	3158	3552	5919
31	9397	29	395	789	1184	1579	1974	2368	2763	3158	3552	8828
32	5811765	28	395	789	1184	1578	1973	2367	2762	3156	3551	6201737
33	4132	27	394	789	1183	1578	1972	2366	2761	3155	3550	4646
34	6498	26	394	789	1183	1579	1972	2366	2761	3155	3550	7555
35	8864	25	394	789	1183	1579	1972	2366	2761	3155	3550	6210464
36	5821230	24	394	788	1183	1578	1971	2365	2759	3154	3548	3373
37	3595	23	394	788	1182	1576	1970	2364	2758	3152	3547	6282
38	5959	22	394	788	1182	1576	1970	2364	2758	3152	3546	9191
39	8323	21	394	788	1182	1576	1970	2364	2758	3152	3546	6222100
40	5830687	20	394	788	1182	1576	1970	2363	2757	3151	3545	5008
41	3050	19	394	787	1181	1575	1969	2362	2756	3150	3544	7917
42	5412	18	394	787	1181	1575	1969	2362	2756	3150	3543	6230826
43	7774	17	394	787	1181	1575	1969	2362	2756	3150	3543	3735
44	5840136	16	394	787	1181	1574	1968	2361	2755	3148	3542	6644
45	2497	15	393	787	1180	1574	1967	2360	2754	3147	3541	9553
46	4857	14	393	787	1180	1574	1967	2360	2754	3147	3541	6242462
47	7217	13	393	787	1180	1574	1967	2360	2754	3147	3541	5371
48	9577	12	393	786	1180	1573	1966	2359	2752	3146	3539	8280
49	5851936	11	393	786	1179	1572	1965	2358	2751	3145	3537	6251189
50	4294	10	393	786	1179	1572	1965	2358	2751	3144	3537	4097
51	6652	9	393	786	1179	1572	1965	2358	2751	3144	3537	7006
52	9010	8	393	786	1179	1572	1965	2357	2750	3143	3536	9915
53	5861367	7	393	786	1178	1571	1964	2357	2750	3142	3535	6262824
54	3724	6	393	785	1178	1571	1964	2356	2749	3142	3535	5733
55	6080	5	393	785	1178	1570	1963	2355	2748	3141	3533	8642
56	8435	4	393	785	1178	1570	1963	2355	2748	3140	3533	6271551
57	5870790	3	393	785	1178	1570	1963	2355	2748	3140	3533	4460
58	3145	2	392	785	1177	1570	1962	2354	2747	3139	3532	7369
59	5499	1	392	785	1177	1569	1962	2354	2747	3139	3531	6280278
60	7853	0	392	785	1177	1569	1962	2353	2746	3138	3531	3186
M.	Cosine.	M.	10"	20"	30"	40"	50"	60"	70"	80"	90"	Arc.

54 Degrees.

Arc.

Sec.	Diff.
10	485
20	970
30	1454
40	1939
50	2424
60	2909
70	3394
80	3878
90	4363

36 Degrees. Difference for Seconds. [37

M.	Sine.	M.	10"	20"	30"	40"	50"	60"	70"	80"	90"	Arc.
0	5877853	60	392	784	1176	1568	1961	2353	2745	3137	3529	6283185
1	5880206	59	392	784	1176	1568	1960	2352	2744	3136	3528	6094
2	2558	58	392	784	1176	1568	1960	2352	2744	3136	3528	9003
3	4910	57	392	784	1176	1568	1960	2352	2744	3136	3528	6291912
4	7262	56	392	784	1175	1567	1959	2351	2743	3134	3526	4821
5	9613	55	392	784	1175	1567	1959	2351	2743	3134	3526	7730
6	5891964	54	392	783	1175	1566	1958	2350	2741	3133	3524	6300639
7	4314	53	392	783	1175	1566	1958	2349	2741	3132	3524	3548
8	6663	52	392	783	1175	1566	1958	2349	2741	3132	3524	6457
9	9012	51	392	783	1175	1566	1958	2349	2741	3132	3524	9366
10	5901361	50	391	783	1174	1565	1957	2348	2739	3130	3521	6312274
11	3709	49	391	783	1174	1565	1957	2348	2739	3130	3521	5183
12	6057	48	391	782	1173	1564	1956	2347	2738	3129	3520	8092
13	8404	47	391	782	1173	1564	1955	2346	2737	3128	3519	6321001
14	5910750	46	391	782	1173	1564	1955	2346	2737	3128	3519	3910
15	3096	45	391	782	1173	1564	1955	2346	2737	3128	3519	6819
16	5442	44	391	782	1172	1563	1954	2345	2736	3126	3517	9728
17	7787	43	391	782	1172	1563	1954	2345	2736	3126	3517	6332637
18	5920132	42	391	781	1172	1562	1953	2344	2734	3125	3515	5546
19	2476	41	391	781	1172	1562	1953	2343	2734	3125	3515	8455
20	4819	40	391	781	1172	1562	1953	2344	2734	3125	3515	6341363
21	7163	39	390	781	1171	1561	1952	2342	2732	3122	3513	4272
22	9505	38	390	781	1171	1561	1952	2342	2732	3122	3513	7181
23	5931847	37	390	781	1171	1561	1952	2342	2732	3122	3513	6350090
24	4189	36	390	780	1170	1560	1951	2341	2731	3121	3511	2999
25	6530	35	390	780	1170	1560	1951	2341	2731	3121	3511	5908
26	8871	34	390	780	1170	1560	1950	2340	2730	3120	3510	8817
27	5941211	33	390	780	1169	1559	1949	2339	2729	3118	3508	6361726
28	3550	32	390	780	1169	1559	1949	2339	2729	3118	3508	4635
29	5889	31	390	780	1169	1559	1949	2339	2729	3118	3508	7544
30	8228	30	390	779	1169	1558	1948	2338	2727	3117	3506	6370452
31	5950566	29	390	779	1169	1558	1948	2338	2727	3117	3506	3361
32	2904	28	390	779	1169	1558	1948	2337	2727	3116	3506	6270
33	5241	27	389	779	1168	1557	1947	2336	2725	3114	3504	9179
34	7577	26	389	779	1168	1557	1947	2336	2725	3114	3504	6382088
35	9913	25	389	778	1168	1557	1947	2336	2725	3114	3504	4997
36	5962249	24	389	778	1167	1556	1946	2335	2724	3113	3502	7906
37	4584	23	389	778	1167	1556	1945	2334	2723	3112	3502	6390815
38	6918	22	389	778	1167	1556	1945	2334	2723	3112	3502	3724
39	9252	21	389	778	1167	1556	1945	2334	2723	3112	3502	6633
40	5971586	20	389	777	1166	1555	1944	2333	2722	3110	3499	9540
41	3919	19	389	777	1166	1554	1943	2332	2720	3109	3497	6402449
42	6251	18	389	777	1166	1554	1943	2332	2720	3109	3497	5358
43	8583	17	389	777	1166	1554	1943	2332	2720	3109	3497	8267
44	5980915	16	389	777	1166	1554	1943	2331	2720	3108	3497	6411176
45	3246	15	389	777	1165	1554	1943	2331	2720	3108	3497	4085
46	5577	14	388	777	1165	1553	1942	2330	2718	3106	3495	6994
47	7906	13	388	777	1165	1553	1942	2330	2718	3106	3495	9903
48	5990236	12	388	776	1164	1552	1941	2329	2717	3105	3493	6422812
49	2565	11	388	776	1164	1552	1941	2329	2717	3105	3493	5721
50	4893	10	388	776	1164	1552	1940	2328	2716	3104	3492	8629
51	7221	9	388	776	1164	1552	1940	2328	2716	3104	3492	6431538
52	9549	8	388	776	1163	1551	1939	2327	2715	3102	3490	4447
53	6001876	7	388	776	1163	1551	1939	2326	2713	3101	3488	7356
54	4202	6	388	775	1163	1550	1938	2326	2713	3101	3488	6440265
55	6528	5	388	775	1163	1550	1938	2326	2713	3101	3488	3174
56	8854	4	388	775	1163	1550	1938	2325	2713	3100	3488	6083
57	6011179	3	387	775	1162	1549	1937	2324	2711	3098	3486	8992
58	3503	2	387	775	1162	1549	1937	2324	2711	3098	3486	6451901
59	5827	1	387	774	1161	1548	1936	2323	2710	3097	3484	4810
60	8150	0	387	774	1161	1548	1936	2323	2710	3097	3484	7718
M.	Cosine.	M.	10"	20"	30"	40"	50"	60"	70"	80"	90"	Arc.

53 Degrees.

	Arc.
Sec.	Diff.
10	485
20	970
30	1454
40	1939
50	2424
60	2909
70	3394
80	3878
90	4363

37 Degrees.

Difference for Seconds.

M.	Sine.	M.	10"	20"	30"	40"	50"	60"	70"	80"	90"	Arc.
0	6018150	60	387	774	1161	1548	1936	2323	2710	3097	3484	6457718
1	6020473	59	387	774	1161	1548	1935	2322	2709	3096	3483	6460627
2	2795	58	387	774	1161	1548	1935	2322	2709	3096	3483	3536
3	5117	57	387	774	1161	1548	1935	2322	2709	3096	3483	6445
4	7439	56	387	774	1160	1547	1934	2321	2708	3094	3481	9354
5	9760	55	387	773	1160	1546	1933	2320	2706	3093	3479	6472263
6	6032080	54	387	773	1160	1546	1933	2320	2706	3093	3479	5172
7	4400	53	387	773	1160	1546	1933	2319	2706	3092	3479	8081
8	6719	52	387	773	1160	1546	1933	2319	2706	3092	3479	6480990
9	9038	51	386	773	1159	1545	1932	2318	2704	3090	3477	3899
10	6041356	50	386	773	1159	1545	1932	2318	2704	3090	3477	6807
11	3674	49	386	772	1158	1544	1931	2317	2703	3089	3475	9716
12	5991	48	386	772	1158	1544	1931	2317	2703	3089	3475	6492625
13	8308	47	386	772	1158	1544	1930	2316	2702	3088	3474	5534
14	6050624	46	386	772	1158	1544	1930	2316	2702	3088	3474	8443
15	2940	45	386	772	1157	1543	1929	2315	2701	3086	3472	6501352
16	5255	44	386	772	1157	1543	1929	2315	2701	3086	3472	4261
17	7570	43	386	771	1157	1542	1928	2314	2699	3085	3470	7170
18	9884	42	386	771	1157	1542	1928	2314	2699	3085	3470	6510079
19	6062198	41	386	771	1157	1542	1928	2313	2699	3084	3470	2988
20	4511	40	386	771	1157	1542	1928	2313	2699	3084	3470	5896
21	6824	39	385	771	1156	1541	1927	2312	2697	3082	3468	8805
22	9136	38	385	770	1155	1540	1926	2311	2696	3081	3466	6521714
23	6071447	37	385	770	1155	1540	1926	2311	2696	3081	3466	4623
24	3758	36	385	770	1155	1540	1926	2311	2696	3081	3466	7532
25	6069	35	385	770	1155	1540	1925	2310	2695	3080	3465	6530441
26	8379	34	385	770	1155	1540	1925	2310	2695	3080	3465	3350
27	6080689	33	385	770	1154	1539	1924	2309	2694	3079	3463	6259
28	2998	32	385	769	1154	1538	1923	2308	2692	3077	3461	9168
29	5306	31	385	769	1154	1538	1923	2308	2692	3077	3461	6542077
30	7614	30	385	769	1154	1538	1923	2308	2692	3077	3461	4984
31	9922	29	385	769	1154	1538	1923	2307	2692	3076	3461	7893
32	6092229	28	384	769	1153	1537	1922	2306	2690	3074	3459	6550802
33	4535	27	384	769	1153	1537	1922	2306	2690	3074	3459	3711
34	6841	26	384	769	1153	1537	1922	2306	2690	3074	3459	6620
35	9147	25	384	768	1152	1536	1921	2305	2689	3073	3457	9529
36	6101452	24	384	768	1152	1536	1920	2304	2688	3072	3456	6562438
37	3756	23	384	768	1152	1536	1920	2304	2688	3072	3456	5347
38	6060	22	384	768	1151	1535	1919	2303	2687	3070	3454	8256
39	8363	21	384	768	1151	1535	1919	2303	2687	3070	3454	6571165
40	6110666	20	384	768	1151	1535	1919	2303	2687	3070	3454	4073
41	2969	19	384	767	1151	1534	1918	2301	2685	3069	3452	6982
42	5270	18	384	767	1151	1534	1918	2302	2685	3069	3452	9801
43	7572	17	384	767	1151	1534	1918	2301	2685	3068	3452	6582800
44	9873	16	383	767	1150	1533	1917	2300	2683	3066	3450	5709
45	6122173	15	383	766	1150	1533	1917	2300	2683	3066	3450	8618
46	4473	14	383	766	1149	1532	1916	2299	2682	3065	3448	6591527
47	6772	13	383	766	1149	1532	1916	2299	2682	3065	3448	4436
48	9071	12	383	766	1149	1532	1915	2298	2681	3064	3447	7345
49	6131369	11	383	766	1149	1532	1915	2297	2681	3064	3447	6600254
50	3666	10	383	766	1149	1532	1915	2298	2681	3064	3447	3162
51	5964	9	383	765	1148	1530	1913	2296	2678	3061	3443	6071
52	8260	8	383	765	1148	1530	1913	2296	2678	3061	3443	8980
53	6140556	7	383	765	1148	1530	1913	2296	2678	3061	3443	6611889
54	2852	6	383	765	1148	1530	1913	2295	2678	3060	3443	4798
55	5147	5	383	765	1148	1530	1913	2295	2678	3060	3443	7707
56	7442	4	382	765	1147	1529	1912	2294	2676	3058	3441	6620616
57	9736	3	382	764	1146	1528	1911	2293	2675	3057	3439	3525
58	6152029	2	382	764	1146	1528	1911	2293	2675	3057	3439	6434
59	4322	1	382	764	1146	1528	1911	2293	2675	3057	3439	9343
60	6615	0	382	764	1146	1528	1910	2292	2674	3056	3438	6632251
M.	Cosine.	M.	10"	20"	30"	40"	50"	60"	70"	80"	90"	Arc.

52 Degrees.

	Arc.
Sec.	Diff.
10	485
20	970
30	1454
40	1939
50	2424
60	2909
70	3394
80	3878
90	4363

38 Degrees.   Difference for Seconds.

M.	Sine.	M.	10"	20"	30"	40"	50"	60"	70"	80"	90"	Arc.
0	6156615	60	382	764	1146	1528	1910	2292	2674	3056	3438	6632251
1	8907	59	382	764	1145	1527	1909	2291	2673	3054	3436	5160
2	6161198	58	382	764	1145	1527	1909	2291	2673	3054	3436	8069
3	3489	57	382	764	1145	1527	1909	2291	2673	3054	3436	6640978
4	5780	56	382	763	1145	1526	1908	2289	2671	3053	3434	3887
5	8069	55	382	763	1145	1526	1908	2290	2671	3053	3434	6796
6	6170359	54	382	763	1145	1526	1908	2289	2671	3052	3434	9705
7	2648	53	381	763	1144	1525	1907	2288	2669	3050	3432	6652614
8	4936	52	381	763	1144	1525	1907	2288	2669	3050	3432	5523
9	7224	51	381	762	1143	1524	1906	2287	2668	3049	3430	8432
10	9511	50	381	762	1143	1524	1906	2287	2668	3049	3430	6661340
11	6181798	49	381	762	1143	1524	1905	2286	2667	3048	3429	4249
12	4084	48	381	762	1143	1524	1905	2286	2667	3048	3429	7158
13	6370	47	381	762	1142	1523	1904	2285	2666	3046	3427	6670067
14	8655	46	381	762	1142	1523	1904	2284	2666	3046	3427	2976
15	6190939	45	381	762	1142	1523	1904	2285	2666	3046	3427	5885
16	3224	44	381	761	1142	1522	1903	2283	2664	3044	3425	8794
17	5507	43	381	761	1142	1522	1903	2283	2664	3044	3425	6681703
18	7790	42	381	761	1142	1522	1903	2283	2664	3044	3425	4612
19	6200073	41	380	761	1141	1521	1902	2282	2662	3042	3423	7521
20	2355	40	380	760	1140	1520	1901	2281	2661	3041	3421	6690429
21	4636	39	380	760	1140	1520	1901	2281	2661	3041	3421	3338
22	6917	38	380	760	1140	1520	1901	2281	2661	3041	3421	6247
23	9198	37	380	760	1140	1520	1900	2280	2660	3040	3420	9156
24	6211478	36	380	760	1140	1520	1900	2279	2659	3038	3418	6702065
25	3757	35	380	759	1139	1519	1899	2279	2659	3038	3418	4974
26	6036	34	380	759	1139	1518	1898	2278	2657	3037	3416	7883
27	8314	33	380	759	1139	1518	1898	2278	2657	3037	3416	6710792
28	6220592	32	380	759	1139	1518	1898	2278	2657	3037	3416	3701
29	2870	31	380	759	1139	1518	1898	2276	2657	3036	3416	6610
30	5146	30	380	759	1139	1518	1898	2277	2657	3036	3416	9518
31	7423	29	379	759	1138	1517	1897	2275	2655	3034	3414	6722427
32	9698	28	379	759	1138	1517	1897	2276	2655	3034	3414	5336
33	6231974	27	379	758	1137	1516	1895	2274	2653	3032	3411	8245
34	4248	26	379	758	1137	1516	1895	2274	2653	3032	3411	6731154
35	6522	25	379	758	1137	1516	1895	2274	2653	3032	3411	4063
36	8796	24	379	758	1136	1515	1894	2273	2652	3030	3409	6972
37	6241069	23	379	758	1136	1515	1894	2273	2652	3030	3409	9881
38	3342	22	379	757	1136	1514	1893	2272	2650	3029	3407	6742790
39	5614	21	379	757	1136	1514	1893	2271	2650	3028	3407	5699
40	7885	20	379	757	1136	1514	1893	2271	2650	3028	3407	8606
41	6250156	19	378	757	1135	1513	1892	2270	2648	3026	3405	6751515
42	2427	18	378	757	1135	1513	1892	2269	2648	3026	3405	4424
43	4696	17	378	757	1135	1513	1892	2270	2648	3026	3405	7333
44	6966	16	378	756	1134	1512	1891	2269	2647	3025	3403	6760242
45	9235	15	378	756	1134	1512	1890	2268	2646	3024	3402	3151
46	6261503	14	378	756	1134	1512	1890	2268	2646	3024	3402	6060
47	3771	13	378	756	1133	1511	1889	2267	2645	3022	3400	8969
48	6038	12	378	756	1133	1511	1889	2267	2645	3022	3400	6771878
49	8305	11	378	755	1133	1510	1888	2266	2643	3021	3398	4787
50	6270571	10	378	755	1133	1510	1888	2266	2643	3020	3398	7695
51	2837	9	378	755	1133	1510	1888	2265	2643	3020	3398	6780604
52	5102	8	378	755	1133	1510	1888	2264	2643	3020	3398	3513
53	7366	7	378	755	1133	1510	1888	2265	2643	3020	3398	6422
54	9631	6	377	754	1131	1508	1886	2263	2640	3017	3394	9331
55	6281894	5	377	754	1131	1508	1886	2263	2640	3017	3394	6792240
56	4157	4	377	754	1131	1508	1886	2263	2640	3017	3394	5149
57	6420	3	377	754	1131	1508	1885	2262	2639	3016	3393	8058
58	8682	2	377	754	1130	1507	1884	2261	2638	3016	3391	6800967
59	6290943	1	377	754	1130	1507	1884	2261	2638	3014	3391	3876
60	3204	0	377	753	1130	1506	1883	2260	2637	3014	3389	6784
M.	Cosine.	M.	10"	20"	30"	40"	50"	60"	70"	80"	90"	Arc.

Arc.

Sec.	Diff.
10	485
20	970
30	1454
40	1939
50	2424
60	2909
70	3394
80	3878
90	4363

51 Degrees.

[40]

39 Degrees. Difference for Seconds.

M.	Sine.	M.	10"	20"	30"	40"	50"	60"	70"	80"	90"	Arc.
0	6293204	60	377	753	1130	1506	1883	2260	2636	3013	3389	6806784
1	5464	59	377	753	1130	1506	1883	2260	2636	3013	3389	9693
2	7724	58	377	753	1130	1506	1883	2259	2636	3012	3389	6812602
3	9983	57	377	753	1130	1506	1883	2259	2636	3012	3389	5511
4	6302242	56	376	753	1129	1505	1882	2258	2634	3010	3387	8420
5	4500	55	376	753	1129	1505	1882	2258	2634	3010	3387	6821329
6	6758	54	376	752	1128	1504	1881	2257	2633	3009	3385	4238
7	9015	53	376	752	1128	1504	1881	2257	2633	3009	3385	7147
8	6311272	52	376	752	1128	1504	1880	2256	2632	3008	3384	6830056
9	3528	51	376	752	1128	1504	1880	2256	2632	3008	3384	2965
10	5784	50	376	752	1127	1503	1879	2255	2631	3006	3382	5873
11	8039	49	376	751	1127	1502	1878	2254	2629	3005	3380	8782
12	6320293	48	376	751	1127	1502	1878	2254	2629	3005	3380	6841691
13	2547	47	376	751	1127	1502	1878	2253	2629	3004	3380	4600
14	4800	46	376	751	1127	1502	1878	2253	2629	3004	3380	7509
15	7053	45	376	751	1127	1502	1878	2253	2629	3004	3380	6850418
16	9306	44	375	750	1126	1501	1876	2251	2627	3002	3378	3327
17	6331557	43	375	750	1126	1501	1876	2252	2627	3002	3378	6236
18	3809	42	375	750	1125	1500	1875	2250	2626	3001	3376	9145
19	6059	41	375	750	1125	1500	1875	2251	2626	3001	3376	6862054
20	8310	40	375	750	1124	1499	1874	2249	2624	2998	3373	4962
21	6340559	39	375	750	1124	1499	1874	2249	2624	2998	3373	7871
22	2808	38	375	750	1124	1499	1874	2249	2624	2998	3373	6870780
23	5057	37	375	749	1124	1498	1873	2248	2622	2997	3371	3689
24	7305	36	375	749	1124	1498	1873	2248	2622	2997	3371	6598
25	9553	35	375	749	1124	1498	1873	2247	2622	2996	3371	9507
26	6351800	34	374	749	1123	1497	1872	2246	2620	2994	3369	6882416
27	4046	33	374	749	1123	1497	1872	2246	2620	2994	3369	5325
28	6292	32	374	748	1122	1496	1871	2245	2619	2993	3367	8234
29	8537	31	374	748	1122	1496	1871	2245	2619	2993	3367	6891143
30	6360782	30	374	748	1122	1496	1870	2244	2618	2992	3366	4051
31	3026	29	374	748	1122	1496	1870	2244	2618	2992	3366	6960
32	5270	28	374	748	1121	1495	1869	2243	2617	2990	3364	9869
33	7513	27	374	748	1121	1495	1869	2243	2617	2990	3364	6902778
34	9756	26	374	747	1121	1494	1868	2242	2615	2989	3362	5687
35	6371998	25	374	747	1121	1494	1868	2242	2615	2989	3362	8596
36	4240	24	374	747	1121	1494	1868	2241	2615	2988	3362	6911505
37	6481	23	373	747	1120	1493	1867	2240	2613	2986	3360	4414
38	8721	22	373	747	1120	1493	1867	2240	2613	2986	3360	7323
39	6380961	21	373	747	1120	1493	1867	2240	2613	2986	3360	6920232
40	3201	20	373	746	1119	1492	1866	2239	2612	2985	3358	3139
41	5440	19	373	746	1119	1492	1865	2238	2611	2984	3357	6048
42	7678	18	373	746	1119	1492	1865	2238	2611	2984	3357	8957
43	9916	17	373	745	1118	1491	1864	2237	2610	2982	3355	6931866
44	6392153	16	373	745	1118	1491	1864	2237	2610	2982	3355	4775
45	4390	15	373	745	1118	1490	1863	2236	2608	2981	3353	7684
46	6626	14	373	745	1118	1490	1863	2236	2608	2981	3353	6940593
47	8862	13	373	745	1118	1490	1863	2235	2608	2980	3353	3502
48	6401097	12	373	745	1118	1490	1863	2235	2608	2980	3353	6411
49	3332	11	372	745	1117	1489	1862	2234	2606	2978	3351	9320
50	5566	10	372	744	1116	1488	1861	2233	2605	2977	3349	6952228
51	7799	9	372	744	1116	1488	1861	2233	2605	2977	3349	5137
52	6410032	8	372	744	1116	1488	1860	2232	2604	2976	3348	8046
53	2264	7	372	744	1116	1488	1860	2232	2604	2976	3348	6960955
54	4496	6	372	744	1116	1488	1860	2232	2604	2976	3348	3864
55	6728	5	372	743	1115	1486	1858	2230	2602	2974	3345	6773
56	8958	4	372	743	1115	1486	1858	2231	2602	2974	3345	9682
57	6421189	3	372	743	1115	1486	1858	2229	2601	2972	3344	6972591
58	3418	2	372	·743	1115	1486	1858	2229	2601	2972	3344	5500
59	5647	1	372	743	1115	1486	1858	2229	2601	2972	3344	8409
60	7876	0	371	743	1114	1485	1857	2228	2599	2970	3342	6981317
M.	Cosine.	M.	10"	20"	30"	40"	50"	60"	70"	80"	90"	Arc.

50 Degrees.

Arc.	
Sec.	Diff.
10	485
20	970
30	1454
40	1939
50	2424
60	2909
70	3394
80	3878
90	4363

40 Degrees.   Difference for Seconds.   [41

M.	Sine.	M.	10"	20"	30"	40"	50"	60"	70"	80"	90"	Arc.
0	6427876	60	371	743	1114	1486	1857	2228	2599	2970	3342	6981317
1	6430104	59	371	743	1114	1486	1857	2228	2599	2970	3342	4226
2	2332	58	371	742	1113	1484	1856	2227	2598	2969	3340	7135
3	4559	57	371	742	1113	1484	1855	2226	2597	2968	3339	6990044
4	6785	56	371	742	1113	1484	1855	2226	2597	2968	3339	2953
5	9011	55	371	742	1112	1483	1854	2225	2596	2966	3337	5862
6	6441236	54	371	742	1112	1483	1854	2225	2596	2966	3337	8771
7	3461	53	371	741	1112	1482	1853	2224	2594	2965	3335	7001680
8	5685	52	371	741	1112	1482	1853	2224	2594	2965	3335	4589
9	7909	51	371	741	1112	1482	1853	2223	2594	2964	3335	7498
10	6450132	50	371	741	1112	1482	1853	2223	2594	2964	3335	7010406
11	2355	49	370	741	1111	1481	1852	2222	2592	2962	3333	3315
12	4577	48	370	740	1110	1480	1851	2221	2591	2961	3331	6224
13	6798	47	370	740	1110	1480	1851	2221	2591	2961	3331	9133
14	9019	46	370	740	1110	1480	1851	2221	2591	2961	3331	7022042
15	6461240	45	370	740	1110	1480	1850	2220	2590	2960	3330	4951
16	3460	44	370	740	1109	1479	1849	2219	2589	2959	3329	7860
17	5679	43	370	740	1109	1479	1849	2219	2589	2959	3329	7030769
18	7898	42	370	739	1109	1478	1848	2218	2587	2957	3326	3678
19	6470116	41	370	739	1109	1478	1848	2218	2587	2957	3326	6587
20	2334	40	370	739	1109	1478	1848	2217	2587	2956	3326	9495
21	4551	39	370	739	1109	1478	1848	2216	2587	2956	3326	7042404
22	6767	38	370	739	1109	1478	1848	2217	2587	2956	3326	5313
23	8984	37	369	738	1107	1476	1846	2215	2584	2953	3322	8222
24	6481199	36	369	738	1107	1476	1846	2215	2584	2953	3322	7051131
25	3414	35	369	738	1107	1476	1845	2214	2583	2952	3321	4040
26	5628	34	369	738	1107	1476	1845	2214	2583	2952	3321	6949
27	7842	33	369	738	1107	1476	1845	2214	2583	2952	3321	9858
28	6490056	32	369	737	1106	1474	1843	2212	2580	2949	3317	7062767
29	2268	31	369	737	1106	1474	1843	2212	2580	2949	3317	5676
30	4480	30	369	737	1106	1474	1843	2212	2580	2949	3317	8584
31	6692	29	369	737	1106	1474	1843	2211	2580	2948	3317	7071493
32	8903	28	369	737	1106	1474	1843	2211	2580	2948	3317	4402
33	6501114	27	368	737	1105	1474	1842	2210	2578	2946	3315	7311
34	3324	26	368	736	1104	1472	1841	2209	2577	2945	3313	7080220
35	5533	25	368	736	1104	1472	1841	2209	2577	2945	3313	3129
36	7742	24	368	736	1104	1472	1841	2209	2577	2945	3313	6038
37	9951	23	368	736	1104	1472	1840	2207	2576	2944	3312	8947
38	6512158	22	368	736	1104	1472	1840	2208	2576	2944	3312	7091856
39	4366	21	368	735	1103	1470	1838	2206	2573	2941	3308	4765
40	6572	20	368	735	1103	1470	1838	2206	2573	2941	3308	7672
41	8778	19	368	735	1103	1470	1838	2206	2573	2941	3308	7100581
42	6520984	18	368	735	1103	1470	1838	2205	2573	2940	3308	3490
43	3189	17	368	735	1103	1470	1838	2205	2573	2940	3308	6399
44	5394	16	367	735	1102	1469	1837	2204	2571	2938	3306	9308
45	7598	15	367	734	1101	1468	1836	2203	2570	2937	3304	7112217
46	9801	14	367	734	1101	1468	1836	2203	2570	2937	3304	5126
47	6532004	13	367	734	1101	1468	1835	2202	2569	2936	3303	8035
48	4206	12	367	734	1101	1468	1835	2202	2569	2936	3303	7120944
49	6408	11	367	734	1100	1467	1834	2201	2568	2934	3301	3853
50	8609	10	367	734	1100	1467	1834	2201	2568	2934	3301	6761
51	6540810	9	367	733	1100	1466	1833	2200	2566	2933	3299	9670
52	3010	8	367	733	1100	1466	1833	2199	2566	2932	3299	7132579
53	5209	7	367	733	1100	1466	1833	2199	2566	2932	3299	5488
54	7408	6	367	733	1100	1466	1833	2199	2566	2932	3299	8397
55	9607	5	366	733	1099	1465	1832	2197	2564	2930	3297	7141306
56	6551804	4	366	733	1099	1465	1832	2198	2564	2930	3297	4215
57	4002	3	366	732	1098	1464	1831	2196	2563	2929	3295	7124
58	6198	2	366	732	1098	1464	1831	2197	2563	2929	3295	7150033
59	8395	1	366	732	1097	1463	1829	2195	2561	2926	3292	2942
60	6560590	0	366	732	1097	1463	1829	2195	2561	2926	3292	5850
M.	Cosine.	M.	10"	20"	30"	40"	50"	60"	70"	80"	90"	Arc.

Sec.	Diff.
10	485
20	970
30	1454
40	1939
50	2424
60	2909
70	3394
80	3878
90	4363

49 Degrees.   g

41 Degrees.

Difference for Seconds.

M.	Sine.	M.	10"	20"	30"	40"	50"	60"	70"	80"	90"	Arc.
0	6560590	60	366	732	1097	1463	1829	2195	2561	2926	3292	7155850
1	2785	59	366	732	1097	1463	1829	2195	2561	2926	3292	8759
2	4980	58	366	731	1097	1462	1828	2194	2559	2925	3290	7161668
3	7174	57	366	731	1097	1462	1828	2193	2559	2924	3290	4577
4	9367	56	366	731	1097	1462	1828	2193	2559	2924	3290	7486
5	6571560	55	365	731	1096	1461	1827	2192	2557	2922	3288	7170395
6	3752	54	365	730	1096	1461	1827	2192	2557	2922	3288	3304
7	5944	53	365	730	1095	1460	1826	2191	2556	2921	3286	6213
8	8135	52	365	730	1095	1460	1826	2191	2556	2921	3286	9122
9	6580326	51	365	730	1095	1460	1825	2190	2555	2920	3285	7182031
10	2516	50	365	730	1095	1460	1825	2190	2555	2920	3285	4939
11	4706	49	365	730	1094	1459	1824	2189	2554	2918	3283	7848
12	6895	48	365	729	1094	1458	1823	2188	2552	2917	3281	7190757
13	9083	47	365	729	1094	1458	1823	2188	2552	2917	3281	3666
14	6591271	46	365	729	1094	1458	1823	2187	2552	2916	3281	6575
15	3458	45	365	729	1094	1458	1823	2187	2552	2916	3281	9484
16	5645	44	364	729	1093	1457	1822	2186	2550	2914	3279	7202393
17	7831	43	364	729	1093	1457	1822	2186	2550	2914	3279	5302
18	6600017	42	364	729	1093	1457	1822	2185	2550	2914	3279	8211
19	2202	41	364	728	1092	1456	1820	2184	2548	2912	3276	7211120
20	4386	40	364	728	1092	1456	1820	2184	2548	2912	3276	4028
21	6570	39	364	728	1092	1456	1820	2184	2548	2912	3276	6937
22	8754	38	364	728	1091	1455	1819	2182	2547	2910	3275	9846
23	6610936	37	364	728	1091	1455	1819	2183	2547	2910	3274	7222755
24	3119	36	364	727	1091	1454	1818	2181	2545	2909	3272	5664
25	5300	35	364	727	1091	1454	1818	2182	2545	2909	3272	8573
26	7482	34	363	727	1090	1453	1817	2180	2543	2906	3270	7231482
27	9662	33	363	727	1090	1453	1817	2180	2543	2906	3270	4391
28	6621842	32	363	727	1090	1453	1817	2180	2543	2906	3270	7300
29	4022	31	363	726	1089	1452	1816	2178	2542	2905	3268	7240208
30	6200	30	363	726	1089	1452	1816	2179	2542	2905	3268	3116
31	8379	29	363	726	1089	1452	1815	2178	2541	2904	3267	6025
32	6630557	28	363	726	1088	1451	1814	2177	2540	2902	3265	8934
33	2734	27	363	726	1088	1451	1814	2176	2540	2902	3265	7251843
34	4910	26	363	726	1088	1451	1814	2177	2540	2902	3265	4752
35	7087	25	363	725	1088	1450	1813	2175	2538	2900	3263	7661
36	9262	24	363	725	1088	1450	1813	2175	2538	2900	3263	7260570
37	6641437	23	363	725	1088	1450	1813	2175	2538	2900	3263	3479
38	3612	22	362	725	1087	1449	1812	2173	2536	2898	3261	6387
39	5785	21	362	725	1087	1449	1812	2174	2536	2898	3261	9296
40	7959	20	362	724	1086	1448	1811	2172	2535	2897	3259	7272205
41	6650131	19	362	724	1086	1448	1811	2173	2535	2897	3259	5114
42	2304	18	362	724	1085	1447	1809	2171	2533	2894	3256	8023
43	4475	17	362	724	1085	1447	1809	2171	2533	2894	3256	7280932
44	6646	16	362	724	1085	1447	1809	2171	2533	2894	3256	3841
45	8817	15	362	723	1085	1446	1808	2170	2531	2893	3254	6750
46	6660987	14	362	723	1085	1446	1808	2169	2531	2892	3254	9659
47	3156	13	362	723	1085	1446	1808	2169	2531	2892	3254	7292568
48	5325	12	361	723	1084	1445	1807	2168	2529	2890	3252	5477
49	7493	11	361	723	1084	1445	1807	2168	2529	2890	3252	8385
50	9661	10	361	722	1083	1444	1806	2167	2528	2889	3250	7301294
51	6671828	9	361	722	1083	1444	1806	2166	2527	2888	3249	4203
52	3994	8	361	722	1083	1444	1805	2166	2527	2888	3249	7112
53	6160	7	361	722	1083	1444	1805	2166	2527	2888	3249	7310021
54	8326	6	361	722	1082	1443	1804	2164	2526	2886	3247	2930
55	6680490	5	361	722	1082	1443	1804	2165	2526	2886	3247	5839
56	2655	4	361	721	1082	1442	1803	2163	2524	2884	3245	8748
57	4818	3	361	721	1082	1442	1803	2163	2524	2884	3245	7321657
58	6981	2	361	721	1082	1442	1803	2163	2524	2884	3245	4566
59	9144	1	360	721	1081	1441	1802	2162	2522	2882	3243	7475
60	6691306	0	360	721	1081	1441	1802	2162	2522	2882	3243	7330383
M.	Cosine.	M.	10"	20"	30"	40"	50"	60"	70"	80"	90"	Arc.

Arc.

Sec.	Diff.
10	485
20	970
30	1454
40	1939
50	2424
60	2909
70	3394
80	3878
90	4363

48 Degrees.

42 Degrees. Difference for Seconds. [43

M.	Sinc.	M.	10"	20"	30"	40"	50"	60"	70"	80"	90"	Arc.
0	6691306	60	360	721	1081	1441	1802	2162	2522	2882	3243	7330383
1	3468	59	360	720	1080	1440	1801	2160	2521	2881	3241	3292
2	5628	58	360	720	1080	1440	1801	2161	2521	2881	3241	6201
3	7789	57	360	720	1080	1440	1800	2159	2520	2880	3238	9110
4	9948	56	360	720	1080	1440	1800	2160	2520	2880	3240	7342019
5	6702108	55	360	719	1079	1438	1798	2158	2517	2877	3236	4928
6	4266	54	360	719	1079	1438	1798	2158	2517	2877	3236	7837
7	6424	53	360	719	1079	1438	1798	2158	2517	2877	3236	7350746
8	8582	52	359	719	1079	1438	1798	2157	2517	2876	3236	3655
9	6710739	51	359	719	1078	1437	1797	2156	2515	2874	3234	6564
10	2895	50	359	719	1078	1437	1797	2156	2515	2874	3234	9472
11	5051	49	359	718	1077	1436	1796	2155	2514	2873	3232	7362381
12	7206	48	359	718	1077	1436	1796	2155	2514	2873	3232	5290
13	9361	47	359	718	1077	1436	1795	2154	2513	2872	3231	8199
14	6721515	46	359	718	1076	1435	1794	2153	2512	2870	3229	7371108
15	3668	45	359	718	1076	1435	1794	2153	2512	2870	3229	4017
16	5821	44	359	717	1076	1434	1793	2152	2510	2869	3227	6926
17	7973	43	359	717	1076	1434	1793	2152	2510	2869	3227	9835
18	6730125	42	359	717	1076	1434	1793	2151	2510	2868	3227	7382744
19	2276	41	359	717	1076	1434	1793	2151	2510	2868	3227	5653
20	4427	40	358	717	1075	1433	1792	2150	2508	2866	3225	8561
21	6577	39	358	717	1075	1433	1792	2150	2508	2866	3225	7391470
22	8727	38	358	716	1074	1432	1791	2149	2507	2865	3223	4379
23	6740876	37	358	716	1074	1432	1790	2148	2506	2864	3222	7288
24	3024	36	358	716	1074	1432	1790	2148	2506	2864	3222	7400197
25	5172	35	358	716	1073	1431	1789	2147	2505	2862	3220	3106
26	7319	34	358	716	1073	1431	1789	2147	2505	2862	3220	6015
27	9466	33	358	715	1073	1430	1788	2146	2503	2861	3218	8924
28	6751612	32	358	715	1073	1430	1788	2145	2503	2860	3218	7411833
29	3757	31	358	715	1073	1430	1788	2145	2503	2860	3218	4742
30	5902	30	357	715	1072	1429	1787	2144	2501	2858	3216	7650
31	8046	29	357	715	1072	1429	1787	2144	2501	2858	3216	7420559
32	6760190	28	357	714	1071	1428	1786	2143	2500	2857	3214	3468
33	2333	27	357	714	1071	1428	1786	2143	2500	2857	3214	6377
34	4476	26	357	714	1071	1428	1785	2142	2499	2856	3213	9286
35	6618	25	357	714	1071	1428	1785	2142	2499	2856	3213	7432195
36	8760	24	357	714	1070	1427	1784	2141	2498	2854	3211	5104
37	6770901	23	357	713	1070	1426	1783	2140	2496	2853	3209	8013
38	3041	22	357	713	1070	1426	1783	2140	2496	2853	3209	7440922
39	5181	21	357	713	1070	1426	1783	2139	2496	2852	3209	3831
40	7320	20	357	713	1070	1426	1783	2139	2496	2852	3209	6738
41	9459	19	356	713	1069	1425	1782	2138	2494	2850	3207	9647
42	6781597	18	356	712	1068	1424	1781	2137	2493	2849	3205	7452556
43	3734	17	356	712	1068	1424	1781	2137	2493	2849	3205	5465
44	5871	16	356	712	1068	1424	1780	2136	2492	2848	3204	8374
45	8007	15	356	712	1068	1424	1780	2136	2492	2848	3204	7461283
46	6790143	14	356	712	1067	1423	1779	2135	2491	2846	3202	4192
47	2278	13	356	712	1067	1423	1779	2135	2491	2846	3202	7101
48	4413	12	356	711	1067	1422	1778	2134	2489	2845	3200	7470010
49	6547	11	356	711	1067	1422	1778	2134	2489	2845	3200	2919
50	8681	10	356	711	1067	1422	1778	2132	2489	2844	3200	5827
51	6800813	9	356	711	1067	1422	1778	2133	2489	2844	3200	8736
52	2946	8	355	711	1066	1421	1777	2132	2488	2843	3199	7481645
53	5078	7	355	710	1065	1420	1776	2131	2486	2841	3196	4554
54	7209	6	355	710	1065	1420	1775	2130	2485	2840	3195	7463
55	9339	5	355	710	1065	1420	1775	2130	2485	2840	3195	7490372
56	6811469	4	355	710	1065	1420	1775	2130	2485	2840	3195	3281
57	3599	3	355	710	1064	1419	1774	2129	2484	2838	3193	6190
58	5728	2	355	709	1064	1418	1773	2128	2482	2837	3191	9099
59	7856	1	355	709	1064	1418	1773	2128	2482	2837	3191	7502008
60	9984	0	355	709	1064	1418	1773	2127	2482	2836	3191	4916
M.	Cosinc.	M.	10"	20"	30"	40"	50"	60"	70"	80"	90"	Arc.

Arc.

Sec.	Diff.
10	485
20	970
30	1454
40	1939
50	2424
60	2909
70	3394
80	3878
90	4363

47 Degrees.

44   43 Degrees.   Difference for Seconds.

M.	Sine.	M.	10″	20″	30″	40″	50″	60″	70″	80″	90″	Arc.
0	6819984	60	355	709	1064	1418	1773	2127	2482	2836	3191	7504916
1	6822111	59	354	709	1063	1417	1772	2126	2480	2834	3189	7825
2	4237	58	354	709	1063	1417	1772	2126	2480	2834	3189	7510734
3	6363	57	354	708	1063	1417	1772	2126	2480	2834	3189	3643
4	8489	56	354	708	1062	1416	1771	2124	2479	2833	3187	6552
5	6830613	55	354	708	1062	1416	1771	2125	2479	2833	3187	9461
6	2738	54	354	708	1061	1415	1769	2123	2477	2830	3184	7522370
7	4861	53	354	708	1061	1415	1769	2123	2477	2830	3184	5279
8	6984	52	354	708	1061	1415	1769	2123	2477	2830	3184	8188
9	9107	51	354	707	1061	1414	1768	2122	2475	2829	3182	7531097
10	6841229	50	354	707	1061	1414	1768	2121	2475	2828	3182	4005
11	3350	49	354	707	1061	1414	1768	2121	2475	2828	3182	6914
12	5471	48	353	707	1060	1413	1767	2120	2473	2826	3180	9823
13	7591	47	353	707	1060	1413	1767	2120	2473	2826	3180	7542732
14	9711	46	353	706	1059	1412	1766	2119	2472	2825	3178	5641
15	6851830	45	353	706	1059	1412	1765	2118	2471	2824	3177	8550
16	3948	44	353	706	1059	1412	1765	2118	2471	2824	3177	7551459
17	6066	43	353	706	1059	1412	1765	2118	2471	2824	3177	4368
18	8184	42	353	705	1058	1410	1763	2116	2468	2821	3173	7277
19	6860300	41	353	705	1058	1410	1763	2116	2468	2821	3173	7560186
20	2416	40	353	705	1058	1410	1763	2116	2468	2821	3173	3094
21	4532	39	353	705	1058	1410	1763	2115	2468	2820	3173	6003
22	6647	38	352	705	1057	1409	1762	2114	2466	2818	3171	8912
23	8761	37	352	705	1057	1409	1762	2114	2466	2818	3171	7571821
24	6870875	36	352	704	1056	1408	1761	2113	2465	2817	3169	4730
25	2988	35	352	704	1056	1408	1761	2113	2465	2817	3169	7639
26	5101	34	352	704	1056	1408	1760	2112	2464	2816	3168	7580548
27	7213	33	352	704	1056	1408	1760	2112	2464	2816	3168	3457
28	9325	32	352	704	1055	1407	1759	2110	2463	2814	3166	6366
29	6881435	31	352	704	1055	1407	1759	2111	2463	2814	3166	9275
30	3546	30	352	703	1055	1406	1758	2109	2461	2813	3164	7592183
31	5655	29	352	703	1055	1406	1758	2110	2461	2813	3164	5092
32	7765	28	351	703	1054	1405	1757	2108	2459	2810	3162	8001
33	9873	27	351	703	1054	1405	1757	2108	2459	2810	3162	7600910
34	6891981	26	351	703	1054	1405	1757	2108	2459	2810	3162	3819
35	4089	25	351	702	1053	1404	1756	2106	2458	2809	3160	6728
36	6195	24	351	702	1053	1404	1756	2107	2458	2809	3160	9637
37	8302	23	351	702	1052	1403	1754	2105	2456	2807	3158	7612546
38	6900407	22	351	702	1052	1403	1754	2105	2456	2807	3158	5455
39	2512	21	351	702	1052	1403	1754	2105	2456	2807	3158	8364
40	4617	20	351	701	1052	1402	1753	2104	2454	2805	3155	7621271
41	6721	19	351	701	1052	1402	1753	2103	2454	2804	3155	4180
42	8824	18	351	701	1052	1402	1753	2103	2454	2804	3155	7089
43	6910927	17	350	701	1051	1401	1752	2102	2452	2802	3153	9998
44	3029	16	350	701	1051	1401	1752	2102	2452	2802	3153	7632907
45	5131	15	350	700	1050	1400	1751	2101	2451	2801	3151	5816
46	7232	14	350	700	1050	1400	1750	2100	2450	2800	3150	8725
47	9332	13	350	700	1050	1400	1750	2100	2450	2800	3150	7641634
48	6921432	12	350	700	1050	1399	1749	2099	2449	2798	3148	4543
49	3531	11	350	700	1049	1399	1749	2099	2449	2798	3148	7452
50	5630	10	305	799	1049	1398	1748	2098	2447	2797	3146	7650360
51	7728	9	350	799	1049	1398	1748	2097	2447	2796	3146	3269
52	9825	8	350	799	1049	1398	1748	2097	2447	2796	3146	6178
53	6931922	7	349	799	1048	1397	1747	2096	2445	2794	3144	9087
54	4018	6	349	799	1048	1397	1747	2096	2445	2794	3144	7661996
55	6114	5	349	698	1047	1396	1746	2095	2444	2793	3142	4905
56	8209	4	349	698	1047	1396	1746	2095	2444	2793	3142	7814
57	6940304	3	349	698	1047	1396	1745	2094	2443	2792	3141	7670723
58	2398	2	349	698	1046	1395	1744	2093	2442	2790	3139	3632
59	4491	1	349	698	1046	1395	1744	2093	2442	2790	3139	6541
60	6584	0	349	697	1046	1394	1743	2092	2440	2789	3137	9449
M.	Cosine.	M.	10″	20″	30″	40″	50″	60″	70″	80″	90″	Arc.

46 Degrees.

Arc.	
Sec.	Diff.
10	485
20	970
30	1454
40	1939
50	2424
60	2909
70	3394
80	3878
90	4363

44 Degrees. Difference for Seconds. [45

M.	Sine.	M.	10″	20″	30″	40″	50″	60″	70″	80″	90″	Arc.
0	6946584	60	349	697	1046	1394	1743	2092	2440	2789	3137	7679449
1	8676	59	349	697	1046	1394	1743	2091	2440	2788	3137	7682358
2	6950767	58	349	697	1046	1394	1743	2091	2440	2788	3137	5267
3	2858	57	349	697	1046	1394	1743	2091	2440	2788	3137	8176
4	4949	56	348	697	1045	1393	1742	2090	2438	2786	3135	7691085
5	7039	55	348	696	1044	1392	1741	2089	2437	2785	3133	3994
6	9128	54	348	696	1044	1392	1741	2089	2437	2785	3133	6903
7	6961217	53	348	696	1044	1392	1740	2088	2436	2784	3132	9812
8	3305	52	348	696	1043	1391	1739	2087	2435	2782	3130	7702721
9	5392	51	348	696	1043	1391	1739	2087	2435	2782	3130	5630
10	7479	50	348	695	1043	1390	1738	2086	2433	2781	3128	8538
11	9565	49	348	695	1043	1390	1738	2086	2433	2781	3128	7711447
12	6971651	48	348	695	1043	1390	1738	2085	2433	2780	3128	4356
13	3736	47	348	695	1043	1390	1738	2085	2433	2780	3128	7265
14	5821	46	347	695	1042	1389	1737	2084	2431	2778	3126	7720174
15	7905	45	347	694	1041	1388	1736	2083	2430	2777	3124	3083
16	9988	44	347	694	1041	1388	1736	2083	2430	2777	3124	5992
17	6982071	43	347	694	1041	1388	1735	2082	2429	2776	3123	8901
18	4153	42	347	694	1040	1387	1734	2081	2428	2774	3121	7731810
19	6234	41	347	694	1040	1387	1734	2081	2428	2774	3121	4719
20	8315	40	347	694	1040	1387	1734	2081	2428	2774	3121	7627
21	6990396	39	347	693	1040	1386	1733	2080	2426	2773	3119	7740536
22	2476	38	347	693	1040	1386	1733	2079	2426	2772	3119	3445
23	4555	37	346	693	1039	1385	1732	2078	2424	2770	3117	6354
24	6633	36	346	693	1039	1385	1732	2078	2424	2770	3117	9263
25	8711	35	346	693	1039	1385	1732	2078	2424	2770	3117	7752172
26	7000789	34	346	692	1038	1384	1731	2077	2423	2769	3115	5081
27	2866	33	346	692	1038	1384	1730	2076	2422	2768	3114	7990
28	4942	32	346	692	1038	1384	1730	2076	2422	2768	3114	7760899
29	7018	31	346	692	1037	1383	1729	2075	2421	2766	3112	3808
30	9093	30	346	691	1037	1382	1728	2074	2419	2765	3110	6716
31	7011167	29	346	691	1037	1382	1728	2074	2419	2765	3110	9625
32	3241	28	346	691	1037	1382	1728	2073	2419	2764	3110	7772534
33	5314	27	346	691	1037	1382	1728	2073	2419	2764	3110	5443
34	7387	26	345	691	1036	1381	1727	2072	2417	2762	3108	8352
35	9459	25	345	691	1036	1381	1727	2072	2417	2762	3107	7781261
36	7021531	24	345	690	1035	1380	1726	2070	2415	2760	3105	4170
37	3601	23	345	690	1035	1380	1726	2071	2415	2760	3105	7079
38	5672	22	345	690	1035	1380	1725	2069	2415	2760	3105	9988
39	7741	21	345	690	1035	1380	1725	2070	2415	2760	3105	7792897
40	9811	20	345	689	1034	1378	1723	2068	2412	2757	3101	5804
41	7031879	19	345	689	1034	1378	1723	2068	2412	2757	3101	8713
42	3947	18	345	689	1034	1378	1723	2067	2412	2756	3101	7801622
43	6014	17	345	689	1034	1378	1723	2067	2412	2756	3101	4531
44	8081	16	344	689	1033	1377	1722	2066	2410	2754	3099	7440
45	7040147	15	344	688	1033	1377	1722	2066	2410	2754	3099	7810349
46	2213	14	344	688	1032	1376	1721	2065	2409	2753	3097	3258
47	4278	13	344	688	1032	1376	1720	2064	2408	2752	3096	6167
48	6342	12	344	688	1032	1376	1720	2064	2408	2752	3096	9076
49	8406	11	344	688	1031	1375	1719	2063	2407	2750	3094	7821985
50	7050469	10	344	688	1031	1375	1719	2063	2407	2750	3094	4893
51	2532	9	344	687	1031	1374	1718	2062	2405	2749	3092	7802
52	4594	8	344	687	1031	1374	1718	2061	2405	2748	3092	7830711
53	6655	7	344	687	1031	1374	1718	2061	2405	2748	3092	3620
54	8716	6	343	687	1030	1373	1717	2060	2403	2746	3090	6529
55	7060776	5	343	687	1030	1373	1717	2059	2403	2746	3090	9438
56	2835	4	343	686	1029	1372	1716	2059	2402	2745	3088	7842347
57	4894	3	343	686	1029	1372	1716	2059	2402	2745	3088	5256
58	6953	2	343	686	1029	1372	1715	2058	2401	2744	3087	8165
59	9011	1	343	686	1028	1371	1714	2057	2400	2742	3085	7851074
60	7071068	0	343	686	1028	1371	1714	2056	2400	2742	3085	3983
M.	Cosine.	M.	10″	20″	30″	40″	50″	60″	70″	80″	90″	Arc.

Arc.

Sec.	Diff.
10	485
20	970
30	1454
40	1939
50	2424
60	2909
70	3394
80	3878
90	4363

45 Degrees.

45 Degrees.

Difference for Seconds.

M.	Sine.	M.	10"	20"	30"	40"	50"	60"	70"	80"	90"	Arc.
0	7071068	60	343	685	1028	1370	1713	2056	2398	2741	3083	7853982
1	3124	59	343	685	1028	1370	1713	2056	2398	2741	3083	6891
2	5180	58	343	685	1028	1370	1713	2056	2398	2741	3083	9800
3	7236	57	343	685	1028	1370	1713	2055	2398	2740	3083	7862709
4	9291	56	342	685	1027	1369	1712	2054	2396	2738	3081	5618
5	7081345	55	342	684	1026	1368	1711	2053	2395	2737	3079	8527
6	3398	54	342	684	1026	1368	1711	2053	2395	2737	3079	7871436
7	5451	53	342	684	1026	1368	1711	2053	2395	2737	3079	4345
8	7504	52	342	684	1026	1368	1710	2052	2394	2736	3078	7254
9	9556	51	342	684	1025	1367	1709	2051	2393	2734	3076	7880163
10	7091607	50	342	683	1025	1366	1708	2050	2391	2733	3074	3072
11	3657	49	342	683	1025	1366	1708	2050	2391	2733	3074	5981
12	5707	48	342	683	1025	1366	1708	2050	2391	2733	3074	8890
13	7757	47	342	683	1025	1366	1708	2049	2391	2732	3074	7891799
14	9806	46	341	683	1024	1365	1707	2048	2389	2730	3072	4708
15	7101854	45	341	682	1023	1364	1706	2047	2388	2729	3070	7617
16	3901	44	341	682	1023	1364	1706	2047	2388	2729	3070	7900526
17	5948	43	341	682	1023	1364	1706	2047	2388	2729	3070	3435
18	7995	42	341	682	1023	1364	1705	2046	2387	2728	3069	6344
19	7110041	41	341	682	1022	1363	1704	2045	2386	2726	3067	9253
20	2086	40	341	681	1022	1362	1703	2044	2384	2725	3065	7912160
21	4130	39	341	681	1022	1362	1703	2044	2384	2725	3065	5069
22	6174	38	341	681	1022	1362	1703	2044	2384	2725	3065	7978
23	8218	37	341	681	1022	1362	1703	2042	2384	2724	3065	7920887
24	7120260	36	341	681	1022	1362	1703	2043	2384	2724	3065	3796
25	2303	35	340	680	1020	1360	1701	2041	2381	2721	3061	6705
26	4344	34	340	680	1020	1360	1701	2041	2381	2721	3061	9614
27	6385	33	340	680	1020	1360	1701	2041	2381	2721	3061	7932523
28	8426	32	340	680	1019	1359	1699	2039	2379	2718	3058	5432
29	7130465	31	340	680	1019	1359	1699	2039	2379	2718	3058	8341
30	2504	30	340	680	1019	1359	1699	2039	2379	2718	3058	7941249
31	4543	29	340	679	1019	1358	1698	2038	2377	2717	3056	4158
32	6581	28	340	679	1019	1358	1698	2037	2377	2716	3056	7067
33	8618	27	340	679	1019	1358	1698	2037	2377	2716	3056	9976
34	7140655	26	339	679	1018	1357	1697	2036	2375	2714	3054	7952885
35	2691	25	339	679	1018	1357	1697	2036	2375	2714	3054	5794
36	4727	24	339	678	1017	1356	1696	2035	2374	2713	3052	8703
37	6762	23	339	678	1017	1356	1695	2034	2373	2712	3051	7961612
38	8796	22	339	678	1017	1355	1695	2034	2373	2712	3051	4521
39	7150830	21	339	678	1016	1355	1694	2033	2372	2710	3049	7430
40	2863	20	339	677	1016	1354	1693	2032	2370	2709	3047	7970338
41	4895	19	339	677	1016	1354	1693	2032	2370	2709	3047	3247
42	6927	18	339	677	1016	1354	1693	2032	2370	2709	3047	6156
43	8959	17	338	677	1015	1353	1692	2030	2368	2706	3045	9065
44	7160989	16	338	677	1015	1353	1692	2030	2368	2706	3045	7981974
45	3019	15	338	677	1015	1353	1692	2030	2368	2706	3045	4883
46	5049	14	338	676	1014	1352	1691	2029	2367	2705	3043	7792
47	7078	13	338	676	1014	1352	1690	2028	2366	2704	3042	7990701
48	9106	12	338	676	1014	1352	1690	2028	2366	2704	3042	3610
49	7171134	11	338	676	1013	1351	1689	2027	2365	2702	3040	6519
50	3161	10	338	675	1013	1350	1688	2026	2363	2701	3038	9427
51	5187	9	338	675	1013	1350	1688	2026	2363	2701	3038	8002336
52	7213	8	338	675	1013	1350	1688	2025	2363	2700	3038	5245
53	9238	7	338	675	1013	1350	1688	2025	2363	2700	3038	8154
54	7181263	6	337	675	1012	1349	1687	2024	2361	2698	3036	8011063
55	3287	5	337	674	1011	1348	1686	2023	2360	2697	3034	3972
56	5310	4	337	674	1011	1348	1686	2023	2360	2697	3034	6881
57	7333	3	337	674	1011	1348	1685	2022	2359	2696	3033	9790
58	9355	2	337	674	1011	1348	1685	2022	2359	2696	3033	8022699
59	7191377	1	337	674	1010	1347	1684	2021	2358	2694	3031	5608
60	3398	0	337	673	1010	1346	1683	2020	2356	2693	3029	8515
M.	Cosine.	M.	10"	20"	30"	40"	50"	60"	70"	80"	90"	Arc.

Sec.	Arc. Diff.
10	485
20	970
30	1454
40	1939
50	2424
60	2909
70	3394
80	3878
90	4363

44 Degrees.

46 Degrees. Difference for Seconds. [47

M.	Sine.	M.	10"	20"	30"	40"	50"	60"	70"	80"	90"	Arc.
0	7193398	60	337	673	1010	1346	1683	2020	2356	2693	3029	8028515
1	5418	59	337	673	1010	1346	1683	2020	2356	2693	3029	8031424
2	7438	58	337	673	1010	1346	1683	2019	2356	2692	3029	4333
3	9457	57	337	673	1010	1346	1683	2019	2356	2692	3029	7242
4	7201476	56	336	673	1009	1345	1682	2018	2354	2690	3027	8040151
5	3494	55	336	672	1008	1344	1681	2017	2353	2689	3025	3060
6	5511	54	336	672	1008	1344	1681	2017	2353	2689	3025	5969
7	7528	53	336	672	1008	1344	1680	2016	2352	2688	3024	8878
8	9544	52	336	672	1007	1343	1679	2015	2351	2686	3022	8051787
9	7211559	51	336	672	1007	1343	1679	2015	2351	2686	3022	4696
10	3574	50	336	671	1007	1343	1679	2015	2351	2686	3022	7604
11	5589	49	336	671	1007	1342	1678	2013	2349	2684	3020	8060513
12	7602	48	336	671	1007	1342	1678	2013	2349	2684	3020	3422
13	9615	47	336	671	1007	1342	1678	2013	2349	2684	3020	6331
14	7221628	46	335	671	1006	1341	1677	2012	2347	2682	3018	9240
15	3640	45	335	670	1005	1340	1676	2011	2346	2681	3016	8072149
16	5651	44	335	670	1005	1340	1675	2010	2345	2680	3015	5058
17	7661	43	335	670	1005	1340	1675	2010	2345	2680	3015	7967
18	9671	42	335	670	1005	1340	1675	2010	2345	2680	3015	8080876
19	7231681	41	335	670	1004	1339	1674	2009	2344	2678	3013	3785
20	3690	40	335	669	1004	1338	1673	2008	2342	2677	3011	6693
21	5698	39	335	669	1004	1338	1673	2007	2342	2677	3011	9602
22	7705	38	335	669	1004	1338	1673	2007	2342	2677	3011	8092511
23	9712	37	335	669	1004	1338	1673	2007	2342	2677	3011	5420
24	7241719	36	334	668	1002	1336	1671	2005	2339	2673	3007	8329
25	3724	35	334	668	1002	1336	1671	2005	2339	2673	3007	8101238
26	5729	34	334	668	1002	1336	1671	2005	2339	2673	3007	4147
27	7734	33	334	668	1002	1336	1670	2004	2338	2672	3006	7056
28	9738	32	334	668	1001	1335	1669	2003	2337	2670	3004	9965
29	7251741	31	334	668	1001	1335	1669	2003	2337	2670	3004	8112874
30	3744	30	334	667	1001	1334	1668	2002	2335	2669	3002	5782
31	5746	29	334	667	1001	1334	1668	2001	2335	2668	3002	8691
32	7747	28	334	667	1001	1334	1668	2001	2335	2668	3002	8121600
33	9748	27	333	667	1000	1333	1667	2000	2333	2666	3000	4509
34	7261748	26	333	667	1000	1333	1667	2000	2333	2666	3000	7418
35	3748	25	333	666	999	1332	1666	1999	2332	2665	2998	8130327
36	5747	24	333	666	999	1332	1665	1998	2331	2664	2997	3236
37	7745	23	333	666	999	1332	1665	1998	2331	2664	2997	6145
38	9743	22	333	666	998	1331	1664	1997	2330	2662	2995	9054
39	7271740	21	333	665	998	1330	1663	1996	2328	2661	2993	8141963
40	3736	20	333	665	998	1330	1663	1996	2328	2661	2993	4871
41	5732	19	333	665	998	1330	1663	1996	2328	2661	2993	7780
42	7728	18	333	665	997	1329	1662	1994	2326	2658	2991	8150689
43	9722	17	332	665	997	1329	1662	1994	2326	2658	2991	3598
44	7281716	16	332	665	996	1329	1662	1994	2326	2658	2991	6507
45	3710	15	332	664	996	1328	1661	1993	2325	2657	2989	9416
46	5703	14	332	664	996	1328	1660	1992	2324	2656	2988	8162325
47	7695	13	332	664	995	1327	1659	1991	2323	2654	2986	5234
48	9686	12	332	664	995	1327	1659	1991	2323	2654	2986	8143
49	7291677	11	332	664	995	1327	1659	1991	2323	2654	2986	8171052
50	3668	10	332	663	995	1326	1658	1989	2321	2652	2984	3960
51	5657	9	332	663	995	1326	1658	1989	2321	2652	2984	6869
52	7646	8	332	663	995	1326	1658	1989	2321	2652	2984	9778
53	9635	7	331	663	994	1325	1657	1988	2319	2650	2982	8182687
54	7301623	6	331	662	993	1324	1656	1987	2318	2649	2979	5596
55	3610	5	331	662	993	1324	1656	1987	2318	2649	2979	8505
56	5597	4	331	662	993	1324	1655	1986	2317	2648	2979	8191414
57	7583	3	331	662	992	1323	1654	1985	2316	2646	2977	4323
58	9568	2	331	662	992	1323	1654	1985	2316	2646	2977	7232
59	7311553	1	331	661	992	1322	1653	1984	2314	2645	2975	8200141
60	3537	0	331	661	992	1322	1653	1984	2314	2645	2975	3048
M.	Cosine.	M.	10"	20"	30"	40"	50"	60"	70"	80"	90"	Arc.

Sec.	Diff.
10	485
20	970
30	1454
40	1939
50	2424
60	2909
70	3394
80	3878
90	4363

43 Degrees.

47 Degrees.

Difference for Seconds.

M.	Sine.	M.	10"	20"	30"	40"	50"	60"	70"	80"	90"	Arc.
0	7313537	60	331	661	992	1322	1653	1984	2314	2645	2975	8203047
1	5521	59	330	661	991	1321	1652	1982	2313	2643	2974	5956
2	7503	58	330	661	991	1321	1652	1983	2313	2643	2974	8865
3	9486	57	330	661	991	1321	1652	1981	2312	2642	2973	8211774
4	7321467	56	330	661	991	1321	1652	1982	2312	2642	2973	4683
5	3449	55	330	660	990	1320	1650	1980	2310	2640	2970	7592
6	5429	54	330	660	990	1320	1650	1980	2310	2640	2970	8220501
7	7409	53	330	660	989	1319	1649	1979	2309	2638	2968	3410
8	9388	52	330	660	989	1319	1649	1979	2309	2638	2968	6319
9	7331367	51	330	659	989	1318	1648	1978	2307	2667	2966	9228
10	3345	50	330	659	989	1318	1648	1977	2307	2636	2966	8232136
11	5322	49	330	659	989	1318	1648	1977	2307	2636	2966	5045
12	7299	48	329	659	988	1317	1647	1976	2305	2634	2964	7954
13	9275	47	329	658	987	1316	1646	1975	2304	2633	2962	8240863
14	7341250	46	329	658	987	1316	1646	1975	2304	2633	2962	3772
15	3225	45	329	658	987	1316	1645	1974	2303	2632	2961	6681
16	5199	44	329	658	987	1316	1645	1974	2303	2632	2961	9590
17	7173	43	329	658	986	1315	1644	1973	2302	2630	2959	8252499
18	9146	42	329	657	986	1314	1643	1972	2300	2629	2957	5408
19	7351118	41	329	657	986	1314	1643	1972	2300	2629	2957	8317
20	3090	40	329	657	986	1314	1643	1971	2300	2628	2957	8261225
21	5061	39	329	657	986	1314	1643	1971	2300	2628	2957	4134
22	7032	38	328	657	985	1313	1642	1970	2298	2626	2955	7043
23	9002	37	328	656	984	1312	1641	1969	2297	2625	2953	9952
24	7360971	36	328	656	984	1312	1641	1969	2297	2625	2953	8272861
25	2940	35	328	656	984	1312	1640	1968	2296	2624	2952	5770
26	4908	34	328	656	983	1311	1639	1967	2295	2622	2950	8679
27	6875	33	328	656	983	1311	1639	1967	2295	2622	2950	8281588
28	8842	32	328	655	983	1310	1638	1966	2293	2621	2948	4497
29	7370808	31	328	655	983	1310	1638	1965	2293	2620	2948	7406
30	2773	30	328	655	983	1310	1638	1965	2293	2620	2948	8290314
31	4738	29	328	655	983	1310	1638	1965	2293	2620	2948	3223
32	6703	28	327	654	981	1308	1636	1963	2290	2617	2944	6132
33	8666	27	327	654	981	1308	1636	1963	2290	2617	2944	9041
34	7380629	26	327	654	981	1308	1636	1963	2290	2617	2944	8301949
35	2592	25	327	654	981	1308	1635	1961	2289	2616	2943	4858
36	4553	24	327	654	981	1308	1635	1962	2289	2616	2943	7767
37	6515	23	327	653	980	1306	1633	1960	2286	2613	2939	8310676
38	8475	22	327	653	980	1306	1633	1960	2286	2613	2939	3585
39	7390435	21	327	653	980	1306	1633	1959	2286	2612	2939	6494
40	2394	20	327	653	980	1306	1633	1959	2286	2612	2939	9403
41	4353	19	326	653	979	1305	1632	1958	2284	2610	2937	8323312
42	6311	18	326	652	978	1304	1631	1957	2283	2609	2935	5221
43	8268	17	326	652	978	1304	1631	1957	2283	2609	2935	8130
44	7400225	16	326	652	978	1304	1630	1956	2282	2608	2934	8331039
45	2181	15	326	652	978	1304	1630	1956	2282	2608	2934	3948
46	4137	14	326	652	977	1303	1629	1955	2281	2606	2932	6857
47	6092	13	326	651	977	1302	1628	1954	2279	2605	2930	9766
48	8046	12	326	651	977	1302	1628	1954	2279	2605	2930	8342675
49	7410000	11	326	651	977	1302	1628	1953	2279	2604	2930	5584
50	1953	10	325	651	976	1301	1627	1952	2277	2602	2928	8492
51	3905	9	325	651	976	1301	1627	1952	2277	2602	2928	8351401
52	5857	8	325	650	975	1300	1626	1951	2276	2601	2926	4310
53	7808	7	325	650	975	1300	1625	1950	2275	2600	2925	7219
54	9758	6	325	650	975	1300	1625	1950	2275	2600	2925	8360128
55	7421708	5	325	650	975	1300	1625	1950	2275	2600	2925	3037
56	3658	4	325	649	974	1298	1623	1948	2272	2597	2921	5946
57	5606	3	325	649	974	1298	1623	1948	2272	2597	2921	8855
58	7554	2	325	649	974	1298	1623	1948	2272	2597	2921	8371764
59	9502	1	324	649	973	1297	1622	1946	2270	2594	2919	4673
60	7431448	0	324	649	973	1297	1622	1946	2270	2594	2919	7580
M.	Cosine.	M.	10"	20"	30"	40"	50"	60"	70"	80"	90"	Arc.

Arc.

Sec.	Diff.
10	485
20	970
30	1454
40	1939
50	2424
60	2909
70	3394
80	3878
90	4363

42 Degrees.

48 Degrees. Difference for Seconds. [49

M.	Sine.	M.	10"	20"	30"	40"	50"	60"	70"	80"	90"	Arc.
0	7431448	60	324	649	973	1297	1622	1946	2270	2594	2919	8377580
1	3394	59	324	649	973	1297	1622	1946	2270	2594	2919	8380489
2	5340	58	324	648	972	1296	1621	1945	2269	2593	2917	3398
3	7285	57	324	648	972	1296	1620	1944	2268	2592	2916	6307
4	9229	56	324	648	972	1296	1620	1944	2268	2592	2916	9216
5	7441173	55	324	648	971	1295	1619	1942	2266	2590	2913	8392125
6	3115	54	324	648	971	1295	1619	1943	2266	2590	2913	5034
7	5058	53	324	647	971	1294	1618	1941	2265	2589	2912	7943
8	6999	52	324	647	971	1294	1618	1942	2265	2588	2912	8400852
9	8941	51	323	647	970	1293	1617	1940	2263	2586	2910	3761
10	7450881	50	323	647	970	1293	1617	1940	2263	2586	2910	6669
11	2821	49	323	646	969	1292	1616	1939	2262	2585	2908	9578
12	4760	48	323	646	969	1292	1616	1939	2262	2585	2908	8412487
13	6699	47	323	646	969	1292	1615	1937	2261	2584	2907	5396
14	8636	46	323	646	969	1292	1615	1938	2260	2583	2906	8305
15	7460574	45	323	645	968	1290	1613	1936	2259	2582	2904	8421214
16	2510	44	323	645	968	1290	1613	1936	2258	2581	2903	4123
17	4446	43	323	645	968	1290	1613	1936	2258	2581	2903	7032
18	6382	42	323	645	968	1290	1613	1935	2258	2580	2903	9941
19	8317	41	322	645	967	1289	1612	1934	2256	2578	2901	8432850
20	7470251	40	322	644	966	1288	1611	1933	2255	2577	2899	5758
21	2184	39	322	644	966	1288	1611	1933	2255	2577	2899	8667
22	4117	38	322	644	966	1288	1610	1932	2254	2576	2898	8441576
23	6049	37	322	644	966	1288	1610	1932	2254	2576	2898	4485
24	7981	36	322	644	965	1287	1609	1931	2253	2574	2896	7394
25	9912	35	322	643	965	1286	1608	1930	2251	2573	2894	8450303
26	7481842	34	322	643	965	1286	1608	1930	2251	2573	2894	3212
27	3772	33	322	643	965	1286	1608	1929	2251	2572	2894	6121
28	5701	32	321	643	964	1285	1607	1928	2249	2570	2892	9030
29	7629	31	321	643	964	1285	1607	1928	2249	2570	2892	8461939
30	9557	30	321	642	963	1284	1606	1927	2248	2569	2890	4847
31	7491484	29	321	642	963	1284	1606	1927	2248	2569	2890	7756
32	3411	28	321	642	963	1284	1605	1926	2247	2568	2889	8470665
33	5337	27	321	642	962	1283	1604	1925	2246	2566	2887	3574
34	7262	26	321	642	962	1283	1604	1925	2246	2566	2886	6483
35	9187	25	321	641	962	1282	1603	1924	2244	2564	2885	9392
36	7501111	24	321	641	962	1282	1603	1923	2244	2564	2885	8482301
37	3034	23	321	641	962	1282	1603	1923	2244	2564	2885	5210
38	4957	22	320	641	961	1281	1602	1922	2242	2562	2883	8119
39	6879	21	320	640	960	1280	1601	1921	2241	2561	2881	8491028
40	8800	20	320	640	960	1280	1601	1921	2241	2561	2881	3936
41	7510721	19	320	640	960	1280	1600	1920	2240	2560	2880	6845
42	2641	18	320	640	960	1280	1600	1920	2240	2560	2880	9754
43	4561	17	320	640	959	1279	1599	1919	2239	2558	2878	8502663
44	6480	16	320	639	959	1278	1598	1918	2237	2557	2876	5572
45	8398	15	320	639	959	1278	1598	1918	2237	2557	2876	8481
46	7520316	14	320	639	959	1278	1598	1917	2237	2556	2876	8511390
47	2233	13	319	639	958	1277	1597	1916	2235	2554	2874	4299
48	4149	12	319	639	958	1277	1597	1916	2235	2554	2874	7208
49	6065	11	319	638	957	1276	1596	1915	2234	2553	2872	8520117
50	7980	10	319	638	957	1276	1595	1914	2233	2552	2871	3025
51	9894	9	319	638	957	1276	1595	1914	2233	2552	2871	5934
52	7531808	8	319	638	956	1275	1594	1913	2232	2550	2869	8843
53	3721	7	319	638	956	1275	1594	1913	2232	2550	2869	8531752
54	5634	6	319	637	956	1274	1593	1912	2230	2549	2867	4661
55	7546	5	319	637	956	1274	1593	1911	2230	2548	2867	7570
56	9457	4	319	637	956	1274	1593	1911	2230	2548	2867	8540479
57	7541368	3	318	637	955	1273	1592	1910	2228	2546	2865	3388
58	3278	2	318	636	954	1272	1591	1909	2227	2545	2863	6297
59	5187	1	318	636	954	1272	1591	1909	2227	2545	2863	9106
60	7096	0	318	636	954	1272	1590	1908	2226	2544	2862	8552113
M.	Cosine.	M.	10"	20"	30"	40"	50"	60"	70"	80"	90"	Arc.

Sec.	Diff.
10	485
20	970
30	1454
40	1939
50	2424
60	2909
70	3394
80	3878
90	4363

41 Degrees.

[50

49 Degrees.

Difference for Seconds.

M.	Sine.	M.	10"	20"	30"	40"	50"	60"	70"	80"	90"	Arc.
0	7547096	60	318	636	954	1272	1590	1908	2226	2544	2862	8552113
1	9004	59	318	636	953	1271	1589	1907	2225	2542	2860	5022
2	7550911	58	318	636	953	1271	1589	1907	2225	2542	2860	7931
3	2818	57	318	635	953	1270	1588	1906	2223	2541	2858	8560840
4	4724	56	318	635	953	1270	1588	1906	2223	2541	2858	3749
5	6630	55	318	635	953	1270	1588	1905	2223	2540	2858	6658
6	8535	54	317	635	952	1269	1587	1904	2221	2538	2856	9567
7	7560439	53	317	635	952	1269	1587	1904	2221	2538	2856	8572476
8	2343	52	317	634	951	1268	1586	1903	2220	2537	2854	5385
9	4246	51	317	634	951	1268	1585	1902	2219	2536	2853	8294
10	6148	50	317	634	951	1268	1585	1902	2219	2536	2853	8581203
11	8050	49	317	634	950	1267	1584	1901	2218	2534	2851	4111
12	9951	48	317	633	950	1266	1583	1900	2216	2533	2849	7020
13	7571851	47	317	633	950	1266	1583	1900	2216	2533	2849	9929
14	3751	46	317	633	950	1266	1583	1899	2216	2532	2849	8592838
15	5650	45	316	633	949	1265	1582	1898	2214	2530	2847	5747
16	7548	44	316	633	949	1265	1582	1898	2214	2530	2847	8656
17	9446	43	316	632	948	1264	1581	1897	2213	2529	2845	8601565
18	7581343	42	316	632	948	1264	1581	1897	2213	2529	2845	4474
19	3240	41	316	632	948	1264	1580	1896	2212	2528	2844	7383
20	5136	40	316	632	947	1263	1579	1895	2211	2526	2842	8610291
21	7031	39	316	632	947	1263	1579	1895	2211	2526	2842	3200
22	8926	38	316	631	947	1262	1578	1894	2209	2525	2840	6109
23	7590820	37	316	631	947	1262	1578	1893	2209	2524	2840	9018
24	2713	36	316	631	947	1262	1578	1893	2209	2524	2840	8621927
25	4606	35	315	631	946	1261	1577	1892	2207	2522	2838	4836
26	6498	34	315	630	945	1260	1576	1891	2206	2521	2836	7745
27	8389	33	315	630	945	1260	1576	1891	2206	2521	2836	8630654
28	7600280	32	315	630	945	1260	1575	1890	2205	2520	2835	3563
29	2170	31	315	630	945	1260	1575	1890	2205	2520	2835	6472
30	4060	30	315	630	944	1259	1574	1889	2204	2518	2833	9380
31	5949	29	315	629	944	1258	1573	1888	2202	2517	2831	8642289
32	7837	28	315	629	944	1258	1573	1887	2202	2516	2831	5198
33	9724	27	315	629	944	1258	1573	1887	2202	2516	2831	8107
34	7611611	26	314	629	943	1257	1572	1886	2200	2514	2829	8651016
35	3497	25	314	629	943	1257	1572	1886	2200	2514	2829	3925
36	5383	24	314	628	942	1256	1571	1885	2199	2513	2827	6834
37	7258	23	314	628	942	1256	1570	1884	2198	2512	2826	9743
38	9152	22	314	628	942	1256	1570	1884	2198	2512	2826	8662652
39	7621036	21	314	628	941	1255	1569	1883	2197	2510	2824	5561
40	2919	20	314	628	941	1255	1569	1883	2197	2510	2824	8469
41	4802	19	314	627	941	1254	1568	1881	2195	2508	2822	8671378
42	6683	18	314	627	941	1254	1568	1881	2195	2508	2822	4287
43	8564	17	314	627	941	1254	1568	1881	2195	2508	2822	7196
44	7630445	16	313	627	940	1253	1567	1880	2193	2506	2820	8680105
45	2325	15	313	626	939	1252	1566	1879	2192	2505	2818	3014
46	4204	14	313	626	939	1252	1565	1878	2191	2504	2817	5923
47	6082	13	313	626	939	1252	1565	1878	2191	2504	2817	8832
48	7960	12	313	626	939	1252	1565	1878	2191	2504	2817	8691741
49	9838	11	313	625	938	1250	1563	1876	2188	2501	2813	4650
50	7641714	10	313	625	938	1250	1563	1876	2188	2501	2813	7558
51	3590	9	313	625	938	1250	1563	1875	2188	2500	2813	8700467
52	5465	8	313	625	938	1250	1563	1875	2188	2500	2813	3376
53	7340	7	312	625	937	1249	1562	1874	2186	2498	2811	6285
54	9214	6	312	624	936	1248	1561	1873	2185	2497	2809	9194
55	7651087	5	312	624	936	1248	1561	1873	2185	2497	2809	8712103
56	2960	4	312	624	936	1248	1560	1872	2184	2496	2808	5012
57	4832	3	312	624	936	1248	1560	1872	2184	2496	2808	7921
58	6704	2	312	623	935	1246	1558	1870	2181	2493	2804	8720830
59	8574	1	312	623	935	1246	1558	1870	2181	2493	2804	3738
60	7660444	0	312	623	935	1246	1558	1870	2181	2493	2804	6646
M.	Cosine.	M.	10"	20"	30"	40"	50"	60"	70"	80"	90"	Arc.

	Arc.
Sec.	Diff.
10	485
20	970
30	1454
40	1939
50	2424
60	2909
70	3394
80	3878
90	4363

40 Degrees.

50 Degrees. Difference for Seconds. [51

M.	Sine.	M.	10″	20″	30″	40″	50″	60″	70″	80″	90″	Arc.
0	7660444	60	312	623	935	1246	1558	1870	2181	2493	2804	8726646
1	2314	59	312	623	935	1246	1558	1869	2181	2492	2804	9555
2	4183	58	311	623	934	1245	1557	1868	2179	2490	2802	8732464
3	6051	57	311	622	933	1244	1556	1867	2178	2489	2800	5373
4	7918	56	311	622	933	1244	1556	1867	2178	2489	2800	8282
5	9785	55	311	622	933	1244	1556	1867	2178	2489	2800	8741191
6	7671652	54	311	622	932	1243	1554	1865	2176	2486	2797	4100
7	3517	53	311	622	932	1243	1554	1865	2176	2486	2797	7009
8	5382	52	311	621	932	1242	1553	1864	2174	2485	2795	9918
9	7246	51	311	621	932	1242	1553	1864	2174	2485	2795	8755827
10	9110	50	311	621	932	1242	1553	1863	2174	2484	2795	5735
11	7680973	49	310	621	931	1241	1552	1862	2172	2482	2793	8644
12	2835	48	310	621	931	1241	1552	1862	2172	2482	2793	8761553
13	4697	47	310	620	930	1240	1551	1861	2171	2481	2791	4462
14	6558	46	310	620	930	1240	1550	1860	2170	2480	2790	7371
15	8418	45	310	620	930	1240	1550	1860	2170	2480	2790	8770280
16	7690278	44	310	620	929	1239	1549	1859	2169	2478	2788	3189
17	2137	43	310	620	929	1239	1549	1859	2169	2478	2788	6098
18	3996	42	310	619	929	1238	1548	1857	2167	2476	2786	9007
19	5853	41	310	619	929	1238	1548	1857	2167	2476	2786	8781916
20	7710	40	310	619	929	1238	1548	1857	2167	2476	2786	4824
21	9567	39	309	619	928	1237	1547	1856	2165	2474	2784	7733
22	7701423	38	309	618	927	1236	1546	1855	2164	2473	2782	8790642
23	3278	37	309	618	927	1236	1545	1854	2163	2472	2781	3551
24	5132	36	309	618	927	1236	1545	1854	2163	2472	2781	6460
25	6986	35	309	618	927	1236	1545	1854	2163	2472	2781	9369
26	8840	34	309	617	926	1234	1543	1852	2160	2469	2777	8802278
27	7710692	33	309	617	926	1234	1543	1852	2160	2469	2777	5187
28	2544	32	309	617	926	1234	1543	1851	2160	2468	2777	8096
29	4395	31	309	617	926	1234	1543	1851	2160	2468	2777	8811005
30	6246	30	308	617	925	1233	1542	1850	2158	2466	2775	3913
31	8096	29	308	616	924	1232	1541	1849	2157	2465	2773	6822
32	9945	28	308	616	924	1232	1541	1849	2157	2465	2773	9731
33	7721794	27	308	616	924	1232	1540	1848	2156	2464	2772	8822640
34	3642	26	308	616	923	1231	1539	1847	2155	2462	2770	5549
35	5489	25	308	616	923	1231	1539	1847	2155	2462	2770	8458
36	7336	24	308	615	923	1230	1538	1846	2153	2461	2768	8831367
37	9182	23	308	615	923	1230	1538	1845	2153	2460	2768	4276
38	7731027	22	308	615	923	1230	1538	1845	2153	2460	2768	7185
39	2872	21	307	615	922	1229	1537	1844	2151	2458	2766	8840094
40	4716	20	307	614	921	1228	1536	1843	2150	2457	2764	3002
41	6559	19	307	614	921	1228	1536	1843	2150	2457	2764	5911
42	8402	18	307	614	921	1228	1535	1842	2149	2456	2763	8820
43	7740244	17	307	614	921	1228	1535	1842	2149	2456	2763	8851729
44	2086	16	307	614	920	1227	1534	1840	2146	2453	2759	4638
45	3926	15	307	613	920	1226	1533	1841	2146	2453	2759	7547
46	5767	14	307	613	920	1226	1533	1839	2146	2452	2759	8860456
47	7606	13	307	613	920	1226	1533	1839	2146	2452	2759	3365
48	9445	12	306	613	919	1225	1532	1838	2144	2450	2757	6274
49	7751283	11	306	613	919	1225	1532	1838	2144	2450	2757	9183
50	3121	10	306	612	918	1224	1530	1836	2142	2448	2754	8872091
51	4957	9	306	612	918	1224	1530	1837	2142	2448	2754	5000
52	6794	8	306	612	917	1223	1529	1835	2141	2446	2751	7909
53	8629	7	306	612	917	1223	1529	1835	2141	2446	2751	8880818
54	7760464	6	306	611	917	1222	1528	1834	2139	2445	2750	3727
55	2298	5	306	611	917	1222	1528	1834	2139	2445	2750	6636
56	4132	4	306	611	917	1222	1528	1833	2139	2444	2750	9545
57	5965	3	305	611	916	1221	1527	1832	2137	2442	2748	8892454
58	7797	2	305	611	916	1221	1527	1832	2137	2442	2748	5363
59	9629	1	305	610	915	1220	1526	1831	2136	2441	2746	8272
60	7771460	0	305	610	915	1220	1525	1830	2135	2440	2745	8901179
M.	Cosine.	M.	10″	20″	30″	40″	50″	60″	70″	80″	90″	Arc.

Arc.

Sec.	Diff.
10	485
20	970
30	1454
40	1939
50	2424
60	2909
70	3394
80	3878
90	4363

39 Degrees.

51 Degrees.

Difference for Seconds.

M.	Sine.	M.	10″	20″	30″	40″	50″	60″	70″	80″	90″	Arc.
0	7771460	60	305	610	915	1220	1525	1830	2135	2440	2745	8901179
1	3290	59	305	610	915	1220	1525	1830	2135	2440	2745	4088
2	5120	58	305	610	914	1219	1524	1829	2134	2438	2743	6997
3	6949	57	305	609	914	1218	1523	1828	2132	2437	2741	9906
4	8777	56	305	609	914	1218	1523	1827	2132	2436	2741	8912815
5	7780604	55	305	609	914	1218	1523	1827	2132	2436	2741	5724
6	2431	54	305	609	914	1218	1523	1827	2132	2436	2741	8633
7	4258	53	304	609	913	1217	1522	1826	2130	2434	2739	8921542
8	6084	52	304	608	912	1216	1521	1825	2129	2433	2737	4451
9	7909	51	304	608	912	1216	1520	1824	2128	2432	2736	7360
10	9733	50	304	608	912	1216	1520	1824	2128	2432	2736	8930268
11	7791557	49	304	608	911	1215	1519	1823	2127	2430	2734	3177
12	3380	48	304	607	911	1214	1518	1822	2125	2429	2732	6086
13	5202	47	304	607	911	1214	1518	1822	2125	2429	2732	8995
14	7024	46	304	607	911	1214	1518	1821	2125	2428	2732	8941904
15	8845	45	303	607	910	1213	1517	1820	2123	2426	2730	4813
16	7800665	44	303	607	910	1213	1517	1820	2123	2426	2730	7722
17	2485	43	303	606	909	1212	1516	1819	2122	2425	2728	8950631
18	4304	42	303	606	909	1212	1516	1819	2122	2425	2728	3540
19	6123	41	303	606	908	1211	1514	1817	2120	2422	2725	6449
20	7940	40	303	606	908	1211	1514	1817	2120	2422	2725	9357
21	9757	39	303	606	908	1211	1514	1817	2120	2422	2725	8962266
22	7811574	38	303	605	908	1210	1513	1816	2118	2421	2723	5175
23	3390	37	303	605	908	1210	1513	1815	2118	2420	2723	8084
24	5205	36	302	605	907	1209	1512	1814	2116	2418	2721	8970993
25	7019	35	302	605	907	1209	1512	1814	2116	2418	2721	3902
26	8833	34	302	604	906	1208	1511	1813	2115	2417	2719	6811
27	7820646	33	302	604	906	1208	1511	1813	2115	2417	2719	9720
28	2459	32	302	604	906	1208	1510	1811	2114	2416	2718	8982629
29	4270	31	302	604	906	1208	1510	1812	2114	2416	2718	5538
30	6082	30	302	603	905	1206	1508	1810	2111	2413	2714	8447
31	7892	29	302	603	905	1206	1508	1810	2111	2413	2714	8991356
32	9702	28	302	603	905	1206	1508	1809	2111	2412	2714	4265
33	7831511	27	302	603	905	1206	1508	1809	2111	2412	2714	7174
34	3320	26	301	602	903	1204	1506	1807	2108	2409	2710	9000083
35	5127	25	301	602	903	1204	1506	1808	2108	2409	2710	2992
36	6935	24	301	602	903	1204	1505	1806	2107	2408	2709	5901
37	8741	23	301	602	903	1204	1505	1806	2107	2408	2709	8810
38	7840547	22	301	602	902	1203	1504	1805	2106	2406	2707	9011718
39	2352	21	301	602	902	1203	1504	1805	2106	2406	2707	4627
40	4157	20	301	601	902	1202	1503	1804	2104	2405	2705	7536
41	5961	19	300	601	902	1202	1503	1803	2104	2404	2705	9020445
42	7764	18	300	601	901	1201	1502	1802	2102	2402	2703	3354
43	9566	17	300	601	901	1201	1502	1802	2102	2402	2703	6263
44	7851368	16	300	600	900	1200	1501	1801	2101	2401	2701	9172
45	3169	15	300	600	900	1200	1501	1801	2101	2401	2701	9032081
46	4970	14	300	600	900	1200	1500	1800	2100	2400	2700	4990
47	6770	13	300	600	899	1199	1499	1799	2099	2398	2698	7899
48	8569	12	300	599	899	1198	1498	1798	2097	2397	2696	9040808
49	7860367	11	300	599	899	1198	1498	1798	2097	2397	2696	3717
50	2165	10	300	599	899	1198	1498	1798	2097	2397	2696	6625
51	3963	9	299	599	898	1197	1497	1796	2095	2394	2694	9534
52	5759	8	299	599	898	1197	1497	1796	2095	2394	2694	9052443
53	7555	7	299	598	897	1196	1496	1795	2094	2393	2692	5352
54	9350	6	299	598	897	1196	1496	1795	2094	2393	2692	8261
55	7871145	5	299	598	896	1195	1494	1794	2093	2392	2691	9061170
56	2939	4	299	598	896	1195	1494	1793	2092	2390	2689	4079
57	4732	3	299	598	896	1194	1493	1792	2090	2389	2687	6988
58	6524	2	299	598	896	1194	1493	1792	2090	2389	2687	9897
59	8316	1	299	598	895	1194	1493	1792	2090	2389	2687	9072806
60	7880108	0	299	598	895	1193	1492	1790	2088	2386	2685	5713
M.	Cosine.	M.	10″	20″	30″	40″	50″	60″	70″	80″	90″	Arc.

Arc.	
Sec.	Diff.
10	485
20	970
30	1454
40	1939
50	2424
60	2909
70	3394
80	3878
90	4363

38 Degrees.

52 Degrees.   Difference for Seconds.   [53

M.	Sine.	M.	10"	20"	30"	40"	50"	60"	70"	80"	90"	Arc.
0	7380108	60	298	597	895	1193	1492	1790	2088	2386	2685	9075712
1	1898	59	298	597	895	1193	1492	1790	2088	2386	2685	8621
2	3688	58	298	596	895	1193	1491	1789	2087	2386	2684	9081530
3	5477	57	298	596	895	1193	1491	1789	2087	2386	2684	4439
4	7266	56	298	596	894	1192	1490	1788	2086	2384	2682	7348
5	9054	55	298	596	894	1192	1490	1787	2085	2383	2681	9090257
6	7890841	54	298	595	893	1191	1489	1786	2084	2382	2679	3166
7	2627	53	298	595	893	1191	1489	1786	2084	2382	2679	6075
8	4413	52	298	595	893	1190	1488	1785	2083	2380	2678	8984
9	6198	51	298	595	893	1190	1488	1785	2083	2380	2678	9101893
10	7983	50	297	595	892	1190	1487	1784	2082	2379	2677	4801
11	9767	49	297	594	891	1188	1486	1783	2080	2377	2674	7710
12	7901550	48	297	594	891	1188	1486	1783	2080	2377	2674	9110619
13	3333	47	297	594	891	1188	1485	1782	2079	2376	2673	3528
14	5115	46	297	594	890	1187	1484	1781	2078	2374	2671	6437
15	6896	45	297	593	890	1187	1484	1780	2077	2374	2670	9346
16	8676	44	297	593	890	1187	1484	1780	2077	2374	2670	9122255
17	7910456	43	297	593	890	1186	1483	1779	2076	2372	2669	5164
18	2235	42	297	593	890	1186	1483	1779	2076	2372	2669	8073
19	4014	41	296	593	889	1185	1482	1778	2074	2370	2667	9130982
20	5792	40	296	592	888	1184	1481	1777	2073	2369	2665	3890
21	7569	39	296	592	888	1184	1480	1776	2072	2368	2664	6799
22	9345	38	296	592	888	1184	1480	1776	2072	2368	2664	9708
23	7921121	37	296	592	887	1183	1479	1775	2071	2366	2662	9142617
24	2896	36	296	592	887	1183	1479	1775	2071	2366	2662	5526
25	4671	35	295	591	887	1182	1478	1774	2070	2365	2661	8435
26	6445	34	296	591	887	1182	1478	1773	2069	2364	2660	9151344
27	8218	33	295	591	886	1182	1477	1772	2068	2363	2659	4253
28	9990	32	295	591	886	1182	1477	1772	2068	2363	2659	7162
29	7931762	31	295	590	885	1181	1476	1771	2066	2362	2657	9160071
30	3533	30	295	590	885	1181	1476	1771	2066	2362	2657	2978
31	5304	29	295	590	885	1180	1475	1770	2065	2360	2655	5887
32	7074	28	295	590	884	1179	1474	1769	2064	2358	2653	8796
33	8843	27	295	589	884	1178	1473	1768	2062	2357	2651	9171705
34	7940611	26	295	589	884	1178	1473	1768	2062	2357	2651	4614
35	2379	25	295	589	884	1178	1473	1767	2062	2356	2651	7523
36	4146	24	295	589	884	1178	1473	1767	2062	2356	2651	9180432
37	5913	23	294	589	883	1177	1472	1765	2060	2354	2649	3341
38	7678	22	294	588	882	1176	1471	1766	2059	2353	2647	6250
39	9444	21	294	588	882	1176	1470	1764	2058	2352	2646	9159
40	7951208	20	294	588	882	1176	1470	1764	2058	2352	2646	9192067
41	2972	19	294	588	881	1175	1469	1763	2057	2350	2644	4976
42	4735	18	294	587	881	1174	1468	1762	2055	2349	2642	7885
43	6497	17	294	587	881	1174	1468	1762	2055	2349	2642	9200794
44	8259	16	294	587	881	1174	1468	1761	2055	2348	2642	3703
45	7960020	15	293	587	880	1173	1467	1760	2053	2346	2641	6612
46	1780	14	293	587	880	1173	1467	1760	2053	2346	2641	9521
47	3540	13	293	586	879	1172	1466	1759	2052	2345	2638	9212430
48	5299	12	293	586	879	1172	1466	1759	2052	2345	2638	5339
49	7058	11	293	586	878	1171	1464	1757	2050	2342	2635	8248
50	8815	10	293	586	878	1171	1464	1757	2050	2342	2635	9221156
51	7970572	9	293	586	878	1171	1464	1757	2050	2342	2635	4065
52	2329	8	293	585	878	1170	1463	1755	2048	2340	2633	6974
53	4084	7	293	585	878	1170	1463	1755	2048	2340	2633	9883
54	5839	6	293	585	878	1170	1463	1755	2048	2340	2633	9232792
55	7594	5	292	584	876	1168	1461	1753	2045	2337	2629	5701
56	9347	4	292	584	876	1168	1461	1753	2045	2337	2629	8610
57	7981100	3	292	584	876	1168	1461	1753	2045	2337	2629	9241519
58	2853	2	292	584	875	1167	1459	1751	2043	2335	2627	4428
59	4604	1	292	584	875	1167	1459	1751	2043	2334	2627	7337
60	6355	0	292	583	875	1166	1458	1750	2041	2333	2625	9250245
M.	Cosine.	M	10"	20"	30"	40"	50"	60"	70"	80"	90"	Arc.

37 Degrees.

Arc.	
Sec.	Diff.
10	485
20	970
30	1454
40	1939
50	2424
60	2909
70	3394
80	3878
90	4363

54] 53 Degrees. Difference for Seconds.

M.	Sine.	M.	10"	20"	30"	40"	50"	60"	70"	80"	90"	Arc.
0	7986355	60	292	583	875	1166	1458	1750	2041	2333	2624	9250245
1	8105	59	292	583	875	1166	1458	1750	2041	2333	2624	3154
2	9855	58	292	583	875	1166	1458	1749	2041	2332	2624	6063
3	7991604	57	291	583	874	1165	1457	1748	2039	2330	2622	8972
4	3352	56	291	583	874	1165	1457	1748	2039	2330	2622	9261881
5	5100	55	291	582	874	1164	1456	1747	2038	2329	2620	4790
6	6847	54	291	582	873	1164	1455	1746	2037	2328	2619	7699
7	8593	53	291	582	873	1163	1454	1745	2036	2326	2617	9270608
8	8000338	52	291	582	873	1163	1454	1745	2036	2326	2617	3517
9	2083	51	291	581	872	1162	1453	1744	2034	2325	2615	6426
10	3827	50	291	581	872	1162	1453	1744	2034	2325	2615	9334
11	5571	49	291	581	872	1162	1453	1743	2034	2324	2615	9282243
12	7314	48	290	581	871	1160	1452	1742	2033	2323	2614	5152
13	9056	47	290	580	871	1160	1451	1741	2031	2321	2611	8061
14	8010797	46	290	580	870	1160	1451	1741	2031	2321	2611	9290970
15	2538	45	290	580	870	1160	1450	1740	2030	2320	2610	3879
16	4278	44	290	580	869	1160	1450	1740	2030	2320	2610	6788
17	6018	43	290	580	869	1159	1449	1738	2029	2318	2608	9697
18	7756	42	290	580	869	1159	1449	1739	2029	2318	2608	9302606
19	9495	41	289	579	869	1158	1448	1737	2027	2316	2606	5515
20	8021232	40	289	579	868	1158	1448	1737	2027	2316	2606	8423
21	2969	39	289	579	867	1157	1447	1736	2025	2314	2604	9311332
22	4705	38	289	579	867	1156	1446	1735	2024	2313	2602	4241
23	6440	37	289	578	867	1156	1446	1735	2024	2313	2602	7150
24	8175	36	289	578	867	1156	1445	1734	2023	2312	2601	9320059
25	9909	35	289	578	866	1155	1444	1733	2022	2310	2599	2968
26	8031642	34	289	578	866	1155	1444	1733	2022	2310	2599	5877
27	3375	33	289	577	866	1154	1443	1732	2020	2309	2597	8786
28	5107	32	289	577	866	1154	1443	1731	2020	2308	2597	9331695
29	6838	31	289	577	866	1154	1443	1731	2020	2308	2597	4604
30	8569	30	288	577	865	1153	1442	1730	2018	2306	2595	7512
31	8040299	29	288	576	864	1152	1441	1729	2017	2305	2593	9340421
32	2028	28	288	576	864	1152	1440	1728	2016	2304	2592	3330
33	3756	27	288	576	864	1152	1440	1728	2016	2304	2592	6239
34	5484	26	288	576	863	1151	1439	1727	2015	2302	2590	9148
35	7211	25	288	576	863	1151	1439	1727	2015	2302	2590	9352057
36	8938	24	288	575	863	1150	1438	1726	2013	2301	2588	4966
37	8050664	23	288	575	863	1150	1438	1725	2013	2300	2588	7875
38	2389	22	287	575	862	1149	1437	1724	2011	2298	2586	9360784
39	4113	21	287	575	862	1149	1437	1724	2011	2298	2586	3693
40	5837	20	287	575	861	1148	1436	1723	2010	2297	2584	6601
41	7560	19	287	574	861	1148	1436	1723	2010	2297	2584	9510
42	9283	18	287	574	861	1148	1435	1722	2009	2296	2583	9372419
43	8061005	17	287	574	860	1148	1434	1721	2008	2294	2581	5328
44	2726	16	287	574	860	1146	1433	1720	2006	2293	2579	8237
45	4446	15	287	573	860	1146	1433	1720	2006	2293	2579	9381146
46	6166	14	287	573	860	1146	1433	1719	2006	2292	2579	4055
47	7885	13	286	573	859	1145	1432	1718	2004	2290	2577	6964
48	9603	12	286	573	859	1145	1432	1718	2004	2290	2577	9873
49	8071321	11	286	572	858	1144	1431	1717	2003	2289	2575	9392782
50	3038	10	286	572	858	1144	1430	1716	2002	2288	2574	5690
51	4754	9	286	572	858	1144	1430	1716	2002	2288	2574	8599
52	6470	8	286	572	857	1143	1429	1715	2001	2286	2572	9401508
53	8185	7	286	571	857	1142	1428	1714	1999	2285	2570	4417
54	9899	6	286	571	857	1142	1428	1713	1999	2284	2570	7326
55	8081612	5	286	571	857	1142	1428	1713	1999	2284	2570	9410235
56	3325	4	285	571	856	1141	1427	1712	1997	2282	2568	3144
57	5037	3	285	571	856	1141	1427	1712	1997	2282	2568	6053
58	6749	2	285	570	855	1140	1426	1711	1996	2281	2566	8962
59	8460	1	285	570	855	1140	1425	1710	1995	2280	2565	9421870
60	8090170	0	285	570	855	1139	1425	1709	1994	2278	2563	4778
M.	Cosinc.	M.	10"	20"	30"	40"	50"	60"	70"	80"	90"	Arc.

Arc.

Sec.	Diff.
10	485
20	970
30	1454
40	1939
50	2424
60	2909
70	3394
80	3878
90	4363

36 Degrees.

54 Degrees. Difference for Seconds.

M.	Sine.	M.	10″	20″	30″	40″	50″	60″	70″	80″	90″	Arc.
0	8090170	60	285	570	854	1139	1424	1709	1994	2278	2563	9424778
1	1879	59	285	570	854	1139	1424	1709	1994	2278	2563	7687
2	3588	58	285	569	854	1138	1423	1708	1992	2277	2561	9430596
3	5296	57	285	569	854	1138	1423	1708	1992	2277	2561	3505
4	7004	56	284	569	853	1137	1422	1706	1990	2274	2559	6414
5	8710	55	284	569	853	1137	1422	1706	1990	2274	2559	9323
6	8100416	54	284	569	853	1137	1422	1706	1990	2274	2559	9442232
7	2122	53	284	568	852	1136	1420	1704	1988	2272	2556	5141
8	3826	52	284	568	852	1136	1420	1704	1988	2272	2556	8050
9	5530	51	284	568	852	1136	1420	1704	1988	2272	2556	9450959
10	7234	50	284	567	851	1134	1418	1702	1985	2269	2552	3867
11	8936	49	284	567	851	1134	1418	1702	1985	2269	2552	6776
12	8110638	48	283	567	851	1134	1418	1701	1985	2268	2552	9685
13	2339	47	283	567	851	1134	1418	1701	1985	2268	2552	9462594
14	4040	46	283	567	850	1133	1417	1700	1983	2266	2550	5503
15	5740	45	283	566	849	1132	1416	1699	1982	2265	2548	8412
16	7439	44	283	566	849	1132	1415	1698	1981	2264	2547	9471321
17	9137	43	283	566	849	1132	1415	1698	1981	2264	2547	4230
18	8120835	42	283	566	848	1131	1414	1697	1980	2262	2545	7139
19	2532	41	283	566	848	1131	1414	1697	1980	2262	2545	9480048
20	4229	40	283	565	848	1130	1413	1696	1978	2260	2543	2956
21	5925	39	283	565	848	1130	1413	1695	1978	2260	2543	5865
22	7620	38	282	565	847	1129	1412	1694	1976	2258	2541	8774
23	9314	37	282	565	847	1129	1412	1694	1976	2258	2541	9491683
24	8131008	36	282	564	846	1128	1411	1693	1975	2257	2539	4592
25	2701	35	282	564	846	1128	1410	1692	1974	2256	2538	7501
26	4393	34	282	564	845	1127	1409	1691	1973	2254	2536	9500410
27	6084	33	282	564	845	1127	1409	1691	1973	2254	2536	3319
28	7775	32	282	564	845	1127	1409	1691	1973	2254	2536	6228
29	9466	31	282	563	845	1126	1408	1689	1971	2252	2534	9137
30	8141155	30	282	563	845	1126	1408	1689	1971	2252	2534	9512045
31	2844	29	281	563	844	1125	1407	1688	1969	2250	2532	4954
32	4532	28	281	563	844	1125	1407	1688	1969	2250	2532	7863
33	6220	27	281	562	843	1124	1406	1687	1968	2249	2530	9520772
34	7906	26	281	562	843	1124	1406	1687	1968	2249	2530	3681
35	9593	25	281	562	842	1123	1404	1685	1966	2246	2527	6590
36	8151278	24	281	562	842	1123	1404	1685	1966	2246	2527	9499
37	2963	23	281	561	842	1122	1403	1684	1964	2245	2525	9532408
38	4647	22	281	561	842	1122	1403	1683	1964	2244	2525	5317
39	6330	21	281	561	842	1122	1403	1683	1964	2244	2525	8226
40	8013	20	280	561	841	1121	1402	1682	1962	2242	2523	9541134
41	9695	19	280	560	840	1120	1401	1681	1961	2241	2521	4043
42	8161376	18	280	560	840	1120	1400	1680	1960	2240	2520	6952
43	3056	17	280	560	840	1120	1400	1680	1960	2240	2520	9861
44	4736	16	280	560	840	1120	1400	1680	1960	2240	2520	9552770
45	6416	15	280	559	839	1118	1398	1678	1957	2237	2516	5679
46	8094	14	280	559	839	1118	1398	1678	1957	2237	2516	8588
47	9772	13	280	559	839	1118	1398	1677	1957	2236	2516	9561497
48	8171449	12	279	559	838	1117	1397	1676	1955	2234	2514	4406
49	3125	11	279	559	838	1117	1397	1676	1955	2234	2514	7315
50	4801	10	279	558	837	1116	1396	1675	1954	2233	2512	9570223
51	6476	9	279	558	837	1116	1396	1675	1954	2233	2512	3132
52	8151	8	279	558	836	1115	1394	1673	1952	2230	2509	6041
53	9824	7	279	558	836	1115	1394	1673	1952	2230	2509	8950
54	8181497	6	279	557	836	1114	1393	1672	1950	2229	2507	9581859
55	3169	5	279	557	836	1114	1393	1672	1950	2229	2507	4767
56	4841	4	279	557	836	1114	1393	1671	1950	2228	2507	7676
57	6512	3	278	·557	835	1113	1392	1670	1948	2226	2505	9590585
58	8182	2	278	557	835	1113	1392	1670	1948	2226	2505	3494
59	9852	1	278	556	834	1112	1391	1668	1947	2225	2503	6402
60	8191520	0	278	556	834	1112	1391	1669	1947	2225	2503	9599311
M.	Cosine.	M.	10″	20″	30″	40″	50″	60″	70″	80″	90″	Arc.

35 Degrees.

Arc.

Sec.	Diff.
10	485
20	970
30	1454
40	1939
50	2424
60	2909
70	3394
80	3878
90	4363

55 Degrees. Difference for Seconds.

M.	Sine.	M.	10"	20"	30"	40"	50"	60"	70"	80"	90"	Arc.
0	8191520	60	278	556	834	1112	1391	1669	1947	2225	2503	9599311
1	3189	59	278	556	833	1111	1389	1667	1945	2222	2500	9602220
2	4856	58	278	556	833	1111	1389	1667	1945	2222	2500	5129
3	6523	57	278	555	833	1110	1388	1666	1943	2221	2498	8038
4	8189	56	278	555	833	1110	1388	1665	1943	2220	2498	9610947
5	9854	55	278	555	833	1110	1388	1665	1943	2220	2498	3856
6	8201519	54	277	555	832	1109	1387	1664	1941	2218	2496	6765
7	3183	53	277	554	831	1108	1386	1663	1940	2217	2494	9674
8	4846	52	277	554	831	1108	1386	1663	1940	2217	2494	9622583
9	6509	51	277	554	830	1107	1384	1661	1939	2216	2493	5492
10	8170	50	277	554	830	1107	1384	1662	1939	2216	2493	9628400
11	9832	49	277	553	830	1106	1383	1660	1936	2213	2489	9631309
12	8211492	48	277	553	830	1106	1383	1660	1936	2213	2489	4218
13	3152	47	277	553	830	1106	1383	1659	1936	2212	2489	7127
14	4811	46	276	553	829	1105	1382	1658	1934	2210	2487	9640036
15	6469	45	276	553	829	1105	1382	1658	1934	2210	2487	2945
16	8127	44	276	552	828	1104	1381	1657	1933	2209	2485	5854
17	9784	43	276	552	828	1104	1380	1656	1932	2208	2484	8763
18	8221440	42	276	552	828	1104	1380	1656	1932	2208	2484	9651672
19	3096	41	276	552	827	1103	1379	1655	1931	2206	2482	4581
20	4751	40	276	551	827	1102	1378	1654	1929	2205	2480	9657489
21	6405	39	276	551	827	1102	1378	1654	1929	2205	2480	9660398
22	8059	38	276	551	827	1102	1378	1653	1929	2204	2480	3307
23	9712	37	275	551	826	1102	1377	1652	1927	2202	2478	6216
24	8231364	36	275	550	825	1100	1376	1651	1926	2201	2476	9125
25	3015	35	275	550	825	1100	1376	1651	1926	2201	2476	9672034
26	4666	34	275	550	825	1100	1375	1650	1925	2200	2475	4943
27	6316	33	275	550	825	1099	1374	1649	1924	2198	2473	7852
28	7965	32	275	550	824	1099	1374	1649	1924	2198	2473	9680761
29	9614	31	275	549	824	1098	1373	1648	1922	2197	2471	3670
30	8241262	30	275	549	824	1098	1373	1647	1922	2196	2471	9686578
31	2909	29	275	549	824	1098	1373	1647	1922	2196	2471	9487
32	4556	28	274	549	823	1097	1372	1646	1920	2194	2469	9692396
33	6202	27	274	548	822	1096	1371	1645	1919	2193	2467	5305
34	7847	26	274	548	822	1096	1370	1644	1918	2192	2466	8214
35	9491	25	274	548	822	1096	1370	1644	1918	2192	2466	9701123
36	8251135	24	274	548	821	1095	1369	1643	1917	2190	2464	4032
37	2778	23	274	547	821	1094	1368	1642	1915	2189	2462	6941
38	4420	22	274	547	821	1094	1368	1642	1915	2189	2462	9850
39	6062	21	274	547	821	1094	1368	1641	1915	2188	2462	9712759
40	7703	20	273	547	820	1093	1367	1640	1913	2186	2460	5667
41	9343	19	273	547	820	1093	1367	1640	1913	2186	2460	8576
42	8260983	18	273	546	819	1092	1366	1639	1912	2185	2458	9721485
43	2622	17	273	546	819	1092	1365	1638	1911	2184	2457	4394
44	4260	16	273	546	818	1091	1364	1637	1910	2182	2455	7303
45	5897	15	273	546	818	1091	1364	1637	1910	2182	2455	9730212
46	7534	14	273	545	818	1091	1364	1636	1908	2181	2453	3121
47	9170	13	273	545	818	1090	1363	1636	1908	2181	2453	6030
48	8270806	12	272	545	817	1089	1362	1634	1906	2178	2451	8939
49	2440	11	272	545	817	1089	1362	1634	1906	2178	2451	9741848
50	4074	10	272	545	817	1089	1362	1634	1906	2178	2451	4755
51	5708	9	272	544	816	1088	1360	1632	1904	2176	2448	7664
52	7340	8	272	544	816	1088	1360	1632	1904	2176	2448	9750573
53	8972	7	272	544	815	1087	1359	1631	1903	2174	2446	3482
54	8280603	6	272	544	815	1087	1359	1631	1903	2174	2446	6391
55	2234	5	272	543	815	1086	1358	1630	1901	2173	2444	9300
56	3864	4	272	543	815	1086	1358	1630	1901	2172	2444	9762209
57	5493	3	271	543	814	1085	1357	1628	1899	2170	2442	5118
58	7121	2	271	543	814	1085	1357	1628	1899	2170	2442	8027
59	8749	1	271	542	813	1084	1356	1627	1898	2169	2440	9770936
60	8290376	0	271	542	813	1084	1355	1626	1897	2168	2439	3844
M.	Cosine.	M.	10"	20"	30"	40"	50"	60"	70"	80"	90"	Arc.

Arc.

Sec.	Diff.
10	485
20	970
30	1454
40	1939
50	2424
60	2909
70	3394
80	3878
90	4363

34 Degrees.

56 Degrees. Difference for Seconds. [57

M.	Sine.	M.	10"	20"	30"	40"	50"	60"	70"	80"	90"	Arc.
0	8290376	60	271	542	813	1084	1355	1626	1897	2168	2439	9773844
1	2002	59	271	542	813	1084	1355	1626	1897	2168	2439	6753
2	3628	58	271	541	812	1082	1353	1624	1894	2165	2435	9662
3	5252	57	271	541	812	1082	1353	1625	1894	2165	2435	8782571
4	6877	56	271	541	812	1082	1353	1623	1894	2164	2435	5480
5	8500	55	271	541	812	1082	1353	1623	1894	2164	2435	8389
6	8300123	54	270	541	811	1081	1352	1622	1892	2162	2433	8791298
7	1745	53	270	540	810	1080	1351	1621	1891	2161	2431	4207
8	3366	52	270	540	810	1080	1351	1621	1891	2161	2431	7116
9	4987	51	270	540	810	1080	1350	1620	1890	2160	2430	9800025
10	6607	50	270	540	809	1079	1349	1619	1889	2158	2428	9802933
11	8226	49	270	540	809	1079	1349	1619	1889	2158	2428	5842
12	9845	48	270	539	809	1078	1348	1618	1887	2157	2426	8751
13	8311463	47	270	539	809	1078	1348	1617	1887	2156	2426	9811660
14	3080	46	269	539	808	1077	1347	1616	1885	2154	2424	4569
15	4696	45	269	539	808	1077	1347	1616	1885	2154	2424	7478
16	6312	44	269	538	807	1076	1346	1615	1884	2153	2422	9820387
17	7927	43	269	538	807	1075	1345	1614	1883	2152	2421	3296
18	9541	42	269	538	807	1076	1345	1614	1883	2152	2421	6205
19	8321155	41	269	538	806	1075	1344	1613	1882	2150	2419	9114
20	2768	40	269	537	806	1074	1343	1612	1880	2149	2417	9832022
21	4380	39	269	537	806	1074	1343	1611	1880	2148	2417	4931
22	5991	38	269	537	806	1074	1343	1611	1880	2148	2417	7840
23	7602	37	268	537	805	1073	1342	1610	1878	2146	2415	9840749
24	9212	36	268	537	805	1073	1342	1610	1878	2146	2415	3658
25	8330822	35	268	536	804	1072	1340	1608	1876	2144	2412	6567
26	2430	34	268	536	804	1072	1340	1608	1876	2144	2412	9476
27	4038	33	268	536	804	1072	1340	1608	1876	2144	2412	9852385
28	5646	32	268	535	803	1070	1338	1606	1873	2141	2408	5294
29	7252	31	268	535	803	1070	1338	1606	1873	2141	2408	8203
30	8858	30	268	535	803	1070	1338	1605	1873	2140	2408	9861111
31	8340463	29	268	535	803	1070	1338	1605	1873	2140	2408	4020
32	2068	28	267	535	802	1069	1337	1604	1871	2138	2406	6929
33	3672	27	267	534	801	1068	1336	1603	1870	2137	2404	9838
34	5275	26	267	534	801	1068	1335	1602	1869	2136	2403	9872747
35	6877	25	267	534	801	1068	1335	1602	1869	2136	2403	5656
36	8479	24	267	534	800	1067	1334	1601	1868	2134	2401	8565
37	8350080	23	267	533	800	1066	1333	1600	1866	2133	2399	9881474
38	1680	22	267	533	800	1066	1333	1599	1866	2132	2399	4383
39	3279	21	267	533	800	1066	1333	1599	1866	2132	2399	7292
40	4878	20	266	533	799	1065	1332	1598	1864	2130	2397	9890200
41	6476	19	266	533	799	1065	1332	1598	1864	2130	2397	3109
42	8074	18	266	532	798	1064	1330	1596	1862	2128	2394	6018
43	9670	17	266	532	798	1064	1330	1596	1862	2128	2394	8927
44	8361266	16	266	532	798	1064	1330	1596	1862	2128	2394	9901836
45	2862	15	266	531	797	1062	1328	1594	1859	2125	2390	4745
46	4456	14	266	531	797	1062	1328	1594	1859	2125	2390	7654
47	6050	13	266	531	797	1062	1328	1593	1859	2124	2390	9910563
48	7643	12	266	531	797	1062	1328	1593	1859	2124	2390	3472
49	9236	11	265	530	795	1060	1326	1591	1856	2121	2386	6381
50	8370827	10	265	530	795	1060	1326	1591	1856	2121	2386	9919288
51	2418	9	265	530	795	1060	1326	1591	1856	2121	2386	9922197
52	4009	8	265	530	794	1059	1324	1589	1854	2118	2383	5106
53	5598	7	265	530	794	1059	1324	1589	1854	2118	2383	8015
54	7187	6	265	529	794	1058	1323	1588	1852	2117	2381	9930924
55	8775	5	265	529	794	1058	1323	1588	1852	2117	2381	3833
56	8380363	4	265	529	794	1058	1323	1587	1852	2116	2381	6742
57	1950	3	264	529	793	1057	1322	1586	1850	2114	2379	9651
58	3536	2	264	528	792	1056	1321	1585	1849	2113	2377	9942560
59	5121	1	264	528	792	1056	1321	1585	1849	2113	2377	5469
60	6706	0	264	528	792	1056	1320	1584	1848	2112	2376	8377
M.	Cosine.	M.	10"	20"	30"	40"	50"	60"	70"	80"	90"	Arc.

Arc.

Sec.	Diff.
10	485
20	970
30	1454
40	1939
50	2424
60	2909
70	3394
80	3878
90	4363

33 Degrees.

[58

57 Degrees.   Difference for Seconds.

M.	Sine.	M.	10"	20"	30"	40"	50"	60"	70"	80"	90"	Arc.
0	8386706	60	264	528	792	1056	1320	1584	1848	2112	2376	9948377
1	8290	59	264	528	791	1055	1319	1583	1847	2110	2374	9951286
2	9873	58	264	527	791	1054	1318	1582	1845	2109	2372	4195
3	8391455	57	264	527	791	1054	1318	1582	1845	2109	2372	7104
4	3037	56	263	527	791	1054	1318	1581	1845	2108	2372	9960013
5	4618	55	263	527	791	1054	1318	1581	1845	2108	2372	2922
6	6199	54	263	526	789	1052	1316	1579	1842	2105	2368	5831
7	7778	53	263	526	789	1052	1316	1579	1842	2105	2368	8740
8	9357	52	263	526	789	1052	1316	1579	1842	2105	2368	9971649
9	8400936	51	263	526	788	1051	1314	1577	1840	2102	2365	4558
10	2513	50	263	526	788	1051	1314	1577	1840	2102	2365	9977466
11	4090	49	263	525	788	1050	1313	1576	1838	2101	2363	9980375
12	5666	48	263	525	788	1050	1313	1575	1838	2100	2363	3284
13	7241	47	263	525	788	1050	1313	1575	1838	2100	2363	6193
14	8816	46	262	525	787	1049	1312	1574	1836	2098	2361	9102
15	8410390	45	262	524	786	1048	1311	1573	1835	2097	2359	9992011
16	1963	44	262	524	786	1048	1311	1573	1835	2097	2359	4920
17	3536	43	262	524	786	1048	1310	1572	1834	2096	2358	7829
18	5108	42	262	524	785	1047	1309	1571	1833	2094	2356	1·0000738
19	6679	41	262	523	785	1046	1308	1570	1831	2093	2354	3647
20	8249	40	262	523	785	1046	1308	1570	1831	2093	2354	6555
21	9819	39	262	523	785	1046	1308	1569	1831	2092	2354	9464
22	8421388	38	261	523	784	1045	1307	1568	1829	2090	2352	1·0012373
23	2956	37	261	523	784	1045	1307	1568	1829	2090	2352	5282
24	4524	36	261	522	783	1044	1306	1567	1828	2089	2350	8191
25	6091	35	261	522	783	1044	1305	1566	1827	2088	2349	1·0021100
26	7657	34	261	522	782	1043	1304	1565	1826	2086	2347	4009
27	9222	33	261	522	782	1043	1304	1565	1826	2086	2347	6918
28	8430787	32	261	521	782	1042	1303	1564	1824	2085	2345	9827
29	2351	31	261	521	782	1042	1303	1563	1824	2084	2345	1·0032736
30	3914	30	261	521	782	1042	1303	1563	1824	2084	2345	5644
31	5477	29	260	521	781	1041	1302	1562	1822	2082	2343	8553
32	7039	28	260	520	780	1040	1301	1561	1821	2081	2341	1·0041462
33	8600	27	260	520	780	1040	1301	1561	1821	2081	2341	4371
34	8440161	26	260	520	779	1039	1299	1559	1819	2078	2338	7280
35	1720	25	260	520	779	1039	1299	1559	1819	2078	2338	1·0050189
36	3279	24	260	520	779	1039	1299	1559	1819	2078	2338	3098
37	4838	23	260	519	779	1038	1298	1557	1817	2076	2336	6007
38	6395	22	260	519	779	1038	1298	1557	1817	2076	2336	8916
39	7952	21	259	519	778	1038	1297	1556	1815	2074	2334	1·0061825
40	9508	20	259	519	778	1038	1297	1556	1815	2074	2334	4732
41	8451064	19	259	518	777	1036	1295	1554	1813	2072	2331	7641
42	2618	18	259	518	777	1036	1295	1554	1813	2072	2331	1·0070550
43	4172	17	259	518	777	1036	1295	1554	1813	2072	2331	3459
44	5726	16	259	517	776	1034	1293	1552	1810	2069	2327	6368
45	7278	15	259	517	776	1034	1293	1552	1810	2069	2327	9277
46	8830	14	259	517	776	1034	1293	1551	1810	2068	2327	1·0082186
47	8460381	13	259	517	776	1034	1293	1551	1810	2068	2327	5095
48	1932	12	258	516	774	1032	1291	1549	1807	2065	2323	8004
49	3481	11	258	516	774	1032	1291	1549	1807	2065	2323	1·0090913
50	5030	10	258	516	774	1032	1291	1549	1807	2065	2323	3821
51	6579	9	258	516	773	1031	1289	1547	1805	2062	2320	6730
52	8126	8	258	516	773	1031	1289	1547	1805	2062	2320	9639
53	9673	7	258	515	773	1030	1288	1546	1803	2061	2318	1·0102548
54	8471219	6	258	515	773	1030	1288	1546	1803	2061	2318	5457
55	2765	5	257	515	772	1029	1287	1544	1801	2058	2316	8366
56	4309	4	257	515	772	1029	1287	1544	1801	2058	2316	1·0111275
57	5853	3	257	515	772	1029	1287	1544	1801	2058	2316	4184
58	7397	2	257	514	771	1028	1285	1542	1799	2056	2313	7093
59	8939	1	257	514	771	1028	1285	1542	1799	2056	2313	1·0120002
60	8480481	0	257	514	770	1027	1284	1541	1798	2054	2311	2910
M.	Cosine.	M.	10"	20"	30"	40"	50"	60"	70"	80"	90"	Arc.

Arc.

Sec.	Diff.
10	485
20	970
30	1454
40	1939
50	2424
60	2909
70	3394
80	3878
90	4363

32 Degrees.

58 Degrees. Difference for Seconds. [59

M.	Sine.	M.	10″	20″	30″	40″	50″	60″	70″	80″	90″	Arc.
0	8480481	60	257	514	770	1027	1284	1541	1798	2054	2311	1·0122910
1	2022	59	257	513	770	1026	1283	1540	1796	2053	2309	5819
2	3562	58	257	513	770	1026	1283	1540	1796	2053	2309	8728
3	5102	57	257	513	770	1026	1283	1539	1796	2052	2309	1·0131637
4	6641	56	256	513	769	1025	1282	1538	1794	2050	2307	4546
5	8179	55	256	513	769	1025	1282	1538	1794	2050	2307	7455
6	9717	54	256	512	768	1024	1281	1537	1793	2049	2305	1·0140364
7	8491254	53	256	512	768	1024	1280	1536	1792	2048	2304	3273
8	2790	52	256	512	767	1023	1279	1535	1791	2046	2302	6182
9	4325	51	256	512	767	1023	1279	1535	1791	2046	2302	9091
10	5860	50	256	511	767	1022	1278	1534	1789	2045	2300	1·0151999
11	7394	49	256	511	767	1022	1278	1533	1789	2044	2300	4908
12	8927	48	255	511	766	1021	1277	1532	1787	2042	2298	7817
13	8500459	47	255	511	766	1021	1277	1532	1787	2042	2298	1·0160726
14	1991	46	255	510	765	1020	1276	1531	1786	2041	2296	3635
15	3522	45	255	510	765	1020	1276	1531	1786	2041	2296	6544
16	5053	44	255	510	764	1019	1274	1529	1784	2038	2293	9453
17	6582	43	255	510	764	1019	1274	1529	1784	2038	2293	1·0172362
18	8111	42	255	509	764	1018	1273	1528	1782	2037	2291	5271
19	9639	41	255	509	764	1018	1273	1528	1782	2037	2291	8180
20	8511167	40	254	509	763	1017	1272	1526	1780	2034	2289	1·0181088
21	2693	39	254	509	763	1017	1272	1526	1780	2034	2289	3997
22	4219	38	254	509	763	1017	1272	1526	1780	2034	2289	6906
23	5745	37	254	508	762	1016	1270	1524	1778	2032	2286	9815
24	7269	36	254	508	762	1016	1270	1524	1778	2032	2286	1·0192724
25	8793	35	254	508	761	1015	1269	1523	1777	2030	2284	5633
26	8520316	34	254	508	761	1015	1269	1523	1777	2030	2284	8542
27	1839	33	254	507	761	1014	1268	1521	1775	2028	2282	1·0201451
28	3360	32	254	507	761	1014	1268	1521	1775	2028	2282	4360
29	4881	31	254	507	761	1014	1268	1521	1775	2028	2282	7269
30	6402	30	253	506	759	1012	1266	1519	1772	2025	2278	1·0210177
31	7921	29	253	506	759	1012	1266	1519	1772	2025	2278	3086
32	9440	28	253	506	759	1012	1265	1518	1771	2024	2277	5995
33	8530958	27	253	506	758	1011	1264	1517	1770	2022	2275	8904
34	2475	26	253	506	758	1011	1264	1517	1770	2022	2275	1·0221813
35	3992	25	253	505	758	1010	1263	1516	1768	2021	2273	4722
36	5508	24	253	505	758	1010	1263	1515	1768	2020	2273	7631
37	7023	23	253	505	758	1010	1263	1515	1768	2020	2273	1·0230540
38	8538	22	252	504	756	1008	1261	1513	1765	2017	2269	3449
39	8540051	21	252	504	756	1008	1261	1513	1765	2017	2269	6358
40	1564	20	252	504	756	1008	1261	1513	1765	2017	2269	9265
41	3077	19	252	504	755	1007	1259	1511	1763	2014	2266	1·0242174
42	4588	18	252	504	755	1007	1259	1511	1763	2014	2266	5083
43	6099	17	252	503	755	1006	1258	1510	1761	2013	2264	7992
44	7609	16	252	503	755	1006	1258	1510	1761	2013	2264	1·0250901
45	9119	15	251	503	754	1005	1257	1508	1759	2010	2262	3810
46	8550627	14	251	503	754	1005	1257	1508	1759	2010	2262	6719
47	2135	13	251	503	754	1005	1257	1508	1759	2010	2262	9628
48	3643	12	251	502	753	1004	1255	1506	1757	2008	2259	1·0262537
49	5149	11	251	502	753	1004	1255	1506	1757	2008	2259	5446
50	6655	10	251	502	752	1003	1254	1505	1756	2006	2257	8354
51	8160	9	251	501	752	1002	1253	1504	1754	2005	2255	1·0271263
52	9664	8	251	501	752	1002	1253	1504	1754	2005	2255	4172
53	8561168	7	251	501	752	1002	1253	1503	1754	2004	2255	7081
54	2671	6	250	501	751	1001	1252	1502	1752	2002	2253	9990
55	4173	5	250	500	750	1000	1251	1501	1751	2001	2251	1·0282899
56	5674	4	250	500	750	1000	1251	1501	1751	2001	2251	5808
57	7175	3	250	500	750	1000	1250	1500	1750	2000	2250	8717
58	8675	2	250	500	749	999	1249	1499	1749	1998	2248	1·0291626
59	8570174	1	250	500	749	999	1249	1499	1749	1998	2246	4535
60	1673	0	250	499	749	998	1248	1498	1747	1997	2246	7443
M.	Cosine.	M.	10″	20″	30″	40″	50″	60″	70″	80″	90″	Arc.

Arc.	
Sec.	Diff.
10	485
20	970
30	1454
40	1939
50	2424
60	2909
70	3394
80	3878
90	4363

31 Degrees.

59 Degrees.

Difference for Seconds.

M.	Sine.	M.	10"	20"	30"	40"	50"	60"	70"	80"	90"	Arc.
0	8571673	60	250	499	749	998	1248	1498	1747	1997	2246	1·0297443
1	3171	59	250	499	749	998	1248	1497	1747	1996	2246	1·0300352
2	4668	58	249	499	748	997	1247	1496	1745	1994	2244	3261
3	6164	57	249	499	748	997	1247	1496	1745	1994	2244	6170
4	7660	56	249	498	747	996	1246	1495	1744	1993	2242	9079
5	9155	55	249	498	747	996	1245	1494	1743	1992	2241	1·0311988
6	8580649	54	249	498	747	996	1245	1494	1743	1992	2241	4897
7	2143	53	249	497	746	994	1243	1492	1740	1989	2237	7806
8	3635	52	249	497	746	994	1243	1492	1740	1989	2237	1·0320715
9	5127	51	249	497	746	994	1243	1492	1740	1989	2237	3624
10	6619	50	248	497	745	993	1242	1490	1738	1986	2235	6532
11	8109	49	248	497	745	993	1242	1490	1738	1986	2235	9441
12	9599	48	248	496	744	992	1241	1489	1737	1985	2233	1·0332350
13	8591088	47	248	496	744	992	1240	1488	1736	1984	2232	5259
14	2576	46	248	496	744	992	1240	1488	1736	1984	2232	8168
15	4064	45	248	496	743	991	1239	1487	1735	1982	2230	1·0341077
16	5551	44	248	495	743	990	1238	1486	1733	1981	2228	3986
17	7037	43	248	495	743	990	1238	1486	1733	1981	2228	6895
18	8523	42	247	495	742	989	1237	1484	1731	1978	2226	9804
19	8600007	41	247	495	742	989	1237	1484	1731	1978	2226	1·0352713
20	1491	40	247	495	742	989	1237	1484	1731	1978	2226	5621
21	2975	39	247	494	741	988	1235	1482	1739	1976	2223	8530
22	4457	38	247	494	741	988	1235	1482	1729	1976	2223	1·0361439
23	5939	37	247	494	740	987	1234	1481	1728	1974	2221	4348
24	7420	36	247	494	740	987	1234	1481	1728	1974	2221	7257
25	8901	35	247	493	740	986	1233	1479	1726	1972	2219	1·0370166
26	8610380	34	247	493	740	986	1233	1479	1726	1972	2219	3075
27	1859	33	246	493	739	985	1232	1478	1724	1970	2217	5984
28	3337	32	246	493	739	985	1232	1478	1724	1970	2217	8893
29	4815	31	246	492	738	984	1231	1477	1723	1969	2215	1·0381802
30	6292	30	246	492	738	984	1230	1476	1722	1968	2214	4709
31	7768	29	246	492	737	983	1229	1475	1721	1966	2212	7618
32	9243	28	246	491	737	982	1228	1474	1719	1965	2210	1·0390527
33	8620717	27	246	491	737	982	1228	1474	1719	1965	2210	3436
34	2191	26	246	491	737	982	1228	1473	1719	1964	2210	6345
35	3664	25	246	491	737	982	1228	1473	1719	1964	2210	9254
36	5137	24	245	490	735	980	1226	1471	1716	1961	2206	1·0402163
37	6608	23	245	490	735	980	1226	1471	1716	1961	2206	5072
38	8079	22	245	490	735	980	1225	1470	1715	1960	2205	7981
39	9549	21	245	490	735	980	1225	1470	1715	1960	2205	1·0410890
40	8631019	20	245	490	734	979	1224	1469	1714	1958	2203	3798
41	2488	19	245	489	734	978	1223	1468	1712	1957	2201	6707
42	3956	18	245	489	734	978	1223	1467	1712	1956	2201	9616
43	5423	17	244	489	733	977	1222	1466	1710	1954	2199	1·0422525
44	6889	16	244	488	733	977	1222	1466	1710	1954	2199	5434
45	8355	15	244	488	732	976	1221	1465	1709	1953	2197	8343
46	9820	14	244	488	732	976	1220	1464	1708	1952	2196	1·0431252
47	8641284	13	244	488	732	976	1220	1464	1708	1952	2196	4161
48	2748	12	244	488	731	975	1219	1463	1707	1950	2194	7070
49	4211	11	244	487	731	974	1218	1462	1705	1949	2192	9979
50	5673	10	244	487	731	974	1218	1461	1705	1948	2192	1·0442887
51	7134	9	244	487	731	974	1218	1461	1705	1948	2192	5796
52	8595	8	243	487	730	973	1217	1460	1703	1946	2190	8705
53	8650055	7	243	486	729	972	1216	1459	1702	1945	2188	1·0451614
54	1514	6	243	486	729	972	1216	1459	1702	1945	2188	4523
55	2973	5	243	486	728	971	1214	1457	1700	1942	2185	7432
56	4430	4	243	486	728	971	1214	1457	1700	1942	2185	1·0460341
57	5887	3	243	486	728	971	1214	1457	1700	1942	2185	3250
58	7344	2	243	485	728	970	1213	1455	1698	1940	2183	6159
59	8799	1	243	485	727	970	1213	1455	1698	1940	2183	9068
60	8660254	0	242	485	727	969	1212	1454	1696	1938	2181	1·0471976
M.	Cosine.	M.	10"	20"	30"	40"	50"	60"	70"	80"	90"	Arc.

Arc.	
Sec.	Diff.
10	485
20	970
30	1454
40	1939
50	2424
60	2909
70	3394
80	3878
90	4363

30 Degrees.

60 Degrees.   Difference for Seconds.   [61

M.	Sine.	M.	10"	20"	30"	40"	50"	60"	70"	80"	90"	Arc.
0	8660254	60	242	485	727	969	1212	1454	1696	1938	2181	1·0471976
1	1708	59	242	484	726	968	1211	1453	1695	1937	2179	4885
2	3161	58	242	484	726	968	1211	1453	1695	1937	2179	7794
3	4614	57	242	484	726	968	1210	1452	1694	1936	2178	1·0480703
4	6066	56	242	484	725	967	1209	1451	1693	1934	2176	3612
5	7517	55	242	483	725	966	1208	1450	1691	1933	2174	6521
6	8967	54	242	483	725	966	1208	1450	1691	1933	2174	9430
7	8670417	53	242	483	725	966	1208	1449	1691	1932	2174	1·0492339
8	1866	52	241	483	724	965	1207	1448	1689	1930	2172	5248
9	3314	51	241	483	724	965	1207	1448	1689	1930	2172	8157
10	4762	50	241	482	723	964	1206	1447	1688	1929	2170	1·0501065
11	6209	49	241	482	723	964	1205	1446	1687	1928	2169	3974
12	7655	48	241	482	722	963	1204	1445	1686	1926	2167	6883
13	9100	47	241	481	722	962	1203	1444	1684	1925	2165	9792
14	8680544	46	241	481	722	962	1203	1444	1684	1925	2165	1·0512701
15	1988	45	241	481	722	962	1203	1443	1684	1924	2165	5610
16	3431	44	241	481	722	962	1203	1443	1684	1924	·2165	8519
17	4874	43	240	480	720	960	1201	·1441	1681	1921	2161	1·0521428
18	6315	42	240	480	720	960	1201	1441	1681	1921	2161	4337
19	7756	41	240	480	720	960	1200	1440	1680	1920	2160	7246
20	9196	40	240	480	720	960	1200	1440	1680	1920	2160	1·0530154
21	8690636	39	240	479	719	958	1198	1438	1677	1917	2156	3063
22	2074	38	240	479	719	958	1198	1438	1677	1917	2156	5972
23	3512	37	240	479	719	958	1198	1437	1677	1916	2156	8881
24	4949	36	240	479	719	958	1198	1437	1677	1916	2156	1·0541790
25	6386	35	239	478	717	956	1196	1435	1674	1913	2152	4699
26	7821	34	239	478	717	956	1196	1435	1674	1913	2152	7608
27	9256	33	239	478	717	956	1196	1435	1674	1913	2152	1·0550517
28	8700691	32	239	478	716	955	1194	1433	1672	1910	2149	3426
29	2124	31	239	478	716	955	1194	1433	1672	1910	2149	6335
30	3557	30	239	477	716	954	1193	1432	1670	1909	2147	9243
31	4989	29	239	477	716	954	1193	1431	1670	1908	2147	1·0562152
32	6420	28	239	477	716	954	1193	1431	1670	1908	2147	5061
33	7851	27	238	477	715	953	1192	1430	1668	1906	2145	7970
34	9281	26	238	476	714	952	1191	1429	1667	1905	2143	1·0570879
35	8710710	25	238	476	714	952	1190	1428	1666	1904	2142	3788
36	2138	24	238	476	714	952	1190	1428	1666	1904	2142	6697
37	3566	23	238	476	713	951	1189	1427	1665	1902	2140	9606
38	4993	22	238	475	713	950	1188	1426	1663	1901	2138	1·0582515
39	6419	21	238	475	713	950	1188	1425	1663	1900	2138	5424
40	7844	20	238	475	713	950	1188	1425	1663	1900	2138	8331
41	9269	19	237	475	712	949	1187	1424	1661	1898	2136	1·0591240
42	8720693	18	237	474	711	948	1186	1423	1660	1897	2134	4149
43	2116	17	237	474	711	948	1185	1422	1659	1896	2133	7058
44	3538	16	237	474	711	948	1185	1422	1659	1896	2133	9967
45	4960	15	237	474	710	947	1184	1421	1658	1894	2131	1·0602876
46	6381	14	237	473	710	946	1183	1420	1656	1893	2129	5785
47	7801	13	237	473	710	946	1183	1420	1656	1893	2129	8694
48	9221	12	237	473	710	946	1183	1419	1656	1892	2129	1·0611603
49	8730640	11	236	473	709	945	1182	1418	1654	1890	2127	4512
50	2058	10	236	472	708	944	1181	1417	1652	1889	2125	7420
51	3475	9	236	472	708	944	1180	1416	1652	1888	2124	1·0620329
52	4891	8	236	472	708	944	1180	1416	1652	1888	2124	3238
53	6307	7	236	472	707	943	1179	1415	1651	1886	2122	6147
54	7722	6	236	472	707	943	1179	1415	1651	1886	2122	9056
55	9137	5	236	471	707	942	1178	1413	1649	1884	2120	1·0631965
56	8740550	4	236	471	707	942	1178	1413	1649	1884	2120	4874
57	1963	3	235	471	706	941	1177	1412	1647	1882	2117	7783
58	3375	2	235	470	705	940	1176	1411	·1646	1881	2116	1·0640692
59	4786	1	235	470	705	940	1176	1411	1646	1881	2116	3601
60	6197	0	235	470	705	940	1175	1410	1645	1880	2115	6508
M.	Cosine.	M.	10"	20"	30"	40"	50"	60"	70"	80"	90"	Arc.

Arc.

Sec.	Diff.
10	485
20	970
30	1454
40	1939
50	2424
60	2909
70	3394
80	3878
90	4363

29 Degrees.

61 Degrees.

Difference for Seconds.

M.	Sine.	M.	10"	20"	30"	40"	50"	60"	70"	80"	90"	Arc.
0	8746197	60	235	470	705	940	1175	1410	1645	1880	2115	1·0646508
1	7607	59	235	470	704	939	1174	1409	1644	1878	2113	9417
2	9016	58	235	470	704	939	1174	1409	1644	1878	2113	1·0652326
3	8750425	57	235	469	704	938	1173	1407	1642	1876	2111	5235
4	1832	56	235	469	704	938	1173	1407	1642	1876	2111	8144
5	3239	55	234	469	703	937	1172	1406	1640	1874	2109	1·0661053
6	4645	54	234	469	703	937	1172	1406	1640	1874	2109	3962
7	6051	53	234	468	702	936	1170	1404	1638	1872	2106	6871
8	7455	52	234	468	702	936	1170	1404	1638	1872	2106	9780
9	8859	51	234	468	702	936	1170	1404	1638	1872	2106	1·0672689
10	8760263	50	234	467	701	934	1168	1402	1635	1869	2102	5597
11	1665	49	234	467	701	934	1168	1402	1635	1869	2102	8506
12	3067	48	234	467	701	934	1168	1401	1635	1868	2102	1·0681415
13	4468	47	233	467	700	933	1167	1400	1633	1866	2100	4324
14	5868	46	233	467	700	933	1167	1400	1633	1866	2100	7233
15	7268	45	233	466	699	932	1165	1398	1631	1864	2097	1·0690142
16	8666	44	233	466	699	932	1165	1398	1631	1864	2097	3051
17	8770064	43	233	466	699	932	1165	1398	1631	1864	2097	5960
18	1462	42	233	465	698	930	1163	1396	1628	1861	2093	8869
19	2858	41	233	465	698	930	1163	1396	1628	1861	2093	1·0701778
20	4254	40	233	465	698	930	1163	1395	1628	1860	2093	4686
21	5649	39	232	465	697	929	1162	1394	1626	1858	2091	7595
22	7043	38	232	465	697	929	1162	1394	1626	1858	2091	1·0710504
23	8437	37	232	464	696	928	1161	1393	1625	1857	2089	3413
24	9830	36	232	464	696	928	1160	1392	1624	1856	2088	6322
25	8781222	35	232	464	695	927	1159	1391	1623	1854	2086	9231
26	2613	34	232	464	695	927	1159	1391	1623	1854	2086	1·0722140
27	4004	33	232	463	695	926	1158	1390	1621	1853	2084	5049
28	5394	32	232	463	695	926	1158	1389	1621	1852	2084	7958
29	6783	31	231	462	694	925	1157	1388	1619	1850	2082	1·0730867
30	8171	30	231	462	694	925	1157	1388	1619	1850	2082	3774
31	9559	29	231	462	693	924	1156	1387	1618	1849	2080	6683
32	8790946	28	231	462	693	924	1155	1386	1617	1848	2079	9592
33	2332	27	231	462	692	923	1154	1385	1616	1846	2077	1·0742501
34	3717	26	231	462	692	923	1154	1385	1616	1846	2077	5410
35	5102	25	231	461	692	922	1153	1384	1614	1845	2075	8319
36	6486	24	231	461	692	922	1153	1383	1614	1844	2075	1·0751228
37	7869	23	230	461	691	921	1152	1382	1612	1842	2073	4137
38	9251	22	230	461	691	921	1152	1382	1612	1842	2073	7046
39	8800633	21	230	460	690	920	1151	1381	1611	1841	2071	9955
40	2014	20	230	460	690	920	1150	1380	1610	1840	2070	1·0762863
41	3394	19	230	460	690	920	1150	1380	1610	1840	2070	5772
42	4774	18	230	459	689	918	1148	1378	1607	1837	2066	8681
43	6152	17	230	459	689	918	1148	1378	1607	1837	2066	1·0771590
44	7530	16	230	459	689	918	1148	1377	1607	1836	2066	4499
45	8907	15	230	459	689	918	1148	1377	1607	1836	2066	7408
46	8810284	14	229	459	688	917	1147	1376	1605	1834	2064	1·0780317
47	1660	13	229	458	687	916	1146	1375	1604	1833	2062	3226
48	3035	12	229	458	687	916	1145	1374	1603	1832	2061	6135
49	4409	11	229	458	686	915	1144	1373	1602	1830	2059	9044
50	5782	10	229	458	686	915	1144	1373	1602	1830	2059	1·0791952
51	7155	9	229	457	686	914	1143	1372	1600	1829	2057	4861
52	8527	8	229	457	686	914	1143	1371	1600	1828	2057	7770
53	9898	7	228	456	684	912	1141	1371	1600	1828	2057	1·0800679
54	8821269	6	228	456	684	912	1141	1369	1597	1825	2053	3588
55	2638	5	228	456	684	912	1141	1369	1597	1825	2053	6497
56	4007	4	228	456	684	912	1141	1369	1597	1825	2053	9406
57	5376	3	228	456	683	911	1139	1367	1595	1822	2050	1·0812315
58	6743	2	228	456	683	911	1139	1367	1595	1822	2050	5224
59	8110	1	228	455	683	910	1138	1366	1593	1821	2048	8133
60	9476	0	228	455	683	910	1138	1365	1593	1820	2048	1·0821041
M.	Cosine.	M.	10"	20"	30"	40"	50"	60°	70°	80°	90°	Arc.

Sec.	Diff.
10	485
20	970
30	1454
40	1939
50	2424
60	2909
70	3394
80	3878
90	4363

Arc.

28 Degrees.

62 Degrees.   Difference for Seconds.   [63

M.	Sine.	M.	10″	20″	30″	40″	50″	60″	70″	80″	90″	Arc.
0	8829476	60	228	455	683	910	1138	1365	1593	1820	2048	1·0821041
1	8830841	59	228	455	683	910	1138	1365	1593	1820	2048	3950
2	2206	58	227	454	681	908	1136	1363	1591	1818	2046	6859
3	3569	57	227	454	681	908	1136	1364	1591	1818	2046	9768
4	4933	56	227	454	681	908	1135	1362	1589	1816	2043	1·0832677
5	6295	55	227	454	680	907	1134	1361	1588	1814	2041	5586
6	7656	54	227	454	680	907	1134	1361	1588	1814	2041	8495
7	9017	53	227	453	680	906	1133	1360	1586	1813	2039	1·0841404
8	8840377	52	227	453	680	906	1133	1359	1586	1812	2039	4313
9	1736	51	227	453	680	906	1133	1359	1586	1812	2039	7222
10	3095	50	226	453	679	905	1132	1358	1584	1810	2037	1·0850130
11	4453	49	226	452	678	904	1131	1357	1583	1809	2035	3039
12	5810	48	226	452	678	904	1130	1356	1582	1808	2034	5948
13	7166	47	226	452	678	904	1130	1356	1582	1808	2034	8857
14	8522	46	226	451	677	902	1128	1354	1579	1805	2030	1·0861766
15	9876	45	226	451	677	902	1128	1354	1579	1805	2030	4675
16	8851230	44	226	451	677	902	1128	1354	1579	1805	2030	7584
17	2584	43	225	451	676	901	1127	1352	1577	1802	2028	1·0870493
18	3936	42	225	451	676	901	1127	1352	1577	1802	2028	3402
19	5288	41	225	450	675	900	1126	1351	1576	1801	2026	6311
20	6639	40	225	450	675	900	1125	1350	1575	1800	2025	9219
21	7989	39	225	450	675	900	1125	1350	1575	1800	2025	1·0882128
22	9339	38	225	450	674	899	1124	1349	1574	1798	2023	5037
23	8860688	37	225	449	674	898	1123	1348	1572	1797	2021	7946
24	2036	36	225	449	674	898	1123	1347	1572	1796	2021	1·0890855
25	3383	35	225	449	674	898	1123	1347	1572	1796	2021	3764
26	4730	34	224	448	672	896	1121	1345	1569	1793	2017	6673
27	6075	33	224	448	672	896	1121	1345	1569	1793	2017	9582
28	7420	32	224	448	672	896	1121	1345	1569	1793	2017	1·0902491
29	8765	31	224	448	671	895	1119	1343	1567	1790	2014	5400
30	8870108	30	224	447	671	895	1119	1343	1567	1790	2014	8308
31	1451	29	224	447	671	894	1118	1342	1565	1789	2012	1·0911217
32	2793	28	224	447	671	894	1118	1341	1565	1788	2012	4126
33	4134	27	224	447	671	894	1118	1341	1565	1788	2012	7035
34	5475	26	223	447	670	893	1117	1340	1563	1786	2010	9944
35	6815	25	223	446	669	892	1116	1339	1562	1785	2008	1·0922853
36	8154	24	223	446	669	892	1115	1338	1561	1784	2007	5762
37	9492	23	223	446	669	892	1115	1338	1561	1784	2007	8671
38	8880830	22	223	446	668	890	1113	1336	1560	1782	2005	1·0931580
39	2166	21	223	446	668	891	1114	1337	1560	1782	2005	4489
40	3503	20	223	445	668	890	1113	1335	1558	1780	2003	7397
41	4838	19	222	445	667	889	1112	1334	1556	1778	2001	1·0940305
42	6172	18	222	445	667	889	1112	1334	1556	1778	2001	3214
43	7506	17	222	444	666	888	1111	1333	1555	1777	1999	6123
44	8839	16	222	444	666	888	1110	1332	1554	1776	1998	9032
45	8890171	15	222	444	666	888	1110	1332	1554	1776	1998	1·0951941
46	1503	14	222	444	665	887	1109	1331	1553	1774	1996	4850
47	2834	13	222	443	665	886	1108	1330	1551	1773	1994	7759
48	4164	12	222	443	665	886	1108	1329	1551	1772	1994	1·0960668
49	5493	11	222	443	665	886	1108	1329	1551	1772	1994	3577
50	6822	10	221	442	663	884	1106	1327	1548	1769	1990	6485
51	8149	9	221	442	663	884	1106	1327	1548	1769	1990	9394
52	9476	8	221	442	663	884	1106	1327	1548	1769	1990	1·0972303
53	8900803	7	221	442	662	883	1104	1325	1546	1766	1987	5212
54	2128	6	221	442	662	883	1104	1325	1546	1766	1987	8121
55	3453	5	221	441	662	882	1103	1324	1544	1765	1985	1·0981030
56	4777	4	221	441	662	882	1103	1323	1544	1764	1985	3939
57	6100	3	221	441	662	882	1103	1323	1544	1764	1985	6848
58	7423	2	220	440	660	880	1101	1321	1541	1761	1981	9757
59	8744	1	220	440	660	880	1101	1321	1541	1761	1981	1·0992666
60	8910065	0	220	440	660	880	1100	1320	1540	1760	1980	5574
M.	Cosine.	M.	10″	20″	30″	40″	50″	60″	70″	80″	90″	Arc.

Arc.	
Sec.	Diff.
10	485
20	970
30	1454
40	1939
50	2424
60	2909
70	3394
80	3878
90	4363

27 Degrees.

64] 63 Degrees. Difference for Seconds.

M.	Sine.	M.	10″	20″	30″	40″	50″	60″	70″	80″	90″	Arc.
0	8910065	60	220	440	660	880	1100	1320	1540	1760	1980	1·0995574
1	1385	59	220	440	660	880	1100	1320	1540	1760	1980	8483
2	2705	58	220	440	659	879	1099	1319	1539	1758	1978	1·1001392
3	4024	57	220	439	659	878	1098	1318	1537	1757	1976	4301
4	5342	56	220	439	659	878	1098	1317	1537	1756	1976	7210
5	6659	55	219	439	658	877	1097	1316	1535	1754	1974	1·1010119
6	7975	54	219	439	658	877	1097	1316	1535	1754	1974	3028
7	9291	53	219	438	657	876	1096	1315	1534	1753	1972	5937
8	8920606	52	219	438	657	876	1095	1314	1533	1752	1971	8846
9	1920	51	219	438	657	876	1095	1314	1533	1752	1971	1·1021755
10	3234	50	219	437	656	874	1093	1312	1530	1749	1967	4663
11	4546	49	219	437	656	874	1093	1312	1530	1749	1967	7572
12	5858	48	219	437	656	874	1093	1311	1530	1748	1967	1·1030481
13	7169	47	219	437	656	874	1093	1311	1530	1748	1967	3390
14	8480	46	218	436	654	872	1091	1309	1527	1745	1963	6299
15	9789	45	218	436	654	872	1091	1309	1527	1745	1963	9208
16	8931098	44	218	436	654	872	1090	1308	1526	1744	1962	1·1042117
17	2406	43	218	436	654	872	1090	1308	1526	1744	1962	5026
18	3714	42	218	436	653	871	1089	1307	1525	1742	1960	7935
19	5021	41	218	435	653	870	1088	1305	1523	1740	1958	1·1050844
20	6326	40	218	435	653	870	1088	1306	1523	1741	1958	3752
21	7632	39	217	435	652	879	1087	1304	1521	1738	1956	6661
22	8936	38	217	435	652	869	1087	1304	1521	1738	1956	9570
23	8940240	37	217	434	651	868	1085	1302	1519	1736	1953	1·1062479
24	1542	36	217	434	651	868	1085	1302	1519	1736	1953	5388
25	2844	35	217	434	651	868	1085	1302	1519	1736	1953	8297
26	4146	34	217	433	650	866	1083	1300	1516	1733	1949	1·1071206
27	5446	33	217	433	650	866	1083	1300	1516	1733	1949	4115
28	6746	32	217	433	650	866	1083	1299	1516	1732	1949	7024
29	8045	31	217	433	650	866	1083	1299	1516	1732	1949	9933
30	9344	30	216	433	650	866	1081	1297	1513	1729	1945	1·1082841
31	8950641	29	216	432	648	864	1081	1297	1513	1729	1945	5750
32	1938	28	216	432	648	864	1080	1296	1512	1728	1944	8659
33	3234	27	216	432	647	863	1079	1295	1511	1726	1942	1·1091568
34	4529	26	216	432	647	863	1079	1295	1511	1726	1942	4477
35	5824	25	216	431	647	862	1078	1294	1509	1725	1940	7386
36	7118	24	216	431	647	862	1078	1293	1509	1724	1940	1·1100295
37	8411	23	215	431	646	861	1077	1292	1507	1722	1938	3204
38	9703	22	215	430	645	860	1076	1291	1506	1721	1936	6113
39	8960994	21	215	430	645	860	1075	1291	1505	1720	1935	9022
40	2285	20	215	430	645	860	1075	1290	1505	1720	1935	1·1111929
41	3575	19	215	430	644	869	1074	1289	1504	1718	1933	4838
42	4864	18	215	430	644	859	1074	1289	1504	1718	1933	7747
43	6153	17	215	429	644	858	1073	1287	1502	1716	1931	1·1120656
44	7440	16	215	429	644	858	1073	1287	1502	1716	1931	3565
45	8727	15	215	429	644	858	1073	1287	1502	1716	1931	6474
46	8970014	14	214	428	642	856	1071	1285	1499	1713	1927	9383
47	1299	13	214	428	642	856	1071	1285	1499	1713	1927	1·1132292
48	2584	12	214	428	642	856	1070	1284	1498	1712	1926	5201
49	3868	11	214	428	641	855	1069	1283	1497	1710	1924	8110
50	5151	10	214	427	641	854	1068	1282	1495	1709	1922	1·1141018
51	6433	9	214	427	641	854	1068	1282	1495	1709	1922	3927
52	7715	8	214	427	641	854	1068	1281	1495	1708	1922	6836
53	8996	7	213	427	640	853	1067	1280	1493	1706	1920	9745
54	8970276	6	213	426	639	852	1066	1279	1492	1705	1918	1·1152654
55	1555	5	213	426	639	852	1066	1279	1492	1705	1918	5563
56	2834	4	213	426	639	852	1065	1278	1491	1704	1917	8472
57	4112	3	213	426	638	851	1064	1277	1490	1702	1915	1·1161381
58	5389	2	213	425	638	850	1063	1276	1488	1701	1913	4290
59	6665	1	213	425	638	850	1063	1275	1488	1700	1913	7199
60	7940	0	213	425	638	850	1063	1275	1488	1700	1913	1·1170107
M.	Cosine	M.	10″	20″	30″	40″	50″	60″	70″	80″	90″	Arc.

Arc.

Sec.	Diff.
10	485
20	970
30	1454
40	1939
50	2424
60	2909
70	3394
80	3878
90	4363

26 Degrees.

64 Degrees. Difference for Seconds.

M.	Sine.	M.	10"	20"	30"	40"	50"	60"	70"	80"	90"	Arc.
0	8987940	60	213	425	638	850	1063	1275	1488	1700	1913	1'1170107
1	9215	59	212	425	637	849	1062	1274	1486	1698	1911	3016
2	8990489	58	212	425	637	849	1062	1274	1486	1698	1911	5925
3	1763	57	212	424	636	848	1060	1272	1484	1695	1908	8834
4	3035	56	212	424	636	848	1060	1272	1484	1696	1908	1'1181743
5	4307	55	212	424	635	847	1059	1271	1483	1694	1906	4652
6	5578	54	212	423	635	846	1058	1270	1481	1693	1904	7561
7	6848	53	212	423	635	846	1058	1269	1481	1692	1904	1'1190470
8	8117	52	212	423	635	846	1058	1269	1481	1692	1904	3379
9	9386	51	211	423	634	845	1057	1268	1479	1690	1902	6288
10	9000654	50	211	422	633	844	1056	1267	1478	1689	1900	9196
11	1921	49	211	422	633	844	1056	1267	1478	1689	1900	1'1202105
12	3188	48	211	422	632	843	1054	1265	1476	1686	1897	5014
13	4453	47	211	422	632	843	1054	1265	1476	1686	1897	7923
14	5718	46	211	421	632	842	1053	1264	1474	1685	1895	1'1210832
15	6982	45	211	421	632	842	1053	1264	1474	1685	1895	3741
16	8246	44	210	421	631	841	1052	1262	1472	1682	1893	6650
17	9508	43	210	421	631	841	1052	1262	1472	1682	1893	9559
18	9010770	42	210	420	630	840	1051	1261	1471	1681	1891	1'1222468
19	2031	41	210	420	630	840	1051	1261	1471	1681	1891	5377
20	3292	40	210	420	629	839	1049	1259	1469	1678	1888	8285
21	4551	39	210	420	629	839	1049	1259	1469	1678	1888	1'1231194
22	5810	38	210	419	629	838	1048	1258	1467	1677	1886	4103
23	7068	37	210	419	629	838	1048	1257	1467	1676	1886	7012
24	8325	36	210	419	629	838	1048	1257	1467	1676	1886	9921
25	9582	35	209	419	628	837	1047	1256	1465	1674	1884	1'1242830
26	9020838	34	209	418	627	836	1045	1254	1464	1673	1882	5739
27	2092	33	209	418	627	836	1045	1255	1464	1673	1882	8648
28	3347	32	209	418	626	835	1044	1253	1462	1671	1880	1'1251557
29	4600	31	209	418	626	835	1044	1253	1462	1671	1880	4466
30	5853	30	209	417	626	834	1043	1252	1461	1670	1878	7374
31	7105	29	209	417	626	834	1043	1251	1460	1668	1877	1'1260283
32	8356	28	208	417	625	833	1042	1250	1458	1666	1875	3192
33	9606	27	208	417	625	833	1042	1250	1458	1666	1875	6101
34	9030856	26	208	416	624	832	1041	1249	1457	1665	1873	9010
35	2105	25	208	416	624	832	1040	1248	1456	1664	1872	1'1271919
36	3353	24	208	416	623	831	1039	1247	1455	1662	1870	4828
37	4600	23	208	416	623	831	1039	1247	1455	1662	1870	7737
38	5847	22	208	415	623	830	1038	1246	1453	1661	1868	1'1280646
39	7093	21	208	415	623	830	1038	1245	1453	1660	1868	3555
40	8338	20	207	415	622	829	1037	1244	1451	1658	1866	6462
41	9582	19	207	414	621	828	1036	1243	1450	1658	1865	9371
42	9040825	18	207	414	621	828	1036	1243	1450	1658	1865	1'1292280
43	2068	17	207	414	621	828	1035	1242	1449	1656	1863	5189
44	3310	16	207	414	620	827	1034	1241	1448	1654	1861	8098
45	4551	15	207	414	620	827	1034	1241	1448	1654	1861	1'1301007
46	5792	14	207	413	620	826	1033	1240	1446	1653	1859	3916
47	7032	13	207	413	620	826	1033	1239	1446	1652	1859	6825
48	8271	12	206	413	619	825	1032	1238	1444	1650	1857	9737
49	9509	11	206	412	618	824	1031	1237	1443	1649	1855	1'1312643
50	9050746	10	206	412	618	824	1031	1237	1443	1649	1855	5551
51	1983	9	206	412	618	824	1030	1236	1442	1648	1854	8460
52	3219	8	206	412	617	823	1029	1235	1441	1646	1852	1'1321369
53	4454	7	206	411	617	822	1028	1234	1439	1645	1850	4278
54	5688	6	206	411	617	822	1028	1234	1439	1645	1850	7187
55	6922	5	205	411	616	821	1027	1232	1437	1642	1848	1'1330096
56	8154	4	205	411	616	821	1027	1232	1437	1642	1848	3005
57	9386	3	205	411	616	821	1027	1232	1437	1642	1848	5914
58	9060618	2	205	410	615	820	1025	1230	1435	1640	1845	8823
59	1848	1	205	410	615	820	1025	1230	1435	1640	1845	1'1341732
60	3078	0	205	410	614	819	1024	1229	1434	1638	1843	4640
M.	Cosine.	M	10"	20"	30"	40"	50"	60"	70"	80"	90"	Arc.

Arc.

Sec.	Diff.
10	485
20	970
30	1454
40	1939
50	2424
60	2909
70	3394
80	3878
90	4363

25 Degrees.

k

65 Degrees.

Difference for Seconds.

M.	Sine.	M.	10″	20″	30″	40″	50″	60″	70″	80″	90″	Arc.
0	9063078	60	205	410	614	819	1024	1229	1434	1638	1843	1·1344640
1	4307	59	205	409	614	819	1023	1228	1432	1637	1841	7549
2	5535	58	205	409	614	818	1023	1227	1432	1636	1841	1·1350458
3	6762	57	205	409	614	818	1023	1227	1432	1636	1841	3367
4	7989	56	204	409	613	817	1022	1226	1430	1634	1839	6276
5	9215	55	204	408	612	816	1021	1225	1429	1633	1837	9185
6	9070440	54	204	408	612	816	1021	1225	1429	1633	1837	1·1362094
7	1665	53	204	408	611	815	1019	1223	1427	1630	1834	5003
8	2888	52	204	408	612	816	1020	1223	1427	1630	1834	7912
9	4111	51	204	407	611	814	1018	1222	1425	1629	1832	1·1370821
10	5333	50	204	407	611	814	1018	1221	1425	1628	1832	3729
11	6554	49	204	407	611	814	1018	1221	1425	1628	1832	6638
12	7775	48	203	407	610	813	1017	1220	1423	1626	1830	9547
13	8995	47	203	406	609	812	1016	1219	1422	1625	1828	1·1382456
14	9080214	46	203	406	609	812	1015	1218	1421	1624	1827	5365
15	1432	45	203	406	608	811	1014	1217	1420	1622	1825	8274
16	2649	44	203	406	608	811	1014	1217	1420	1622	1825	1·1391183
17	3866	43	203	405	608	810	1013	1216	1418	1621	1823	4092
18	5082	42	203	405	608	810	1013	1215	1418	1620	1823	7001
19	6297	41	202	405	607	809	1012	1214	1416	1618	1821	9910
20	7511	40	202	405	607	809	1012	1214	1416	1618	1821	1·1402818
21	8725	39	202	404	606	808	1011	1213	1415	1617	1819	5727
22	9938	38	202	404	606	808	1010	1212	1414	1616	1818	8636
23	9091150	37	202	404	605	807	1009	1211	1413	1614	1816	1·1411545
24	2361	36	202	404	605	807	1009	1211	1413	1614	1816	4454
25	3572	35	202	403	605	806	1008	1209	1411	1612	1814	7363
26	4781	34	202	403	605	806	1008	1209	1411	1612	1814	1·1420272
27	5990	33	202	403	605	806	1008	1209	1411	1612	1814	3181
28	7199	32	201	402	603	804	1006	1207	1408	1609	1810	6090
29	8406	31	201	402	603	804	1006	1207	1408	1609	1810	8999
30	9613	30	201	402	603	804	1005	1206	1407	1608	1809	1·1431907
31	9100819	29	201	402	602	803	1004	1205	1406	1607	1807	4816
32	2024	28	201	401	602	802	1003	1204	1404	1605	1805	7725
33	3228	27	201	401	602	802	1003	1204	1404	1605	1805	1·1440634
34	4432	26	201	401	602	802	1003	1203	1404	1604	1805	3543
35	5635	25	200	401	601	801	1002	1202	1402	1602	1803	6452
36	6837	24	200	400	600	800	1001	1201	1401	1601	1801	9361
37	8038	23	200	400	600	800	1000	1200	1400	1600	1800	1·1452270
38	9238	22	200	400	600	800	1000	1200	1400	1600	1800	5179
39	9110438	21	200	400	599	799	999	1199	1399	1598	1798	8087
40	1637	20	200	399	599	798	998	1198	1397	1597	1796	1·1460996
41	2835	19	199	399	599	798	998	1198	1397	1597	1796	3905
42	4033	18	199	399	598	797	997	1196	1395	1594	1794	6814
43	5229	17	199	399	598	797	997	1196	1395	1594	1794	9723
44	6425	16	199	398	597	796	996	1195	1394	1593	1792	1·1472632
45	7620	15	199	398	597	796	996	1195	1394	1593	1792	5541
46	8815	14	199	398	596	795	994	1193	1392	1590	1789	8450
47	9120008	13	199	398	596	795	994	1193	1392	1590	1789	1·1481358
48	1201	12	199	397	596	794	993	1192	1390	1589	1787	4267
49	2393	11	199	397	596	794	993	1191	1390	1588	1787	7176
50	3584	10	199	397	596	794	993	1191	1390	1588	1787	1·1490084
51	4775	9	198	397	595	793	992	1190	1388	1586	1785	2993
52	5965	8	198	396	594	792	991	1189	1387	1585	1783	5902
53	7154	7	198	396	594	792	990	1188	1386	1585	1782	8811
54	8342	6	198	396	593	791	989	1187	1385	1582	1780	1·1501720
55	9529	5	198	396	593	791	989	1187	1385	1582	1780	4628
56	9130716	4	198	395	593	790	988	1186	1383	1581	1778	7537
57	1902	3	198	395	593	790	988	1185	1383	1580	1778	1·1510446
58	3087	2	197	395	592	789	987	1184	1381	1578	1776	3355
59	4271	1	197	395	592	789	987	1184	1381	1578	1776	6264
60	5455	0	197	394	591	788	985	1182	1379	1576	1773	9173
M.	Cosine.	M.	10″	20″	30″	40″	50″	60″	70″	80″	90″	Arc.

Arc.

Sec.	Diff.
10	485
20	970
30	1454
40	1939
50	2424
60	2909
70	3394
80	3878
90	4363

24 Degrees.

66 Degrees.   Difference for Seconds.

M.	Sine.	M.	10″	20″	30″	40″	50″	60″	70″	80″	90″	Arc.
0	9135455	60	197	394	591	788	985	1182	1379	1576	1773	1·1519173
1	6637	59	197	394	591	788	985	1182	1379	1576	1773	1·1522082
2	7819	58	197	394	591	788	985	1182	1379	1576	1773	4991
3	9001	57	197	393	590	786	983	1180	1376	1573	1769	7900
4	9140181	56	197	393	590	786	983	1180	1376	1573	1769	1·1530809
5	1361	55	197	393	590	786	983	1179	1376	1572	1769	3718
6	2540	54	196	393	589	785	982	1178	1374	1570	1767	6627
7	3718	53	196	392	588	784	981	1177	1373	1569	1765	9536
8	4895	52	196	392	588	784	981	1177	1373	1569	1765	1·1542445
9	6072	51	196	392	587	783	979	1175	1371	1566	1762	5354
10	7247	50	196	392	587	783	979	1175	1371	1566	1762	8262
11	8422	49	196	392	587	783	979	1175	1371	1566	1762	1·1551171
12	9597	48	196	391	587	782	978	1173	1369	1564	1760	4080
13	9150770	47	196	391	587	782	978	1173	1369	1564	1760	6989
14	1943	46	195	391	586	781	977	1172	1367	1562	1758	9898
15	3115	45	195	390	585	780	976	1171	1366	1561	1756	1·1562807
16	4286	44	195	390	585	780	975	1170	1365	1560	1755	5716
17	5456	43	195	390	585	780	975	1170	1365	1560	1755	8625
18	6626	42	195	390	584	779	974	1169	1364	1558	1753	1·1571534
19	7795	41	195	389	584	778	973	1168	1362	1557	1751	4443
20	8963	40	195	389	584	778	973	1167	1362	1556	1751	7351
21	9160130	39	195	389	584	778	973	1167	1362	1556	1751	1·1580260
22	1297	38	194	388	582	776	971	1165	1359	1553	1747	3169
23	2462	37	194	388	582	776	971	1165	1359	1553	1747	6078
24	3627	36	194	388	582	776	970	1164	1358	1552	1746	8987
25	4791	35	194	388	582	776	970	1164	1358	1552	1746	1·1591896
26	5955	34	194	388	581	775	969	1163	1357	1550	1744	4805
27	7118	33	194	387	581	774	968	1161	1355	1548	1742	7714
28	8279	32	194	387	581	774	968	1161	1355	1548	1742	1·1600623
29	9440	31	194	387	581	774	968	1161	1355	1548	1742	3532
30	9170601	30	193	386	579	772	966	1159	1352	1545	1738	6440
31	1760	29	193	386	579	772	966	1159	1352	1545	1738	9349
32	2919	28	193	386	579	772	965	1158	1351	1544	1737	1·1612258
33	4077	27	193	386	578	771	964	1157	1350	1542	1735	5167
34	5234	26	193	386	578	771	964	1157	1350	1542	1735	8076
35	6391	25	193	385	578	770	963	1155	1348	1540	1733	1·1620985
36	7546	24	193	385	578	770	963	1155	1348	1540	1733	3894
37	8701	23	192	385	577	769	962	1154	1346	1538	1731	6803
38	9855	22	192	385	577	769	962	1154	1346	1538	1731	9712
39	9181009	21	192	384	576	768	960	1152	1344	1536	1728	1·1632621
40	2161	20	192	384	576	768	960	1152	1344	1536	1728	5528
41	3313	19	192	384	575	767	959	1151	1343	1534	1726	8437
42	4464	18	192	383	575	766	958	1150	1341	1533	1724	1·1641346
43	5614	17	192	383	575	766	958	1149	1341	1532	1724	4255
44	6763	16	192	383	575	766	958	1149	1341	1532	1724	7164
45	7912	15	191	383	574	765	957	1148	1339	1530	1722	1·1650073
46	9060	14	191	382	573	764	956	1147	1338	1529	1720	2982
47	9190207	13	191	382	573	764	955	1146	1337	1528	1719	5891
48	1353	12	191	382	573	764	955	1146	1337	1528	1719	8800
49	2499	11	191	382	572	763	954	1145	1336	1526	1717	1·1661709
50	3644	10	191	381	572	762	953	1144	1334	1525	1715	4617
51	4788	9	191	381	572	762	953	1143	1334	1524	1715	7526
52	5931	8	190	381	571	761	952	1142	1332	1522	1713	1·1670435
53	7073	7	190	381	571	761	952	1142	1332	1522	1713	3344
54	8215	6	190	380	570	760	951	1141	1331	1521	1711	6253
55	9356	5	190	380	570	760	950	1140	1330	1520	1710	9162
56	9200496	4	190	380	569	759	949	1139	1329	1518	1708	1·1682071
57	1635	3	190	380	569	759	949	1139	1329	1518	1708	4980
58	2774	2	190	379	569	758	948	1138	1327	1517	1706	7889
59	3912	1	190	379	569	758	948	1137	1327	1516	1706	1·1690798
60	5049	0	189	379	568	757	947	1136	1325	1514	1704	3706
M.	Cosine.	M.	10″	20″	30″	40″	50″	60″	70″	80″	90″	Arc.

23 Degrees.

Arc.		
Sec.	Diff.	
10	485	
20	970	
30	1454	
40	1939	
50	2424	
60	2909	
70	3394	
80	3878	
90	4363	

67 Degrees.

Difference for Seconds.

M.	Sine.	M.	10"	20"	30"	40"	50"	60"	70"	80"	90"	Arc.
0	9205049	60	189	379	568	757	947	1136	1325	1514	1704	1·1693706
1	6185	59	189	378	567	756	946	1135	1324	1513	1702	6615
2	7320	58	189	378	567	756	946	1135	1324	1513	1702	9524
3	8455	57	189	378	567	756	945	1134	1323	1512	1701	1·1702433
4	9589	56	189	378	566	755	944	1133	1322	1510	1699	5342
5	9210722	55	189	377	566	754	943	1132	1320	1509	1697	8251
6	1854	54	189	377	566	754	943	1132	1320	1509	1697	1·1711160
7	2986	53	188	377	565	753	942	1130	1318	1506	1695	4069
8	4116	52	188	377	565	753	942	1130	1318	1506	1695	6978
9	5246	51	188	376	564	752	941	1129	1317	1505	1693	9887
10	6375	50	188	376	564	752	941	1129	1317	1505	1693	1·1722795
11	7504	49	188	376	564	752	940	1128	1316	1504	1692	5704
12	8632	48	188	375	563	750	938	1126	1313	1501	1688	8613
13	9758	47	188	375	563	750	938	1126	1313	1501	1688	1·1731522
14	9220884	46	188	375	563	750	938	1126	1313	1501	1688	4431
15	2010	45	187	375	562	749	937	1124	1311	1498	1686	7340
16	3134	44	187	375	562	749	937	1124	1311	1498	1686	1·1740249
17	4258	43	187	374	561	748	936	1123	1310	1497	1684	3158
18	5381	42	187	374	561	748	935	1122	1309	1496	1683	6067
19	6503	41	187	374	560	747	934	1121	1308	1494	1681	8976
20	7624	40	187	374	560	747	934	1121	1308	1494	1681	1·1751884
21	8745	39	187	373	560	746	933	1120	1306	1493	1679	4793
22	9865	38	187	373	560	746	933	1119	1306	1492	1679	7702
23	9230984	37	186	373	559	745	932	1118	1304	1490	1677	1·1760611
24	2102	36	186	373	559	745	932	1118	1304	1490	1677	3520
25	3220	35	186	372	558	744	930	1116	1302	1488	1674	6429
26	4336	34	186	372	558	744	930	1116	1302	1488	1674	9338
27	5452	33	186	372	557	743	929	1115	1301	1486	1672	1·1772247
28	6567	32	186	372	557	743	929	1115	1301	1486	1672	5156
29	7682	31	186	371	557	742	928	1113	1299	1484	1670	8065
30	8795	30	186	371	557	742	928	1113	1299	1484	1670	1·1780973
31	9908	29	185	371	556	741	927	1112	1297	1482	1668	3882
32	9241020	28	185	370	555	740	926	1111	1296	1481	1666	6791
33	2131	27	185	370	555	740	926	1111	1296	1481	1666	9700
34	3242	26	185	369	554	739	924	1109	1294	1478	1662	1·1792609
35	4351	25	185	369	554	739	924	1109	1294	1478	1662	5518
36	5460	24	185	369	554	738	923	1108	1292	1477	1661	8427
37	6568	23	185	369	554	738	923	1108	1292	1477	1661	1·1801336
38	7676	22	184	369	553	737	922	1106	1290	1474	1659	4245
39	8782	21	184	369	553	737	922	1106	1290	1474	1659	7154
40	9888	20	184	368	552	736	921	1105	1289	1473	1657	1·1810061
41	9250993	19	184	368	552	736	920	1104	1288	1472	1656	2970
42	2097	18	184	368	552	736	920	1104	1288	1472	1656	5879
43	3201	17	184	367	551	734	918	1102	1285	1469	1652	8788
44	4303	16	184	367	551	734	918	1102	1285	1469	1652	1·1821697
45	5405	15	184	367	551	734	918	1101	1285	1468	1652	4606
46	6506	14	183	367	550	733	917	1100	1283	1466	1650	7515
47	7606	13	183	367	550	733	917	1100	1283	1466	1650	1·1830424
48	8706	12	183	366	549	732	916	1099	1282	1465	1648	3333
49	9805	11	183	366	548	731	914	1097	1280	1462	1645	6242
50	9260902	10	183	366	548	731	914	1098	1280	1462	1645	9150
51	2000	9	183	365	548	730	913	1096	1278	1461	1643	1·1842059
52	3096	8	183	365	548	730	913	1096	1278	1461	1643	4968
53	4192	7	182	365	547	729	912	1094	1276	1458	1641	7877
54	5286	6	182	365	547	729	912	1094	1276	1458	1641	1·1850786
55	6380	5	182	365	547	729	912	1094	1276	1458	1641	3695
56	7474	4	182	364	546	728	910	1092	1274	1456	1638	6604
57	8566	3	182	364	546	728	910	1092	1274	1456	1638	9513
58	9658	2	182	363	545	726	908	1090	1271	1453	1634	1·1862422
59	9270748	1	182	363	545	726	908	1091	1271	1453	1634	5330
60	1839	0	182	363	545	726	908	1089	1271	1452	1634	8239
M.	Cosine.	M.	10"	20"	30"	40"	50"	60"	70"	80"	90"	Arc.

Arc.

Sec.	Diff.
10	485
20	970
30	1454
40	1939
50	2424
60	2909
70	3394
80	3878
90	4363

22 Degrees.

68 Degrees. Difference for Seconds.

M.	Sine.	M.	10"	20"	30"	40"	50"	60"	70"	80"	90"	Arc.
0	9271839	60	182	363	545	726	908	1089	1271	1452	1734	1·1868239
1	2928	59	181	363	544	725	907	1088	1269	1450	1632	1·1871148
2	4016	58	181	363	544	725	907	1088	1269	1450	1632	4057
3	5104	57	181	362	543	724	906	1087	1268	1449	1630	6966
4	6191	56	181	362	543	724	905	1086	1267	1448	1629	9875
5	7277	55	181	362	543	724	905	1086	1267	1448	1629	1·1882784
6	8363	54	181	361	542	722	903	1084	1264	1445	1625	5693
7	9447	53	181	361	542	722	903	1084	1264	1445	1625	8602
8	9280531	52	181	361	542	722	903	1083	1264	1444	1625	1·1891511
9	1614	51	180	361	541	721	902	1082	1262	1442	1623	4420
10	2696	50	180	361	541	721	902	1082	1262	1442	1623	7328
11	3778	49	180	360	540	720	900	1080	1260	1440	1620	1·1900237
12	4858	48	180	360	540	720	900	1080	1260	1440	1620	3146
13	5938	47	180	360	539	719	899	1079	1259	1438	1618	6055
14	7017	46	180	360	539	719	899	1079	1259	1438	1618	8964
15	8096	45	180	359	539	718	898	1077	1257	1436	1616	1·1911873
16	9173	44	180	359	538	718	898	1077	1257	1436	1616	4782
17	9290250	43	179	359	538	717	897	1076	1255	1434	1614	7691
18	1326	42	179	358	537	716	896	1075	1254	1433	1612	1·1920600
19	2401	41	179	358	537	716	895	1074	1253	1432	1611	3509
20	3475	40	179	358	537	716	895	1074	1253	1432	1611	6417
21	4549	39	179	358	536	715	894	1073	1252	1431	1610	9326
22	5622	38	179	357	536	714	893	1072	1250	1429	1607	1·1932235
23	6694	37	179	357	536	714	893	1071	1250	1428	1607	5144
24	7765	36	178	357	535	713	892	1070	1248	1426	1605	8053
25	8835	35	178	357	535	713	892	1070	1248	1426	1605	1·1940962
26	9905	34	178	356	534	712	891	1069	1247	1425	1603	3871
27	9300974	33	178	356	534	712	890	1068	1246	1424	1602	6780
28	2042	32	178	356	533	711	889	1067	1245	1422	1600	9689
29	3109	31	178	356	533	711	889	1067	1245	1422	1600	1·1952598
30	4176	30	178	355	533	710	888	1065	1243	1420	1598	5506
31	5241	29	178	355	533	710	888	1065	1243	1420	1598	8415
32	6306	28	177	355	532	709	887	1064	1241	1418	1596	1·1961324
33	7370	27	177	355	532	709	887	1064	1241	1418	1596	4233
34	8434	26	177	354	531	708	885	1062	1239	1416	1593	7142
35	9496	25	177	354	531	708	885	1062	1239	1416	1593	1·1970051
36	9310558	24	177	354	530	707	884	1061	1238	1414	1591	2960
37	1619	23	177	353	530	706	883	1060	1236	1413	1589	5869
38	2679	22	177	353	530	706	883	1060	1236	1413	1589	8778
39	3739	21	176	353	529	705	882	1058	1234	1410	1587	1·1981687
40	4797	20	176	353	529	705	882	1058	1234	1410	1587	4594
41	5855	19	176	352	528	704	881	1057	1233	1409	1585	7503
42	6912	18	176	352	528	704	881	1057	1233	1409	1585	1·1990412
43	7969	17	176	352	528	704	880	1055	1231	1406	1581	3321
44	9024	16	176	352	528	704	880	1055	1231	1406	1581	6230
45	9320079	15	176	351	527	702	878	1054	1229	1405	1580	9139
46	1133	14	176	351	527	702	878	1053	1229	1404	1580	1·2002048
47	2186	13	175	351	526	701	877	1052	1227	1402	1578	4957
48	3238	12	175	351	526	701	877	1052	1227	1402	1578	7866
49	4290	11	175	350	525	700	875	1050	1225	1400	1575	1·2010775
50	5340	10	175	350	525	700	875	1050	1225	1400	1575	3683
51	6390	9	175	350	524	699	874	1049	1224	1398	1573	6592
52	7439	8	175	350	524	699	874	1049	1224	1398	1573	9501
53	8488	7	175	349	524	698	873	1047	1222	1396	1571	1·2092410
54	9535	6	175	349	524	698	873	1047	1222	1396	1571	5319
55	9330582	5	174	349	523	697	872	1046	1220	1394	1569	8228
56	1628	4	174	348	522	696	871	1045	1219	1393	1567	1·2031137
57	2673	3	174	348	522	696	871	1045	1219	1393	1567	4046
58	3718	2	174	348	521	695	869	1043	1217	1390	1563	6955
59	4761	1	174	348	521	695	869	1043	1217	1390	1563	9864
60	5804	0	174	347	521	694	868	1042	1215	1389	1562	1·2042772
M.	Cosine.	M.	10"	20"	30"	40"	50"	60"	70"	80"	90"	Arc.

21 Degrees.

Arc.

Sec.	Diff.
10	485
20	970
30	1454
40	1939
50	2424
60	2909
70	3394
80	3878
90	4363

69 Degrees.

Difference for Seconds.

M.	Sine.	M.	10″	20″	30″	40″	50″	60″	70″	80″	90″	Arc.
0	9335804	60	174	347	521	694	868	1042	1215	1389	1562	1·2042772
1	6846	59	174	347	521	694	868	1042	1215	1389	1562	5681
2	7888	58	173	347	520	693	867	1040	1213	1386	1560	8590
3	8928	57	173	·347	520	693	867	1040	1213	1386	1560	1·2051499
4	9968	56	173	346	519	692	866	1039	1212	1385	1558	4408
5	9341007	55	173	346	519	692	865	1038	1211	1384	1557	7317
6	2045	54	173	346	518	691	864	1037	1210	1382	1555	1·2060226
7	3082	53	173	346	518	691	864	1037	1210	1382	1555	3135
8	4119	52	173	345	518	690	863	1035	1208	1380	1553	6044
9	5154	51	173	345	518	690	863	1035	1208	1380	1553	8953
10	6189	50	172	345	517	689	862	1034	1206	1378	1551	1·2071861
11	7223	49	172	345	517	689	862	1034	1206	1378	1551	4770
12	8257	48	172	344	516	688	860	1032	1204	1376	1548	7679
13	9289	47	172	344	516	688	860	1032	1204	1376	1548	1·2080588
14	9350321	46	172	344	515	687	859	1031	1203	1374	1546	3497
15	1352	45	172	343	515	686	858	1030	1201	1373	1544	6406
16	2382	44	172	343	515	686	858	1030	1201	1373	1544	9315
17	3412	43	171	343	514	685	857	1028	1199	1370	1542	1·2092224
18	4440	42	171	343	514	685	857	1028	1199	1370	1542	5133
19	5468	41	171	342	513	684	856	1027	1198	1369	1540	8042
20	6495	40	171	342	·513	684	855	1026	1197	1368	1539	1·2100950
21	7521	39	171	342	513	684	855	1026	1197	1368	1539	3859
22	8547	38	171	341	512	682	853	1024	1194	1365	1535	6768
23	9571	37	171	341	512	682	853	1024	1194	1365	1535	9677
24	9360595	36	171	341	512	682	853	1023	1194	1365	1535	1·2112586
25	1618	35	171	341·	512	682	853	1023	1194	1365	1535	5495
26	2641	34	170	340	510	680	851	1021	1191	1361	1531	8404
27	3662	33	170	340	510	680	851	1021	1191	1361	1531	1·2121313
28	4683	32	170	340	510	680	850	1020	1190	1360	1530	4222
29	5703	31	170	339	509	679	849	1019	1189	1358	1528	7131
30	6722	30	170	339	509	678	848	1018	1187	1357	1526	1·2130039
31	7740	29	170	339	509	678	848	1018	1187	1357	1526	2948
32	8758	28	169	339	508	677	847	1016	1185	1354	1523	5857
33	9774	27	169	339	508	677	847	1016	1185	1354	1523	8766
34	9370790	26	169	339	508	677	847	1016	1185	1354	1523	1·2141675
35	1806	25	169	338	507	676	845	1014	1183	1352	1521	4584
36	2820	24	169	338	506	675	844	1013	1182	1350	1519	7493
37	3833	23	169	338	506	675	844	1013	1182	1350	1519	1·2150402
38	4846	22	169	337	506	674	843	1012	1180	1349	1517	3311
39	5858	21	169	337	506	674	843	1011	1180	1348	1517	6220
40	6869	20	169	337	506	674	843	1011	1180	1348	1517	9128
41	7880	19	168	336	504	672	841	1009	1177	1345	1513	1·2162037
42	8889	18	168	336	504	672	841	1009	1177	1345	1513	4946
43	9898	17	168	336	504	672	840	1008	1176	1344	1512	7855
44	9380906	16	168	336	503	671	839	1007	1175	1342	1510	1·2170764
45	1913	15	168	336	503	671	839	1007	1175	1342	1510	3673
46	2920	14	168	335	503	670	838	1005	1173	1340	1508	6582
47	3925	13	168	335	503	670	838	1005	1173	1340	1508	9491
48	4930	12	167	335	502	669	837	1004	1171	1338	1506	1·2182400
49	5934	11	167	335	502	669	837	1004	1171	1338	1506	5309
50	6938	10	167	334	501	668	835	1002	1169	1336	1503	8216
51	7940	9	167	334	501	668	835	1002	1169	1336	1503	1·2191125
52	8942	8	167	333	500	666	833	1000	1166	1333	1499	4034
53	9942	7	167	334	500	667	834	1001	1168	1334	1501	6943
54	9390943	6	167	333	500	666	833	999	1166	1332	1499	9852
55	1942	5	166	.333	499	665	832	998	1164	1330	1497	1·2202761
56	2940	4	166	333	499	665	832	998	1164	1330	1497	5670
57	3938	3	166	332	498	664	831	997	1163	1329	1495	8579
58	4935	2	166	332	498	664	830	996	1162	1328	1494	1·2211488
59	5931	1	166	332	497	663	829	995	1161	1326	1491	4397
60	6926	0	166	332	497	663	829	995	1161	1326	1491	7305
M.	Cosine.	M.	10″	20″	30″	40″	50″	60″	70″	80″	90″	Arc.

Arc.

Sec.	Diff.
10	485
20	970
30	1454
40	1939
50	2424
60	2909
70	3394
80	3878
90	4363

20 Degrees.

70 Degrees.   Difference for Seconds.   [71

M.	Sine.	M.	10"	20"	30"	40"	50"	60"	70"	80"	90"	Arc.
0	9396926	60	166	332	497	663	829	995	1161	1326	1492	1·2217305
1	7921	59	166	331	497	662	828	993	1159	1324	1490	1·2220214
2	8914	58	166	331	497	662	828	993	1159	1324	1490	3123
3	9907	57	165	331	496	661	827	992	1157	1322	1488	6032
4	9400899	56	165	331	496	661	827	992	1157	1322	1488	8941
5	1891	55	165	330	495	660	825	990	1155	1320	1485	1·2231850
6	2881	54	165	330	495	660	825	990	1155	1320	1485	4759
7	3871	53	165	330	494	659	824	989	1154	1318	1483	7668
8	4860	52	165	329	494	658	823	988	1152	1317	1481	1·2240577
9	5848	51	165	329	494	658	823	987	1152	1316	1481	3486
10	6835	50	165	329	494	658	823	987	1152	1316	1481	6394
11	7822	49	164	329	493	657	822	986	1150	1314	1479	9303
12	8808	48	164	328	492	656	821	985	1149	1313	1477	1·2252212
13	9793	47	164	328	492	656	820	984	1148	1312	1476	5121
14	9410777	46	164	328	491	655	819	983	1147	1310	1474	8030
15	1760	45	164	328	491	655	819	983	1147	1310	1474	1·2260939
16	2743	44	164	327	491	654	818	981	1145	1308	1472	3848
17	3724	43	164	327	491	654	818	981	1145	1308	1472	6757
18	4705	42	164	327	491	654	818	981	1145	1308	1472	9666
19	5686	41	163	326	489	652	816	979	1142	1305	1468	1·2272575
20	6665	40	163	326	489	652	816	979	1142	1305	1468	5483
21	7644	39	163	326	488	651	814	977	1140	1302	1465	8392
22	8621	38	163	326	488	651	814	977	1140	1302	1465	1·2281301
23	9598	37	163	326	488	651	814	977	1140	1302	1465	4210
24	9420575	36	163	325	488	650	813	975	1138	1300	1463	7119
25	1550	35	163	325	488	650	813	975	1138	1300	1463	1·2290028
26	2525	34	162	324	486	648	811	973	1135	1297	1459	2937
27	3498	33	162	324	486	648	811	973	1135	1297	1459	5846
28	4471	32	162	324	486	648	811	973	1135	1297	1459	8755
29	5444	31	162	324	485	647	809	971	1133	1294	1456	1·2301664
30	6415	30	162	324	485	647	809	971	1133	1294	1456	4572
31	7386	29	162	323	485	646	808	969	1131	1292	1454	7481
32	8355	28	162	323	485	646	808	969	1131	1292	1454	1·2310390
33	9324	27	162	323	485	646	808	969	1131	1292	1454	3299
34	9430293	26	161	322	483	644	806	967	1128	1289	1450	6208
35	1260	25	161	322	483	644	806	967	1128	1289	1450	9116
36	2227	24	161	322	482	643	804	965	1126	1286	1447	1·2322025
37	3192	23	161	322	482	643	804	965	1126	1286	1447	4934
38	4157	22	161	322	482	643	804	965	1126	1286	1447	7843
39	5122	21	161	321	482	642	803	963	1124	1284	1445	1·2330752
40	6085	20	161	321	482	642	803	963	1124	1284	1445	3661
41	7048	19	160	321	481	641	802	962	1122	1282	1443	6570
42	8010	18	160	320	480	640	801	961	1121	1281	1441	9479
43	8971	17	160	320	480	640	800	960	1120	1280	1440	1·2342388
44	9931	16	160	320	479	639	799	959	1119	1278	1437	5296
45	9440890	15	160	320	479	639	799	959	1119	1278	1437	8205
46	1849	14	160	319	479	638	798	958	1117	1277	1436	1·2351114
47	2807	13	160	319	479	638	798	957	1117	1276	1436	4023
48	3764	12	159	319	478	637	797	956	1115	1274	1434	6932
49	4720	11	159	318	477	636	796	955	1114	1273	1432	9841
50	5675	10	159	318	477	636	796	955	1114	1273	1432	1·2362749
51	6630	9	159	318	477	636	795	954	1113	1272	1431	5658
52	7584	8	159	318	476	635	794	953	1112	1270	1429	8567
53	8537	7	159	317	476	634	793	952	1110	1269	1427	1·2371476
54	9489	6	159	317	476	634	793	952	1110	1269	1427	4385
55	9450441	5	158	317	475	633	792	950	1108	1266	1425	7294
56	1391	4	158	317	475	633	792	950	1108	1266	1425	1·2380203
57	2341	3	158	316	474	632	791	949	1107	1265	1423	3112
58	3290	2	158	316	474	632	790	948	1106	1264	1422	6021
59	4238	1	158	316	474	632	790	948	1106	1264	1422	8930
60	5186	0	158	315	473	631	789	946	1103	1261	1418	1·2391838
M.	Cosine.	M.	10"	20"	30"	40"	50"	60"	70"	80"	90"	Arc.

	Arc.	
Sec.		Diff.
10		485
20		970
30		1454
40		1939
50		2424
60		2909
70		3394
80		3878
90		4363

19 Degrees.

71 Degrees.

Difference for Seconds.

M.	Sine.	M.	10"	20"	30"	40"	50"	60"	70"	80"	90"	Arc.
0	9455186	60	158	315	473	630	788	946	1103	1261	1418	1·2391838
1	6132	59	158	315	473	630	788	946	1103	1261	1418	4747
2	7078	58	158	315	473	630	788	945	1103	1260	1418	7656
3	8023	57	158	315	473	630	788	945	1103	1260	1418	1·2400565
4	8968	56	157	314	471	628	786	943	1100	1257	1414	3474
5	9911	55	157	314	471	628	786	943	1100	1257	1414	6383
6	9460854	54	157	314	470	627	784	941	1098	1254	1411	9292
7	1795	53	157	314	470	627	784	941	1098	1254	1411	1·2412201
8	2736	52	157	314	470	627	784	941	1098	1254	1411	5110
9	3677	51	157	313	470	626	783	939	1096	1252	1409	8019
10	4616	50	157	313	470	626	783	939	1096	1252	1409	1·2420927
11	5555	49	156	313	469	625	782	938	1094	1250	1407	3836
12	6493	48	156	312	468	624	781	937	1093	1249	1405	6745
13	7430	47	156	312	468	624	780	936	1090	1248	1404	9654
14	8366	46	156	312	467	623	779	935	1091	1246	1402	1·2432563
15	9301	45	156	312	467	623	779	935	1091	1246	1402	5472
16	9470236	44	156	311	467	622	778	934	1089	1245	1400	8381
17	1170	43	156	311	467	622	778	933	1089	1244	1400	1·2441290
18	2103	42	155	311	466	621	777	932	1087	1242	1398	4199
19	3035	41	155	310	465	620	776	931	1086	1241	1396	7108
20	3966	40	155	310	465	620	776	931	1086	1241	1396	1·2450015
21	4897	39	155	310	465	620	775	930	1085	1240	1395	2924
22	5827	38	155	310	464	619	774	929	1084	1238	1393	5833
23	6756	37	155	309	464	618	773	928	1082	1237	1391	8742
24	7684	36	155	309	464	618	773	928	1082	1237	1391	1·2461651
25	8612	35	154	309	463	617	772	926	1080	1234	1389	4560
26	9538	34	154	309	463	617	772	926	1080	1234	1389	7469
27	9480464	33	154	308	462	616	771	925	1079	1233	1387	1·2470378
28	1389	32	154	308	462	616	770	924	1078	1232	1386	3287
29	2313	31	154	308	462	616	770	924	1078	1232	1386	6196
30	3237	30	154	307	461	614	768	922	1075	1229	1382	9104
31	4159	29	154	307	461	614	768	922	1075	1229	1382	1·2482013
32	5081	28	154	307	461	614	768	921	1075	1228	1382	4922
33	6002	27	153	307	460	613	767	920	1073	1226	1380	7831
34	6922	26	153	307	460	613	767	920	1073	1226	1380	1·2490740
35	7842	25	153	306	459	612	765	918	1071	1224	1377	3649
36	8760	24	153	306	459	612	765	918	1071	1224	1377	6558
37	9678	23	153	306	458	611	764	917	1070	1222	1375	9467
38	9490595	22	153	305	458	610	763	916	1068	1221	1373	1·2502376
39	1511	21	153	305	458	610	763	915	1068	1220	1373	5285
40	2426	20	153	305	458	610	763	915	1068	1220	1373	8193
41	3341	19	152	305	457	609	762	914	1066	1218	1371	1·2511102
42	4255	18	152	304	456	608	761	913	1065	1217	1369	4011
43	5168	17	152	304	456	608	760	912	1064	1216	1368	6920
44	6080	16	152	304	455	607	759	911	1063	1214	1366	9829
45	6991	15	152	304	455	607	759	911	1063	1214	1366	1·2522738
46	7902	14	152	303	455	606	758	910	1061	1213	1364	5647
47	8812	13	152	303	455	606	758	909	1061	1212	1364	8556
48	9721	12	151	303	454	605	757	908	1061	1212	1364	1·2531465
49	9500629	11	151	302	453	604	756	907	1058	1209	1360	4374
50	1536	10	151	302	453	604	756	907	1058	1209	1360	7282
51	2443	9	151	302	452	603	754	905	1056	1206	1356	1·2540191
52	3348	8	151	302	452	603	754	905	1056	1206	1356	3100
53	4253	7	151	301	452	602	753	904	1054	1205	1355	6009
54	5157	6	151	301	452	602	753	904	1054	1205	1355	8918
55	6061	5	150	301	451	601	752	902	1052	1202	1353	1·2551827
56	6963	4	150	301	451	601	752	902	1052	1202	1353	4736
57	7865	3	150	300	450	600	751	901	1051	1201	1351	7645
58	8766	2	150	300	450	600	750	900	1050	1200	1350	1·2560554
59	9666	1	150	300	449	599	749	899	1049	1198	1347	3463
60	9510565	0	150	300	449	599	749	899	1049	1198	1347	6371
M.	Cosine.	M.	10"	20"	30"	40"	50"	60"	70"	80"	90"	Arc.

Arc.	
Sec.	Diff.
10	485
20	970
30	1454
40	1939
50	2424
60	2909
70	3394
80	3878
90	4363

18 Degrees.

72 Degrees.   Difference for Seconds.   [73

M.	Sine.	M.	10"	20"	30"	40"	50"	60"	70"	80"	90"	Arc.
0	9510565	60	150	300	449	599	749	899	1049	1198	1348	1·2566371
1	1464	59	150	299	449	598	748	897	1047	1196	1346	9280
2	2361	58	150	299	449	598	748	897	1047	1196	1346	1·2572189
3	3258	57	149	299	448	597	747	896	1045	1194	1344	5098
4	4154	56	149	299	448	597	747	896	1045	1194	1344	8007
5	5050	55	149	298	447	596	745	894	1043	1192	1341	1·2580916
6	5944	54	149	298	447	596	745	894	1043	1192	1341	3825
7	6838	53	149	298	446	595	744	893	1042	1190	1339	6734
8	7731	52	149	297	446	594	743	892	1040	1189	1337	9643
9	8623	51	149	297	446	594	743	891	1040	1188	1337	1·2592552
10	9514	50	148	297	445	593	742	890	1038	1186	1335	5460
11	9520404	49	148	297	445	593	742	890	1038	1186	1335	8369
12	1294	48	148	296	444	592	741	889	1037	1185	1333	1·2601278
13	2183	47	148	296	444	592	740	888	1036	1184	1332	4187
14	3071	46	148	296	443	591	739	887	1035	1182	1330	7096
15	3958	45	148	295	443	590	738	886	1033	1181	1328	1·2610005
16	4844	44	148	295	443	590	738	886	1033	1181	1328	2914
17	5730	43	148	295	443	590	738	885	1033	1180	1328	5823
18	6615	42	147	295	442	589	737	884	1031	1178	1326	8732
19	7499	41	147	294	441	588	736	883	1030	1177	1324	1·2621641
20	8382	40	147	294	441	588	735	882	1029	1176	1323	4549
21	9264	39	147	294	441	588	735	882	1029	1176	1323	7458
22	9530146	38	147	294	440	587	734	881	1028	1174	1321	1·2630367
23	1027	37	147	293	440	586	733	880	1026	1173	1319	3276
24	1907	36	147	293	440	586	733	879	1026	1172	1319	6185
25	2786	35	146	293	439	585	732	878	1025	1171	1318	9094
26	3664	34	146	293	439	585	732	878	1025	1171	1318	1·2642003
27	4542	33	146	292	438	584	730	876	1022	1168	1314	4912
28	5418	32	146	292	438	584	730	876	1022	1168	1314	7821
29	6294	31	146	292	438	584	730	876	1022	1168	1314	1·2650730
30	7170	30	146	291	437	582	728	874	1019	1165	1310	3638
31	8044	29	146	291	437	582	728	873	1019	1164	1310	6547
32	8917	28	146	291	437	582	728	873	1019	1164	1310	9456
33	9790	27	145	291	436	581	727	872	1017	1162	1308	1·2662365
34	9540662	26	145	290	435	580	726	871	1016	1161	1306	5274
35	1533	25	145	290	435	580	725	870	1015	1160	1305	8183
36	2403	24	145	290	435	580	725	870	1015	1160	1305	1·2671092
37	3273	23	145	289	434	578	723	868	1012	1157	1301	4001
38	4141	22	145	289	434	578	723	868	1012	1157	1301	6910
39	5009	21	145	289	434	578	723	867	1012	1156	1301	9819
40	5876	20	145	289	434	578	723	867	1012	1156	1301	1·2682727
41	6743	19	144	288	432	576	721	865	1009	1153	1297	5636
42	7608	18	144	288	432	576	721	865	1009	1153	1297	8545
43	8473	17	144	288	431	575	719	863	1007	1150	1294	1·2691454
44	9336	16	144	288	431	575	719	863	1007	1150	1294	4363
45	9550199	15	144	288	431	575	719	863	1007	1150	1294	7272
46	1062	14	144	287	431	574	718	861	1005	1148	1292	1·2700181
47	1923	13	144	287	431	574	718	861	1005	1148	1292	3090
48	2784	12	143	286	429	572	716	859	1002	1145	1288	5999
49	3643	11	143	286	429	572	716	859	1002	1145	1288	8908
50	4502	10	143	286	429	572	716	859	1002	1145	1288	1·2711815
51	5361	9	143	286	428	571	714	857	1000	1142	1285	4724
52	6218	8	143	285	428	570	713	856	998	1141	1283	7633
53	7074	7	143	285	428	570	713	856	998	1141	1283	1·2720542
54	7930	6	143	285	428	570	713	855	998	1140	1283	3451
55	8785	5	142	285	427	569	712	854	996	1138	1281	6360
56	9639	4	142	284	426	568	711	853	995	1137	1279	9269
57	9560492	3	142	284	426	568	711	853	995	1137	1279	1·2732178
58	1345	2	142	284	426	568	710	852	994	1136	1278	5087
59	2197	1	142	284	425	567	709	851	993	1134	1276	7996
60	3048	0	142	283	425	566	708	850	991	1133	1274	1·2740904
M.	Cosine.	M.	10"	20"	30"	40"	50"	60"	70"	80"	90"	Arc.

Arc.

Sec.	Diff.
10	485
20	970
30	1454
40	1939
50	2424
60	2909
70	3394
80	3878
90	4363

17 Degrees.   l

73 Degrees.

Difference for Seconds.

M.	Sine.	M.	10"	20"	30"	40"	50"	60"	70"	80"	90"	Arc.
0	9563048	60	142	283	425	566	708	850	991	1133	1274	1·2740904
1	3898	59	142	283	425	566	708	849	991	1132	1274	3813
2	4747	58	141	283	424	565	707	848	989	1130	1272	6722
3	5595	57	141	283	424	565	707	848	989	1130	1272	9631
4	6443	56	141	282	423	564	706	847	988	1129	1270	1·2752540
5	7290	55	141	282	423	564	705	846	987	1128	1269	5449
6	8136	54	141	282	422	563	704	845	986	1126	1267	8358
7	8981	53	141	281	422	562	703	844	984	1125	1265	1·2761267
8	9825	52	141	281	422	562	703	844	984	1125	1265	4176
9	9570669	51	141	281	422	562	703	843	984	1124	1265	7085
10	1512	50	140	281	421	561	702	842	982	1122	1263	9993
11	2354	49	140	280	420	560	701	841	981	1121	1261	1·2772902
12	3195	48	140	280	420	560	700	840	980	1120	1260	5811
13	4035	47	140	280	420	560	700	840	980	1120	1260	8720
14	4875	46	140	280	419	559	699	839	979	1118	1258	1·2781629
15	5714	45	140	279	419	558	698	838	977	1117	1256	4538
16	6552	44	140	279	419	558	698	837	977	1116	1256	7447
17	7389	43	139	279	418	557	697	836	975	1114	1254	1·2790356
18	8225	42	139	278	417	556	696	835	974	1113	1252	3265
19	9060	41	139	278	417	556	696	835	974	1113	1252	6174
20	9895	40	139	278	417	556	695	834	973	1112	1251	9082
21	9580729	39	139	278	416	555	694	833	972	1110	1249	1·2801990
22	1562	38	139	277	416	554	693	832	972	1109	1247	4899
23	2394	37	139	277	416	554	693	832	970	1109	1247	7808
24	3226	36	138	277	415	553	692	830	968	1106	1245	1·2810717
25	4056	35	138	277	415	553	692	830	968	1106	1245	3626
26	4886	34	138	276	414	552	691	829	967	1105	1243	6535
27	5715	33	138	276	414	552	690	828	966	1104	1242	9444
28	6543	32	138	276	414	552	690	828	966	1104	1242	1·2822353
29	7371	31	138	275	413	550	688	826	963	1101	1238	5262
30	8197	30	138	275	413	550	688	826	963	1101	1238	8171
31	9023	29	138	275	413	550	688	825	963	1100	1238	1·2831080
32	9848	28	137	275	412	549	687	824	961	1098	1236	3989
33	9590672	27	137	275	412	549	687	824	961	1098	1236	6898
34	1496	26	137	274	411	548	685	822	959	1096	1233	9807
35	2318	25	137	274	411	548	685	822	959	1096	1233	1·2842716
36	3140	24	137	274	410	547	684	821	958	1094	1231	5625
37	3961	23	137	273	410	546	683	820	956	1093	1229	8534
38	4781	22	137	273	410	546	683	819	956	1092	1229	1·2851443
39	5600	21	136	273	409	545	682	818	954	1090	1227	4352
40	6418	20	136	273	409	545	682	818	954	1090	1227	7260
41	7236	19	136	272	408	544	681	817	953	1089	1225	1·2860169
42	8053	18	136	272	408	544	680	816	952	1088	1224	3078
43	8869	17	136	272	407	543	679	815	951	1086	1222	5987
44	9684	16	136	272	407	543	679	815	951	1086	1222	8896
45	9600499	15	136	271	407	542	678	813	949	1084	1220	1·2871805
46	1312	14	136	271	407	542	678	813	949	1084	1220	4714
47	2125	13	135	271	406	541	677	812	947	1082	1218	7623
48	2937	12	135	270	405	540	676	811	946	1081	1216	1·2880532
49	3748	11	135	270	405	540	675	810	945	1080	1215	3441
50	4558	10	135	270	405	540	675	810	945	1080	1215	6348
51	5368	9	135	270	404	539	674	809	944	1078	1213	9257
52	6177	8	135	269	404	538	673	807	942	1076	1211	1·2892166
53	6984	7	135	269	404	538	673	808	942	1077	1211	5075
54	7792	6	134	269	403	537	672	806	940	1074	1209	7984
55	8598	5	134	268	402	536	671	805	939	1073	1207	1·2900893
56	9403	4	134	268	402	536	671	805	939	1073	1207	3802
57	9610208	3	134	268	402	536	670	804	938	1072	1206	6711
58	1012	2	134	268	401	535	669	803	937	1070	1204	9620
59	1815	1	134	267	401	534	668	802	935	1069	1202	1·2912528
60	2617	0	134	267	401	534	668	801	935	1068	1202	5436
M.	Cosine.	M.	10"	20"	30"	40"	50"	60"	70"	80"	90"	Arc.

16 Degrees.

Sec.	Diff.
10	485
20	970
30	1454
40	1939
50	2424
60	2909
70	3394
80	3878
90	4363

74 Degrees.   Difference for Seconds.

M.	Sine.	M.	10"	20"	30"	40"	50"	60"	70"	80"	90"	Arc.
0	9612617	60	134	267	401	534	668	801	935	1068	1202	1·2915436
1	3418	59	134	267	401	534	668	801	935	1068	1202	8345
2	4219	58	133	267	400	533	667	800	933	1066	1200	1·2921254
3	5019	57	133	266	399	532	666	799	932	1065	1198	4163
4	5818	56	133	266	399	532	665	798	931	1064	1197	7072
5	6616	55	133	266	398	531	664	797	930	1062	1195	9981
6	7413	54	133	266	398	531	664	797	930	1062	1195	1·2932890
7	8210	53	133	265	398	530	663	795	928	1060	1193	5799
8	9005	52	133	265	398	530	663	795	928	1060	1193	8708
9	9800	51	132	265	397	529	662	794	926	1058	1191	1·2941617
10	9620594	50	132	264	396	528	661	793	925	1057	1189	4525
11	1387	49	132	264	396	528	661	793	925	1057	1189	7434
12	2180	48	132	264	396	528	660	792	924	1056	1188	1·2950343
13	2972	47	132	263	395	526	658	790	921	1053	1184	3252
14	3762	46	132	263	395	526	658	790	921	1053	1184	6161
15	4552	45	132	263	395	526	658	790	921	1053	1184	9070
16	5342	44	131	263	394	525	657	788	919	1050	1182	1·2961979
17	6130	43	131	262	393	524	656	787	918	1049	1180	4888
18	6917	42	131	262	393	524	656	787	918	1049	1180	7797
19	7704	41	131	262	393	524	655	786	917	1048	1179	1·2970706
20	8490	40	131	262	392	523	654	785	916	1046	1177	3614
21	9275	39	131	262	392	523	654	785	916	1046	1177	6523
22	9630060	38	131	261	392	522	653	783	914	1044	1175	9432
23	0843	37	131	261	392	522	653	783	914	1044	1175	1·2982341
24	1626	36	130	261	391	521	652	782	912	1042	1173	5250
25	2408	35	130	260	390	520	651	781	911	1041	1171	8159
26	3189	34	130	260	390	520	650	780	910	1040	1170	1·2991068
27	3969	33	130	260	389	519	649	779	909	1038	1168	3977
28	4748	32	130	260	389	519	649	779	909	1038	1168	6886
29	5527	31	130	259	389	518	648	778	907	1037	1166	9795
30	6305	30	129	259	388	517	647	776	905	1034	1164	1·3002703
31	7081	29	129	259	388	517	647	777	905	1034	1164	5612
32	7858	28	129	258	387	516	646	775	904	1033	1162	8521
33	8633	27	129	258	387	516	645	774	903	1032	1161	1·3011430
34	9407	26	129	258	387	516	645	774	903	1032	1161	4339
35	9640181	25	129	258	386	515	644	773	902	1030	1159	7248
36	0954	24	129	257	386	514	643	772	900	1029	1157	1·3020157
37	1726	23	129	257	386	514	643	771	900	1028	1157	3066
38	2497	22	129	257	386	514	643	771	900	1028	1157	5975
39	3268	21	128	256	384	512	641	769	897	1025	1153	8884
40	4037	20	128	256	384	512	641	769	897	1025	1153	1·3031792
41	4806	19	128	256	384	512	640	768	896	1024	1152	4701
42	5574	18	128	256	383	511	639	767	895	1022	1150	7610
43	6341	17	128	256	383	511	639	767	895	1022	1150	1·3040519
44	7108	16	128	255	383	510	638	765	893	1020	1148	3428
45	7873	15	128	255	382	510	638	765	893	1020	1148	6337
46	8638	14	127	255	382	509	637	764	891	1018	1146	9246
47	9402	13	127	254	381	508	635	763	890	1017	1144	1·3052155
48	9650165	12	127	254	381	508	635	762	889	1016	1143	5064
49	0927	11	127	254	381	508	635	762	889	1016	1143	7973
50	1689	10	127	253	380	506	633	760	886	1013	1139	1·3060881
51	2449	9	127	253	380	506	633	760	886	1013	1139	3790
52	3209	8	127	253	380	506	633	759	886	1012	1139	6699
53	3968	7	126	253	379	505	632	758	884	1010	1137	9608
54	4726	6	126	253	379	505	632	758	884	1010	1137	1·3072517
55	5484	5	126	252	378	504	630	756	882	1008	1134	5426
56	6240	4	126	252	378	504	630	756	882	1008	1134	8335
57	6996	3	126	252	377	503	629	755	881	1006	1132	1·3081244
58	7751	2	126	251	377	502	628	754	879	1005	1130	4153
59	8505	1	126	251	377	502	628	753	879	1004	1130	7062
60	9258	0	126	251	377	502	628	753	879	1004	1130	9969
M.	Cosine.	M.	10"	20"	30"	40"	50"	60"	70"	80"	90"	Arc.

15 Degrees.

Arc.		
Sec.	Diff.	
10	485	
20	970	
30	1454	
40	1939	
50	2424	
60	2909	
70	3394	
80	3878	
90	4363	

[76]   75 Degrees.   Difference for Seconds.

M.	Sine.	M.	10"	20"	30"	40"	50"	60"	70"	80"	90"	Arc.
0	9659258	60	126	251	377	502	628	753	879	1004	1130	1·3089969
1	9660011	59	125	250	375	500	626	751	876	1001	1126	1·3092878
2	0762	58	125	250	375	500	626	751	876	1001	1126	5787
3	1513	57	125	250	375	500	625	750	875	1000	1125	8696
4	2263	56	125	250	374	499	624	749	874	998	1123	1·3101605
5	3012	55	125	250	374	499	624	749	874	998	1123	4514
6	3761	54	125	249	374	498	623	747	872	996	1121	7423
7	4508	53	125	249	374	498	623	747	872	996	1121	1·3110332
8	5255	52	124	249	373	498	622	746	870	994	1119	3241
9	6001	51	124	248	372	496	621	745	869	993	1117	6150
10	6746	50	124	248	372	496	620	744	868	992	1116	9058
11	7490	49	124	248	372	496	620	744	868	992	1116	1·3121967
12	8234	48	124	248	371	495	619	743	867	990	1114	4876
13	8977	47	124	247	371	494	618	741	865	988	1112	7785
14	9718	46	124	247	371	494	618	741	865	988	1112	1·3130694
15	9670459	45	124	247	371	494	618	741	865	988	1112	3603
16	1200	44	123	246	369	492	616	739	862	985	1108	6512
17	1939	43	123	246	369	492	616	739	862	985	1108	9421
18	2678	42	123	246	368	491	614	737	860	982	1105	1·3142330
19	3415	41	123	246	368	491	614	737	860	982	1105	5239
20	4152	40	123	245	368	490	613	736	858	981	1103	8147
21	4888	39	123	245	368	490	613	736	858	981	1103	1·3151056
22	5624	38	122	245	367	489	612	734	856	978	1101	3965
23	6358	37	122	245	367	489	612	734	856	978	1101	6874
24	7092	36	122	244	366	488	611	733	855	977	1099	9783
25	7825	35	122	244	366	488	610	732	854	976	1098	1·3162692
26	8557	34	122	244	365	487	609	731	853	974	1096	5601
27	9288	33	122	243	365	486	608	730	852	974	1095	8510
28	9680018	32	122	243	365	486	608	730	852	974	1095	1·3171419
29	0748	31	121	243	364	485	607	728	849	970	1092	4328
30	1476	30	121	243	364	485	607	728	849	970	1092	7236
31	2204	29	121	242	363	484	606	727	848	969	1090	1·3180145
32	2931	28	121	242	363	484	606	727	848	969	1090	3054
33	3658	27	121	242	362	483	604	725	846	966	1087	5963
34	4383	26	121	242	362	483	604	725	846	966	1087	8872
35	5108	25	121	241	362	482	603	724	844	965	1085	1·3191781
36	5832	24	121	241	362	482	603	723	844	964	1085	4690
37	6555	23	120	241	361	481	602	722	842	962	1083	7598
38	7277	22	120	240	360	480	601	721	841	961	1081	1·3200507
39	7998	21	120	240	360	480	601	721	841	961	1081	3416
40	8719	20	120	240	359	479	599	719	839	958	1078	6324
41	9438	19	120	240	359	479	599	719	839	958	1078	9233
42	9690157	18	120	239	359	478	598	718	837	957	1076	1·3212142
43	0875	17	120	239	359	478	598	718	837	957	1076	5051
44	1593	16	119	239	358	477	597	716	835	954	1074	7960
45	2309	15	119	239	358	477	597	716	835	954	1074	1·3220869
46	3025	14	119	238	357	476	596	715	834	953	1072	3778
47	3740	13	119	238	356	475	594	713	834	952	1071	6687
48	4453	12	119	238	356	475	594	714	833	952	1071	9596
49	5167	11	119	237	356	474	593	712	830	949	1067	1·3232505
50	5879	10	118	237	356	474	593	712	830	949	1067	5413
51	6591	9	118	237	355	473	592	710	828	946	1065	8322
52	7301	8	118	237	355	473	592	710	828	946	1065	1·3241231
53	8011	7	118	236	354	472	591	709	827	945	1063	4140
54	8720	6	118	236	354	472	590	708	826	944	1062	7049
55	9428	5	118	236	354	472	590	708	826	944	1062	9958
56	9700136	4	118	235	353	470	588	706	823	941	1058	1·3252867
57	0842	3	118	235	353	470	588	706	823	941	1058	5776
58	1548	2	118	235	353	470	588	705	823	940	1058	8685
59	2253	1	117	235	352	469	587	704	821	938	1056	1·3261594
60	2957	0	117	235	352	469	587	704	821	938	1056	4502
M.	Cosine.	M.	10"	20"	30"	40"	50"	60"	70"	80"	90"	Arc.

Arc.

Sec.	Diff.
10	485
20	970
30	1454
40	1939
50	2424
60	2909
70	3394
80	3878
90	4363

14 Degrees.

76 Degrees.   Difference for Seconds.

M.	Sine.	M.	10″	20″	30″	40″	50″	60″	70″	80″	90″	Arc.
0	9702957	60	117	235	352	469	587	704	821	938	1056	1·3264502
1	3661	59	117	234	351	468	585	702	819	936	1053	7411
2	4363	58	117	234	351	468	585	702	819	936	1053	1·3270320
3	5065	57	117	233	350	467	584	701	818	934	1051	3229
4	5766	56	117	233	350	466	583	700	816	933	1049	6138
5	6466	55	117	233	350	466	583	699	816	932	1049	9047
6	7165	54	116	233	349	466	582	698	814	930	1047	1·3281956
7	7863	53	116	233	349	466	582	698	814	930	1047	4865
8	8561	52	116	232	348	464	581	697	813	929	1045	7774
9	9258	51	116	232	347	463	579	695	811	926	1042	1·3290683
10	9953	50	116	232	347	463	579	696	811	926	1042	3591
11	9710649	49	116	231	347	462	578	694	809	925	1040	6500
12	1343	48	116	231	347	462	578	693	809	924	1040	9409
13	2036	47	116	231	347	462	578	693	809	924	1040	1·3302318
14	2729	46	115	231	346	461	577	692	807	922	1038	5227
15	3421	45	115	230	345	460	576	691	806	921	1036	8136
16	4112	44	115	230	345	460	575	690	805	920	1035	1·3311045
17	4802	43	115	230	344	459	574	689	804	918	1033	3954
18	5491	42	115	230	344	459	574	689	804	918	1033	6863
19	6180	41	115	229	344	458	573	687	802	916	1031	9772
20	6867	40	115	229	344	458	573	687	802	916	1031	1·3322680
21	7554	39	114	229	343	457	572	686	800	914	1029	5589
22	8240	38	114	229	343	457	572	686	800	914	1029	8498
23	8926	37	114	228	342	456	570	684	798	912	1026	1·3331407
24	9610	36	114	228	342	456	570	684	798	911	1026	4316
25	9720294	35	114	227	341	454	568	682	795	909	1022	7225
26	0976	34	114	227	341	454	568	682	795	909	1022	1·3340134
27	1658	33	114	227	341	454	568	681	795	908	1022	3043
28	2339	32	114	227	341	454	568	681	795	908	1022	5952
29	3020	31	113	226	339	452	566	679	792	905	1018	8861
30	3699	30	113	226	339	452	566	679	792	905	1018	1·3351769
31	4378	29	113	226	339	452	565	678	791	904	1017	4678
32	5056	28	113	226	338	451	564	677	790	902	1015	7588
33	5733	27	113	225	338	450	563	676	788	901	1013	1·3360497
34	6409	26	113	225	338	450	563	675	788	900	1013	3406
35	7084	25	113	225	338	450	563	675	788	900	1013	6315
36	7759	24	112	224	336	448	561	673	785	897	1009	9224
37	8432	23	112	224	336	448	561	673	785	897	1009	1·3372132
38	9105	22	112	224	336	448	560	672	784	896	1008	5042
39	9777	21	112	224	336	448	560	672	784	896	1008	7950
40	9730449	20	112	223	335	446	558	670	781	893	1004	1·3380858
41	1119	19	112	223	335	446	558	670	781	893	1004	3767
42	1789	18	112	223	335	446	558	669	781	892	1004	6676
43	2458	17	111	222	333	444	556	667	778	889	1000	9585
44	3125	16	111	222	333	444	556	668	779	890	1000	1·3392494
45	3793	15	111	222	333	444	555	666	777	888	999	5403
46	4459	14	111	222	332	443	554	665	776	886	997	8312
47	5124	13	111	222	332	443	554	665	776	886	997	1·3401221
48	5789	12	111	222	332	442	553	664	774	885	995	4130
49	6453	11	111	221	332	442	553	663	774	884	995	7039
50	7116	10	110	221	331	441	552	662	772	882	993	9946
51	7778	9	110	220	330	440	551	661	771	881	991	1·3412855
52	8439	8	110	220	330	440	551	661	771	881	991	5764
53	9100	7	110	220	330	440	550	660	770	880	990	8673
54	9760	6	110	220	329	439	549	659	769	878	988	1·3421582
55	9740419	5	110	219	329	438	548	658	767	877	986	4491
56	1077	4	110	219	329	438	548	657	767	876	986	7400
57	1734	3	109	219	328	437	547	656	766	875	985	1·3430309
58	2390	2	109	219	328	437	547	656	766	875	985	3218
59	3046	1	109	218	327	436	546	655	764	873	982	6127
60	3701	0	109	218	327	436	545	654	763	873	982	1·3439035
M.	Cosine.	M.	10″	20″	30″	40″	50″	60″	70″	80″	90″	Arc.

13 Degrees.

Arc.	
Sec.	Diff.
10	485
20	970
30	1454
40	1939
50	2424
60	2909
70	3394
80	3878
90	4363

77 Degrees.

Difference for Seconds.

M.	Sine.	M.	10"	20"	30"	40"	50"	60"	70"	80"	90"	Arc.
0	9743701	60	109	218	327	436	545	654	763	872	981	1˙3439035
1	4355	59	109	218	326	435	544	653	762	870	979	1˙3441944
2	5008	58	109	217	326	434	543	652	760	869	977	4853
3	5660	57	109	217	326	434	543	651	760	868	977	7762
4	6311	56	109	217	326	434	543	651	760	868	977	1˙3450671
5	6962	55	108	217	325	433	542	650	758	866	975	3580
6	7612	54	108	216	324	432	541	649	757	865	973	6489
7	8261	53	108	216	324	432	540	648	756	864	972	9398
8	8909	52	108	216	323	431	539	647	755	862	970	1˙3462307
9	9556	51	108	216	323	431	539	647	755	862	970	5216
10	9750203	50	108	215	323	430	538	646	753	861	968	8124
11	0849	49	108	215	323	430	538	645	753	860	968	1˙3471033
12	1494	48	107	215	322	429	537	644	751	858	966	3942
13	2138	47	107	214	321	428	536	643	750	857	964	6851
14	2781	46	107	214	321	428	535	642	749	856	963	9760
15	3423	45	107	214	321	428	535	642	749	856	963	1˙3482669
16	4065	44	107	214	320	427	534	641	748	854	961	5578
17	4706	43	107	213	320	426	533	639	746	852	959	8487
18	5345	42	107	213	320	426	533	640	746	853	959	1˙3491396
19	5985	41	106	213	319	425	532	638	744	850	957	4305
20	6623	40	106	212	318	424	531	637	743	849	955	7213
21	7260	39	106	212	318	424	531	637	743	849	955	1˙3500122
22	7897	38	106	212	318	424	530	636	742	848	954	3031
23	8533	37	106	212	317	423	529	635	741	846	952	5940
24	9168	36	106	211	317	422	528	634	739	845	950	8849
25	9808	35	106	211	317	422	528	633	739	844	950	1˙3511758
26	9760435	34	106	211	317	422	528	633	739	844	950	4667
27	1068	33	105	210	315	420	526	631	736	841	946	7576
28	1699	32	105	210	315	420	526	631	736	841	946	1˙3520485
29	2330	31	105	210	315	420	525	630	735	840	945	3394
30	2960	30	105	210	314	419	524	629	734	838	942	6302
31	3589	29	105	210	314	419	524	629	734	838	942	9211
32	4218	28	104	209	314	418	523	627	732	836	941	1˙3532120
33	4845	27	104	209	314	418	523	627	732	836	941	5029
34	5472	26	104	209	313	417	522	626	730	834	939	7938
35	6098	25	104	208	312	416	521	625	729	833	937	1˙3540847
36	6723	24	104	208	312	416	520	624	728	832	936	3756
37	7347	23	104	208	311	415	519	623	727	830	934	6665
38	7970	22	104	208	311	415	519	623	727	830	934	9574
39	8593	21	104	207	311	414	518	622	725	829	932	1˙3552483
40	9215	20	104	207	311	414	518	621	725	828	932	5391
41	9836	19	103	207	310	413	517	620	723	826	930	8300
42	9770456	18	103	206	309	412	516	619	722	825	928	1˙3561209
43	1075	17	103	206	309	412	515	618	721	824	927	4118
44	1693	16	103	206	309	412	515	618	721	824	927	7027
45	2311	15	103	206	308	411	514	617	720	822	925	9936
46	2928	14	103	205	308	410	513	616	718	821	923	1˙3572845
47	3544	13	103	205	308	410	513	615	718	820	923	5754
48	4159	12	102	205	307	409	512	614	716	818	921	8663
49	4773	11	102	205	307	409	512	614	716	818	921	1˙3581572
50	5387	10	102	204	306	408	510	612	714	816	918	4479
51	5999	9	102	204	306	408	510	612	714	816	918	7388
52	6611	8	102	204	305	407	509	611	713	814	916	1˙3590297
53	7222	7	102	203	305	406	508	610	711	813	914	3206
54	7832	6	102	203	305	406	508	610	711	813	914	6115
55	8442	5	101	203	304	405	507	608	709	810	912	9024
56	9050	4	101	203	304	405	507	608	709	810	912	1˙3601933
57	9658	3	101	202	303	404	506	607	708	809	910	4842
58	9780265	2	101	202	303	404	505	606	707	808	909	7751
59	0871	1	101	202	302	403	504	605	706	806	906	1˙3610660
60	1476	0	101	201	302	402	503	604	704	805	905	3568
M.	Cosine.	M.	10"	20"	30"	40'	50"	60"	70"	80"	90"	Arc.

Arc.	
Sec.	Diff.
10	485
20	970
30	1454
40	1939
50	2424
60	2909
70	3394
80	3878
90	4363

12 Degrees.

78 Degrees. Difference for Seconds. [79

M.	Sine.	M.	10"	20"	30"	40"	50"	60"	70"	80"	90"	Arc.
0	9781476	60	101	201	302	402	503	604	704	805	905	1·3613568
1	2080	59	101	201	302	402	503	604	704	805	905	6477
2	2684	58	101	201	302	402	503	603	704	804	905	9386
3	3287	57	100	201	301	401	502	602	702	802	903	1·3622295
4	3889	56	100	200	300	400	501	601	701	801	901	5204
5	4490	55	100	200	300	400	500	600	700	800	900	8113
6	5090	54	100	200	299	399	499	599	699	798	898	1·3631022
7	5689	53	100	200	299	399	499	599	699	798	898	3931
8	6288	52	100	199	299	398	498	598	697	797	896	6840
9	6886	51	100	199	299	398	498	597	697	796	896	9749
10	7483	50	99	199	298	397	497	596	695	794	894	1·3642657
11	8079	49	99	198	297	396	496	595	694	793	892	5566
12	8674	48	99	198	297	396	495	594	693	792	891	8475
13	9268	47	99	198	297	396	495	594	693	792	891	1·3651384
14	9862	46	99	198	296	395	494	593	692	790	889	4293
15	9790455	45	99	197	296	394	493	592	690	789	887	7202
16	1047	44	99	197	296	394	493	591	690	788	887	1·3660111
17	1638	43	98	197	295	393	492	590	688	786	885	3020
18	2228	42	98	197	295	393	492	590	688	786	885	5929
19	2818	41	98	196	294	392	490	588	686	784	882	8838
20	3406	40	98	196	294	392	490	588	686	784	882	1·3671746
21	3994	39	98	196	293	391	489	587	685	782	880	4655
22	4581	38	98	195	293	391	488	586	683	781	878	7564
23	5167	37	98	195	293	390	488	585	683	780	878	1·3680473
24	5752	36	98	195	293	390	488	585	683	780	878	3382
25	6337	35	97	195	292	389	487	584	681	778	876	6291
26	6921	34	97	194	291	388	486	583	680	777	874	9200
27	7504	33	97	194	291	388	485	582	679	776	873	1·3692109
28	8086	32	97	194	290	387	484	581	678	774	871	5018
29	8667	31	97	193	290	386	483	580	676	773	869	7927
30	9247	30	97	193	290	386	483	580	676	773	869	1·3700835
31	9827	29	96	193	289	385	482	578	674	770	867	3744
32	9800405	28	96	193	289	385	482	578	674	770	867	6653
33	0983	27	96	192	288	384	481	577	673	769	865	9562
34	1560	26	96	192	288	384	480	576	672	768	864	1·3712471
35	2136	25	96	192	288	384	480	576	672	768	864	5380
36	2712	24	96	191	287	382	478	574	669	765	860	8289
37	3286	23	96	191	287	382	478	574	669	765	860	1·3721198
38	3860	22	96	191	287	382	478	573	669	764	860	4107
39	4433	21	95	191	286	381	477	572	667	762	858	7016
40	5005	20	95	190	285	380	476	571	666	761	856	9924
41	5576	19	95	190	285	380	476	571	666	761	856	1·3732833
42	6147	18	95	190	284	379	474	569	664	758	853	5742
43	6716	17	95	190	284	379	474	569	664	758	853	8651
44	7285	16	95	189	284	378	473	568	662	757	851	1·3741560
45	7853	15	95	189	284	378	473	567	662	756	851	4469
46	8420	14	94	189	283	377	472	566	660	754	849	7378
47	8986	13	94	189	283	377	472	566	660	754	849	1·3750287
48	9552	12	94	188	282	376	470	564	658	752	846	3196
49	9810116	11	94	188	282	376	470	564	658	752	846	6105
50	0680	10	94	188	281	375	469	563	657	750	844	9013
51	1243	9	94	187	281	374	468	562	655	749	842	1·3761922
52	1805	8	94	187	281	374	468	561	655	748	842	4831
53	2366	7	94	187	281	374	468	561	655	748	842	7740
54	2927	6	93	186	279	372	466	559	652	745	838	1·3770649
55	3486	5	93	186	279	372	466	559	652	745	838	3558
56	4045	4	93	186	279	372	465	558	651	744	837	6467
57	4603	3	93	186	278	371	464	557	650	742	835	9376
58	5160	2	93	185	278	370	463	556	648	741	833	1·3782285
59	5716	1	93	185	278	370	463	556	648	741	833	5194
60	6272	0	92	185	277	369	462	554	646	738	831	8102
M.	Cosine.	M.	10"	20"	30"	40"	50"	60"	70"	80"	90"	Arc.

Arc.	
Sec.	Diff.
10	485
20	970
30	1454
40	1939
50	2424
60	2909
70	3394
80	3878
90	4363

11 Degrees.

79 Degrees. Difference for Seconds.

M.	Sine.	M.	10″	20″	30″	40″	50″	60″	70″	80″	90″	Arc.
0	9816272	60	92	185	277	369	462	554	646	738	831	1·3788101
1	6826	59	92	185	277	369	462	554	646	738	831	1·3791010
2	7380	58	92	184	276	368	461	553	645	737	829	3919
3	7933	57	92	184	276	368	460	552	644	736	828	6828
4	8485	56	92	184	276	368	460	552	644	736	828	9737
5	9037	55	92	183	275	366	458	550	642	734	825	1·3802646
6	9587	54	92	183	275	366	458	550	642	734	825	5555
7	9820137	53	92	183	275	366	458	549	641	732	824	8464
8	0686	52	91	183	274	365	457	548	639	730	821	1·3811373
9	1234	51	91	182	273	364	456	547	638	729	820	4282
10	1781	50	91	182	273	364	455	546	637	728	819	7190
11	2327	49	91	182	273	364	455	546	637	728	819	1·3820099
12	2873	48	91	181	272	362	453	544	634	725	815	3008
13	3417	47	91	181	272	362	453	544	634	725	815	5917
14	3961	46	91	181	272	362	453	543	634	724	815	8826
15	4504	45	90	181	271	361	452	542	632	722	813	1·3831735
16	5046	44	90	180	270	360	451	541	631	721	811	4644
17	5587	43	90	180	270	360	451	541	631	721	811	7553
18	6128	42	90	180	270	360	450	540	630	720	810	1·3840462
19	6668	41	90	179	269	358	448	538	627	717	806	3371
20	7206	40	90	179	269	358	448	538	627	717	806	6279
21	7744	39	90	179	269	358	448	538	627	717	806	9188
22	8282	38	89	179	268	357	447	536	625	714	804	1·3852097
23	8818	37	89	178	267	356	446	535	624	713	802	5006
24	9353	36	89	178	267	356	446	535	624	713	802	7915
25	9888	35	89	178	267	356	445	534	623	712	801	1·3860824
26	9830422	34	89	178	266	355	444	533	622	711	800	3733
27	0955	33	89	177	266	354	443	532	620	709	797	6642
28	1487	32	89	177	266	354	443	532	620	709	797	9551
29	2019	31	88	177	265	353	442	530	618	706	795	1·3872460
30	2549	30	88	177	265	353	442	530	618	706	795	5368
31	3079	29	88	176	264	352	441	529	617	705	793	8277
32	3608	28	88	176	264	352	440	528	616	704	792	1·3881186
33	4136	27	88	176	263	351	439	527	615	702	790	4095
34	4663	26	88	175	263	350	438	526	613	701	788	7004
35	5189	25	88	175	263	350	438	526	613	701	788	9913
36	5715	24	87	175	262	349	437	524	611	698	786	1·3892822
37	6239	23	87	175	262	349	437	524	611	698	786	5731
38	6763	22	87	174	261	348	436	523	610	697	784	8640
39	7286	21	87	174	261	348	435	522	609	696	783	1·3901549
40	7808	20	87	174	261	348	435	522	609	696	783	4457
41	8330	19	87	173	260	346	433	520	606	693	779	7366
42	8850	18	87	173	260	346	433	520	606	693	779	1·3910275
43	9370	17	87	173	260	346	433	519	606	692	779	3184
44	9889	16	86	173	259	345	432	518	604	690	777	6093
45	9840407	15	86	172	258	344	431	517	603	689	775	9002
46	0924	14	86	172	258	344	431	517	603	689	775	1·3921911
47	1441	13	86	172	257	343	429	515	601	686	772	4820
48	1956	12	86	172	257	343	429	515	601	686	772	7729
49	2471	11	86	171	257	342	428	514	599	685	770	1·3930638
50	2985	10	86	171	257	342	428	513	599	684	770	3545
51	3498	9	85	171	256	341	427	512	597	682	768	6454
52	4010	8	85	170	255	340	426	511	596	681	766	9363
53	4521	7	85	170	255	340	426	511	596	681	766	1·3942272
54	5032	6	85	170	255	340	425	510	595	680	765	5181
55	5542	5	85	169	254	338	423	508	592	677	761	8090
56	6050	4	85	169	254	338	423	508	592	677	761	1·3950999
57	6558	3	85	169	254	338	423	508	592	677	761	3908
58	7066	2	84	169	253	337	422	506	590	674	759	6817
59	7572	1	84	169	253	337	422	506	590	674	759	9726
60	8078	0	84	168	252	336	420	504	588	672	756	1·3962634
M.	Cosine.	M.	10″	20″	30″	40″	50″	60″	70″	80″	90″	Arc.

Arc.

Sec.	Diff.
10	485
20	970
30	1454
40	1939
50	2424
60	2909
70	3394
80	3878
90	4363

10 Degrees.

80 Degrees.   Difference for Seconds.   [81

M.	Sine.	M.	10"	20"	30"	40"	50"	60"	70"	80"	90"	Arc.
0	9848078	60	84	168	252	336	420	504	588	672	756	1·3962634
1	8582	59	84	168	252	336	420	504	588	672	756	5543
2	9086	58	84	168	251	335	419	503	587	671	755	8452
3	9589	57	84	167	251	334	418	502	585	669	752	1·3971361
4	9850091	56	84	167	251	334	418	502	585	669	752	4270
5	0593	55	83	167	250	333	417	500	583	666	750	7179
6	1093	54	83	167	250	333	417	500	583	666	750	1·3980088
7	1593	53	83	166	249	332	416	499	582	665	748	2997
8	2092	52	83	166	249	332	415	498	581	664	747	5906
9	2590	51	83	166	248	331	414	497	580	662	745	8815
10	3087	50	83	165	248	330	413	496	578	661	743	1·3991723
11	3583	49	83	165	248	330	413	496	578	661	743	4632
12	4079	48	83	165	248	330	413	495	578	660	743	7541
13	4574	47	82	165	247	329	412	494	576	658	741	1·4000450
14	5068	46	82	164	246	328	411	493	575	657	739	3359
15	5561	45	82	164	246	328	410	492	574	656	738	6268
16	6053	44	82	164	245	327	409	491	573	654	736	9177
17	6544	43	82	164	245	327	409	491	573	654	736	1·4012086
18	7035	42	82	163	245	326	408	489	571	652	734	4995
19	7524	41	82	163	245	326	408	489	571	652	734	7904
20	8013	40	81	163	244	325	407	488	569	650	732	1·4020812
21	8501	39	81	162	243	324	406	487	568	649	730	3721
22	8988	38	81	162	243	324	406	487	568	649	730	6630
23	9475	37	81	162	242	323	404	485	566	646	730	9539
24	9960	36	81	162	242	323	404	485	566	646	730	1·4032448
25	9860445	35	81	161	242	322	403	484	564	645	725	5357
26	0929	34	81	161	242	322	403	483	564	644	725	8266
27	1412	33	80	161	241	321	402	482	562	642	723	1·4041175
28	1894	32	80	160	240	320	401	481	561	641	721	4084
29	2375	31	80	160	240	320	401	481	561	641	721	6993
30	2856	30	80	160	240	320	400	480	560	640	720	9900
31	3336	29	80	160	239	319	399	479	559	638	718	1·4052809
32	3815	28	80	159	239	318	398	478	557	637	716	5718
33	4293	27	80	159	239	318	398	477	557	636	716	8627
34	4770	26	79	159	238	317	397	476	555	634	714	1·4061536
35	5246	25	79	159	238	317	397	476	555	634	714	4445
36	5722	24	79	158	237	316	395	474	553	632	711	7354
37	6196	23	79	158	237	316	395	474	553	632	711	1·4070263
38	6670	22	79	158	236	315	394	473	552	630	709	3172
39	7143	21	79	157	236	314	393	472	550	629	707	6081
40	7615	20	79	157	236	314	393	472	550	629	707	8989
41	8087	19	78	157	235	313	392	470	548	626	705	1·4081898
42	8557	18	78	157	235	313	392	470	548	626	705	4807
43	9027	17	78	156	234	312	391	469	547	625	703	7716
44	9496	16	78	156	234	312	391	468	546	624	702	1·4090625
45	9964	15	78	156	233	311	389	467	545	622	700	3534
46	9870431	14	78	155	233	310	388	466	543	621	698	6443
47	0897	13	78	155	233	310	388	466	543	621	698	9352
48	1363	12	77	155	232	309	387	464	541	618	696	1·4102261
49	1827	11	77	155	232	309	387	464	541	618	696	5170
50	2291	10	77	154	231	308	386	463	540	617	694	8078
51	2754	9	77	154	231	308	385	462	539	616	693	1·4110987
52	3216	8	77	154	231	308	385	462	539	616	693	3896
53	3678	7	77	153	230	306	383	460	536	613	689	6805
54	4138	6	77	153	230	306	383	460	536	613	689	9714
55	4598	5	77	153	230	306	383	459	536	612	689	1·4122623
56	5057	4	76	153	229	305	382	458	534	610	687	5532
57	5514	3	76	152	228	304	381	457	533	609	685	8441
58	5972	2	76	152	228	304	380	456	532	608	684	1·4131350
59	6428	1	76	152	227	303	379	455	531	606	682	4259
60	6883	0	76	152	227	303	379	455	531	606	682	7167
M.	Cosine.	M.	10"	20"	30"	40"	50"	60"	70"	80"	90"	Arc.

9 Degrees.

Arc.	
Sec.	Diff.
10	485
20	970
30	1454
40	1939
50	2424
60	2909
70	3394
80	3878
90	4363

81 Degrees.

Difference for Seconds.

M.	Sine.	M.	10"	20"	30"	40"	50"	60"	70"	80"	90"	Arc.
0	9876883	60	76	152	228	304	380	455	531	606	682	1·4137167
1	7338	59	76	151	227	302	378	454	529	605	680	1·4140076
2	7792	58	76	151	227	302	378	453	529	604	680	2985
3	8245	57	75	151	226	301	377	452	527	602	678	5894
4	8697	56	75	150	225	300	376	451	526	601	676	8803
5	9148	55	75	150	225	300	376	451	526	601	676	1·4151712
6	9599	54	75	150	224	299	374	449	524	598	673	4621
7	9880048	53	75	150	224	299	374	449	524	598	673	7530
8	0497	52	75	149	224	298	373	448	522	597	671	1·4160439
9	0945	51	75	149	224	298	373	447	522	596	671	3348
10	1392	50	74	149	223	297	372	446	520	594	669	6256
11	1838	49	74	149	223	297	372	446	520	594	669	9165
12	2284	48	74	148	222	296	370	444	518	592	666	1·4172074
13	2728	47	74	148	222	296	370	444	518	592	666	4983
14	3172	46	74	148	221	295	369	443	517	590	664	7892
15	3615	45	74	147	221	294	368	442	515	589	662	1·4180801
16	4057	44	74	147	221	294	368	441	515	588	662	3710
17	4498	43	74	147	221	294	368	441	515	588	662	6619
18	4939	42	73	146	219	292	366	439	512	585	658	9528
19	5378	41	73	146	219	292	366	439	512	585	658	1·4192437
20	5817	40	73	146	219	292	365	438	511	584	657	5345
21	6255	39	73	146	218	291	364	437	510	583	656	8254
22	6692	38	73	145	218	290	363	436	508	581	653	1·4201163
23	7128	37	73	145	218	290	363	436	508	581	653	4072
24	7564	36	72	145	217	289	362	434	506	578	651	6981
25	7998	35	72	145	217	289	362	434	506	578	651	9890
26	8432	34	72	144	216	288	361	433	505	577	649	1·4212799
27	8865	33	72	144	216	288	360	432	504	576	648	5708
28	9297	32	72	143	215	287	359	431	503	574	646	8617
29	9728	31	72	143	215	287	359	431	503	574	646	1·4221526
30	9890159	30	72	143	215	286	358	429	501	572	644	4434
31	0588	29	72	143	215	286	358	429	501	572	644	7343
32	1017	28	71	143	214	285	357	428	499	570	642	14·230252
33	1445	27	71	142	213	284	356	427	498	569	640	3161
34	1872	26	71	142	213	284	355	426	497	568	639	6070
35	2298	25	71	142	212	283	354	425	496	566	637	8978
36	2723	24	71	142	212	283	354	425	496	566	637	1·4241887
37	3148	23	71	141	212	282	353	424	494	565	635	4796
38	3572	22	70	141	211	281	352	422	492	562	633	7705
39	3994	21	70	141	211	281	352	422	492	562	633	1·4250614
40	4416	20	70	141	211	281	352	422	492	562	633	3523
41	4838	19	70	140	210	280	350	420	490	560	630	6432
42	5258	18	70	140	209	279	349	419	489	558	628	9341
43	5677	17	70	140	209	279	349	419	489	558	628	1·4262250
44	6096	16	70	139	209	278	348	418	487	557	626	5159
45	6514	15	70	139	209	278	348	417	487	556	626	8068
46	6931	14	69	139	208	277	347	416	485	554	624	1·4270977
47	7347	13	69	138	207	276	346	415	484	553	622	3886
48	7762	12	69	138	207	276	346	415	484	553	622	6795
49	8177	11	69	138	206	275	344	413	482	550	619	9703
50	8590	10	69	138	206	275	344	413	482	550	619	1·4282611
51	9003	9	69	137	206	274	343	412	480	549	617	5520
52	9415	8	69	137	206	274	343	411	480	548	617	8429
53	9826	7	69	137	206	274	343	411	480	548	617	1·4291338
54	9900237	6	68	136	204	272	341	409	477	545	613	4247
55	0646	5	68	136	204	272	341	409	477	545	613	7156
56	1055	4	68	136	203	271	339	407	475	542	610	1·4300065
57	1462	3	68	136	203	271	339	407	475	542	610	2974
58	1869	2	68	135	203	270	338	406	473	541	608	5883
59	2275	1	68	135	203	270	338	406	473	541	608	8792
60	2681	0	67	135	202	269	337	404	471	538	606	1·4311700
M.	Cosine.	M.	10"	20"	30"	40"	50"	60"	70"	80"	90"	Arc.

Arc.

Sec.	Diff.
10	485
20	970
30	1454
40	1939
50	2424
60	2909
70	3394
80	3878
90	4363

8 Degrees.

82 Degrees.   Difference for Seconds.

M.	Sine.	M.	10"	20"	30"	40"	50"	60"	70"	80"	90"	Arc.
0	9902681	60	67	135	202	269	337	404	471	538	606	1·4311700
1	3085	59	67	135	202	269	337	404	471	538	606	4609
2	3489	58	67	134	201	268	335	402	469	536	603	7518
3	3891	57	67	134	201	268	335	402	469	536	603	1·4320427
4	4293	56	67	134	200	267	334	401	468	534	601	3336
5	4694	55	67	134	200	267	334	401	468	534	601	6245
6	5095	54	67	133	200	266	333	399	466	532	599	9154
7	5494	53	67	133	200	266	333	399	466	532	599	1·4332063
8	5893	52	66	132	198	264	331	397	463	529	595	4972
9	6290	51	66	132	198	264	331	397	463	529	595	7881
10	6687	50	66	132	198	264	330	396	462	528	594	1·4340789
11	7083	49	66	132	197	263	329	395	461	526	592	3698
12	7478	48	66	132	197	263	329	395	461	526	592	6607
13	7873	47	66	131	197	262	328	393	459	524	590	9516
14	8266	46	66	131	197	262	328	393	459	524	590	1·4352425
15	8659	45	65	131	196	261	327	392	457	522	588	5334
16	9051	44	65	130	195	260	326	391	456	521	586	8243
17	9442	43	65	130	195	260	325	390	455	520	585	1·4361152
18	9832	42	65	130	194	259	324	389	454	518	582	4061
19	9910221	41	65	130	194	259	324	389	454	518	582	6970
20	0610	40	65	129	194	258	323	387	452	516	581	9878
21	0997	39	65	129	194	258	323	387	452	516	581	1·4372787
22	1384	38	64	129	193	257	322	386	450	514	579	5696
23	1770	37	64	128	192	256	321	385	449	513	577	8605
24	2155	36	64	128	192	256	321	385	449	513	577	1·4381514
25	2540	35	64	128	191	255	319	383	447	510	574	4423
26	2923	34	64	128	191	255	319	383	447	510	574	7332
27	3306	33	64	127	191	254	318	382	445	509	572	1·4390241
28	3688	32	64	127	191	254	318	381	445	508	572	3150
29	4069	31	63	127	190	253	317	380	443	506	570	6059
30	4449	30	63	126	189	252	316	379	442	505	568	8967
31	4828	29	63	126	189	252	315	378	441	504	567	1·4401876
32	5206	28	63	126	189	252	315	378	441	504	567	4785
33	5584	27	63	126	188	251	314	377	440	502	565	7694
34	5961	26	63	125	188	250	313	376	438	501	563	1·4410603
35	6337	25	63	125	188	250	313	375	438	500	563	3512
36	6712	24	62	125	187	249	312	374	436	498	561	6421
37	7086	23	62	124	186	248	311	373	435	497	559	9330
38	7459	22	62	124	186	248	311	373	435	497	559	1·4422239
39	7832	21	62	124	186	248	310	372	434	496	558	5148
40	8204	20	62	123	185	246	308	370	431	493	554	8055
41	8574	19	62	123	185	246	308	370	431	493	554	1·4430964
42	8944	18	62	123	185	246	308	370	431	493	554	3873
43	9314	17	61	123	184	245	307	368	429	490	552	6782
44	9682	16	61	122	183	244	306	367	428	489	550	9691
45	9920049	15	61	122	183	244	306	367	428	489	550	1·4442600
46	0416	14	61	122	183	244	305	366	427	488	549	5509
47	0782	13	61	122	182	243	304	365	426	486	547	8418
48	1147	12	61	121	182	242	303	364	424	485	545	1·4451327
49	1511	11	61	121	182	242	303	363	424	484	545	4236
50	1874	10	61	121	182	242	303	363	424	484	545	7144
51	2237	9	60	121	181	241	302	362	422	482	543	1·4460053
52	2599	8	60	120	180	240	300	360	420	480	540	2962
53	2959	7	60	120	180	240	300	360	420	480	540	5871
54	3319	6	60	120	180	240	300	360	420	480	540	8780
55	3679	5	60	119	179	238	298	358	417	477	536	1·4471689
56	4037	4	60	119	179	238	298	357	417	476	536	4598
57	4394	3	60	119	179	238	298	357	417	476	536	7507
58	4751	2	59	119	178	237	297	356	415	474	534	1·4480416
59	5107	1	59	118	177	236	296	355	414	473	532	3325
60	5462	0	59	118	177	236	295	354	413	472	531	6233
M.	Cosine.	M.	10"	20"	30"	40"	50"	60"	70"	80"	90"	Arc.

Arc.		
Sec.	Diff.	
10	485	
20	970	
30	1454	
40	1939	
50	2424	
60	2909	
70	3394	
80	3878	
90	4363	

7 Degrees.

83 Degrees.

Difference for Seconds.

M.	Sine.	M.	10"	20"	30"	40"	50"	60"	70"	80"	90"	Arc.
0	9925462	60	59	118	177	236	295	354	413	472	531	1·4486233
1	5816	59	59	118	176	235	294	353	412	470	529	9142
2	6169	58	59	117	176	234	293	352	410	469	527	1·4492051
3	6521	57	59	117	176	234	293	352	410	469	527	4960
4	6873	56	59	117	176	234	293	351	410	468	527	7869
5	7224	55	58	116	174	232	291	349	407	465	523	1·4500778
6	7573	54	58	116	174	232	291	349	407	465	523	3687
7	7922	53	58	116	174	232	291	349	407	465	523	6596
8	8271	52	58	116	173	231	289	347	405	462	520	9505
9	8618	51	58	116	173	231	289	347	405	462	520	1·4512414
10	8965	50	58	115	173	230	288	345	403	460	518	5322
11	9310	49	58	115	173	230	288	345	403	460	518	8231
12	9655	48	57	115	172	229	287	344	401	458	516	1·4521140
13	9999	47	57	114	171	228	286	343	400	457	514	4049
14	9930342	46	57	114	171	228	286	343	400	457	514	6958
15	0685	45	57	114	170	227	284	341	398	454	511	9867
16	1026	44	57	114	170	227	284	341	398	454	511	1·4532776
17	1367	43	57	113	170	226	283	339	396	452	509	5685
18	1706	42	57	113	170	226	283	339	396	452	509	8594
19	2045	41	57	113	170	226	283	339	396	452	509	1·4541503
20	2384	40	56	112	168	224	281	337	393	449	505	4411
21	2721	39	56	112	168	224	280	336	392	448	504	7320
22	3057	38	56	112	168	224	280	336	392	448	504	1·4550229
23	3393	37	56	112	167	223	279	335	391	446	502	3138
24	3728	36	56	111	167	222	278	334	389	445	500	6047
25	4062	35	56	111	167	222	278	333	389	444	500	8956
26	4395	34	55	111	166	221	277	332	387	442	498	1·4561865
27	4727	33	55	110	165	220	276	331	386	441	496	4774
28	5058	32	55	110	165	220	276	331	386	441	496	7683
29	5389	31	55	110	165	220	275	330	385	440	495	1·4570592
30	5719	30	55	109	164	218	273	328	382	437	491	3500
31	6047	29	55	109	164	218	273	328	382	437	491	6409
32	6375	28	55	109	164	218	273	328	382	437	491	9317
33	6703	27	54	109	163	217	272	326	380	434	489	1·4582226
34	7029	26	54	109	163	217	272	326	380	434	489	5135
35	7355	25	54	108	162	216	270	324	378	432	486	8044
36	7679	24	54	108	162	216	270	324	378	432	486	1·4590953
37	8003	23	54	108	161	215	269	323	377	430	484	3862
38	8326	22	54	107	161	214	268	322	375	429	482	6771
39	8648	21	54	107	161	214	268	321	375	428	482	9680
40	8969	20	54	107	161	214	268	321	375	428	482	1·4602588
41	9290	19	53	107	160	213	267	320	373	426	480	5497
42	9610	18	53	106	159	212	265	318	371	424	477	8406
43	9928	17	53	106	159	212	265	318	371	424	477	1·4611315
44	9940246	16	53	106	158	211	264	317	370	422	475	4224
45	0563	15	53	106	158	211	264	317	370	422	475	7133
46	0880	14	53	105	158	210	263	315	368	420	473	1·4620042
47	1195	13	53	105	158	210	263	315	368	420	473	2951
48	1510	12	52	104	156	208	261	313	365	417	469	5860
49	1823	11	52	104	156	208	261	313	365	417	469	8769
50	2136	10	52	104	156	208	260	312	364	416	468	1·4631677
51	2448	9	52	104	156	208	260	312	364	416	468	4586
52	2760	8	52	103	155	206	258	310	361	413	464	7495
53	3070	7	52	103	155	206	258	309	361	412	464	1·4640404
54	3379	6	52	103	155	206	258	309	361	412	464	3313
55	3688	5	51	103	154	205	257	308	359	410	462	6222
56	3996	4	51	102	153	204	256	307	358	409	460	9131
57	4303	3	51	102	153	204	255	306	357	408	459	1·4652040
58	4609	2	51	102	152	203	254	305	356	406	457	4949
59	4914	1	51	102	152	203	254	305	356	406	457	7858
60	5219	0	51	101	152	202	253	304	354	405	455	1·4660766
M.	Cosine.	M.	10"	20"	30"	40	50"	60"	70"	80"	90"	Arc.

Arc.

Sec.	Diff.
10	485
20	970
30	1454
40	1939
50	2424
60	2909
70	3394
80	3878
90	4363

6 Degrees.

84 Degrees.   Difference for Seconds.

M.	Sine.	M.	10″	20″	30″	40″	50″	60″	70″	80″	90″	Arc.
0	9945219	60	51	101	152	202	253	304	354	405	455	1·4660766
1	5523	59	50	101	151	201	252	302	352	402	453	3675
2	5825	58	50	101	151	201	252	302	352	402	453	6584
3	6127	57	50	100	150	200	251	301	351	401	451	9493
4	6428	56	50	100	150	200	251	301	351	401	451	1·4672402
5	6729	55	50	100	149	199	249	299	349	398	448	5311
6	7028	54	50	100	149	199	249	299	349	398	448	8220
7	7327	53	50	99	149	198	248	298	347	397	446	1·4681129
8	7625	52	49	99	148	197	247	296	345	394	444	4038
9	7921	51	49	99	148	197	247	296	345	394	444	6947
10	8217	50	49	99	148	197	247	296	345	394	444	9855
11	8513	49	49	98	147	196	245	294	343	392	441	1·4692764
12	8807	48	49	98	147	196	245	294	343	392	441	5673
13	9101	47	49	97	146	194	243	292	340	389	437	8582
14	9393	46	49	97	146	194	243	292	340	389	437	1·4701491
15	9685	45	49	97	146	194	243	291	340	388	437	4400
16	9976	44	48	97	145	193	242	290	338	386	435	7309
17	9950266	43	48	97	145	193	242	290	338	386	435	1·4710218
18	0556	42	48	96	144	192	240	288	336	384	432	3127
19	0844	41	48	96	144	192	240	288	336	384	432	6036
20	1132	40	48	96	143	191	239	287	335	382	430	8944
21	1419	39	48	95	143	190	238	286	333	381	428	1·4721853
22	1705	38	48	95	143	190	238	285	333	380	428	4762
23	1990	37	47	95	142	189	237	284	331	378	426	7671
24	2274	36	47	94	141	188	236	283	330	377	424	1·4730580
25	2557	35	47	94	141	188	236	283	330	377	424	3489
26	2840	34	47	94	141	188	235	282	329	376	423	6398
27	3122	33	47	94	140	187	234	281	328	374	421	9307
28	3403	32	47	93	140	186	233	280	326	373	419	1·4742216
29	3683	31	47	93	140	186	233	279	326	372	419	5125
30	3962	30	46	93	139	185	232	278	324	370	417	8033
31	4240	29	46	93	139	185	232	278	324	370	417	1·4750942
32	4518	28	46	92	138	184	231	277	323	369	415	3851
33	4795	27	46	92	137	183	229	275	321	366	412	6760
34	5070	26	46	92	137	183	229	275	321	366	412	9669
35	5345	25	46	92	137	183	229	275	321	366	412	1·4762578
36	5620	24	46	91	137	182	228	273	319	364	410	5487
37	5893	23	45	91	136	181	227	272	317	362	408	8396
38	6165	22	45	91	136	181	227	272	317	362	408	1·4771305
39	6437	21	45	90	135	180	226	271	316	361	406	4213
40	6703	20	45	90	135	180	226	270	315	360	405	7121
41	6978	19	45	90	134	179	224	269	314	358	403	1·4780030
42	7247	18	45	89	134	178	223	268	312	357	401	2939
43	7515	17	45	89	134	178	223	268	312	357	401	5848
44	7783	16	44	89	133	177	222	266	310	354	399	8757
45	8049	15	44	89	133	177	222	266	310	354	399	1·4791666
46	8315	14	44	88	132	176	221	265	309	353	397	4575
47	8580	13	44	88	132	176	220	264	308	352	397	7484
48	8844	12	44	88	131	175	219	263	307	350	394	1·4800393
49	9107	11	44	88	131	175	219	263	307	350	394	3302
50	9370	10	44	87	131	174	218	261	305	348	392	6210
51	9631	9	44	87	131	174	218	261	305	348	392	9119
52	9892	8	43	87	130	173	217	260	303	346	390	1·4812028
53	9960152	7	43	86	129	172	216	259	302	345	388	4937
54	0411	6	43	86	129	172	215	258	301	344	387	7846
55	0669	5	43	86	128	171	214	257	300	342	385	1·4820755
56	0926	4	43	86	128	171	214	257	300	342	385	3664
57	1183	3	43	85	128	170	213	255	298	340	383	6573
58	1438	2	43	85	128	170	213	255	298	340	383	9482
59	1693	1	42	85	127	169	212	254	296	338	381	1·4832391
60	1947	0	42	84	126	168	211	253	295	337	379	5299
M.	Cosine.	M.	10″	20″	30″	40″	50″	60″	70″	80″	90″	Arc.

5 Degrees.

Arc.

Sec.	Diff.
10	485
20	970
30	1454
40	1939
50	2424
60	2909
70	3394
80	3878
90	4363

85 Degrees.

Difference for Seconds.

M.	Sine.	M.	10"	20"	30"	40"	50"	60"	70"	80"	90"	Arc.
0	9961947	60	42	84	126	168	211	253	295	337	379	1'4835299
1	2200	59	42	84	126	168	210	252	294	336	378	8208
2	2452	58	42	84	126	168	210	252	294	336	378	1'4841117
3	2704	57	42	83	125	166	208	250	291	333	374	4026
4	2954	56	42	83	125	166	208	250	291	333	374	6935
5	3204	55	42	83	125	166	208	249	291	332	374	9844
6	3453	54	41	83	124	165	207	248	289	330	372	1'4852753
7	3701	53	41	82	123	164	206	247	288	329	370	5662
8	3948	52	41	82	123	164	206	247	288	329	370	8571
9	4195	51	41	82	122	163	204	245	286	326	367	1'4861480
10	4440	50	41	82	122	163	204	245	286	326	367	4388
11	4685	49	41	81	122	162	203	244	284	325	365	7297
12	4929	48	41	81	122	162	203	243	284	324	365	1'4870206
13	5172	47	40	81	121	161	202	242	282	322	363	3115
14	5414	46	40	80	120	160	201	241	281	321	361	6024
15	5655	45	40	80	120	160	200	240	280	320	360	8933
16	5895	44	40	80	120	160	200	240	280	320	360	1'4881842
17	6135	43	40	80	119	159	199	239	279	318	358	4751
18	6374	42	40	79	119	158	198	238	277	317	356	7660
19	6612	41	40	79	119	158	198	237	277	316	356	1'4890569
20	6849	40	39	79	118	157	197	236	275	314	354	3477
21	7085	39	39	79	118	157	197	236	275	314	354	6386
22	7321	38	39	78	117	156	195	234	273	312	351	9295
23	7555	37	39	78	117	156	195	234	273	312	351	1'4902204
24	7789	36	39	78	116	155	194	233	272	310	349	5113
25	8022	35	39	77	116	154	193	232	271	310	348	8022
26	8254	34	39	77	116	154	193	231	270	308	347	1'4910931
27	8485	33	38	77	115	153	192	230	268	306	345	3840
28	8715	32	38	77	115	153	192	230	268	306	345	6749
29	8945	31	38	76	114	152	190	228	266	304	342	9658
30	9173	30	38	76	114	152	190	228	266	304	342	1'4922568
31	9401	29	38	76	113	151	189	227	265	302	340	5475
32	9628	28	38	75	113	150	188	226	263	301	338	8384
33	9854	27	38	75	113	150	188	226	263	301	338	1'4931293
34	9970080	26	37	75	112	149	187	224	261	298	336	4202
35	0304	25	37	75	112	149	187	224	261	298	336	7111
36	0528	24	37	74	111	148	185	222	259	296	333	1'4940020
37	0750	23	37	74	111	148	185	222	259	296	333	2929
38	0972	22	37	74	110	147	184	221	258	294	331	5838
39	1193	21	37	73	110	146	183	220	256	293	329	8747
40	1413	20	37	73	110	146	183	220	256	293	329	1'4951655
41	1633	19	36	73	109	145	182	218	254	290	327	4564
42	1851	18	36	73	109	145	182	218	254	290	327	7473
43	2069	17	36	72	108	144	181	217	253	289	325	1'4960382
44	2286	16	36	72	108	144	180	216	252	288	324	3291
45	2502	15	36	72	107	143	179	215	251	286	322	6200
46	2717	14	36	71	107	142	178	214	249	285	320	9108
47	2931	13	36	71	107	142	178	214	249	285	320	1'4972017
48	3145	12	35	71	106	141	177	212	247	282	318	4926
49	3357	11	35	71	106	141	177	212	247	282	318	7835
50	3569	10	35	70	105	140	176	211	246	281	316	1'4980743
51	3780	9	35	70	105	140	175	210	245	280	315	3652
52	3990	8	35	70	104	139	174	209	244	278	313	6561
53	4199	7	35	70	104	139	174	209	244	278	313	9470
54	4408	6	35	69	104	138	173	207	242	276	311	1'4992379
55	4615	5	35	69	104	138	173	207	242	276	311	5288
56	4822	4	34	69	103	137	172	206	240	274	309	8197
57	5028	3	34	68	102	136	171	205	239	273	307	1'5001106
58	5233	2	34	68	102	136	170	204	238	272	306	4015
59	5437	1	34	68	102	136	170	204	238	272	306	6924
60	5641	0	34	67	101	134	168	202	235	269	302	9832
M.	Cosine.	M.	10"	20"	30"	40"	50"	60"	70"	80"	90"	Arc.

Arc.	
Sec.	Diff.
10	485
20	970
30	1454
40	1939
50	2424
60	2909
70	3394
80	3878
90	4363

4 Degrees.

86. Degrees. Difference for Seconds.

M.	Sine.	M.	10"	20"	30"	40"	50"	60"	70"	80"	90"	Arc.
0	9975641	60	34	67	101	134	168	202	235	269	302	1·5009832
1	5843	59	34	67	101	134	168	202	235	269	302	1·5012741
2	6045	58	33	67	100	133	167	200	233	266	300	5650
3	6245	57	33	67	100	133	167	200	233	266	300	8559
4	6445	56	33	67	100	133	167	200	233	266	300	1·5021468
5	6645	55	33	66	99	132	165	198	231	264	297	4377
6	6843	54	33	66	98	131	164	197	230	262	295	7286
7	7040	53	33	66	98	131	164	197	230	262	295	1·5030195
8	7237	52	33	65	98	130	163	196	228	261	293	3104
9	7433	51	32	65	97	129	162	194	226	258	291	6013
10	7627	50	32	65	97	129	162	194	226	258	291	8921
11	7821	49	32	65	97	129	162	194	226	258	291	1·5041830
12	8015	48	32	64	96	128	160	192	224	256	288	4739
13	8207	47	32	64	96	128	160	192	224	256	288	7648
14	8399	46	32	63	95	126	158	190	221	253	284	1·5050557
15	8589	45	32	63	95	126	158	190	221	253	284	3466
16	8779	44	32	63	95	126	158	189	221	252	284	6375
17	8968	43	31	63	94	125	157	188	219	250	282	9284
18	9156	42	31	62	93	124	156	187	218	249	280	1·5062193
19	9343	41	31	62	93	124	156	187	218	249	280	5102
20	9530	40	31	62	93	124	155	186	217	248	279	8010
21	9716	39	31	61	92	122	153	184	214	245	275	1·5070919
22	9900	38	31	61	92	122	153	184	214	245	275	3828
23	9980084	37	31	61	92	122	153	183	214	244	275	6737
24	0267	36	31	61	92	122	153	183	214	244	275	9646
25	0450	35	30	60	90	120	151	181	211	241	271	1·5082555
26	0631	34	30	60	90	120	150	180	210	240	270	5464
27	0811	33	30	60	90	120	150	180	210	240	270	8373
28	0991	32	30	60	89	119	149	179	209	238	268	1·5091282
29	1170	31	30	59	89	118	148	178	207	237	266	4191
30	1348	30	30	59	89	118	148	177	207	236	266	7098
31	1525	29	29	59	88	117	147	176	205	234	264	1·5100007
32	1701	28	29	59	88	117	147	176	205	234	264	2916
33	1877	27	29	58	87	116	146	175	204	233	262	5825
34	2052	26	29	58	86	115	144	173	202	231	260	8734
35	2225	25	29	58	86	115	144	173	202	231	260	1·5111643
36	2398	24	29	57	86	114	143	172	200	229	257	4552
37	2570	23	29	57	86	114	143	172	200	229	257	7461
38	2742	22	28	57	85	113	142	170	198	226	255	1·5120370
39	2912	21	28	57	85	113	142	170	198	226	255	3278
40	3082	20	28	56	84	112	140	168	196	224	252	6187
41	3250	19	28	56	84	112	140	168	196	224	252	9096
42	3418	18	28	56	83	111	139	167	195	222	250	1·5132005
43	3585	17	28	55	83	110	138	166	193	221	248	4914
44	3751	16	28	55	83	110	138	166	193	221	248	7823
45	3917	15	27	55	82	109	137	164	191	218	246	1·5140732
46	4081	14	27	55	82	109	137	164	191	218	246	3641
47	4245	13	27	54	81	108	136	163	190	217	244	6550
48	4408	12	27	54	81	108	135	162	189	216	243	9459
49	4570	11	27	54	80	107	134	161	188	214	241	1·5152368
50	4731	10	27	53	80	106	133	160	186	213	239	5276
51	4891	9	27	53	80	106	133	159	186	212	239	8185
52	5050	8	27	53	80	106	133	159	186	212	239	1·5161094
53	5209	7	26	53	79	105	132	158	184	210	237	4003
54	5367	6	26	52	78	104	131	157	183	209	235	6912
55	5524	5	26	52	78	104	130	156	182	208	234	9821
56	5680	4	26	52	77	103	129	155	181	206	232	1·5172730
57	5835	3	26	51	77	102	128	154	180	205	230	5639
58	5989	2	26	51	77	102	128	154	180	205	230	8548
59	6143	1	25	51	76	101	127	152	177	202	228	1·5181457
60	6295	0	25	51	76	101	127	152	177	202	228	4364
M.	Cosine.	M.	10"	20"	30"	40"	50"	60"	70"	80"	90"	Arc.

Arc.

Sec.	Diff.
10	485
20	970
30	1454
40	1939
50	2424
60	2909
70	3394
80	3878
90	4363

3 Degrees.

87 Degrees.

Difference for Seconds.

M.	Sine.	M.	10″	20″	30″	40″	50″	60″	70″	80″	90″	Arc.
0	9986295	60	25	51	76	101	127	152	177	202	228	1·5184364
1	6447	59	25	50	75	100	126	151	176	201	226	7273
2	6598	58	25	50	75	100	125	150	175	200	225	1·5190182
3	6748	57	25	50	75	100	125	150	175	200	225	3091
4	6898	56	25	49	74	98	123	148	172	197	221	6000
5	7046	55	25	49	74	98	123	148	172	197	221	8909
6	7194	54	24	49	73	97	122	146	170	194	219	1·5201818
7	7340	53	24	49	73	97	122	146	170	194	219	4727
8	7486	52	24	48	72	96	121	145	169	193	217	7636
9	7631	51	24	48	72	96	120	144	168	192	216	1·5210545
10	7775	50	24	48	72	96	120	144	168	192	216	3453
11	7919	49	24	47	71	94	118	142	166	190	213	6362
12	8061	48	24	47	71	94	118	142	166	190	213	9271
13	8203	47	24	47	70	94	118	141	165	188	212	1·5222180
14	8344	46	23	47	70	93	117	140	163	186	210	5089
15	8484	45	23	46	69	92	116	139	162	185	208	7998
16	8623	44	23	46	69	92	115	138	161	184	207	1·5230907
17	8761	43	23	46	69	92	115	138	161	184	207	3816
18	8899	42	23	45	68	90	113	136	158	181	203	6725
19	9035	41	23	45	68	90	113	136	158	181	203	9634
20	9171	40	23	45	68	90	113	135	158	180	203	1·5242542
21	9306	39	22	45	67	89	112	134	156	178	201	5451
22	9440	38	22	44	66	88	111	133	155	177	199	8360
23	9573	37	22	44	66	88	111	133	155	177	199	1·5251269
24	9706	36	22	44	65	87	109	131	153	174	196	4178
25	9837	35	22	43	65	87	109	131	153	174	196	7087
26	9968	34	22	43	65	86	108	130	151	173	194	9996
27	9990098	33	22	43	65	86	108	129	151	172	194	1·5262905
28	0227	32	21	43	64	85	107	128	149	170	192	5814
29	0355	31	21	42	63	84	106	127	148	169	190	8723
30	0482	30	21	42	63	84	106	127	148	169	190	1·5271631
31	0609	29	21	42	62	83	104	125	146	166	187	4540
32	0734	28	21	42	62	83	104	125	146	166	187	7449
33	0859	27	21	41	62	82	103	124	144	165	185	1·5280358
34	0983	26	21	41	62	82	103	123	144	164	185	3267
35	1106	25	20	41	61	81	102	122	142	162	183	6176
36	1228	24	20	41	61	81	102	122	142	162	183	9085
37	1350	23	20	40	60	80	100	120	140	160	180	1·5291994
38	1470	22	20	40	60	80	100	120	140	160	180	4903
39	1590	21	20	40	59	79	99	119	139	158	178	7812
40	1709	20	20	39	59	78	98	118	137	157	176	1·5300720
41	1827	19	20	39	59	78	98	117	137	156	176	3629
42	1944	18	19	39	58	77	97	116	135	154	174	6538
43	2060	17	19	39	58	77	97	116	135	154	174	9447
44	2176	16	19	38	57	76	95	114	133	152	171	1·5312356
45	2290	15	19	38	57	76	95	114	133	152	171	5265
46	2404	14	19	38	56	75	94	113	132	150	169	8174
47	2517	13	19	37	56	74	93	112	130	149	167	1·5321083
48	2629	12	19	37	56	74	93	111	130	148	167	3992
49	2740	11	19	37	56	74	93	111	130	148	167	6901
50	2851	10	18	36	54	72	91	109	127	145	163	9808
51	2960	9	18	36	54	72	91	109	127	145	163	1·5332717
52	3069	8	18	36	54	72	90	108	126	144	162	5626
53	3177	7	18	36	53	71	89	107	125	142	160	8535
54	3284	6	18	35	53	70	88	106	123	141	158	1·5341444
55	3390	5	18	35	53	70	88	105	123	140	158	4353
56	3495	4	18	35	53	70	88	105	123	140	158	7262
57	3600	3	17	35	52	69	87	104	121	138	156	1·5350171
58	3704	2	17	34	51	68	85	102	119	136	153	3080
59	3806	1	17	34	51	68	85	102	119	136	153	5989
60	3908	0	17	34	50	67	84	101	118	134	151	8897
M.	Cosine.	M.	10″	20″	30″	40″	50″	60″	70″	80″	90″	Arc.

Arc.

Sec.	Diff.
10	485
20	970
30	1454
40	1939
50	2424
60	2909
70	3394
80	3878
90	4363

2 Degrees.

88 Degrees.   Difference for Seconds.   [89

M.	Sine.	M.	10"	20"	30"	40"	50"	60"	70"	80"	90"	Arc.
0	9993908	60	17	34	51	68	85	101	118	135	152	1·5358897
1	4009	59	17	34	50	67	84	101	118	134	151	1·5361806
2	4110	58	17	33	50	66	83	99	116	132	149	4715
3	4209	57	17	33	50	66	83	99	116	132	149	7624
4	4308	56	16	32	49	65	81	97	113	130	146	1·5370533
5	4405	55	16	32	48	64	81	97	113	129	145	3442
6	4502	54	16	32	48	64	80	96	112	128	144	6351
7	4598	53	16	32	48	64	80	95	111	127	143	9260
8	4693	52	16	32	47	63	79	95	111	126	142	1·5382169
9	4788	51	16	31	47	62	78	93	109	124	140	5078
10	4881	50	16	31	47	62	78	93	109	124	140	7986
11	4974	49	15	31	46	62	77	92	108	123	139	1·5390895
12	5066	48	15	30	46	61	76	91	106	122	137	3804
13	5157	47	15	30	45	60	76	90	105	120	135	6713
14	5247	46	15	30	45	60	75	89	104	118	133	9622
15	5336	45	15	29	44	58	73	88	102	117	132	1·5402531
16	5424	44	15	29	44	58	73	88	102	117	131	5440
17	5512	43	15	29	44	58	73	87	102	117	131	8349
18	5599	42	15	29	44	58	73	85	102	116	131	1·5411258
19	5684	41	14	29	43	58	72	86	101	115	130	4167
20	5770	40	14	28	42	56	70	84	98	112	126	7075
21	5854	39	14	28	42	56	70	83	97	110	125	9984
22	5937	38	14	28	41	55	69	83	97	111	124	1·5422893
23	6020	37	14	27	41	54	68	81	95	109	122	5802
24	6101	36	14	27	41	54	68	81	95	109	122	8711
25	6182	35	13	27	40	54	67	80	94	107	121	1·5431620
26	6262	34	13	26	40	53	66	79	92	106	119	4529
27	6341	33	13	26	39	52	65	78	91	104	117	7438
28	6419	32	13	26	39	52	65	78	91	104	117	1·5440347
29	6497	31	13	25	38	51	64	76	89	102	114	3256
30	6573	30	13	25	38	51	64	76	89	102	114	6163
31	6649	29	13	25	38	50	63	75	88	100	113	9072
32	6724	28	12	25	37	50	62	74	87	99	112	1·5451981
33	6798	27	12	24	37	49	61	73	85	98	110	4890
34	6871	26	12	24	36	48	60	72	84	96	108	7799
35	6943	25	12	24	36	48	60	72	84	96	108	1·5460708
36	7015	24	12	24	36	48	60	71	83	95	107	3617
37	7086	23	12	23	35	47	59	70	82	94	105	6526
38	7156	22	11	23	34	46	57	68	81	92	104	9435
39	7224	21	11	23	34	46	57	68	80	93	103	1·5472344
40	7292	20	11	23	34	46	57	68	80	91	103	5252
41	7360	19	11	22	33	44	55	66	77	88	99	8161
42	7426	18	11	22	33	44	55	66	77	88	99	1·5481070
43	7492	17	11	21	32	43	54	64	75	86	96	3979
44	7556	16	11	21	32	43	54	64	75	86	96	6888
45	7620	15	11	21	32	42	53	63	74	84	95	9797
46	7683	14	10	21	31	42	52	62	73	83	94	1·5492706
47	7745	13	10	21	31	42	52	62	73	83	94	5615
48	7807	12	10	20	30	40	50	60	70	80	90	8524
49	7867	11	10	20	30	40	50	60	70	80	90	1·5501433
50	7927	10	10	20	30	40	50	59	69	79	89	4341
51	7986	9	10	19	29	39	49	58	68	78	88	7250
52	8044	8	10	19	29	38	48	57	67	76	86	1·5510159
53	8101	7	9	19	28	38	47	56	66	75	85	3068
54	8157	6	9	19	28	38	47	56	66	75	85	5977
55	8213	5	9	18	27	36	45	54	63	72	81	8886
56	8267	4	9	18	27	36	45	54	63	72	81	1·5521795
57	8321	3	9	18	27	36	45	53	62	71	80	4704
58	8374	2	9	17	26	35	44	52	61	70	78	7613
59	8426	1	9	17	26	34	43	51	60	68	77	1·5530522
60	8477	0	8	17	25	34	42	50	59	67	76	3430
M.	Cosine.	M.	10"	20"	30"	40"	50"	60"	70"	80"	90"	Arc.

1 Degrees.

Arc.

Sec.	Diff.
10	485
20	970
30	1454
40	1939
50	2424
60	2909
70	3394
80	3878
90	4363

90] 89 Degrees. Difference for Seconds.

M.	Sinc.	M.	10"	20"	30"	40"	50"	60"	70"	80"	90"	Arc.
0	9998477	60	8	17	25	34	42	50	59	67	76	1·5533430
1	8527	59	8	17	25	33	42	50	58	66	75	6339
2	8577	58	8	16	24	32	40	48	56	64	72	9248
3	8625	57	8	16	24	32	40	48	56	64	72	1·5542175
4	8673	56	8	16	23	31	39	47	55	62	70	5066
5	8720	55	8	15	23	31	39	46	54	62	69	7975
6	8766	54	8	15	23	30	38	46	53	61	68	1·5550884
7	8812	53	7	15	22	30	37	44	52	59	67	3793
8	8856	52	7	15	22	29	37	44	51	58	66	6702
9	8900	51	7	14	21	28	35	42	49	56	63	9611
10	8942	50	7	14	21	28	35	42	49	56	63	1·5562519
11	8984	49	7	14	21	28	35	41	48	55	62	5428
12	9025	48	7	13	20	27	34	40	47	54	60	8337
13	9065	47	7	13	20	26	33	40	46	53	59	1·5571246
14	9105	46	6	13	19	26	32	38	45	51	58	4155
15	9143	45	6	13	19	25	32	38	44	50	57	7064
16	9181	44	6	12	19	25	31	37	43	50	56	9973
17	9218	43	6	12	18	24	30	36	42	48	54	1·5582882
18	9254	42	6	12	17	23	29	35	41	46	52	5791
19	9289	41	6	11	17	23	29	34	40	46	51	8700
20	9323	40	6	11	17	22	28	34	39	45	50	1·5591608
21	9357	39	5	11	16	22	27	32	38	43	49	4517
22	9389	38	5	11	16	21	27	32	37	42	48	7426
23	9421	37	5	10	16	21	26	31	36	42	47	1·5600335
24	9452	36	5	10	15	20	25	30	35	40	45	3244
25	9482	35	5	10	14	19	24	29	34	38	43	6153
26	9511	34	5	9	14	18	23	28	32	37	41	9062
27	9539	33	5	9	14	18	23	28	32	37	41	1·5611971
28	9567	32	4	9	13	18	22	26	31	35	40	4880
29	9593	31	4	9	13	17	22	26	30	34	39	7789
30	9619	30	4	8	13	17	21	25	29	34	38	1·5620696
31	9644	29	4	8	12	16	20	24	28	32	36	3505
32	9668	28	4	8	12	16	20	24	28	32	36	6514
33	9692	27	4	7	11	15	19	22	26	30	33	9423
34	9714	26	4	7	11	14	18	22	25	29	32	1·5632332
35	9736	25	3	7	10	14	17	20	24	27	31	5241
36	9756	24	3	7	10	13	17	20	23	26	30	8150
37	9776	23	3	6	10	13	16	19	22	26	29	1·5641059
38	9795	22	3	6	9	12	15	18	21	24	27	3968
39	9813	21	3	6	9	12	15	18	21	24	27	6877
40	9831	20	3	5	8	11	14	16	19	22	24	9785
41	9847	19	3	5	8	10	13	16	18	21	23	1·5652694
42	9863	18	3	5	8	10	13	15	18	20	23	5603
43	9878	17	2	5	7	10	12	14	17	19	22	8512
44	9892	16	2	4	7	9	11	13	15	18	20	1·5661421
45	9905	15	2	4	6	8	10	12	14	16	18	4330
46	9917	14	2	4	6	8	10	11	13	15	17	7239
47	9928	13	2	4	5	7	9	11	13	14	16	1·5670148
48	9939	12	2	3	5	6	8	10	12	14	15	3057
49	9949	11	2	3	5	6	8	9	11	13	14	5966
50	9958	10	1	3	4	6	7	8	10	11	13	8874
51	9966	9	1	2	4	5	6	7	8	10	11	1·5681783
52	9973	8	1	2	3	4	5	6	7	8	9	4692
53	9979	7	1	2	3	3	4	5	6	7	8	7601
54	9985	6	1	1	2	3	4	4	5	6	6	1·5690510
55	9989	5	1	1	2	2	3	4	4	5	5	3419
56	9993	4	1	1	1	2	3	3	4	4	5	6328
57	9996	3	0	1	1	2	2	2	3	3	4	9237
58	9998	2	0	1	1	1	2	2	2	2	3	1·5702146
59	1·000000	1	0	0	0	0	0	0	0	0	0	5055
60	0000	0	0	0	0	0	0	0	0	0	0	7963
M.	Cosinc.	M.	10"	20"	30"	40"	50"	60"	70"	80"	90"	Arc.

	Arc.
Sec.	Diff.
10	485
20	970
30	1454
40	1939
50	2424
60	2909
70	3394
80	3878
90	4363

0 Degrees.

www.ingramcontent.com/pod-product-compliance
Lightning Source LLC
Chambersburg PA
CBHW031738230426
43669CB00007B/393